传统建筑园林营造技艺

姜振鹏　著

图书在版编目（CIP）数据

传统建筑园林营造技艺 / 姜振鹏著．—北京：中国建筑工业出版社，2013.3
ISBN 978-7-112-15201-8

Ⅰ.①传… Ⅱ.①姜… Ⅲ.①古建筑－介绍－中国②古典园林－造园林－介绍－中国 Ⅳ.①TU-092.2 ②TU986.2

中国版本图书馆CIP数据核字（2013）第041512号

《传统建筑园林营造技艺》图文并茂，是一本较为系统地介绍中国传统建筑和园林的营造技术与艺术的专业性、基础性和普及性读物。

本书共十章、五十七节，各章的内容分别是：

第一章：传统建筑园林的地形改造、掇山、理水与道路铺装工程；第二章：传统建筑的结构特点、构成要素与布局；第三章：传统建筑的台基、墙体、屋顶等营造做法；第四章：传统园林建筑中的一些常用建筑营造方法；第五章：传统园林建筑的木装修；第六章：传统建筑的油饰、彩画与棚壁裱糊；第七章：传统建筑园林的植物配置；第八章：传统建筑园林中的匾联、景题、牌示、雕塑与雕刻；第九章：传统建筑园林的色彩；第十章：传统建筑园林营造艺术的基本原理与基本法则等。

实景照片分成黑白和彩色两部分，主要是在文字论述部分所涉及的一些相关内容的实景照片，这部分内容不仅可以作为文字论述部分形象和色彩方面的补充，而且对于有关传统建筑园林的建设部门、设计人员和研究人员还具有借鉴和参考价值。

鉴于本书的内容，其读者适合于从事或有志于中国传统建筑与园林的规划、设计、施工、建设、管理与研究人员，或者是对中国造园艺术、中国传统建筑文化有兴趣的人士。本书还可以作为有关专业院校的教材使用。

责任编辑：李 鸽
责任设计：董建平
责任校对：张 颖 陈晶晶

传统建筑园林营造技艺
姜振鹏 著
*
中国建筑工业出版社出版、发行（北京西郊百万庄）
各地新华书店、建筑书店经销
北京嘉泰利德公司制版
北京云浩印刷有限责任公司印刷
*
开本：880×1230毫米 1/16 印张：$23^{1}/_{4}$ 字数：740千字
2013年12月第一版 2013年12月第一次印刷
定价：85.00元
ISBN 978-7-112-15201-8
（23158）

前 言

众所周知，我国是世界上造园历史悠久、造园艺术精湛、名园众多且风格独特的国家。中国在造园艺术方面的辉煌成就是中华民族灿烂文化宝贵遗产的重要组成部分，是中华民族对世界人类文明发展史的重大贡献。中国造园艺术不仅对亚洲，而且对欧洲乃至世界都有着深刻的影响。

然而，由于历史的久远、封建社会不同朝代的更迭、连绵的战火、自然的灾害、洋人的浩劫，加之各种愚昧性、政治性、建设性的破坏，许多历史名苑毁于一旦。尽管如此，现存古典园林的辉煌，依然光芒四射、光彩照人。遗憾的是，我国古代有关论述、总结、研究造园艺术的理论专著实在太少，尽管明代计成著有《园冶》一书，一些学者也多有涉及，并道出了许多造园艺术的奥妙和真谛，但就总体而言，也只是凤毛麟角，实感遗憾。

值得庆幸的是，近现代一批专家学者、有识之士，他们脚踏实地、孜孜以求，怀着一种对祖国、对民族高度的历史责任感，撰写出许多论述、总结、研究我国造园艺术的优秀论文与专著。但是，就我国悠久的造园艺术历史、造园艺术成就而言，就我国造园艺术所涵盖的内容、造园理论与造园实践的结合、营造园林的技术而言，对中国传统造园艺术与技术更加全面系统、广泛深入地挖掘还需要继续做坚持不懈的努力。

中国传统造园艺术的根本目的是要营造出高水平的园林艺术精品，因此，中国传统造园艺术实际上是涵盖造园艺术与技术两个方面。艺术和技术是不可分割的有机组成部分，技术是艺术的基础和保证，艺术是技术的追求目标和境界；从某种意义上讲，技术比艺术更为重要，因为没有技术，艺术乃成无源之水、无本之木。造园艺术是社会物质文明和精神文明进步的标志和载体。

中国传统造园艺术即中国传统建筑园林的营造是一种综合性的艺术创作，因此，造园也具有其他艺术所具有的普遍规律。就艺术而言，其中既有具象的艺术，也有抽象的艺术；既有平面艺术，也有空间艺术。就科学而言，既包含有自然科学，也包含有社会科学。中国传统建筑园林的营造所涉及的门类与学科较多，如建筑学、植物学、营造学、生态学、美学、哲学、文学等。

园林的规模有大有小，内容有繁有简，但其所包含的基本要素主要有以下九种，即：土、山、水、石、路、树、屋、景、情。

土，即土壤、土地，是构成园林地形地貌的主要因素，是园林植物赖以生存和生长的基本条件，是园林建筑的落脚之处，是园林各种要素的载体；

山，系指园林中各种各样的山。由于中国园林的特色是自然山水园林，因此，中国园林中多数有山有水。园林中的山有真有假、有大有小、有高有低，有土山，有石山，还有土石混合的山；

水，即园林中的湖泊、水池、瀑布、溪流、泉水等。中国园林向有“无水不园”之说；

石，即园林中用作造园的山石。如堆叠假山的山石、用于水边泊岸的山石、用来点景的山石等。中国园林亦有“无石不园”之说；

路，系指园中的路以及路的扩展—铺装。铺装中的海墁，可形成广场，是提供人们活动或聚集的场所；

树，泛指园林植物，含盖乔木、灌木及草坪、花卉等；

屋，即园林中的房屋建筑，如亭、台、楼、阁、廊、桥、厅、榭等等；

景，是指景观、景象、景致，是映入人们眼帘中美好的画面，即通常人们所说的具有三维空间的立体画卷，景可以构成园林的画境；

情，是指通过园林造景可表达的一种情调、情感和意境。情是造园艺术的出发点和落脚点，是园林艺术所追求的最高境界。

所谓造园艺术，就是要把土、山、水、石、路、树、屋这些个体的自然属相，通过造园家的精心设计、巧妙构思和灵活运用，形成一个有机的整体，从而创造出丰富多彩的园林景观和妙趣横生的园林意境，给人以怡情养性、陶冶情操和赏心悦目的美的享受。

由于受到我国教育体制及专业分类过细等方面的制约，目前还没有发现能够全面把控、综合掌握中国传统造园艺术与技术的院校和专业，因此，这方面人才的培养就成了问题。当然，教材的编写也是当务之急，本书试图在此抛砖引玉。

造园是通过土、山、水、石、路、树、屋等园林要素创造一个典雅而优美的环境，优秀的园林应做到形神兼备且贵在有神。文化是园林的内涵，而神韵则是园林的灵魂。

水有源、树有根，世界上任何一个国家、任何一个民族、任何一种艺术、任何一个艺术家，他们所取得的成就，都是在继承传统的基础上发展和创新的结果。割断历史、否定传统的艺术一定是轻浮的、苍白的、没有生命力的，当然也不会取得成功的。我们不主张厚古薄今，但也反对妄自菲薄、否定传统。我们要弘扬和发展中华民族的优秀文化，首要的任务就是要热爱、熟悉、了解和学习祖国的优秀传统文化，否则，弘扬中华民族优秀文化将是一句空话。

笔者有幸大学本科毕业后在古建园林行业工作四十余载，其间，既有专业技术工作，也有组织管理工作。在专业技术工作中，既有园林规划、园林设计，也有园林施工、园林建设，并在实践当中，注意向书本知识学习的同时，向老匠师们学习和在现存古代园林实例当中汲取营养。1983 年参与创办《古建园林技术》杂志并长期担任副主编工作，有机会对中国传统建筑园林营造技艺的理论进一步深入学习、研究、实践和探讨。在园林管理工作中，特别是关于园林文化内涵的挖掘和建设、园林优美环境的建设和管理等方面，反过来对于专业技术工作也有很多启迪和帮助。

盛世兴园林，我们赶上了好时代，正是这个时代给了我许多关于造园技术与艺术活动方面实践的机会和有利条件。本书即是我多年来从事传统建筑园林设计、建设和管理工作的专业技术总结。其中，主要包括园林规划设计方面的有关数据和资料；对现存古典园林不同类型建筑的考察和测绘；日常读书杂记及向老一辈匠师、同仁们学习的笔记；对园林干部职工的培训教材和为相关专业院校学生编写的教学讲义以及本人的专业论文等。

本书深入浅出、图文并茂，意在给从事传统建筑园林规划、设计、建设、施工、管理、教学等方面的工作人员以及有关专业大专院校学生提供一些有用的参考资料和学习资料，也可给从事建筑装饰装修、电影美术、舞台美术、工艺美术等专业技术人员提供一些有关中国传统建筑及园林方面专业知识的普及、学习和参考资料。以期达到宣传、弘扬、继承和发展中国造园艺术和传统建筑文化的目的。

由于本人的能力和水平有限，书中必然会存在许多缺点与不足，在此，恭请诸位专家、学者和同仁们批评指正，不吝赐教。

姜振鹏

2013 年 3 月于北京

目 录

前 言

第一章 传统建筑园林的地形改造、掇山、理水与道路铺装工程 ········ 001

第一节 地形改造与土方工程 ········ 001
第二节 园林假山堆叠工程 ········ 004
第三节 园林水景工程 ········ 008
第四节 园林道路与地面铺装工程 ········ 011

第二章 传统建筑的结构特点、构成要素与布局 ········ 018

第一节 传统建筑的主要结构形式 ········ 018
第二节 传统建筑中的斗栱 ········ 019
第三节 传统建筑中的翼角与悬山、收山、推山法则 ········ 024
第四节 传统木结构建筑的优点、主要木屋架与木构件 ········ 026
第五节 传统建筑的主要构成因素 ········ 030
第六节 传统建筑木构件之间的节点处理 ········ 033
第七节 传统建筑的布局 ········ 034

第三章 传统建筑的台基、墙体、屋顶等营造做法 ········ 037

第一节 台基 ········ 037
第二节 台阶 ········ 040
第三节 石栏杆 ········ 041
第四节 台 ········ 043
第五节 墙体 ········ 043
第六节 屋顶、屋脊、瓦件与脊件 ········ 052

第四章 传统园林建筑中一些常用建筑营造方法 ········ 061

第一节 门 ········ 061
第二节 垂花门 ········ 064

第三节　牌坊……070
第四节　殿堂……073
第五节　厅堂……078
第六节　楼阁……085
第七节　亭……103
第八节　游廊……108
第九节　画舫、舫式建筑与水榭……112
第十节　桥……118
第十一节　塔……123
第十二节　棚架……125

第五章　传统园林建筑的木装修……127

第一节　外檐装修……127
第二节　内檐装修……140
第三节　木装修中的五金配件……150
第四节　传统建筑装修中的常用纹饰……151

第六章　传统建筑的油饰、彩画与棚壁裱糊……153

第一节　油饰……153
第二节　彩画……154
第三节　棚壁裱糊……160

第七章　传统建筑园林的植物配置……162

第一节　园林植物的配置原则……162
第二节　乔灌木在园林中的配置……167
第三节　攀援植物在园林中的配置……172
第四节　庭园花卉在园林中的应用……172
第五节　草坪、地被植物的种植……174
第六节　北京及华北地区的主要园林观赏树种……175

第八章　传统建筑园林中的匾联、景题、牌示、雕塑与雕刻 ……………… 176

第一节　匾联与景题 ……………… 176
第二节　园林牌示 ……………… 178
第三节　园林雕塑与雕刻 ……………… 179

第九章　传统建筑园林的色彩 ……………… 182

第一节　色彩 ……………… 182
第二节　传统建筑园林的色彩 ……………… 185

第十章　传统建筑园林营造艺术的基本原理与基本法则 ……………… 186

第一节　对比与调和 ……………… 186
第二节　对称与均衡 ……………… 187
第三节　节奏与韵律 ……………… 189
第四节　尺度与权衡 ……………… 190
第五节　主景与配景 ……………… 191
第六节　借景与障景 ……………… 193
第七节　掇山与理水 ……………… 193
第八节　视觉错觉与错觉矫正 ……………… 194
第九节　内容与形式 ……………… 195
第十节　环境与中国古代堪舆学 ……………… 197

传统园林建筑设计参考图 ……………… 200
参考书目 ……………… 322
后　　记 ……………… 323

第一章　传统建筑园林的地形改造、掇山、理水与道路铺装工程

第一节　地形改造与土方工程

地形改造是指由于满足建设工程的需要，要求对原自然地形进行相应调整的举措。地形改造对于造园或园林工程而言，是一种十分普遍的现象，对于某些园林工程来讲，乃是主要工程项目之一。地形改造是造园艺术常用的一种技术手段，巧妙利用地形和地面上的植物材料可以起到借景、障景和突出主景的重要作用。通过地形改造还可以起到改善局部地区小气候的作用。

一、地形改造

地形改造是园林规划设计与建设中的一项子目工程，因此，又经常被称作地形改造工程。

（一）地形改造工程的特点

1. 地形改造是一项先行工程

地形是一个园林的基础和骨架。园林中土、山、水、石、路、树、屋、景、情等各要素无一不与地形相关联并以地形为依托。 因此，地形改造是在园林营建中的一项基础工程。“地形改造工程先行”已成为园林建设工程施工的一条基本原则。

2. 地形改造是一项系统工程

地形改造关系到地面以下给水、排水、暖卫等管网的分布及地面以上建筑、山、水、道路的布局，植物的配置以及雨水径流等一系列问题。因此，需要统筹安排和妥善处理好各个环节和各种工程项目之间的关系。

3. 地形改造是一项针对性较强的工程

由于地形改造涉及对原来地形的调整和改造，而原有地形是和历史的生态环境、地面建筑、植物种群等都是休戚与共、紧密相连的。特别是遇到长有古树名木的地方，其地形是不宜进行改造和调整的。须知，树木的根部周围是不可以堆土掩埋或挖掘取土而使土层降低的，破坏根部土层深度会影响树木正常生长甚至导致死亡。因此，地形改造应紧密结合原有地形和环境，根据建设工程需要作相应调整。

4. 地形改造是一项带有永久性的工程

由于地形改造牵涉的园林要素很多，影响的工程项目很广，一旦原有地形通过调整改造后发现问题，不可逆转。经过地形改造以后地面上的建筑、道路以及园林中所栽植的树木都会长久存在。这就要求营建园林时，在规划设计阶段就要对地形改造深思熟虑、审慎对待。

（二）地形改造工程的原则

1. 利用为主，改造为辅

不管营造什么样的园林，都应该充分利用原有的地形、地貌，而不要在改造地形上面大做文章。这不仅是节约资金、降低建设成本的简单经济问题，同时，也是因地制宜、保护生态平衡的造园理念问题。这一点，人工造园应以自然风景为本，要向自然风景园林学习。园林中一切建设项目，都要以原有地形变动越少越好为出发点和落脚点。

2. 实用为主，观赏为辅

在园林建设当中，地形改造与否，应本着“实用为主，观赏为辅”的原则。园林的表现形式十分丰富，具体到每一处园林，其性质和功能也各有不同。就园林形式而言，有自然式园林、规则式园林、混合式园林，有开放式园林、封闭式园林，有观赏园、游乐园、动物园等；就园林的性质和功能而言，有主要用于公众休息、游览的综合性园林，也有用于医院、工厂、机关、学校等处，主要侧重卫生防护、抗污减尘、安静休息的庭园。地形改造，首先要满足其功能上的需要，以实用为主。

3. 科学合理，变化有度

园林中的地形大体上可以分为山体、坡体、平地、

水体地形等几种。不同形态的地形应该安排得科学合理、变化有度。比如山体，园林假山通常可以采用土山、石山和土石山三种形式，土山不宜过小而石山不宜过大，土山的坡度应该控制在该土壤的安息角度之内。超过安息角就需要通过采用堆叠山石的方法来解决。坡体、水体的地形也存在安息角的问题。再如平地，平地并非越平越好，而应考虑到雨水径流、渗透和排放问题。理想的坡度应该是经、纬两个方向以3‰~5‰为最佳，即有经验的工匠对于最佳坡度经常所说的以“一丈三分六”为度。平地不宜出现起伏交替容易形成积水的地形。

4. 保持水土，有序利用

保持人工地形水土不被流失，这不仅是保持山形地貌长期完整的需要，同时也是保持生态环境稳定平衡的需要。树木花草以地为床，土地和水是它们赖以生存和生长的基本条件，水土如得不到有效保护，园林植物必然会受到严重影响。园林中如果没有葱茏茂密的树木花草，不仅会影响园林的美感，而且也将失去存在的意义。

（三）地形的艺术处理

1. 利用地形起屏障作用

园林中的屏障主要表现为内屏和外屏两个方面。内屏的目的主要有三，其一是增强园林的含蓄感；二是丰富园林的层次感；三是遮挡园林中平庸乏味的景观。外屏的目的就是要遮挡园外一些杂乱无章、有碍观瞻的景象。比如，用于园林大门之内的起伏地形就可起到内屏以替代围墙的作用。

2. 利用地形起突出主景作用

这是造园当中经常使用，而且是十分有效的艺术处理手法。这种方法就是将主景放在园中最高的地形上面。

3. 利用地形丰富园林景观

通过地形的变化，不仅可以形成山势，同时也可以形成水景。在具备条件并且需要营造水景的地方，一定要把握好这种机会。园林中如果有了水，除了会给园林增添活力、形成水中倒影以外，还会使园林建筑形式更加灵活多样，园林植物也会因水而更加丰富多彩。当然，山体地形也会形成与水景不同的景点和景观——地形的变化会丰富园林的景观，不言而喻。

4. 利用地形改善局部地区小气候

运用土丘高阜可以遮挡风势，合理利用外围环抱土山能够使景区或景区局部形成一个风和日丽、温暖向阳的小气候，有利于人们休息游览和居住，同时，也有利于植物的生长。特别是我国北方地区，将山丘高阜安排在西北方向，让主要景区景点背“山”面水，会产生比较明显的效果。

二、土方工程

土方工程与地形改造既有关联又有所不同。所谓土方工程，是指由于地形改造以及建筑物、构筑物、道路等的基础处理，地下管线敷设等而产生的沟槽土方挖掘与回填工程。没有地形改造任务的建设工程也会出现土方工程。

（一）土方工程的特点

1. 涉及面广

就园林工程而言，土方工程不仅仅涉及地形改造和地形调整方面的需要，而且也涉及园林中的各种建筑物、构筑物、道路和广场等项工程构筑基础的需要，同时也涉及敷设各种地下管道、管线和管网等方面的需要。因此可以说，土方工程是任何园林建设都不可缺少的一项工程项目。

2. 影响面大

土方工程由于涉及面广，而且又是一项先行的项目，因此，土方工程不仅直接影响园林工程中亭、台、廊、榭、水池、假山、道路、铺装等的工程质量，而且也直接影响土方工程以后后续工程的工种配合、施工进度和竣工期限。各项工程应本着“先地下,后地上”的原则，统筹安排好各项工程的土方工程。

（二）土方工程的种类

1. 挖方工程

挖方工程主要用于园林建设工程中的湖泊、水池和低洼地形等工程项目方面。挖方工程通常是将结构密实的实土通过人工或机械挖掘，变成结构松散的虚土以后，运送到相关地点的施工过程。挖方工程的工程量除了与土方的数量有直接关系以外，还与所挖土壤的物理性质有很大关系。

2. 填方工程

填方工程与挖方工程恰恰相反，是将建设区域以外的虚土按照工程设计要求，运至工程施工现场，堆筑并碾压或夯实的施工过程。填方工程的工程量除了与土方的数量有直接关系以外，还与所填土壤的物理性质有很大关系。

3. 挖、填方工程

是指在建设区域内，既有挖方又有填方的工程。实际上，单纯挖方或单纯填方的工程不是很多，而挖、填方混合的工程比较普遍。只不过有的工程是以挖方为主，有的工程是以填方为主而已。为了降低造价、节约成本，在同一建设区域之内，科学、合理地平衡挖方和填方工程量能够体现设计、施工人员的智慧和水平。

此外，土方工程还可分为临时性土方工程和永久性土方工程等。

（三）土壤的特性

土壤的特性就是指土壤的物理性质和化学性质。对于土方工程而言，土壤的物理性质主要是指土壤的容重、土壤的自然休止角、土壤的相对密实度、土壤的可松扩性、土壤的可压缩性和土壤的含水率。土壤的化学性质主要是指地面表层土壤的可种植性质。

1. 土壤的容重

一般是指不同土壤在自然含水量状态下每立方米的重量。如：各种不坚实的页岩，2000kg/m^3；重质黏土，1950kg/m^3；含有碎石与卵石的黏土，1750kg/m^3；砂质黏土，1650kg/m^3；黄土类黏土，1600kg/m^3；密实黄土，1800kg/m^3；砂土，1500kg/m^3；壤土，1600kg/m^3；种植土，1200kg/m^3 等。一般来说，土壤容重越大，挖掘难度也越大。

2. 土壤的自然休止角

又称土壤自然安息角。是指不同土壤经自然堆积、沉降稳定之后在适度含水率状态下土体可以稳定的坡度。如：潮湿砾石为 35°~40°；潮湿卵石为 25°~45°；粗砂 27°~32°；中砂 25°~35°；细砂 20°~30°；黏土 15°~35°；壤土 30°~40°；种植土 25°~35° 等。另外，在填、挖方施工过程中，为安全起见，还要考虑各层土壤由于所受压力不同，各层可以稳定的坡度也有所不同。

3. 土壤的相对密实度

是指土壤中固体颗粒体积与固体颗粒空隙之间的比值。在填方工程中，土壤的相对密实度是设计和检查土方工程质量的标准。由于采用的施工方法不同，其土壤的相对密实程度也会有所不同。一般采用机械碾压，其密实度可达到 95%；采用人工夯实，可达到 87% 左右。依靠土壤的自重慢慢沉落，虽然也可以达到一定的密实度，但需要很长时间。

4. 土壤的可松扩性

是指土壤经过挖掘以后，其原有的紧密结构遭到破坏，土体松散而使体积增加的性质。这种性质对于土方工程，特别是挖方和填方数量计算以及运输安排等都具有十分密切的关系。

由于土壤的种类不同，其可松扩性也有所不同。如一般种植土经挖掘后，体积可松扩 20%~30%；由于土方工程种类不同，其可松扩性也有所不同，如挖方工程开挖前土壤的自然体积与开挖后松散的土壤体积有所不同；开挖前土壤的自然体积与运至填方区碾压夯实后土方的体积也有所不同。

5. 土壤的可压缩性

是指挖掘后的土壤在回填时，经过压实之后，土壤体积被压缩的性质。由于土壤具有可松扩性，因此，挖掘后的土壤在回填时，虽然经过碾压夯实，其体积与挖掘前的土方体积仍然是不一样的。由于土壤的种类不同，其可压缩性也是不同的。如种植土经挖掘以后将原土回填，虽然经过碾压，仍会比挖掘前的土方体积松扩 3%~4%。

土建工程当中经常使用的灰土，其虚土与经压缩后的实土的体积比通常为 7 ：5；素土，其虚土与经压缩后的实土的体积比通常为 10 ：7。

6. 土壤的含水量

又称作土壤的含水率，是指土壤孔隙中水分的重量与土壤颗粒重量的比值。土壤含水量超过 30% 以上称作湿土，含水量低于 5% 称作干土，含水量在 5%~30% 称作潮土。土壤含水量的多少，会对土方工程施工难度产生影响。如果含水量过大，会对土壤的物理性质产生影响，使其丧失稳定性。含水量过大的土壤不宜作为回填土使用。

7. 土壤的可种植性

是指不同土壤是否能够种植植物和适应植物生长的特性。主要包括土壤的肥沃程度、酸碱度和土壤的透气、渗水性能等。绿地地面表层土壤应该选择种植性较强的腐殖土，可种植土和壤土层厚度不应低于 1 米。

园林绿化工程通常要求绿地的表层土壤应为排水良好，不含砾石、建筑垃圾或其他有毒有害物质，含有丰富有机质的中性或者偏酸性土壤。对于酸碱度超标、盐碱土、重黏土、砂土等原有土壤应采用符合要求的客土或者将原土采取有效技术措施加以改良。

（四）土方量的计算

土方量应按照土方工程的种类分别计算，如：挖方的土方量，填方的土方量，挖、填方的土方量等。土方量的计算，在规划阶段可不必十分精细，可进行估算。在做施工图时，计算精度则要求较高。土方量关键是计算土方体积，土方体积的计算有多种方法，经常使用的方法主要有用求体积的估算法、断面法、方格法等。

1. 求体积的估算法

是将土方工程每一个单体体积采用相近几何形体体积的计算方法来进行计算。如：圆锥体（正、反），圆台体（正、反），棱锥体（正、反），棱台体（正、反），半球面体（正、反）等。

2. 断面法

是将土方工程每一个单体截成若干段，分别计算出各段的体积之后，再将其加在一起。这种方法最适用于带状地形体积的计算，如沟、渠、带状山体等。断面法的运用，既可采用横断面方法，也可采用纵断面方法。横断面方法更适用于各种形体的计算。

3. 方格法

是在需要改造、附有等高线的地形图上，作方格网（大型土方工程方格边长 20~40 米，小型工程酌减），用原地形各个交点标高和设计图各相对点位标高的数据来计算出土方量的一种方法。方格法是计算平整高低坎坷不平施工场地土方量较为适用的一种方法。方格间距越小，其精确度越高。

（五）土方工程施工

1. 挖方工程

土方挖掘主要有人力施工和机械施工两种方法。不管采用哪一种方法，都应让施工人员在施工前，了解施工对象即该土方工程的设计要求；在施工中，除要注意保护好桩木、龙门板和标高等标识以外，还要注意保护好表层种植土壤。此外，还要安排好各项安全措施；施工期间，设计人员应经常深入现场，随时掌握全局情况。

2. 填方工程

填土应该满足设计要求和工程质量要求。土壤要根据填方的用途和要求加以选择，建筑用地应以地基的坚固稳定为原则，绿化用地则应以满足种植植物的要求为原则。利用外来土应经过检查验定后方可使用，防止劣质土和受到污染的土进入场内。填土应该分层碾压夯实，通常每层 20~40 厘米。

3. 土方最佳含水量

为了保证土壤的碾压夯实质量，土壤应该具有最佳含水量。如土壤过于干燥，应经适当喷水，待潮湿以后再进行碾压夯实。不同种类的土壤，其最佳含水量不同，如：重黏土，最佳含水量为 30%~35%；黏土质、砂土质黏土及黏土，最佳含水量为 20%~30%；砂质黏土，最佳含水量为 6%~22%；细砂和黏质砂土，最佳含水量为 12%~15%；粗砂，最佳含水量为 8%~10% 等。

总之，土方工程影响面广，工程量大，质量要求高。因此，从规划设计到现场施工的各个环节，都应予以高度重视。俗话说：“土木之工不可擅动”，园林建设中的地形改造和土方工程应采取十分慎重的态度，以“原有地形可动又可不动者不动，既可多动又可少动者少动，尽可能不动”为原则。

第二节　园林假山堆叠工程

在我国风景园林中经常出现假山。假山，就是指用人工堆起来的山。园林中的假山，是自然界真山的艺术再现。

一、园林假山的历史沿革

古时，人们并不懂得用人工来堆山，只是在劳动生产时，由于开掘沟渠、疏通河道，挖出大量的土方堆积起来，形成高阜，类似丘陵，时间一长，便在上面生长出草木，很像一座真山，于是人们才逐渐发现了用人工堆山的方法。这一方法在我国究竟从何时开始，不得而知。但在孔子的《论语》中已有“为山九仞，功亏一篑”的说法，可见早在三千年以前，我国劳动人民就已经用人工来堆山了。

起初，统治阶级是用人工堆山来建造陵墓。根据史书记载，春秋时作为吴王阖闾墓的“虎丘”，就是人工堆起来的。汉代宫苑出现有“聚土为山”的记载。说明最晚到我国汉代，人们就已经把堆土为山作为造园的一种手段了。另外，汉代茂陵贵族袁广汉于北邙山下筑园“横石为山，高数十丈，连延数里。”[①]可见，叠石为山的园林假山在汉代也已出现。

自然界的真山，大体上可以归纳为土山、石山和土石结合的土石山三类。人们在懂得用人工堆山之后，

① 《汉官典职》

便进一步来模仿真山，从真山中的某些特点或者个别景物找出它们的规律，通过提炼加工，使它再现于园林，于是我国园林中堆叠假山就成为一种具有一定普遍性的造园手段之一了。

二、园林假山的堆叠方法

关于假山的堆叠方法，历代很少有专门著述，唯有明代计成在其所著《园冶》一书中列入“掇山”一章，写得比较具体。清初李渔在他所写的《闲情偶寄》里也谈到园林假山。假山中的叠石，很有技巧。

（一）假山堆叠原则

园林中的假山要本着大山以用土为主，小山以用石为主，不大不小之山采用土石结合方法堆叠的原则。

李渔在《闲情偶寄》中提到“用以土代石之法，得减人工，节省物力，具有天然委曲之妙，混假山于真山之中，使人不能辨者，其法莫妙于此。”“以土间之，则可浑然无迹，亦便于种树，树根盘固，与石比坚，树木叶繁，混然一色，不辨其谁石谁山。”“……不论石多石少，亦不必定求土石相半，土多则土山带石，石多则石山带土，土石二物原不相离，石山离土则草木不生，是童山矣。”“……土之不胜石者，以石可壁立，而土则易崩，必仗石为藩篱固也。外石内土，此从来不易之法也。”

自然界的真山正是由于它具有林、泉、丘、壑之美，才能使人感到身心愉悦而流连忘返。如果一座假山全部用石叠成，不生草木，一定会让人觉得枯燥乏味而毫无情趣。叠石为山不可过高过大，过高过大不仅浪费钱财，而且适得其反、事倍功半。全部用石叠山者，只宜在较小的面积范围内，在庭院中点缀小景。

（二）以土为主假山的堆叠

在以土为主、以石为辅的假山中，将石埋在土内，露出一部分在地面以上，仿佛天然形成的“露岩”，这种露岩不仅可以造景，有时还可以起到防止水土流失的作用。这种做法又有人称之为“土包石做法”。

堆土为山，需要考虑不同土壤的可松扩性、不同土壤的可压缩性和不同土壤的休止角。

土山要考虑山体底面与山体最高点的比例关系。不同土壤的可松扩性、可压缩性和休止角不同。

（三）以石为主假山的堆叠

人们在堆叠以石为主假山的实践活动中，不断总结和积累经验，有“一真”、“两宜”、“三远”、“四不可”、“五主张”、“六忌”、“七类型”、“八步骤”、“九种石”、“十要”之说。

1. 一真

即假山要写真，要模仿真山，园林中的假山是自然界真山的艺术再现，是真山的缩影。

堆叠假山就是研究真山中的某些特点或者个别景物，找出它们的规律，通过提炼加工，使它再现于园林。园林中的假山要比自然界的真山更概括、更典型、更集中。就好像山石盆景和山水画一样，运用对比、象形、写意等艺术手法再现真山，这里的再现是指真山的“神似”，即所谓“不似真山，胜似真山”。

2. 两宜

指假山造型宜朴素自然，手法宜简洁明了。

堆叠假山应追求自然之趣，讲究质朴大气，不宜故意弄巧、矫揉造作。比如将整组假山或假山的局部堆叠成“狮”、“虎”、“象”等形状或将假山故意堆成迷宫等均不可取。假山的堆叠手法不宜过分追求变化，故弄玄虚、过于烦琐。

3. 三远

即指高远、深远和平远。“三远”是取自中国山水画论里的观点，同西洋画论中的“三度空间”异曲同工。是讲艺术作品要把你所要表现对象的高度、深度和宽度即空间感、立体感和层次感充分表现出来。堆叠假山的“三远”并非是要求你将假山堆得有多么高、多么大，而是通过选址、布局、对比、气势等艺术手法将其凸显出来。

“高远”讲的是假山的上下关系，是要求假山要堆出高的感觉来，从山下仰视山巅，有高山峻岭之势。高远需要运用前低后高的对比手法和“之”字形构图等艺术手段来实现。“深远”讲的是假山的前后关系，是要求假山要堆出一定的距离感来，自山前窥视山后，有逶迤蜿蜒之境。其方法主要是通过两山并峙、犬牙交错来解决。“平远”讲的是假山的左右关系，是要求假山要堆出广阔的感觉来，从近山而望远山，有磅礴广阔之气。平远往往是通过平岗小阜、蜿蜒错落的艺术手法去达到（图 1–2–1）。

4. 四不可

即石不可杂、纹不可乱、块不可匀、缝不可多。

堆叠同一组假山的山石种类不可以是两种以上，也

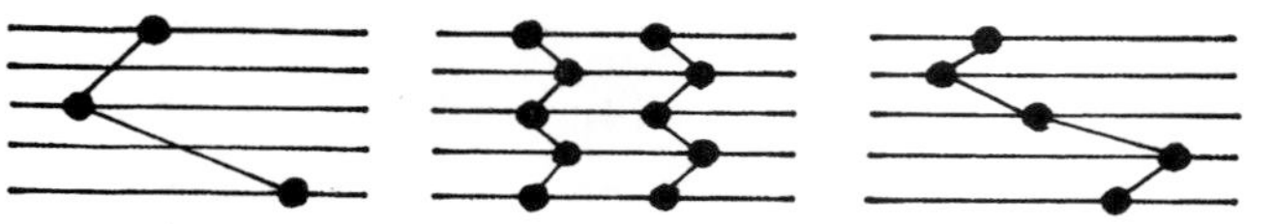

高远　　深远　　平远

图 1-2-1　假山三远示意图

就是只能用同一种山石堆叠。在特殊情况下，亦可选用形态相似、色泽相近的不同种类山石堆叠。堆叠假山时，各块山石的纹理应该一致、相互协调，如确定采用横向纹理，全部山石皆用横向纹理，确定竖向皆用竖向，确定斜向皆用斜向。堆叠假山的石块应该有大有小、有薄有厚，不可匀称，以免呆板。堆叠时，须将大小块山石通过刹垫石片和勾缝的方法浑然连成一体，有意留出的假山缝隙不可太多。

5. 五主张

即主张就近取材、主张以小见大、主张以少胜多、主张配树而华、主张质坚纹拙。

反对石材舍近求远、山体过高过大、石量过多过乱以及堆叠假山不顾周围环境等各种盲目行为。

6. 六忌

忌如铜墙铁壁、忌如城郭堡垒、忌如鼠穴蚁蛭、忌如刀山剑树、忌如笔架花瓶、忌如香炉蜡烛。

鼠穴蚁蛭是指在堆叠假山时，石块与石块之间毫无联系，由于山石凹凸所致会出现一些大小不同的孔洞，犹如蚂蚁窝或老鼠洞。

7. 七类型

是指叠石假山常用的七种类型，即：庭院山、池岛山、池岸山、峭壁山、照壁山、楼阁山、内室山等。

8. 八步骤

叠石大体可分为八个步骤，即相石、估重、奠基、压叠、刹垫、立峰、理洞、勾缝。

其中奠基就是为假山做基础，这是一个很关键的环节，人命关天、不可儿戏。假山的基础需要像做建筑的基础一样认真处理，特别是较高的假山以及北方寒冷地区的假山，其基础的做法就更加重要。传统假山的基础主要有树桩基础、灰土基础、砖石灰浆基础等。刹垫亦不可小视，因为此道工序也直接关系到叠石的牢固和安全。勾缝是牵涉到一组假山是否具有整体感的重要步骤。

9. 九种材

假山叠石所用石料，非常考究。其种类很多，取材范围很广。这里的“九”是代表“多”的意思。就是说许多种石头都可以作为堆叠假山的石料，如：青石、黄石、白石、英石、蜡石、太湖石、灵璧石、锦川石、花岗石等。选石除应就近取材外，还要注意石质，只要坚实耐久不易开裂而且纹理自然者均可使用。

10. 十要

即要有宾主、要有层次、要有起伏、要有曲折、要有凹凸、要有顾盼、要有呼应、要有疏密、要有轻重、要有虚实。

要有宾主，包括两层含义，一是在一个园林中，只能有一座主山，其余为宾山。宾山的体量、高度和显要地位不能超过主山；二是在一座假山中，只能有一个主峰，其余各峰的体量、高度和显要地位不能超过主峰。

要有层次，也有两层含义，一是前后要有层次，以表现深远；二是上下要有层次，以表现高远。同时，群山要有层次，一座山也要有层次。

要有起伏，即山势要有高低变化。群山要有高低变化，一座山也要有高低变化。

要有曲折，即山脚应形成犬牙交错之势，表现山回路转和深远之意。

要有凹凸，即堆叠假山山石要有进出、凹凸的变化，从而表现自然界中真山洞、穴、崭、壑等的千变万化，避免规则化。

要有顾盼，包括两层含义，一是宾主之间互相照应、气脉相通；二是层次起伏之间互相避让、互相依托。

要有呼应，意指山与山之间、峰与峰之间、峦与峦之间，或前或后、或大或小、或左或右、或上或下，有呼有应，相互关联。

要有疏密，几座假山的假山与假山之间、一座假山的峰与峰之间，彼此距离不可一致，应有大小、长短的变化，该集中之处要相对集中，以突出主要景观。在一个园林中，不论是群山还是小景，都要做到疏密有致。过于集中和过于分散都不适当。

要有轻重，高山、大山显重，矮山、小山显轻，大块山石显重，小块山石显轻。要根据不同的庭园环境确定假山的体量，选择大小不同、轻重不等的山石。总之一句话，当轻则轻、当重则重，且轻重之间还要相互协调，不宜悬殊太大。

要有虚实，一山之中有岗峦洞壑，则岗峦为实而洞壑为虚。丛山当中有山体、山体之间有层次和距离，则山体为实而层次空间距离为虚。堆叠假山要处理好虚与实之间的关系，方能给人以舒适之感和美的享受。

（四）景石

景石，又称作孤石，是园林假山山石的独立布置手法。古有“园可无山，不可无石”、“石配树而华，树配石而坚”的说法。景石的种类与假山叠石所用的种类基本相同。在宋代杜绾《石谱》中，罗列的景石多达110多种。古典皇家园林中景石，以太湖石居多，但也有选用其他石材的。它们都往往安置在石基座上，基座大都采用须弥座形式，上面还加以雕饰。景石上多刻有景石的名称。景石的名称多取自该石的形状特征，寄意于形。如北京中山公园的“绘月”石，石名为清代乾隆皇帝所起，石中有一较大孔洞酷似圆月，故称。再如“搴芝”石、“青云片”石、“青莲朵”等均属石名，这些景石都是圆明园的遗物。北京颐和园中乐寿堂庭院中的“青芝岫”石，长8米、宽2米、高4米，因石青且润，故名。该石原为明代官僚米万钟所获，欲将其安放在自己的宅园“勺园”内。清代乾隆皇帝在建造清漪园（今颐和园）时，移至该处。由于颐和园的“青芝岫”与中山公园的“青云片”两块名石均为清代乾隆皇帝题名，二者的体量、色泽等很相似，所以，人们把这两块名石称作“姊妹石”。

我国江南的三大名石被誉为“江南三峰”，亦为景石。它们是，江苏苏州的北宋花石纲遗物“瑞云峰”、浙江杭州石门福严寺的“绉云峰”和上海豫园的“玉玲珑”。这些景石造型奇特、意境深邃，置于庭园中，即成为庭园的景观中心。

三、园林用石

在园林中，可以堆叠假山或者可以独立构成景观的景石品种较多。明代计成所著《园冶》中就罗列有多种常用的假山石料。古往今来，园林假山经常使用的石料主要有太湖石、青石、黄石、蜡石、英石、象皮石、花岗石、灵璧石等几种，北京地区经常使用房山、昌平等山区的石料用来堆叠假山，其效果也很好。实际上，全国各地均可就近选取适合堆叠园林假山的石料，不必舍近求远，耗费资材。古时极具特色的锦川石、灵璧石，现今已不易得到。

太湖石，在园林中应用较早，唐代白居易称“石有聚族，太湖为甲”。大量的使用还是在宋代，尤其是在皇家园林中可称为主要石种。宋徽宗赵佶在河南开封营造艮岳时，从江南开采了大量太湖石堆叠假山，即史书中的“花石纲”。太湖石原产自江苏太湖区域，尤以消夏湾水中太湖石为最佳。石在水中因波浪激打而形成孔洞和穿眼，经久浸濯而表面光莹，其石质坚硬而润泽，且叩击有声，可见真正的太湖石是十分珍贵的。石色有灰白、黄灰、青灰、黑灰等。造型好的太湖石可以独置成景。

古代采石工人，带着铁锤、錾子潜入深水之中，把那些形状奇巧的湖石錾取下来，然后在水中设置木架，石上系上巨大的绳索，再用铰链提出水面装上大船。近年园林中使用的所谓太湖石也有孔洞，但面不润而声不脆，多属产自山上的旱石，仅得其形。

青石，青绿色，多呈大小扁方体，纹理自然，适于横向堆叠。利用青石堆叠假山，可适应各种园林绿化环境，无论用于以土为主的假山，还是以石为主的假山，或者用作水池驳岸，都会有不错的表现。

黄石，质坚色黄，石纹朴拙，我国许多地区均有出产，多成体量不同的方体。利用黄石成景，风格粗犷，赋有野趣。黄石与秋色植物搭配，可形成浓烈的秋季景色。

蜡石，呈黄色，表面油润如蜡，其形体浑圆。蜡石常散置于草坪、池旁或树荫下，既可代替坐凳，又可观赏。

英石，产于广东英德，故称。英石质坚而润，色泽呈浅黑灰色，纹理自然，大块英石可用来堆砌假山，小块奇巧的英石可作几案山石小景陈设。

花岗石，我国很多地区均有出产。花岗石石质坚硬，石呈黄灰色、红灰色、青灰色、黑灰色等不同颜色。以花岗石作石景，给人以粗犷、淳朴、自然之感。以自然形态的花岗石布置庭园石景，效果尤为协调自然。卵型花岗石多用于坡地、水边及溪流中。花岗石除可作山石景外，还可作其他建筑材料。如用花岗石作建筑的台基台阶等。

象皮石，因表面色泽、纹理酷似大象外皮而得名。石呈青灰色，质坚而润。

房山石，产自北京房山、门头沟一带，明清两代皇家园林及北京周边地区的私家园林多有运用。房山石又分两类：一类是青石，一类是黄石。青石，色青而润，坚硬多棱角，纹理通顺呈水平方向，宜横向堆叠。与水结合，可造青山绿水、层峦叠嶂之势。黄石，色白且黄，坚硬圆润，纹理纵横交错，既可横向又可竖向使用，可成悬崖峭壁、崇山峻岭之态。

昌平石，产自北京昌平一带山区。石质坚硬而润泽，纹理有横有纵，故既可横向也可竖向使用。该石色泽有深有浅，浅者有如天空云朵，深者犹似山巅青峦，选择同纹同色石材组合起来，气态非凡。

锦川石，状如竹笋，俗称石笋、笋石。笋石上面嵌有许多椭圆形小卵石，看上去又好像松树的表皮，也有人将这种品石称作松皮石。该石原产自辽宁锦县小凌河一带，故又称锦州石。笋石以纯绿色者为最佳，以高者为珍贵。高三、五尺者较为多见，丈余者很稀少。笋石最宜放在园内竹林花丛间，竖向栽置三两块，高低错落，如似雨后春笋，很有情趣。现在锦川石不易得，近年来出现人工仿制的锦川石，很像真石，造园效果也不错。

第三节　园林水景工程

园林水景工程即以水造景工程，主要是指造园艺术中的人工理水工程。在以自然风景为特色的中国园林当中，自然风景主要是以山、水、树木为主，因此，在中国园林中向有“无水不园”之说，可见水景在园林中的地位和作用是十分重要的。人工水景工程主要包括园林中的湖泊、水池、溪流、瀑布、涌泉、喷泉等。不管哪一种形态，都应该力求做到“逼真”、“传神”。“形”、“神”兼备应该是营造人工水景工程的基本要求和最高境界。

一、溪流

溪流，是特指园林中为解决水的源流及丰富水景，模仿自然界溪流形态而人工营造的小型水流。营造园林溪流的关键问题是要写真、要传神，写真即是要像自然界当中真实的溪流，传神即是要在自然界真实溪流的基础上进行提炼、概括和加工，使其在较小的环境中及较短的距离里将溪流的神韵和意境表现得尽善尽美、惟妙惟肖。

另外，处理好溪流的“头”和“尾”也至关重要。所谓“头”，即溪流的源头（上游），比如湖泊、水池、涌泉、瀑布等；所谓“尾”，即溪流的结尾（下游），比如湖泊、水池等。

从中外文学作品当中，我们不难发现许多关于形容溪水流淌美妙声音的词汇，如“潺潺”、“涓涓”、“淙淙”等，因此，水流湍急、水声悦耳则应成为园林人工溪流的基本目标。为实现此目标，必须做到以下三点：一是水的流量要充足；二是上下游标高要有一定差距；三是水的流淌形态要进行认真设计。

在中国古典园林中，人工溪流的成功范例较多。如北京颐和园中万寿山东麓的谐趣园，人们将这个园中之园冠以“三趣”，即“楼趣”、“桥趣”和“声趣”。“楼趣”系指瞩新楼，园外看上去为两层，而园内看过去则为三层。“桥趣”系指园内的五座桥，其形态各异，尤以知鱼桥为最。“声趣”就是指该园进水处的溪流——玉琴峡的流水声音犹如玉琴一般。

北京植物园内古代卧佛寺附近的樱桃沟花园，园中就有一条人工与自然相结合且令人们十分喜爱的溪流。人们之所以喜欢这条溪流的原因主要有三：一是这条溪流虽有人为加工，但有若自然，如景致天成；二是水流清澈，怪石嶙峋，环境幽深；三是景区内树木葱郁，山花烂漫，相传古时有仙人白鹿在此定居。

江苏南京瞻园静妙堂西侧的溪流以及无锡寄畅园的八音涧等都是人工溪流的成功范例。

二、瀑布

瀑布，即水流从高处山石上陡直泻落下来，从远处望去好像垂挂白布一样的水体景观。除极少数自然风景园林中的瀑布为天然形成以外，其他绝大多数园林瀑布皆乃人工所为。人工营造的瀑布一般体量不会太大，但其中有许多成功的作品，甚至还可以和天然瀑布相媲美。

成功的人工瀑布不仅将瀑布本身如水势、水速、水形、水声等处理得非常精彩之外，而且还将瀑布的来龙去脉和前因后果交待得十分清楚，从而更加增强了人工瀑布的真实感和连续性。形成瀑布的主要原因不外乎以下三点：一是水流落差大；二是水流流速快；三是水流基质坚硬。因此，瀑布的上游可以是水势湍急的溪流，也可以是水势平稳的蓄水池。当瀑布自高处以千尺飞流之势泻落下来之后，通常会形成一处水潭或水池，然后再蜿蜒流出。人工瀑布的上游，不管是哪一种情况，或大或小、或明或暗都必须有一个蓄水池，否则，是不会形成瀑布景观的。

此外，人工瀑布周围的植物配置亦十分重要。植物配置要起到对比和反衬作用，可刻意挑选矮小的树木如小而老的油松等栽植在山顶上，以反衬山高水长；挑选有横向悬挑枝叶的植物以反衬瀑布的飞流直下。瀑布周围的植物配置事先要有规划设计，在叠石的同时预留树池，池内要有一定量的种植土。切记营造瀑布的优美环境离不开植物，须知天然瀑布周围的植物是郁郁葱葱的。

比较有特色的人工瀑布如北京香山公园内眼镜湖北侧湖畔的水帘洞，岸边叠石为洞，洞口上端有涌泉流下，形成瀑布，好似珠帘垂挂，给眼镜湖增添了许多生气。北京中山公园内杏花村景区的人字瀑，位于环形爬山廊的下方，随着人们登临主楼的脚步，瀑布会越来越生动而清晰地展现在你的眼前，瀑布下方水池出口处的水中设有汀步，以增加人们的亲水感。

三、水池

中国园林中的水池主要有三种类型。第一种是完全天然形成的水池，包括水库在内。这种水池一般面积较大，水源充足、水量充沛，通常位于自然风景区内。如北京的古莲花池、十三陵水库等。第二种是结合城市自然生态水资源环境，为保护城市生态平衡，改善城市环境，解决城市防洪防涝、居民生活用水、农田灌溉，兼顾开展城市园林旅游等多种功能合为一体的大型水池。这种水池通常是天然和人工相结合的产物，水池面积较大，多称作湖泊，位于城区或近郊区。如北京的北海、什刹海、玉渊潭、昆明湖等。第三种是完全由人工挖掘的水池，一般规模有大有小，较大者也可称作湖泊。如北京紫竹院公园内的水池、中山公园内的水池等。完全依靠人工兴建的水池，可称作人工水池。

对于完全利用机械及人工等挖掘的人工水池，首要任务是解决水源问题。在没有自然地表水源的情况下，完全使用人工水如自来水或抽取地下水作为园林水池水源是既不科学也不经济的。水源问题应是园林人工水池能否存在的前提。其次还要解决防渗问题。在我国古代，较大人工水池的防渗多使用两种材料：一种材料是胶泥，一种材料是灰土。“文革”后期我曾对北京香山公园内多处水池做过调查，这些水池基本都是采用灰土做防渗材料，其中有始建于金代的，也有始建于明代或者清代的，当时没有发现过这些水池有漏水渗水现象。可见灰土的防水防渗功效是十分明显的。北京颐和园昆明湖的堤岸也是用灰土夯筑的，自 18 世纪 50 年代建成以来也未发现有因渗漏而维修的档案记载。

解决园林水池渗漏问题，还有一些方法：如使用高聚物改性沥青防水卷材和氯丁橡胶沥青胶粘剂做防水层；使用塑料薄膜做防水层；使用硅橡胶做防水层等。当然，由于做法不同，其工程造价也大相径庭。

如何科学、节约利用水资源也是营造人工水池必须考虑的问题。近年来，园林人工水池合理使用再生中水、科学储备雨水和循环利用等方面都取得了可喜的成果，这些成果值得我们借鉴。

（一）水池的种类

人工水池大体上又可以分为规则式水池、自然式水池和混合式水池三种。

1. 规则式水池

规则式水池轮廓呈几何图形形状，如方形、长方形（矩形）、圆形、海棠花形（四个花瓣）、梅花形（五个花瓣）等，水池边岸也是规则整齐的。在中国古代园林当中，规则式水池以矩形最为多见。

2. 自然式水池

自然式水池，是指水池轮廓呈不规则的自然形状，边岸做法也比较灵活自然的水池。

中国古代皇家园林中的自然式水池多称作“太液池”，池中堆筑有蓬莱、方丈、瀛洲三座仙岛（也称三座仙山），这种模拟所谓东海蓬莱仙境以求其长生不老，被称作“一池三山”的造园理念和造园手法。从公元前 2 世纪秦始皇建造兰池始，一直延续到公元 19 世纪的清代帝王营建宫苑，延续两千多年。

实际上，“一池三山”的造园理念和手法并非只限皇家园林所独有，私家园林也有出现。有时，由于私家园林的水池较小，“三山”即用三块露出水面的山石而代之。并且，中国这种造园艺术手法甚至对日本、韩国及东南亚各国的园林都有所影响。

3. 混合式水池

混合式水池，是指规则式和自然式相结合的水池，即水池边岸有一部分是规则的，另一部分则是自然式的水池。混合式水池在中国传统园林中亦多有出现，特别是一些小型水池，更显得灵活而别致。如北京颐和园内又一“园中之园”——扬仁风中的水池，水池位于该园中轴线上接近入口处，它总体呈矩形，造园家为了寻求水池与周围环境的和谐完美，采取了靠近入口一侧选用方整石砌筑的规则池岸，岸边还增设了低矮栏杆，而其余边岸则选用山石堆叠成自然式池岸。使水池与环境浑然一体，取得了极佳的效果。

（二）水池驳岸及做法

水池的边岸称作驳岸或泊岸。驳岸的形式和做法大体上有以下几种，即土岸、山石驳岸、方整石驳岸、虎皮石驳岸、木桩驳岸、混凝土仿木桩驳岸、混凝土现浇及混凝土外贴面砖等与其他各种形式做法的驳岸。水池驳岸的形式和做法，应与园林风格及周围环境相互协调。如北京颐和园内昆明湖、后湖等处的驳岸基本上有两种：一种是方整石驳岸，一种是山石驳岸。方整石驳岸主要集中在昆明湖东堤、南湖岛周围及后湖苏州街一带，这是由于使用功能和观赏功能使然。北京陶然亭公园、紫竹院公园、动物园湖泊的驳岸主要是虎皮石驳岸。

北京颐和园方整石驳岸的做法是：方整石下面为柏木（去掉表皮原木）梅花桩基，桩间填埋级配砂石，方整石使用麻刀灰（青灰、桐油）勾缝，背后砌筑砖墙；山石驳岸的做法是：梅花桩基做法同方整石驳岸桩基，梅花桩基上面铺砌一层条石，背后砌筑砖墙、3 ∶ 7 灰土，条石上堆筑山石。

北京动物园等湖泊虎皮石驳岸的做法是：基础采用块石素混凝土做法，驳岸采用毛石水泥砂浆砌筑虎皮石墙，断面呈楔形，上小下大，顶部现浇或预制混凝土板，顶部也可堆叠山石，虎皮石墙背后填埋级配砂石。

北京中山公园南门内喷水池、愉园内规则式水池及杏花村景区自然式水池均为小型水池。南门内喷水池为弧形青白石池壁，愉园内水池为方整石驳岸，杏花村自然式水池为山石驳岸，这三个水池青白石池壁、方整石驳岸、山石驳岸背后皆为钢筋混凝土，池底亦为钢筋混凝土。水池驳岸背后与水池池底的钢筋混凝土需要紧密衔接并做好防水处理。

园林中的自然式水池有大有小，较大的水池池中常设有岛、桥、汀步等，较小的水池也可在池中设人工涌泉，入水口做成瀑布。

园林中的人工水池一般均设有入水口、溢水口和泄水口。入水口自不必说是用于解决水源问题。溢水口是用来控制水池最大容量和水面最大标高的，由于在中国造园艺术中讲求人与水的亲近感，因此，园林中水池水面标高以越接近水池外地坪标高越好。为解决雨季水涨溢池，溢水口的设置就显得尤为重要。泄水口主要是用来解决清洁水池问题，由于水池中水的流动性一般都不大，因此，定期清理水池十分必要。另外，维修水池时也需要将池水排放干净。

水池的入水口、溢水口和泄水口，通常不是采用简单的方法而往往都是采用巧妙的造园艺术手段加以解决。比如通过瀑布、涌泉、溪流、闸口等形式作入水口；规则式水池的溢水口采用镂空石雕构件来装饰美化溢水口，自然式水池的溢水口隐蔽在山石驳岸缝隙之中等方法；泄水口一般设在水池池底标高最低之处，泄水管道安装有泄水阀门。泄水口由于不暴露在外面，因此，只需解决其使用功能方面的问题，很少关联观赏效果问题。

人工水池的水深要充分考虑人身安全，尤其是儿童。一般应控制在 1 米之内，而且距岸边 1.5 米的范围内，水深不宜超过 0.7 米。

对于水池中的水生植物种植区，还要考虑植物栽植方面的要求，为使栽培土保持稳定、不致流失，可在水下利用毛石砌筑适当高度的拦土墙，形成种植区。

四、涌泉

涌泉，又称乳泉、地泉，系指水从地下垂直方向涌上来的泉。园林涌泉有两种，一种是天然涌泉，一种是人工涌泉。天然涌泉是大自然的奇观、宝贵的风景资源，因此，有天然涌泉的园林数量很少。如山东济南的趵突泉、浙江杭州的虎跑泉、江苏无锡的惠山泉、北京玉泉山的玉泉等均为天下历史名泉。一般园林多用人工涌泉营造水体景观。

人工涌泉是以天然涌泉为楷模，当然也以最似天然涌泉为最高标准。山东济南自古有名泉 72 处，故被誉为泉城。这些名泉的出水形态大致可以分为以下几种类型：趵突泉型、珍珠泉型、黑虎泉型和井泉型等。

1. 趵突泉型：泉池水质清澈，泉从池中喷涌而上，水柱数尺，水花四溅，气势恢宏。

2. 珍珠泉型：一池滢滢碧水，泉自地下涌出，水中泛起串串气泡，或聚或散，状如数颗珍珠。

3. 黑虎泉型：泉自悬崖下的岩洞中流出，经石雕的虎头喷出，水声震耳，犹如虎啸。

4. 井泉型：泉从井底或井壁涓涓涌出，井水清醇甘洌，井口栏台考究，井口外缘多刻有“××泉”的泉名。

此外，还有一种涌泉自悬崖或岩石缝隙中流出后，立刻改变了形态，或形成瀑布，或汇成溪流。

五、喷泉

喷泉，系指喷射、喷涌之泉。在上述涌泉中的趵突型即是喷涌之泉。由于涌泉最适合在中国传统园林当中用来作为水体景观，故将其从喷泉当中摘出，专门加以介绍。关于喷泉当中的另外一种喷射之泉，通常人工所为，即人工喷泉。这种喷泉产生并流行于西方，是一种适应于现代园林的水景形式。

这种喷泉下面多设有规则式水池，统称喷水池。喷水池内也可以和人物、动物等雕塑结合，也可以采取水从高处层层叠落形式，形成瀑布水帘，美化城市广场或公共绿地。人工喷水池的设计非常讲究，首先要对水池的位置、尺度、造型、用材等进行精心安排，然后再对喷头、水花、水柱、喷射强度、喷洒轨迹以及综合效果等都要进行精心处理。近年来，随着科学技术的进步，许多地方采用了电子计算机编程控制的音乐喷泉，喷泉系统随音乐的节奏与旋律翩翩起舞，深受人们的喜爱。

园林水景不仅可以增加园林中的景观，水面的倒影以及水生植物随季节的不同而发生变化，并且还可以改善及调节局部地区的小气候，特别是瀑布、喷泉等，喷溅出的水花和水雾可以湿润空气、调节温度。同时，喷泉、瀑布还可以净化水体水质，增加水中的氧气，有利于观赏鱼类的养殖。

第四节　园林道路与地面铺装工程

园林中的道路，简称园路。庭园当中以砖石铺砌而成的路又称作甬道、甬路。园路系指公园或园林风景区内各种功能、各种形式、各种规格的道路铺装。园林道路是公园或园林风景区的经脉，是联系园区内各景区、各景点、各部门的纽带，是构成园林的一项基本要素。

一、园林道路的功能和作用

1. 有效组织公园或风景区内交通。通过园林道路统筹解决游览区内的各种交通问题，诸如游客步行游览、乘车游览等方面交通，日常食品、物质等方面供应交通，管理、维修、建设等方面交通，治安、消防等安全保卫方面交通等。

2. 沟通景区景点，起引导游览路线、控制游览秩序、保证游览效果的作用。通过园林道路可以将游客输送到园内各个景区景点，同时，通过园林道路的走向、等级、规格等引导、控制游览路线和游览秩序，使游客可以欣赏到最佳的园林景观效果。

3. 保障园林景区内各类物质的供应。如广大游客和日常管理人员所需的食品、旅游商品、生活用品等，再如用于美化环境所用园林苗木、花草及其他各种材料的运输，举办各种文化娱乐活动所需各种器材、道具等的运输，用于园林管理、维修、建设等方面各种材料的运输以及园林景区内各种垃圾的外运等。

4. 为保证园林景区内的治安、消防等安全保卫提供必要条件。一般园林景区的花草树木较多，不少园林景区因历史悠久还存活有古树名木及保存有古迹文物，有一些园林景区本身就是文物保护单位。由于园林景区易燃物品较多、文物古迹较多，且游客较多、较集中等特点，其安全保卫任务十分繁重。因此，园林道路的作用就显得更加重要。

5. 园林道路还具有组织庭园内地面雨水明排以及地下敷设供电、供水、排水等主要管线管沟的作用，有助园林植物通风、光照需求，因而，可以增加园林植物配置品种、丰富园林植物景观的作用。

二、园林道路的构造和种类

（一）园林道路的构造

园林道路与其他道路基本相同，其断面构造通常是由路基、基层、结合层及面层 4 部分组成。在一般情况下，道路的两旁还安装有路牙或路缘石（路边石）（图 1-4-1）。

1. 路基

路基是园林道路及各种道路的基础，是道路的载体和依托，对道路的安全和稳定起着十分重要的作用。路基是指经过处理及碾压或者夯筑的道路素土基层。对于存在问题的路基部分，在进行整体碾压或夯筑之前，均要做具有针对性的技术处理。路基碾压或夯筑密度应达到该条道路使用功能的技术规范要求。

2. 基层

基层位于路基的上方，是在经过碾压或者夯实之后坚实路基上面进行的。基层可以采用多种材料，如

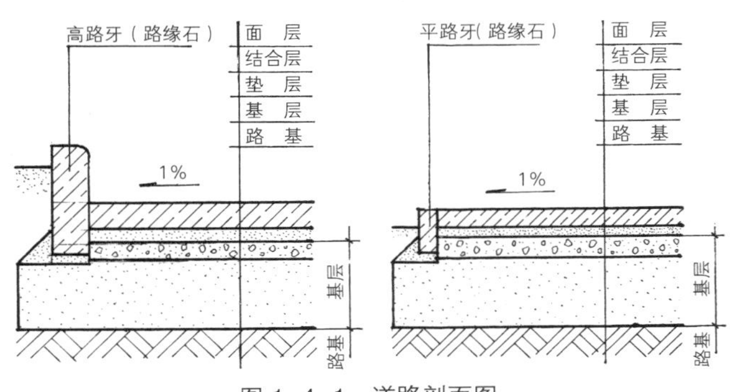

图 1-4-1　道路剖面图

灰土、混凝土、粗砂、碎石、级配砂石、商品混合料等。在中国传统建筑施工技术当中，多采用3 ：7灰土或2 ：8灰土作为基层材料。我们可以根据具体情况的需要选用不同的基层材料。

有时，基层还可以分成上下两层：下层较厚，称作底基层或者下基层；上层较薄，称作上基层或者垫层。上基层、垫层是下基层与结合层紧密衔接的过渡层，同时具有找平层功能。

3. 结合层

结合层处于基层或垫层之上、面层之下，其功能顾名思义，主要是起让面层和基层或垫层紧密结合粘连在一起的作用。结合层通常采用灰浆或者砂浆，一般厚度不超过5厘米。

4. 面层

面层又称作路面，是道路的表层。路面是园林道路的脸面，由于园林道路十分重视脸面，因此，路面对于园林道路来讲，就显得更加重要。园林道路路面所使用的材料以及所采用的做法和形式都十分丰富而且非常考究。

5. 路牙、路缘石

位于道路的两侧边缘，因此也称路缘。路牙、路缘石一般有两种安装形式：一种是平路牙、平路缘石，即路牙、路缘石上皮与路面表皮平齐；另一种是高路牙、高路缘石，即路牙、路缘石上皮高出路面。平路牙、路缘石的路面通常高出道路两侧地面，而高路牙、高路缘石的路面一般均低于道路两侧地面。

究竟什么样的路安装平路牙、平路缘石，什么样的路安装高路牙、高路缘石，通常取决于以下几种情况：

（1）通行机动车的承重路两侧多安装高路牙、高路缘石，而非承重路两侧多安装平路牙、平路缘石；

（2）雨水暗排（路边安排有雨水井、地下敷设有排放雨水管线）的路两侧多安装高路牙、高路缘石，而雨水明排的路两侧多安装平路牙、平路缘石；

（3）较宽的路，如一、二级路两侧多安装高路牙、高路缘石，而较窄的路如三级路两侧多安装平路牙、平路缘石。

园林道路的路面从纵横两个方向都要有一定的坡度叫作泛水，泛水的作用是让路面排水顺畅。路面横断面的形象呈扁担形，中心高而两侧低。园林道路横断面泛水通常为1%左右，纵断面泛水可略小，但应以雨天路面无积水之处为标准。

（二）园林道路的种类

可以从功能和作用不同、位置和地位不同、规格和尺寸不同、材料和做法不同等方面进行分类。

1. 从功能和作用不同分类

主要有：承重路、非承重路。

（1）承重路是指可以行走机动车的道路。其路面宽度一般在3米以上，道路断面较厚、各层做法考究，路基碾压密实、结合层牢固、面层材料抗碾压性能强，各项指标应达到相应等级承重路的标准要求。

（2）非承重路是指不能行走机动车，而只供各类人员步行或非机动车辆通行的道路。其路面宽度一般在1.2~3米以内，道路断面较薄、各层做法相对承重路要简单一些。

2. 从位置和地位不同分类

主要有：主路、辅路、环路、支路、景点小路等。

（1）主路，又称主干路，是某一公园或风景区内的骨干道路。公园内主路宽度一般在5米或略宽，是一条可以通行机动车辆的承重路。但一般情况下，为保证安全，车辆与行人不可在同一时间内混行。主路也是一条紧急消防通道，主路的消防半径应可达到覆盖全园。

（2）辅路，又称辅道，是与主路并行，辅助主路疏散交通流量，比主路窄一些的道路。 辅路宽度一般在3米或略宽，通常也是一条可以通行机动车的承重路。辅路仅用于规模较大的园林当中，而对于一般小规模的园林是不适用的。

（3）环路，是指顺路绕行可以回到出发点即原点的道路。环路通常为主路，对于每一处独立的公园或风景区而言，至少需要建有一条环路。较小的景区也需要有一条环路，只不过路的规格尺寸可以适当缩小。环路带有一定的引导性质，设置应该科学合理，应该让游客顺着环路可用最少的路程到达各景区景点或者游览完公园、风景区内的全部景观和景点。如遇有特殊情况，有关人员亦可以迅速到达各景区景点。

（4）支路，又称次干路，是某一公园或风景区内与骨干道路相连的分支道路。支路是公园或风景区各景区景点内的“主路”。支路亦可直接抵达公园或风景区内各院落。公园内支路宽度一般在2~3米，通常也是一条可以通行机动车的承重路。不过，在一般情况下，为保证游客安全，开放游览时间段内支路只允许步行而不可以行车。

（5）景点小路，又称园林小径，是公园或风景区各景区景点内的“支路”。通过景点小路，游客可直接到达各景区景点。不过，在一般情况下，各景区景点前面大多都安排有铺装或广场，因此，景点小路多与景区景点前铺装广场相连接。景点小路宽度一般在 1.5~2 米之间，是一条观赏性较强的非承重路。

园林道路与公路的主要区别之一就在于园林道路比公路更具有观赏性。除景点小路以外，各种规格、各种等级的道路都应力求做到与该园林氛围和周边环境相谐调，力求做到使用功能和观赏功能相统一，力求做到同一公园或风景区内同一等级道路的形式和做法相一致。

3. 从规格和尺寸分类

主要有：一级路、二级路、三级路等。

（1）一级路，指公园或风景区内的主路、环路，或称主干路。通常为承重路，宽度在 5~6 米；

（2）二级路，指公园或风景区内的支路、辅路，或称次干路。通常为承重路，宽度在 3~4 米；

（3）三级路，指公园或风景区内的景点小路，或称园林小径。通常为非承重路，宽度在 1.5~2 米。

4. 从材料和做法不同分类

主要有：石材路、砖材路、混凝土路、柏油沥青路等。

（1）石材路，包括条石路、毛石路、规则石板路、冰裂纹石板路、卵石路等。

条石路的石材较厚，一般都在 12 厘米以上，石材表面多采用刷道或砸花锤工艺而不做跺斧或磨光。条石路通常多用于皇家园林及古典街道。

毛石路是用较厚的小块花岗石铺成的道路，多用于街道和园林。

规则石板路的板材可大可小、可薄可厚，板材表面不做抛光处理，以利于防滑。

冰裂纹石板路是用不规则的小块薄石板铺成的道路，多用于园林中的支路及景点小路。以青石板铺出的效果为最佳。

卵石路是用经过事先仔细挑选的细小河卵石依特定颜色、特定图案铺墁的一种道路，通常用于园林中的景点小路。卵石还可以和砖、瓦等其他材料结合起来使用，以取得更好的艺术效果。

以上石材路除条石路、毛石路和规则石板路（石板厚 8 厘米以上）可以作为承重路之外，其他石材路均不可作为承重路使用。

承重石材路断面的通常做法是：首先是碾压或夯实路基素实土；然后在上面铺灰土垫层并碾压或夯实；灰土上面使用素混凝土或者商品混合料（煤灰、石灰粉、砂砾等）做基层；结合层用水泥砂浆或者使用干硬性混凝土，铺石材时在干硬性混凝土上面再浇素水泥浆。

较大块石料最好选用灰土及素混凝土做垫层，石料就位前先用石碴垫平垫稳，当铺完几块后，一并从缝隙中向下灌注水泥砂浆。

非承重石材路断面的做法相对简单，首先是路基要素实土夯实；路基垫层可用灰土夯实或用素混凝土垫层；结合层使用水泥砂浆。

小块石料可采用墩浆的做法，即先铺好水泥砂浆之后再归安石料，用橡胶锤将石料墩实墩平。

在一些现代园林当中，使用规则或者不规则形状的厚石板铺在草坪中作为园林小径，石板厚一般在 10 厘米左右，石板一半埋入土中，一半露出地面，石板下面可使用草泥垫平。由于这种小路每块石板周围都长满了草，犹如水池中的汀步，故又称作汀步小径。

（2）砖材路，包括黏土砖路、混凝土砖路等。

黏土砖路和不足 6 厘米厚的混凝土砖路一般不可作为承重路使用，但使用旧样城砖及陡砖（将黏土砖陡立使用）时，亦可作为通行小型机动车的承重路来使用。

黏土砖虽然很少用作承重路的面层材料，但黏土砖的规格尺寸较多，而且还可以将条砖陡立起来铺墁，因此，可以组合成许许多多的图案纹样，十分有趣，具有很高的观赏性。

（3）混凝土砖路，是用预制好的混凝土砖所铺的路，其规格尺寸和形状颜色都可以事先进行设计，还可以与小规格卵石结合起来使用，其效果也很好。现代传统建筑园林经常使用模仿传统青砖的混凝土砖，用这种砖铺成的路比较坚固耐磨。较厚的混凝土砖也可以用作承重路的面层。

近年来，混凝土仿古建筑透水、透气砖在现代传统建筑园林广泛使用，这种砖不仅色相、质感接近传统黏土青砖，而且，抗碾抗压性能、透水透气性能都很强。用这种砖作承重路或者非承重路的面层，做成透水透气的道路，不仅有利于雨水回归大地，同时也有利于园林植物的发育和生长。

（4）单纯的混凝土路和沥青柏油路。混凝土路是指在现场浇注的混凝土道路。单纯的混凝土路和沥青柏油路通常多用于公路或者大型的园林，而用在较小规模园林道路者相对较少。

不管哪一种园林道路，在施工当中，均要注意保证工程质量。比如，灰土的配制及灰土湿度的控制，碾压夯实的密实度等。另外，道路的基层、结合层以及面层一般都需要有一定时间的养护期，在此期间内，必须做好成品保护，而且措施要切实得力。

三、几种道路铺装做法实例

下面介绍几种北京地区园林机动车承重路的做法实例以做参考：

（一）机动车承重路

1. 预制混凝土砖路

道路做法一（道路断面、由上至下）

5~10 厘米厚 250 号预制混凝土砖面层。砖缝宽 3~5 毫米，细砂扫缝；

2.5~5 厘米厚 1 ：3 水泥砂浆或中粗砂（掺 8% 水泥）结合层；

15~30 厘米厚 3 ：7 灰土或商品混合料基层（垫层），碾压或夯实；

路基素土碾压密实度大于 98%，夯实密实度大于 95%（环刀取样）。

道路做法二（道路断面、由上至下）

5~10 厘米厚 250 号预制混凝土砖面层，砖缝宽 3~5 毫米，细砂扫缝；

2.5~5 厘米厚 1 ：3 水泥砂浆或中粗砂（掺 8% 水泥）结合层；

10 厘米厚 150 号素混凝土垫层；

15 厘米厚 3 ：7 灰土基层，碾压或夯实；

路基素土碾压密实度大于 98%，夯实密实度大于 95%。

道路做法三（道路断面、由上至下）

6~10 厘米厚 250 号预制混凝土砖面层。砖缝宽 3~5 毫米，细砂扫缝；

2.5~5 厘米厚 1 ：3 水泥砂浆或中粗砂（掺 8% 水泥）结合层；

15 厘米厚级配砂石（掺 5% 水泥）垫层，碾压密实；

15~30 厘米厚 3 ：7 灰土或商品混合料基层，碾压或夯实；

路基素土碾压密实度大于 98%，夯实密实度大于 95%。

2. 花岗石、青白石板路

道路做法一（道路断面、由上至下）

5~10 厘米厚石板面层。缝隙宽 3~5 毫米，用细砂扫缝；

2.5~5 厘米厚 1 ：3 水泥砂浆或中粗砂（掺 8% 水泥）结合层；

15~30 厘米厚 3 ：7 灰土或商品混合料基层（垫层），碾压或夯实；

路基素土碾压密实度大于 98%，夯实密实度大于 95%。

道路做法二（道路断面、由上至下）

5~10 厘米厚石板面层。缝隙宽 3~5 毫米，用细砂扫缝；

2.5~5 厘米厚 1 ：3 水泥砂浆或中粗砂（掺 8% 水泥）结合层；

10 厘米厚 150 号混凝土垫层；

15 厘米厚 3 ：7 灰土或商品混合料基层，碾压或夯实；

路基素土碾压密实度大于 98%，夯实密实度大于 95%。

3. 冰裂纹青石板路

道路做法（道路断面、由上至下）

3~6 厘米厚青石板面层。冰裂纹缝，以 1 ：2 水泥砂浆灌缝，表面勾抹平整；

2.5~5 厘米厚 1 ：3 水泥砂浆结合层；

10 厘米厚 150 号混凝土垫层；

15~20 厘米厚 3 ：7 灰土基层，碾压或夯实；

路基素土碾压密实度大于 98%，夯实密实度大于 95%。

4. 条石、厚石板路

道路做法（道路断面、由上至下）

12~15 厘米厚条石、厚石板面层。缝隙宽 3~5 毫米，用细砂扫缝；

3~5 厘米厚 1 ：3 水泥砂浆或石灰浆结合层（采用传统灌浆方法）；

15~30 厘米厚 3 ：7 灰土基层（垫层），碾压或夯实；

路基素土碾压密实度大于 98%，夯实密实度大于 95%。

5. 透水透气混凝土砖路

道路做法一（道路断面、由上至下）

6~8 厘米厚高强度透水透气仿古混凝土砖面层。缝隙宽 3~5 毫米，用细砂扫缝；

2.5~5 厘米厚中粗砂（掺 8% 水泥）结合层；

15~30 厘米厚 3 ：7 灰土基层（垫层），碾压或夯实；

路基素土碾压密实度大于 98%，夯实密实度大于

95%。

道路做法二（道路断面、由上至下）

6~8 厘米厚高强度透水透气仿古混凝土砖面层。缝隙宽 3~5 毫米，用细砂扫缝；

2.5~5 厘米厚中粗砂（掺 8% 水泥）结合层；

15~30 厘米厚级配砂石（掺 5% 水泥）基层（垫层），碾压密实；

路基素土碾压密实度大于 98%，夯实密实度大于 95%。

6. 传统粘土方砖、条砖路（只限小型机动车）

道路做法（道路断面、由上至下）

6~11 厘米厚传统粘土方砖、平铺条砖或陡铺条砖面层。缝隙宽 5~7 毫米，用细砂扫缝；

2.5~5 厘米厚 1 ：3 水泥砂浆结合层；

15~20 厘米厚 3 ：7 灰土基层（垫层），碾压或夯实；

路基素土碾压密实度大于 98%，夯实密实度大于 95%。

7. 预制嵌鹅卵石混凝土砖路（只限小型机动车）

道路做法（道路断面、由上至下）

6~8 厘米厚预制嵌鹅卵石混凝土砖面层。缝隙宽 3~5 毫米，用细砂扫缝；

2.5~5 厘米厚 1 ：3 水泥砂浆或中粗砂（掺 8% 水泥）结合层；

15~20 厘米厚 3 ：7 灰土或级配砂石（掺 5% 水泥）基层（垫层），碾压或夯实；

路基素土碾压密实度大于 98%，夯实密实度大于 95%。

8. 预制混凝土砖与混凝土嵌鹅卵石相间路（只限小型机动车）

道路做法（道路断面、由上至下）

6~8 厘米厚预制混凝土砖（四方、六方或八方）与相同厚度的 1 ：2 ：4 豆石混凝土嵌鹅卵石相间面层。卵石表面需用钢刷刷净，预制混凝土砖缝隙宽 3~5 毫米，用细砂扫缝；

2.5~5 厘米厚 1 ：3 水泥砂浆或中粗砂（掺 8% 水泥）结合层；

15~20 厘米厚 3 ：7 灰土或级配砂石（掺 5% 水泥）基层（垫层），碾压或夯实；

路基素土碾压密实度大于 98%，夯实密实度大于 95%。

9. 青石、花岗石板碎拼路（只限小型机动车）

道路做法（道路断面、由上至下）

3~5 厘米厚青石板或花岗石板碎拼面层。缝隙宽 3~5 毫米，用细砂扫缝；

2.5~5 厘米厚 1 ：3 水泥砂浆结合层；

15~20 厘米厚 3 ：7 灰土基层（垫层），碾压或夯实；

路基素土碾压密实度大于 98%，夯实密实度大于 95%。

10. 路牙（路缘石）做法

高路牙做法

选用石材或与路面相同材料（路牙高出路面），路牙下面做 2.5~5 厘米厚 1 ：3 水泥砂浆结合层，背后用水泥砂浆抹成 45 度角加固。路牙长、宽、高尺寸酌定；

平路牙做法

选用石材或与路面相同材料（路牙上皮与路面持平），下面做 2.5~5 厘米厚 1 ：3 水泥砂浆结合层，背后用水泥砂浆抹成 45 度角加固。路牙高可同路面厚，长、宽尺寸酌定。

（二）非承重路（非机动车路、甬路、步道）

1. 一般道路做法（道路断面、由上至下）

路基素土夯实；

基层或垫层一步 3 ：7 或者 2 ：8 灰土；

结合层可以使用 2.5 厘米厚的 1 ：3 白灰砂浆或水泥砂浆；

面层可以使用 3~5 厘米厚的粘土砖、薄石板或者混凝土镶嵌鹅卵石。

非承重路宽度应控制在 1.5 米以内。还有一般宽度不足 1 米，没有路牙，通常使用条石、厚石板或厚石块铺成、缝隙较宽并可以种草的甬路。这是一种适用于园林草坪当中只供人们步行、别具园林情调的“汀步”小路。

2. 汀步小路做法（断面、由下至上）

路基素土夯实；

3~5 厘米厚黄土垫层；

15~20 厘米厚条石、厚石板或厚石块，石料上皮高出甬路两侧地坪 5 厘米，缝隙宽 3~5 厘米，用种植土掺草籽填缝。

四、地面铺装工程

地面铺装简称铺地、墁地，又称海墁地面。实际上，地面铺装就是扩大了局部宽度的路面铺装工程。形式做法与道路铺装基本相同，只是面积较大，可以形成广场，因此，其功能和作用比道路也更为广泛，除具有一般道路的功能和作用以外，还可用作人们停留、疏散、活动、聚众的场所以及停放车辆的场地即停车场。

（一）选择地面铺装形式和做法的基本原则

园林地面铺装的形式做法与园林道路形式做法的基本原则大体相同。在一般情况下，应注意遵循以下几条原则：

1. 园林地面铺装的形式和做法应该与该园林的性质、主要功能定位、风格和特色相吻合。根据不同的园林性质、主要功能、风格特色来确定其园林地面铺装的形式和做法。

2. 满足和适应该园林景区对地面铺装的使用功能要求。如需要走机动车或者停放机动车的地面应采用承重地面铺装的形式和做法，地面铺装需保持一定的坡度（泛水）以避免地面出现积水现象。

3. 地面铺装所选用的材料应力求自然、环保、经济、适用，尽可能采用透气透水的环保型地面铺装做法。

4. 在保证和满足园林景区地面铺装使用功能要求的前提下，努力提高园林地面的艺术观赏性能。

5. 同一公园或风景区，同一区域或同一类型的地面铺装，其形式和做法应该谐调统一。

（二）地面铺装的位置、种类和做法

1. 位置。园林地面铺装多位于公园或风景区大门内外、庭院门外及庭院当中、景观景点前方或周围、可供人们进行文化体育活动的场地、停放车辆的场地等。

2. 种类。可从不同角度分类，若从功能上区分，主要有可以分成一般性地面铺装与停车场地面铺装两种类型。一般性地面铺装又可分成可以行走机动车辆的承重型地面铺装和禁止一切机动车驶入的非承重型地面铺装两种；若从面层材料上区分，主要有石材（石块、石板、卵石等）、砖材、混凝土（现场浇注、场外预制）、沥青等；若从性能上区分，主要有透气透水型地面铺装与不透气透水型地面铺装等。

3. 做法。地面铺装的做法与道路铺装的做法基本相同，其断面结构也是由地基（路基）、基层、垫层、结合层与面层构成。不同地面铺装的做法可参照前面所讲到的与其相对应的道路铺装做法。相对独立的地面铺装通常采用与面层材料相同的平牙子，牙子也可参照道路牙子做法。

一般情况下，承重地面铺装可以通行或临时停放机动车辆，但不可以作为专用停车场使用。专用停车场由于需要适应频繁进出车位的碾压和大型车辆荷载，故应该按照实际需要进行建置。

五、几种地面铺装做法实例

下面介绍几种北京园林景区地面铺装做法

做法一：预制混凝土方砖停车场地面（铺装断面、由上至下）

10 厘米厚 250 号混凝土砖面层；

2.5~5 厘米厚水泥砂浆结合层；

20~30 厘米厚 3 ：7 灰土基层（垫层），碾压密实；

地基素土碾压密实度大于 98%（环刀取样）。

做法二：预制混凝土嵌草砖停车场地面（铺装断面、由上至下）

10 厘米厚 250 号混凝土嵌草砖面层；

3~5 厘米厚中粗砂（掺 8% 水泥）结合层；

30 厘米厚 3 ：7 灰土基层（垫层），碾压密实；

地基素土碾压密实度大于 98%（环刀取样）。

做法三：混凝土方砖承重地面（铺装断面、由上至下）

6~8 厘米厚 50×50 厘米混凝土方砖地面；

3~5 厘米厚 1 ：4 水泥砂浆结合层；

10 厘米厚 C10 素混凝土垫层；

地基素土碾压密实度大于 98%，夯实密实度大于 95%。

做法四：透气透水混凝土砖承重地面（铺装断面、由上至下）

6 厘米厚透气透水混凝土砖面层；

3~5 厘米厚中砂（掺 8% 水泥）结合层；

20 厘米厚级配砂石（掺 5% 水泥）垫层，碾压密实；

地基素土碾压密实度大于 98%，夯实密实度大于 95%。

做法五：透气透水混凝土砖承重地面（铺装断面、由上至下）

6~8 厘米厚 30×30 厘米混凝土嵌草方砖地面；

3~5 厘米厚中砂（掺 8% 水泥）结合层；

20 厘米厚级配砂石（掺 5% 水泥）垫层，碾压密实；

地基素土碾压密实度大于 98%，夯实密实度大于 95%。

做法六：透气透水粘土砖承重地面（铺装断面、由上至下）

二城样黏土条砖地面；

两步3：7灰土垫层；

素土夯实，密实度大于95%。

地面铺装或者道路铺装，素土或灰土垫层应分层碾压夯实，每层虚土的厚度，一般控制在：机械碾压，每层不大于30厘米，密实度不低于98%；蛙式打夯机夯实，每层不大于25厘米；人工夯实，每层不大于20厘米。垫层密实度不低于95%，并且须剔除杂物及大于3厘米直径的土块。

六、传统建筑园林地面铺装的常见做法

传统建筑园林中的地面铺装常以青砖和石材墁地为主。

1. 青砖墁地

青砖墁地一般可分为糙墁、细墁两种做法。糙墁做法主要用于室外庭院地面铺装，而细墁则主要用于室内地面铺装。青砖有方砖和条砖两种。

糙墁做法的特点是：全部砖料不需要砍磨，地面砖缝相对较大，地面平整度不如细墁。

细墁做法的特点是：全部砖料需要按统一规格砍磨加工，地面砖缝很小，地面平整光洁。在细墁做法当中，最为讲究的当属经常用于重要宫殿建筑室内的金砖墁地了。所谓金砖，是指将方砖的六个面砍磨五个面，加工工艺细致、规格尺寸精确、表面平整光洁，主要用于铺墁地面的方砖。

金砖墁地的做法特点是：金砖铺砌完成以后，用黑矾水涂抹地面，然后再用生桐油浸泡，工匠称之为“泼墨钻生”，泼墨钻生之后再烫蜡。也有使用“泼墨烫蜡”方法不钻生而直接烫蜡的。

2. 石材墁地

石材有条石、石板、毛石、卵石等多种，石材墁地的结合层一般也可分为“墩浆”和“灌浆”两种做法。具体采用哪一种方法主要取决于墁地石材的单体重量，如单体重量单人即可抬起者可采用墩浆做法，比如小块石板、毛石、卵石等，而单体重量过重者则宜采用灌浆做法，如条石或大块石板等。

墩浆做法是指先在垫层上铺好灰浆，然后再安放石料的做法。

灌浆做法是指将大块石料先用碎石块垫平、垫稳、垫牢，每当铺好一小块地面以后，将周围用灰围堵起来，留出浆口，然后从浆口向里灌浆的做法。传统灰浆主要有生石灰浆和桃花浆（白灰浆加上等黏土浆）。

3. 铺装垫层做法

在中国古代园林当中，地面铺装不管使用青砖还是石材，其垫层主要使用灰土，少数亦有以素土夯实作为垫层的。总体上讲，皇家园林地面铺装从面层到垫层的做法都要比私家园林讲究。

皇家园林地面铺装垫层一般采用两步或者几步3：7灰土，重要部位还有使用多层墁砖的方法作为垫层的。而私家园林地面铺装垫层多采用2：8灰土，也很少使用多层墁砖作为垫层的。

在我国传统建筑技术中，使用人工夯实，素土每层（一步）虚土厚一尺（营造尺，合32厘米），夯实厚为七寸（合22.4厘米）；灰土每层（一步）虚土厚七寸，夯实厚为五寸（合16厘米）。

园林中地面铺装的设计和施工应与园林道路紧密结合起来，统筹考虑。

要处理好地面、道路与各有关建筑物的相互关系，特别要注意安排处理好全园雨季雨水及时排出的科学体系、地面铺装与道路各点位的标高，以避免出现局部地区的积水现象。另外，地面铺装与周围道路、建筑、环境等的协调统一也十分重要。

散水是用于建筑台基、台阶外围或道路两侧的带状铺装，因此也属于地面铺装范围。

地面铺装的边缘也要安装牙子（路牙），牙子的规格尺寸和做法也应与其所衔接的道路路牙规格尺寸做法相一致。

七、园林道路及地面铺装的艺术形式

由于园林道路和地面铺装除要求安全坚固以及与建筑、环境协调统一以外，还要具有较强的艺术性和观赏性，因此，确定园林道路和地面铺装的艺术形式十分重要。

园林道路及地面铺装的艺术形式十分丰富，可以根据面层的使用材料不同、规格尺寸不同、组合规律不同以及颜色质感不同等，设计和铺装出千变万化、丰富多彩的艺术形式来。如“十字缝做法”、“丁字缝做法”、“正缝做法”、“斜缝做法”，“八方交四方”做法、“十字海棠”做法、“十字转心海棠”做法、“龟背锦”做法等。

第二章　传统建筑的结构特点、构成要素与布局

第一节　传统建筑的主要结构形式

从原始社会末期开始，中国建筑便以木构架作为主要结构形式。

中国传统建筑的木构架主要有四种结构方式，即：抬梁式、穿斗式、井干式和干栏式（图2-1-1）。其中，抬梁式使用范围最广，是我国古代建筑中较为普遍的木构架形式。抬梁式木构架也是中国传统建筑木构架形式的主导和主流。

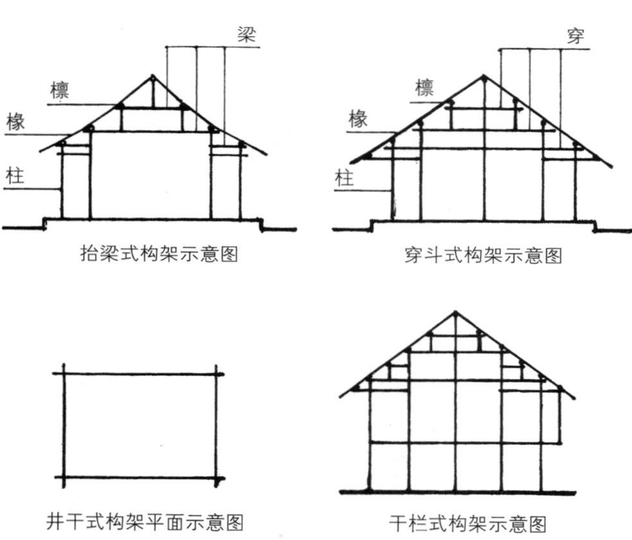

图2-1-1　传统建筑主要木构架形式

一、抬梁式木构架

抬梁式木构架早在我国春秋战国时期就已经基本形成，后来，经过不断改进提高，便产生了一套完整的形制和做法。

抬梁式木构架是沿着房屋进深方向的柱础上立柱，柱上架梁（梁又称作“柁”），再在梁上立瓜柱，瓜柱上架梁，梁上再立瓜柱，瓜柱上再架梁，这样往复可以重叠数层构成一组（通常称作“一榀”或者“一缝”）木构架。在平行的两榀木构架之间，有水平方向的木枋（垫枋）连接柱上端的柱头部位，在各层梁头上部及脊瓜柱上端安置水平方向的圆木（檩）。垫枋与檩之间安装垫板。这檩、板、枋俗称“大木三件”，构成一个横向承载上面椽子、望板及屋面重量的整体构件。这种木构架形式就被称作抬梁式木构架。采用这种木构架的建筑就称作抬梁式建筑。

综上所述，抬梁式木构架是指在台基上立柱，柱上架梁，梁上再立瓜柱（短柱），瓜柱上架梁，如此纵向层层叠架，直到理想的高度。这样一榀重叠的梁架与另外一榀重叠的梁架之间横向架檩等构件，檩上再纵向架椽，从而构成一个完整的叠梁框架式构架。抬梁式木构架也称作叠梁式木构架。

抬梁式建筑结构较为复杂，做工要求严格、精细，造型优美、气势雄伟。抬梁式木构架不仅结构牢固、经久耐用，而且，室内可以形成几间或多间联通的较大空间。

抬梁式木构架广泛应用于我国古代宫殿、坛庙、佛寺、道观、园林、陵寝以及民居等建筑当中。

二、穿斗式木构架

穿斗式木构架也是在建筑台基的柱础上立柱，但柱径较细，因此进深方向柱子的间距较小、布局较密。穿斗式木构架不使用架空的抬梁，而以数层水平方向贯通柱间的“穿”组成一组组屋架，柱直接承受檩、椽和屋面的重量。穿斗式木构架最重要的特点是使用较细的柱与横向构件“穿”，而不用梁来构成较大的梁架。

穿斗式木构架在汉代以前就已经形成，一直流传

至今。这种构架在我国南方各省广泛使用，而在北方较为少见。有些建筑在房屋两端的山面使用穿斗形式，而当中各间却使用抬梁式构架。

穿斗式木构架的优点是可以利用较小的材料来建造较大的房屋，而且由于框架各构件之间间距较小，能够形成网状，所以结构上较为牢固。其主要缺点是室内由于柱、枋较多，不能形成几间联通的较大空间。

三、井干式木构架

井干式木构架是利用断面为圆形、方形、矩形或者六方形的木料，一层一层搭接叠落而形成房屋墙壁，上面屋顶也用原木做成的房屋构架形式。

这种木构架早在商周时期就已经形成，汉代初期还出现了井干式楼阁。后来，这种构架除了少数森林地区以外，已经很少使用。

井干式木构架结构简单，容易建造。但过于简陋，且使用木材较多，室内空间较小。

四、干栏式木构架

干栏式木构架是先在柱子下面使用木梁、木板等离开地面一定距离搭建一层平台，然后再在平台上面建造茅草或者木板屋面的房子，上下平台使用木梯的房屋构架形式。

这种房屋有如下层通透的楼阁，上层住人，下层通常存放柴草或做成猪圈、牛栏。此种房屋多见于南方和西南地区农村。

第二节　传统建筑中的斗栱

斗栱与翼角都是中国传统建筑中比较特殊的构造，因此都具有鲜明的特征与个性。

一、传统建筑中的斗栱与斗栱的作用

有些抬梁式建筑，如宫殿、寺庙等高等级建筑的檐口垫枋以上部位安装有斗栱。斗栱是我国传统建筑中具有显著特征的一种构件。所谓斗栱，是由在方形坐斗上用若干方形小斗与若干弓形的栱叠落而成的组合构件。斗在斗栱当中主要是起承托和铺垫作用的构件，栱主要是左右拉接、内外悬挑起杠杆作用的构件。斗栱是用来加大屋面出檐长度，承托梁头、支撑屋面出檐重量，将其直接或间接地传递到柱上，起“悬臂梁”结构作用的木构件。房屋出檐的长度越大，斗栱的出挑层数也越多。斗栱出挑层数的多少也标志着该建筑的等级和重要程度。

简单的斗栱产生于周代末期，汉代以前早期的斗栱是搁在柱头上，形制有如清代的一斗两升或一斗三升斗栱，少数也有出挑的斗栱。唐代以后斗栱已经形成了一套完整的体系。宋以后斗栱日趋复杂。明代以后，斗栱逐渐削弱了结构方面的功能，而增强了装饰性功能。清代以后，许多大式建筑已很少使用斗栱，而只是在宫殿、坛庙、陵寝等建筑中坚持使用斗栱，以显示皇族与神佛的尊贵庄严。斗栱经过历朝历代不断发展，尺度越来越小，布局越来越密。至明清时期，有些斗栱几乎完全丧失了原来的结构功能而成为单纯的装饰构件了。

二、斗栱的主要构件

一组斗栱称作一攒（宋时称一跺）斗栱。“攒”是斗栱的基本单位。一攒斗栱有时要由几十个构件组成，看上去十分复杂，但不外乎斗、栱、升、翘、昂、枋、耍头、撑头、桁碗、板等十余种主要构件。

（一）斗

斗是斗栱中的主要木构件，由于它的形状好像旧时量米的斗而得名。斗是斗栱中承托栱、翘、昂等构件的斗形木方。不同部位、不同作用、不同构造的斗，其名称也不同，如坐斗（又称大斗，宋代称作栌斗。平面呈正方形，端坐在平板枋上，长、宽各 3 斗口，高 2 斗口）、十八斗（宋代称作交互斗。安装在昂头之上，长 1.8 斗口，宽 1.4 斗口，高 1 斗口）、筒子十八斗（安装在柱头科斗栱的昂头之上，长按上一层构件宽度再加 0.8 斗口确定，宽 1.4 斗口，高 1 斗口），角科斗栱的连瓣斗等。

（二）栱

斗栱中的主要木构件，由于它的外形好像一把弯弓，故称作栱。栱安装在与正心桁、挑檐桁并行的方向。不同部位、不同作用、不同构造的栱，其名称也不同，如正心瓜栱（宋代称泥道栱）、正心万栱、单材瓜栱、单材万栱（里拽或者外拽）、厢栱（宋代称令栱）

等。瓜栱较短，位于万栱的下方承托着万栱，正心瓜栱、正心万栱是指位于进深方向檐柱柱中心线上的瓜栱（宋代称瓜子栱）和万栱（宋代称慢栱）；单材瓜栱、单材万栱是指不在檐柱中心线上的瓜栱和万栱，中心线以外称作外拽单材瓜栱或单材万栱，中心线以内称作里拽单材瓜栱或单材万栱；厢栱是位于最上层、最内侧承托井口枋及最外侧承托挑檐枋的栱，因此，只有里外厢栱而无正心厢栱。各种栱的高度均为 2 斗口，厚 1 斗口(外加板槽厚)，但长度各有不同。瓜栱长 6.2 斗口，厢栱长 7.2 斗口，万栱长 9.2 斗口。栱的端头转角部位卷杀做法也各有不同，万栱按三瓣分位(每瓣 1/3 斗口)，瓜栱按四瓣分位（每瓣 1/4 斗口），厢栱按五瓣分位（每瓣 1/5 斗口）。

（三）升

是一种小斗，位于栱的上面两端，承托上一层栱或枋。升只开一面口，承托一面的栱或枋。主要有三才升(宋代称散斗。长、宽各 1.4 斗口，高 1 斗口）、槽升（又称槽升子，长 1.72 斗口、宽 1.4 斗口、高 1 斗口）等。

（四）翘

斗栱中的主要木构件（宋代称作华栱)。翘的形状与栱相同，但方向不同。翘位于与栱、正心檩、挑檐桁呈垂直栱或呈一定角度的相交方向，纵向中线伸出并翘起，故称翘。由于斗栱出挑的拽架和斗栱的构造不同，翘有头翘、二翘、单翘和重翘等不同类型。单翘的高度均为 2 斗口，厚 1 斗口，长 7 斗口；重翘高 2 斗口，长 13 斗口。翘的端头转角部位卷杀做法同瓜栱（按四瓣分位）。

（五）昂

位于斗栱纵向前后中线，贯通内外出挑并前端有加长斜尖向下垂（昂头）、后尾延伸至室内的构件。由于位置不同，有由昂、头昂、二昂、三昂，单昂、重昂等。昂的后尾由于位置、构造和作用的不同其形式也有所不同，如有菊花头、雀替头、六分头等，有些昂尾还带有万栱或瓜栱（正心、单才）。昂由昂头、昂身、昂尾三部分组成，其中昂头垂直高 3 斗口，昂身、昂尾高 2 斗口，头、身、尾均厚 1 斗口，长按出踩或拽架多少来确定。

（六）枋

位于与正心桁、挑檐桁并行、栱的安装方向，是斗栱当中起横向联系作用、断面呈竖向矩形的水平构件。主要有坐斗枋（平板枋）、正心枋（宋代称柱头枋）、挑檐枋（机枋）、拽枋（里拽或者外拽）、井口枋（可供安装室内井字天花使用，宋代称作平棊枋）等。各种枋均高 2 斗口、厚 1 斗口，纵向中距 3 斗口。正心枋是一层一层叠落起来的，直到正心桁下皮；挑檐枋位于最外侧、挑檐桁下皮，只用一根；井口枋位于最内侧，只用一根；外拽枋位于正心枋与挑檐枋之间，每拽架只用一根；里拽枋位于正心枋与井口枋之间，每拽架也只用一根。

（七）耍头

由于前端做成蚂蚱头形式，因此，耍头也称作蚂蚱头。位于与正心桁、挑檐桁垂直或呈一定角度相交的方向，平身科斗栱前后中线翘或昂以上、撑头木下方。蚂蚱头为耍头的前端头饰，平身科后尾饰六分头，角科斗栱正心部位搭交正耍头的后尾带正心枋（用于三踩斗栱），搭交闹耍头后尾带单才万栱，品字科斗栱耍头的后尾多饰麻叶头等。耍头高 2 斗口、厚 1 斗口，长按出踩或拽架多少来确定。

（八）撑头

又称撑头木（宋代称作衬枋头）。位于平身科斗栱前后中线耍头上方、挑檐桁以下，里外拽枋之间，撑头木上面安装桁碗。角科斗栱通常与由昂连做。撑头木后尾饰麻叶头。撑头高 2 斗口、厚 1 斗口，长按出踩或拽架多少来确定。

（九）桁碗

又称槽桁碗，是安装在平身科斗栱及角科斗栱上面的构件。位于斗栱前后中线、正心桁与挑檐桁以下、井口枋以外，主要起承托挑檐桁作用。角科斗栱采用斜桁碗。桁碗厚 1 斗口，根据不同斗栱定长，按拽架加举定高。

（十）板

随栱和枋的安装方向，位于正心枋、挑檐枋、里外拽枋、井口枋上方之间及每攒斗栱之间起封闭内外空间及防寒保温作用。主要有盖斗板、斜斗板、垫栱板（斗槽板）等。其中栱垫板略厚，不过厚度也只有 0.25 或 0.3 斗口。

在各种斗栱构件当中，栱类、枋类、板类构件随檩桁安装方向，翘、昂、耍头（蚂蚱头）、撑头安装在与以上构件相互搭交的方向，其中撑头位于最上面一层、与挑檐枋平齐，撑头下面为耍头，耍头下面安装昂与翘，昂位于翘的上方。由此，斗栱后尾的形式从上至下依次是麻叶头（撑头后尾）、六分头（耍头后尾）、菊花头（由昂后尾）、翘头。单翘单昂三踩斗栱有点不同，其耍头后尾通常采用麻叶头形式，昂尾采用翘的形式。出踩斗栱无论出挑几踩，其耍头、撑头均只各安装一层，而翘可以采用单翘（单层）、重翘（两层以上）的形式，昂也可以采用单昂或重昂的形式。用于内檐的品字斗栱不管出挑几踩，各层通常均不采用昂而采用翘的形式。

三、斗口

在我国清代，带有斗栱的建筑，斗栱斗口的规格尺寸是确定建筑各个构件权衡比例尺寸的基本单位。如建筑物各种柱、梁、檩、枋等各种大木构件的长度和断面尺寸，斗栱各个构件的尺寸，乃至面阔、进深以及大木各构件之间的权衡比例关系等，都要按照斗口尺寸来确定。斗口成为清代带斗栱宫殿建筑尺度、体量和规格的基本模数。

所谓斗口，是指平身科斗栱坐斗上方在面阔方向的刻口宽度。按照清代工部《工程做法》规定，斗口划分为十一个等级即十一等材，有头等材、二等材、三等材以至十一等材之分。头等材迎面安翘、昂，斗口宽六寸；二等材宽五寸五分；三等材宽五寸；四等材宽四寸五分；五等材宽四寸；六等材宽三寸五分；七等材宽三寸；八等材宽二寸五分；九等材宽二寸；十等材宽一寸五分；十一等材为一寸；每低一等材递减五分。

斗口尺寸既可按照以上不同等级，如九等材宽二寸、八等材宽二寸五分等确定。亦可按照实际需要，如5厘米（近似十等材）、6厘米（近似九等材）等确定。清代1营造尺合32厘米。

四、斗栱的分类

（一）按位置分类

主要有：外檐斗栱、内檐斗栱两类。

1. 外檐斗栱

外檐斗栱是使用在房屋外部檐口部位的斗栱。主要包括有柱头科斗栱（宋代称柱头铺作）、平身科斗栱（宋代称补间铺作）、角科斗栱（宋代称转角铺作）、溜金斗栱和平座斗栱等。

（1）柱头科斗栱

柱头科斗栱主要用于外檐，位于柱头部位上方，置于柱头、额枋上面的坐斗枋上。是柱头与挑尖梁头之间的托垫部分。建筑梁架及屋面的重量直接通过柱头科斗栱传导到柱子和基础上，因此，它的特点是构件断面尺寸要比平身科斗栱构件尺寸大许多（图2-2-1）。

（2）平身科斗栱

平身科斗栱主要用于外檐，位于柱与柱之间的额枋及平板枋上方，平身科斗栱的结构功能不像柱头科斗栱那样重要，有时主要起装饰作用（图2-2-2）。

（3）角科斗栱

角科斗栱主要用于外檐，位于转角部位柱头上方。它的特点是有两个方向的面露在房屋的外面，而其他外檐斗栱只有一个方向的面露在室外，而另一个方向的面则朝向室内。由于角科斗栱位于转角部位，因此，它的构造比平身科和柱头科斗栱都要复杂许多（图2-2-3）。

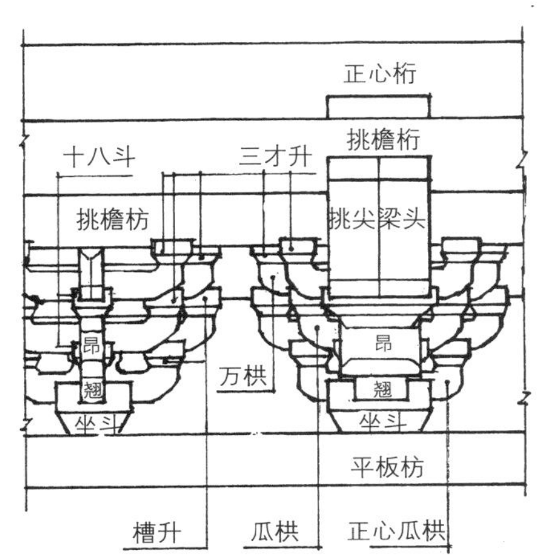

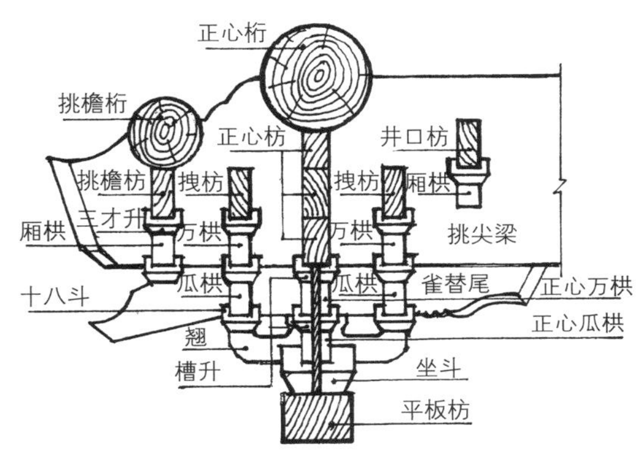

图2-2-1　单翘单昂五踩斗栱柱头科立面、剖面图

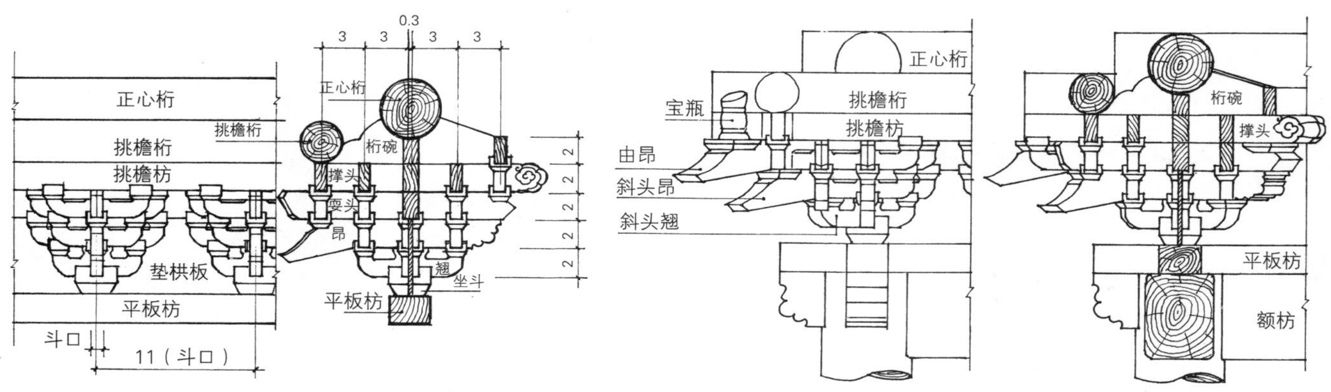

图 2-2-2　单翘单昂五踩斗栱平身科立面、剖面图

图 2-2-3　单翘单昂五踩斗栱角科立面、剖面图

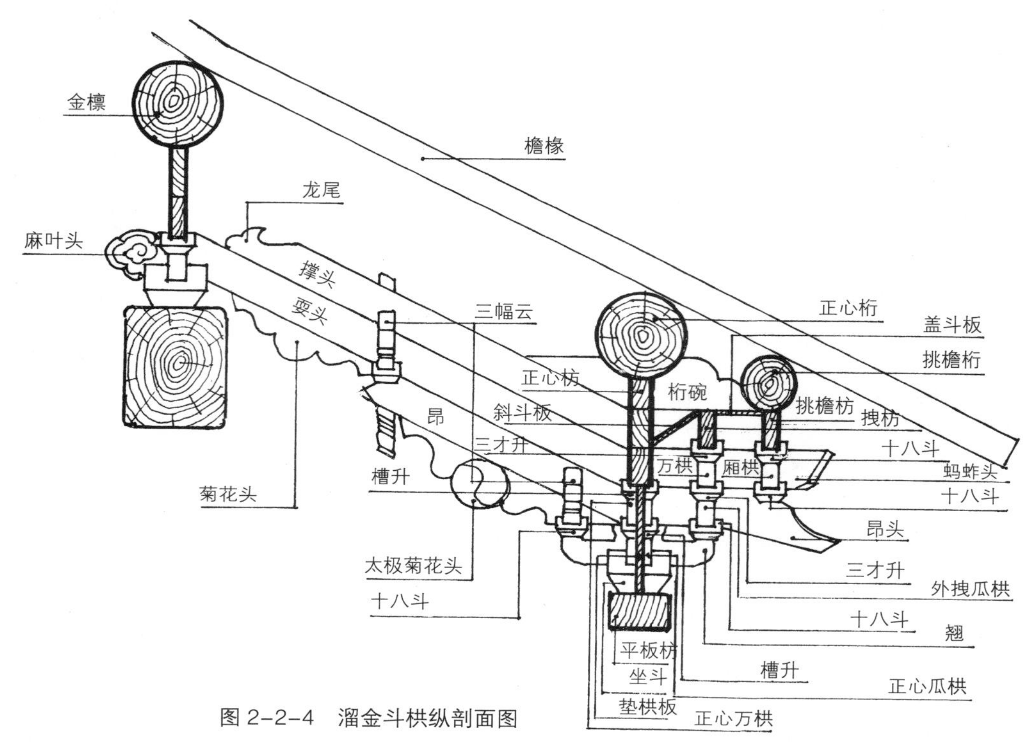

图 2-2-4　溜金斗栱纵剖面图

（4）溜金斗栱

溜金斗栱出现于元代以后，主要用于外檐，是一种较为特殊、做法复杂、等级较高的斗栱，常用于宫殿、亭子等建筑当中。溜金斗栱至檐檩檩中以外，其做法与普通斗栱并无区别。檩中以内，进深方向的构件不是水平叠落，撑头木及耍头一直随着举架向斜上方延伸（溜）至金步位置，故称溜金斗栱（图 2-2-4）。

（5）平座斗栱

平座斗栱主要用于外檐，是用于支撑和悬挑楼阁、塔等平座的斗栱。这种斗栱最早见于汉代明器，元代以前有些平台、城楼也使用平座斗栱。平座斗栱的前部为带翘斗栱，后部可延伸至柱的枋子。清代平座斗栱以五踩居多。

2. 内檐斗栱

是使用在房屋内部梁架间的斗栱。主要有内檐品字科斗栱、襻间斗栱（一斗三升斗栱）、隔架斗栱、藻井斗栱等。

（1）内檐品字科斗栱

用于内檐梁枋之上，与外檐斗栱后尾相连接，起隔架和装饰作用。主要有内檐五踩品字科斗栱、内檐七踩品字科斗栱、内檐九踩品字科斗栱等。

（2）襻间斗栱

将一斗三升单栱或重栱的形式用于内檐金檩与金枋和脊檩与金枋之间替代垫板，起隔架作用。同时，这种斗栱还具有较强的装饰作用。此种做法多见于明代建筑。

（3）隔架斗栱

隔架斗栱主要是用于内檐，大多位于承重梁与随梁枋之间，将上下两个构件联系起来，辅助承重梁共同起承重作用。同时，隔架斗栱还具有很强的装饰作用，主要由荷叶墩、雀替、斗耳、升耳等构件组成。

（4）藻井斗栱

藻井斗栱是用于内檐，是为了装饰藻井而使用的斗栱。这种斗栱采用半面做法，没有承重功能，只起装饰作用。藻井斗栱的斗口多为 1~1.5 寸，通常将进深方向的翘、昂、耍头等构件采用一块木板连做成整体，其他横向构件通过榫卯及胶粘等方法安装上去。

（二）按是否出挑分类

主要有：出踩斗栱和不出踩斗栱两类。

1. 出踩斗栱

出踩就是出挑，出踩斗栱就是指由柱中向内外挑出的斗栱。

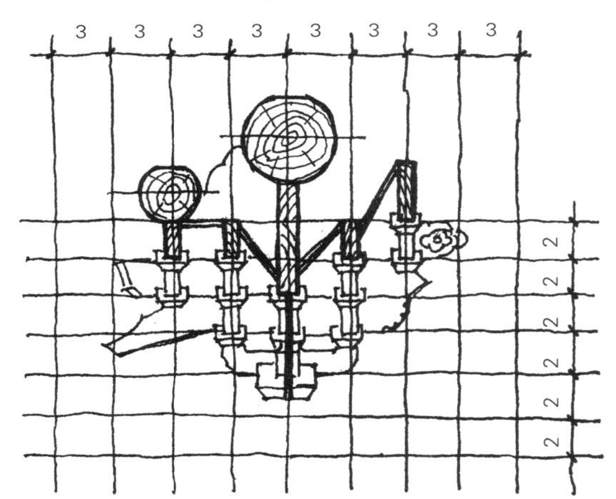

图 2-2-5　清式斗栱模数网图（单翘单昂五踩斗栱）

一组斗栱由坐斗中（即檐柱中）水平方向向内外挑出的层数即拽架数称作“踩”或“跴”，踩是里外拽架与正心栱之和的称谓，故内外各挑出一拽架斗栱称为“三踩斗栱”（宋代称作一挑、四铺作），内外各挑出两拽架的斗栱称为“五踩斗栱”（宋代称作两挑、五铺作），内外各挑出三拽架的斗栱称为“七踩斗栱”（宋代称作三挑、六铺作），内外各出挑四拽架的斗栱称为“九踩斗栱”（宋代称作四挑、七铺作），内外各挑出五拽架的斗栱称为“十一踩斗栱”（宋代称作五挑、八铺作）。清式建筑斗栱向内外挑出的一个拽架为三个斗口的尺寸。

从竖直方向看，由坐斗斗口上皮直至挑檐桁下皮，斗栱每高出一层为一踩，每一踩均为两个斗口。我们可以用宽三个斗口、高两个斗口的网格图表示出清式各种斗栱纵向剖面的基本模数来（图 2-2-5）。

重檐建筑的出踩，通常为上重檐比下重檐多挑出一拽架。如下层檐采用五踩斗栱，而上层檐则采用七踩斗栱。

出踩斗栱根据出挑拽架和斗栱的构造不同，主要有：单昂三踩、重昂五踩、单翘单昂五踩、单翘重昂七踩、单翘三昂九踩、重翘三昂十一踩斗栱等不同种类（图 2-2-6）。出踩斗栱既具有挑檐、承重和隔架作用，也具有装饰作用。

2. 不出踩斗栱

不出踩斗栱是指不向内外出挑的斗栱，主要有：一斗三升、一斗两升交麻叶、单栱单翘交麻叶、重栱单翘交麻叶等（图 2-2-7，图 2-2-8）。不出踩斗栱主要具有隔架和装饰作用。

（三）按材料分类

主要有：木斗栱、石斗栱、砖斗栱、琉璃斗栱等。一般斗栱所使用的材料通常与其他大木构件使用的材料相同。

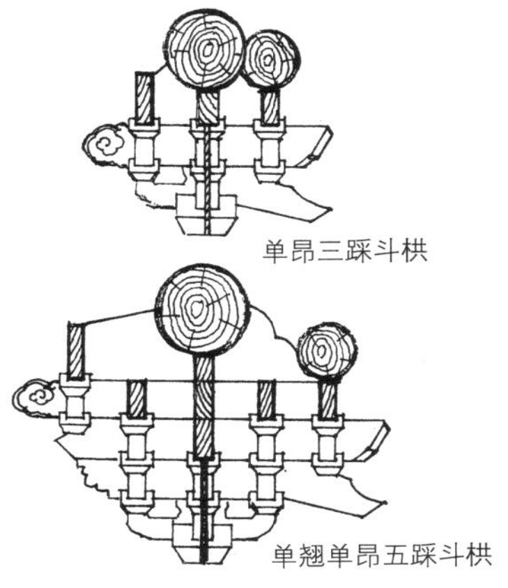

单昂三踩斗栱

单翘单昂五踩斗栱

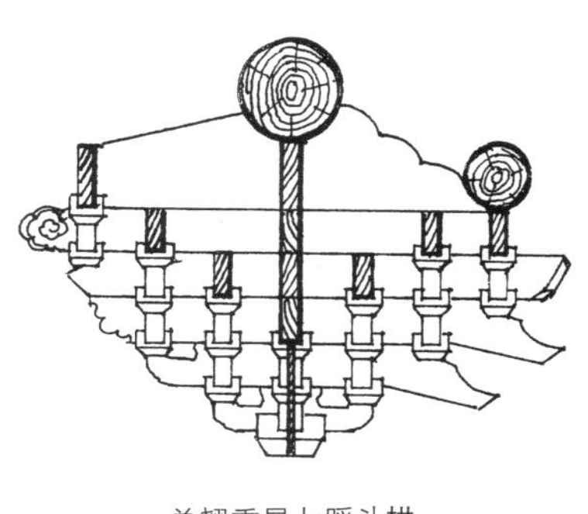

单翘重昂七踩斗栱

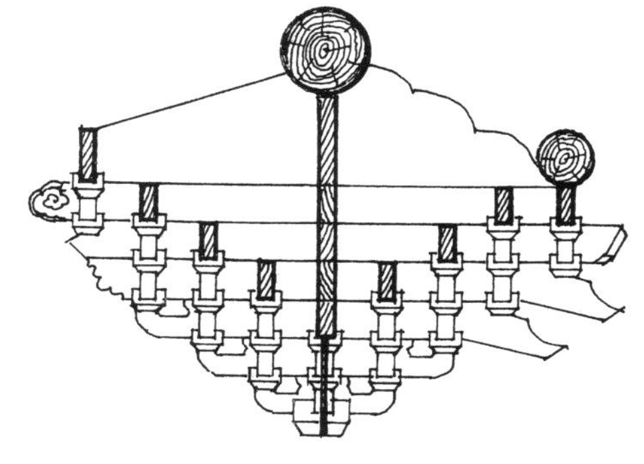

重翘重昂九踩斗栱

图 2-2-6　部分出踩斗栱纵剖面图

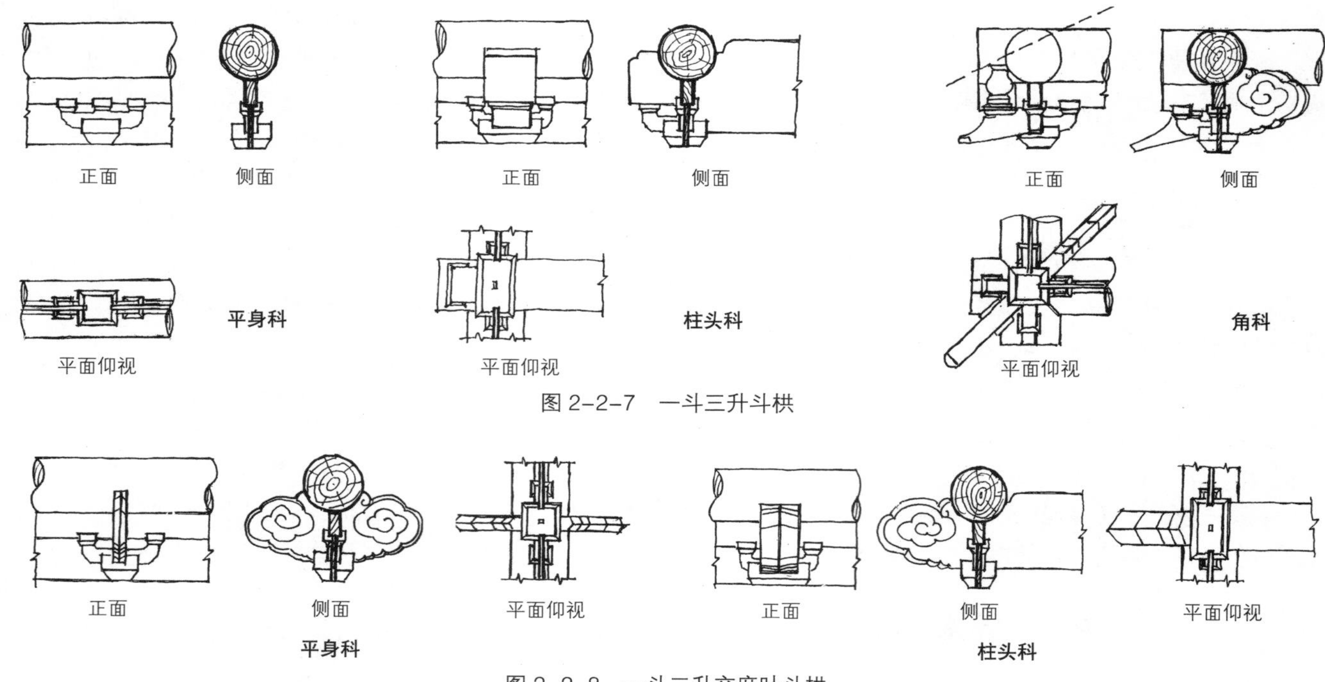

图 2-2-7 一斗三升斗栱

图 2-2-8 一斗二升交麻叶斗栱

第三节 传统建筑中的翼角与悬山、收山、推山法则

一、中国传统建筑中的翼角

（一）翼角的位置与作用

翼角位于中国传统庑殿、歇山、攒尖、盝顶等建筑屋顶下段的转角（指出角或称阳角）部位，由于这种屋角的形状很像鸟类在飞翔时翅膀的一角，故而得名。悬山、硬山建筑不存在翼角。早在《诗经·小雅》中就有“宣王作室如跂斯翼，如翚斯飞”，宫室屋檐飞张如翼的描写。

翼角的作用主要有以下三点：

1. 可以起到保护木构建筑角梁不被雨水浸湿不受糟朽的作用

由于屋面翼角部位高高翘起，因此，屋面转角部位不易存留雨水和渗漏，以致造成角梁受潮后糟朽腐烂，影响建筑物主要木构件的安全。

2. 可以有效减少建筑转角部位对室内阳光的遮挡

由于转角部位屋檐呈约 45 度角的翘起，就使得冬日的阳光直接射入室内，让室内得到更多的阳光，以给人们带来更多的温暖。

3. 可以提高建筑物的艺术观赏效果

由于建筑物翼角特殊构造，就使得建筑物转角部位的屋檐和屋脊形成两条弯弯向上翘起的曲线，取得“如跂斯翼，如翚斯飞”的艺术效果。使转角部位的屋面和屋檐形成一种曲线美，淡化了中国传统建筑庄严而凝重的感觉，给人带来轻盈飘逸的艺术感受。

（二）翼角的形制与冲三翘四撇半椽

传统建筑翼角的木构件主要是由老角梁、仔角梁、翼角椽（翼角檐椽）、翘飞椽（翼角飞椽）、衬头木、大连檐、小连檐、望板等组成。其中又以老角梁、仔角梁、翼角椽和翘飞椽为翼角的核心构件。

仔角梁和老角梁在安装时是上下叠落在一起的，其中老角梁的侧立面呈“一”字形，而仔角梁的侧立面则有不同，即梁头部分需要翘起。老角梁和仔角梁的断面尺寸是一样的，它们的高度均为 3 倍椽径或 4.5 倍斗口，宽度为 2 倍椽径或 3 倍斗口。

翼角椽的断面形状（方或圆）及椽径随正身檐椽。翘飞椽的正立面形状均为菱形，其宽度同为一椽径，而高度各有不同。每一面翼角椽与翘飞椽的数量相同并均为单数，如 7 根、9 根、11 根乃至更多。翼角椽或翘飞椽的数量即根数是与该建筑的檐步架长短、出檐（上出）大小、椽径尺寸、斗栱出踩多少紧密相关的。

计算翼角椽或翘飞椽的根数，不带斗栱的建筑与带斗栱的建筑其方法不同。

不带斗栱建筑的方法是：檐步架尺寸加上出尺寸除以一椽径加一椽当（通常为一椽径）的尺寸之后所得到的整数。如果是双数，加一即可成为翼角椽或翘飞椽的根数。

带斗栱建筑的方法是：檐步架尺寸加上檐头平出尺寸再加上斗栱出踩尺寸除以一椽径加一椽当的尺寸之后所得到的整数。如果是双数，同样加一即可成为翼角椽或翘飞椽的根数。

我国清代建筑翼角的型制是以“冲三、翘四、撇半椽”的规矩来制作和安装的。

1. 冲三

是指仔角梁梁头外皮（不含套兽榫，以仔角梁中线为基准）水平方向平出正身飞椽椽头外皮三个椽径的尺寸。

2. 翘四

是指靠近仔角梁最近一根翘飞椽椽头上皮与正身飞椽椽头上皮的垂直高度为四个椽径的尺寸。

3. 撇半椽

是指靠近仔角梁最近一根翘飞椽的正立面（看面）撇度为半个椽径的尺寸，即这根翘飞椽的正立面宽度为一倍椽径，而高度则为一点五倍椽径，其他翘飞椽的撇度依次递减。

二、悬山悬挑、歇山收山、庑殿推山法则与庑殿、歇山、攒尖建筑转角部位的抹角梁和趴梁构造法

（一）悬山悬挑、歇山收山、庑殿推山法则

1. 悬山悬挑法则

是适用于悬山建筑两山博缝板向外悬挑多少尺寸（又称出梢）的一种常规做法。清代建筑的悬山，又称挑山，其出梢的规定是：梢檩（檩头外皮）由山面柱中向外挑出的尺寸为八倍椽径（四椽径加四椽当）或者等于前檐檐出（0.3 倍檐柱高），出梢檩头插入博缝板内。博缝板的宽度为两倍檩径或六倍椽径（檩以上两倍椽径、檩以下一倍椽径），厚度为 0.7~1 倍椽径（图 2–3–1）。

2. 歇山收山法则

是适用于歇山建筑小红山山花板向内收进多少尺寸的一种常规做法。清代建筑的收山法则是：以山面檐檩或檐柱中和山花板外皮为基准的。其规则是：由山面檐檩或檐柱中至小红山山花板外皮的水平距离等于 1 倍檩径或 1 倍檐柱径，即山面檐檩檩中向内收回 1 倍檩径就是山花板外皮的位置（图 2–3–2）。

3. 庑殿推山法则

是适用于庑殿建筑屋顶两山木屋架向外推出多少尺寸的一种常规做法。庑殿建筑推山的做法是：两山檐步架和举架尺寸不变，与前后两坡檐步架相同；从檐步架往上，各个步架均要逐步递减上一步架的 1/10，随之各步架的举架也逐步递加。由于采用推山的做法，使得两山脊檩加长，脊檩檩头悬出脊瓜柱搭在雷公柱上，而雷公柱则坐落在前后坡脊步架金檩上面的太平梁上（图 2–3–3）。

采用推山做法的效果是使正脊向两山沿长（向外推出），两山屋面坡度加大，从而可以使垂脊形成一条十分优美的曲线，增强建筑整体的美感。

（二）庑殿、歇山、攒尖建筑转角部位的抹角梁和趴梁构造法

庑殿、歇山、攒尖建筑转角部位均设有等分转角的角梁（由老角梁和仔角梁组合而成），由于庑殿、歇山、攒尖建筑转角部位的角梁是由前部的搭交檐檩和后部的搭交金檩（或与踩步金搭交）来承托的。前部的搭交檐檩下面有角云来承托是没有问题的，而后面的搭交金檩的下面就缺少梁、墩来承托。解决这个问题的方法可以有两种：一种就是采用抹角梁的方法，而另一种就是采用趴梁的方法。对于攒尖屋顶中的八方形建筑，由于转角角度太大，故转角部位不宜采用抹角梁方法。

为了最大程度降低对各搭接构件所造成的损伤，搭交构件多采用阶梯状榫卯形式。

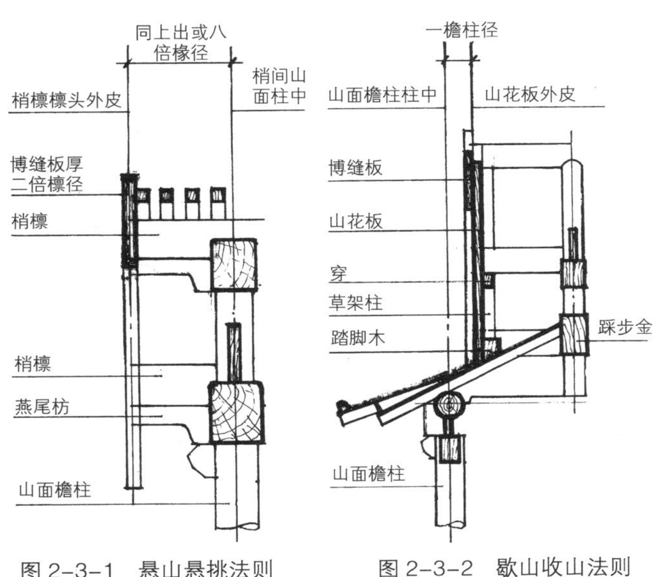

图 2–3–1　悬山悬挑法则（悬山山面剖面图）

图 2–3–2　歇山收山法则（歇山山面剖面图）

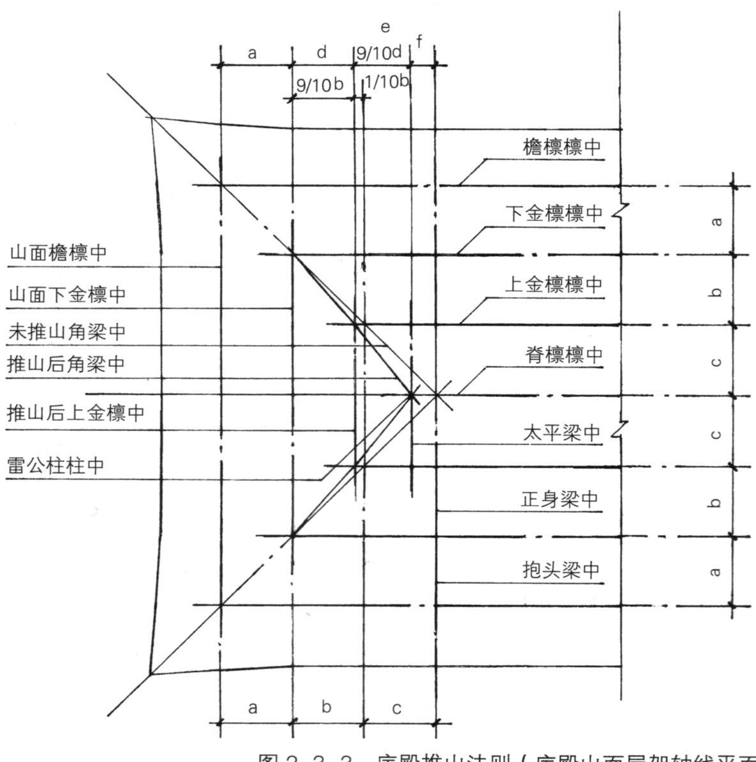

图 2-3-3　庑殿推山法则（庑殿山面屋架轴线平面图）

第四节　传统木结构建筑的优点、主要木屋架与木构件

一、木结构建筑的优点

我国古代建筑之所以采用木材作为主要结构方式，其主要原因，也就是木结构建筑的优点主要有以下几点：

1. 取材方便，便于加工。在我国的大部分地区，木料比砖石材料更容易就地取材。木材比起其他材料使用起来更加方便快捷，而且木材更便于加工。

2. 木结构建筑使用功能灵活。抬梁式和穿斗式木构架建筑均属于框架结构，墙体不负担屋顶及楼面的荷重，因此，建筑物在使用起来就具有较大的灵活性。采用这种结构的建筑既可做成带有各种门窗的房屋，也可以做成没有门窗、四面通透、有顶无墙的敞厅，还可以做成四周封闭的仓库。

在房屋的内部，可以随意分隔空间，隔扇、板壁等内装修安装在柱与柱之间，安装的部位不同，室内空间则不同，内檐装修还可以随需要装设或者变动。

木结构不仅可以广泛地用于一般建筑，而且还可以用于各种梁式、悬臂式以及栱式桥梁。此外，木结构建筑的构件可以预制，也可以将整座建筑拆除后易地重建。

3. 木结构建筑具有较强的抗震功能，可以减少地震对房屋所造成的危害。木构架建筑的结构安排科学合理，各个构件之间榫卯节点都有伸缩余地，再加上木材所具有的特性，因而，在一定限度内可以减轻由于地震对房屋造成的破坏，减少人员的伤亡。即使发生了强烈地震，也可以做到墙倒屋不塌，而且，由于墙体偏外砌筑，墙壁也会向外坍塌。

4. 木结构建筑可以适应全国各地不同的气候条件。我国幅员辽阔，全国各地气候变化很大。唯有木结构建筑，无论是抬梁式或者是穿斗式木构架房屋，只要在房屋高度与朝向、墙体及屋面的用材与厚度、窗子的大小与位置等方面加以变化，便可以广泛地适应全国各地冷暖、干湿迥然不同的气候条件。

当然，木结构建筑也有许多毛病和弊端，归纳起来也有四点：1. 易燃；2. 易腐；3. 木材资源匮乏；4. 由于受木材物理性能的局限，木结构建筑的面阔、进深尺度不宜过大，因此，建筑的室内空间也必然会受到一些影响。

二、传统建筑的主要大木屋架及木构件

我国传统建筑的木屋架主要有两种形式，即大屋脊（尖顶）木屋架和卷棚木屋架。当然，其他还有平台等木屋架形式。以檩的多少而言，主要有三檩、四檩、五檩、六檩、七檩、八檩、九檩、十檩、十一檩等多种形式（图2-4-1）。

其中，三檩者，主要有：三檩担梁式、三檩穿廊式等；四檩者，主要有：四檩平台式、四檩卷棚式等；

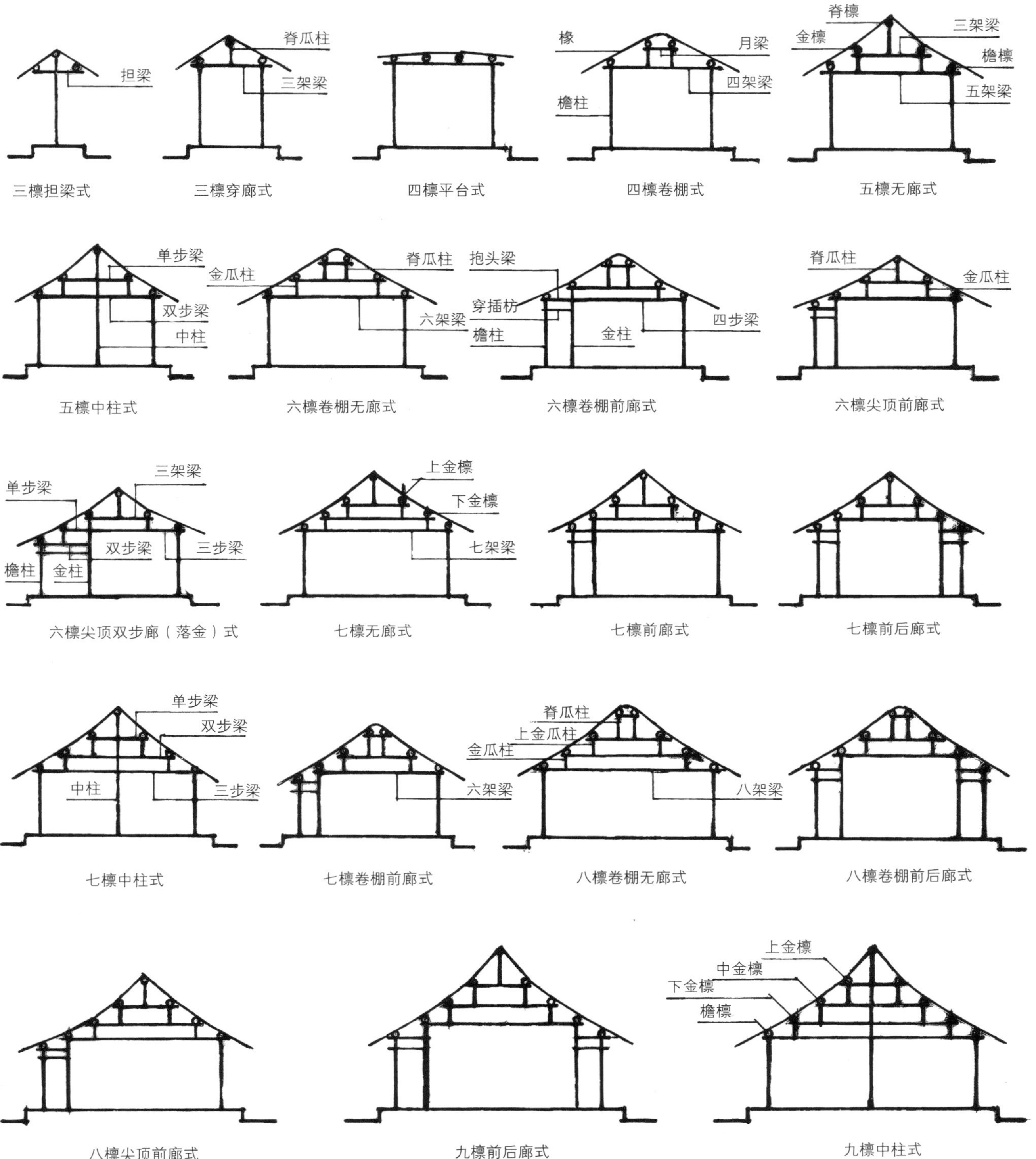

图 2-4-1　主要木屋架示意图（一）

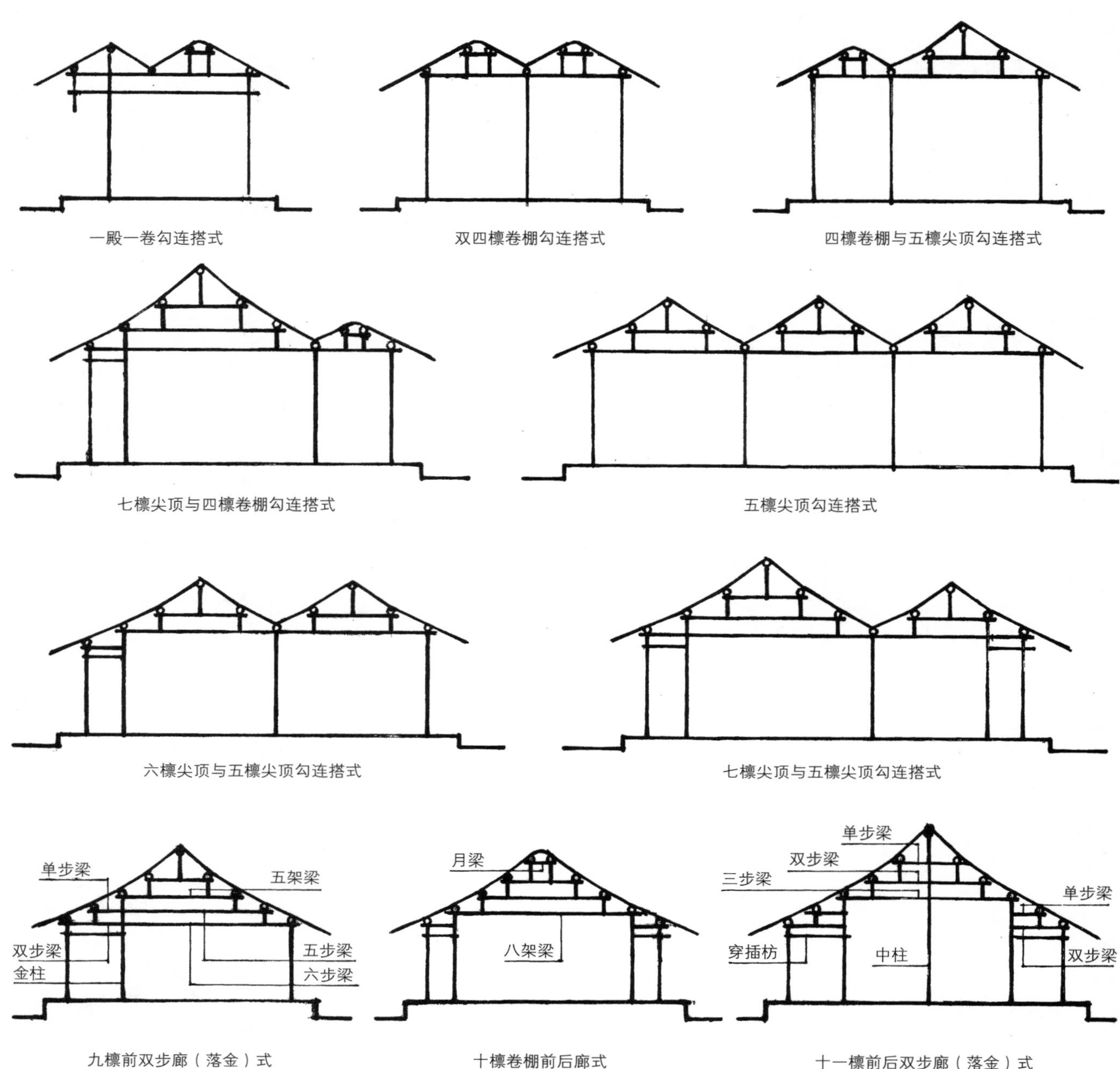

图 2-4-1 主要木屋架示意图（二）

五檩者，主要有：五檩无廊式、五檩中柱式等；

六檩者，主要有：六檩卷棚无廊式、六檩卷棚前廊式、六檩尖顶前廊式、六檩尖顶双步梁式等；

七檩者，主要有：七檩无廊式、七檩前廊式、七檩前后廊式、七檩卷棚前廊式、七檩中柱式等；

八檩者，主要有：八檩卷棚无廊式、八檩卷棚前廊式、八檩卷棚前后廊式、八檩尖顶前廊式等；

九檩者，主要有：九檩前后廊式、九檩前双步廊（落金）式、九檩前后双步廊（落金）式、九檩前后三步廊式、九檩中柱式等；

十檩者，主要有：十檩卷棚前后廊式、十檩卷棚前后双步廊式、十檩卷棚前后三步廊式等；

十一檩者，主要有：十一檩前后廊式、十一檩前后双步廊式、十一檩前后三步廊式、十一檩中柱式等。

为满足使用功能要求，各种木屋架在进深方向需要重叠使用时，可利用勾连搭木屋架构造形式。

三檩木屋架除可用作独立柱式垂花门以外，还经常与四檩卷棚木屋架组合在一起，形成一组一殿（大屋脊）一卷勾连搭木屋架，用作一殿一卷式垂花门使用；四檩卷棚木屋架多用作游廊或者敞厅使用；大屋脊（尖顶）木屋架多用作古代宫殿、寺庙、衙署、宅第、陵寝等建筑使用；而卷棚木屋架用作园林建筑使用较多。

各种木屋架一般都可以构成诸如硬山、悬山、歇山、庑殿、攒尖等不同的建筑形式。

在各种房屋的木构架当中，以硬山建筑较为简单，其主要木构件有：柱类有檐柱、金柱、中柱、金瓜柱、脊瓜柱等；梁类有用于大屋脊建筑的七架梁、五架梁、三架梁及设有中柱的三步梁、双步梁、单步梁等，用于卷棚建筑的六架梁、四架梁、月梁，用于出廊部位的抱头梁，前出廊与抱头梁相对应的插梁（多步梁）等；檩类有檐檩、金檩、脊檩等；枋类有檐垫枋（檐枋、额枋）、金垫枋（金枋）、脊垫枋（脊枋），穿插枋、随梁枋（随梁）、随檩枋等；板类有檐垫板、金垫板、脊垫板、角背、望板、闸挡板等；椽、连檐类有檐椽（正身椽）、花架椽、脑椽或罗锅椽、飞椽、大连檐、小连檐、瓦口等。

悬山建筑木构架还有博缝板、燕尾枋等。

歇山建筑木构架还有角云（花梁头）、顺梁或趴梁、交金墩、踩步金、仔角梁、老角梁、衬头木、踏脚木、草架柱、穿、博缝板、山花板等。

庑殿建筑木构架还有太平梁、雷公柱、由戗、扶脊木等。

勾连搭木屋架最下面的梁又称作通梁。

攒尖建筑木构架与庑殿建筑山面构架有些相似，其单檐攒尖建筑主要构件通常有角云（花梁头）、趴梁或抹角梁、交金墩、老角梁、仔角梁、由戗、雷公柱等，重檐攒尖建筑还有金柱（通柱）或童柱、井字梁或双向趴梁（承载童柱）、承椽枋、围脊板、围脊枋等。

有一些暴露在明处且位于重点部位的木构件，或者装饰性较强的木构件，其头部和尾部都具有不同的造型或雕饰。这些造型或雕饰，经过历代匠师们在工程实践当中不断的创造、总结和提炼，已经形成了一定的模式，从而使中国传统建筑的木构件达到使用功能、结构功能和观赏功能的完美结合与统一（图 2-4-2）。实际上，不仅木构件，其他如砖、石等构件也都是如此。

在木构件当中，就有挑尖梁头、麻叶梁头（麻叶头也称云头）、霸王拳老角梁头、三岔头仔角梁头、麻叶头老角梁尾、三岔头老角梁尾、套兽仔角梁头、霸王拳箍头枋头、三岔头箍头枋头、麻叶穿插枋头，其他还有花梁头（角科花梁头又称角云）、菊花头、蚂蚱头、六分头、博缝头、夔龙尾等。有一些构件，头单独安装，如垂花门垂柱的垂莲头、攒尖建筑雷公柱的柱头等，还有一些构件，可以有不同造型，如角背、荷叶墩、替木、雀替、瓜柱等。

通常大木构件多选用落叶松（黄花松），椽子、望板、

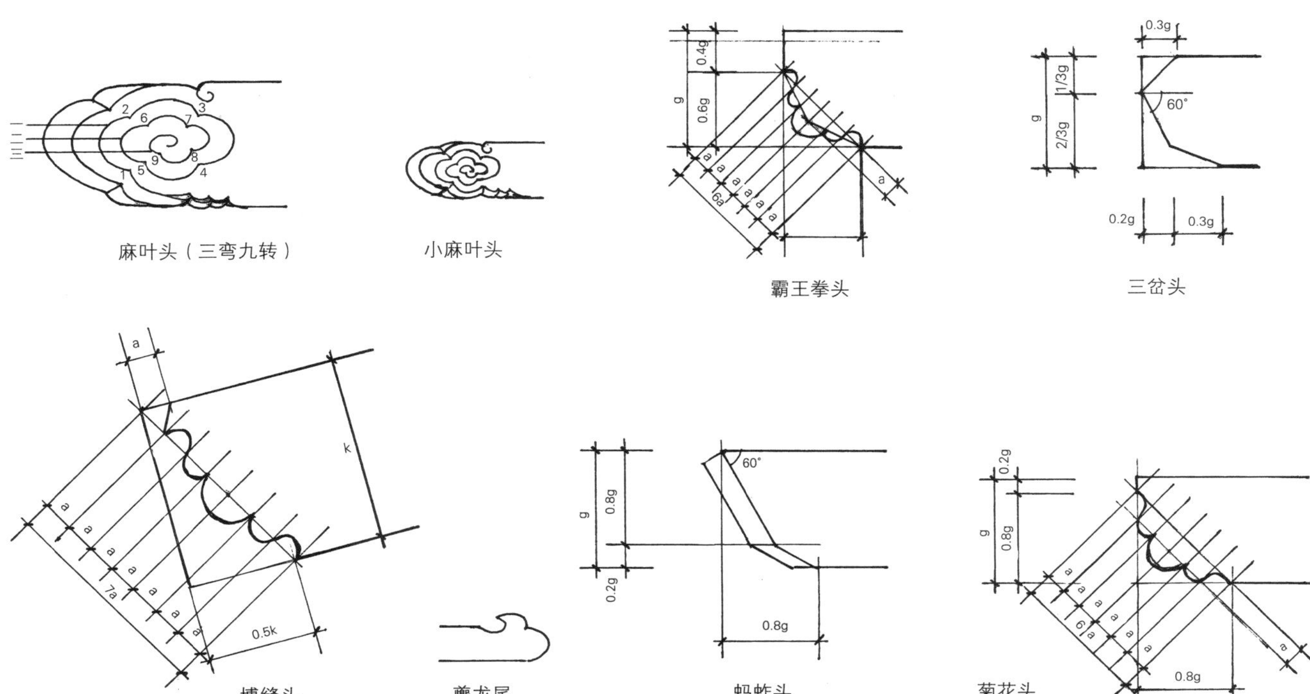

图 2-4-2　部分木构件头型、头饰

连檐等选用杉木、红松、黄松，门、窗、楣子等装修材料选用上等红松、白松。栏杆、吴王靠等受力构件通常使用榆木、水曲柳、楸木等可以用来制作一般家具的硬杂木。

各种木材均应选用二级以上干燥材，其含水率不得大于 18%。内、外檐装修应选用优质木材。

凡砌筑在墙体之中或处于封闭环境当中的木构件均应做防腐处理。

另外，建筑中的木构件还应进行防火阻燃方面的处理。目前，可使用商品木材阻燃防腐剂，这种材料是一种兼有阻燃和防腐双重性能的木材保护剂。该产品无色、透明，可有效改变木材的燃烧性能，在常温情况下以加压处理最好，也可使用涂刷、浸渍、喷淋法处理，可达到相应的阻燃防腐效果。

第五节　传统建筑的主要构成因素

构成中国传统建筑的因素可以有很多，如从建筑行业构成上来说，主要有瓦、木、石、油、画等各个工种工匠。在中国传统建筑行业当中，瓦活又称瓦作，木活又称木作，石活又称石作，油漆彩画又称油漆彩画作等。在木活当中，制作安装柱、梁、檩、椽、枋等大木构件的木作又称为大木作，制作安装门窗等装修构件的木作又称为小木作，而制作室内家具的木作则称为小器作。

从构成一座建筑上下部位上来说，有上分、中分和下分三个部位，即屋面（又称屋顶）、屋身（墙身、梁架、门窗等）、台基三个部分。屋面部分为上分，以瓦作为主；屋身部分为中分，以木作、瓦作、油漆彩画作为主；台基部分为下分，以石作和瓦作为主。

从构成建筑类型上来说，主要有大式建筑与小式建筑、官式建筑与民式建筑等。大式建筑主要是指官式建筑，如宫殿、衙署、府第、坛庙、寺院、皇家园林建筑等一些为皇族、官僚、贵族阶层使用或直接为他们服务的建筑。小式建筑主要是指民式建筑，是以民居为主，主要为广大市民阶层及劳动群众服务的建筑。大式建筑与小式建筑的划分，是中国封建社会尊严等级制度的产物。它们的区别主要表现在建筑规模、建筑规格、建筑形制、用工用料等诸多方面。

然而，构成中国传统建筑的主要因素应该是能够决定该建筑物尺度、形象和体貌特征的根本性要素。对于绝大部分传统园林建筑的构成因素主要有以下十个方面的内容，即：面阔、进深、柱高、柱径、上出、下出、步架、举架、台基高度、屋顶形式（图 2-5-1、图 2-5-2）。

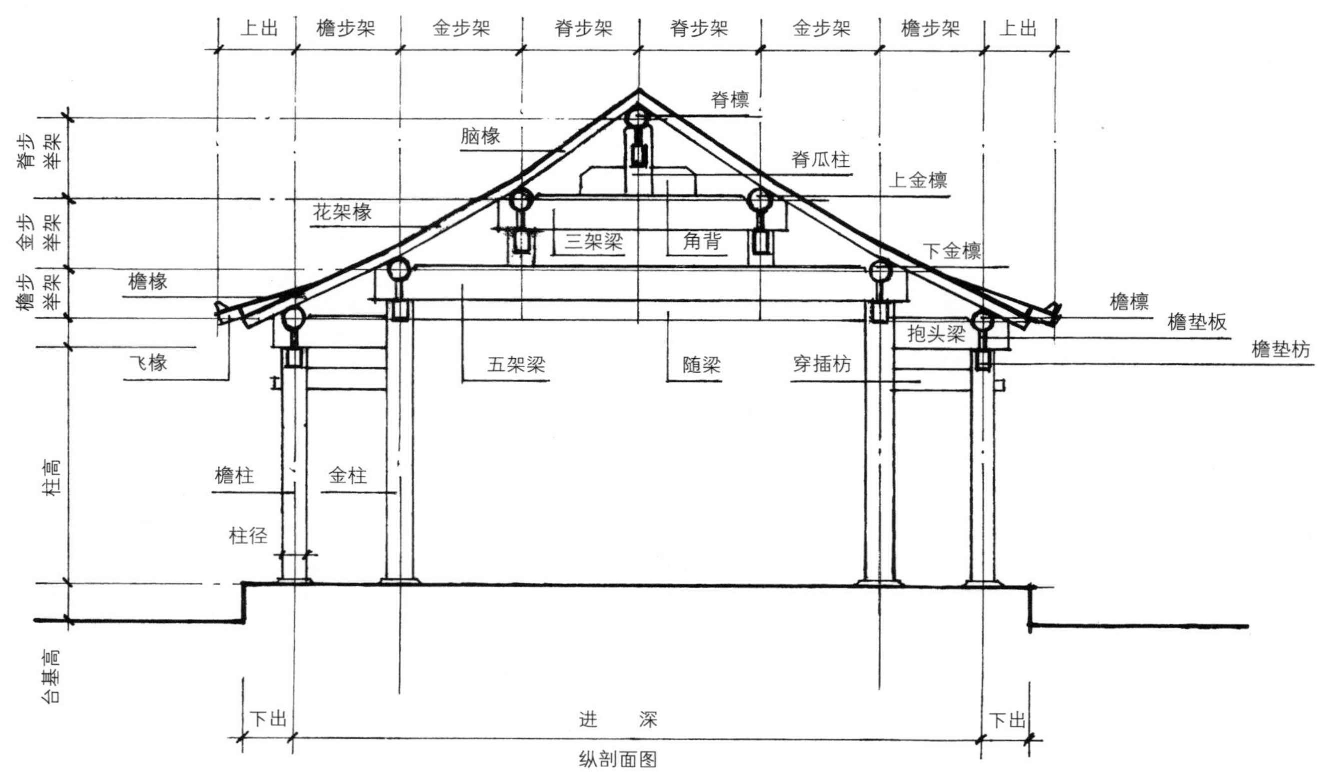

图 2-5-1　传统建筑主要构成要素图（一）

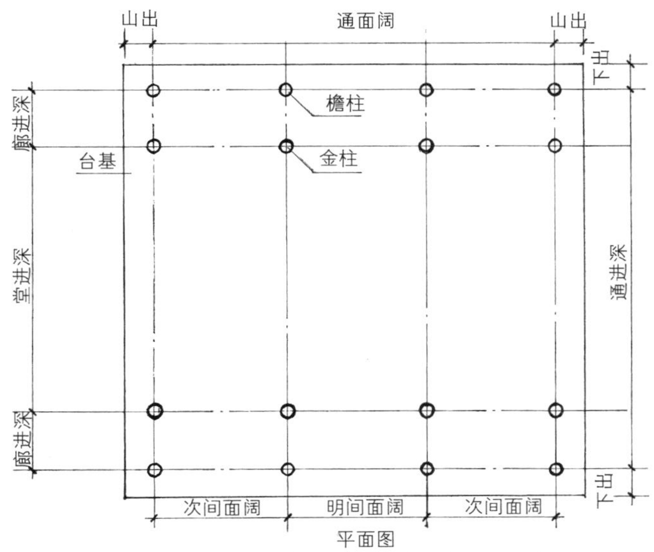

图 2-5-2　传统建筑主要构成要素图（二）

一、面阔

又称作面宽，是指每间房屋两根相邻前檐柱中至柱中或两根相邻后檐柱中至柱中的水平距离。一栋建筑分别有明间面阔、次间面阔、梢间面阔等，各间面阔的总和称为通面阔。面阔是决定房间建筑面积大小的根本性尺寸，也是决定房间宽度和房屋前、后立面水平方向尺度的重要因素。在中国传统建筑中，明间面阔决定着该建筑物檐柱的柱高。

明间面阔可根据实际需要和可能来确定，在我国封建社会还要符合吉祥“门尺”的尺寸。次间面阔可同明间，亦可为明间的8/10到9/10。梢间面阔可同次间，亦可再酌减。

带斗栱的建筑，明间面阔可以按平身科斗栱的攒数（偶数）加一（即两边柱头科斗栱各半攒）乘以每攒斗栱的宽度（以 11 倍斗口定宽）确定。次间面阔减去一攒。梢间可同次间，亦可再减一攒。

现代一些带斗栱的传统建筑，也可先按实际需要确定面阔，然后再确定斗栱斗口尺寸并计算出各间平身科斗栱的攒数（明间为偶数）。每攒斗栱的中矩可按 11 倍斗口或接近 11 倍斗口尺寸计算。

二、进深

是指与面阔成垂直方向该房间前檐柱中至后檐柱中的水平距离。进深有廊进深、各开间进深等，当一座建筑进深方向由若干间组成时，各间进深的总和称为通进深。进深也是决定房屋建筑面积大小的根本性尺寸，是决定房间深度和房屋左右侧立面水平方向尺度的重要因素。由于受进深尺寸的影响，房屋的总高度也会发生变化。

一座建筑进深的大小与檩的多少有直接关系；通进深的大小与进深方向开间的多少、大小有直接关系。

带斗栱建筑的通进深与各开间平身科斗栱的攒数有直接关系。如果事先已按实际需要确定好进深的尺寸时，也可以用进深尺寸除以每攒斗栱的宽度（11 倍斗口）得出每间斗栱的攒数。如攒当略大或略小于 11 斗口时，可以利用横栱的长度作适当调整。

三、柱高

是指台基上皮至檐柱柱头上皮（梁底皮）的垂直高度。实际上是包括檐柱本身高度和柱顶石鼓镜高度两部分的尺寸。由于房屋中各排柱子的高度是不同的，而当我们指定一座房屋的柱高时，就是特指前檐柱柱头上皮至台基上皮的垂直高度。柱高是决定房间高度和建筑前、后立面高度的重要因素。为保证建筑正立面的艺术效果和结构安全，体现建筑的规格和等级，在中国传统建筑中，柱高与面阔、柱径会形成一定的权衡比例关系。

清代小式建筑（六檩、七檩）按规定，明间面阔与檐柱柱高之比为 10 ∶ 8；（四檩、五檩）为 10 ∶ 7。

带斗栱大式建筑的檐柱柱高则按斗栱斗口尺寸的 57 份左右确定。

一般传统形式的园林建筑，檐柱柱高亦可按柱顶石上皮至梁底皮的垂直高度来进行规划设计，以使檐柱柱高保持一种相对完整的数值。

四、柱径

是指柱子根部的直径。由于传统建筑中的柱子上下并不等径，而是下大上小，这种现象在传统建筑中称作“收分”。另外，传统建筑中的前后檐柱、两山山柱即外围柱子并不是垂直的，而是柱子上端稍微向内倾斜，这种现象称作“升起”或“侧脚”，简称“升”。我国唐宋时期建筑的收分与侧脚略大一些，明清时期建筑的收分与侧脚的比率稍小一些，通常为檐柱高度的 7‰～10‰，收分与侧脚的比率基本相同。

在同一座建筑当中，檐柱与金柱的柱径是不相同的，金柱柱径略大，通常为檐柱柱径的1.1倍或檐柱径增加一寸。当我们指定一座房屋的柱径时，就是特指檐柱的柱径。柱径的大小除对房屋的结构发挥作用以外，还会对建筑的艺术效果、建筑的规格和等级发生作用。

清代小式建筑按清工部《工程做法》规定，檐柱柱径尺寸通常为明间面阔的7%，或者为其本身高度的1/11，即柱径与柱高之比为1：11，一般传统形式园林建筑檐柱的细长比可参照这一比例。

带斗栱大式建筑的檐柱柱径通常按六斗口计算，约为柱高的1/10。

五、上出

又称出水、檐出、上檐出。上出即是檐檩檩中至最外椽头（有飞椽者为飞椽椽头，无飞椽者为檐椽椽头）外皮的水平距离。带斗栱建筑的上出为正心桁中至飞椽椽头外皮的水平距离。上出的尺寸决定着屋面出檐的深度。上出既可起着遮挡雨水及夏日阳光直射的作用，同时，也是决定建筑立面尺度和形象的重要因素。

我国清代无斗栱的大、小式建筑上出尺寸通常为檐柱柱高的3/10，其中2/3为檐椽平出尺寸，1/3为飞椽平出尺寸。

带斗栱建筑的上出通常是21份斗口尺寸外加斗栱由正心桁中向外挑出的尺寸。

六、下出

与上出相对应，又称下檐出。是指檐柱柱中至相邻台基外皮的水平距离。由于下出小于上出，下出小于上出的部分称作“回水”。建筑两山台基的下出又称作“山出”。下出也是决定建筑立面尺度和形象的重要因素。

我国清代无斗栱的大、小式建筑下出尺寸通常为檐柱柱高的2/10，回水占1/10。小式建筑的下出也可以确定为上出的4/5。

带斗栱的大式建筑下出尺寸可按上出檐的3/4确定。

两山山出的尺寸与有没有山墙有很大关系。没有山墙的山出尺寸通常等同前檐下出；有山墙的山出尺寸多为山墙的外包金尺寸再加上金边尺寸。

建筑的后檐采用封护檐做法的，其后檐的下出也是后檐墙的外包金尺寸再加上金边尺寸。

七、步架

简称“步”，在我国古代，“步”是一种尺度，约合现今1.5米。在这里是指在木构架中，相邻的两根檩，檩中至檩中的水平距离。步架的大小是受房屋进深大小和檩的多少而制约的。进深越大或檩越少则步架越大，相反则越小。步架依部位不同，可分为：廊步架或檐步架、金步架（或下金步架、上金步架）、脊步架等。若是双脊檩的卷棚建筑，最上端居中的一步则称作“顶步架”。

我国清代建筑步架的确定，无论大式还是小式、带不带斗栱，基本以4~5倍檩径（柱径）为度。也可以根据实际情况具体确定。卷棚建筑的顶步架较小，通常只相当于下面一个步架的1/2，如下面的檐步架或金步架为1米，则顶步架为0.5米。

由于一座建筑的进深是由该座建筑木构架中各个步架的总和组成的，因此，每个步架的大小、步架数量的多少即檩的多少是决定这座建筑进深的关键因素。一般情况下，四檩木屋架的进深较小，九檩木屋架的进深较大。

同时，步架也是关系到屋面曲线以及决定该建筑立面形象的重要因素。

八、举架

又称举折，简称“举”，是指木构架中，相邻的两根檩，檩中至檩中的垂直距离除以相对应步架长度所得的系数。如一座建筑的檐步架为1米，檐檩檩中至与檐檩相邻的下金檩檩中的垂直距离为0.5米，用0.5米除以1米的系数为0.5，举架省略了小数点以前的部分，称作5（五）举，即该建筑的檐步架为五举。我国清代建筑常用的举架有（从檐步至脊步）：五举、五五举、六举、六五举、七举、七五举乃至十举等。

清代建筑的檐步或廊步架一般为五举，亦可根据具体情况做适当调整。其他檐步以上各步架举架逐步递升，小式及园林建筑的脊步举架最高可达九举，大式宫殿建筑的脊步举架最高可达十举。

中国传统建筑步架与举架的变化决定着屋面的坡度、屋面的举折和曲线，关系到建筑屋面和建筑的形象。

九、台基高度

台基露出地面的部分称作台明，台基高度又称作“台明高度”。是指阶条石（台明石）上皮至土衬石上皮（无土衬石者，至贴近台基室外地面上皮）的垂直高度。中国传统建筑一般都是建在台基上面的，属高台建筑，故台基是中国建筑的重要组成部分。

我国清代不带斗栱的大、小式建筑，其台基高度通常为檐柱高的 1/5 或者 2 倍檐柱径左右。

带斗栱的建筑，台基高度通常为台基上皮至挑尖梁底皮垂直距离的 1/4 左右。也可根据实际情况及台阶的模数具体确定。

一般来说，台基的高度和做法代表着该建筑物使用者的地位和建筑物的等级。

台基是一座建筑的“下分”部分，十分重要。其高度和做法直接影响该建筑的总体形象。

十、屋顶形式

又称屋面形式，是指庑殿、歇山、悬山、硬山、盝顶、平顶、攒尖、大屋脊（尖山顶）、卷棚、勾连搭、十字顶、工字顶、盔顶、单檐、重檐、三重檐、多重檐等。屋顶形式是决定中国传统建筑形象的重要因素，因此，有时经常以屋顶形式取代建筑形式，如歇山屋顶形式的建筑就称作歇山建筑，攒尖屋顶形式的建筑就称作攒尖建筑等。在我国古代，有些屋顶形式不仅决定着建筑形象，而且还决定着建筑的等级和规格。

另外，带有斗栱的建筑，斗口也理应列入主要构成因素之一。但考虑并非所有建筑都带有斗栱，因此缺乏共性，故这里未将斗口列入主要构成因素。对带有斗栱的建筑，斗口的确定是十分重要的。

所谓斗口，是指斗栱当中最下面的坐斗（又称大斗）上面看面方向刻口的宽度。坐斗上面居中刻有十字口，是用来安装翘和正心瓜栱使用的。清代带有斗栱的建筑，各部位以及各个建筑构件的尺寸都是以“斗口”的大小为基本模数的。

我国传统建筑经过长期的演变和发展，已经把建筑的功能、结构、观赏三者高度地统一起来。就单座建筑而言，从建筑整体、大木构架的组合到各个构件的形象、相互之间的权衡比例尺寸，乃至所使用的材料等，都能做到既可以满足建筑功能上的需要，也能够满足建筑结构上的需要，同时，又可以满足人们对建筑艺术欣赏方面的要求。从建筑的梁架到建筑装修的各个构件，均以同时能够发挥建筑功能、结构和观赏装饰三重作用而出现的。比如，建筑屋面的曲线、屋檐屋面转角部位的反翘，这些做法既是建筑功能如排水、采光、通风方面的需要，也是建筑结构上要求构件防潮、防腐的需要，同时又是能够使建筑的屋顶产生一种轻巧、活泼、飘逸感，使其更加符合人们在审美方面的要求。

第六节　传统建筑木构件之间的节点处理

节点即结点、接点、结合点、连接点、交结点。以木构架为主的中国建筑体系，其木构架中各个木构件的连接基本上是通过榫卯来完成制作安装的。巧妙、科学、合理的榫卯工艺，广泛运用于中国建筑的大木屋架制作、小木装修制作和小器家具制作之中，并成为中国传统建筑乃至家具的一个显著特点。

早在我国原始社会末期，我们的祖先就已经应用榫卯技术，并且已经达到了非常成熟的地步。榫卯不仅在建筑中普遍使用，而且很还泛应用在家具及室内装修等方面。

榫也称作“榫头”，是指建筑或家具等木构件两端突出并与构件连成一体的小木枋部分。

卯也称作“榫眼”，是在木构件上准备插装榫头时而剔凿的孔洞。

关于榫卯、榫头的种类及榫卯结合方法十分丰富。用于中国传统建筑大木作和小木作的榫卯种类主要有：

按构件方位分类主要有：柱类等垂直构件与梁、檩、板、枋等水平构件或柱础相交而使用的榫卯，梁、檩、板、枋等水平构件相交而使用的榫卯，角梁、由戗、椽等倾斜构件与檩等水平构件及雷公柱等垂直构件相交而使用的榫卯等。

按榫头的长度或榫卯的深度分类主要有：半榫、整榫（透榫）、出头榫等。

使用半榫的构件如：抱头梁后端与金柱相交的榫卯、垫板两端与梁头两侧相交的榫卯、垫枋两端与柱头两侧相交的榫卯、瓜柱上下两端与上下梁相交的榫卯等。

使用透榫的构件如：门窗等框架横向构件与竖向构件相交时所用的榫卯，如抹头与边梃、穿带与边梃等处的榫卯。

使用出头榫的构件如：穿插枋前后两端与檐柱和金柱相交而使用的榫卯（榫头大进小出）、转角部位檐垫枋或额枋头部与柱头相交而使用的榫卯（又称箍头榫）等。

按榫头的多少分类主要有：单榫、双榫等。

使用单榫的构件如：抱头梁后端榫头、穿插枋前后端榫头、檩与檩相交处的榫头等。

使用双榫的构件如：瓜柱下端的榫头、上槛及中槛两端的榫头等。

按榫头和榫卯的形象分类主要有：燕尾榫、馒头榫、阶梯榫、蜂腰搭交榫、银锭扣榫、碗窝状榫卯等。

使用燕尾榫的构件如：檐垫枋两端的榫头、檩与檐头部连接时使用的榫卯、燕尾枋与梁连接的榫头等。

使用馒头榫的构件如：柱子上下两端的榫头，上端的榫又称"上榫"，下端的榫又称"下榫"或"管脚榫"。

使用阶梯榫的构件如：趴梁与檩搭接处的榫卯、抹角梁与檩搭接处的榫卯、长短趴梁搭接处所使用的榫卯等。

使用蜂腰搭交榫的构件如：檩与檩头部相交时所使用的榫卯。

使用银锭扣榫锁住拼板板缝处的有博缝板、榻板等。

使用碗窝状榫卯的构件如：梁头部位放置檩头的檩碗（桁碗）、承椽枋上面的椽窝等。

按榫卯的安装方法不同，又有倒退榫、溜销榫、别簪等。

使用倒退榫的构件如：上槛和中槛与柱子在安装时所使用的榫卯。

使用溜销榫的构件如：下槛与柱子根部连接部位所使用的榫卯、抱框与柱子连接部位所使用的榫卯等。

使用别簪的构件如：门簪尾部锁住连楹处。

其他，还有在拼接木板时经常使用的龙凤榫（企口榫）、错口榫等。龙凤榫是顺着每块木板拼接部位呈"凹""凸"形状相互咬合的榫卯形式。错口榫是顺着每块木板拼接部位裁口咬合的榫卯形式。

传统建筑木构件的榫卯节点还有销子榫、穿带（明带、暗带）、栽销子等多种。

除榫卯节点以外，椽与檩，望板与椽，椽与连檐、瓦口等的连接都是使用钉子固定的。老角梁、仔角梁及檩之间的连接除通过构件之间相互咬合以外，通常还要在檐檩和金檩（下金檩）搭角部位再增加上下两根穿钉来加强角梁的牢固与稳定。

第七节 传统建筑的布局

以木构架结构为主的中国传统建筑体系，在平面布局方面是以"间"为单位构成单座建筑，再以单座建筑组合成为庭院，然后再以庭院为单位，组成各种形式的建筑组群。

所谓间，又称"开间"，是指在一座建筑物中，由前后（进深方向）左右（面阔方向）四根柱子所围拢的空间。间的大小主要取决于该间面阔与进深尺寸的大小。中国传统建筑通常以奇数三、五、七等开间构成一座单座建筑，其中各个开间的名称不尽相同。以一座七开间的建筑为例，当中的一间称作"明间"，明间以外的两间称作"次间"，次间以外的两间称作"梢间"，梢间以外、两端的两间称作"尽间"。"尽"乃尽头、边缘之意。面阔九开间、十一开间的建筑，除明间一个开间、梢间两个开间、尽间两个开间以外，其他开间均为次间。进深方向（通进深）分别由前后廊、前后厦（又称山面次间）及明堂（又称山面明间）组成（图2-7-1）。园林建筑单座建筑的开间组合较为灵活一些，有时根据需要亦可由二、四等偶数开间组成。

庭院的布局主要有以下几种：

一、对称式布局

（一）三合院、四合院式布局

在纵轴线上安置主要建筑（正房及正房的耳房），然后再在正房前面、庭院左右两侧，依横轴线安排两座相对称且比正房体量小的次要建筑（厢房，有时厢房亦带耳房），正房及正房耳房与两侧厢房之间、两侧厢房末端山墙有围墙相连，正房对面围墙正中安置有院门。

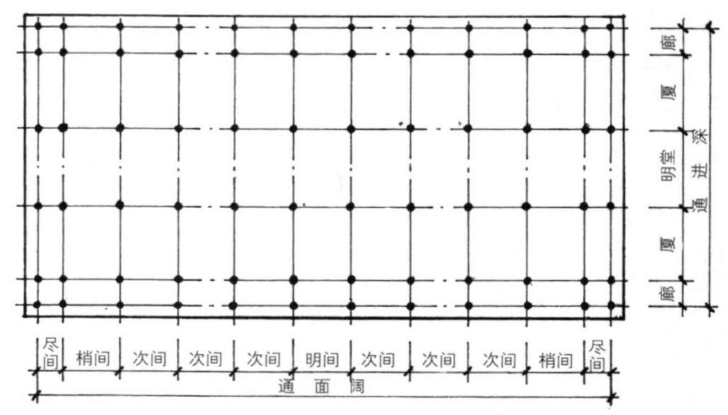

图 2-7-1 传统建筑开间分位示意图

当正房和厢房均设有廊道时，廊道一般采用抄手游廊衔接，院门采用垂花门形式。这种由三座不同方位的建筑呈“U”字形平面布局而围拢起来的院落被称为“三合院”（图 2-7-2）。

采用垂花门的三合院通常是作为内院而不临街。临街的房子是位于垂花门以外与垂花门相对的一排倒座房，临街大门设在倒座房左侧第一开间。大门内正对厢房或厢房耳房山墙上面的照壁。里外院两侧也有围墙连接。这种带有倒座房的平面呈正方形或者长方形的庭院就是“四合院”。四合院就是可将前后左右四座不同方位的建筑围拢起来而形成一个较为封闭的院落（图 2-7-3）。

四合院还可以向后、向左、向右延伸发展，形成前、后、左、右多进院落或者宅园。

（二）一颗印式布局

一颗印式布局实际上是三合院或四合院形式的翻版，主要集中在我国南方地区，以民居建筑为主。这种布局多以两层建筑围合起来的“三合院”或“四合院”而形成，体形高而方正，好像一方“印”，因此，这种布局又形象地称作“一颗印”（图 2-7-4）。

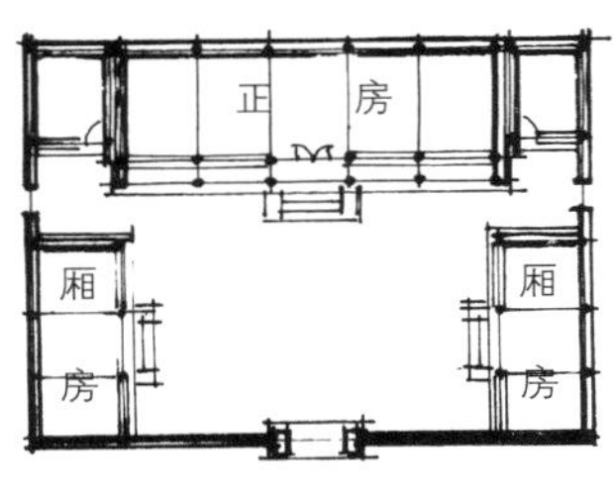

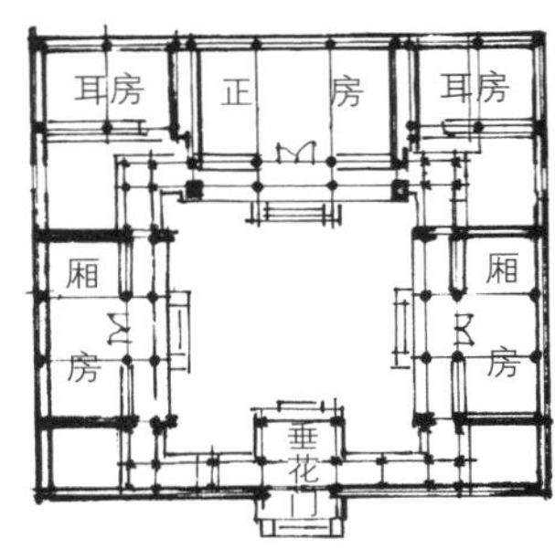

图 2-7-2 三合院平面布局

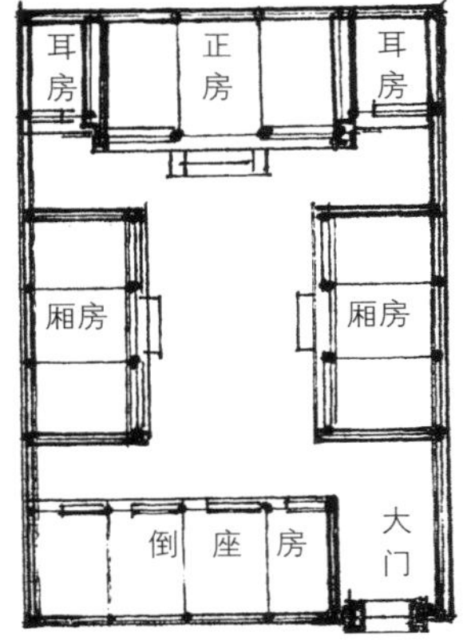

图 2-7-3 四合院平面布局

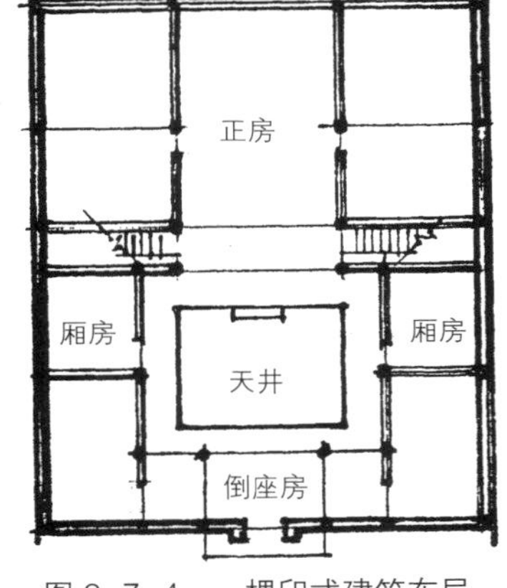

图 2-7-4 一棵印式建筑布局

（三）廊院式布局

是在纵轴线上安置主要建筑和对面的次要建筑，再在庭院的左右两侧，用回廊将主要建筑和次要建筑连接起来，从而形成一个院落的布局。

以上不管哪一种布局，当一个庭院不能满足需要时，还可以采取纵向扩展、横向扩展或者纵横双向扩展的方式，构成两进、三进、多进以及多种组合院落。

以三合院、四合院、廊院、一颗印为单元组成的院落，不仅适合中国古代社会的宗法礼教制度，充分体现家庭成员的长幼、尊卑、男女、主仆的区别，而且，可以保证安全，并且防风防沙，便于在庭院当中栽植花木，营造一种安静、舒适、祥和、优美的生活环境。

这种布局对于不同地区的气候条件或不同功能、不同性质的建筑，只要将庭院的数量、形状、大小及木构架建筑的形体、式样、材料、做法、装修、色彩等加以变化，都能够得到解决。

对称式布局通常应用于中国传统建筑中的宫殿、坛庙、陵寝、寺院、民居等类型建筑。

二、均衡式布局

（一）中轴线两侧均衡式布局

系指中轴线两侧等量不等形的布局，这种布局的特点主要有两点：一是具有明显的中轴线；二是中轴线两侧等量而不等形。北京的天安门广场的平面布局就是一处典型的中轴线两侧均衡式布局。天安门、毛主席纪念堂、正阳门等构成了明显的中轴线，天安门广场东西两侧分别有中山公园与劳动人民文化宫、人民大会堂与国家博物馆等对峙。这种布局成就了天安门广场庄严、安定、祥和的环境气氛。

（二）构图中心两侧均衡式布局

这种布局同样也有两个特点：一是不存在任何轴线，但暗含有构图中心；二是构图中心两侧保持均衡状态。如有三座体量大小不同的建筑组合在一起时，体量最大与体量最小的两座建筑距离要小于体量最大与体量居中两座建筑的距离就是这个道理。均衡能够给人们带来美感。

（三）对称、均衡混合式布局

在面积比较大的环境当中，往往采用对称与均衡的混合式布局。如中国古代大多数城市的规划布局，通常都是采用这种形式。现存北京明清故宫的布局就是典型的对称与均衡混合的布局形式。

均衡式布局通常应用于中国古代城市规划和城市总体布局、较大规模建筑群落以及传统园林建筑的布局。

三、自然式布局

（一）以主体建筑为中心的环绕式布局

在这种布局中，建筑组群的中心通常都安排一座体量较大的主体建筑，周边以庭院环绕，庭院边界用一些体量较小的附属建筑，形成一种“众星捧月”的局面。如北京颐和园是以万寿山佛香阁为中心的环绕式布局，天坛公园是以祈年殿为中心的环绕式布局，北海公园是以琼华岛和白塔为中心的环绕式布局。当然，这种自然安排在周围的建筑组群也可能采用对称或者均衡式的布局形式。

（二）周边式布局

这种布局通常是以水体或者山体为中心，建筑围绕着水池、假山布置。如北京颐和园中的“园中之园”谐趣园和北海公园中的静心斋、画舫斋等均属此种布局。在江南的一些私家园林中，有许多都是采用了这种布局手法。

（三）散点式布局

散点即分散布点。这种布局既没有以一座建筑为中心四周环绕的格局，也没有以水和山为中心周边布置建筑的局面，而主要是根据道路的分布状况来布置建筑。如北京香山公园、八大处公园等都属于这种布局。原为皇家御苑，占地五千多亩，被誉为“万园之园”、曾被英法联军和八国联军焚毁的圆明园也属于这种散点式布局。

自然式布局通常应用于中国古代皇家园林、私家园林以及现代园林，并与园林总体规划布局相谐调。

建筑布局包括总体布局和个体（局部）布局两个方面，总体布局和个体布局可以采用同一种布局形式，也可以选用不同的布局形式。一些大型园林、大型庭园的建筑布局，往往总体布局与个体都不是简单地采用一种形式，如总体布局可以采用散点式布局，而个体布局也可以采用对称式或均衡式布局；再如总体布局可以采用对称或均衡式布局，而个体布局则可采用不规则或自然式的布局。

第三章 传统建筑的台基、墙体、屋顶等营造做法

第一节 台基

台基又称作台明，是建筑物的基座。中国建筑的形象主要由屋顶或称屋面，墙体或称墙面、柱梁门窗等和台基三个部分即上分、中分、下分组成，台基是一座建筑的下分部分。从中国建筑的发展历史我们可以看出，高台建筑是中国建筑的重要特色之一。高台建筑的台基较高，做法也很讲究，是构成一座建筑的重要组成部分。在中国封建社会，台基高度和做法是代表该建筑物等级高低的重要标志之一。

一、台基的作用

台基的作用主要有以下四点：

（一）可以起到有效保护建筑物基础的作用

由于台基将每一根立柱的基础，诸如柱础（柱顶石）、磉墩、灰土等都封护、包围和保护起来，台基还设有散水和排水沟槽，因此，在很大程度上可以防止立柱基础的受潮、受冻以及遭受外力撞击。另外，房屋建筑的全部墙体，其基础，诸如拦土墙、灰土等也都置于台基之中。台基不仅保护了房屋建筑每一根立柱基础的安全，同时，也保护了每一道墙体基础的安全。由于柱子和墙体的基础得到了有效的保护，从而延长建筑物的寿命和使用年限。这种建筑的浅基础做法正是由于高台基才在一定程度上弥补了这一建筑技术上的缺欠。

（二）可以防止建筑物室内的阴暗潮湿，从而保证人们必要的生活条件和生存环境

早在高台建筑尚未形成的新石器时期，人们长期生活在阴暗潮湿的地穴和半地穴之中，这里不仅难以存储食物，而且也难以躲避疾病，诚然，当时人的寿命也是很有限的。正是由于人们在长期的生产生活实践中不断总结创新，才形成了后来的高台建筑体系。这个建筑体系的台基是用黄土、灰土及碎砖石等材料经过分步夯实，四周及台面还包砌有砖或石而成，故可有效地起到防潮作用。同时，由于台基较高，亦可在一定程度上避免周围环境对阳光的遮挡，而有利于建筑物的室内通风和光照，以保证人们长年累月的生活和生存环境。

（三）可以增强建筑物的稳定感和庄重感

中国建筑的台基之所以是构成一座建筑的重要组成部分，不仅是因使用功能使然，而且也是因观赏功能而使然。倘若把中国建筑比喻成一个人，那么，台基（下分）就好比人的脚，而中分和上分则分别为人的腿部、腰部和顶部。人的脚部、腿部以及人的腰部、顶部均要有一定的高度和相应的比例尺度才能使其近乎完美。建筑台基的构建，不仅使建筑的外观具有整体感和层次感，而且更具有稳定感和庄重感。带有石栏杆的须弥座台基还会使人产生一种威严感。

（四）可以标志建筑物等级高低

在我国等级森严的封建社会，不同等级的建筑，其台基的高度、形式、做法等均有着严格规定和限制的。如在《大清会典事例》中曾载顺治十八年时建筑台基高度的规定是：公侯以下、三品以下房屋的台基高二尺，四品以下至土民房屋台基高一尺。一般来说，在台基中使用的石材越多其建筑等级越高；使用的石材等级越高（如汉白玉石材）其建筑等级越高；台基的高度越高或台阶数量越多则建筑等级越高；每开间的台明石可以单独使用一块（称作单安），亦可使用两块（称作双安）、三块（称作三安），以使用一块者等

级为高；带有须弥座台基的建筑比不带须弥座的建筑等级高；三层台基的建筑比一层台基的建筑等级高；较高的台基上面，为保证安全，台基四周均安装有石栏杆，这种台基多采用须弥座形式。安装石栏杆的台基，等级是比较高的。因此，安装有石栏杆台基的建筑比没有石栏杆的建筑等级高。

二、台基的类型

台基主要有两种类型：一种是直方座式台基，一种是须弥座式台基。

（一）直方座式台基

直方座式台基就是普通的、最常见的那种方方正正的台基，构成台基的石构件主要有：柱础（柱顶石）、角柱石（埋头石）、阶条石（台明石）、陡板石、土衬石、台阶等。直方座式台基广泛使用在大式、小式等各种形式的建筑当中。传统园林建筑的亭、廊、轩、馆等各种形式的建筑一般均使用这种台基（图 3–1–1）。

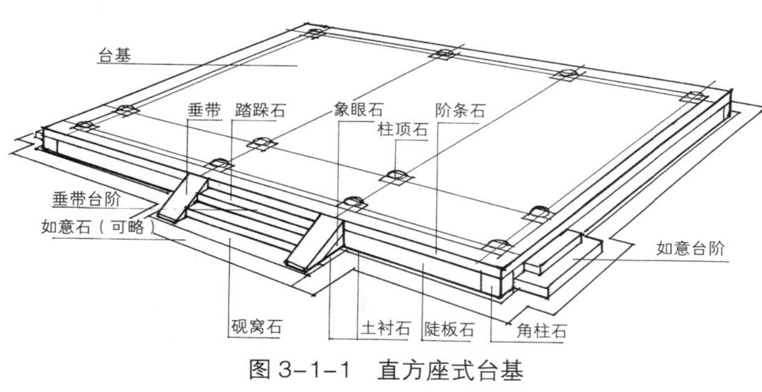

图 3–1–1 直方座式台基

（二）须弥座式台基

须弥座式台基即是台基采用须弥座形式。作为建筑使用的须弥座主要有选用石材构筑和砖材砌筑两种，其中又以石材为多。以石材砌筑的须弥座台基，主要用于宫殿建筑及坛台等建筑。根据具体建筑的功能、性质、等级的不同，其须弥座又可采用表面不做雕饰的素面须弥座、表面做雕饰的雕花须弥座和台基上面安装有石栏杆的须弥座等几种不同形式。

须弥座是从古代印度传入到中国并与中国文化相结合的一种基座形式。最早见于山西大同云冈北魏时期石窟，作为佛像的底座。须弥即是指须弥山，在古代印度的神话中，须弥山最大，是世界的中心，佛、菩萨均居住于此山。用须弥山作底座，以显示佛的神圣伟大。须弥座不仅用于佛像的底座，而且还经常用来承托神台、神龛、坛台、月台、佛塔、经幢、隔扇、家具、古玩及假山石等较贵重之物的基座，所用材料有砖、石、木、铜、铁、陶、琉璃等多种。

须弥座式台基不管选用哪一种材料构筑，均应由圭脚、下枋、下覆莲（下枭）、束腰、上覆莲（上枭）、上枋组成，它们各自与须弥座整体高度、深度的关系在我国清代已制定了比较完美的权衡比例关系（图 3–1–2）。

图 3–1–2 须弥座式台基（下）与石栏杆（上）立面图

构成须弥座的圭脚、下枋、下覆莲（下枭）、束腰、上覆莲（上枭）、上枋共六个部分中，除圭脚与上枋部分略高以外，其他各个部分的高度基本都是相同的。一般说来，按照我国清代须弥座的形制，可以把须弥座的总高分成 51 份，其中上枋高 9 份、圭脚高 10 份，其余四部分各高 8 份。在上枋和下枋的八份当中，上、下窄边（又称皮条线）高各占一份。另外，在凹凸方面，束腰外皮比上、下枋外皮退进一倍下枋高度的尺寸，上、下枋外皮比圭脚外皮退进圭脚高度约 1/3 的尺寸。如有土衬石，可在圭脚以外留出金边 2 寸，土衬石厚 12~15 厘米。

较为讲究的须弥座，或在束腰部位，或在束腰与上下枋部位，或在束腰、上下枋与上下覆莲部位进行雕刻装饰。束腰多雕刻“菀花结带”纹样，上、下覆莲（枭）雕刻莲花“八字码”式样，上、下枋雕刻卷草、宝相花等吉祥纹样。

须弥座有单层、两层和三层等不同做法，其中三层（亦称三台）须弥座只有在极为重要的宫殿中使用。

三、台基的权衡比例尺寸

（一）台基高度

直方座式台基高度是指土衬石上皮（无土衬石者为台基外地坪）至阶条石上皮的垂直高度。须弥座式台基的高度是指土衬石上皮至上枋上皮（无土衬石者为台基外地坪）的垂直高度。

1. 带须弥座式台基或大式殿堂建筑的台基高度，通常可按檐柱高的 1/5 至 1/4 或根据实际需求、具体环境及台阶模数酌情确定。

2. 带斗栱建筑的台基高度，一般可按台基上皮至挑尖梁下皮垂直高度的 1/5 至 1/4 或按实际需求、具体环境及台阶模数确定。

3. 园林一般殿堂建筑的台基高度，大体可按该建筑檐柱高的 1/6 至 1/5 或檐柱径的两倍，也可以根据实际需求、具体环境及台阶模数酌情确定。

4. 一般园林厅堂建筑与亭子的台基高度，大体可按该建筑檐柱高的 1/7 至 1/5 或根据实际需求、具体环境及台阶模数酌情确定。

5. 园林楼阁台基的高度，一般可按首层檐柱高（檐柱为通柱者，可按台基上皮至首层承重梁下皮的垂直高度作为檐柱高）的 1/6 至 1/5 或根据实际需求、具体环境及台阶模数酌情确定。

6. 园林中游廊的台基高度，大体可按比厅堂、亭降低一步台阶高度或根据实际需求、具体环境及台阶模数酌情确定；园林中的棚架，通常按一步台阶作为台基高度。

7. 一般三合院、四合院主体建筑（正房）的台基高度，大体可按该建筑檐柱高的 1/7 至 1/5 或檐柱径的两倍左右确定，也可根据实际需求、具体环境及台阶模数酌情确定；厢房、耳房、垂花门的台基，可比正房矮一步台阶；抄手游廊的台基，既可与厢房、耳房、垂花门持平，亦可比厢房、耳房再矮一步台阶。

8. 参考清代《营造算例・石作做法》："台基露明高按柱高十分之二。如歇山并有斗栱房，须弥座做，自地面算至耍头下皮高若干，十分之二分半；如无须弥座做，至耍头下皮高十分之二；如方亭，并有斗栱者，自地面算至柁下皮高若干，十分之一分半即是露明高。"

（二）台基宽度

台基宽度为该建筑通进深加前后檐下出的尺寸。

下出通常为檐柱高的 2/10、上出的 2/3 或者上出的 4/5。封护檐下出约为 2 倍檐柱径。

（三）台基长度

台基长度为该建筑通面阔加两山山出的尺寸。

1. 通面阔

即是明间、次间、梢间、尽间各间面阔的总和。明间面阔确定之后，再确定次间、梢间等面阔。

2. 两山山出

硬山山出：山墙外包金加上山墙下碱外皮至台基外皮（即金边）尺寸。（外包金、金边尺寸详见本章第五节）

悬山山出：可按 0.2 倍檐柱高或前后檐下出尺寸确定。有山墙者也可按 2~2.5 倍山柱径确定；

歇山、庑殿山出：通常为 3/4 上檐出。

（四）构成台基的石构件

1. 柱础

又称柱顶石，因砌筑在柱子下面，用来承托柱子使用，故称柱顶石。它的平面有正方形、六方形、八方形、组合形等不同形状，六方形、八方形柱顶石一般用于建筑平面与其相对应的盝顶和攒尖屋顶建筑。柱顶石的直径为两倍本柱径，厚（含鼓镜）同柱径。檐柱、金柱柱顶石也可以同厚。柱顶石的鼓镜高 0.2~0.3 倍本柱径，鼓镜上皮直径为 1.4~1.5 倍本柱径。

2. 阶条石

又称台明石，位于台基上方外围。前后檐阶条石总长同台基通长，即通面阔加两山山出。两山阶条石总长为台基通宽减去前后檐阶条石宽（前后檐两端的阶条石由于一端完整，故又被称作好头）。单块阶条石的长度与每间面阔或进深等长者称为"单安"，其规格较高，每间安装两块者称为"双安"。前后檐面阔方向两端的阶条石略长一些，还需要加上山出的尺寸。单块阶条石宽可按下出减去一倍檐柱径或按下出尺寸。悬山和歇山建筑两山阶条石宽同前后檐阶条石宽，硬山建筑两山阶条石宽度可按前后檐阶条石宽度的 1/2 确定。后檐为封护檐者，其后檐阶条石宽度可按一倍檐柱径加两寸金边尺寸定之。阶条石的厚度通常为 12 厘米或 15 厘米，亦可按下出减去 1 倍柱径之后的 1/4 确定。请注意，台基转角部位切不可使用呈45度角的阶条石。另外，阶条石在归安的时候，要做出一点点泛水，以防止台明上面积水。

3. 角柱石

又称作埋头，位于台基四角，阶条石以下、土衬石以上。阳角（出角）角柱石主要有两种做法：一种为宽厚相同的单块埋头，称作混沌埋头（如意埋头）；一种为使用两块宽厚不一的石头组合在一起的埋头，称作厢埋头。如有阴角，即可使用埋头亦可不使用埋头。阴角埋头通常使用厢埋头。一般角柱石的水平宽度为40~50 厘米。高为台基高度减去阶条石的厚度。厢埋头厚度可同阶条石厚。

4. 陡板石

位于阶条石以下、土衬石以上，角柱石之间的竖向板状石构件。陡板石的厚度通常与阶条石厚度相同或 10 厘米厚，外表与阶条石陡面平齐。

园林建筑陡板石部位多使用青砖砌筑，采用干摆或丝缝做法。亦可使用花岗岩毛石砌筑，采用虎皮石墙的做法，其效果更佳。

5. 土衬石

位于陡板石和角柱石以下，土衬石上皮与台基以外地坪标高相同或高出 1~2 寸，土衬石比陡板石宽出的部分也称作金边，金边宽度一般为 2 寸，6.4 厘米左右。

有些园林建筑也可不使用土衬石，台基外缘直接砌筑散水。

散水是台基外围的带状铺装，其主要作用是承接屋檐流下来的雨水和保护台基不受雨水的侵蚀。规范的散水是围绕台基和台阶周圈布置。散水的宽度一般是随台基的大小或者山墙墀头的做法来确定。散水的做法有：方砖、一封书（一顺出）、褥子面、套方、拐子锦和甬路铺法等，散水靠近台基的一侧不设砖牙，只在外侧铺砌砖牙。散水需要做出泛水。

第二节 台阶

台阶又称踏跺，是供人们从低处步入高处或从高处走向低处的登道。

台阶既可结合台基使用，也可结合平台（台、月台）及有高差变化的步道（如山路）使用。

一、台阶的种类

从形式上分，可以分为规则式台阶和自然式台阶两种。规则式台阶主要有垂带台阶、如意台阶和礓礤台阶三种。垂带台阶又有带石栏杆垂带台阶、带护身墙（矮墙）垂带台阶和一般垂带台阶三种。从材料上分，又可分为石构台阶和砖砌台阶两种。自然式台阶主要是指用不规则的山石堆叠起来的台阶。

（一）垂带台阶

一般垂带台阶主要由垂带石、象眼石、踏跺石（又称踏跺基石、踏跺心石）、燕窝石、土衬石等组成（图 3-1-1）。

带有石栏杆或护身墙的垂带台阶主要使用在高台或者台基较高的台阶上。石栏杆不仅起美化装饰作用，更重要的是起护身安全作用。石栏杆及护身墙有多种形式和做法，石栏杆栏板和墙的高度通常在 1 米左右。较为讲究的护身墙墙体上还雕刻有精美的装饰纹样，十分耐看。

三开间建筑只在一间安装垂带台阶者，称为单组垂带台阶；三间连起来安装者，称为组合垂带台阶或连三垂带台阶。

单体垂带台阶通常安装在明间部位。如果一侧垂带中至另一侧垂带中的水平距离为垂带台阶的中距，那么，这个中距应等于明间面阔的长度。垂带石本身的宽度可按檐柱（指圆柱，方梅花柱除外）柱径的 1.5~2 倍左右确定，最窄不小于 40 厘米，遇有方梅花柱为檐柱的垂带台阶，垂带石可按 40~50 厘米确定。垂带石的厚度一般为 12~15 厘米。踏跺石的宽度一般为 32~37 厘米（其中叠压 2 厘米，净露 30~35 厘米、多为 30 厘米），厚度为 12~15 厘米，但以 12 厘米居多。象眼石厚同垂带石或阶条石。

（二）如意台阶

如意台阶无垂带、象眼石，也无燕窝石，各层台阶均由踏跺基石组装拼合而成（图 3-1-1）。如意台阶的特点是不仅可以从台阶正前方上下，而且还可以从左右两侧上下台阶。如意台阶比垂带台阶等级要低，因此，在同时使用两种台阶时，垂带台阶安装在正面，而如意台阶则安装在两侧面或背面。

如意台阶踏跺基石的宽厚尺寸同垂带台阶踏跺基石。

最简单的如意台阶可以使用青砖砌筑（陡砌）。这种砖砌如意台阶尤其适合用于园林青砖铺筑的山路上，体现一种自然与和谐美，其品位、格调不亚于石砌台阶。

（三）礓礤台阶

礓礤台阶是一种剖面呈锯齿形、表面如搓衣板状的石构或砖砌台阶。礓礤台阶的优点就是，这种台阶既可提供人们行走，同时也便于车辆通行。因此，礓礤台阶通常用于有无障碍要求或有车辆出入的地方，如园门、院门、牌坊及可供车辆行驶的山路上。

结合台与台基使用的礓𥕢石构台阶亦有垂带、象眼、燕窝、土衬等石构件。台阶主体礓𥕢石单块的规格大小不限，但每一级礓𥕢的宽度应当一致，且不易过宽，以 5~10 厘米为宜。礓𥕢石厚 10~15 厘米。礓𥕢砖砌台阶是用青砖陡砌，每块砖的厚度即为每一级礓𥕢的宽度。

礓𥕢台阶既可单体独立使用，也可三组组合使用。同时，还可以与垂带台阶结合在一起使用。如当心间（明间）做成垂带台阶，两边次间做成礓𥕢台阶或当心间做成礓𥕢台阶，而两次间做成垂带台阶。

（四）山石台阶

所谓自然式台阶主要是指以自然界的山石为踏跺的山石台阶。这种台阶也有人称作云步台阶。

由于山石台阶较垂带、如意、礓𥕢等规则式台阶更具趣味性、观赏性和艺术性，因此，山石台阶一般均应用于园林建筑中。特别是周围环境堆叠有假山或背山面水的建筑更适合使用这种台阶。

当然，山石台阶还可用在园林风景区的山路上或人工堆叠的假山上。山石台阶虽然体量不大，但施工技艺的要求应与堆叠假山的技艺要求等同。

二、设计施工要点

不论哪一种台阶，特别是与台基相连的台阶，其基础和基层一定要做牢。尤其是北方地区，一年四季温差、湿差变化很大，如果基础和基层处理不好，很容易使石构件松动变形，影响安全和美观。台阶基础最好与台基基础连做，基层用砖砌筑，台阶基础也应做至冰冻层以下。

垂带台阶和如意台阶在归安时，应注意将每块踏跺基石作出一点点泛水，泛水坡度越小越好，以雨后不积存雨水为准。台基的阶条石在归安时，亦应如此。

第三节　石栏杆

石栏杆在宋代称作石钩阑。根据当时的形制，主要有单钩阑和重台钩阑两种，单钩阑使用一层华板，重台钩阑使用上下两层华板。明清时期，单钩阑被延续下来，栏板使用整块石板雕凿而成，而重台钩阑却很少有人使用了。在清代，官式建筑较普遍使用的是寻杖栏板栏杆和罗汉栏板栏杆两种石栏杆形式。

（一）寻杖栏板石栏杆

寻杖栏板是指上方带有寻杖扶手的栏板。寻杖栏板石栏杆简称寻杖栏杆、禅杖栏杆。栏杆主要由地栿、望柱、栏板及抱鼓石等组成。其中望柱又由柱身和柱头两部分组成，栏板由寻杖、盆唇、华板等部分组成。须弥座台基上面的石栏杆通常选用寻杖栏杆形式。

我国清代的寻杖栏杆也有一定的形制，但运用在园林建筑方面却比较灵活。通过对一些栏杆实物的测绘，我们可以总结出以下关于寻杖栏杆的基本尺度和相互间的权衡比例关系作为参考（图 3–3–1）。

1. 栏杆总高

总高是指地栿加上望柱（含柱身、柱头）的高度。实际上，决定栏杆总高的关键因素是栏板和望柱柱头的高度。

2. 地栿

高宽比通常为 1 ：2，其高 4.5~5.5 寸（14~18 厘米，其中落入地栿槽 2~3 厘米）、宽 8 寸 ~1 尺 1 寸（25~36 厘米）。地栿外皮至须弥座上枋石外皮（金边）的尺寸为 2 寸（5~7 厘米）。

3. 望柱

望柱由柱身和柱头组成。柱身断面为正方形，柱径一般为 0.6~0.8 地栿宽或 20~30 厘米，柱身高 3.3~3.8 倍本身柱径或 90~100 厘米；柱头高度依柱头形式不同而不同，一般不大于 1/2 柱身高。望柱柱头形式多种多样，由于形式不同，其造型和雕刻也各有不同。经常使用的柱头有莲花头、石榴头、风摆柳头、素方头、素方如意心头、祥云头、麻叶头等。选择哪一种柱头形式是决定望柱乃至整组栏杆文化属性和艺术个性的重要因素。望柱与栏板有榫卯连接、柱根安装在地栿上面的望柱槽内。

4. 栏板

栏板的高和长之比约等于 1 ：2，其具体尺寸应根据实际情况酌情而定。一般情况下，栏板高 3~3.5 倍望柱柱径或 80~90 厘米。栏板的厚度上下不同，下皮厚通常为 0.8 倍望柱柱径、寻杖上口厚 0.7 倍柱径，寻杖断面呈八片花瓣形。栏板下口安装在地栿上面的栏板槽内。

5. 抱鼓石

抱鼓石的最高部位高同栏板，厚通常为望柱柱径

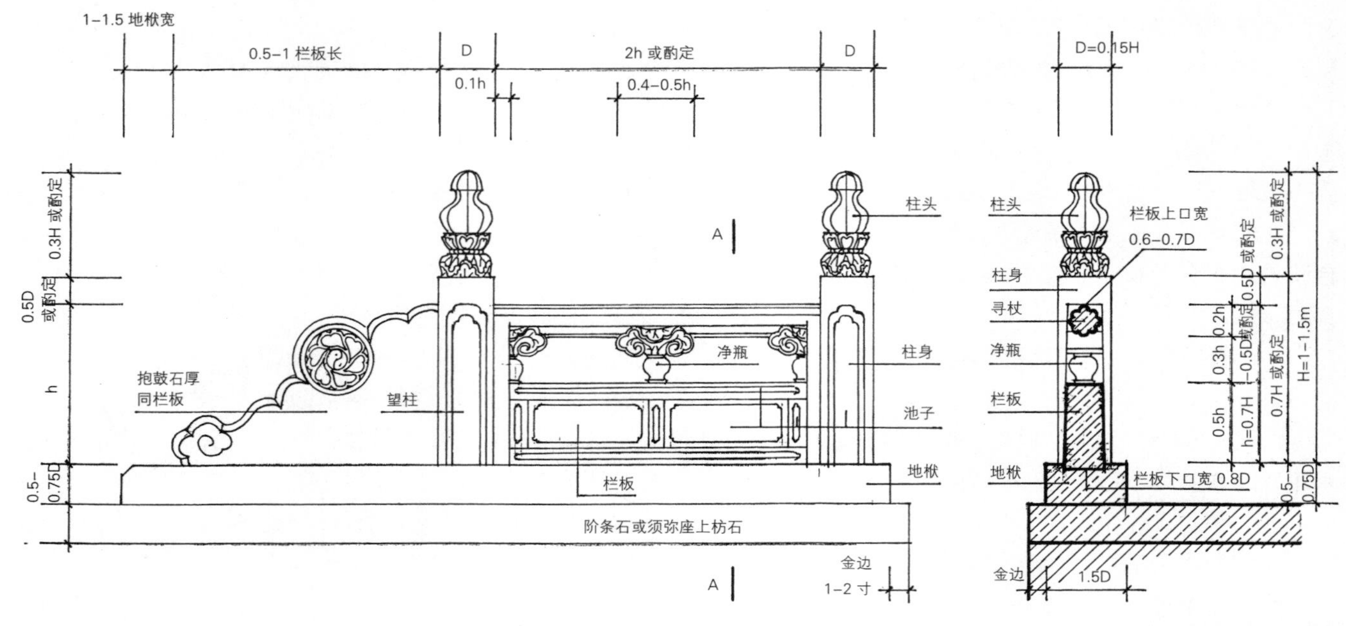

图 3-3-1 石栏杆、抱鼓各部位权衡比例参考图

的 0.8 倍，上下同厚无收分。其长度一般控制在栏板高度的 1.5~2 倍之内，或者大于栏板长度的 0.75 倍、小于或等于栏板长度。用于石桥上面的栏杆，其抱鼓石（或带一段栏杆）应与桥面栏杆通过折柱形成一定角度，以增强桥面栏杆整体的稳定性与观赏性，其角度一般控制在 30~45 度之间。

多层带石栏杆的须弥座在须弥座石钩阑望柱的下面、上枋部位多安装有挑出须弥座的石雕龙头，其中须弥座台基四角的龙头较宽较大，称作大龙头。龙头的功能除下雨时可以通过龙头从口中将台基上面的雨水排出以外，还可以使须弥座更加华丽、更加威武、更加庄严。

带有石栏杆须弥座所使用的垂带台阶，在垂带上面也安装有坡状垂带石栏杆，栏杆头部安装有抱鼓石，起保护石栏杆的作用。

带石栏杆的台基，地袱下方、上枋上皮，间隔适当距离须雕凿出排放雨水的沟眼，同时，台基四周散水及地面也应该做出泛水或“荷叶沟”，安排好排水。

（二）罗汉栏板栏杆

是一种不安望柱只安栏板的栏板栏杆。由于栏板内外两面板心部位稍微有一点凸起，其凸出部位好似“罗汉肚”，故称罗汉栏板。罗汉栏板栏杆也简称为罗汉栏杆。罗汉栏杆的每块栏板较长，也比寻杖栏杆栏板略厚。罗汉栏板栏杆一般不安装在须弥座台基上面，而多数是用在石桥上面作为护身栏杆使用。

1. 地栿

罗汉栏板栏杆地栿的丈尺做法基本同寻杖栏杆栏，只是上面只剔凿栏板槽而没有望柱槽。地栿高 4~5 寸（13~16 厘米，其中落入地栿槽 2~3 厘米）、宽 8~9 寸（24~29 厘米）。地栿外皮至桥面仰天石外皮（金边）的尺寸为 2 寸（5~7 厘米）。

2. 栏板

罗汉栏板比寻杖栏杆栏板略厚，且栏板上下没有收分、上口边角倒楞或磨成圆楞泥鳅背。其栏板肚的厚度一般为地栿宽度的 0.6~0.7 倍（14~20 厘米），栏板肚里外两侧每一侧通常均分成两阶凸出，每阶 0.5~1 厘米。罗汉栏杆的栏板，其每块的高度各有所不同。使用罗汉栏杆者，同一列的栏板数量一定是单数（奇数），如 1、3、5 块等。用于当中的一块最高，其他各块依顺序递减、呈阶梯状，每一级的递减尺寸完全相同，每级以 1.5~3 寸（5~10 厘米）为度，不宜太大。当中最高的一块栏板高度（不含地栿）以 70~90 厘米为宜。栏板的长度也以当中一块为最长，其他各块依顺序递减，具体尺寸可根据实际情况和递减级数酌定。

3. 抱鼓石

抱鼓石的最高部位（与最末一块栏板衔接处）与最

末一块栏板同高或略低、厚同其他栏板（减去内外两面栏板肚厚度），其长度一般控制在本身最高部位高度的1.5~2倍。用于石桥上面的栏杆，其抱鼓石或带一块栏板应与桥面形成一定角度，以增强桥面栏杆整体的稳定性与观赏性，其角度一般控制在30~45度之间。

除了寻杖栏板栏杆和罗汉栏板栏杆以外，还有一些不常用的石栏杆，本书将在第八章第九节“园林中的桥·护栏”当中再作介绍。

第四节　台

台，本意是指高处的一块平地，这里是指中国传统建筑中一种独立的建筑形式。通常是用来作为观景、远眺、祭祀、活动、登船、垂钓等使用的几何图形构筑物。由于台的构造与台基大体相同，故将其列入本节当中做以简要叙述。

台的种类很多，按其功能不同，主要可分为主要用于观景的观景台、上下游船的船台、垂钓的钓鱼台等，用于殿堂前方或四周既可观景又可陈列，还可以举行小型活动的多功能台被称作月台，用作祭祀活动的台又称作坛台，简称“坛”，其他还有台上设有旗杆座和旗杆的旗杆台以及台内栽植有珍贵观赏植物的花台等。

按其造型分类，主要有直方座式台、须弥座式台两种。

台的构造与做法除了不使用柱顶石以外，其他构造、做法基本上同台基。

台有高有底，高台者，四周安装有栏杆或者砌筑有矮墙，以确保人身安全。低台者，亦可以四周采用低矮的砖砌花墙或者坐凳，使其既可观景又可坐下来休息，两全其美。

台的平面造型多为正方形或长方形，也可建成八方形或圆形，但最好不用六边形。明文震亨著《长物志·室庐·台》载有：“筑台忌六角，随地大小由之。若筑于土岗之上，四周用粗木作朱栏亦雅。”上下台的台阶既可以设在前方一侧，也可设在前后两侧或者前后左右四周，可根据需要而定。台阶通常使用垂带台阶形式，台阶两侧垂带上面的做法应与台面四周的做法保持一致，如台面四周安装栏杆则垂带上面也应安装垂带栏杆、台面四周砌筑矮墙则垂带上面也应砌筑矮墙。

位于殿堂前或四周的月台，其高度应比主体建筑台基低一步或者一步以上台阶。

台基与台的栏土墙以内通常使用素土和灰土逐步夯实，素土一步厚度为一尺，合32厘米，夯实厚度为七寸，合22.4厘米，灰土一步厚度为虚铺七寸，合22.4厘米，夯实厚度为五寸，合16厘米。面层多采用方砖或者石板铺装。

第五节　墙体

一、传统建筑园林中的墙体

墙体是指用砖、石等材料砌筑的带状砌体。在中国传统建筑园林中常见的种类和做法墙体比较多，主要有：拦土墙、后檐墙、山墙、槛墙、廊心墙、女儿墙、干摆砖墙、丝缝砖墙、淌白砖墙、糙砌砖墙、方整石墙、虎皮石墙、琉璃砌体墙、装饰贴面墙、清水墙、混水墙（抹灰墙）、庭院围墙、花墙、龙背墙、叠落墙、护身墙、宇墙、白粉墙、月白灰墙、青灰墙、红灰墙、黄灰墙等。

二、墙体的分类与做法

（一）按部位和功能不同分类

主要有：构成房屋的墙体，如山墙、后檐墙、槛墙、隔断墙等；除构成房屋的墙体以外，庭院中还有庭院围墙、护身墙、拦土墙等。

构成房屋的墙体，是指与房屋直接关联的墙体。这种墙体在我国传统木结构建筑当中，一般是不起承重作用而主要是起围挡、保护、保温作用的，同时，还起着装饰美化作用。

山墙、后檐墙、槛墙均属房屋建筑的外墙，负有防护、保温等作用，因此，墙体较厚。此外，特别是山墙，对房屋建筑的外观影响较大，因此其形式和做法都比较讲究。

山墙是砌筑在硬山、悬山、歇山、庑殿、攒尖、盝顶等各种形式建筑两山的墙体；后檐墙是砌筑在后檐檐柱之间的墙体；槛墙是砌筑在前檐檐柱或者前檐金柱之间、窗户榻板以下的墙体；隔断墙一般是砌筑在进深方向、用于分隔房间的内墙。木结构建筑的前檐墙较为少见。

1. 山墙

（1）硬山建筑山墙（图3-5-1）

硬山建筑的山墙从剖面上看，主要由外包金、里

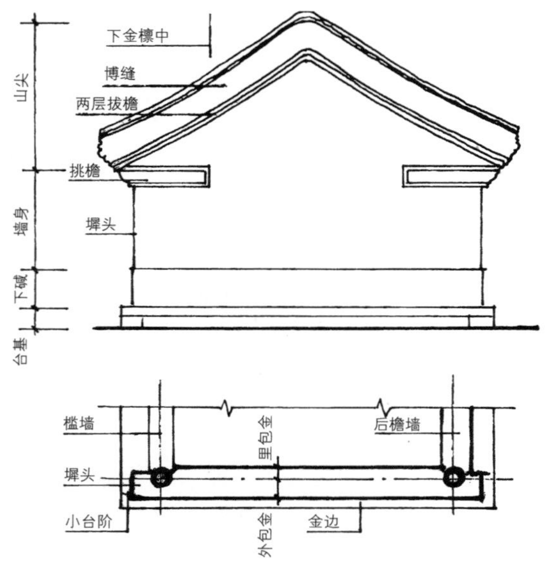

图 3-5-1 硬山山墙平立面

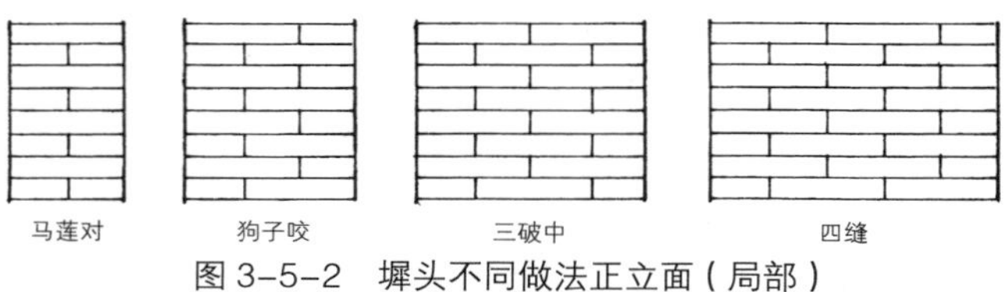

图 3-5-2 墀头不同做法正立面（局部）

包金两部分组成。

外包金，是指山墙下碱外皮至山柱（或金柱、檐柱）柱中的水平距离。通常约等于 1.5~1.8 倍山柱径或檐柱径，也可按使用要求酌定。山墙下碱外皮至台基两山外皮的水平距离就是金边，金边一般为 2 寸（6.4 厘米）左右。

里包金，是指山墙里皮至山柱（或金柱、檐柱）柱中的水平距离。一般约等于 1/2 山柱径（或檐柱径）加 2 寸，紧靠柱子部位墙体退八字留出柱门（柱门呈 120 度角）。

硬山建筑的山墙从侧立面上看，主要由下碱（又称下肩、下截）、墙身、山尖三个部分构成。

下碱，是山墙的下面部分，其高度为檐柱高的 1/3 左右（下碱砌砖的层数应为奇数），厚度也比墙身部分略厚，下碱比墙身凸出的部分称作“花碱”，宽度 0.5~1 厘米。下碱在做法上也比墙身讲究，通常要比墙身高出一个等级，如墙身用丝缝做法而下碱就用干摆做法，墙身用淌白做法而下碱就用丝缝做法等。亦可同用干摆或同用丝缝做法，总之，墙身做法的精细程度不应超过下碱。高等级的建筑下碱最上面使用一层腰线石（两端称压面石），压面石的下面安放角柱石。角柱石、压面石、腰线石除可以起到装饰和提高建筑等级的作用以外，还可以对山墙起到很好地保护作用。下碱也可以使用规格尺寸略大一点的砖，如停泥砖、不同型号的城砖等。

墙身部分（合抱山除外）一般应按高度的 3‰~5‰ 砌出“升”（或称“收分”）来。

墙身，下碱以上是山墙的主体部分。墙身的做法和厚度应根据该房屋建筑的规格、等级、功能等的不同来确定，墙身主要有清水墙和混水墙（抹灰墙）两种做法。

清水墙墙身正立面可根据山墙外包金厚度采用马莲对、狗子咬、三破中、四缝等不同做法（图 3-5-2）。

马莲对是以一整块砖长为厚度的墙体。即上一层砖为一块砖长（上一整），下一层砖为两块砖宽（下二破）外加一条砖缝。马莲对墙身的厚度即一块整砖的长度。

狗子咬又称狗丝咬、狗尺咬、勾丝绕，是以一整块半砖长为厚度的墙体。即上一层砖为一块半整砖长（上一整二破）外加一条砖缝的宽度，下一层砖也是一块半整砖长（下一整二破）外加一条砖缝的宽度，只是上下层错缝。狗子咬墙身的厚度即一块半整砖长外加砖缝的宽度。

三破中是以两整块砖长为厚度的墙体，即上一层砖为两块砖长（上二整）加一条砖缝的长度，下一层砖为一块整砖长加两块砖宽（下一整二破、整砖居中）外加两条砖缝的宽度。三破中墙身的厚度即两块整砖长外加砖缝的宽度。

四缝是以两块半砖长为厚度的墙体，即上一层砖为两块整砖的长度加一块砖的宽度（上二整一破）外加两条砖缝的宽度，下一层砖同为两块半整砖长（下二整一破）外加两条砖缝的宽度，上下错缝。四缝墙身的厚度即两块半砖的长度外加两条砖缝的宽度。

混水墙的厚度可根据该房屋建筑的规格、等级、功能等酌情确定。

山尖，位于墙身上端，呈“人”字形。山尖主要是指两层拔檐和砖博缝所围拢三角形部位。山尖的上面是排山屋脊和屋面。正面是山墙墀头的两层拔檐和戗檐。传统园林建筑山尖的顶端主要有尖山和圆山两种形式并以圆山形式居多。为了使室内顶棚以上梁架保持干燥、防止遭朽，还经常在山尖下面的正中位置上砌筑有圆形或方形砖雕（采用透雕形式）的“山花透风”。山花透风除具有通风功能以外，还具有很好的装饰美化效果。

山墙上面除了山尖下面可以砌筑山花透风以外，

在前后檐柱及中柱柱根、山墙下碱下方台基以上部位，也可以使用“柱透风”，简称“透风”。透风通常是用一块条砖经砍磨雕琢加工以后，竖向砌筑上去的。透风的局部采用透雕形式，多选用吉祥草、祥瑞兽等吉祥纹样作为主题，做工精美。透风的主要作用是让柱子保持通风干燥、避免柱子根部腐烂糟朽。

墀头，是指山墙两端垂直立面的墙头部分。当后檐墙为封护檐时，山墙与后檐墙连成一体，因此没有墀头。墀头也分为下碱、上身和盘头三个部分。墀头，也称“腿子”，山墙的两端均称腿子。墀头主要有方墀头和抹角的龟背墀头即枇杷墀头两种，硬山建筑的山墙不能使用抹角的龟背墀头。

墀头下碱的平面位置：墀头的外侧为金边、内侧紧贴檐柱、前端与台基外皮还有一点距离称为“小台”或“小台阶”。小台阶宽度一般在 0.3~0.8 倍檐柱径。墀头内侧（里皮）应超过檐柱柱中 0.1 倍檐柱径或 1 寸（3.2 厘米），称为“咬中一寸”（图 3-5-3）；根据墀头下碱的厚度和使用的砖料不同，也可选择马莲对、狗子咬、三破中、四缝等不同做法，而园林建筑运用较多的是狗子咬和三破中做法。

墀头的上端称作盘头，是指从墀头上身出挑至大连檐以下部位，盘头挑出墀头墙身（进深方向）的水平距离称作天井（图 3-5-4）。

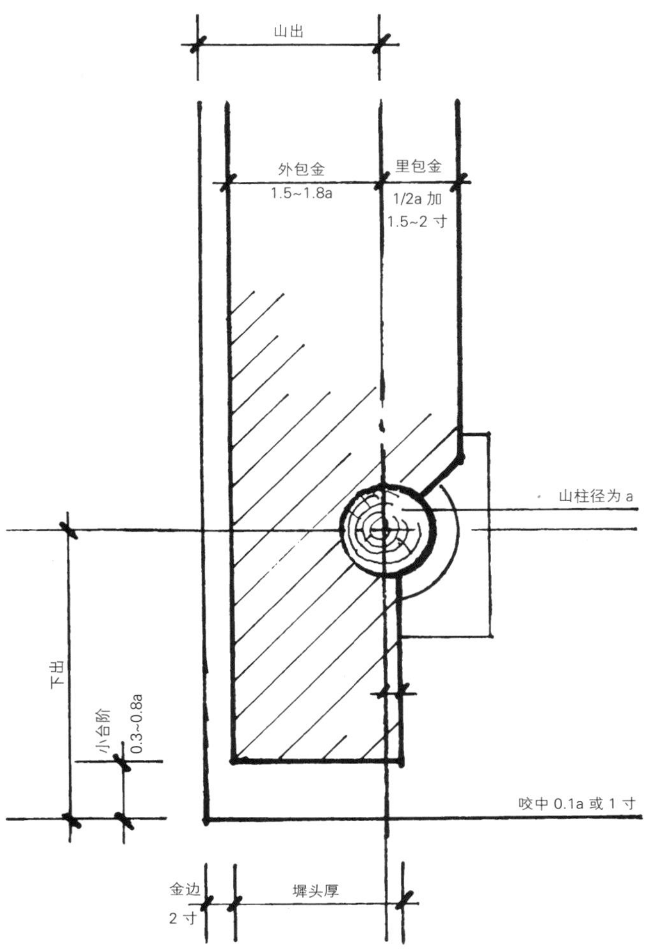

图 3-5-3　硬山山墙墀头平面图（局部）

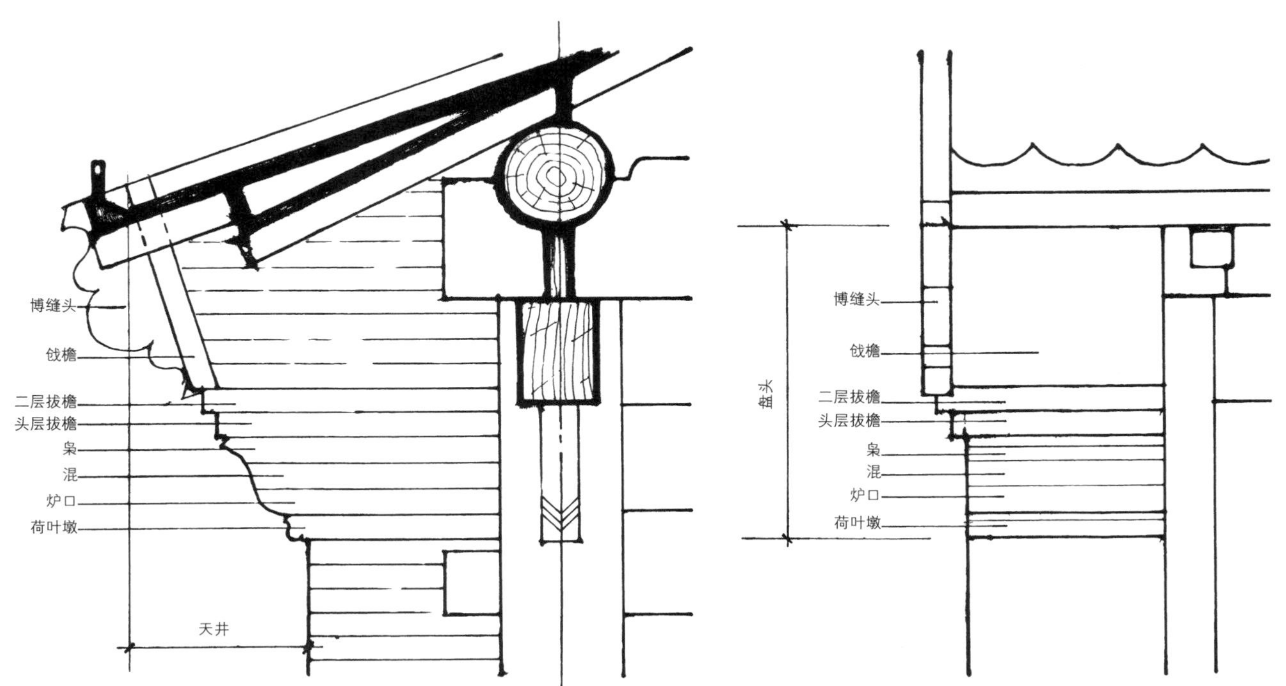

图 3-5-4　硬山山墙墀头盘头部分内侧立面、正立面图

盘头通常包括（由下至上）荷叶墩、混砖（半混砖）、炉口、枭砖、头层拔檐、二层拔檐、戗檐，其中炉口这一层也可以去掉。构成盘头的各个部分（除枭砖、炉口、混砖很少雕刻以外）还可以进行雕刻，做成雕花盘头。紧贴雕花盘头外面的博缝头也应雕花。等级较高的建筑枭砖以下至荷叶墩（即枭、炉口、混部分）可以连在一起改成石作，称为"挑檐石"。挑檐石末端至金檩檩中垂线位置。没有挑檐石者，也要将"挑檐石"部位圈出边来。

天井的尺寸大小关系到墀头下端小台阶的宽窄。天井的尺寸是由荷叶墩、混砖、炉口、枭砖、头层拔檐、二层拔檐等各层砖檐和戗檐的挑出尺寸综合起来的，一般情况下，若调整小台阶的宽窄，主要靠调整盘头各层出檐尺寸和调整戗檐的倾斜角度来解决。

采用荷叶墩、混砖、炉口、枭砖、头层拔檐、二层拔檐这六层盘头做法的，可大体上参照以下各层檐出挑尺寸：荷叶墩出挑长度约等于本身厚度；混砖出挑长度约等于0.8~1.2倍本身厚度；炉口砖出挑长度约等于0.3~1倍本身厚度；枭砖出挑长度约等于1~1.5倍本身厚度；头层拔檐出挑长度约等于0.3倍本身厚度；二层拔檐出挑长度约等于0.3~0.4倍本身厚度。

采用荷叶墩、混砖、枭砖、头层拔檐、二层拔檐这五层盘头做法的，可大体上参照六层盘头各层出挑的尺寸确定五层盘头的总挑出尺寸。

头层拔檐和二层拔檐两层拔檐山面的出挑尺寸约等于0.4~0.5倍本身厚度或与正面出挑尺寸相同。砖博缝的出挑尺寸约等于0.3~0.4倍本身厚度。

根据檐柱的高度（上出的尺寸）或者墀头的厚度不同，戗檐砖的规格尺寸也应有所不同，如可以使用一尺方砖制作，也可以使用一尺二寸方砖制作，还可以使用一尺五寸方砖制作。传统有小三方、中三方和大三方等不同做法，小三方使用一尺方砖砍磨制作，中三方使用一尺一寸方砖砍磨制作，大三方使用一尺六寸方砖砍磨制作。戗檐砖与地面的倾斜角度以呈70度左右为宜。

荷叶墩以下、下碱以上即是墀头的墙身部分。在紧靠雕花荷叶墩的下面还可以安置用方砖雕刻的"垫花"。

雕花盘头、雕花博缝头、方砖垫花多应用于民居建筑或私家园林建筑当中。宫殿、坛庙、皇家园林、陵寝等建筑很少使用。

不使用挑檐石的硬山山墙，也须在砌筑山墙时按照挑檐石的位置，将枭、炉口、混部分用条砖圈出挑檐石的形象来，并且，砖圈里面的枭、炉口、混部分多使用干摆或者丝缝做法。

（2）悬山、歇山、庑殿、攒尖、盝顶建筑的山墙

悬山建筑由于两山木博缝板悬挑于山墙以外，使得两山的木构架十分完整与优美，因此，将两山梁架暴露于山墙之外，可以显示建筑结构之美。明清时期，悬山建筑山墙与硬山建筑山墙的最大不同就是：悬山建筑山墙基本暴露山面梁架而硬山建筑山墙不露一点梁架。

其做法主要有两种：一种做法是平顶山墙。山墙砌至梁底皮，梁架其他空当使用木板，木板内外周边用木条圈钉，山墙顶部堆顶签尖，签尖下面挑出一层砖拔檐；另一种做法是阶梯形山墙，即"五花山墙"，山墙沿着梁底皮和瓜柱中做成阶梯形（图3-5-5）。

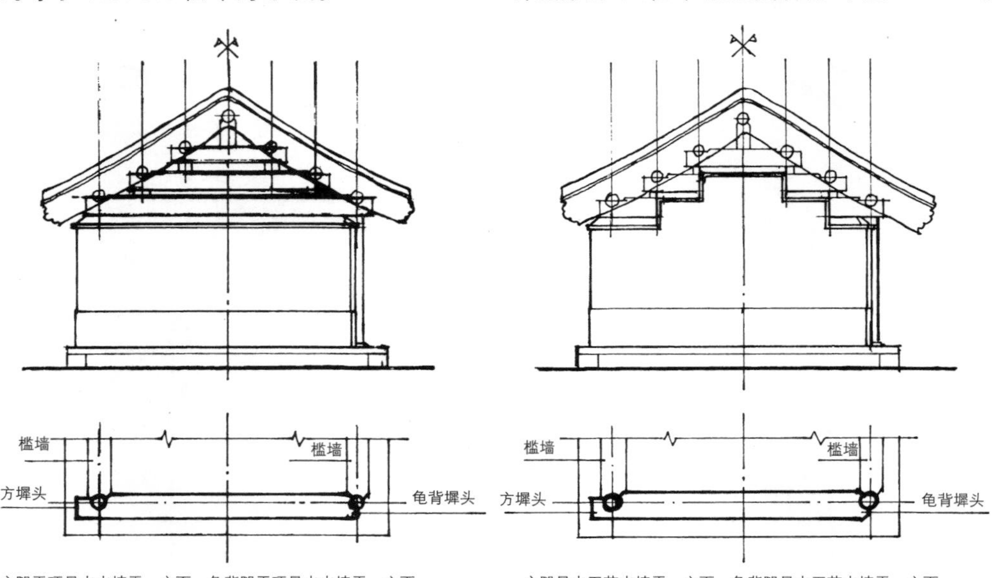

图3-5-5 悬山山墙的两种做法

山墙及后檐墙的顶部称作签尖。墙体外檐部分签尖的做法主要有八字顶、宝盒顶、馒头顶和道僧帽顶（又称和尚帽顶）四种形式。八字顶主要用于上身抹灰的大式建筑，山墙顶部签尖下面不出砖檐，转角部位抹成八字（八方棱角）；宝盒顶的墙顶呈斜面坡形，签尖下面挑出一层砖拔檐；而馒头顶和道僧帽顶的墙顶均呈圆弧形，下面也有一层砖拔檐。道僧帽顶的弧形半径要比馒头顶小，因此，其弧形顶更加突出。不管墙体外檐是选用哪一种签尖做法，而内檐部分签尖一律采用八字顶做法（图 3–5–6）。

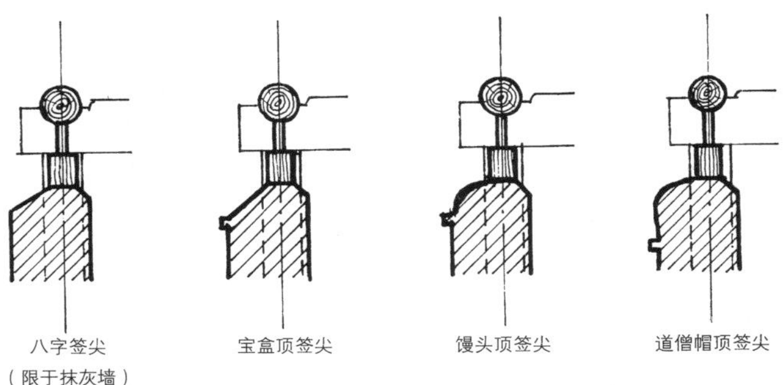

图 3–5–6 墙体签尖的不同作法

悬山山墙腿子（即墀头）也有两种做法：一种做法是方腿子。方腿子的做法是山墙砌至檐柱（进深方向）以外，山墙堆顶签尖下面砖拔檐以下，同硬山山墙的下碱和上身一样，山墙包围大半个柱子，山墙下碱亦咬中 0.1 倍檐柱径或一寸；另一种做法是抹角腿子。这种腿子前端下碱外皮做到檐柱柱中（指进深方向），腿子前端外包金宽度达到一个檐柱径后转角部位向后退八字（45 度角），上身随下碱做法并退出花碱来。上身的顶端也是有一层挑檐，挑檐上面为堆顶签尖。这种抹角腿子称作“龟背腿”或“枇杷腿”（图 3–5–7）。

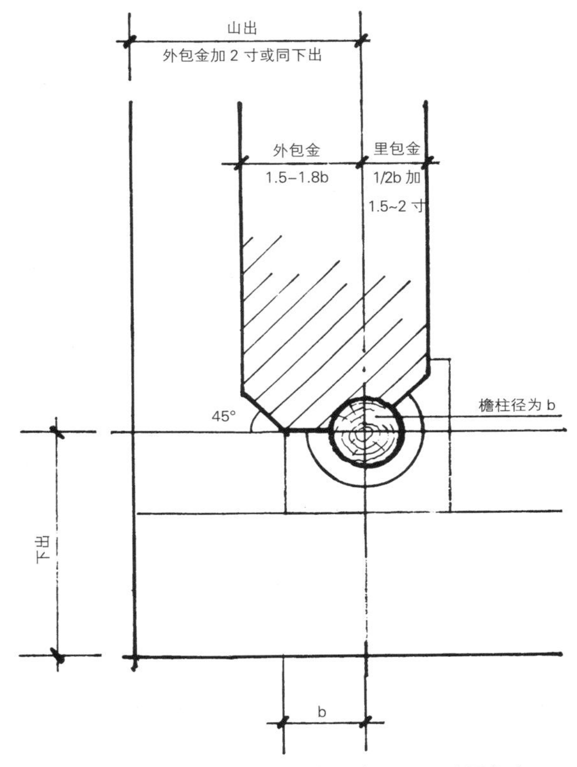

图 3–5–7 龟背腿山墙墀头平面图（局部）

歇山、庑殿、攒尖、盝顶建筑的山墙下碱以上的墙身部分也要按本身高的 3‰ ~5‰砌出升来。

歇山、庑殿及等级较高的悬山等建筑山墙腿子的下碱一般带有腰线石，压面石和角柱石。

2. 后檐墙

后檐墙位于硬山、悬山、歇山、庑殿、盝顶等各种不同形式建筑的后檐柱之间，故称。

后檐墙的做法基本同山墙，平面也有里包金、外包金、里包金柱门，立面也有下碱、花碱、上身，只是没有山尖、没有墀头。后檐墙主要有两种做法：

一种做法叫做老檐出，是后檐露出椽子、梁头和檐檩、垫板、垫枋的后檐墙做法。墙砌至后檐垫枋下皮，墙顶签尖抹成宝盒顶或馒头顶，下面出一层砖拔檐。砖拔檐下面就是后檐墙上身；

另一种做法是后檐不露椽子的封护檐墙，采用这种做法的后檐椽可以不出头、不用飞椽，封护檐墙上端多做四层（由下至上有头层檐、半混砖、枭、盖板）或五层（在混砖和枭砖之间增加一层炉口）做法冰盘檐，冰盘檐盖板以上即安放檐头瓦。

冰盘檐多采用干摆或丝缝做法。比较讲究的冰盘檐还可以选用在枭砖上面平出一层砖方椽子的做法。还可以在最下面头层砖檐和半混砖之间增加一层小圆混砖或者连珠圆混砖的做法（因较薄，多用斧刃砖制作）。

老檐出后檐墙可以设置后窗，通常设在后檐垫枋以下、每间居中位置，因较高故又称作“高窗”，窗口下方和两侧均有一层砖檐与馒头顶下的一层砖拔檐交圈。封护檐墙一般不设置后窗。

半壁游廊后檐墙的里包金不宜过大，过大会使游廊变窄，影响人们通行，最好控制在半个柱径左右。柱子两侧应留柱门。游廊里外檐下碱都十分讲究，以采用干摆、丝缝做法居多。下碱高度约占游廊台基上皮至檐垫枋下皮垂直高度的三分之一。里檐墙身一般采用抹白灰做法，顶部抹成坡状八字签尖至檐垫枋下皮。外檐墙身做法与里檐不同，大多选择清水墙做法，通常是依下碱做法而定。如下碱选用干摆做法，墙身则可采用干摆、丝缝或淌白做法；下碱选用丝缝做法，墙身则可采用丝缝或淌白做法。原则上也是可以低于或者等于下碱做法等级，但不能超过下碱等级。墙身顶部檐垫枋以下通常做馒头顶和一层砖拔檐。墙身中央部位安装什锦窗。

山墙、后檐墙柱根或者柱根及柱身两处外包金部位的墙面还经常安装有竖向条砖雕刻的“透风”，其主要作用是保持柱子通风，防止腐烂糟朽，同时也起到装饰美化作用。

山墙、后檐墙室内部分通常采用混水墙做法。

3. 槛墙

槛墙是设在前檐檐柱或金柱之间窗子木榻板以下的矮墙。槛墙高度通常与山墙下碱同高，即檐柱高的1/3左右。厚度不小于柱径，里、外包金均等，里、外均留柱门。槛墙的做法比较讲究，一般与山墙下碱做法相一致。较为讲究的槛墙外檐还可以采用四周使用大枋子和八字枋圈边、里侧使用线枋子、墙心使用方砖干摆成斜方格（俗称膏药幌子）或在四角、中心位置使用砖雕等形式。

槛墙上面安装木榻板，钢筋混凝土结构的建筑可使用混凝土榻板。

槛墙室内部分通常采用混水墙做法。

4. 隔断墙

隔断墙位于室内，通常用于进深方向。隔断墙比起山墙、后檐墙都要薄一些，做法也较为简单，无下碱，一般采用抹灰墙的做法。

5. 庭院围墙

庭院围墙，又称围墙、院墙。是指房屋建筑以外或与房屋建筑相连、相对独立、在庭院当中主要起围挡防护及分割庭院室外空间作用的墙体。庭院围墙除具有坚固、比较高、较厚的特征以外，还具有精细、美观、多样的特性。特别是在中国传统建筑园林当中，庭院围墙的形式和做法更是十分讲究。

庭院围墙通常由墙基、下碱、墙身、砖檐、墙帽等几个部分组成。

我国古代的墙体，多为上窄下宽，“收分”较大，按宋代《营造法式》规定：墙厚为墙高的八分之一，顶厚为底厚的二分之一。按此规定，墙体的收分约为墙高的12%，明、清以后墙体收分逐渐缩小。当今我们砌筑庭院围墙，其高厚比（8 ：1）可以作为参考，至于收分，可根据实际情况灵活掌握，既可按墙身高的3‰~7‰砌出收分，也可以墙身上下同厚，没有收分。

（1）墙基

即墙的基础，一般位于地坪以下。墙基的深度应根据当地的气候状况、地质条件和墙体做法等具体确定。北方庭院墙的墙基埋深应超过当地冰冻线以下。墙基的厚度也要超过墙体下碱厚度再加约两倍金边的宽度。为了避免墙体反潮，通常还要在室外地平以下标高部位做一层防水砂浆防潮层。传统做法是墙基的下面做1~2步3 ：7灰土垫层。

（2）下碱

位于墙基以上，墙体的下部。下碱的高度约占墙身高度的1/2，即占墙基上皮至砖檐下皮垂直高度的1/3左右。厚度为墙身厚再加两侧两个花碱（0.5~1.5厘米左右）宽度。庭院围墙下碱的做法比较讲究，可参照庭院建筑中山墙下碱的做法，以干摆、丝缝、淌白做法居多。为解决墙内外的雨水排放问题，在下碱的下端间隔适当距离一般都安排有沟眼，传统园林建筑的沟眼多选用石材雕凿而成，既科学又美观。

（3）墙身

是指下碱以上、砖檐以下部分。传统园林庭院墙墙身的形式和做法较多，但以砖砌筑的围墙墙身主要有清水墙和抹灰墙两种。清水墙主要有干摆、丝缝、淌白、糙砌等四种。抹灰墙主要有抹白灰、抹月白灰、抹青灰、抹灰做假缝及抹红灰、抹黄灰等多种做法。其中，清水墙以干摆、丝缝做法居多，抹灰墙以抹白灰、抹月白灰做法居多。抹红灰主要用于宫殿、坛庙及皇家园林行政区域围墙，抹黄灰主要用于道观建筑围墙。传统建筑园林中的院墙墙身上面还经常安装有各种造型的什锦窗来进行装饰，什锦窗的外缘多镶有三寸多宽的砖贴脸，窗洞口内既可通透亦可安装带有边梃或仔边及磨砂玻璃的窗扇。什锦窗的总高约占墙身高的1/3，其宽度可根据什锦窗的造型不同而有所不同（图3–5–8）。

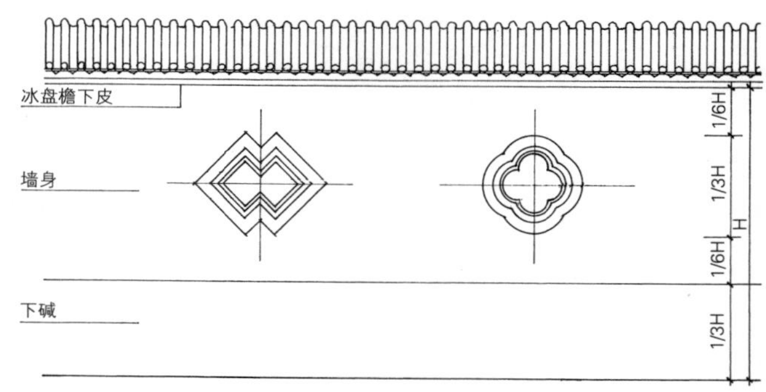

图3–5–8　院墙什锦窗权衡比例参考图

（4）砖檐

是指墙身以上用砖砌筑的出檐部分。砖檐的形式和做法很多，最简单的砖檐只有一层拔檐，复杂的砖檐可以做出檐椽和飞椽，甚至每层都带有精美的雕刻。但作为园林庭院围墙，应用最多的还是四层、五层冰盘檐和一层、两层直檐。冰盘檐出檐尺寸的基本规律是：冰盘檐的主体部分平出尺寸原则上与主体部分挑出尺寸基本相等，的所谓“方出方入”；各层檐平出尺寸以不超出每层砖厚为宜；砖椽子挑出的长度以不超出两个椽径或砖椽子本身长度的 1/3 为宜。

（5）墙帽

是指砖檐以上部分，有如人们头上戴的帽子，故称。中国传统建筑特别是园林建筑的围墙，其墙帽的形式和做法是相当丰富的。然而，应用最多的还是筒瓦顶墙帽和摆花瓦顶墙帽了。

筒瓦顶有黑瓦和琉璃瓦两种，琉璃瓦顶墙帽正脊通常使用（由下至上）当沟、压当条、三连砖、扣脊瓦。黑瓦顶墙帽主要有过垄脊和皮条脊（即由下至上有当沟、两层瓦条、混砖、眉子）两种做法。不论使用黑瓦还是琉璃瓦，筒瓦顶墙帽下面均使用四层或五层冰盘檐。瓦件、脊件的型号应与墙体的等级规格相匹配，庭院围墙黑瓦顶墙帽瓦件多使用十号筒板瓦。

摆花瓦顶是一种平顶的墙帽，由于上下砖檐之间使用板瓦或筒瓦摆布成十字花、轱辘钱（古老钱）、竹节、麦穗、鱼鳞纹、银锭扣、锁链等多种纹样，故称。摆花瓦顶墙帽通常是在墙身上方平出一层或两层砖檐（每层平出 1/2 砖厚左右），然后在砖檐以上间隔一定距离砌筑干摆、丝缝或淌白墙墩作为摆花瓦的“墙帽撞头”，墙帽撞头厚度一般同墙身厚度接近，高度根据花瓦摆成之后的高度具体确定，花瓦上面再出一层或两层砖檐。撞头两侧相邻两段的应该有所不同，但花瓦纹样可以重复使用。较为讲究的撞头外表使用方砖制作并进行精美地雕刻，花瓦四周使用一层混砖圈边，上下砖檐也可以进行雕刻。

除了筒瓦顶及摆花瓦顶墙帽子以外，还有眉子砖屋脊顶、扣脊瓦屋脊顶、宝盒顶、蓑衣顶和砖檐上面铺砌一层板瓦、墙顶两坡抹灰的鹰不落（音 Lào）顶等。

6. 护身墙

护身墙，是指对人身安全主要起防护作用的矮墙，如宇墙、矮花墙、女儿墙等。较矮的护身墙可以起到替代栏杆的作用。护身墙由于比较矮，故一般没有下碱，只有墙身、出檐和墙帽部分。

（1）宇墙

是一种比较矮、不妨碍视线并且可以起护身作用的实墙。多用作坛、台四周或临水方整石驳岸上面的低矮围墙。当高台四周选用宇墙作围墙时，其垂带台阶两侧垂带石上面仍将砌筑坡状宇墙作为护身墙。比较讲究的宇墙表面使用琉璃构件砌筑，做成琉璃矮墙；还有在宇墙墙体、墙心部位使用方砖采用干摆方法砌筑，方砖上面还要进行细心雕琢，十分精美。

宇墙的墙体两端不设抱鼓石而安装角柱石以保护墙身的安全和稳定。较为讲究的宇墙墙帽采用屋脊顶形式，亦选用石材制作（屋脊石）。

宇墙的出檐多为一层或两层直檐。墙帽的做法一般有扣脊瓦屋脊顶、眉子砖屋脊顶、馒头顶及宝盒顶等形式。

（2）矮花墙

墙身主体是用砖或琉璃花饰等建筑材料砌筑成各种图案纹样、呈通透或表面有凹凸状态的矮墙或矮花砖墙（图 3-5-9）。矮花墙高度同宇墙，上面谈到的墙心部位雕刻有装饰纹样的宇墙也可称作花墙。矮花墙除可用于坛、台四周作为替代栏杆的围墙以外，还可以使用在平屋顶上作护身墙。由于矮花墙可以作为栏杆使用，因此，也有人将其称作“砖栏杆”。

矮花砖墙顶部一般只出一层或两层拔檐，上面抹出泛水或采用整块石板、屋脊石扣顶。墙体两端和转角部位也要砌出一段实墙，以保护墙角、提高墙体的牢固程度。花砖墙砌筑出来的图案纹样有许多种，但经常使用的主要有十字（孔洞）花、四方（孔洞）锦和十字花间四方锦等形式。

采用琉璃花饰或石雕、砖雕等材料砌筑的矮花墙，其各种构件均要精心设计和事先预制，设计时除了要考虑观赏效果以外，更重要的是要作好结点和结构上的处理。

较矮的平台四周围墙亦可采用砖砌坐凳的形式，墙身内外可以使用线枋子圈边、当中砌出海棠池的做法，使其更具观赏性。

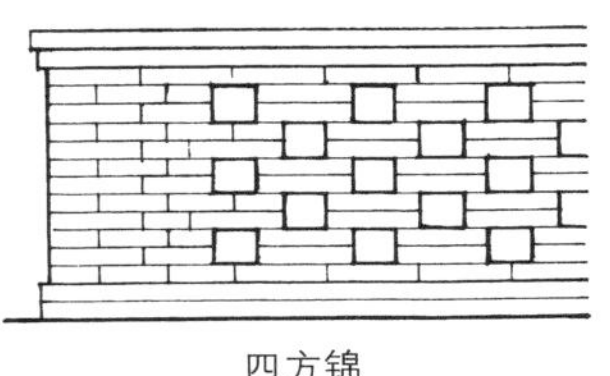

四方锦

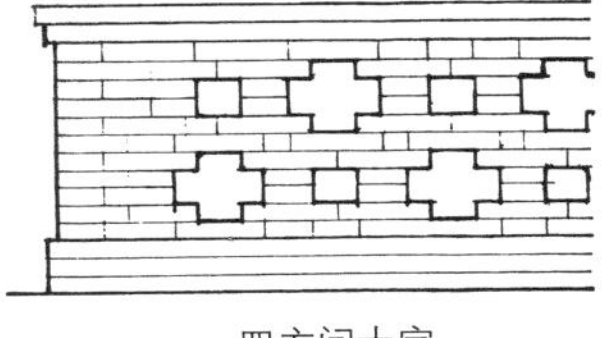

四方间十字

图 3-5-9　矮花墙

（3）女儿墙

一般是指砌筑在平屋顶或高台上的矮小围墙。主要是替代栏杆起围挡护身和装饰美化作用。女儿墙样式很多，但归纳起来不外乎实墙和花砖墙两种，其中由于花砖墙相对重量较轻，故以选用花砖墙者居多。

（二）按主要使用材料不同分类

使用在传统建筑园林的主要有：砖墙、石墙两种。

1. 砖墙

是传统建筑、园林墙体的主流。但是，这里特别值得注意的是，中国传统建筑的墙体（指清水墙）应当一律使用青砖（又称蓝砖或灰砖）。青砖的形状式样、规格尺寸有多种多样，可根据该建筑墙体的等级、规格、位置、形式、做法、环境等多种因素灵活确定。一般情况下，砖墙都可以适应各种形式的传统建筑和园林环境。

2. 石墙

石墙也有许多类型，但用于传统建筑园林中的石墙主要有：方整石墙、虎皮石墙、贴砌石板墙等。

（1）方整石墙

又称条石墙。墙体是用方方整整的条石砌筑而成的。方整石墙墙体坚固，主要用于规则式水池或河道的泊岸、游船码头泊岸、石桥墩及金刚墙、高台拦土墙、攻防建筑围墙、宫殿及皇家园林院墙下碱、城墙下碱等处。

方整石墙每块方整条石的规格尺寸可根据石墙的使用功能、周围环境等因素具体确定。一般常用的主要有40厘米×40厘米×80厘米、50厘米×50厘米×100厘米、30厘米×30厘米×60厘米等规格尺寸。

砌筑时各块方整石之间使用榫卯或铁件（多用铁银锭扣）锚固。用于院墙下碱的方整石下端间隔适当距离还要剔凿出排水沟眼。

（2）虎皮石墙

是指一种使用不规则石块（毛石）砌筑而成、石块与石块之间的缝隙用灰勾成凸起的灰缝，工匠称为“荞麦棱缝”，而且还要用深灰或黑色灰浆勾画灰缝中央棱角处。从远处望去，好像虎皮的花纹，故名。

虎皮石墙可不作下碱，但墙基必须做牢。虎皮石墙的两端需要使用一段青砖墙封护，为提高其观赏性并与石墙体更好结合，封护墙与石墙的结合部位可以砌成“五（五层砖）进五（五层砖）出”的形式。墙帽多使用一层砖拔檐的眉子砖宝盒顶或扣脊瓦宝盒顶的软、硬顶形式。砖拔檐的出檐最多不要超过砖檐的厚度尺寸。

虎皮石墙在传统建筑园林中应用十分广泛，除可作为建筑的墙体（墙心部分）、台基的陡板以外，还可用作庭院围墙、拦土墙、水池泊岸等。举世闻名的北京颐和园长廊，其临万寿山一侧台基的陡板便是虎皮石墙。选择这种做法的主要目的还是为了与廊前廊后的不同环境更加协调。根据不同环境选用不同的墙体，北京颐和园是当之无愧的典范。

（3）贴砌石板墙

一般用于传统建筑园林中较矮的墙体及台基陡板、山墙下碱和槛墙外檐等处。这种墙的石板通常规则形状，而且比较厚，多为5厘米以上。

石墙所使用的石材数量可按照石墙体积、石材的规格尺寸和做法不同进行计算。

（三）按等级和做法不同分类

主要有：干摆墙、丝缝墙、淌白墙、抹灰墙、糙砖墙、抹灰做假缝墙、仿古面砖墙等。

1. 干摆墙

干摆墙，又称“磨砖对缝墙”。这种墙体从外表看上去，砖与砖没有缝隙，墙体表面连成一个整体。

干摆墙是我国传统建筑中做法最为讲究、等级最高的一种墙体。一般用在传统园林建筑中特别重要建筑墙体的下碱、槛墙、墙身、博缝、砖檐和较为重要建筑墙体的下碱、槛墙、博缝、挑檐、砖檐等处。半壁游廊白粉墙下碱以及后檐墙下碱、墙身等处。庭院围墙下碱、墙身、砖檐也经常使用这种墙体。

干摆墙体的做法是：先将六面体的青砖（多用停泥砖）砍五个面，工匠称之为“五扒皮”，将每块砖的“包灰”部分砍成楔形，同时打磨加工、码好备用。砌筑时，里、外皮同时进行，干摆砖在逐层摆砌时，砖的后尾下面要用石片或碎砖块将砖垫平，谓之“背撒”。里、外皮之间的空隙除用糙砖“填馅”外，还要灌注白灰浆加粘土浆的桃花浆或生石灰浆，最好使用粘米浆。随砌随填随灌，灰浆全部隐蔽在墙心之中。在墙体砌完以后，还要进行打点和修理。

2. 丝缝墙

丝缝墙，又称“细缝墙”。这种墙体从外表看上去有很细的缝隙，由于砖缝细如丝线，故而得名。丝缝墙的做法大体上与干摆墙的做法相同，砖也要进行砍磨，只是使用一个“肋”上不砍“包灰”，与看面呈90°或略小于90°角的膀子面砖，砌筑时不用背撒，砖与砖之间使用老浆灰，砖缝厚3毫米以内。

丝缝墙一般用作比较重要建筑的墙身和重要建筑

的下碱、槛墙、砖檐等处。半壁游廊白粉墙下碱以及后檐墙下碱、墙身等处。庭院围墙的下碱、墙身以及砖檐也经常采用这种做法。

3. 淌白墙

淌白墙，主要有细淌白和糙淌白两种做法。细淌白用砖是要先砍磨一个面或一个头，然后按规矩截头。墙体砖缝较细，比丝缝墙体略糙一些。糙淌白用砖只磨一个面或一个头，甚至还可以使用“砖磨砖”的对磨方法进行加工。砌筑时可使用月白灰、老浆灰或深月白灰，墙体砖缝宽 5 毫米左右。有时，为使墙体牢固，在内外层砖墙缝隙中还要边砌边灌桃花浆或石灰浆。

由于用灰不同，墙面砖缝有白色、灰色、深灰色等不同效果。还有一种描黑缝的做法。

淌白墙体多用于传统建筑园林当中次要建筑墙体以及围墙的下碱、墙身、槛墙、砖檐等部位。

4. 抹灰墙

抹灰墙，是中国传统建筑中墙体表面抹灰的混水墙。灰的颜色主要有白色、浅灰色、深灰色、黑灰色、红色、黄色等。白色灰墙表面是用白麻刀灰抹成的，通常称作白灰墙、白粉墙；浅灰色和深灰色称作“月白色”，因此抹这种颜色灰的墙又称月白灰墙。月白灰是在白灰当中掺入不同量青灰的结果；黑灰色抹灰墙是在抹完月白灰之后涂青灰浆，然后再赶光轧平的墙体；红灰是白灰加入红霞土或者氧化铁红的麻刀灰；黄灰是白灰加入深米黄色包金土或者地板黄色的麻刀灰。

在传统建筑的抹灰墙当中，比较讲究的当属“靠骨灰”做法了。靠骨灰的优点是抹灰层与砖墙之间粘贴十分牢固，不易出现空鼓及脱落现象。因此，被广泛应用于古代宫殿、坛庙、园林建筑的墙体当中使用。

靠骨灰做法的关键环节首先是做好墙面底层即结合层的处理，墙体表面不得粘有泥土或灰浆。不管选用铁钉还是竹钉，一定要将麻揪钉牢，钉与钉之间的距离不宜过大，麻应形成均匀密布的网状。在抹底层麻刀灰之前，应将砖墙面处理干净并用水浸湿。底层灰出现收缩缝时要进行找补；其次是做好面层的处理，面层应在底层基本平整和尚未干透的情况下进行，面层麻刀灰要赶光轧平；最后是要控制好底层和面层灰的厚度，采用钉麻做法的两层灰都不宜太厚，两层总厚度应控制在 2 厘米以下。

现代建筑抹灰墙做法比较简单，通常选用水泥砂浆抹面，一次成活。然后刷不同颜色的防水涂料。也有采用水泥砂浆作底层（既作为结合层又作为找平层），面层抹白麻刀灰，两层灰总厚一般 1.5~2 厘米。

各种颜色的抹灰墙须在抹完灰以后，还要涂刷与墙体相同颜色的灰浆或选用现代外墙涂料，最好选用可以湿作业（不等抹灰层干透）的防水涂料。

抹灰墙没有等级之分。红灰墙经常用作古代宫殿或坛庙建筑（含山墙、前后檐墙、围墙等）的墙身使用；黄灰墙用作道观庙宇墙体的墙身使用；白墙主要用在半壁游廊墙体墙身或园林建筑墙体的墙身部位；月白灰墙、黑灰色抹灰墙使用范围较广，不管大式建筑还是小式建筑、园林建筑还是其他各种建筑均可以使用。

5. 糙砖墙

糙砖墙，即成品青砖不加任何砍磨加工而砌筑的墙体。传统建筑中的糙砖墙一般使用月白灰或白灰膏砌筑，灰缝宽 0.5~0.8 厘米。现代糙砖墙也可以使用水泥砂浆砌筑，不过灰缝要略宽一些。糙砖墙主要用于小式建筑中的各种墙体。在传统园林建筑当中，主要用作附属性建筑的各种墙体和庭院围墙等。

6. 抹灰做假缝墙

抹灰做假缝墙，通常是用于美化糙砖墙或者旧墙修缮时所采用的一种方法。主要有两种做法：一种是在仿青砖色抹灰层尚未完全干的时候用钢锯条或薄竹片划出砖缝，以模仿干摆或者丝缝墙体效果；另一种是在仿青砖色抹灰层上面用毛笔蘸黑烟子浆描出砖缝，以模仿淌白描缝墙体效果。抹灰做假缝做法更多使用在墙体的下碱部位。

7. 贴仿古面砖墙

贴仿古面砖墙，是在不能使用黏土砖作为砌体但要使墙体有干摆或者丝缝墙效果时而采用的一种变通做法。墙体衬里可使用白砂砖、空心砖或者蒸压粉煤砖等砌筑，外表使用水泥砂浆粘贴仿古面砖。这种做法的关键是做好转角部位和下碱与墙身之间花碱的处理。转角部位面砖要磨成割角，砂浆要求饱满。花碱不宜太大，下碱最好选用略大一点的面砖以示区别。丝缝面砖的灰缝使用老浆灰。

各种墙体的用砖数量可按照实际墙体体积、用砖的规格尺寸和不同做法来进行计算。

（四）按立面形象不同分类

主要有：平齐式墙、叠落式墙、龙背式墙等。

1. 平齐式墙

平齐式墙，是针对叠落式墙、龙背式墙而言。即墙体的墙帽下碱没有高低变化、墙体两端呈水平方向的墙。这种墙在现实生活中大量存在，其特点是墙体两端的墙体两侧地面标高基本一致，墙帽上皮所形成的天际线是一条水平线。

2. 叠落式墙

叠落式墙，又称台阶式墙。是指墙体的墙帽下碱随着墙体两侧地面标高不同、呈“台阶”形象逐层叠落的墙。这种墙主要适用于台地、坡地或山地地形。墙帽上皮所形成的天际线是一条竖直和水平两个方向的折线。多用于自然山水园林以及陵园中作为围墙。

3. 龙背式墙

龙背式墙，又称云墙。龙背墙又有两种情况：一种情况是墙体的墙帽下碱随着墙体两侧地面标高不同，呈“波纹”状起伏变化的龙背墙；另外一种情况是墙体两侧地面标高和墙体下碱没有高低变化，而只是墙帽呈“波纹”状起伏变化的龙背墙。龙背墙既可以在有起伏变化的地形中应用，也可以在平坦的地面环境中使用。在我国传统建筑园林中应用较多。

北京北海公园琼岛后坡上的龙背墙随山就势，曲折蜿蜒，巧妙地分割了园林空间。江南名园之一上海豫园的龙背墙墙帽上就砌筑有龙头和龙尾，形象逼真，栩栩如生，丰富了园林的意趣。

第六节　屋顶、屋脊、瓦件与脊件

一、屋顶

通常又称作屋面，是一座建筑的“上分”部分，位于房屋的顶部，故称。屋顶除具有防风、防雨、防沙、防晒、防寒、保温功能以外，还对房屋具有装饰和美化功能。

中国传统园林建筑的屋顶形式很多，但经常见到的基本形式不外乎以下几种：硬山屋顶、悬山屋顶、歇山屋顶、庑殿屋顶、攒尖屋顶、盝顶、平屋顶等。屋顶形式对于中国传统建筑的造型十分重要，一座单体建筑的建筑形式往往是以屋顶形式来界定。如悬山屋顶的建筑就称作悬山建筑，其他还有硬山建筑、攒尖建筑、歇山建筑、庑殿建筑等（图 3–6–1）。

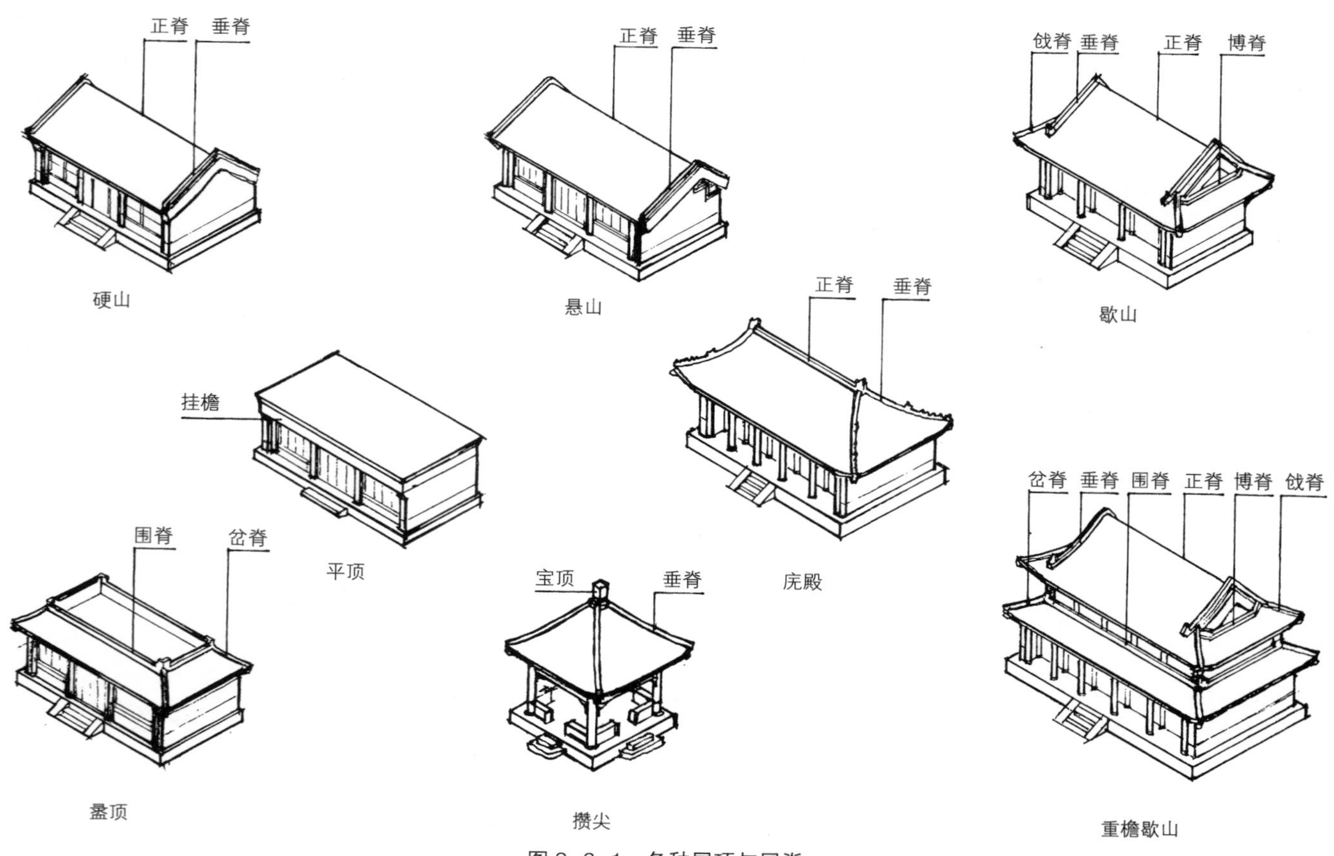

图 3–6–1　各种屋顶与屋脊

（一）主要屋顶形式

1. 硬山屋顶

硬山屋顶的特点是，只有前后两坡，两端与山墙平齐，檩、枋等木构件均不外露，因此硬山屋顶建筑必须要砌筑山墙。硬山屋顶广泛应用于全国各地民居建筑，应用于宫殿、坛庙等附属建筑和一般性园林建筑。

2. 悬山屋顶

悬山屋顶也只有前后两坡，但屋面的两端悬挑出山墙或者山面屋架以外，故又称作挑山屋顶。悬山建筑可以用来作为没有山墙的敞厅使用。悬山屋顶多应用于宫殿、坛庙中的次要建筑，园林建筑中经常应用这种屋顶建造厅堂、游廊、敞厅等，园林建筑和民居中的垂花门均采用悬山形式屋顶。

3. 歇山屋顶

歇山屋顶除前后有两个坡以外，左右两山也各有一个坡，总共四个坡。但是，两山屋面分为上、下两个部分，下面的部分平面是呈梯形的坡屋面，而上面的部分则是呈三角形垂直于室内地坪的山花板和博缝板。从而，使屋顶造型发生了变化，增强了对人们视觉的冲击力。歇山屋顶经常应用于宫殿、坛庙、园林、城防、陵寝等建筑群中的主要建筑。

4. 庑殿屋顶

庑殿屋顶由于有前后左右四个坡和五条脊，因此又称作四坡顶、四阿顶和五脊殿。庑殿屋顶不能用在一般建筑上面，而只能应用于宫殿或者坛庙的主殿和门。

5. 攒尖屋顶

攒尖屋顶就是尖屋顶，屋面的顶部交汇为一点，交汇点处安置“宝顶”。宝顶通常由上下两部分构成，下部为基座，称宝顶座，多采用须弥座形式。上部为顶珠，顶珠有球体、正方体、长方体、多面体等多种形式。攒尖建筑以园林中的亭子居多，主要有正方亭、长方亭、六方亭、八方亭、圆亭等。在宫殿、坛庙、皇家园林等高等级高规格的建筑当中，也不乏攒尖屋顶的建筑。如北京故宫内的中和殿、交泰殿，天坛公园内的主体建筑祈年殿、皇穹宇，北海公园小西天的观音殿等均为攒尖建筑。

6. 盝顶

盝顶是一座建筑的屋面四周屋檐部分做成坡屋顶，屋面中心部分为平屋顶的一种屋顶形式。盝顶应用较为灵活，宫殿、坛庙、园林等建筑均可使用。特别是碑亭、井亭等建筑应用使用盝顶形式更多。

7. 平屋顶

平屋顶是一种平台屋顶，可简称平顶。为了屋面排水通畅，平屋顶有时也做成一定坡度。商业铺面建筑和园林建筑应用这种屋顶相对较多，其做法比较讲究。通常在梁头部位安装挂檐板，上面用青砖砌筑冰盘檐，有时挂檐板还要进行雕刻或装饰。平台屋顶的四周还可以安装朝天栏杆，铺面房也有安装冲天牌楼以悬挂招幌的，很有意趣。在我国西部少雨地区的民居或寺庙建筑的屋顶也经常采用这种屋顶。

（二）屋顶的分类

1. 按等级分类

按等级分类，由高至低主要有庑殿屋顶、歇山屋顶、悬山屋顶、硬山屋顶等。攒尖屋顶和盝顶没有等级区别，既可用于等级较高的建筑，亦可用于一般性建筑特别是园林建筑上面。

2. 按屋顶平面分类

按屋顶平面分类，主要有：长方形屋顶、正方形屋顶、六方形屋顶、八方形屋顶、套环形屋顶、套方形（方胜形）屋顶、扇面形屋顶、圆形屋顶、十字屋顶、万字屋顶、工字形屋顶、“U”字形屋顶等。其中六方形、八方形、套环形、套方形及圆形屋顶多为攒尖形式。

3. 按屋檐层数分类

按屋檐的层数分类，主要有：单檐屋顶、重檐屋顶、三重檐屋顶、多重檐屋顶以及“天圆地方”重檐屋顶等。重檐屋顶的建筑也称作重檐建筑，三重檐屋顶的建筑称作三重檐建筑。但这里要指出的是，重檐建筑并非是两层的建筑，屋檐层数和建筑层数的概念不同。

4. 按屋顶的搭接数量分类

按屋顶的搭接数量多少分类，主要有：勾连搭屋顶，如两连搭、三连搭、多连搭屋顶等。

5. 按屋顶正脊的做法不同分类

按屋顶正脊的做法不同分类，主要有：殿式（尖山）屋顶、卷棚屋顶、一殿一卷（勾连搭）屋顶等。殿式屋顶是指屋脊采用清水脊、皮条脊、大脊等做法的屋顶。卷棚屋顶的屋脊采用过垄脊（又称元宝脊）做法。一殿一卷通常用于垂花门上面的屋顶。

6. 按屋顶使用材料不同分类

按屋顶所使用的材料不同分类，主要有：琉璃瓦屋顶、黑瓦心琉璃瓦剪边屋顶、黑瓦屋顶、石板瓦屋顶、茅草屋顶、铜瓦屋顶等。黑瓦屋顶又可分为筒瓦屋顶和合瓦（又称鸳鸯瓦、阴阳瓦）屋顶等。

（三）屋顶（屋面）的一般做法

中国建筑瓦屋顶（屋面）从望板以上直至瓦瓦，传统施工工艺称为苫背瓦瓦。苫背瓦瓦有多种做法，但不管哪一种做法，一般均分为保护望板层、找平保温层、防水层、面层等几层做法。下面给大家简要介绍其中一种做法。

1. 保护望板层

通常采用护板灰做法。即在木望板上面薄薄的抹一层纯白麻刀灰或月白麻刀灰，其厚度一般为 1~2 厘米，赶光轧平。护板灰最好使用泼灰与麻刀搅拌而成，其配比（重量比）一般为灰：麻刀 =20 ： 1。近代也有使用两毡三油防水层做法替代的。

2. 找平保温层

使用滑秸泥背 2~3 层或白灰麻刀泥背 3 层以上，滑秸泥背每层约 3~5 厘米，白灰麻刀泥背每层 1.5~3 厘米。滑秸泥的配比（体积比）一般为黄土：白灰：滑秸 =50 ： 30 ： 20；白灰麻刀泥的配比（体积比）一般为黄土：白灰：麻刀 = 50 ： 45 ： 5。近代也有使用焦渣灰背做法替代的。

3. 防水层

传统建筑防水层一般采用大麻刀月白灰背 2~3 层和青灰背一层做法。大麻刀月白灰背的配比为月白灰：麻刀 =100 ： 8，每层 1.5~3 厘米，各层均应赶轧坚实，抹轧方向最好互相交叉垂直。青灰背的配比基本同大麻刀月白灰背，只是在施工当中待青灰背尚未干透之时，需要多次边涂刷青灰浆边赶光轧平，至少刷浆三次赶轧三次，直至青灰背干透。

防水层做完以后，还需要“凉背”，即将各层泥、灰背完全晾干。之后才可以坐泥瓦瓦。

4. 面层

系指坐瓦泥和瓦。坐瓦泥即瓦瓦所用的泥，因泥中掺有白灰，故又称插灰泥。插灰泥的做法是用 5~7 份黄土与 5~3 份生石灰加水的灰浆拌在一起，头一天闷好第二天使用。插灰泥厚度一般为 4 厘米左右，瓦瓦时通常还在插灰泥上面浇一层白灰浆，即墩浆瓦瓦。在瓦底瓦时，上面一块瓦压在下面一块瓦的部分称作“搭头”，传统做法有“搭七露三”、“三搭头”、“搭六露四”、“搭五露五”等不同做法。

所谓“搭七露三”是指搭底瓦长度的 7/10、露 3/10；“三搭头”即是搭底瓦长度的 2/3、露 1/3；“搭六露四”是搭底瓦长度的 6/10、露 4/10；“搭五露五”是搭底瓦长度的 5/10、露 5/10。按照“稀瓦檐头密瓦脊”的原则，通常靠近屋脊的几块瓦可使用“搭七露三”做法，靠近檐头的几块瓦可使用“搭五露五”做法，大部分屋面使用“搭六露四”做法。

二、屋脊

广义上的屋脊是指不同方向的屋面在交汇时或者是屋面与墙体、山花板、博缝板等交汇时所形成的“转折”部位，均称作屋脊。狭义上的屋脊是指“转折”部位的带状砌筑物，它的目的和作用就是要对这些“转折”部位的缝隙进行封闭、防水和防漏处理，并同时进行美化、装饰，使其更具观赏性。

屋脊的种类

（一）按建筑形制分类

可分为大式屋脊、小式屋脊、大式小作屋脊、小式大作屋脊等。

1. 大式屋脊

即大式建筑屋脊，系指用于宫殿、王府、庙宇和皇家园林建筑的屋脊。此类建筑的基本特征是，屋面使用筒瓦，屋脊上有吻兽、小兽等脊饰。琉璃屋脊无论有无吻兽，均属大式做法。

2. 小式屋脊

即小式建筑屋脊，与大式建筑屋脊相对而言。系指用于普通建筑，多见于民宅及大式建筑群中的某些次要建筑，王府花园及私家园林建筑的屋脊。此类建筑的基本特点是，屋面一般使用筒瓦或合瓦，屋脊上面没有吻兽、小兽。

3. 大式小作屋脊

是指具有大式建筑的基本特征，但屋脊的脊件却做了必要简化的做法。

4. 小式大作屋脊

是指具有小式建筑的基本特征，但屋脊脊饰则借鉴了大式建筑屋脊脊件的做法。

（二）按屋脊的所在部位不同分类

可分为正脊、垂脊、博脊、戗脊、围脊、岔脊等。

1. 正脊

正脊位于建筑物的最上方，是前后两坡屋面交汇时所形成的转折部位，呈水平方向。

2. 垂脊

垂脊是一条坡状的屋脊，位于庑殿建筑前后两坡屋面与左右两坡屋面交汇处的转折部位，歇山建筑前后两坡屋面与两山山花板交汇处的转折部位，悬山建筑前后两坡屋面与两山博缝板交汇处的转折部位，硬山建筑前后两坡屋面与两侧山墙交汇处的转折部位，攒尖建筑相邻两坡交汇处的转折部位等。

3. 博脊

博脊是特指歇山建筑两山山花板下方小红山外侧水平方向的屋脊。

4. 戗脊

戗脊也是特指歇山建筑前后两坡与左右两山下半部坡屋面交汇处转折部位（即歇山建筑上层檐四角）较短的坡状屋脊。上端相交于垂脊与博脊。

5. 围脊

围脊是可以围绕一周的屋脊，故名。围脊通常应用在两类建筑当中，一类是重檐、三重檐及多重檐建筑除最上面的一层屋面以外，下面各层屋面的上方、呈水平方向并可围绕一周的屋脊；另一类是盝顶建筑四周坡屋面上方、呈水平方向的屋脊。围脊的转角部位多使用合角吻。

6. 岔脊

岔脊又称角脊。是特指盝顶建筑四周坡屋面交汇处（即转角部位）以及重檐建筑或多重檐建筑下一层屋面交汇处（即转角部位）所形成的较短的屋脊。岔脊为坡状屋脊，上端相交于围脊。

（三）按屋脊的规格做法不同分类（指黑瓦屋面屋脊）

可分为大脊、过垄脊、皮条脊、清水脊、铃铛排山脊、披水排山脊、铃铛排山箍头脊、扁担脊等。

1. 大脊

一般是指屋脊的做法较为复杂、脊件层次比较丰富、两端安装吻兽的正脊。脊身由上至下通常有眉子砖、眉子沟、混砖、陡板、混砖、两层瓦条、当沟组成（图 3-6-2）。大脊多用于黑筒瓦屋面庑殿、歇山屋顶的歇山、悬山和硬山建筑的正脊。采用大脊为正脊的建筑，其垂脊垂兽后和戗脊戗兽后也可以使用陡板较矮的大脊。

2. 花脊

即是按照大脊的做法将陡板雕凿成卷草、云龙等图案纹样的屋脊。

3. 花瓦脊

又称“玲珑脊”。是按照大脊的做法将陡板部分改

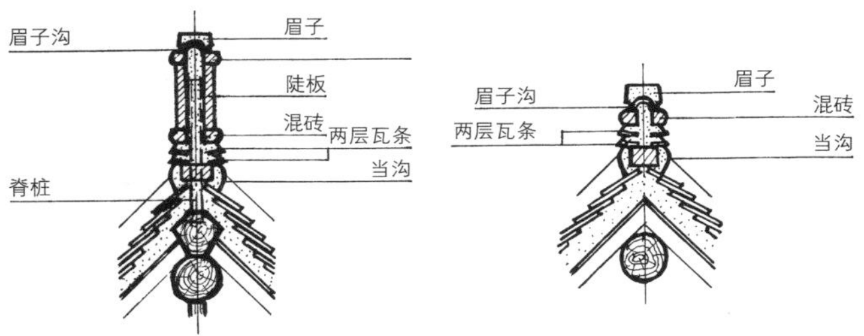

图 3-6-2　黑瓦屋面大脊剖面图

图 3-6-3　黑瓦屋面皮条脊剖面图

用筒瓦或板瓦摆成各种图案纹样花瓦的屋脊。

4. 过垄脊

又称罗锅脊、卷棚脊、卷棚罗锅脊、箍头脊，是一种主要应用于筒瓦屋面、顶部呈圆弧状的正脊。这种正脊由于前后坡瓦垄相通，故称过垄脊。用于正脊的每块罗锅筒瓦形似元宝，故又称元宝脊。卷棚形式的屋顶均使用过垄脊。垂脊有兽者为大式建筑，无兽者为小式建筑。

5. 皮条脊

比大脊简单一些、与大脊陡板以下部分做法基本相同、主要用于黑筒瓦屋顶的正脊、垂脊及采用大脊作为正脊歇山建筑的博脊等，是黑瓦屋顶园林建筑经常使用的一种屋脊做法。脊身由上至下通常有眉子砖、眉子沟、两层瓦条、当沟组成（图 3-6-3）。黑筒瓦屋面垂脊垂兽前及歇山建筑戗脊、重檐岔脊的截兽前也可采用只有一层瓦条的皮条脊。院墙黑筒瓦墙帽的正脊也可使用皮条脊。

6. 清水脊

两端有砖雕“平草盘子”和翘起“蝎子尾”的黑瓦屋脊，是小式建筑正脊的一种做法，以合瓦屋面居多。园林建筑主要用于筒瓦屋面垂花门前半部尖顶的殿式屋脊上。脊身做法与皮条脊基本相同，也有眉子砖、眉子沟、混砖、两层瓦条和当沟，但两端做有蝎子尾、雕花平草砖、象鼻、圭脚等。蝎子尾末端向斜上方翘起，给整个建筑带来一种轻盈飘逸的感觉（图 3-6-4）。

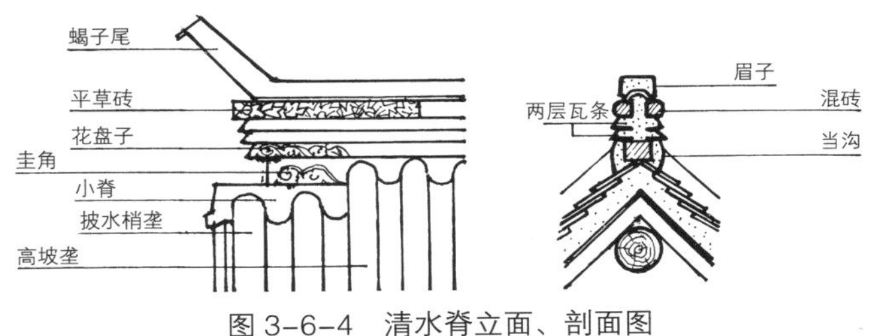

图 3-6-4　清水脊立面、剖面图

7. 排山脊

是特指安排在硬山、悬山或歇山建筑两山屋面上的垂脊。

8. 铃铛排山脊

是指排山脊的外侧部位使用猫头、滴水（又称作铃铛瓦）的一种屋脊。铃铛排山脊的做法通常与皮条脊基本相同，只是在垂脊的外侧安排有猫头、滴水（被称作排山勾滴）。

9. 披水排山脊

将排山勾滴改为披水砖的一种屋脊。披水排山脊是一种比较简单的顺山垂脊。在梢垄（最外侧筒瓦垄）外侧、博缝瓦口以上部位顺山使用披水砖。多用于规格较低的硬山或悬山建筑，作为垂脊。游廊的垂脊通常均使用披水排山脊。

10. 铃铛排山箍头脊

当正脊为过垄脊时，其相应的垂脊亦称之为箍头脊，因形似箍而得名。铃铛排山箍头脊是指用于卷棚过垄脊屋顶两侧的铃铛排山垂脊。是传统园林建筑经常使用的一种屋脊形式。

11. 扁担脊

一种简易的正脊做法，因屋脊形似一条扁担而得名。主要用于石板瓦屋面或干槎瓦屋面的正脊。攒尖屋顶石板瓦屋面的垂脊可使用扣脊瓦的屋脊形式。

三、瓦件

瓦件，是各种类型、各种规格建筑用瓦的总称。瓦是中国传统建筑屋面的主要表层材料，它既起着封护、防水、保温作用，同时，还有着极好的装饰美化效果，另外还便于制作和施工。

人们常说“秦砖汉瓦”，这是不准确的。实际上，我国早在周朝的初期就已经在建筑上使用瓦。砖是在战国时代就已经出现。

在中国传统建筑中所使用的瓦主要有两种：一种是黑瓦，另一种是琉璃瓦。

（一）黑瓦

是用黏土烧制而成的。黑瓦也称灰瓦、青瓦，这是由于这种瓦的颜色接近黑色深灰色和青灰色。也有称其为布瓦的，其得名是由于在生产瓦的传统工艺过程中，用湿布脱胎，因此，烧成的瓦表面就印有布纹，故名。现代烧瓦已很少使用布，而以木模或钢模取代，因而瓦表面已很少见到布纹了。

黑瓦的瓦件有许多种，主要有：板瓦、筒瓦、猫头、滴水、罗锅、折腰、花边瓦等。

1. 板瓦

形似弯曲的板状，故称。在用于筒瓦屋面时，由于位于筒瓦的下面，故又称作底瓦。用于合瓦屋面时，底瓦、盖瓦均使用板瓦，故又称作鸳鸯瓦、阴阳瓦。

板瓦在使用时，为防止雨水倒流，故将上面一块瓦一部分叠压在下面一块瓦的上面，北方地区大部分底瓦通常采用“三搭头”的做法。所谓“三搭头”，即是上面一块瓦叠压下面一块瓦 2/3，而露出 1/3 的做法。

2. 筒瓦

形似半个圆筒，故称。在筒瓦屋面中，筒瓦是作为盖瓦来使用。有一种尾部带有仔口的筒瓦，称作枭口瓦，筒瓦屋面最好选用枭口瓦作为盖瓦。

3. 猫头

又称勾头、瓦当，是在筒瓦的前端加有圆形瓦头，用于筒瓦屋面瓦垄檐头部位的瓦件。猫头的正面一般装饰有凹凸变化的如意吉祥图案，如祥瑞兽头、吉祥花草等。

4. 滴水

又称滴子，是在板瓦的前端加有三角如意形瓦头，用于筒瓦屋面底瓦檐头部位的瓦件。由于屋面的雨水主要是最后通过滴水排出到地面的，故名。

5. 罗锅

形似元宝，又称元宝瓦。是一种特殊的筒瓦，主要用于筒瓦屋面过垄脊（元宝脊）屋顶，作为盖瓦使用。

6. 折腰

是一种特殊的板瓦，通常是与罗锅瓦搭配使用。使用时，罗锅作为盖瓦，折腰当作底瓦。

弧度较大的元宝脊可连续使用三块罗锅和折腰瓦，即一块正罗锅（折腰）、两块续罗锅（折腰）筒板瓦，如弧度较小的元宝脊可以使用一块罗锅瓦和折腰瓦。

7. 花边瓦

是在板瓦前端加有圆弧形花边的一种瓦。是使用在合瓦屋面檐头部位的“猫头”和“滴水”。

黑瓦瓦件的规格尺寸均以“号”为模数，共有（由大到小）：特号筒、板瓦；1 号筒、板瓦；2 号筒、板瓦；3 号筒、板瓦；10 号筒板瓦五个品种。筒瓦屋面通常选用同一型号的筒瓦和板瓦搭配使用。在特殊情况下，亦可选用比筒瓦大一号的板瓦搭配使用。屋面瓦件规格尺寸的选定，应该与建筑本身的规格尺寸和等级相匹配。

依据清工部《工程做法》卷五十二载：

头号（一号）布筒瓦：长一尺一寸（合 35.2 厘米）、口宽四寸五分（合 14.4 厘米）；

头号（一号）布板瓦：长九寸（合 28.8 厘米）、口宽八寸（合 25.6 厘米）；

二号布筒瓦：长九寸五分（合 30.4 厘米）、口宽三寸八分（合 12.16 厘米）；

二号布板瓦：长八寸（合 25.6 厘米）、口宽七寸（合 22.4 厘米）；

三号布筒瓦：长七寸五分（合 24 厘米）、口宽三寸二分（合 10.24 厘米）；

三号布板瓦：长七寸（合 22.4 厘米）、口宽六寸（合 19.2 厘米）；

十号布筒瓦：长四寸五分（合 14.4 厘米）、口宽二寸五分（合 8 厘米）；

十号布板瓦：长四寸三分（合 13.76 厘米）、口宽三寸八分（合 12.16 厘米）。

黑筒瓦屋面主要有裹垄和捉节夹垄两种做法。裹垄是在筒瓦垄上面抹一层裹垄灰并赶光轧亮的做法；捉节是筒瓦垄上面不抹灰，而是在两块筒瓦衔接部位使用麻刀灰勾缝，将睁眼部位用夹垄灰抹平，即捉节夹垄做法。房屋修缮工程多采用裹垄做法，而使用新瓦或枭口瓦的筒瓦屋面应采用捉节夹垄做法。

一座建筑屋面所使用瓦件的数量，筒、板瓦按照不同型号与做法每平方米的用量和实际屋面的面积来计算；猫头、滴水按照檐口及排山（有铃铛排山者）的长度和间距来进行计算。

（二）琉璃瓦

琉璃瓦是用白色高领土先制成胎坯，然后经过烧胎和烧釉两次高温烧制而成的彩色、光亮而坚硬的一种瓦。在我国古代建筑的宫殿、坛庙、皇家园林及陵寝建筑中，主体建筑通常多使用这种瓦做屋面。

早在公元 6 世纪的北魏时期，我国就已经开始使用琉璃瓦来做建筑的屋面，距今已有 1500 余年的历史了。明、清时期，琉璃瓦使用较为广泛，而且颜色和品种更加丰富多样。还出现了许多以琉璃制品为主要材料的建筑，如琉璃九龙壁、琉璃影壁、琉璃门楼、琉璃牌坊、琉璃宝塔等。其中北京地区比较著名的就有建于乾隆二十四年（1756 年）现今北海公园的九龙壁，其高 5 米、长 27 米、厚 1.2 米，由七色琉璃砌筑而成，其九条蟠龙和波涛云雾等色彩绚丽、造型生动、精美绝伦。香山公园内始建于乾隆四十五年（1780 年）的昭庙，庙前的琉璃牌坊和庙后的琉璃宝塔也都十分精美。其他仅北京地区还有许多，不胜枚举。

琉璃瓦的瓦件与黑瓦瓦件基本相同，但是，琉璃瓦的品种比黑瓦更加丰富、更加齐全。瓦的颜色很多，如黄色、绿色、蓝色、孔雀蓝（蓝绿色）、黑色等。其中黄色琉璃瓦只能用于宫殿、坛庙等建筑，王府可用绿色琉璃瓦，皇家园林建筑使用的琉璃瓦颜色较多。

在一座建筑的屋面上，屋脊和檐头部位使用另外一种颜色琉璃瓦镶边或者在黑瓦屋面上的屋脊和檐头部位使用彩色琉璃瓦镶边的做法称作“剪边”。如黄色琉璃瓦作心绿色琉璃剪边、绿色琉璃瓦作心黄色琉璃剪边、黑瓦作心绿琉璃剪边等。

此外，在琉璃瓦屋面上还可以用不同颜色的琉璃瓦拼成简单图案，如菱形、方胜（套方）等，这种做法称作“聚锦”、剪边和聚锦做法多用于皇家园林建筑的屋顶上面。

琉璃瓦的规格尺寸是以“样”作为模数，由大至小有二样、三样、四样乃至九样共八个品种。

琉璃瓦件除筒瓦、板瓦、猫头（勾头）、滴水、罗锅、折腰以外，还有正当沟、斜当沟及猫头上面的钉帽等。

四、脊件

是专指用于各种屋脊上的砖瓦和吻兽。

（一）黑瓦屋面脊件

1. 大脊脊件

多用于大式建筑的正脊、垂脊、戗脊、岔脊、围脊等，其脊件主要有（由下至上）：当沟、两层瓦条（用瓦条抹灰制作的称为软瓦条，用条砖砍磨加工制作的称为硬瓦条）、混砖、陡板砖、混砖、眉子（当眉子使用一块经过加工的条砖时，称作眉子砖、硬眉子；如使用扣脊瓦而外面用灰抹出眉子砖形象时，则称作软眉子）。正脊的陡板砖要比垂脊、戗脊、岔脊等相对高一些。当垂脊、戗脊、岔脊安装有截兽时，截兽之前可减少最上面的混砖、陡板砖或者再减少一层瓦条。

大脊的正脊两端安装正吻（吞脊兽）。大式建筑围脊转角部位安装合角吻。垂脊前端安装垂兽。垂脊、戗脊、岔脊上面可安装截兽，截兽前安装小兽狮子和马。狮子排列第一，又称“抱头狮子”，其他均为马。狮子与马的总数为奇数。屋脊前端与瓦条衔接处安装有圭脚，上面与混砖衔接处安装有盘子（雕花者为花盘子，无雕花者为素盘子）。屋脊下面的角梁头安装套兽。

2. 皮条脊脊件

多用于大式建筑或小式建筑正脊、垂脊、戗脊、博脊、围脊、重檐建筑岔脊。皮条脊两端放吻兽者可视为大式做法，不放者为小式做法。皮条脊脊件主要有（由下至上）：当沟、两层瓦条、混砖、眉子。当垂脊、戗脊、岔脊安装有截兽时，截兽之前可减少一层瓦条。围脊转角部位安装合角吻。垂脊、戗脊、岔脊如安装狮、马小兽，做法同前。另外，也可不安装截兽和小兽。屋脊前端的做法同前。小式建筑角梁一般不安套兽。

3. 铃铛排山箍头脊脊件

铃铛排山箍头脊的脊件除山面当沟下面顺山使用筒瓦、板瓦、猫头、滴水外，其他与皮条脊基本相同。

4. 过垄脊脊件

其脊件（瓦件）主要有（由下至上）：通常使用三块或五块折腰瓦作为底瓦，一块或三块罗锅瓦作为盖瓦，形成圆弧形瓦垄。

5. 清水脊脊件

其脊身脊件主要有（由下至上）：当沟、两层瓦条、混砖、眉子；脊两端的脊件主要有（由下至上）：圭脚、盘子、两层瓦条、平草砖、眉子、蝎子尾。

6. 宝顶

一般用于攒尖建筑屋面的顶端。通常由顶珠、顶座两部分组成。较为矮小的宝顶多做成须弥座形式。宝顶顶座的平面形状与屋顶平面形状相同。顶珠、顶座通常采用青砖砌筑。园林建筑中的宝顶上面会往往雕刻有精美的花纹，称作“雕花宝顶”。

（二）琉璃瓦屋面脊件（图 3-6-5）

1. 庑殿建筑

正脊脊件主要有（由下至上）：正当沟、压当条、大群色条、黄通、赤脚通脊、扣脊筒瓦。两端安装正吻。

垂脊截兽后脊件主要有（由下至上）：斜当沟、压当条、垂脊筒子、扣脊筒瓦。

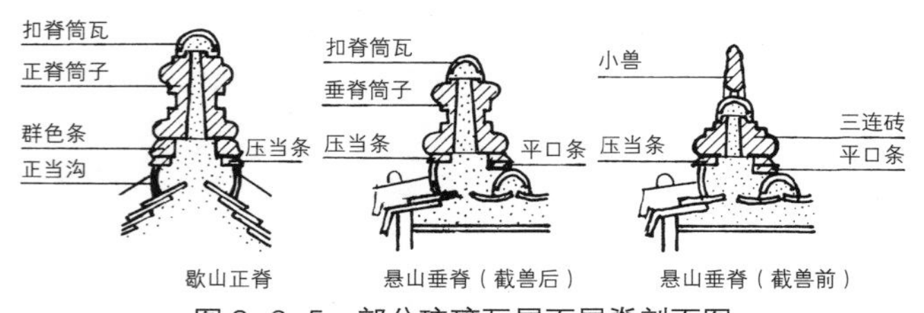

图 3-6-5　部分琉璃瓦屋面屋脊剖面图

垂脊截兽前脊件主要有（由下至上）：斜当沟、压当条、三连砖、扣脊筒瓦（小兽）。

垂脊头部脊件主要有（由下至上）：遮朽瓦、螳螂勾头、淌头、撺头、方眼勾头、仙人。遮朽瓦下有仔角梁头套兽。

2. 大屋脊歇山建筑

正脊脊件主要有（由下至上）：正当沟、压当条、群色条、正脊筒子、扣脊筒瓦。两端安装正吻。

垂脊内侧脊件主要有（由下至上）：筒瓦垄、平口条、压当条、垂脊筒子、扣脊瓦。脊头安装垂兽。

垂脊外侧脊件主要有（由下至上）：正当沟、压当条、垂脊筒子、扣脊瓦。垂脊外有铃铛排山勾滴。

戗脊截兽后脊件主要有（由下至上）：斜当沟、压当条、垂脊筒子、扣脊瓦。

戗脊截兽前脊件主要有（由下至上）：斜当沟、压当条、三连砖、扣脊筒瓦（小兽）。

戗脊头部脊件主要有（由下至上）：遮朽瓦、螳螂勾头、淌头、撺头、方眼勾头、仙人。遮朽瓦下有仔角梁头套兽。

博脊脊件主要有（由下至上）：正当沟、压当条、博脊连砖、博脊瓦。

3. 过垄脊歇山建筑

过垄脊脊件（瓦件）：通常用三块折腰作为底瓦，三块罗锅作为盖瓦，形成圆弧形瓦垄。

垂脊脊件：垂脊脊件品种及做法基本与大屋脊歇山建筑相同，只是排山脊顶部也需要随着过垄脊的弧度使用圆弧形脊件。

4. 大屋脊悬山建筑

正脊脊件主要有（由下至上）：正当沟、压当条、群色条、正通脊、扣脊筒瓦。两端安装正吻。

垂脊内截兽后脊件主要有（由下至上）：筒瓦垄、平口条、压当条、垂脊筒子、扣脊筒瓦。

垂脊外截兽后脊件主要有（由下至上）：正当沟、压当条、其他同上。垂脊外有铃铛排山勾滴。

垂脊内截兽前脊件主要有（由下至上）：筒瓦垄、平口条、压当条、三连砖、扣脊筒瓦（小兽）。

垂脊外截兽前脊件主要有（由下至上）：正当沟、压当条、三连砖、扣脊筒瓦（小兽）。垂脊外有铃铛排山勾滴。

垂脊头部脊件主要有（由下至上）：螳螂勾头、咧角淌头、咧角撺头、方眼勾头、仙人。

5. 过垄脊悬山建筑

过垄脊脊件（瓦件）同上面过垄脊歇山建筑。

垂脊脊件品种及做法基本与大屋脊悬山建筑相同，只是排山脊顶部需要随着过垄脊的弧度使用圆弧形脊件。

6. 大屋脊硬山建筑

各屋脊脊件均同上面大屋脊悬山建筑。

7. 过垄脊硬山建筑

各屋脊脊件均同上面过垄脊悬山建筑。

8. 攒尖建筑

垂脊截兽后脊件主要有（由下至上）：斜当沟、压当条、垂脊筒子、扣脊筒瓦。

垂脊截兽前脊件主要有（由下至上）：斜当沟、压当条、三连砖、扣脊筒瓦（小兽）。

垂脊头部脊件主要有（由下至上）：仔角梁套兽、遮朽瓦、螳螂勾头、淌头、撺头、方眼勾头、仙人。

琉璃宝顶通常由顶珠和须弥座两部分组成。宝顶主要用于攒尖建筑屋面顶端，也有用于琉璃瓦屋顶正脊中央部位的。顶座平面多为圆形、八方形、六方形或正方形，顶珠多做成宝珠形。较大的顶珠经常采用铜胎表面鎏金的做法。

9. 重檐建筑

围脊脊件主要有（由下至上）：正当沟、压当条、群色条、博通脊、蹬脚瓦、满面砖。围脊转角部位安装合角吻。

岔脊截兽后脊件主要有（由下至上）：斜当沟、压当条、角脊筒子、扣脊筒瓦。

岔脊截兽前脊件主要有（由下至上）：斜当沟、压当条、三连砖、扣脊筒瓦（小兽）。

岔脊头部脊件主要有（由下至上）：仔角梁头套兽、遮朽瓦、螳螂勾头、淌头、撺头、方眼勾头、仙人。

10. 盝顶建筑

围脊又称正脊脊件主要有（由下至上）：正当沟、压当条、围脊筒子、扣脊筒瓦。转角部位安装合角吻。

岔脊脊件与重檐建筑岔脊脊件相同。

11. 墙帽

墙帽正脊脊件主要有：（由下至上）正当沟、压当条、三连砖、扣脊筒瓦。

一座建筑，不管是黑瓦屋面还是琉璃瓦屋面，首先要求瓦件的规格尺寸要与该建筑物的规格等级相匹配，其次还要求该建筑物的脊件要与瓦件的规格等级相匹配。

（三）屋脊吻兽

包括黑瓦及琉璃瓦屋面各种屋脊上的吻和兽，简称“脊兽”。屋脊吻兽主要有正吻、合角吻、垂兽、戗兽、截兽、套兽、小兽（仙人、龙、凤、狮子、天马、海马、狻猊、押鱼、獬豸、斗牛、行什、抱头狮子、马）等。

1. 正吻

正吻又称大吻，位于黑瓦屋面及琉璃瓦屋面正脊的两端，也称“吞脊兽”。正吻也有使用望兽的。

早在两千余年前的汉代，正脊两端一般使用朱雀（凤凰）作为吻兽。后来，传说东海中有名曰“鸱”的鱼，能以尾激浪降雨，可以灭火。按照阴阳五行以水克火的说法，又结合佛经中视为雨神、能灭火的“摩羯鱼”的造型，制成吻兽置于屋脊之上。于是，两晋南北朝以后正吻便以鸱尾逐渐取代了朱雀。

唐代以后，鸱尾又演变成鸱吻。以后经过不断发展、演变，鸱吻的造型日臻完善、精美。至宋代，又同时出现了龙吻。明清以后多用龙吻，吻的尾部向后卷起，做工十分精细，造型极为生动优美。吻的背部还插有一把锐利的宝剑，据说是为了防止逃走，才将其牢牢地固定在屋脊上边的。

2. 合角吻

合角吻位于围脊的转角部位，也称“合角兽”。

3. 戗兽

戗兽位于歇山屋顶戗脊和重檐角脊拦截后面较高屋脊的部位，故又称作“截兽”。

歇山屋顶的垂兽位于垂脊的前端，也有拦截垂脊的意思，故也称作“截兽”。歇山屋顶垂兽的后面不安置任何小兽。

4. 套兽

套兽是套在仔角梁的头部，起着保护角梁的作用。

5. 小兽

小兽也称作小跑或走兽。是安置在垂脊、戗脊、角脊前端的脊件。

仙人是琉璃瓦屋面屋脊头部的脊饰。仙人的后面按照顺序排列有：龙、凤、狮子、天马、海马、狻猊、押鱼、獬豸、斗牛、行十等小兽。一座建筑屋脊上安置小兽的数量多少与该建筑物的等级和规格尺寸有关，但应为奇数（不含仙人）。

抱头狮子及马是只限于用在黑瓦屋面屋脊前端的小兽。狮子、马均为祥瑞之兽。

屋脊最前端骑着凤鸟的仙人，传说是战国时期齐国的国君缗王。他败北后被追兵紧逼，逃至江岸，被水所阻。正在危机之时，忽见一只凤鸟飞到面前，缗王立刻骑上凤鸟，渡江而去，于是便逢凶化吉。在建筑的屋脊上将其安置在首位，就是取其能够化解灾难、祈求吉祥之意。

龙、凤皆为最高规格的祥瑞兽之一。龙自古以来就是华夏民族崇拜的图腾，被尊为华夏之神。传说中的人类始祖伏羲、女娲，皆为龙身人首，因而中国人自称为龙的传人，被先民以祖神敬奉。龙是古代传说中一种能走、能飞，能大、能小，能隐、能现，能变火、能变水，能登天入海、兴风作浪，能吞风吐雾、兴云作雨，可致世间风调雨顺、地出甘泉、禾生双穗的神奇动物；凤，是古代传说中的鸟中之王，同时又比喻有贤良、有圣德之人；狮子，猛兽之首，镇山之王，群兽具服；天马、海马，均为古代神话中可以主宰宇宙天空，其威德可通天入海，是吉祥动物的化身；狻猊，在古籍记载当中是一种能食虎豹的异兽，与狮子齐名，百兽率从；押鱼，是海中的一种异兽，传说可以呼风唤雨、镇火防灾；獬豸，也是传说中的猛兽，善辩是非曲直，能够体现“正大光明”；斗牛，是古代传说中的一种虬龙；行什，似猴，为压尾兽，排行第十，故名行什。

屋脊吻兽对于建筑物来讲，除了具有装饰作用以外，还具有结构上的功能。比如，正吻是起固定正脊两端、稳定正脊的作用。其他各种脊兽的下面均有防止屋脊向下滑动的铁钉、竹楔或木楔。同时，也是区别和划分建筑规格等级的一个明显标志。

但是，有些黑筒瓦屋面的硬山、悬山、歇山、攒尖等建筑，其垂脊、戗脊、岔脊等，不安放任何截兽和小兽，角梁头也不安装套兽，脊头的处理如前所述：在檐头瓦垄之上安置圭脚、盘子、眉子。其结果不仅可以节省工料，而且整体效果显得更加简洁、轻快、倍感亲切。尤其适应于过垄脊屋顶使用铃铛排山箍头脊的园林建筑与居住建筑。

（四）正脊合龙

在传统建筑当中，正脊中央的一块扣脊筒瓦俗称“龙口”，砌筑这块瓦就称为“合龙”。按照我国古代风俗习惯，在重要宫殿及庭院正殿的龙口中，经常要放置一个木制或金属制作的“宝匣”。宝匣内可以放各种小物品，如五金：多为用金、银、铜、铁、锡制成的元宝；五谷：多用稻、麦、稷（高梁、玉米）、黍（黄米）、豆数粒；五色线：红、黄、蓝、白、黑丝线各一缕；药味：以雄黄和川莲为主，另配人参、鹿茸、川弓、藏红花、半夏、知母、黄柏等；还可以放入珠宝、彩石、铜钱（12 枚或 24 枚）、佛经或施工记事等。以上这些小物品都被看作是一种“镇物”。在正脊放置镇物的风俗至少在宋代就已经形成。

按照传统习俗，正脊合龙时要举行隆重的祭祀仪式，焚香叩拜。

如遇有拆修正脊时，首先要拆下龙口，取出宝匣，妥善保存，这个过程俗称“请龙口”。清代宫殿翻修时，宝匣要请至工部供奉，待正脊修好合龙时，要重新举行“迎龙口”的祭祀仪式。

民间也有在正脊中央放置镇物的习俗。但一般不用宝匣，所放置的物品也多有简化。物品的种类和贵重程度多与房主的经济状况有关。但至少要放置由红纸包着的几枚铜钱。

除正脊放置宝匣或镇物以外，在屋脊上面的宝顶中往往也要放置。其形式及内容与正脊基本相同。

第四章　传统园林建筑中一些常用建筑营造方法

第一节　门

传统建筑园林中的门，不仅包括主要出入口的大门，也包括各次要出入口的大门，而且还包括园林景区内各个庭院、各个景点以及所有可供人们或者车辆进出通行的门户。门的形象、门的体量、门的色彩等都十分重要。有人把门的正立面形象比喻成人的脸面，称作“门脸”，可见其重要程度。不过，中国传统建筑园林中的门，与宫殿、府邸、衙署、坛庙等不同，园林中的门往往更注重追求内涵，比较隐晦含蓄，经常采用“简而不繁”、“藏而不露”的手法，特别是私家园林。

中国传统建筑园林中门种类和形式很多，从建筑规模和规格上分，主要有单开间大门、三开间大门和五开间大门等；从建筑屋顶形式上分，主要有歇山、悬山和硬山大门等；从使用的主要建筑材料上分，主要有木构、砖构、石构、琉璃表层材料、砖木构、砖石构、木石构大门等；从建筑体量上分，主要有大屋顶大门、小屋顶如垂花门、如意门、菱角门、随墙门等多种形式。中国传统建筑园林中的牌坊也是一种门的特殊形式。鉴于牌坊的构造和功能有一定的特殊性，故本书另列一节专门介绍。

中国传统建筑园林中的门，虽然类和形式很多，但归纳起来，主要包括园门与院门两类。

园门，即公园或风景区的大门。院门既有歇山、悬山、硬山等建筑形式大门，也有如意门、砖腿花瓦顶门楼、菱角门、随墙门、独立砖柱大门以及各种形式的垂花门等。

园门及其附属建筑的主要功能（含配房）有以下五个方面：一是可供游客、工作人员进出；二是可以在此检票、验票；三是提供售票、售品（旅游纪念品、食品、饮品、用品等）场所；四是设有接待室、导游人员工作室；五是保证车辆进出。

传统建筑园林中的园门主要有歇山大门、悬山大门及硬山大门等建筑形式。

院门，是指进入公园或风景区以后，公园或风景区内各个院落和景点的出入口。如棱角门、随墙门、垂花门、牌坊等。由于垂花门及牌坊的构造较为特殊，故单独另立一节。

园门与院门的形式很多，但归纳起来主要有歇山大门、悬山大门、硬山大门、如意门、砖腿花瓦顶门楼、独立砖柱大门、垂花门、牌坊等。

一、歇山大门

（一）五间歇山大门

是传统建筑园林当中等级较高的大门，通常设在重要或者主要轴线上。其明、次三开间安装大门，两梢间多为带有门窗的房间。

1. 后檐金柱大门

又称后檐金里大门。门扇设在后檐金柱间，每间两扇、内开。两山砌筑山墙。两梢间：后金柱间砌高墙，前檐柱间下砌槛墙上安槛窗。紧临大门的后檐金柱至前檐檐柱间除安装单扇带有横披的风门以外，其余部分下砌槛墙上安槛窗。

2. 中柱大门

大门门扇设在中柱间，每间两扇、内开。两山砌筑山墙。两梢间：前檐檐柱间和后檐檐柱间下砌槛墙上安槛窗。紧临大门的前后檐柱间除安装单扇带横披的风门以外，其余部分下砌槛墙上安槛窗。

3. 前檐金柱大门

又称前檐金里大门。大门门扇设在前檐金柱柱间，每间两扇、内开。两山砌筑龟背腿山墙。两梢间：前檐金柱间和后檐檐柱间下砌槛墙上安槛窗。临大门的前檐金柱和后檐檐柱间除安装单扇带横披的风门以外，其余部分下砌槛墙上安槛窗。

五间歇山大门两旁设如意侧门，大门前两侧设悬山配房各五间。平面最好呈“U”字形,也可呈“一”字形。门前设有广场。五间歇山大门对面亦可砌筑青砖照壁，照壁前方设牌楼。

五间歇山大门通常作为公园或风景区的大门使用。

（二）三间歇山大门

通常设在重要或者主要轴线上。其明间安装大门，两次间多为带有门窗的房间或敞厅。

1. 前檐金柱大门

明间前檐金柱间设大门门扇，每间两扇，内开。两山砌筑山墙。两次间：前檐金柱间和后檐檐柱间下砌槛墙上安槛窗。临大门的前檐金柱和后檐檐柱间除安装单扇带横披的风门以外，其余部分下砌槛墙上安槛窗。

2. 中柱大门

将大门门扇设在中柱柱间，每间两扇、内开。两山砌筑山墙。两次间：前檐柱间和后檐柱间下砌槛墙上安槛窗。临大门的前后檐柱间除安装单扇带横披的风门以外，其余部分下砌槛墙上安槛窗。

3. 后檐金柱大门

大门门扇设在后檐金柱柱间，每间两扇、内开。两山砌筑山墙。两次间：后金柱间砌高墙，前檐柱间下砌槛墙上安槛窗。临大门的后檐金柱至前檐檐柱间除安装单扇带有横披的风门以外，其余部分下砌槛墙上安槛窗。两次间如作敞厅，后檐金柱间砌墙。

三间歇山大门两旁设如意侧门，大门前两侧设悬山配房各三间。平面最好呈“U”字形，亦可呈“一”字形。门前设有广场。大门正前方也可安排照壁与牌楼。

三间歇山大门可以作为公园或者风景区的大门使用。

二、悬山大门

（一）五间悬山大门

也是传统建筑园林当中等级较高的大门，通常设在重要或者主要轴线上。其明、次三开间安装大门，两梢间多为带有门窗的房间。

1. 后檐金柱大门

门扇设在后檐金柱间，每间两扇、内开。两山砌筑山墙。两梢间：后金柱间砌高墙，前檐柱间下砌槛墙上安槛窗。紧临大门的后檐金柱至前檐檐柱间除安装单扇带有横披的风门以外，其余部分下砌槛墙上安槛窗。

2. 中柱大门

大门门扇设在中柱间，每间两扇、内开。两山砌筑山墙。两梢间：前檐檐柱间和后檐檐柱间下砌槛墙上安槛窗。紧临大门的前后檐柱间除安装单扇带横披的风门以外，其余部分下砌槛墙上安槛窗。

3. 前檐金柱大门

大门门扇设在前檐金柱柱间，每间两扇、内开。两山砌筑山墙。两梢间：前檐金柱间和后檐檐柱间下砌槛墙上安槛窗。临大门的前檐金柱和后檐檐柱间除安装单扇带横披的风门以外，其余部分下砌槛墙上安槛窗。

五间悬山大门两旁设如意侧门，大门前两侧设硬山配房各五间。平面最好呈“U”字形,也可呈“一”字形。门前设有广场。五间歇山大门对面亦可砌筑青砖照壁，照壁前方设牌楼。

五间悬山大门通常作为公园或风景区的大门使用。

（二）三间悬山大门

明间安装大门，两次间多为带有门窗的房间或敞厅。

1. 前檐金柱大门

明间前檐金柱间设大门门扇，每间两扇，内开。两山砌筑山墙。两次间：前檐金柱间和后檐檐柱间下砌槛墙上安槛窗。临大门的前檐金柱和后檐檐柱间除安装单扇带横披的风门以外，其余部分下砌槛墙上安槛窗。

2. 中柱大门

将大门门扇设在中柱柱间，每间两扇、内开。两山砌筑山墙。两次间：前檐檐柱间和后檐檐柱间下砌槛墙上安槛窗。临大门的前后檐柱间除安装单扇带横披的风门以外，其余部分下砌槛墙上安槛窗。

3. 后檐金柱大门

大门门扇设在后檐金柱柱间，每间两扇、内开。两山砌筑龟背腿山墙。两次间：后金柱间砌高墙、前檐柱间下砌槛墙上安槛窗。临大门的后檐金柱至前檐檐柱间除安装单扇带有横披的风门以外，其余部分下砌槛墙上安槛窗。两次间如作敞厅，在后檐金柱间砌墙。

三间悬山大门两旁设如意侧门，大门前两侧设硬山配房各三间。平面最好呈“U”字形，亦可呈“一”字形。门前设有广场。大门正前方也可安排照壁与牌楼。

三间悬山大门可以用作公园或者风景区的大门。

三、硬山大门

（一）三间硬山大门

明间安装大门，两次间多为带有门窗的房间或敞厅。

1. 前檐金柱大门

明间前檐金柱间设大门门扇，每间两扇，内开。两山砌筑山墙。两次间：前檐金柱间和后檐檐柱间下砌槛墙上安槛窗。临大门的前檐金柱和后檐檐柱间除安装单扇带横披的风门以外，其余部分下砌槛墙上安槛窗。

2. 中柱大门

将大门门扇设在中柱柱间，每间两扇、内开。两山砌筑山墙。两次间：前檐檐柱间和后檐檐柱间下砌槛墙上安槛窗。临大门的前后檐柱间除安装单扇带横披的风门以外，其余部分下砌槛墙上安槛窗。

3. 后檐金柱大门

大门门扇设在后檐金柱柱间，每间两扇、内开。两山砌筑龟背腿山墙。两次间：后金柱间砌高墙、前檐柱间下砌槛墙上安槛窗。临大门的后檐金柱至前檐檐柱间除安装单扇带有横披的风门以外，其余部分下砌槛墙上安槛窗。两次间如作敞厅，在后檐金柱间砌墙。

三间硬山大门两旁设如意侧门，大门前两侧设硬山、盝顶或者平屋顶配房各三间。平面最好呈“U”字形，亦可呈“一”字形。如呈“一”字形者，配房应选择盝顶或者平屋顶的建筑形式。

三间硬山大门可以作为公园或者风景区的大门使用。

（二）单间硬山大门

1. 檐柱大门

又称檐里大门。大门设在前檐檐柱间，又称蛮子门。大门安装两扇门扇、内开。

2. 前檐金柱大门

大门设在前檐金柱间，又称金里大门。

3. 中柱大门

大门门扇设在中柱间，又称广亮大门。

以上三种门当中，广亮大门规格等级较高，檐里大门规格等级较低。单间硬山大门通常用作民居四合院的大门，通常位于整个院落的左前方。也可用作公园或风景区区内院落的大门。

四、如意门

如意门有两种，一种是用于北方民居四合院中的街门，另一种是用于庭院围墙当中的大门。这里主要是指后一种。

这种门的做法和特点是：

1. 没有木柱，大门槛框两侧使用砖砌腿子，腿子的宽度随大门的尺度不同而不同（与硬山建筑腿子做法基本相同，亦可略宽一些），腿子的进深以大门门扇开启以后不被雨淋为度。

2. 大门建筑可采用硬山形式，亦可采用歇山或庑殿形式，但不能使用悬山形式。

3. 屋顶可使用合瓦屋面，亦可使用筒瓦屋面或者琉璃瓦屋面。屋脊既可使用过垄脊，亦可使用皮条脊或者清水脊。园林中的如意门一般不使用合瓦屋面而使用筒瓦屋面。除体量较大者外，多使用三号筒、板瓦，体量较小者，也可使用十号筒、板瓦。

4. 大门洞口以上使用过木，表面贴挂薄砖挂檐，上面檐口一般使用冰盘檐，冰盘檐上面为筒瓦屋面。也可以使用带有砖椽子或者连珠混砖的冰盘檐，以提高其观赏性。

如意门多使用石门枕承托门轴，如用门鼓石，通常使用方形门鼓石，鼓子上面做一些雕刻。

较大型的如意门，门楼可以使用木构架，露出檐檩、檐椽、飞椽与角梁头，木构架须与下面衔接牢固；门扇宜使用实榻门或包镶大门做法，由于门扇很重，又不能使用合页，因此，上、下门轴（肘）需使用套筒，连楹使用护铁，门轴下端使用踩钉，门枕使用铸铁海窝。

较高大的如意门可用作公园或风景区的大门，略小者也可用作为公园或风景区的侧门或者便门，较小者还可用作公园或风景区内的庭院门。较宽的如意门也可以作为车辆通行的大门，作为车辆通行的如意门，其下槛应做成可以卸下来的活下槛，并且使用礓𥔲台阶。

如用作公园或风景区的大门时，大门外也安排中轴线两侧对称布局的配房，配房既可选择悬山，也可选择硬山或者盝顶乃至平屋顶形式。

五、砖腿花瓦顶门楼

砖腿子花瓦顶门楼，是门洞和砖腿子上面做摆花瓦顶的一种平顶院门，一般体量都不大，多用作小庭院的院门。门的槛、框、门扇、门枕、门簪等做法基本上同如意门。

六、菱角门

菱角门，是庭院门的一种特殊形式，由于门的门口上方安装有外形很像菱角的菱角木而得名。菱角木的作用类似替木，两端做成雀替的形象，只不过上面不做雕刻。菱角木相交于门的上槛上，每座门至少安装 4 根，起承托过木并替代担梁的作用。菱角木尾部上端载有檩碗，上面承接檐檩，门柱上方承接脊檩。菱角门一般采用悬山形式。椽望上面既可使用十号筒板瓦屋面，也可使用薄铁皮作为底瓦、上面使用木枋来制作假筒瓦垄屋面。顶部既可采用过垄脊，也可采用皮条脊或者清水脊的形式，使用假筒瓦屋面的皮条脊或清水脊也使用木板、木枋制作。当正脊采用过垄脊时，两山可采用皮条箍头脊或披水排山脊，下面有木博缝板。

槛、框、门扇等的做法大体上与垂花门前檐装修部分相同。

菱角门的门柱下面如采用滚墩石及木制壶瓶牙子做法，还可以单独作为庭院大门内的屏风、照壁来使用。

菱角木除了在菱角门中作为主要构件使用以外，还可以用在随墙门的过木和上槛之间，作为替木来使用。

七、随墙门

是随墙留出门洞的门，故称。不需要封闭的随墙门只留洞口，不设槛、框和门扇。需要封闭的随墙门在洞口内还要安装槛、框及门扇。随墙门一般可作为四合院及公园、风景区内庭院的侧门或便门使用。

安装有门扇的随墙门门扇多采用屏门形式，故又称作随墙屏门。屏门以四扇居多，称为四扇屏门。四扇屏门经常当中两扇向内开启，另外两扇固定。门口有四方、六方、八方、圆形（又称月亮门、月洞门）、宝瓶形等多种形状，四方屏门多用于垂花门后檐柱间、半壁游廊柱间或作为庭院围墙的侧门，讲究一点的还在过木和上槛之间安装有菱角木，也可以使用薄砖贴挂在过木的外面。六方、八方及圆形屏门多用于四合院内庭。园林建筑的围墙当中使用较为广泛。

六方、八方、圆形的随墙屏门一般有两种做法：一种是屏门的前后立面形状完全相同，屏门的槛、框及门扇设置在洞口之内，这种做法只能开启当中的两扇门扇；另外一种是屏门的前后立面形状不同。如前（正）立面为六方、八方或者圆形，而后（背）立面则是一组完整的四扇屏门。这种做法的特点是将墙的外包金做成六方、八方或者圆形的门洞，内包金则砌成四方形并安装槛、框及门扇。这种做法的四扇屏门每扇均可以开启。有些形状的随墙屏门，如宝瓶、葫芦等必须使用这种做法并安装两扇屏门。

八、独立砖柱大门

独立砖柱大门由于柱高可大可小、柱距可长可短，比较灵活。而且，大门上面既无过木也无门楣，因此，最适宜用作进出车辆的大门。

独立砖柱大门的门柱断面为正方形，方径一般不小于 50×50 厘米，柱高一般不低于 2.2 米。方柱上通常砌筑四层做法冰盘檐，上面做攒尖屋顶 10 号筒瓦屋面，宝顶可使用砖砌，宝顶直径可掌握在砖柱直径的 1/5 左右。

这种大门主要有一“间”两柱和三“间”四柱两种形式。一间两柱者，门扇采用两扇对开形式；三间四柱者，明间为车辆通行之门，两次间为人员进出之门。明间砖柱略高、柱中间距较大，门扇采用两扇对开形式，两次间采用单门形式。

独立砖柱大门的门扇及其转动构件可用钢材外表仿照板门制作，最后使用铁红或深绿色漆油饰。

第二节　垂花门

一般用于内院可供人们出入的大门，由于这种门檐柱的前面还安装有不落地的垂莲柱（又称垂柱）和花饰，故而得名。官邸、宅院通常作为二道门使用，传统建筑园林除用作园内庭院大门以外，还经常用在游廊及围墙间作为门来使用。

一、垂花门的种类

由于垂花门在园林中的使用较为广泛，因此种类也比较多。其种类可以从开间数量、屋面做法、梁架结构等不同角度加以划分。

1. 从开间数量的多少来划分，主要有：单开间垂花门和三开间垂花门两种。

2. 从屋面做法不同来划分，主要有：黑瓦屋面垂花门、琉璃瓦屋面垂花门、勾连搭一殿一卷屋面垂花门、勾连搭双卷棚屋面垂花门、悬山屋面垂花门、歇山屋面垂花门等。

3. 从梁架结构的不同来划分，主要有：单侧（前侧）垂柱垂花门和两侧（前后侧）垂柱垂花门两种。单侧（前侧）垂柱垂花门有：一殿一卷式垂花门，五檩尖顶式垂花门、六檩卷棚式垂花门；两侧（前后侧）垂柱式垂花门有：独立柱担梁式垂花门、四檩卷棚式垂花门、五檩尖顶式垂花门及六檩卷棚式垂花门等（图 4-2-1）。

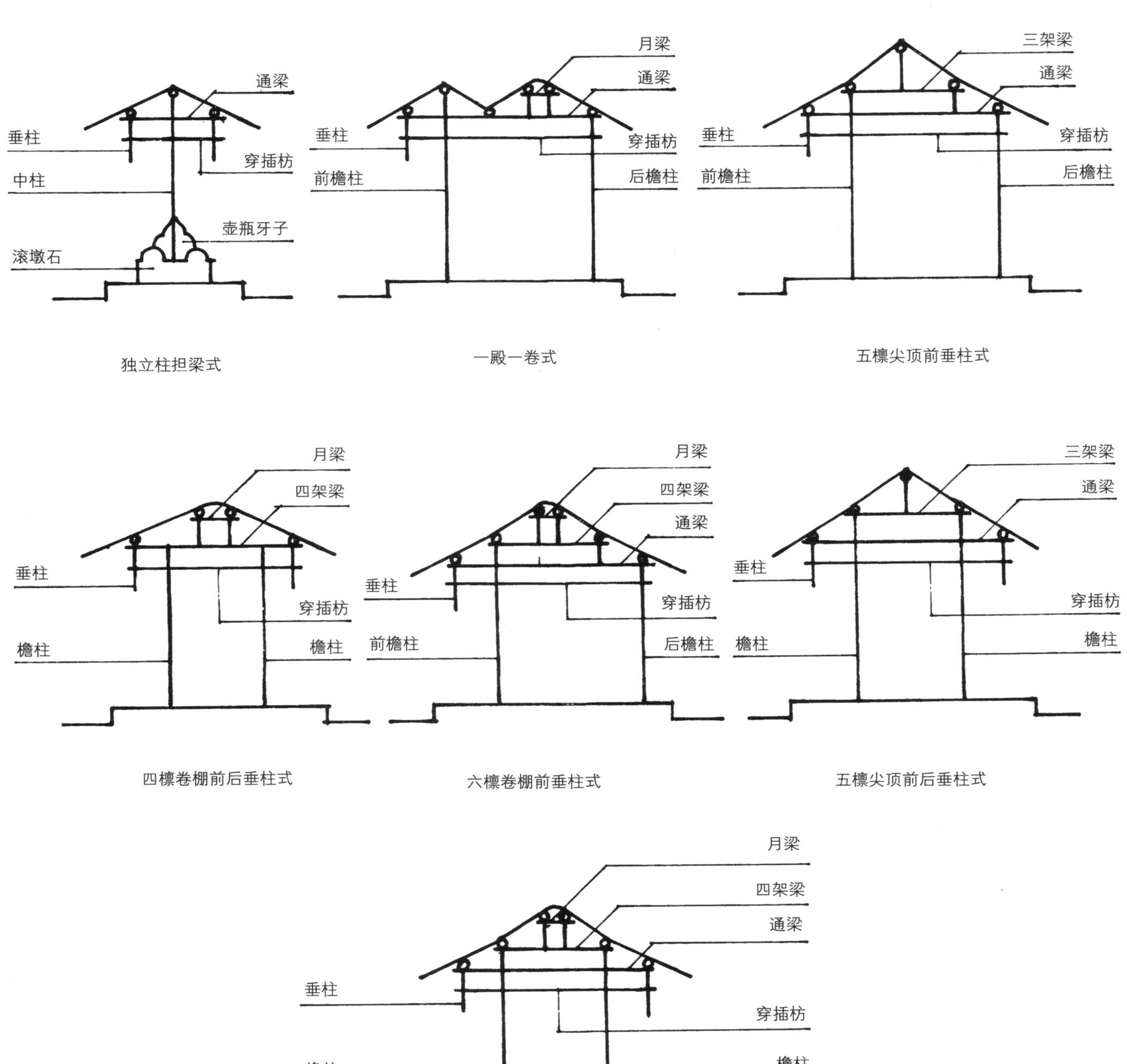

图 4-2-1 垂花门构架示意图

二、垂花门的使用环境

垂花门在园林中的使用大体有以下三种情况：

一种是用于围墙当中，作为随墙门来使用。这种垂花门主要是采用三檩单排柱形式。三檩单排柱形式垂花门屋面的正脊通常采用清水脊、两山采用披水排山形式，用于园林当中，也可正脊采用过垄脊、两山采用铃铛排山箍头脊形式。

另一种是用于四合院落半壁廊当中、位于中轴线上，作为四合院第二进院落的主要门户使用。这种垂花门主要是采用双排柱一殿一卷勾连搭形式或双排柱双卷棚勾连搭形式，也有极少数使用双排柱单卷棚前侧垂柱形式的。这种垂花门在院外一侧安装有不落地的垂柱和花饰。较大的四合院落也有采用三开间双排柱勾连搭一殿一卷垂花门形式或双排柱双卷棚勾连搭形式的。双卷棚勾连搭形式的垂花门，多用于园林当中。

还有一种情况是用于园林通透游廊当中作为门来使用的。通常是采用四檩、五檩或六檩单卷棚前后檐带垂柱的廊罩垂花门形式。这种垂花门与四合院半壁廊间的单卷棚垂花门主要区别是，垂花门的前后檐均安装有垂柱和花饰，并且梁柱间不做槛框、门扇等装修，门洞呈通透状态。

三、垂花门的丈尺做法

（一）单排柱三檩（独立柱担梁式）垂花门的丈尺做法

1. 面阔

一般为 2.5~3.3 米。

2. 进深

是指前、后垂柱（又称垂莲柱）的中距。以两个步架（前后檐各出挑一步架）定长短，前后檐步架长度相同，通常每步架为 3.5~4 倍檐柱径或檩径，进深 7~8 倍檐柱径或檩径。

3. 举架

出挑步架的举架为五举。

4. 柱高

这里是指台基上皮至麻叶抱头梁下皮的高度。以 12~15 倍中柱（独立柱）径或以 3 米左右定高（以垂莲柱柱头底皮至台基上皮高度不低于 1.9 米，不碰撞到头为宜）。民间工匠还有“三米垂花门”之说，所谓“三米”的含义包括两个方面，既包括“柱高”也包括“面阔”，即是说垂花门的面阔和柱高均为 3 米左右。

中柱的总高应包括三个部分：即柱高部分、柱高以上部分（抱头梁高加举高）和台基以下部分。台基以下埋入部分深度酌情而定，但须做防潮、防腐处理。

5. 中柱（独立柱）径

以面阔 7% 至 8% 或 7~8 寸左右定径寸（约为 21~25 厘米），见方、梅花柱。

6. 垂柱高（垂莲柱高，含垂头高）

以 4~5 倍中柱径或 1/3 柱高定高（含圆形垂莲柱头高 1.5~1.7 倍中柱径，如采用方形麻叶垂头，可与垂柱连做，垂头加束腰高 1.3~1.5 倍中柱径）。

7. 垂莲柱径

以 0.7~0.8 倍中柱径见方定径寸，梅花柱，以垂柱径的 1.5 倍定垂头（圆形垂莲柱头）径寸，方形垂头（麻叶头）者以 1.2 倍垂柱径定垂头径寸。

8. 上出（垂莲柱中至飞椽头外皮的水平距离）

担梁下皮至台基上皮垂直高度的 0.3 倍。

9. 下出（垂莲柱中至前后檐台基外皮的水平距离）

担梁下皮至台基上皮垂直高度的 0.2 倍。

10. 两山上出（向外悬挑的檩头外皮至独立柱中的水平距离）：6~8 倍椽径或同前后檐下出。

11. 山出（两山台基外皮至独立柱中的水平距离）

同两山上出尺寸。

12. 台基高度

不低于两步台阶，通常等于所连接游廊台基的高度，比厅堂台基低一步台阶。

13. 麻叶抱头梁（梁头做麻叶头，又称担梁）

以进深加两倍自身高定长短，以 1.2~1.4 倍中柱径（含熊背 0.1 倍中柱径）定高，以 1.1 倍中柱径定厚（宽）。

14. 随梁枋（又称随梁）、檐垫枋、帘笼枋（又称罩面枋）、麻叶穿插枋

以 0.7~0.75 倍中柱径寸定高，以 0.55~0.6 倍本身高定厚。帘笼枋位于面阔方向，绦环板下方，穿插枋位于进深方向、绦环板下方。

15. 折柱（又称间柱）

以 0.6~0.7 倍垂柱径定宽，以帘笼枋厚定厚。

16. 脊檩随檩枋（可兼作迎风槛）

以 0.4~0.5 倍中柱径定高，0.3~0.35 倍中柱径定厚。

17. 燕尾枋

以平水定高，以 0.25~0.3 倍中柱径定厚。

18. 角背

以一步架长度或 4 倍中柱径定长短，以 1~1.2 倍

中柱径定高，以 0.3 倍中柱径定厚。

19. 檩径（脊檩、檩檐）

圆径，以 0.9~1 倍中柱径定径寸。

20. 椽径（飞椽、檐椽）

以 0.3 倍檩径定径寸。

21. 望板

以 0.09~0.1 倍中柱径或 1/3 椽径定厚。

22. 小连檐

以 0.1~0.15 倍中柱径定厚，宽同椽径。

23. 大连檐

高同椽径，宽 1.1 倍椽径。

24. 闸档板

厚同望板，高同椽径。

25. 瓦口

长短随连檐，以所用板瓦中高的两倍定高，以本身高的 1/4 定厚。

26. 博缝板

以 6~7 倍椽径或 2 倍中柱径定宽，以椽径或略小于椽径定厚。

27. 绦环板

以 1~1.2 倍垂柱径定高，以 0.3 倍帘笼枋厚或 0.15 倍垂柱径定厚。

28. 雀替

以净面阔的 1/4 定长短，以垂柱或中柱径寸定高，以 0.3~0.4 倍垂柱径定厚。

29. 骑马雀替

高、厚同雀替。

30. 檐垫板（或荷叶墩）

檐垫板以 0.3~0.35 倍檩径定厚，如使用荷叶墩取代垫板者，其荷叶墩以 0.35~0.4 倍檩径定厚，以 1.1~1.2 倍垂柱径定宽。

31. 抱框

以0.6~0.7倍中柱径定宽,0.3~0.35倍中柱径定厚。

32. 中槛

以 0.7~0.8 倍中柱径定宽（高），厚同抱框。安装高度以不超过帘笼枋、不低于雀替为宜。

33. 下槛

以 0.8~1 倍中柱径定宽、厚同抱框。

34. 门框

宽、厚同抱框。

35. 腰枋

宽、厚同抱框。

36. 迎风板（走马板）、余塞板、绦环板、裙板、门心板

以 0.12~0.15 倍中柱径定厚。

37. 门簪

以门口高的 1/10 定长短，以 0.8 倍中槛宽（高）定径寸（高）。

38. 连楹或门龙

以 0.3~0.35 倍中柱径定高（厚），0.6~0.7 倍中柱径定宽。

39. 门枕（木、石）

以下槛高（宽）的 2.5 倍定长短，0.6~0.7 倍定高，宽同下槛高。

40. 壶瓶牙子

以 4~5 倍中柱径定高，1/3 本身高定宽，以 1/4 至 1/3 中柱径定厚。

41. 滚墩石

以 4/6 至 5/6 进深或约 6~7 倍中柱径定长短，以 1/3 净门口高定高，以 1.6~1.8 倍中柱径定宽。

42. 屋面

筒瓦屋面，通常使用 3 号筒、板瓦。

43. 屋脊

（1）正脊采用清水脊，两山垂脊采用披水排山脊。

（2）正脊采用皮条脊，两端安装望兽（截兽），两山垂脊采用铃铛排山箍头脊。此种做法多用于园林建筑。

（3）正脊采用过垄脊，两山垂脊采用铃铛排山箍头脊或披水排山脊。正脊采用过垄脊，两山垂脊采用铃铛排山箍头脊做法多用于园林建筑。

（二）一殿一卷勾连搭或双卷棚勾连搭式垂花门丈尺做法

1. 面阔

一般为 2.5~3.3 米。

2. 进深

指前檐垂柱中至后檐檐柱中的水平距离，通常为 16~18 倍檐柱径。

3. 前、后檐柱径

以面阔 7% 至 8% 或 7~8 寸定径寸（约为 21~25 厘米）见方，梅花柱。

4. 柱高

指台基上皮至麻叶抱头梁下皮的高度。以 12~15 倍檐柱径或以 3 米左右定高。前檐柱通高还应加抱头

梁高及举高。

5. 后檐柱高

同柱高。

6. 垂柱高（又称垂莲柱高，含垂头高）

以 4~5 倍檐柱径或 1/3 柱高定高（含垂莲柱头高 1.5~1.7 倍檐柱径，如采用方形垂头，可与垂柱连做，垂头加束腰高 1.3~1.5 倍檐柱径）。

7. 垂莲柱径

以 0.7~0.8 倍檐柱径见方定径寸，梅花柱。圆形垂头者以垂柱径的 1.5 倍定垂头径寸，方形垂头者以 1.2 倍垂柱径定垂头径寸。

8. 后檐上出

后檐柱高的 0.3 倍。

9. 后檐下出

后檐柱高的 0.2 倍。

10. 前檐上出（垂莲柱柱中至飞椽椽头的水平距离）

同后檐上出。

11. 前檐下出（垂莲柱柱中至前檐台基外皮的水平距离）

同后檐下出。

12. 步架

共由五个步架组成，即殿式屋架前、后各有一步架，卷棚屋架前、后各有一檐步架和一步顶步架。五个步架之和即为一殿一卷或双卷棚垂花门的进深尺寸。

（1）尖顶（殿式）屋架的前、后步架尺寸相同，为 3.5~4 倍檐柱或檩径。

（2）卷棚屋架的前后檐步架尺寸与尖顶（殿式）屋架前、后步架尺寸基本相同，多为 4 倍檐柱径或檩径。

（3）卷棚屋架的顶步架尺寸通常相当于檐步架尺寸的 1/2，为 2 倍檐柱径或檩径。

13. 举架

各步架均为五举。

14. 麻叶头抱头梁

是一根后端落在后檐柱上，前面穿过前檐柱兼作抱头梁的梁，故又称作通梁。由于前端梁头多做成麻叶头状，故又称作麻叶抱头梁。前端梁下安装垂柱。麻叶抱头梁以 1.2~1.4 倍檐柱径定高（含熊背 0.1 倍本身高），以 1.1 倍檐柱径定厚。

15. 麻叶头穿插枋

是一根前端穿过前檐柱和垂柱、后端榫头插入后檐柱中，起悬挑垂柱作用的水平构件，因前端榫头做成麻叶头状，故称。穿插枋以 0.75~0.8 倍檐柱径定高，以 0.55~0.6 倍本身高定厚。

16. 角背

安装在麻叶抱头梁以上、脊檩以下前檐柱两侧。角背以檐步架的长度或 4 倍檐柱径定长短，以 1~1.2 倍檐柱径定高，以 0.3 倍檐柱径定厚。

17. 瓜柱径

见方，同前、后檐柱径。

18. 月梁

以麻叶抱头梁高、厚的 0.8 倍定高、厚。

19. 檩径

檐檩、脊檩、天沟檩等均以 0.9~1 倍檐柱径定径寸。

20. 随檩枋

通常只安装在卷棚脊檩和天沟檩下方，以 0.5~0.6 檩径定高，以本身高的 0.8 倍或者 0.4 檩径定厚。

21. 麻叶头穿插枋、前后檐垫枋、前檐帘笼枋

以 0.7~0.75 倍檐柱径寸定高，以 0.55~0.6 倍本身高定厚。

22. 前、后檐垫板

以 0.3~0.35 倍檩径定厚，如前檐使用荷叶墩取代垫板者，其荷叶墩以 0.35~0.4 倍檩径定厚、以 1.1~1.2 倍垂柱径定宽。

23. 前檐绦环板

以 1~1.2 倍垂柱径定高，以 0.3 倍帘笼枋厚或 0.15 倍垂柱径定厚。

24. 折柱

又称间柱。以 0.6~0.7 倍垂柱径定宽，以帘笼枋厚定厚。

25. 雀替、骑马雀替

雀替以净面阔的 1/4 加榫长定长短，以垂柱或檐柱径寸定高，以 0.3~0.4 倍垂柱径定厚。骑马雀替以前檐步架减垂柱和檐柱各 1/2 加榫长定长短，高、厚同雀替。

26. 燕尾枋

高同平水、以 0.3 倍檩径定厚。

27. 博缝板

以 6~7 倍椽径或 2 倍檐柱径定宽，以椽径或略小于椽径定厚。

28. 后檐四扇屏门下槛

以 0.7~0.8 倍檐柱径定宽，0.4 倍檐柱径定厚。

29. 后檐四扇屏门抱框

以 0.5~0.6 倍檐柱径定宽，厚同下槛。

30. 后檐四扇屏门上槛

以 0.5 倍檐柱径定宽，厚同下槛。

31. 后檐各扇屏门

以 0.2~0.25 倍檐柱径定厚。

32. 连檐、瓦口及前檐抱框、迎风槛、中槛、下槛、门框、腰枋、门簪、门枕、连楹、门边、迎风板、余塞板、绦环板、裙板、门心板等装修构件的丈尺做法均同独立柱担梁式垂花门。

如门枕使用门鼓石（方鼓子或圆鼓子），其长度（含后半部门枕及前半部鼓子部分）通常为 2~2.5 尺、宽为 0.7~0.9 尺、高为 2.2~2.8 尺。

33. 屋面

为一殿一卷勾连搭筒瓦屋面，通常使用 3 号筒、板瓦。

34. 屋脊

（1）前殿式屋面正脊采用清水脊，后卷棚屋面使用采用过垄脊，前殿式屋面与后卷棚屋面两山垂脊采用披水排山脊，两侧天沟部位安装滴水。

（2）前殿式屋面正脊采用皮条脊，两端安装望兽（截兽），后卷棚屋面采用过垄脊，前殿式与后卷棚屋面两山垂脊采用铃铛排山箍头脊，两侧天沟部位安装滴水。

（3）当采用双卷棚勾连搭形式垂花门时，前殿式屋面与后卷棚屋面均采用过垄脊，前殿式与后卷棚屋面两山垂脊也都采用铃铛排山箍头脊或披水排山脊，两侧天沟部位安装滴水。

另外还有一种后卷棚部分也使用三檩木屋架的五檩勾连搭式垂花门，但这种垂花门很少使用。其丈尺做法与上面六檩勾连搭式垂花门有关部分大体相同，这里不再做详细介绍。

（三）前檐带垂柱的垂花门丈尺做法

1. 大木构架

前檐设垂柱的垂花门主要有五檩和六檩两种形式。

（1）五檩者：脊檩、脊瓜柱均为单根，脊瓜柱两侧安装角背；三架梁前端落在前檐柱上、后端落在后檐金瓜柱上，金瓜柱下为兼作抱头梁的通梁；通梁后端落在后檐柱上、前端梁下安装垂柱；兼作抱头梁的通梁下面为穿插当、再下面为穿插枋，穿插枋前端榫头穿过垂柱起悬挑垂柱作用、后端榫头插入后檐柱中；前檐柱外、穿插枋下，安装绦环板；绦环板下安装山面帘笼枋，下面安装骑马雀替。前檐檐檩、垫板（或荷叶墩）、垫枋下安装折柱及绦环板，下面安装帘笼枋与雀替；前檐金檩下安装随檩枋兼作上槛（或称迎风槛），脊檩、后檐金檩下安装随檩枋，后檐檐檩下安装檐垫板、檐垫枋；前檐柱间安装传统大门，后檐柱间上安迎风板、下安四扇屏门。

（2）六檩者：大木构架与五檩构架的区别主要是，五檩实为大屋脊木屋架，而六檩则是标准的卷棚木屋架。即脊檩为两根并列，檩下安装有月梁和两根并列脊瓜柱，脊檩上使用罗锅椽。其他做法与前面五檩单卷棚垂花门基本相同。

2. 面阔

2.7~3.3 米。

3. 进深、步架

进深是指前檐垂柱中至后檐檐柱中的水平距离。五檩者通常为 15~18 檩径，其中脊步架 4~5 檩径，出挑步架（前檐柱中至前檐垂柱中）与后檐步架 4~5 倍檩径；六檩者通常为 18~22.5 倍檩径，其中顶步架 2~2.5 倍檩径，前、后金步架各 4~5 倍檩径，前（出挑步架）、后檐步架各 4~5 倍檩径。

4. 其他，如前后檐柱径、柱高、垂柱径、垂柱高、通梁、穿插枋、檐垫枋、檐垫板、帘笼枋、绦环板、雀替、檐檩、脊檩、随檩枋、椽望、各装修构件以及瓦件、脊件、石构件等均可参照一殿一卷垂花门制作。

（四）前后两侧带垂柱的廊罩式垂花门丈尺做法

前后两侧带垂莲柱廊罩式垂花门，其大木构架主要有四檩、五檩和六檩三种形式。

1. 四檩者：以前后垂莲柱柱中的水平距离作为进深，前后檐柱位前后垂莲柱以内；前后垂莲柱及前后檐柱柱头以上为四架梁；四架梁以下为穿插挡、穿插枋，穿插枋穿过前后檐柱和前后垂莲柱。穿插枋起承挑垂莲柱作用。这种四檩廊罩式垂花门的进深不宜很大。

2. 五檩者：以前后垂莲柱柱中的水平距离作为进深，前后檐柱位前后垂莲柱以内；前后檐柱柱头以上架三架梁；梁上安金檩、脊瓜柱、脊檩与随檩枋等；麻叶抱头梁穿过前后檐柱及前后垂莲柱；麻叶抱头梁以下为穿插挡、穿插枋，穿插枋穿过前后檐柱和前后垂莲柱。穿插枋起承挑垂莲柱作用。

3. 六檩者：以前后垂莲柱柱中的水平距离作为进深，前后檐柱位前后垂莲柱以内；前后檐柱柱头上架四架梁；四架梁上安金檩、架脊瓜柱、月梁、脊檩等；麻叶抱头梁穿过前后檐柱及前后垂莲柱；麻叶抱头梁以下为穿插当、穿插枋，穿插枋穿过前后檐柱和前后垂莲柱。穿插枋起承挑垂莲柱作用。

前后两侧带垂柱廊罩式垂花门由于没有门扇，故亦不安装槛、框、门枕等装修构件，因此，这种垂花门比起其他垂花门来相对简单一些。

第三节　牌坊

牌坊的初期是两根木柱上面安装有横木的宅院门，后来发展成为都市街坊当中的里坊门，由于上面多带有牌示，故称牌坊。明、清时期的牌坊多用在行宫、寺庙、道观、园林、陵墓的出入口、城市中较繁华的街巷口以及商业店铺的铺面等处，民间还常为贞洁烈女立贞节牌坊。

牌坊又称牌楼。由于造型优美、做工精巧，故具有较高的观赏价值。一般是作为门来使用，同时还带有较强地指示性和纪念性。

一、牌坊的种类和形式

牌坊的种类、形式很多。可按其使用的基本材料不同和造型不同进行分类。

（一）按使用材料分类

主要有：木牌坊、石牌坊、琉璃牌坊、木石混合牌坊、砖木混合牌坊等，近代还出现了不少使用钢筋混凝土作主体结构的牌坊。

（二）按建筑构架和造型分类

主要有柱出头牌坊和柱不出头牌坊两种（图4-3-1）。

1. 柱出头牌坊

柱出头牌坊又称作“冲天牌坊”，主要有单间两柱一楼牌坊、两柱带跨楼牌坊、三间四柱三楼牌坊、五间六柱五楼牌坊等。较常见的有两柱带跨楼牌坊和三间四柱三楼牌坊。

柱出头两柱带跨楼牌坊的主要构件有：中柱、边柱（不落地）、夹杆石、戗杆（又称戗木）、小额枋、折柱（又称间柱）、花板、大额枋、平板枋（坐斗枋）、斗栱、坠山花博缝板、明楼（正楼）、边楼、雀替、骑马雀替、夹杆石铁箍及挺钩。地面以下还有磉墩、柱顶石等。

柱出头三间四柱三楼牌坊的主要构件有：中柱、边柱、夹杆石、戗杆、雀替、小额枋、折柱、花板、匾额、

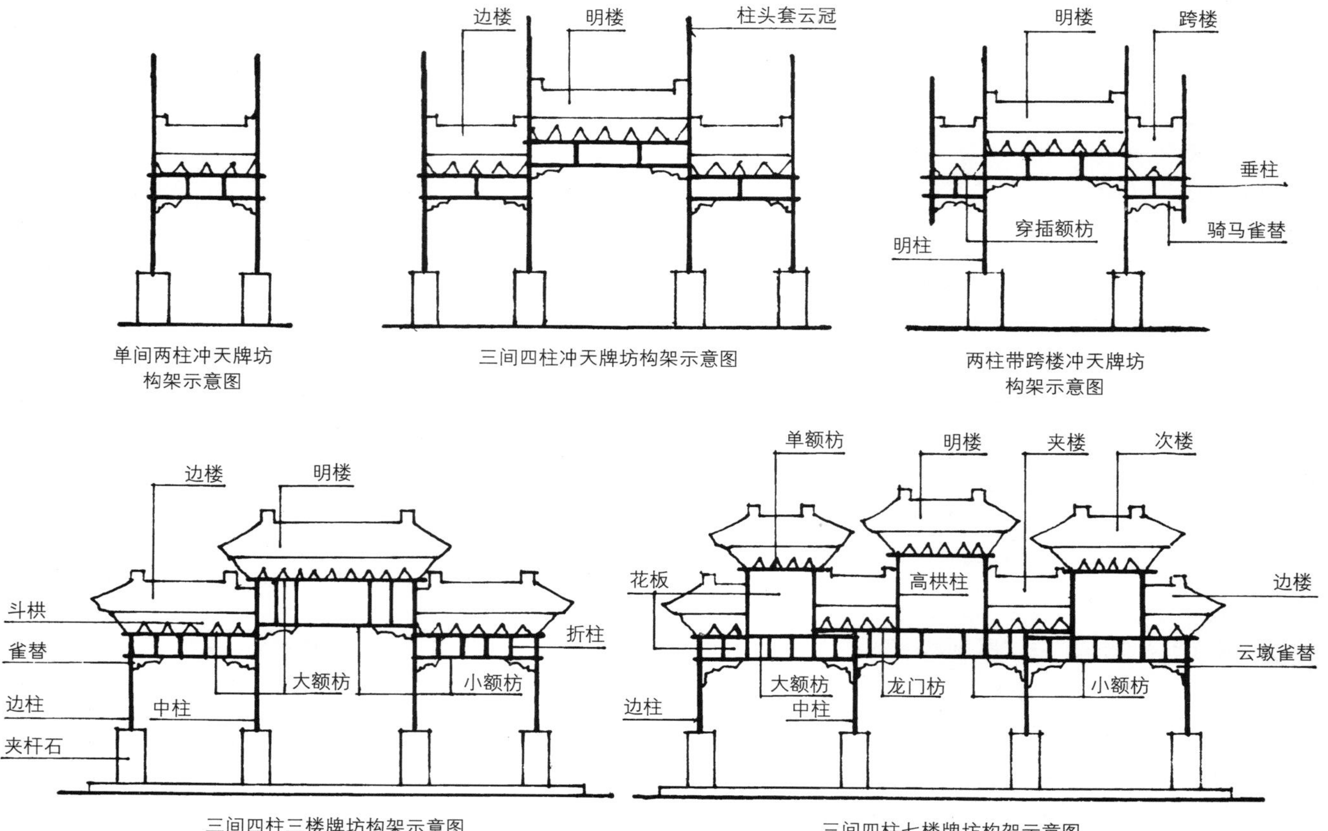

图4-3-1　牌坊构架示意图

大额枋、平板枋（坐斗枋）、斗栱、坠山花博缝板、明楼、次楼、夹杆石铁箍及挺钩等。

柱出头牌坊明楼、次楼、边楼屋顶通常采用悬山形式。各楼屋顶上均调正脊、垂脊，并安装吻兽。

2. 柱不出头牌坊

柱不出头牌坊主要有一间两柱一楼牌坊、一间两柱带跨楼牌坊、三间四柱三楼牌坊、三间四柱七楼牌坊、五间六柱五楼牌坊等多种。较常见的有三间四柱三楼牌坊和三间四柱七楼牌坊。

柱不出头三间四柱三楼牌坊的主要构件有：中柱（又称明柱）、边柱、夹杆石、戗杆、雀替、小额枋、花板、匾额、大额枋、平板枋（坐斗枋）、斗栱、脊檩（正心桁）、挑檐檩（挑檐桁）、檐椽、飞椽、坠山花博缝板、明楼、次楼、夹杆石铁箍及挺钩等。这种牌坊的明楼多采用庑殿形式，次楼外侧也采用庑殿形式、内侧与柱衔接处屋顶采用悬山形式。各楼屋顶上均调正脊、垂脊，并安装吻兽。

柱不出头三间四柱七楼牌坊的主要构件有：中柱、边柱、夹杆石、戗杆、雀替、小额枋、间柱、小花板、大额枋、龙门枋、高栱柱、大花板、匾额、明次楼额枋、平板枋（坐斗枋）、斗栱、脊檩、挑檐檩、檐椽、飞椽、坠山花博缝板、明楼、次楼、边楼、夹楼、夹杆石铁箍及挺钩等。

柱不出头三间四柱七楼牌坊的明楼、次楼屋顶多采用庑殿形式，边楼外侧也采用庑殿形式、内侧与高栱柱衔接处屋顶采用悬山形式，夹楼两侧与高栱柱衔接处屋顶采用悬山形式。各楼屋顶上均调正脊、垂脊，并安装吻兽。

二、牌坊的丈尺做法

1. 斗口

柱出头牌坊通常为 1.5~2 寸（4.8~6.4 厘米），多为 1.5 寸 ~1.6 寸；柱不出头牌坊通常为 1.5~1.6 寸。

2. 面阔

（1）单间两柱一楼柱出头牌坊

明楼斗栱的攒数由于攒当居中，故应为偶数，攒当（相邻两攒斗栱坐斗中至中）则为奇数（如八攒，则七个整当两个半当）。面阔为：明楼斗栱攒当之和加两倍坠山花博缝板厚再加一个柱径。

（2）两柱带跨楼柱出头牌坊

明楼斗栱的攒数应为偶数，攒当（加两端半当）则为奇数（如八攒，则七个整当两个半当）。明间面阔为：明楼斗栱攒当之和加两倍坠山花博缝板厚再加一个柱径。

跨楼一般置两攒斗栱，攒当则为一个整当两个半当。跨间面阔为：攒当之和加两倍坠山花博缝板厚再加 1/2 中柱径、1/2 边柱径。

（3）三间四柱三楼柱出头牌坊

明间斗栱的攒数应为偶数，攒当（加两端半当）则为奇数（如六攒，则五个整当两个半当）。明间面阔为：明间斗栱攒当之和加两倍坠山花博缝板厚再加一个柱径。

次间面阔为次间斗栱攒当之和（如五攒，则为四个整当两个半当）加两倍坠山花博缝板厚再加一个柱径。次间斗栱通常比明间斗栱的数量少一攒。明、次间面阔的比例通常为 10 ：8。

（4）三间四柱三楼柱不出头牌坊

明楼平身科斗栱的攒数应为偶数，攒当则为奇数（如八攒，则为九个攒当）。明间面阔为明楼平身科斗栱攒当之和。

次间面阔为次楼平身科斗栱攒当之和加一份坠山花博缝板厚再加一个柱径。明、次间面阔的比例通常为 10 ：8。

（5）三间四柱七楼柱不出头牌坊

明楼通常置平身科斗栱四攒、五当，次楼通常置平身科斗栱三攒、四当，夹楼通常置平身科斗栱三攒、四挡，边楼通常置平身科斗栱一攒、两当。明间面阔为明楼五攒当之和加夹楼四攒当之和加高栱柱宽一份，再加坠山花博缝板厚两份。

次间面阔为次楼四攒当之和加夹楼两攒当之和加边楼两攒当之和加高栱柱宽一份，再加坠山花博缝板厚两份。明、次间面阔的比例通常为 10 ：8.8。

明楼面阔为 1/2 明间面阔。

次楼面阔为 1/2 次间面阔。

3. 柱径（中柱、边柱）

（1）柱出头牌坊柱径

通常为 9 倍斗口。

（2）柱不出头牌坊柱径

通常为 10 倍斗口。

（3）带有跨楼的边柱柱径

通常为中柱柱径的 2/3。

4. 夹杆石

断面有正方、圆形两种，圆夹杆石较为少见。

（1）夹杆石径（圆为直径、方为边长）

通常为两倍中柱柱径。

（2）夹杆石高（由地面以下和地面以上两部分组成）

地面以上露明部分高通常为3~4倍中柱柱径；地面以下埋入部分高为地面以上露明部分高的8/10。

（3）中柱、边柱夹杆石丈尺做法相同。

5. 柱高

（1）柱出头牌坊

中柱上端云冠下皮高度与明楼正脊或正吻上皮持平，云冠的高度一般柱径的2~3倍。

边柱云冠下皮高度与次楼正脊或正吻上皮持平，云冠尺寸同中柱云冠。

（2）三间四柱三楼柱不出头牌坊

中柱柱头上皮为明楼斗栱下面平板枋下皮。

边柱柱头上皮为次楼斗栱下面平板枋下皮。

（3）三间四柱七楼柱不出头牌坊

中柱与边柱高度相同，中柱、边柱柱头上皮高度均与边楼斗栱下面平板枋下皮持平，即中柱柱头上皮就是龙门枋下皮。

（4）各种牌坊中段柱高

所谓中段，是指夹杆石上皮至次间小额枋下皮。这段垂直高度通常为1~1.5倍夹杆石露明高。

6. 斗栱

（1）明、次间平身科斗栱攒数

明间平身科斗栱的攒数应为偶数，斗栱攒当坐中。次间平身科斗栱可以是奇数也可以是偶数。为体现主次分明、适应明间面阔需要，明间斗栱的攒数要大于次间斗栱攒数。

（2）出踩

多采用七踩、九踩或十一踩，次楼、跨楼斗栱出踩可以与明楼相同，也可以比明楼减少一踩。边楼、夹楼斗栱出踩可以比明楼减少一踩。

7. 平板枋

位于斗栱下面，故又称坐斗枋。平板枋通常为：宽3倍斗口、高2倍斗口。

8. 龙门枋

位于三间四柱七楼柱不出头牌坊中柱上方，横跨明间。龙门枋通常为：高12斗口或酌减、厚9.5斗口或酌减。

9. 大额枋

位于单间两柱柱出头牌坊平板枋下，两柱带跨楼柱出头牌坊明、跨间平板枋下，三间四柱三楼牌坊明、次间平板枋下，三间四柱七楼柱不出头牌坊次间高栱柱下。两柱带跨楼柱出头牌坊跨间的大额枋与明间小额枋连做，以起悬挑两根不落地边柱的作用。大额枋通常为：高11斗口或酌减、厚9斗口或酌减或酌减。

10. 高栱柱

位于三间四柱七楼柱不出头牌坊明、楼两侧，径正方，通常为6×6斗口。高栱柱上出灯笼榫、下做长榫代替折柱插入小额枋内。

11. 折柱

位于明、次间大、小额枋之间。折柱通常为：宽2.5斗口、高同大额枋或小额枋、厚0.6小额枋厚。

12. 明间花板

高同次间大额枋高、厚0.3折柱厚。

13. 次间花板

高同明间小额枋、厚0.3折柱厚。

14. 三间四柱七楼柱不出头牌坊明楼下牌匾

高为明间高栱柱高减上下榫头及单额枋高、宽为1/2明间面阔减一份高栱柱径；边框宽3斗口、厚同折柱；牌匾厚约1斗口。

15. 三间四柱七楼柱不出头牌坊次楼下花板

高为次间高栱柱高减上下榫头及单额枋高、宽为1/2次间面阔减一份高栱柱径，厚约1斗口。

16. 小额枋（明间、次间）

位于明、次间大额枋以下、雀替以上。小额枋通常为：高9斗口或酌减、厚7斗口或酌减。

17. 单额枋

位于三间四柱七楼柱不出头牌坊明、次楼平板枋下。通常为：高8斗口或酌减、厚6斗口或酌减。

18. 雀替

（1）单间两柱一楼柱出头牌坊

高同小额枋高、长1/4净面阔、厚3/10柱径。

（2）两间带跨楼柱出头牌坊

明间雀替与跨间小额枋和花板连做。高同跨间小花板高加小额枋高、长1/3明间净面阔、厚3/10柱径；次间为骑马雀替，高同跨间小额枋高、长同跨间净面阔、厚同明间雀替。

（3）三间四柱三楼柱出头牌坊

明间雀替与次间大额枋连做。高同次间大额枋高、长1/4明间净面阔、厚3/10柱径；次间雀替高同次间小额枋高、长1/4次间净面阔、厚同明间雀替。

（4）三间四柱三楼柱不出头牌坊

明间雀替与次间大额枋连做。高同次间大额枋高、长1/4明间净面阔、厚3/10柱径；次间雀替高同次间小额枋高、长1/4次间净面阔、厚同明间雀替。

（5）三间四柱七楼柱不出头牌坊

明间雀替与次间小额枋连做。高同次间小额枋高（不含云墩）、长 1/4 明间净面阔、厚 3/10 柱径；次间雀替高同次间小额枋高（不含云墩）、长 1/4 次间净面阔、厚同面间雀替。

19. 正心桁（脊檩）

圆径，通常为 4.5 斗口。

20. 挑檐桁（挑檐檩）

圆径，通常为 3 斗口。

21. 老、仔角梁

高 4.5 倍斗口、宽 3 倍斗口。

22. 椽径

含檐椽、飞椽，径 1.5 斗口。

23. 飞椽出檐

飞椽加檐椽平出尺寸不要超过斗栱出踩。如三间四柱七楼柱不出头牌坊斗栱斗口为 1.6 寸时，明楼出檐 6 寸，边楼、夹楼 5 寸，次楼 5 或 6 寸。

24. 坠山花博缝板

高自平板枋上皮至扶脊木上皮，长为斗栱拽架加两侧平出檐加 1 倍椽径，厚 1.5 倍椽径。

25. 戗杆

又称戗木。因其斜戗在牌坊中柱和边柱的前后两侧，对牌坊起支撑和稳定作用，故名。上端底皮一般与次间大额枋底皮持平。通常与地面呈 60 度角。戗杆圆径为 1/2 柱径或略粗一点。现代钢筋混凝土结构的牌坊，可以不使用戗杆。

26. 檐楼金属挺钩

用圆钢制作。直径约一寸。正楼与次楼每座楼前后各使用四根，边楼与夹楼前后各使用两根。挺钩上端固定在挑檐桁上，下端固定在大、小额枋或龙门枋上。辅助灯笼榫对牌坊檐楼起支撑和稳定作用。

27. 夹杆石铁箍

因为夹杆石一般是由四块石料组成，将牌坊柱子下端和夹杆石紧密组合在一起，必须要使用坚固的铁箍。夹杆石铁箍通常是用熟铁或钢板制作。宽为夹杆石径寸（边长或直径）的 1/10，厚按本身宽的 1/5。

第四节　殿堂

又称殿宇，是传统园林建筑当中等级较高、规模较大的单体建筑。一般是带有斗栱、通面阔在三开间以上的大式建筑，通常位于庭园构图的主轴线上，体量较大、气势雄伟、四周开阔、布局规整。建筑形式以庑殿、歇山与悬山为主，其中又以歇山为最多。木构架通常在七檩以上（图 4-4-1，图 4-4-2）。

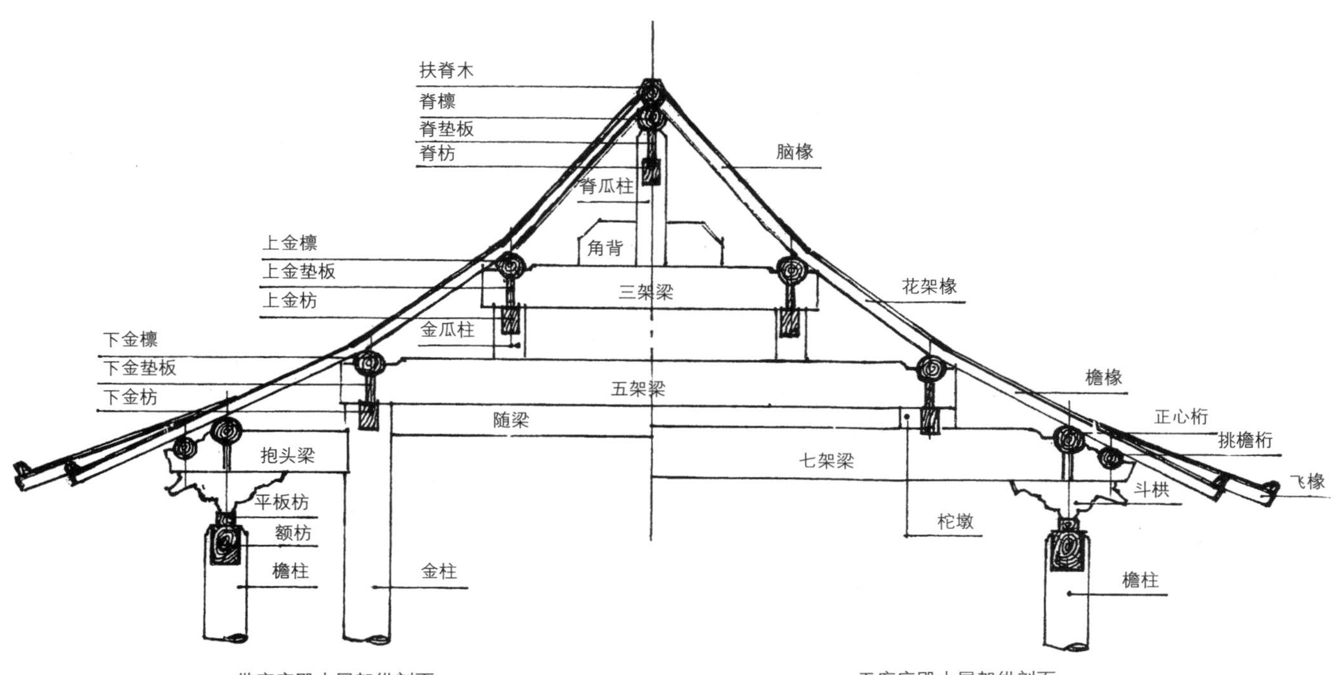

图 4-4-1　庑殿、歇山殿堂建筑屋架图一

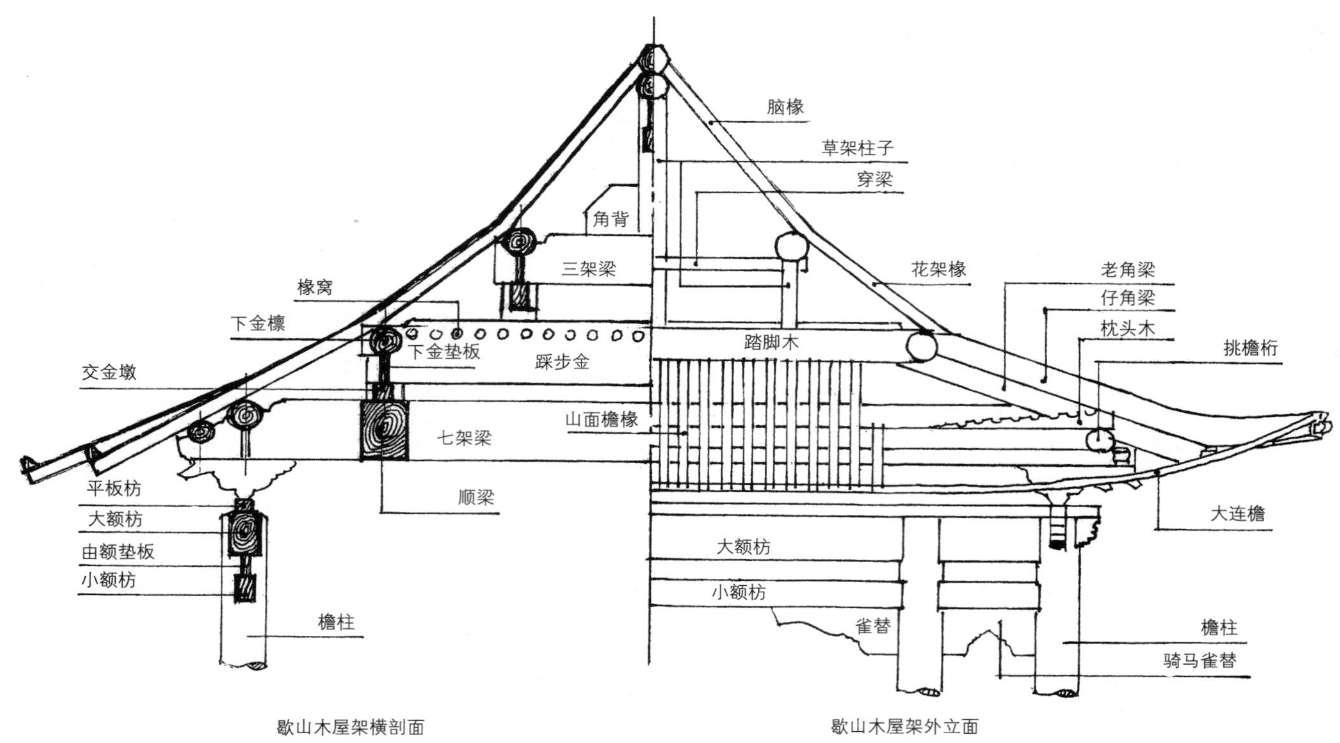

图 4-4-2　庑殿、歇山殿堂建筑屋架图二

一、建筑模数

传统园林建筑当中的殿堂多为带斗栱的建筑，其规格以斗栱的斗口尺寸为基本模数。斗口是指平身科斗栱坐斗垂直于面阔方向的刻口宽度。斗口又称口分，其大小从一寸至六寸每半寸为一等，共分十一等材。其中，二寸至四寸较为常用。不带斗栱的建筑以檐柱柱径为基本模数。

二、建筑平面

一座建筑均由若干间组成，建筑平面多为长方形。面阔方向一般由三、五、七、九间等单数组成，如一座九开间建筑，当中一间为明间，两端的两间为尽间，尽间内侧的两间为梢间，其他均为次间；进深方向如由多间组成，当中为明堂或曰山面明间，前后多为廊或曰山面次间，廊内为厦或曰山面梢间。

三、殿堂建筑丈尺做法

（一）面阔

带有斗栱的建筑，其明间面阔以斗栱的攒当数乘以每攒当十一斗口的尺寸确定。明间要保证攒当居中，攒当数为单数，平身科斗栱应采用双数。明间斗栱的攒当数即为平身科斗栱的攒数再加一（两边柱头科斗栱各半攒）。

斗口的大小可按传统等级确定，也可按具体情况确定。斗栱的十一斗口攒当也可通过增减横栱的长度做适当调整。

次间面阔以减一攒斗栱来确定，梢间面阔可同次间，也可再减一攒斗栱尺寸。

通面阔即各明、次、梢、尽间面阔的总和。

（二）进深

一座建筑的进深与该建筑物的步架多少和每个步架的大小有着直接关系，通进深即是前后各个步架，如前后檐步架（或廊步架）、下金步架、上金步架、脊步架等尺寸的总和。带斗栱建筑的进深一般可按进深方向各开间平身科斗栱的攒数来确定（每间置平身科斗栱 3~4 攒），或者预先确定进深尺寸，然后再按进深尺寸确定平身科斗栱的攒数。

（三）柱高

是指台基上皮至檐柱柱头上皮（平板枋下皮）的

垂直高度。檐柱本身高（柱根底皮至平板枋下皮）约56~58份斗口，柱高约60斗口。

（四）柱径（柱根直径）

1. 檐柱柱径为6斗口或0.1倍柱高。

2. 金柱柱径为6.6倍斗口或1.1倍檐柱径。

3. 山柱柱径为7斗口或同金柱径。

4. 中柱柱径为7斗口或同金柱径。

5. 童柱柱径为6.6斗口或同金柱柱径，亦可根据其位置不同酌定。

6. 擎檐柱是用于支撑屋面出檐的柱子，通常使用见方梅花柱。柱径为檐柱柱径的0.4~0.5倍。

（五）步架

1. 带有斗栱的建筑，各个步架通常均为4~5倍檩（正心桁）径。也可根据实际情况具体酌定。

2. 卷棚建筑的顶步架尺寸可按其下一层梁架金檩檩中至金檩檩中水平距离的1/5或者2~2.5倍檩径确定。

（六）举架

1. 五檩大木屋架：檐步架为五举，脊步架为六五（即六·五）至七举。

2. 七檩大木屋架：檐步架为五举，金步架为六五举，脊步架为八举。

3. 九檩大木屋架：檐步架为五举，下金步架为六五举，上金步架为七五举，脊步架为九举。

4. 十一檩大木屋架：檐步架为五举，下金步架为六举，中金步架为六五举，上金步架为七五举，脊步架为九举或根据具体情况酌定。

5. 九檩及十一檩大木屋架最上一步有时在九举之上还要加上一倍平水。平水即各檩下面垫板的高度，有斗栱的大式大木平水为4斗口。

6. 四檩、六檩、八檩等卷棚建筑木屋架可参照以上相对应步架的举架来确定。

这里需要说明的是，殿堂很少有七檩以下的木构架建筑。

（七）上出（上檐出）

带有斗栱的建筑，上出由两部分尺寸组成：一是挑檐桁中至飞椽椽头外皮的水平距离，二是挑檐桁中至正心桁中的水平距离。由挑檐桁中至飞椽椽头外皮的水平距离通常为21斗口，其中檐椽平出14斗口、飞椽平出7斗口。挑檐桁中至正心桁中的水平距离要根据斗栱的出挑多少即斗栱的出踩多少来确定。

（八）下出

可按上出的3/4确定。

（九）山出

1. 庑殿、歇山建筑同前檐下出。

2. 悬山建筑可同前檐下出或以2~2.5倍山柱径确定。

3. 硬山建筑可按山墙下碱外包金加2寸金边确定。

（十）台基高度

是指土衬石上皮至台明石上皮的垂直高度。可按檐柱柱高的1/4左右并结合每步台阶的高度和步（级）数酌情确定。

四、各种构件尺寸

1. 桃尖抱头梁

挑尖梁的一种。挑尖梁同一般梁相比，有两大特点，其一是梁头做成桃尖形，故称桃尖梁；二是一侧梁头同时承担正心桁和挑檐桁两根檩。挑尖梁有桃尖抱头梁、桃尖顺梁、桃尖七架梁等。桃尖抱头梁也可简称挑尖梁，长按廊步架一份加正心桁中至挑檐桁中的水平距离（斗栱出踩尺寸），再加上梁头长6斗口，高按斗栱的踩数，即耍头下皮至正心桁中的垂直距离，厚6斗口。

2. 桃尖顺梁

长为尽间面阔加斗栱出踩尺寸，再加上梁头长6斗口，高按斗栱的踩数，即耍头下皮至正心桁中的垂直距离，厚6斗口。

3. 桃尖七架梁

长为六步架加两份斗栱出踩尺寸，再加两倍6斗口，高为8.5倍斗口，厚为7斗口或本身高的8/10。

4. 七架梁

长为六步架加两檩径，高为8.5倍斗口，厚为7斗口或本身高的8/10。

5. 六架梁

长为五步架加两檩径，断面尺寸同七架梁。

6. 五架梁

长为四步架加两檩径，高为 7 斗口或七架梁高的 5/6，厚为 5.6 斗口或本身高的 8/10。

7. 四架梁

长为三步架加两檩径，断面尺寸同五架梁。

8. 三架梁

长为两步架加两檩径，高为五架梁高的 5/6，厚为本身高的 8/10。

9. 月梁

长为四檩径或顶步架加两檩径，高为四架梁高的 5/6，厚为本身高的 8/10。

10. 三步梁

长为三步架加一檩径再加尾榫长，断面尺寸同七架梁。

11. 双步梁

长为两步架加一檩径再加尾榫长，断面尺寸同五架梁。

12. 单步梁

长为一步架加一檩径，高、厚同三架梁。

13. 花梁头

又称角云、云头、麻叶梁头。长为 3 倍檩径加斜，高为 1.5 倍檩径，厚为 1.1 倍檐柱径。

14. 随梁枋

是一根紧随梁底皮的木枋，故又称随梁，起梁的辅助作用。如梁的强度没有问题，随梁枋可以省略。随梁枋高 4 斗口，厚为本身高的 8/10 或 3.5 斗口。

15. 趴梁

通常是趴在檩上面，位于面阔或进深方向的梁，位于面阔方向的趴梁又称作顺趴梁，位于进深方向的趴梁就称作趴梁。同时带有两个方向趴梁的，长者称作长趴梁,短者称作短趴梁。短趴梁高 6 斗口或同檐柱径，厚为本身高的 8/10，长、短趴梁上皮持平。其他趴梁高均为 6.5 倍斗口或 1.5 倍檩径，厚为 5.2 倍斗口或本身高的 8/10。

16. 抹角梁

位于转角部位，通常是趴在檩上面，与面阔或进深呈一定角度的梁。其高为 6~6.5 斗口或 1.3~1.5 倍檩径，厚为 5.2 倍斗口或本身高的 8/10。

17. 递角梁

有递角抱头梁、递角三架梁、递角四架梁、递角五架梁等之分。递角梁以正身梁加斜定长，高、厚同正身梁。

18. 老角梁、仔角梁、由戗

位于转角部位，随屋面坡度的角梁，由戗位于仔角梁上方。老角梁、仔角梁、由戗高均为 4.5 倍斗口或 3 倍椽径、厚 3 倍斗口或 2 倍椽径。

19. 踩步金

用于歇山建筑木屋架的山面上。为两端做成檩状、外侧剔凿有椽窝的梁。长为七架梁或五架梁长，高、厚亦同七架梁或五架梁。

20. 踏脚木

用于歇山木屋架山面、踏在檐椽上面，是安装山花板和博缝板的基础构件。长为前、后金檩中至中加两个檩径，高为 4.5 斗口或檩径一份，厚为 3.6 斗口或本身高的 8/10。

21. 太平梁

用于庑殿建筑推山做法。实为趴在庑殿建筑木屋架山面上金檩上的一根趴梁，上面安装雷公柱。太平梁长为两步架加檩金盘一份，高、厚同三架梁。

22. 挑檐桁

宋代称撩檐枋。长同面阔，径为 3 倍斗口。

23. 正心桁

长同面阔，径为 4~4.5 斗口。

24. 金、脊檩

长同面阔，径同正心桁。

25. 扶脊木

脊檩之上。长同面阔，径为 4 斗口或同金、脊桁。

26. 脊桩

位于扶脊木之上，供安装正吻、正脊筒使用，每一块脊筒用一根脊桩。长为扶脊木径一份加脊桁径 1/4、再加正脊筒高 8/10，宽为脊桁径的 1/3，厚为宽的 2/3。

27. 大额枋

额枋又称檐枋，宋代称作阑额。是位于檐柱柱头之间的水平构件。在较大建筑物上，使用上、下两层额枋，上层为大额枋，下层为小额枋，大、小额枋之间安装由额垫板。大额枋上皮与柱头平,其上为平板枋，平板枋上安装平身科斗栱。也有只使用单根额枋的大型建筑，下面不设小额枋，当然也没有由额垫板。不带斗栱的建筑，一般不使用两层额枋。

大额枋长同面阔，山面及尽间外加霸王拳式箍头 1.5 倍檐柱径，高为 6 斗口或檐柱径，厚为 4.8 斗口或本身高的 8/10。

28. 小额枋

长同面阔，山面及尽间外加箍头榫一倍檐柱径，高为4倍斗口或檐柱径的4/6，厚为本身高的8/10。

29. 重檐大额枋

长同面阔，山面及尽间外加霸王拳式箍头1.5倍檐柱径，高为6斗口或金柱径，厚为本身高的8/10。

30. 单额枋

采用单额枋做法的，单额枋尺寸同大额枋。

31. 雀替

长为面阔减一倍柱径（净面阔）的1/4外加榫长，高同额枋（檐枋）高或6斗口，厚为檐柱径的3/10。

32. 平板枋

宋代称普柏枋，位于额枋、檐柱柱头上面，承托斗栱，故又称栱垫枋。长同额枋，宽为3.5倍斗口，厚为2倍斗口。

33. 金枋、脊枋

又称金垫枋、脊垫枋，无垫板者也称随檩枋。长同面阔，高为3.6倍斗口或檩径的8/10，厚为3斗口或本身高的8/10。

34. 穿插枋

位于桃尖梁下方。长按廊步架加两份檐柱径，高为4倍斗口或4/6檐柱径，厚按3.2斗口或本身高的8/10。

35. 承椽枋

位于金柱或童柱上面承接檐椽的木枋，故称。上面多为围脊板、围脊枋。承椽枋长同面阔，其高为5~6倍斗口，厚为4~4.8倍斗口。

36. 跨空枋

通常是联系檐柱与中柱或者檐柱与内金柱之间起穿插枋作用的木枋。高4倍斗口，厚为本身高的8/10。

37. 棋枋

位于承椽枋、棋枋板下面，长同面阔，高为4.8倍斗口，厚为4倍斗口或本身高的8/10。

38. 金瓜柱

又称草瓜柱，是用于各层梁之间的短柱。长按下层梁上皮至上层梁下皮的垂直高度加上下榫头长，宽为上一层梁厚收1寸，厚为上一层梁厚收2寸。

39. 脊瓜柱

位于三架梁之上。长按三架梁上皮至脊檩中加管脚榫长，宽为三架梁厚收1寸，厚为三架梁厚收2寸。

40. 角背

通常位于脊瓜柱两侧。长按一步架，高按1/3至1/2脊瓜柱高，厚为脊瓜柱厚的1/3。

41. 交金墩

高按4.5斗口，厚按上一层梁厚收2寸。

42. 柁墩

当上、下梁之间间距较小时，以柁墩替代瓜柱。长按檩径两份，高同瓜柱高，宽为上层梁厚收2寸。

43. 雷公柱

用于庑殿及攒尖建筑。庑殿建筑用于有推山做法的太平梁上，攒尖建筑雷公柱可以采用悬空做法。庑殿建筑雷公柱长按太平梁上皮至扶脊木上皮。如有脊桩，再加吻高的5/8即脊桩高。径为檐柱径的8/10。攒尖建筑雷公柱柱径为5~7倍斗口或1~1.5倍檐柱径，上面的宝顶桩子直径为0.5倍本雷公柱径，下面的垂莲柱头下皮一般不低于金檩下皮。

44. 草架柱

用于歇山建筑，安置在踏脚木上面承托山花板与博缝板。长按踏脚木上皮至脊檩中，宽、厚按踏脚木高、厚的1/2。

45. 穿

安在草架柱上。长按前、后坡两步架加两倍檩径，高、厚同草架柱宽、厚。

46. 墩斗

又称斗盘，为见方型木墩，用在童柱下方，有如柱顶。方边为童柱径的1.25倍，厚为童柱径的0.5倍。

47. 由额垫板

位于大、小额枋之间，长同面阔，高为2倍斗口，厚1斗口。

48. 檐、金、脊垫板

位于檐、金、脊檩下方，长按面阔减去梁或者柱厚度加两端榫长（榫长可按板厚为度），高为4斗口或同平水，厚为1斗口或1/4檩径。

49. 博缝板

用于悬山及歇山建筑，每段长按该步架椽长外加龙凤榫长，宽按檩径两份或6~7椽径，厚为1斗口或一椽径。博缝头略长于飞椽头，采用霸王拳形式。

50. 山花板

用于歇山建筑，板厚1斗口或0.8~1倍椽径。

51. 围脊板

用于重檐或多重檐建筑围脊里侧、承椽枋与围脊枋之间。高按瓦件不同确定，如使用7样琉璃瓦时，板高一尺；每加大一样，则加高四寸（营造寸）。厚为高的1/10。

52. 望板

厚为0.3斗口或1/5椽径。

53. 飞椽、檐椽、花架椽、脑椽

椽径均为1.5斗口或1/3檩径。飞椽使用方椽，檐椽等可以使用圆椽。

54. 大连檐

位于飞椽椽头上方，长随通面阔，高同椽径，厚同椽径或 1.1 倍椽径。

55. 小连檐

位于檐椽椽头上方，长随通面阔，高按望板厚的 1.5 倍，厚同椽径。

56. 闸挡板

位于小连檐上方、飞椽与飞椽之间，与飞椽垂直。其高同飞椽高，厚同望板，长按椽当加两侧入槽尺寸。

57. 里口木

当闸挡板与小连檐结合成为一个构件时，则称为里口木，简称里口。里口木长随大连檐，宽同椽径，高为飞椽径加 1.5 倍望板厚。因里口木制作起来费工废料，故很少采用该做法。

58. 椽椀

是用于檐里装修，封挡圆形檐椽之间空当的薄板。一般按垂直方向安装在檐檩中线内侧。功能同闸挡板。其长随大连檐，高 1.3 倍椽径，厚同望板。金里装修时，不用椽椀。封挡方形檐椽空当可以使用闸挡板。

59. 椽中板

又称创中板，是用于金里装修、金檩之上，夹在檐椽和花架椽之间、垂直方向、金檩中线外侧的挡板。其长随大连檐，高 1.3 倍椽径，厚同望板。檐里装修时，可不用椽中板。

60. 衬头木

用于带有翘飞椽的翼角飞椽与檐檩之间的三角形木板。其长同檐步架，厚为 1/3 檩径，高 2.5 倍椽径。

61. 瓦口

位于大连檐上方，为承托板瓦所用。瓦口尺寸按屋面所用瓦件型号不同确定。其方法是：以所用板瓦（底瓦）中高尺寸的两倍作为瓦口高，以瓦口本身高的 1/4 定厚。

殿堂建筑多使用琉璃瓦或黑筒瓦屋面。黑筒瓦屋面一般选用特号或者一号筒、板瓦。

第五节　厅堂

一、厅堂的概念

厅堂系指在传统园林建筑中，不带斗栱的大式建筑与小式建筑，主要用作接待、办公、议事、展示、休息、居住、娱乐、餐饮等通面阔在三开间以上的单体建筑。如接待室、议事厅、客厅、游艺厅、展览室、阅览室、餐厅等均可以成为厅堂建筑。由于厅堂建筑使用功能较为灵活广泛，因此，厅堂便成为传统园林建筑中的主要建筑类型。

二、厅堂的建筑形式与模数

建筑形式通常取决于该建筑的屋顶形式，又称屋面形式。厅堂的建筑形式有多种，但主要有硬山建筑、悬山建筑、歇山建筑、攒尖建筑等四种形式，其中又以硬山建筑和悬山建筑形式者居多。而采用庑殿、盝顶、平屋顶者亦有，其数量较少。在我国古代，庑殿建筑形式主要局限于在宫殿建筑中作为殿堂使用。

此外，屋顶还有殿式即尖山屋顶和卷棚式即圆山屋顶之分。殿式尖山屋顶的正脊通常使用层次较多的大脊或皮条脊，排山垂脊等亦与其相匹配。卷棚式圆山屋顶的正脊多采用过垄脊又称元宝顶做法，垂脊使用铃铛排山箍头脊，歇山建筑的戗脊和博脊等做法亦与其相匹配。

卷棚大木屋架的屋脊一定采用过垄脊即元宝脊做法，而采用过垄脊屋面做法的大木屋架不一定就是卷棚形式。但由于有吊顶等各种原因看不到屋架顶部的具体构造，因此，通常人们便约定俗成将只要采用过垄脊屋面做法的建筑均称作卷棚建筑了。

实际上，屋架采用卷棚、屋顶使用过垄脊做法的建筑才真正算作卷棚形式建筑。

还有一种没有围墙和门窗的厅堂，叫做敞厅，又称作“榭”。榭也是传统园林建筑中较为常见的一种厅堂建筑形式。榭的使用和观赏功能与亭类似，但其建筑平面、立面及体量与亭还是有一定的区别。敞厅以歇山、悬山建筑形式居多。

敞厅临花木者称作“花榭”或“香榭”，临水者称作“水榭”。

厅堂建筑是以该建筑的前檐柱柱径（特指柱根直径）尺寸为基本模数。构成建筑的基本要素、主要构件等的尺度和权衡比例关系均与柱径（檐柱柱径）相互关联，以便人们全面系统熟悉掌握和运用（图 4–5–1~图 4–5–3）。

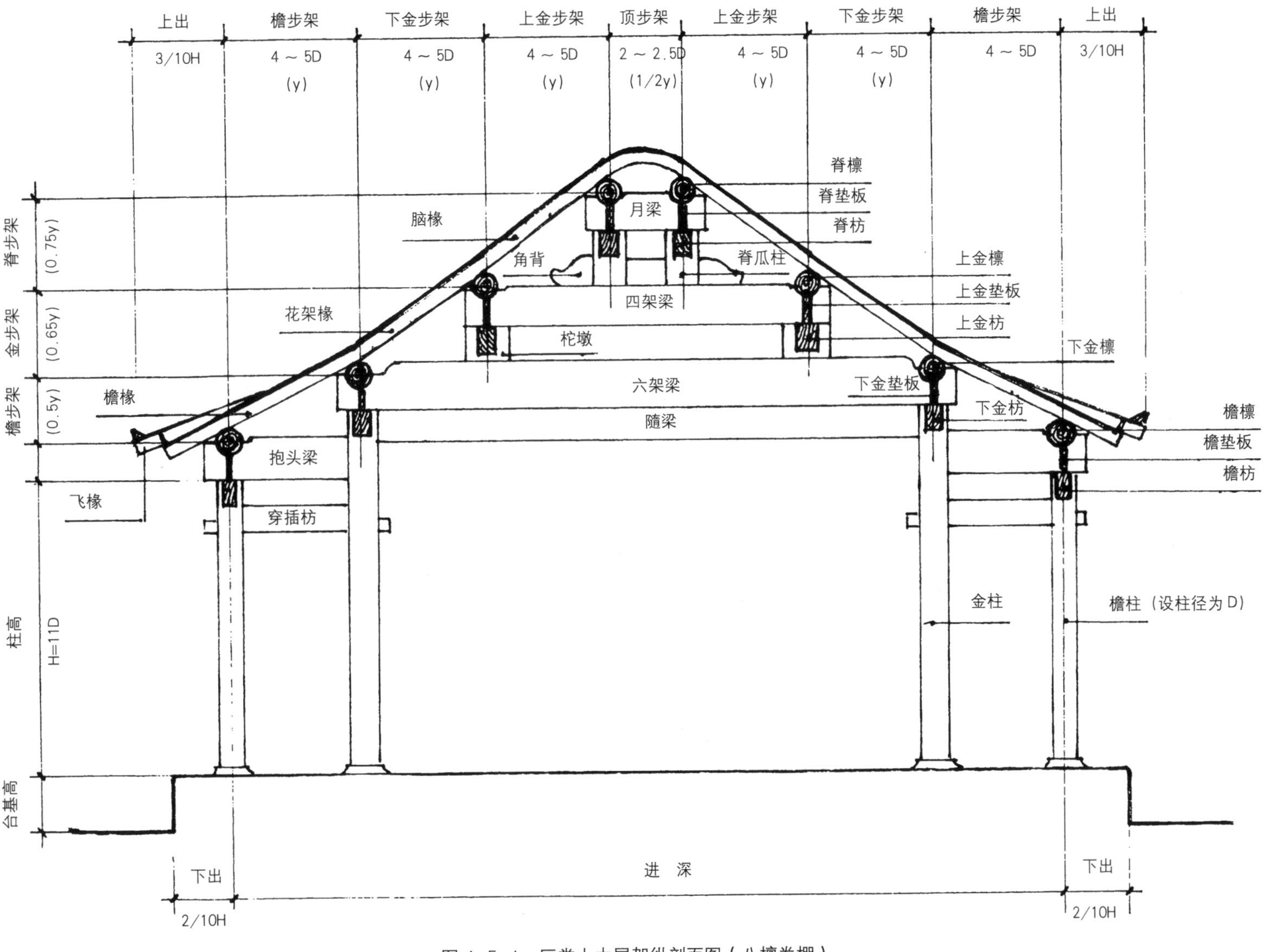

图 4-5-1　厅堂大木屋架纵剖面图（八檩卷棚）

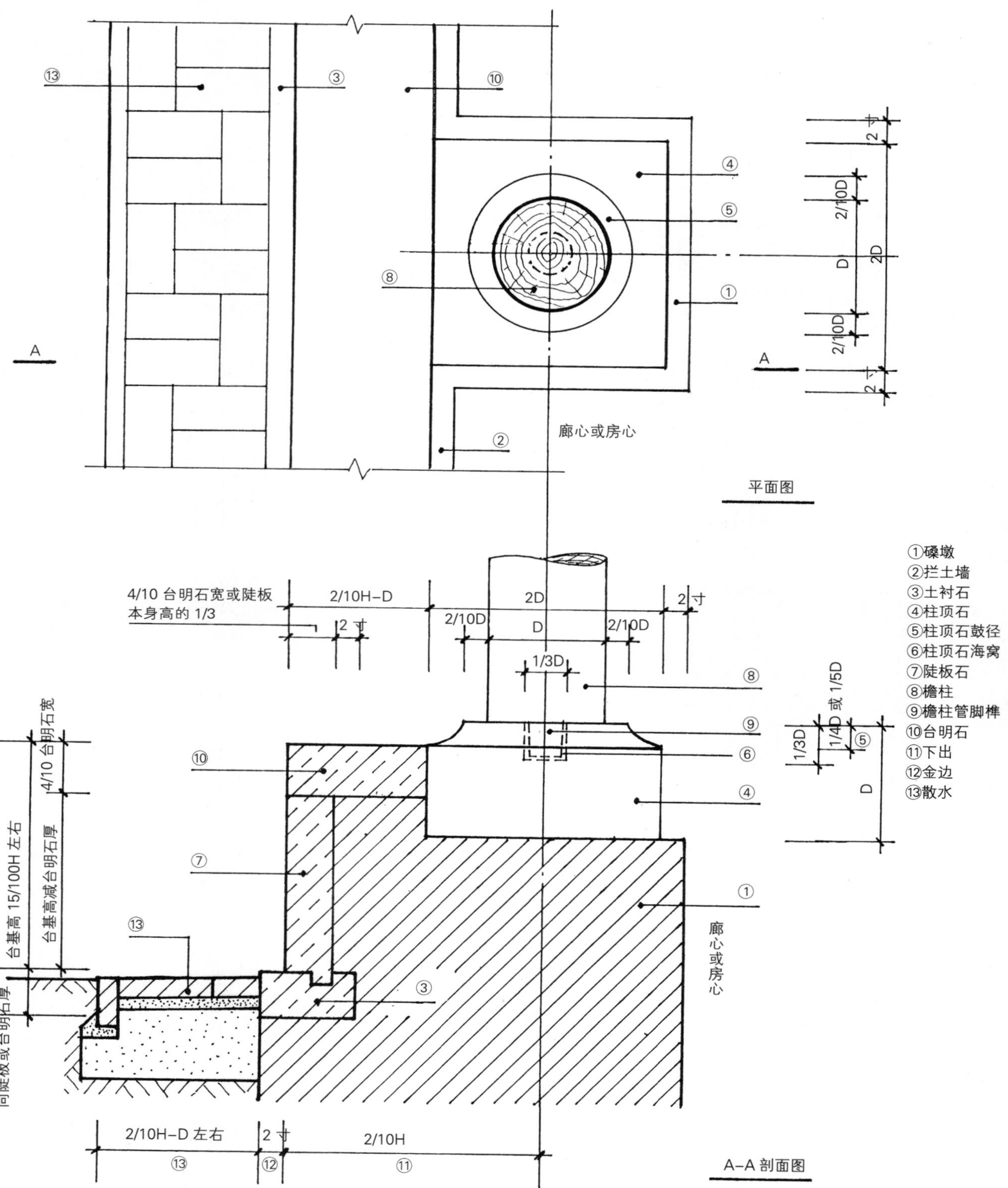

图 4–5–2 厅堂建筑磉墩、拦土墙、柱顶石、土衬石、陡板石、台明石、散水尺寸参考图

注：使用方柱（梅花柱）、六方、八方柱等建筑均可参照本图。

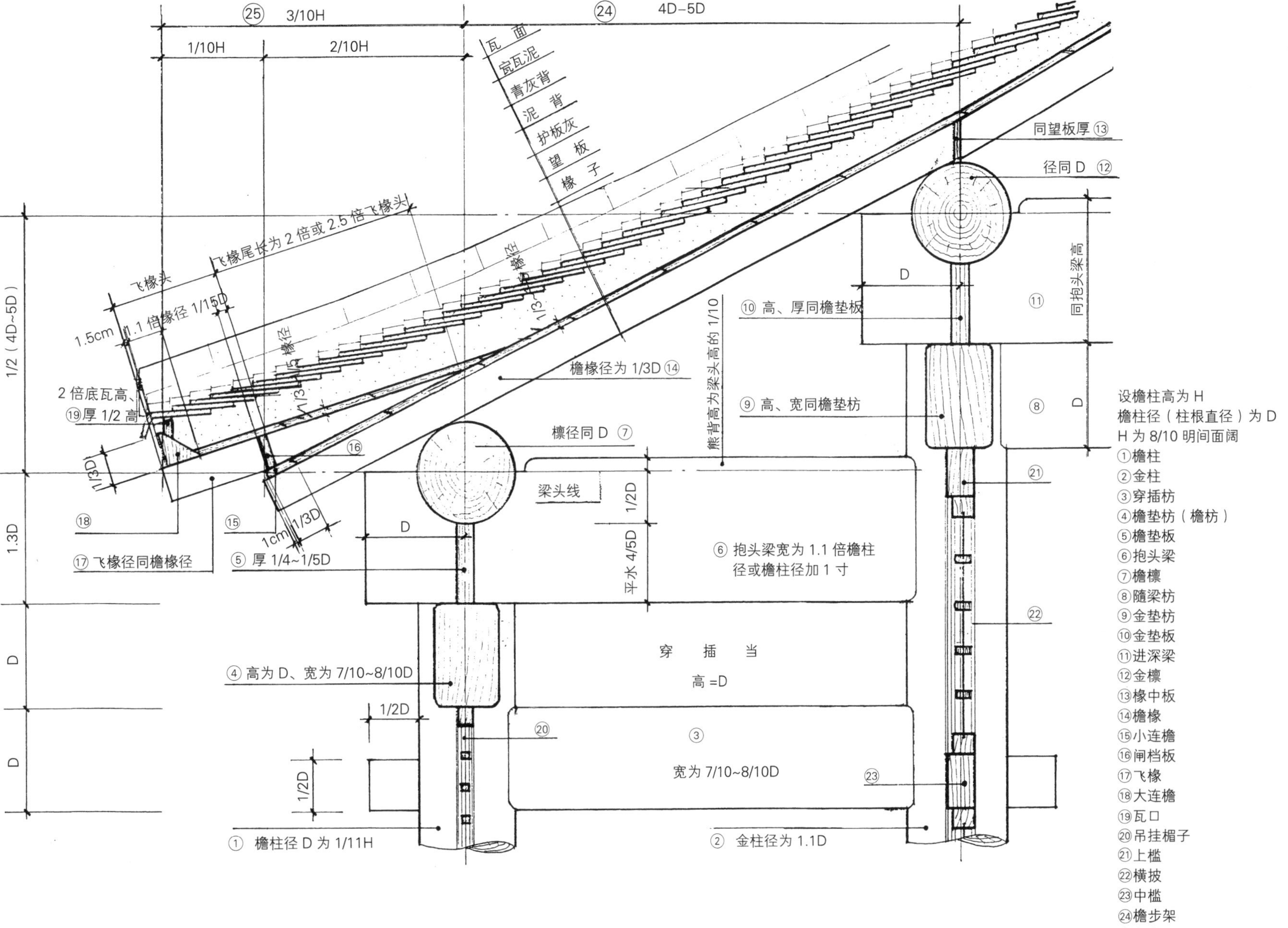

图 4-5-3　厅堂建筑檐部屋架权衡比例尺寸参考图

三、厅堂建筑丈尺做法

（一）面阔

1. 明间

通常按 13~14 倍左右檐柱径或按实际需求酌定。

2. 次间

按明间面阔的 0.9~1 倍或按实际需求酌定，但一般不超过明间面阔。

3. 梢间

按次间面阔的 0.9~1 倍或按实际需求酌定，但一般不超过次间面阔。

4. 尽间

按梢间面阔的 0.9~1 倍或按实际需求酌定，但一般不超过梢间面阔。

5. 通面阔

各间面阔的总和。

（二）进深

前后各个步架或各开间进深的总和。

（三）柱高

是指台基上皮至檐柱柱头上皮的垂直高度。通常为 0.8 倍明间面阔，一般不超过明间面阔。

（四）柱径

1. 檐柱

可按檐柱柱高的 1/11 确定，亦可按明间面阔的 7%、1/14 酌定。

2. 金柱

通常为檐柱柱径加 1 寸或檐柱柱径的 1.1 倍。

3. 中柱

一般为檐柱柱径加 2 寸。

4. 山柱

径同中柱。

5. 童柱

如有童柱，径同金柱。

6. 擎檐柱

位于檐椽椽头和角梁的下方，多用于楼阁。有方、圆两种柱型，但以方形梅花柱居多，柱径为檐柱柱径的 0.4~0.5 倍。

（五）步架

1. 尖山建筑各个步架通常为 4~5 倍檐柱柱径。

2. 卷棚建筑顶步架为 2~2.5 倍檩径，其他各个步架为 4~5 倍檐柱柱径。

（六）举架

1. 五檩大木屋架：檐步架为五举，脊步架为六五至七举。

2. 七檩大木屋架：檐步架为五举，金步架为六至六五举，脊步架为七五至八举。

3. 九檩大木屋架：檐步架为五举，下金步架为六至六五举，上金步架为七至七五举，脊步架为八五至九举。

4. 十一檩大木屋架：檐步架为五举，下金步架为六举，中金步架为六五举，上金步架为七五举，脊步架为八五至九举。

5. 九檩至十一檩大木屋架最上一步举架有时还要加上一倍平水（即檩垫板的高度）的高度。

6. 四檩、六檩等卷棚建筑木屋架可参照以上相对应步架的举架来确定。

这里需要说明的是，厅堂很少有九檩以上的木构架建筑。

（七）上出

可按檐柱柱高的 3/10 确定。

（八）下出

可按檐柱柱高的 2/10 确定。

（九）山出

1. 歇山建筑同前檐下出。

2. 悬山建筑可同前檐下出，亦可按 2~2.5 倍山柱径确定。

3. 硬山建筑可按山墙下碱外皮以外（山墙外包金）加 2 寸金边确定。

（十）台基高度

可按檐柱柱高的 1/5 至 1/6 或檐柱径的 2 倍左右，也可按实际情况并结合每步台阶的高度及步（级）数酌定。

（十一）各种构件尺寸

1. 檐檩、金檩、脊檩

径同，均为 0.9~1 倍檐柱径。

2. 扶脊木

径寸同脊檩。

3. 抱头梁

长为廊步架加檐柱径一份，高为 1.4 倍檐柱径（含熊背，熊背高为 0.1 倍梁本身高），厚为 1.1 倍檐柱径或本身高的 0.8 倍。

4. 六架梁

长为五步架加两份檐柱径，高为 1.5 倍檐柱径（含熊背），厚为 1.2 倍檐柱径或本身高的 0.8 倍。

5. 五架梁

长为四步架加两份檐柱径，高为 1.5 倍檐柱径（含熊背），厚为 1.2 倍檐柱径或本身高的 0.8 倍。

6. 四架梁

以三步架加两份檐柱径定长短，以 1.4 倍檐柱径定高（含熊背），以 1.1 倍檐柱径或本身高的 0.8 倍定厚。

7. 三架梁

以两步脊步架加两份檐柱径定长短，以 1.25 倍檐柱径定高（含熊背），以 0.95 倍檐柱径或五架梁厚的 0.8 倍定厚。

8. 月梁

以顶步架加两份檐柱径定长短，以 0.8 倍四架梁高定高（含熊背），以 0.8 倍四架梁厚定厚。

9. 双步梁

以两步架加一份檐柱径定长短，以 1.5 倍檐柱径定高（含熊背），以 1.2 倍檐柱径定厚。

10. 单步梁

以一步架加一份檐柱径定长短，以 1.25 倍檐柱径定高（含熊背），以双步梁厚的 0.8 倍定厚。

11. 长趴梁

以 1.5 倍檐柱径定高（含熊背），以 1.2 倍檐柱径定厚。

12. 短趴梁

以 1.2 倍檐柱径定高（含熊背），厚同檐柱径。

13. 递角梁

以正身梁加斜定长，高、厚同正身梁。

14. 抹角梁

以 1.2~1.4 倍檐柱径定高（含熊背）、以 1~1.2 倍檐柱径定厚。

15. 踩步金

用于歇山建筑，以 1.5 倍檐柱径定高（含熊背），以 1.2 倍檐柱径定厚。

16. 老角梁、仔角梁、由戗

以 1 倍檐柱径或 3 倍椽径定高，以 2/3 檐柱径或 2 倍椽径定厚。

17. 随梁

又称随梁枋，以 1 倍檐柱径定高、以 0.8 倍檐柱径定厚。

18. 花梁头

又名角云、云头、麻叶梁头。长按三倍檩径加斜，高按 1.5 倍檩径，厚按 1.1 倍檐柱径。

19. 穿插枋

以廊步架加两倍檐柱径定长，以 1 倍檐柱径定高，以 0.8 倍檐柱径定厚。

20. 檐垫枋

又称檐枋，以面阔定长，以檐柱径尺寸定高，以 0.8 倍檐柱径定厚。

21. 金垫枋

又称金枋，以面阔定长，以 0.8~1 倍檐柱径定高，以 0.65~0.8 倍檐柱径定厚，如金檩下无垫板者则为金檩随檩枋，金檩随檩枋高、厚尺寸同金垫枋。

22. 脊垫枋

又称脊枋，以面阔定长，以 0.8 倍檐柱径定高，以 0.65 倍檐柱径定厚。

23. 燕尾枋

用于悬山，以 1/4 檐柱径定厚，长随檩出梢，高同垫板。

24. 檐垫板

以 0.8 倍檐柱径定高，以 1/4 檐柱径定厚。

25. 金垫板、脊垫板

以 0.65 倍檐柱径定高，厚同檐垫板。

26. 角背

以步架一份定长，以瓜柱高、厚的 0.3~0.5 倍定高、厚。

27. 博缝板

用于悬山建筑，宽 6~7 椽径，厚 0.8~1 椽径。

28. 望板

厚 0.2~0.3 椽径。

29. 柁墩

以两倍檐柱径定长，以上架梁厚的 0.8 定厚，以瓜柱高定高。

30. 金瓜柱

以 1 倍檐柱径定宽，以上架梁厚的 0.8 倍定厚。

31. 脊瓜柱

以 0.8~1 倍檐柱径定宽，以三架梁厚的 0.8 倍定厚。

32. 飞椽、檐椽、花架椽、脑椽、罗锅椽

均以 1/3 檐柱径定各椽径。

33. 大连檐

厚同椽径，以 1~1.1 倍椽径定宽。

34. 小连檐

宽同椽径，以 1/3 椽径或 1.2 倍望板厚定厚。

35. 瓦口

按所用瓦件型号确定，以板瓦中高尺寸的两倍作为瓦口高，以瓦口本身高的 1/4 定厚。

36. 闸挡板

位于小连檐上方、飞椽之间，与檐椽垂直。其高同飞椽高，厚同望板。

37. 里口

又称里口木，是一种小连檐与闸挡板连成一个构件的做法。里口长短随大连檐，以飞檐椽径加一份半望板厚定高，宽同檐椽径。

38. 椽椀

用于檐里装修，檐檩之上、圆形檐椽之间、垂直方向檐檩中线以内的挡板，功能同闸挡板。长短随大连檐，以 1.3 倍椽径定高，厚同望板。金里装修时，不用椽椀。方椽可使用闸挡板。

39. 椽中板

是用于金里装修，金檩之上，夹在檐椽和花架椽之间、垂直方向金檩中线以外的挡板。其长随大连檐，高 1.3 倍椽径，厚同望板。檐里装修不用椽中板。

40. 衬头木

是位于带有翘飞椽的翘飞下方、檐檩上方外表呈三角形的垫木。衬头木以檐步架定长，以 1/3 檩径定厚，以 2.5 倍椽径定高。

41. 踏脚木

用于歇山山面、踏在檐椽之上，外侧安装山花板。长按前、后金檩中至中加两檩径，高 1 倍檩径，厚 0.8 倍檩径。

42. 草架柱子

安装在踏脚木上面，外侧承托山花板与博缝板的垂直构件。长按踏脚木上皮至脊檩中，其宽、厚按踏脚木高、厚的 0.5 倍。

43. 穿

横穿在草架柱子上，故称。长按前、后两坡两步架加两檩径，高、厚同草架柱宽、厚。

44. 山花板板厚 0.8~1 倍椽径。

四、厅堂建筑的山墙

1. 墙身

一般厚约为 2~2.3 倍檐柱径，其中外包金厚 1.5~1.8 倍山柱径或檐柱径、内包金厚 0.5 倍山柱径或檐柱径加 1.5~2 寸。

2. 下碱

高度约为檐柱柱高的 1/3 或 3/10、厚度比山墙墙身厚 2 倍花碱宽度（花碱宽 2 分半左右，合 0.8 厘米左右），下碱砖的层数为奇数。

3. 墀头

又称腿子，腿子下碱宽约 1.6 倍檐柱径，里皮咬山面檐柱柱中 0.1 倍檐柱径或 1 寸。

4. 小台阶

0.4 至 0.8 倍檐柱径，详细尺寸需要通过计算上出、下出和盘头各层出檐尺寸后确定。一般殿堂建筑小台阶不小于 4 寸（约 13 厘米），厅堂建筑小台阶不小于 2 寸（约 6.5 厘米）。

悬山建筑墀头的做法亦可采用龟背腿子形式，歇山建筑通常采用龟背腿子形式。龟背腿的特点是将山面前后檐柱大部分暴露出来，两山山墙砌至进深方向檐柱柱中，山墙转角部位呈八字。悬山多采用五花山墙形式，歇山采用签尖拔檐形式。

五、厅堂建筑的屋面

通常采用黑筒瓦屋面，多使用 1 号或 2 号瓦件。一般位于主轴线上的厅堂使用 1 号瓦，而位于主轴两侧的厅堂则使用 2 号瓦件。园林建筑正脊多采用过垄脊（又称元宝脊）形式，两山采用铃铛排山箍头脊形式。

特殊情况也可以采用特号黑瓦或琉璃瓦屋面。

六、厅堂建筑的装修

厅堂外檐装修应根据使用功能的不同而采用不同的装修形式。如用作办公、客厅、书房、展室、餐厅、会议厅、音乐厅、游艺厅等或者观赏性较强的厅堂建筑，

窗子可采用槛窗形式、门则采用隔扇门形式。内檐装修可根据室内空间分割要求，采用内檐隔扇（碧纱橱）、栏杆罩、落地罩、几腿罩、落地花罩、板壁、太师壁、多宝格（博古架）等形式；如用作居住、休息使用或者宅院中的厅堂，窗子可采用支摘窗形式、门则采用帘架门或风门形式。内檐装修根据使用要求，可采用内檐隔扇（碧纱橱）、圆光罩、八方罩、炕罩等形式。

敞厅（榭）一般不设门窗，多在檐柱间、檐垫枋下面安装倒挂楣子、花牙子，檐柱间、地面以上安装坐凳楣子、坐凳板。也可以在地面上砌筑砖坐凳，若临水或设置在高处的敞厅，坐凳上面须加装靠背栏杆（又称吴王靠或美人靠）。

第六节　楼阁

一、楼阁的特点

楼阁，泛指两层以上的多层建筑。通常五层以上的攒尖形式楼阁多为佛教建筑，又被称作楼阁式塔。

其实，细分起来，楼与阁还是有一定区别的，其不同之处在于：阁的每一层四周均设有围廊，而楼则不然。楼的前后均可带廊，但楼的外廊前后左右四周不交圈、不能形成围廊。由于阁的四周带廊，因此阁的建筑屋顶形式以歇山、攒尖为多，少数也有采用盝顶的。而硬山、悬山建筑可以是楼，但不能成为阁。

阁，是楼的一种特殊形式，因此阁也可称作楼或楼阁。

楼阁的一般含义是既包括楼、又包括阁，是楼与阁的总称。楼阁的建筑形式在我国历史上何时产生没有文献记载，但从我国东汉时期挖掘出土的陶屋明器中，已发现有类似楼阁的建筑。由此可见，楼阁的建筑形式最晚产生于汉代，距今已有1800多年的历史了。

由于楼阁的建筑形式造型优美、结构精巧、体形高耸，是传统园林建筑当中最高、最具观赏性的建筑物。同时，也是可以提供人们登临顶层观赏周围景物最佳的建筑物。因此，楼阁在中国传统园林中多有运用，并且作为其中的主体和标志性建筑。

特别是楼阁当中的阁，比起楼来，其造型更加别致，结构更加精美，并且具有更好的观景功能。由于阁的游廊可环绕一周，因此人们登临高阁，俯览四周，园林景观一览无余，极目远眺，周边景物亦尽收眼底，从而达到“登斯楼也，则有心旷神怡”的绝妙境界。同时，阁还具有更高的观赏功能，由于阁是由多层构架组合起来，各层柱高与进深的尺寸由下至上逐层递减，因此，更加具有层次感和韵律感。

另外，由于阁的檐柱或擎檐柱间，往往均做精美的装修，下安栏杆而上安倒挂楣子或雀替，金柱或檐柱间安装隔扇或槛窗，因此，可使整个建筑形成鲜明的虚实对比、空间对比、强弱对比，极具美感。同时，阁在色彩上与周围环境亦大相径庭，形成明显对比。当然，阁还具有自己独特的使用功能。可以说，阁在风景园林中的功能和作用，是其他任何园林景观建筑所不能替代和比拟的。阁是传统园林建筑中最具冲击力和震撼力的一种建筑形式。

根据楼阁在园林具有极好的景观和观景功能特点，楼阁往往置于庭园主要轴线以及高阜或山岗上，作为园林景观建筑中的主体建筑或中心建筑来使用。同时，还可以成为园林各景区的背景或借景，楼阁最佳的位置是背山面水。楼阁建筑如运用得当，可以使园林景观大为增色，取得画龙点睛的艺术效果。

北京颐和园中的佛香阁，建在高约60米的万寿山前山山腰约20米高的石台基上。阁本身高41米，每面长约11米，周围有廊，对角约28米。阁的高宽比为1 ∶ 1.4，是一座由8根铁梨木擎起的八方三层四重檐的琉璃瓦顶攒尖建筑，它与云辉玉宇坊、排云殿等建筑构成了一条颐和园的主要中轴线。登临佛香阁四周游廊向外眺望，园内园外湖光山色可尽收眼底。北京颐和园佛香阁就是一处楼阁在园林中运用得十分得体、非常成功的典型范例。

实际上，全国各地的名楼名阁其数量之多，不胜枚举。除大家所熟悉的湖北武汉黄鹤楼、江西南昌滕王阁、湖南岳阳市岳阳楼江南三大名楼外，还有云南昆明的大观楼、四川成都的望江楼、河北承德避暑山庄的烟雨楼、小金山上帝阁、文津阁等，它们都具有极高的历史价值、文物价值和艺术价值。

由于楼阁是一种多层建筑，因此，台基要有一定的高度，周边多安装有石栏杆，同时，建筑前方也要相对开阔、周围相对开敞，以突出楼阁的中心主体地位。

二、木构楼阁的构造特点

木构楼阁的主要构造特点是使用通柱、承重梁、楞木、楼板、挂檐板、楼梯、护身栏杆、擎檐柱等。

（一）通柱

通柱是指两层或两层以上建筑上下贯通的柱子。通柱有通檐柱、通金柱、通中心柱等多种做法。

1. 通檐柱做法

一般适用于两层或两层以上单檐的楼阁。

（1）柱高：逐层递减。如两层楼阁，首层以明间面阔的 8/10（指台基上皮至承重梁下皮的垂直高度）、上层檐以明间面阔的 7/10（指上层楼板上皮至上层檐柱柱头上皮的垂直高度）酌定。

（2）柱径：带有斗栱的建筑，其柱径可按 6 倍斗口酌定；不带斗栱的建筑，其柱径可按明间面阔的 7% 酌定。

2. 通金柱做法

运用比较普遍，一般适用于两层或两层以上单檐以及多重檐并带有廊子的楼阁。使用通金柱者，亦可同时使用通檐柱。通金柱柱径为 6.6 倍斗口或檐柱径的 1.1 倍及檐柱径加二寸。有时，三层以上的楼阁也有同时使用内、外两根通金柱的，这种情况内通金柱柱径为外通金柱柱径的 1.1 倍。

3. 通中柱、中心柱做法

使用通中柱做法的多为明堂进深较大（通常为七檩以上）的楼阁。使用通中心柱做法的多为攒尖屋顶的多层楼阁式塔建筑。通中柱径可同通金柱柱径，通中心柱径可按通中柱径的 1.1 倍酌定。

通柱做法广泛应用于明、清两代楼阁建筑当中。

（二）承重梁

简称承重。承重梁位于进深方向或攒尖建筑楼阁的递角方向，两端通过榫卯插接在前后柱子上，承重主要是承载各楼层垂直方向负荷的水平构件，各楼层的重量通过楼板、楞木、承重梁传导到柱子上面，故而得名。承重梁一般高为 6 倍斗口加 2 寸或通柱径加 2 寸，厚为 4.8 倍斗口加 2 寸或本身高的 8/10。也可按 1.2~1.3 倍檐柱径定高、以本身高的 8/10 至 9/10 定厚。四方、六方、八方等攒尖建筑形式楼阁的廊子（檐步架），其承重多采用递角梁、抱头梁的形式，而廊子以内的进深方向则采用承重梁形式。

（三）间枋

是位于面阔方向、柱与柱之间、楼板下方的水平横向木枋，其上皮与楞木处于同一标高位置上。间枋与承重梁、楞木都是楼面的承重构件。间枋的长度同面阔，高度一般为 5.2 斗口或同檐柱径，其厚为 4.2 斗口或本身高的 8/10。

（四）楞木

楞木一般位于面阔方向，通过榫卯架设在承重梁上，楞木上面铺设木楼板。楞木断面较小，一般以面阔定长短，以承重梁高的 1/2 或 6/10 定高，以本身高度的 2/3 或 8/10 定厚。中矩二尺左右，通常为半个步架或 2~2.5 倍檩径。楞木上皮既可与承重上皮持平，也可高于承重上皮。

（五）沿边木

是梁头两侧的“楞木”，紧贴挂檐板里皮。带有斗栱的建筑其沿边木高 3.5 斗口，厚 2 斗口；不带斗栱的建筑，沿边木的断面尺寸可与楞木相同，也可以比楞木略大、比间枋略小一些。

（六）楼板

为二层以上每一层楼的地面板。楼板通常使用长条形木板按进深方向（与楞木垂直方向）拼接而成，一般以 3/10~5/10 楞木厚或带有斗栱建筑的 1 份斗口定厚（通常厚 3~5 厘米左右、每块宽 20 厘米左右）。有些建筑如要在木楼板上面铺装方砖地面，其楼板要略厚一些，可按 5/10 楞木厚酌定。

（七）挂檐板

又称挂落板、滴珠板。是位于承重梁头外侧沿面阔方向的横向木板，其主要作用是遮挡梁头及梁头两侧水平方向构件的外立面，起装饰美化作用。同时，其上方与楼板、沿边木等共同承接檐头砖檐或压面石等荷载。挂檐板高以能够挡住梁头或与平座斗栱同高为准，厚通常为 0.5~0.8 倍椽径或 0.6~0.7 斗口。有些较为讲究的楼阁，其挂檐板的表面还进行精心装饰，有的还镶嵌有薄砖或薄琉璃面层，十分华丽。

挂檐板及沿边木上方的压面可用条石或方砖制安，压面在施工时需做出 2‰的泛水。

（八）承椽枋

位于通金柱或童柱之间、围脊板下方，是用来承接檐椽尾部的水平方向木枋。楼阁建筑中的承椽枋以 5~6 斗口或以通柱径定高，以本身高收 2 寸或本身高的 8/10 定厚。

（九）围脊枋、博脊枋

位于围脊板、博脊板之上的水平方向木枋。围脊枋、博脊枋以面阔定长短，以 0.5 倍通柱径定高，以本身高收 2 寸或本身高的 8/10 定厚。

（十）围脊板、博脊板

位于承椽枋之上、用于遮挡围脊或博脊的木板。围脊板、博脊板通常以 1/4 檩径定厚。

（十一）棋枋

位于间枋之下、间枋与棋枋板之间，其高度或略高于檐枋或与檐枋持平。棋枋之下安装门窗之上槛。棋枋高 4.8 斗口或同檐枋高，厚 4 斗口或同檐枋厚。

（十二）棋枋板

也称走马板、迎风板，位于间枋之下、棋枋之上。厚 0.5 倍围脊板、博脊板。

（十三）楼梯

楼梯使用木构，由于受室内空间的制约，通常坡度较大，两侧安装有护身栏杆扶手。

（十四）护身栏杆

护身栏杆除安装在楼梯两侧以外，还安装在二层以上带有围廊檐柱间或平坐外缘擎檐柱间，高度 1 米左右，要求牢固耐用。护身栏杆是楼阁建筑保护人身安全的必备构件。

（十五）楼阁上出

一般为本层檐柱柱高（是指楼板上皮至本层檐柱柱头上皮的垂直高度）的 3/10。

（十六）首层下出

首层檐柱柱高（是指台基上皮至承重梁底皮的垂直高度）的 2/10。

（十七）各层檐柱柱高、廊步架、柱径

各层檐柱柱高、廊步架由下层至上层逐层递减，柱径随收分递减。最上层廊步架一般不小于 4 倍檩径。

（十八）童柱

位于桃尖梁、抱头梁或趴梁上的短柱。柱径为 4~5 斗口或 0.8~1 倍檐柱径。

（十九）擎檐柱

顾名思义，是用来辅助支撑出檐的柱子，位于檐椽椽头和角梁的下方。擎檐柱在楼阁当中比较多见，通常是做为楼阁二层以上围廊外侧的柱子。其特点是柱径较小，通常为檐柱径的 2/5~1/2，断面有方（梅花柱）、圆两种，但以方形居多。柱头上方既没有纵向的梁也没有横向的檩，而柱头上方呈坡面直接顶在檐椽和角梁的下方。擎檐柱间，下面安装有木栏杆，上面一般安装有擎檐枋、折柱、绦环板、帘笼枋、雀替等，擎檐柱与檐柱之间通常有弓形穿插枋相连接。

三、木构楼阁的形式和做法

（一）木构楼阁的形式

木构楼阁的形式有多种，若从建筑平面上加以区分，主要有：长方形楼阁、正方形楼阁、八方形楼阁、六方形楼阁、“十”字形楼阁、“凸”字形楼阁等；若从层数上区分，主要有：两层楼阁、三层楼阁、五层楼阁等，楼阁式塔层数最多可达 9 层以上；若从出檐的数量上区分，主要有：单檐楼阁、重檐楼阁、三重檐楼阁、四重檐楼阁、五重檐楼阁等；若从层数和出檐两方面加以区分，主要有：两层单檐、两层两重檐、两层三重檐、三层单檐、三层两重檐、三层三重檐、三层四重檐、四层四重檐、四层五重檐、五层五重檐、五层六重檐、七层七重檐、七层八重檐、九层九重檐、九层十重檐等；若从屋顶形式上区分，主要有：攒尖屋顶楼阁、歇山屋顶楼阁、盝顶楼阁等。

（二）木构楼阁的做法

木构楼阁有带平坐斗栱的楼阁和不带平坐斗栱的楼阁两种做法。

1. 带有平坐（斗栱）的楼阁

（1）平坐与平坐斗栱：木构楼阁二层以上，楼面檐头部位由斗栱出挑、可以环绕一周的挑台称作平坐，平坐在宋代楼阁中又称“阁道”。平坐还可以设置在城台、月台和临水平台上，成为城门上的平台或水上平台。平坐下面出挑并支撑平坐的斗栱称作平坐斗栱，平坐斗栱之上铺设楼板，上面设置栏杆。多层楼阁的平坐斗栱通常是置于立在下一层梁架之上的童柱（短柱）柱头上方。

这种利用平坐作为楼阁挑台的做法最晚出现于我国汉代，盛行于唐宋。元代以后的楼阁建筑、城台、月台、平台等已很少使用平坐了，仅在楼阁和塔上有时仍采用平坐做法。

平坐斗栱楼阁主要有叉柱造（插柱造）、缠柱造和永定柱造三种做法（图 4–6–1）。

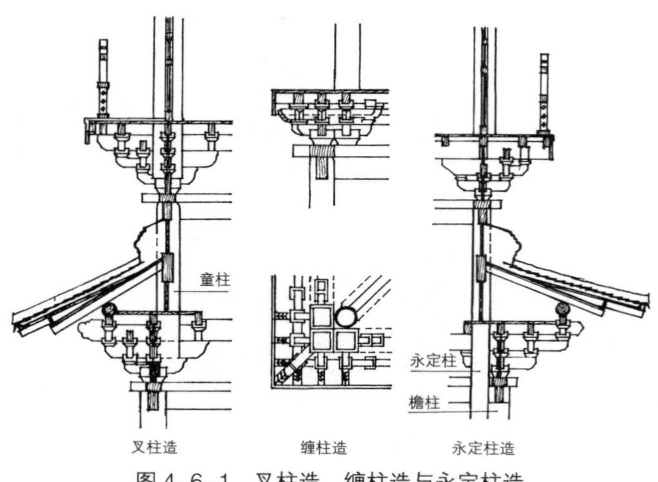

图 4–6–1　叉柱造、缠柱造与永定柱造

①叉柱造做法：叉柱造又称作插柱造，是我国明代以前楼阁建筑经常使用的一种做法。宋李诫《营造法式·大木作制度一·平坐》中解释为："凡平坐铺作，若叉柱造，即每角用栌斗（清代称坐斗、大斗）一枚，其柱根叉於栌斗之上"。

插柱造的具体做法是，上层檐柱柱根底部做十字形开口，成为四瓣，柱脚直接插入下层普拍枋（清代称平板枋、坐斗枋）上柱头铺作（清代称柱头科）斗栱的栌斗（坐斗）之上；插柱造的上层檐柱柱中与下一层童柱柱中是处于同一条垂线上，童柱立于下一层檐柱铺作斗栱之上。现存河北蓟县的独乐寺观音阁及山西应县木塔等均为插柱造实例。

②缠柱造做法：宋李诫《营造法式·大木制度一·平坐》的解释为："若缠柱造，即每角於柱外普拍方（平板枋）上安栌斗（坐斗）三枚"。在梁思成《营造法式注释》一书中认为"用缠柱造，则上层檐柱不立在平坐柱及斗栱之上，而立在柱脚方（枋）上。按文义，柱脚方似与阑额（额枋）相平，端部入柱的枋子。"平坐转角铺作（角科斗栱）做成三个栌斗的形式，围绕上层角柱柱根布置，使转角铺作的正、侧两面都可以看到两个栌斗。缠柱造的上层檐柱柱中与下一层童柱柱中的垂线内移一个柱径。遗憾的是，缠柱造的平坐做法没有留下实例。

③永定柱造做法：永定柱是宋代楼阁平坐下面柱子的一种称谓，按宋李诫《营造法式·大木作制度一·平坐》中的定义是："凡平坐先自地立柱，谓之永定柱，柱上安搭头木，木上安普拍方；方上坐斗栱。"永定柱是用在楼阁建筑首层，立在台基之上、用来支撑平坐斗栱的柱子。

在宋李诫《营造法式·大木制度一·平坐》中只提到永定柱，尚未提及永定柱造，而在祁英涛先生《怎样鉴定古建筑》中提到永定柱造做法，并且列举有河北正定隆兴寺慈氏阁实例。永定柱造做法是，楼阁二层的平坐下面不设童柱、而直接从台基立起，成为一根通柱；首层檐柱与永定柱前后并列；只用于最下面一层的平坐。现存永定柱造的实物也仅有河北正定隆兴寺慈氏阁一例。

带有平坐的楼阁，由于平坐斗栱的高度加上下面童柱的高度，就会使这一部分空间形成一个夹层，即暗层。因此，带有平坐的楼阁的外立面层数和楼阁本身的实际层数往往是不一样的。

明、清时期大部分楼阁都采用了通柱做法。取消了带斗栱的平坐系统，利用通柱与梁、枋等木构件直接榫卯结合，以构成多层木构框架结构体系，从而在很大程度上提高了楼阁的整体稳定性，并使削减楼阁的暗层有了可能。可以说，明、清时期楼阁建筑结构进入了一个全新的阶段。

（2）明清时期带有平坐楼阁：带有平坐的楼阁多见于三滴水楼阁、钟楼、鼓楼以及少数多层楼阁建筑，平坐用于二层以上挑台。平坐斗栱通常使用平台五踩品字斗栱，此种斗栱只用翘，而不用昂，仰视小斗，形同"品"字。

三滴水楼阁由于外观有三层出檐，故称。三滴水楼阁实际上是一种外观三层而内檐只有两层，其二层平台（平坐）以上为两重檐房屋构架的建筑。

①三滴水楼阁：三滴水楼阁通常是首层和二层的金柱使用一根通柱，二层平台挑出部分采用平坐的做法。二层檐柱立在平坐斗栱之上，平坐斗栱下面的短柱（童柱）立于桃尖梁身上方，位于首层檐步架的二分之一处，使二层檐柱柱中与平坐斗栱下面短柱的柱中处于同一垂线上。即二层檐步架为首层檐步架的二分之一；在平坐斗栱下面短柱额枋下面安装围脊板、承椽枋，承椽枋上剔凿椽窝以承接首层檐椽，椽望之上为筒瓦屋面，围脊板外做围脊；平坐斗栱的承重梁上架设楞木、上铺楼板。承重梁头安装沿边木和挂檐板；沿边木上方立擎檐柱，柱间安装栏杆（图 4–6–2）。

②带有平坐的钟鼓楼：钟鼓楼通常是采用首层金柱与二层檐柱合为一根通柱的做法。首层桃尖梁正心桁后立童柱，童柱上面安装平坐斗栱、承重梁。承重梁上两侧架设楞木，上铺楼板。梁头安装沿边木、挂檐板。平坐上面立擎檐柱，柱间安装栏杆。金柱承重梁以下安装间枋、承椽枋，承椽枋上剔凿椽窝以承接首层檐椽，椽上钉望板。在童柱柱头额枋以下、椽望以上安装踏脚木、围脊板和围脊枋，外做围脊（图 4-6-3）。

③三层带有平坐的楼阁：在三层带有平坐的楼阁中，有三层三重檐围廊式攒尖建筑、三层四重檐围廊式攒尖建筑等。

④多层带有平坐的楼阁：多层带有平坐的楼阁，主要是用于四周围廊式攒尖建筑，特别是楼阁式佛塔当中。

2. 不带平坐（斗栱）的楼阁

（1）首层与二层前后檐檐柱均使用通柱做法的楼

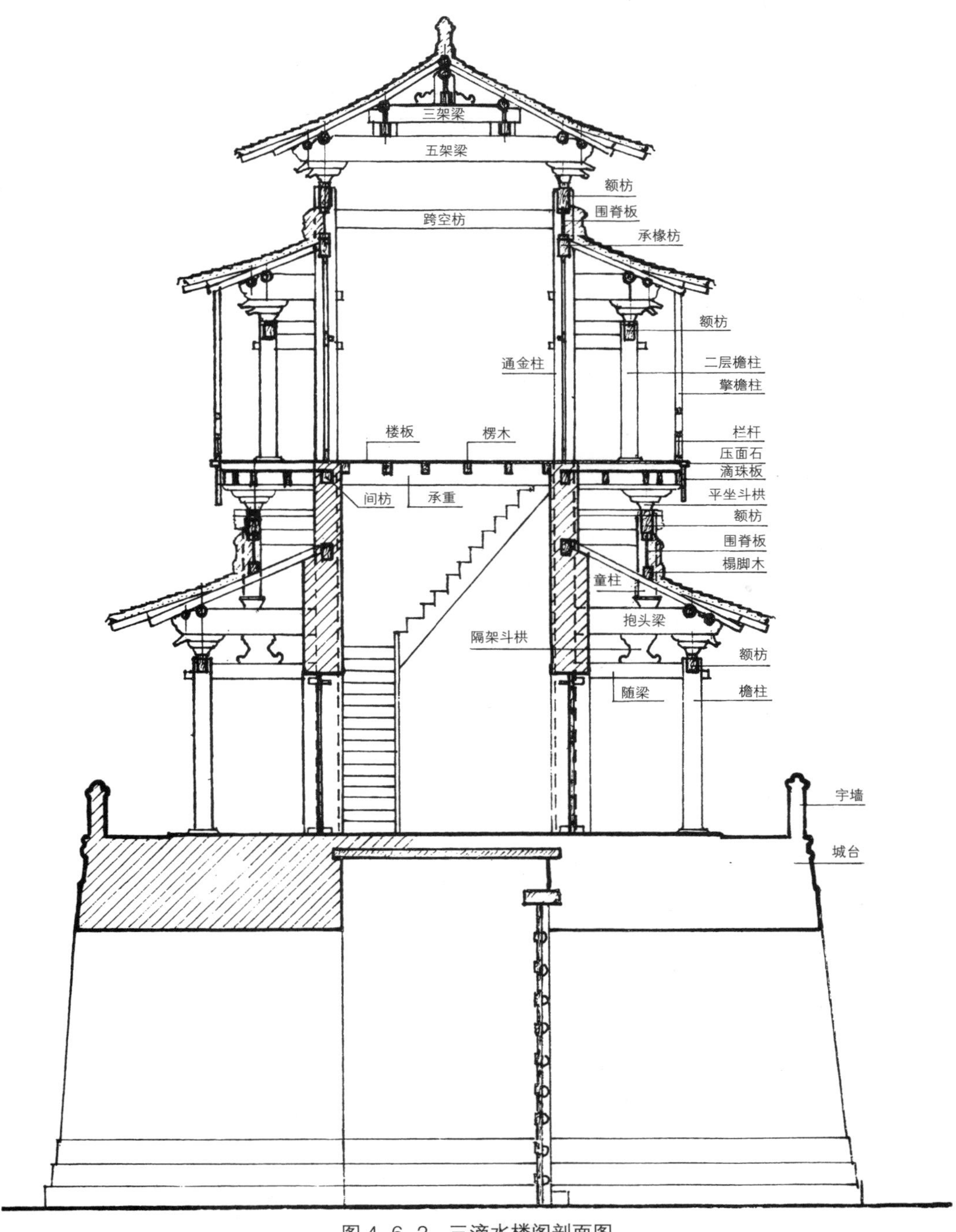

图 4-6-2　三滴水楼阁剖面图

阁：通常是一种二层单檐无廊式、首层与二层前后檐檐柱均使用通柱做法的楼阁，多为硬山或悬山屋顶建筑，当然，歇山屋顶亦可采用此种做法。这种做法比较简单，首层承重梁穿过通柱，梁头露出部分外安装沿边木（或楞木）、钉挂檐板，承重梁两侧搭接楞木，上面铺钉木楼板。

（2）首层、二层前后檐檐柱与金柱使用通柱的楼阁：首层、二层前后檐柱与金柱使用通柱的做法，主要用于前后一侧带有游廊或前后带有游廊的两层楼阁。屋顶形式既可采用硬山，亦可采用悬山、歇山或攒尖。这种做法是，首层承重梁做通榫穿过金柱和檐柱，金、檐柱间榫头两侧贴补薄板与承重梁断面相同，檐柱以外梁头露出部分外安沿边木（或楞木）、钉挂檐板，承重梁两侧搭接楞木，上面铺钉木楼板。木楼板以上、檐柱间安装栏杆。歇山或攒尖屋顶还可以成为上下两层四周均带有围廊的楼阁（图 4-6-4~ 图 4-6-7）。

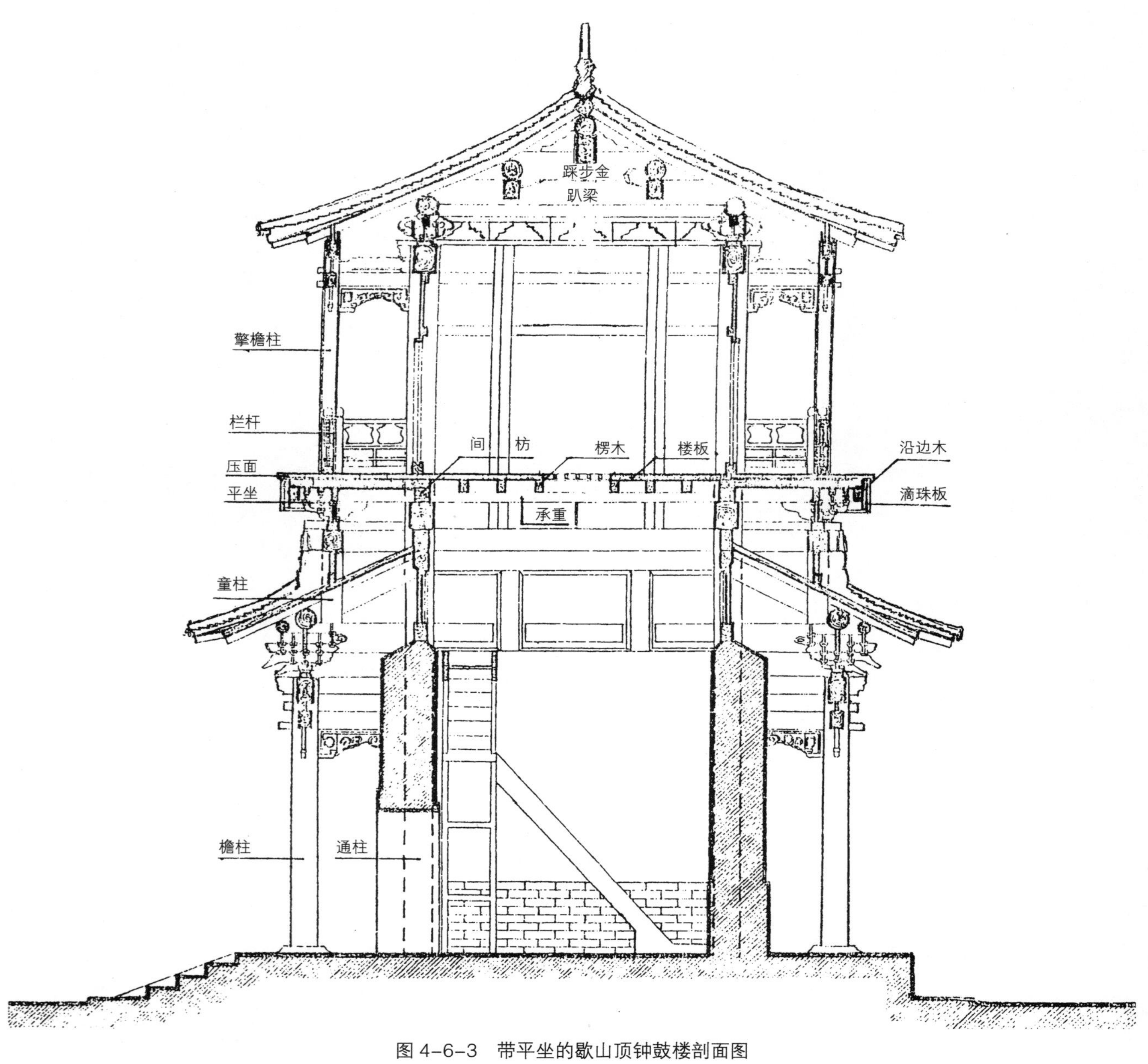

图 4-6-3　带平坐的歇山顶钟鼓楼剖面图

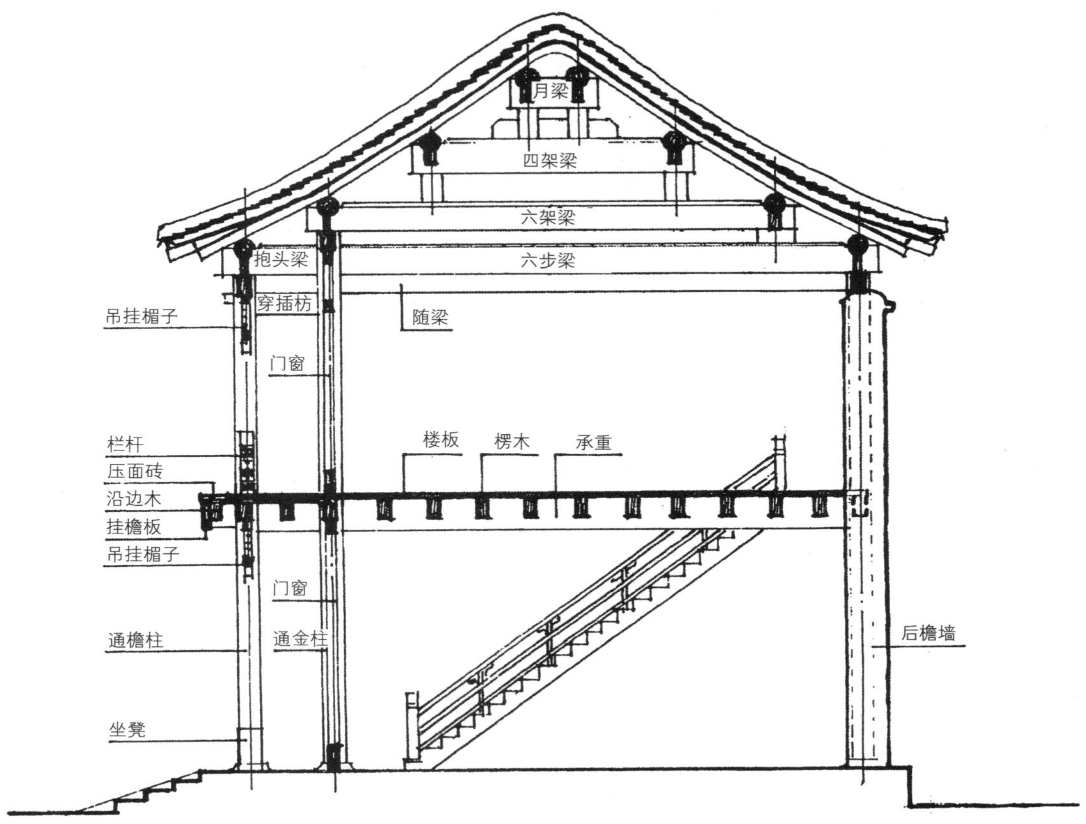

图 4-6-4　二层单檐前出廊楼阁剖面图

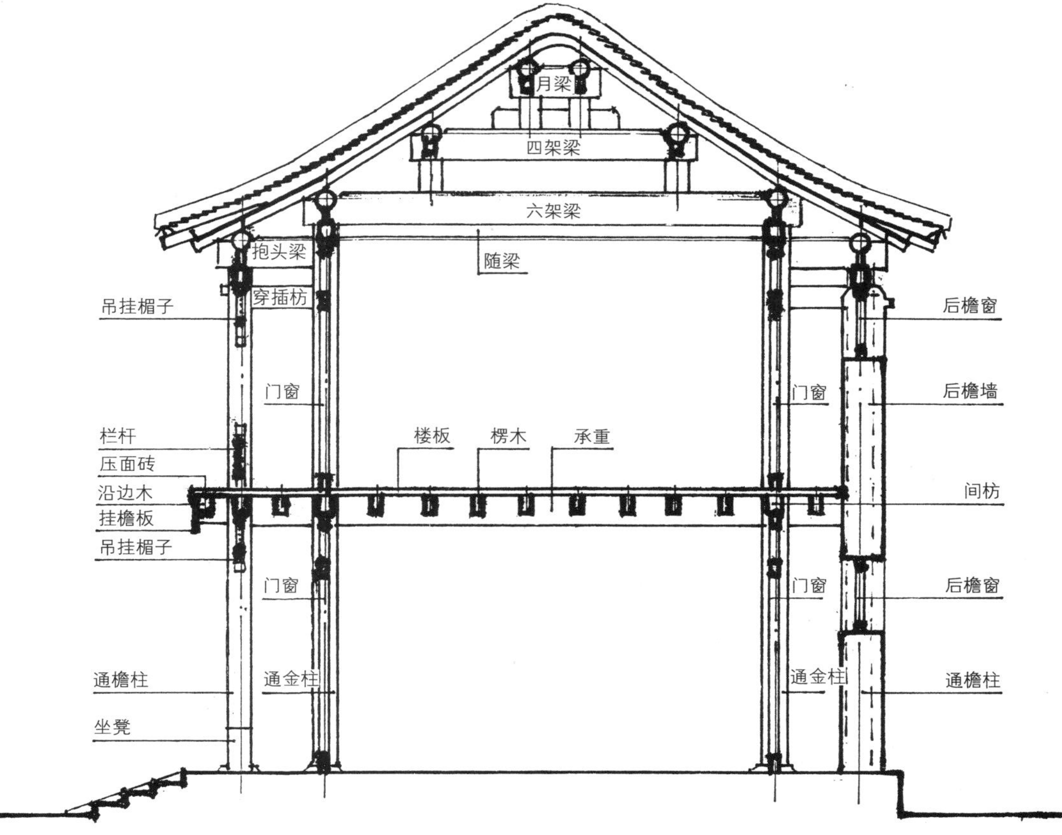

图 4-6-5　二层单檐前后出廊楼阁剖面图

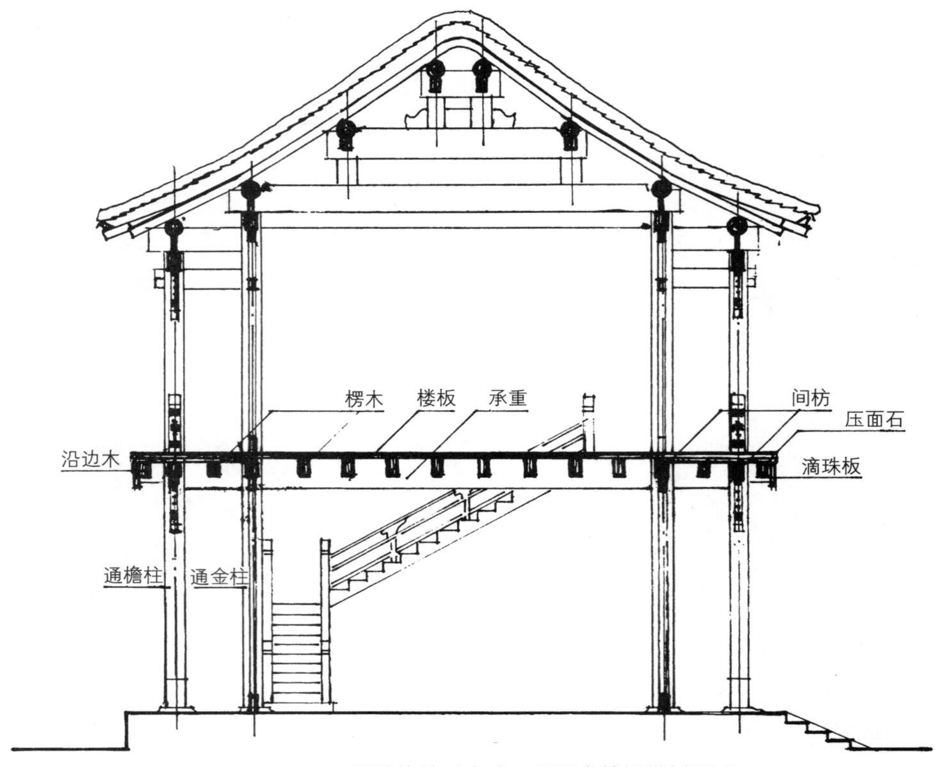

图 4-6-6　二层单檐前后廊或四周围廊楼阁纵剖面图

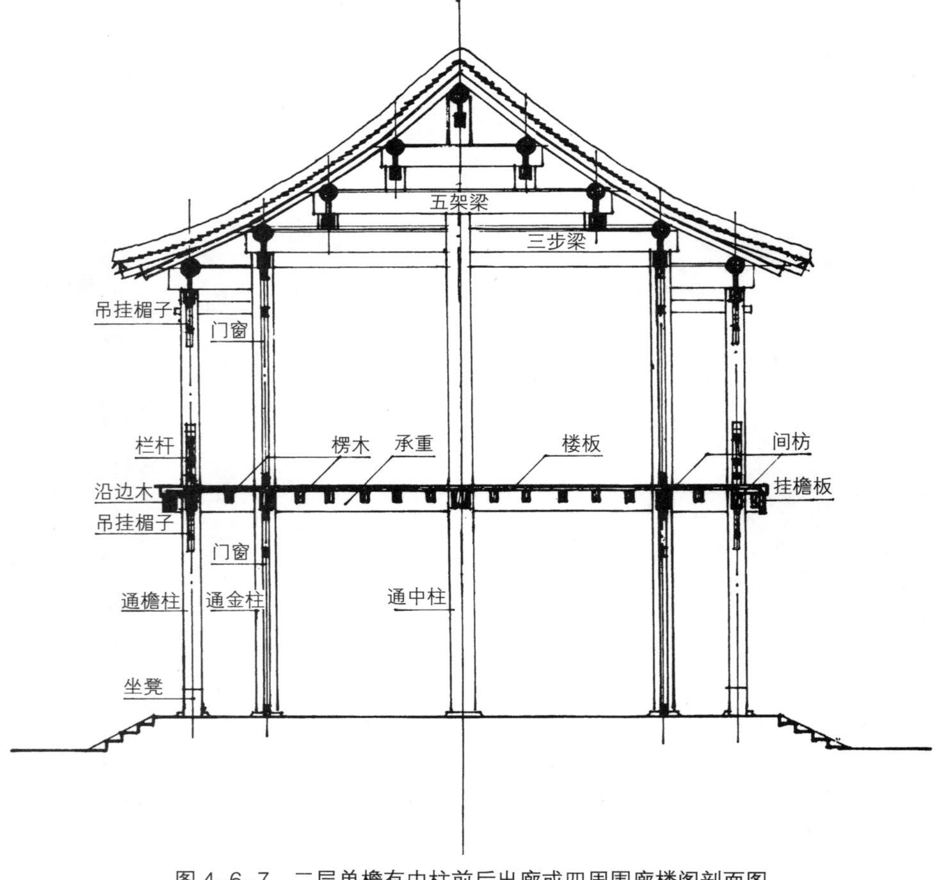

图 4-6-7　二层单檐有中柱前后出廊或四周围廊楼阁剖面图

（3）首层前檐金柱与二层前檐檐柱使用一根通柱、后檐首层檐柱与二层檐柱使用一根通柱的楼阁：可用于前檐为重檐、后檐为单檐，首层带廊的二层楼阁。具体做法是，在前檐通柱与后檐通柱之间安装承重梁，上安楞木、楼板；首层檐柱上方安装抱头梁，抱头梁后尾插在金柱上、下面留穿插当、下安穿插枋，抱头梁头檐檩下安装垫板、垫枋。抱头梁的水平标高可按建筑立面、使用要求等酌情确定；下层檐檐椽按五举坡度安装在通柱相应位置的承椽枋上，承椽枋以上为围脊板、围脊枋、围脊楣子窗、二层檐檐枋；前檐通柱间枋以下安装棋枋板、棋枋，棋枋以下可安装门窗。首层前檐可设通透游廊或暖廊。通柱以上屋架按传统梁架及使用要求来制作安装。两山砌墙，后檐砌高墙设窗或下砌槛墙、上做装修。屋顶可采用硬山、悬山或歇山形式（图 4–6–8）。

（4）首层前、后、左、右金柱与二层前、后、左、右檐柱或金柱使用一根通柱的楼阁：这种做法可用于攒尖、歇山、盝顶形式、单檐或上下两重檐的两层、三层楼阁。首层前、后、左、右金柱与二层前、后、左、右檐柱使用一根通柱的具体做法，和前面“首层前檐金柱与二层檐柱使用一根通柱、后檐首层檐柱与二层檐柱使用一根通柱的楼阁”做法中前檐的具体做法基本相同，只是增加了一、二层转角部位的构造，如角柱、递角梁、角梁、翼角、递角承重梁等，从而使得游廊能够四面交圈（图 4–6–9~ 图 4–6–14）。

（5）各层前、后、左、右金柱以及内金柱等使用一根通柱的楼阁：这种做法可用于三层或三层以上楼阁。它的特点是，每一层均可以做到出檐；游廊进深与檐柱柱高逐层递减；屋顶可采用攒尖、歇山或盝顶形式（图 4–6–15~ 图 4–6–17）。

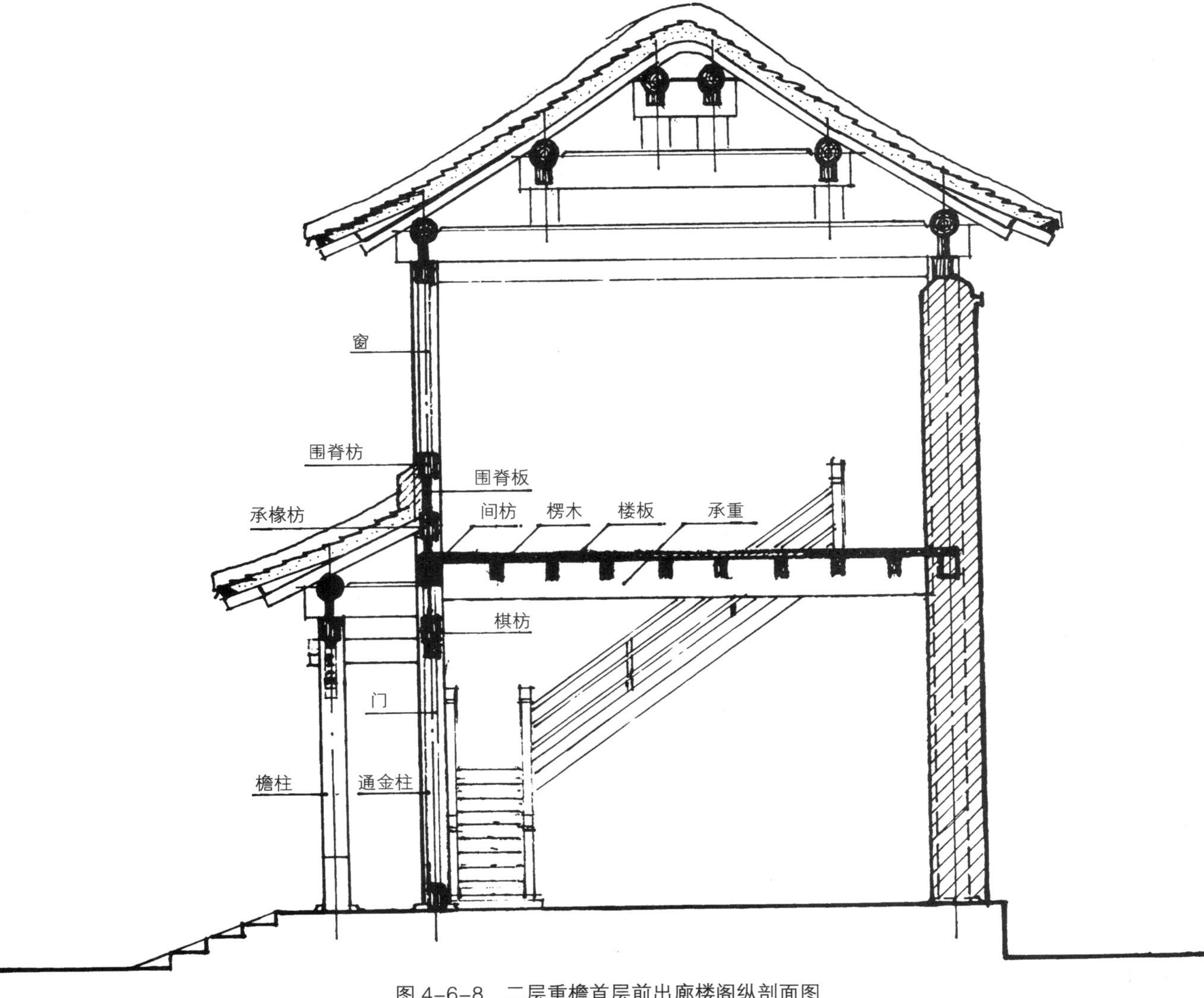

图 4–6–8　二层重檐首层前出廊楼阁纵剖面图

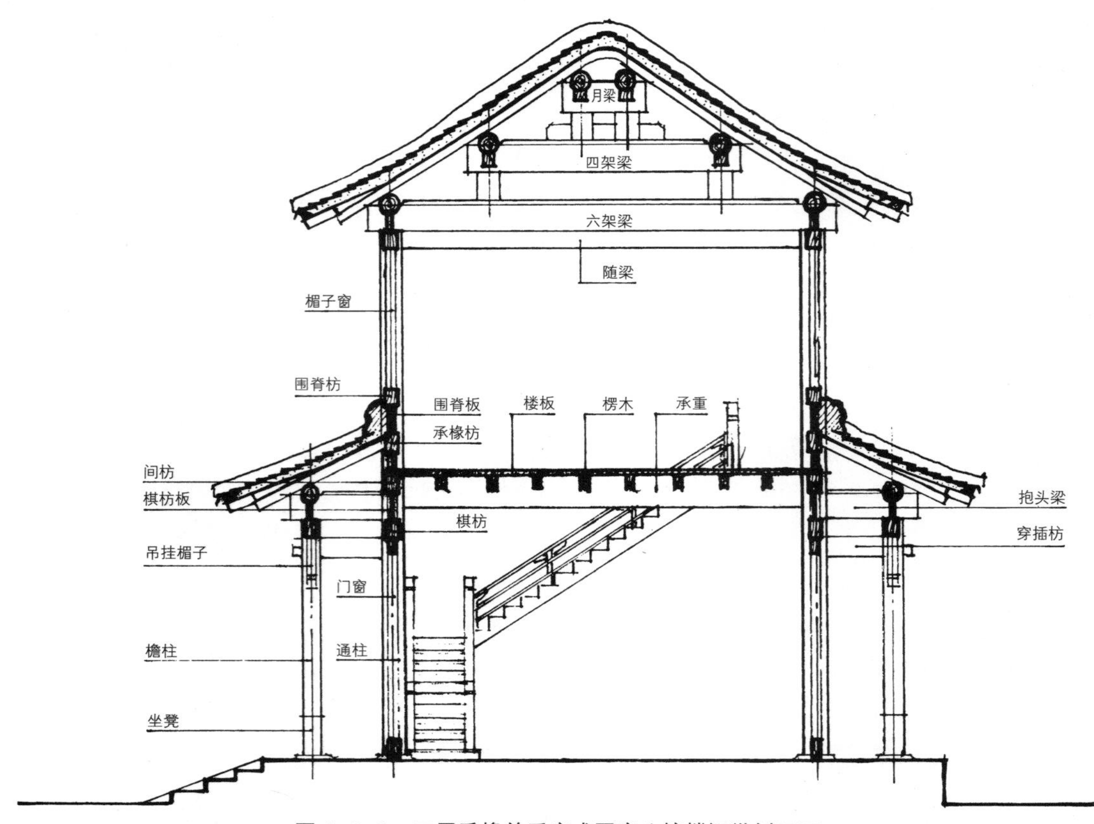

图 4-6-9 二层重檐前后廊或围廊八檩楼阁纵剖面图

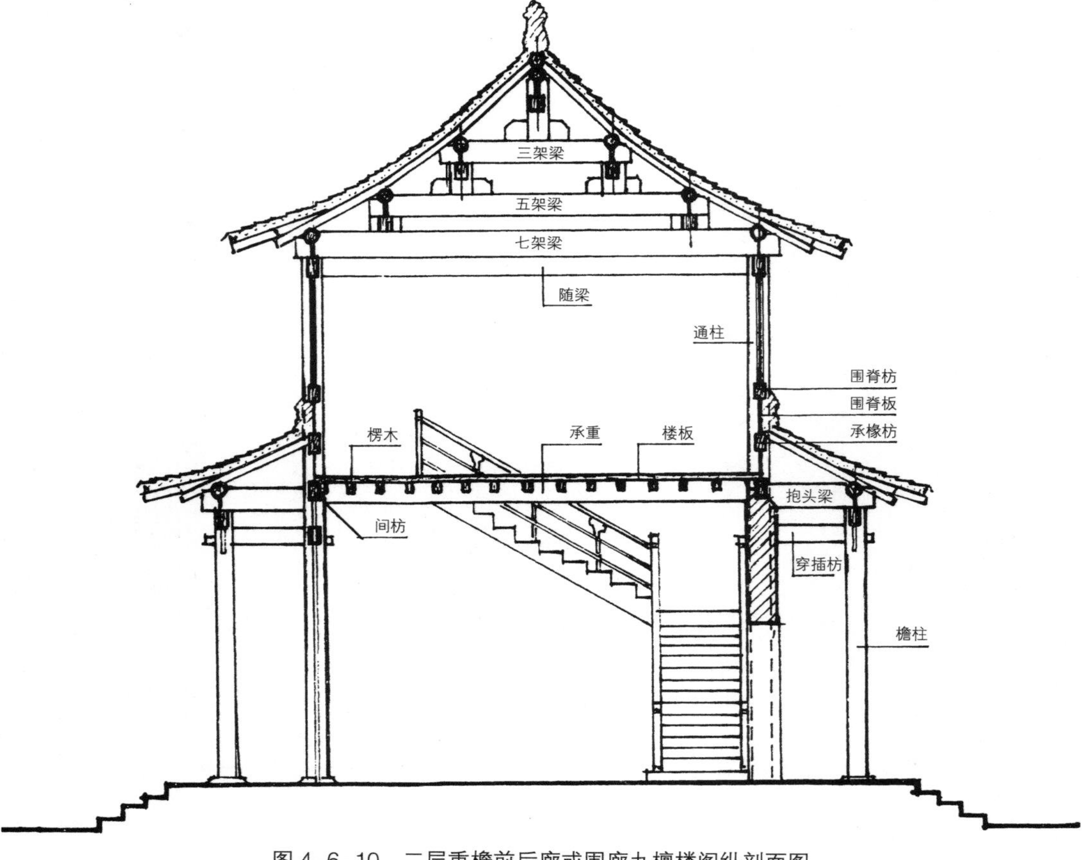

图 4-6-10 二层重檐前后廊或围廊九檩楼阁纵剖面图

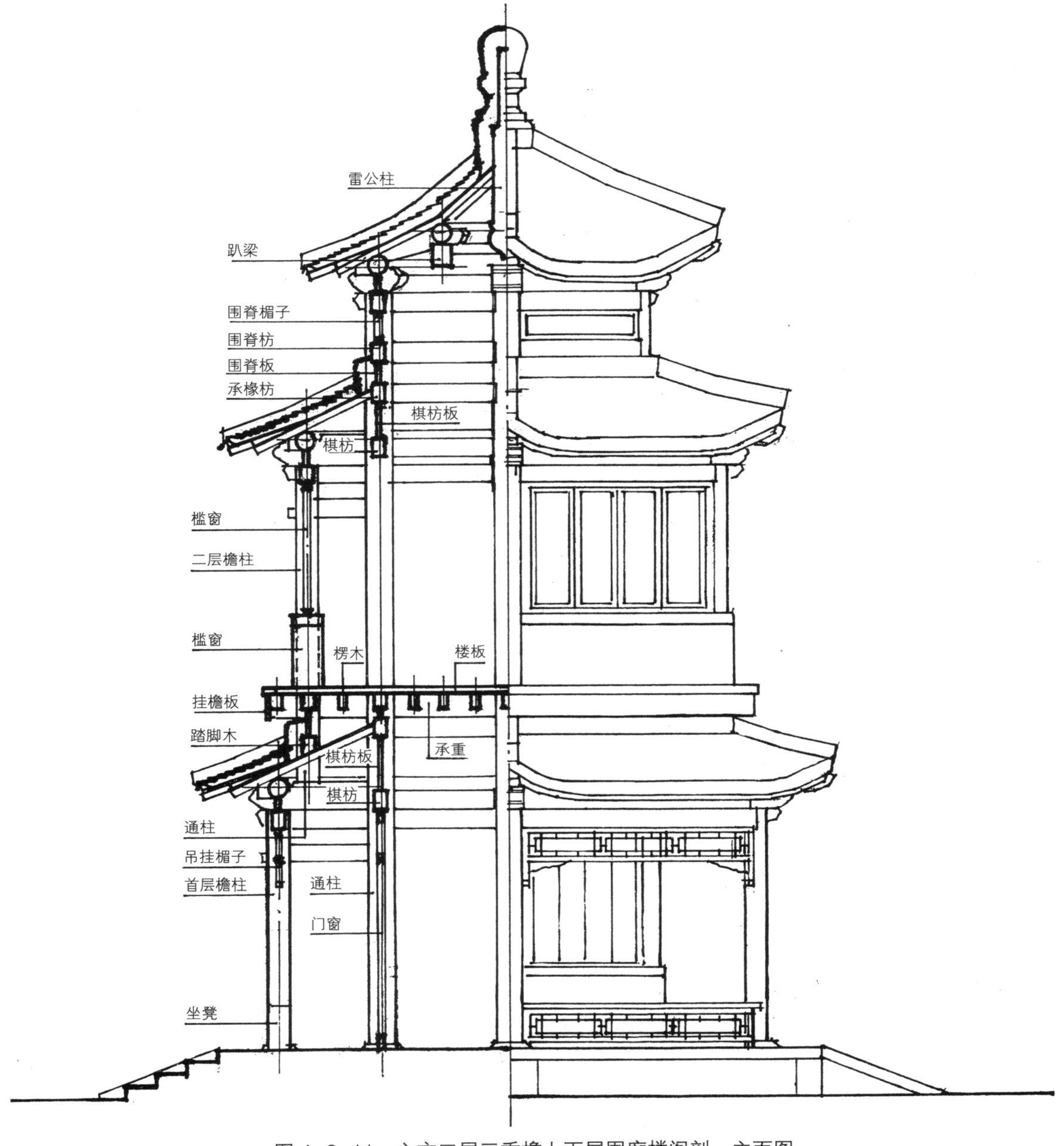

图 4-6-11 六方二层三重檐上下层围廊楼阁剖、立面图

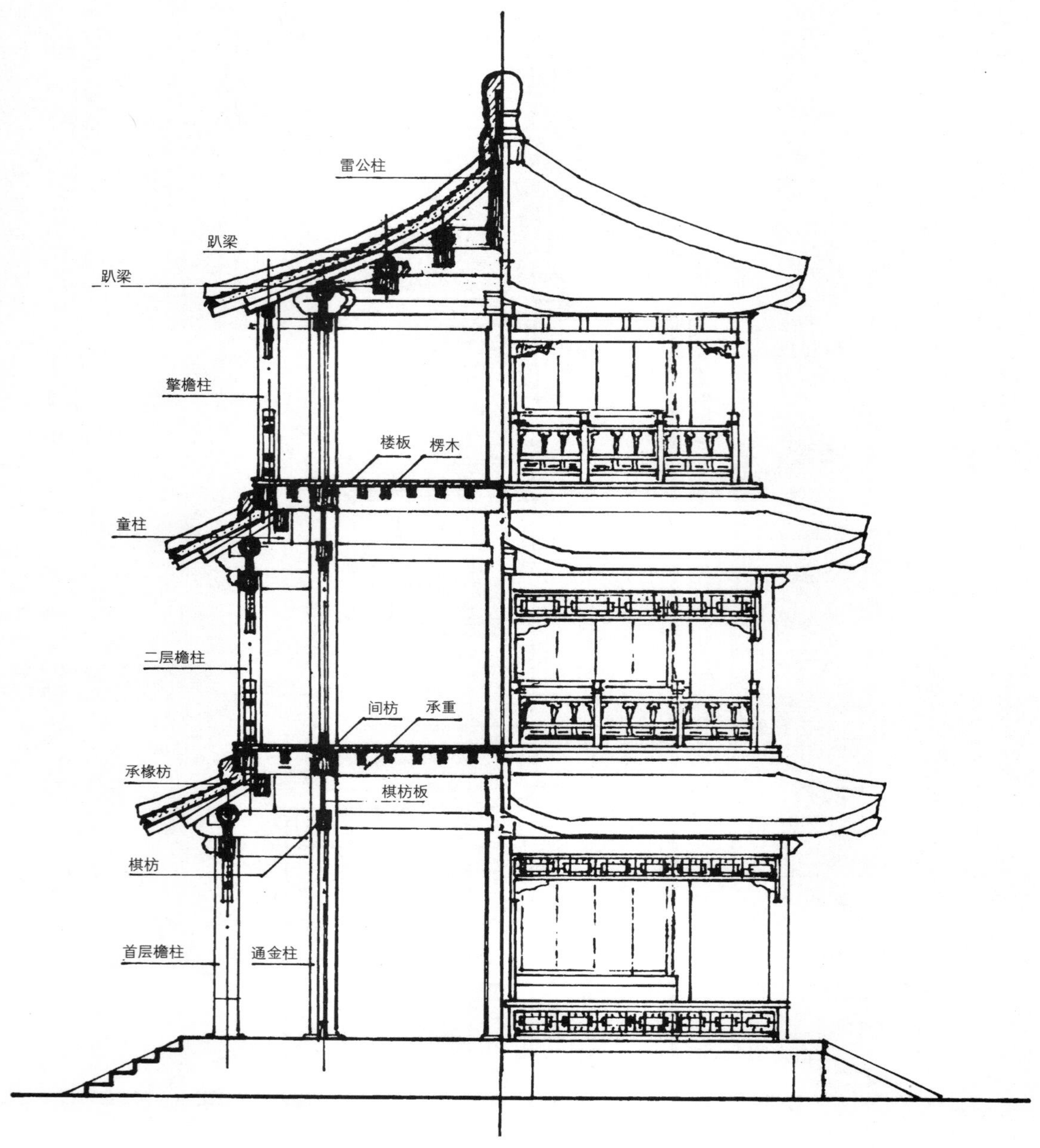

图 4-6-12　六方三层三重檐各层围廊楼阁剖、立面图

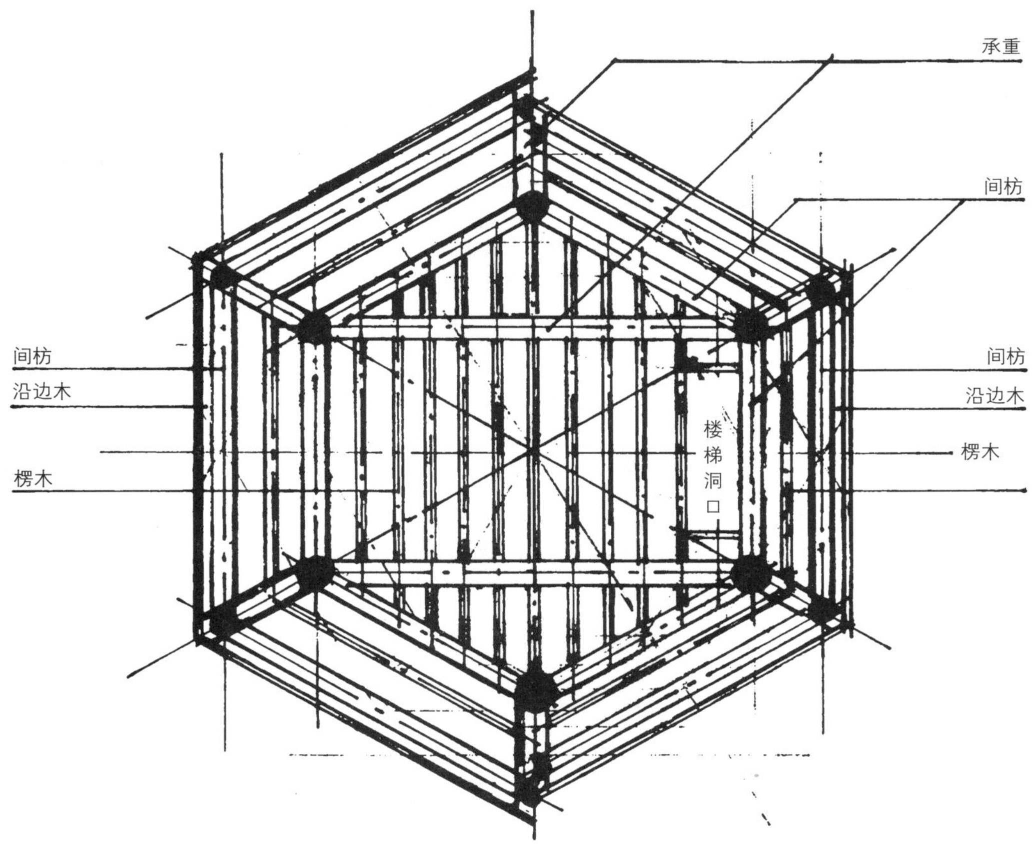

图 4-6-13　六方围廊楼阁二层、三层承重、楞木木构架仰视平面图

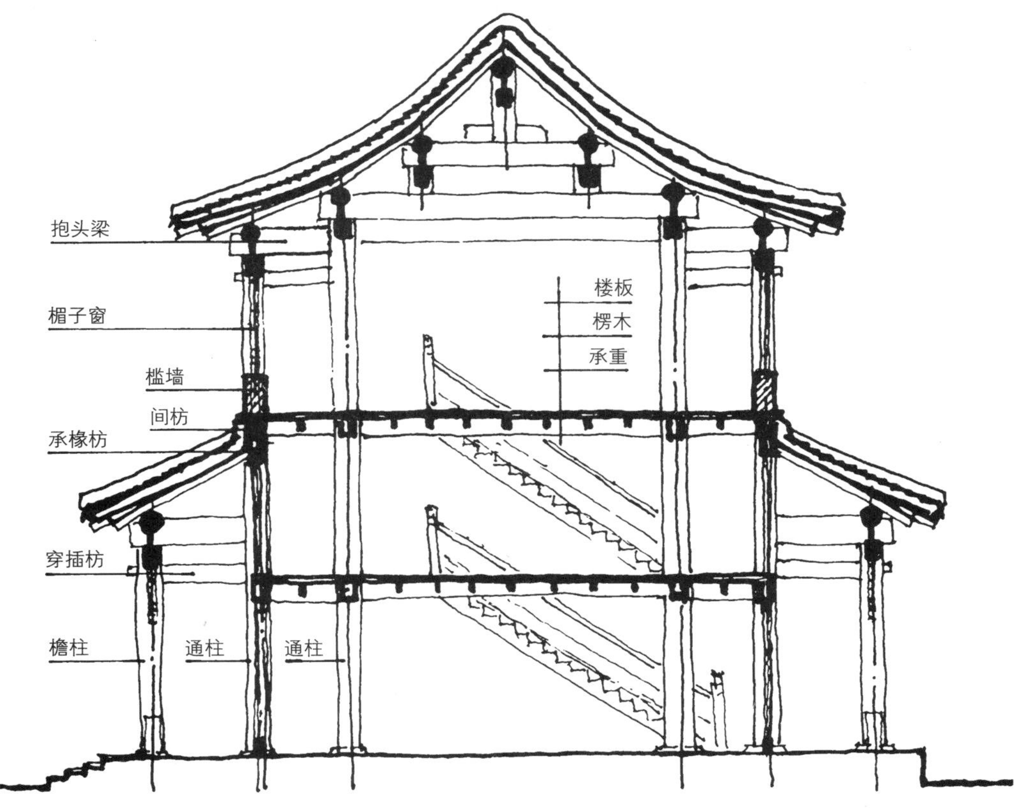

图 4-6-14　三层重檐前后出廊或围廊楼阁剖面图

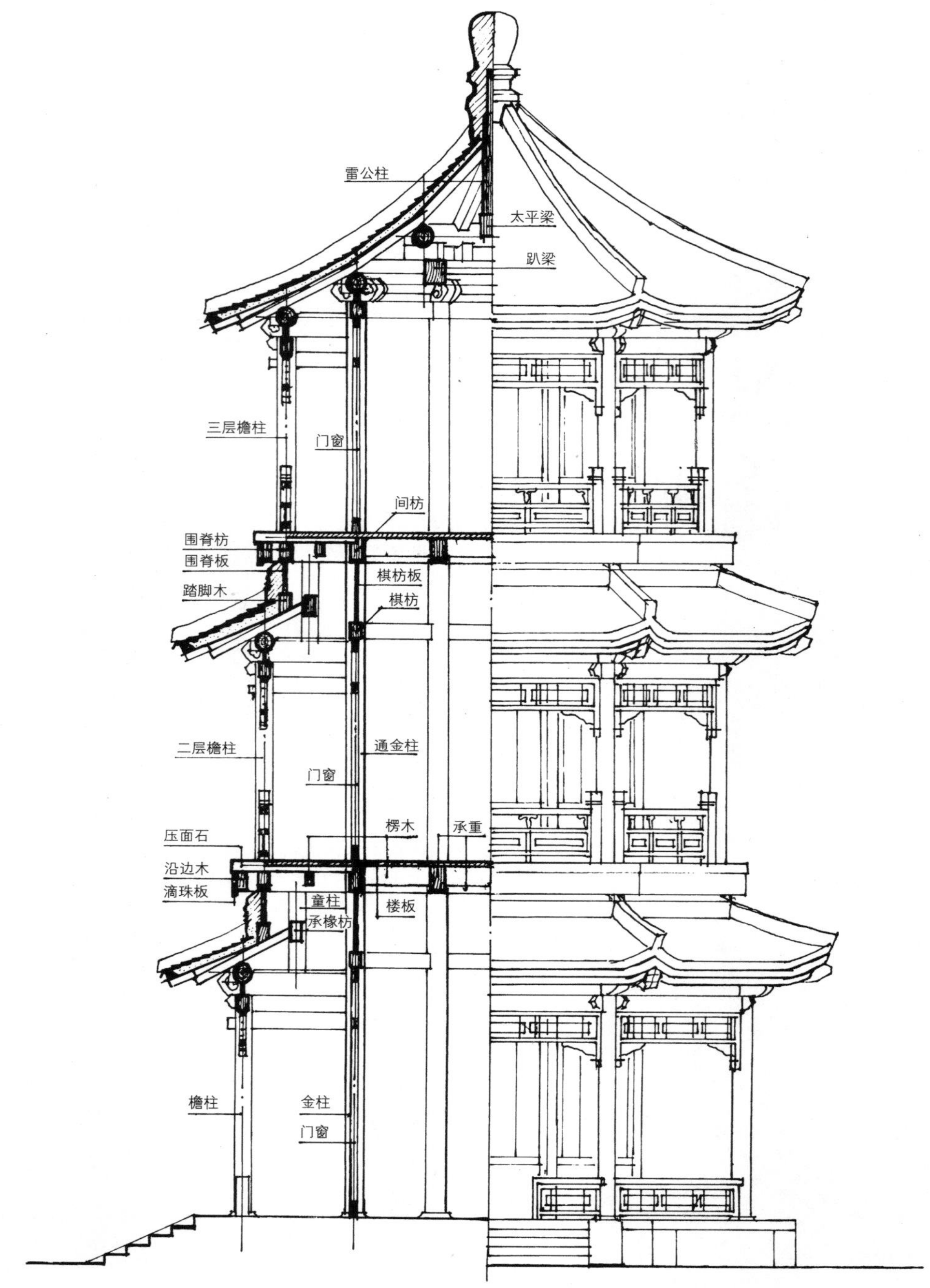

图 4-6-15 八方三层三重檐各层围廊楼阁剖、立面图

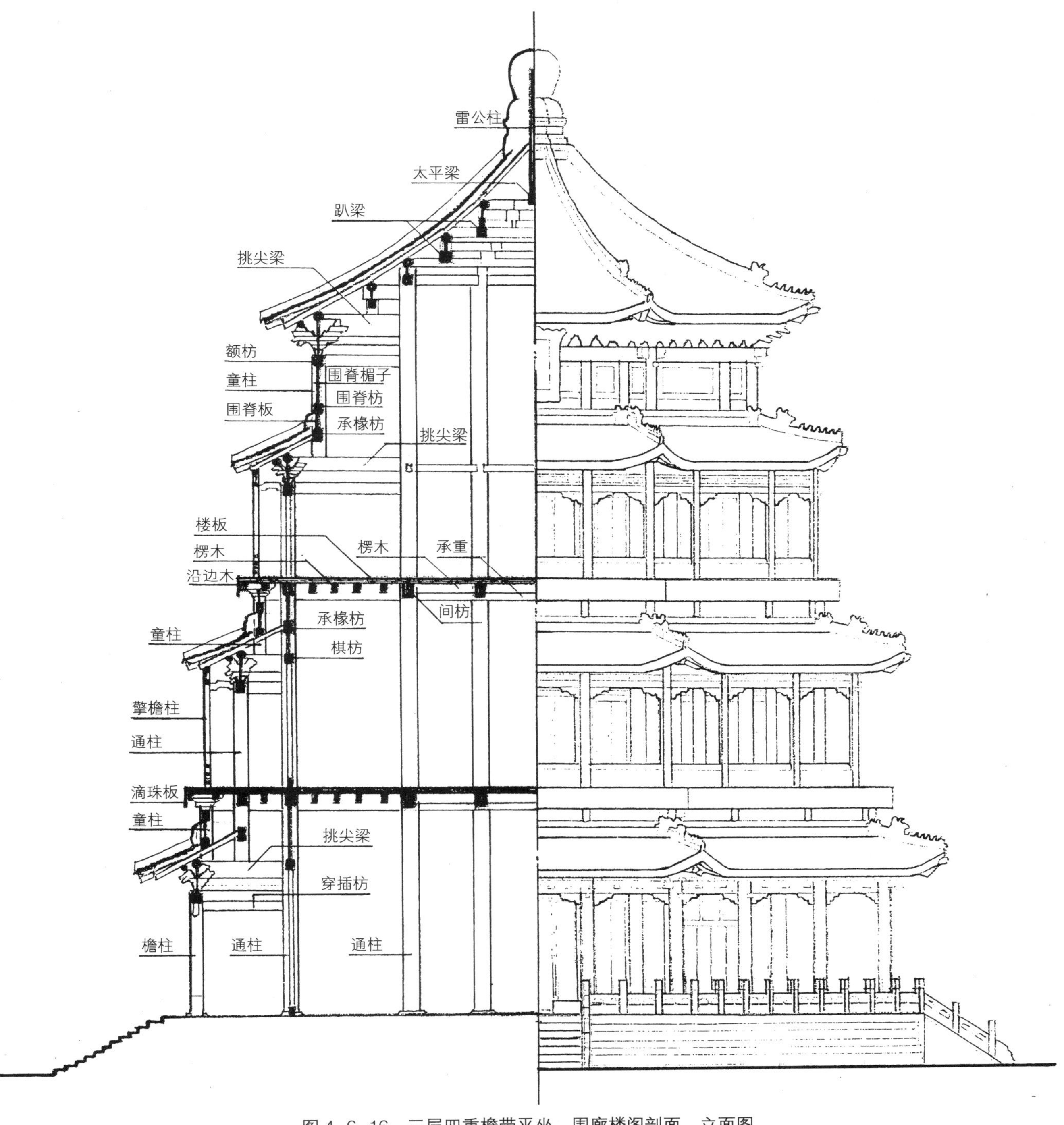

图 4-6-16　三层四重檐带平坐、围廊楼阁剖面、立面图

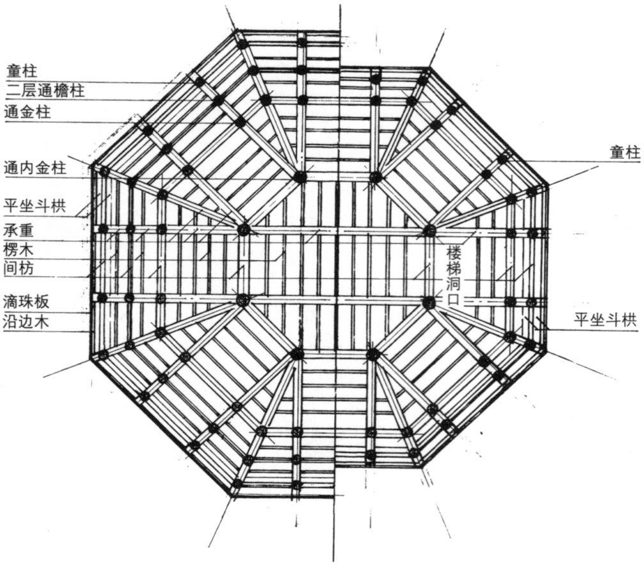

图 4–6–17　八方三层四重檐楼阁二、三层承重、楞木构架仰视平面图

其基本做法是，在下一层的抱头梁上立一根较短的童柱，童柱上端架设上一层的承重梁或承重递角梁，这段承重梁与通金柱以内的承重梁或者是同一构件或者处于同一水平标高，成为上一层游廊平台的水平方向承重构件，与童柱共同组成檐头部位竖直方向的承重构件，将上面的荷载通过下一层抱头梁、檐柱等结构构件传道到柱基上面。

在这种做法中，承重梁头部位还要安装上一层檐柱，童柱柱头部位从上至下须安装围脊枋、围脊板、承椽枋。承重梁以上或两侧架设楞木，梁头部位安装有沿边木与挂檐板（滴珠板），楞木上方铺钉楼板。上一层柱间安装护身栏杆。下一层檐檩上的正身椽交待在童柱间的承椽枋上，呈五举坡度。

转角部位的处理，同样需要增加角柱、递角梁（承重递角梁）、角童柱、老角梁、仔角梁以及翼角等。

3. 三层四重檐以下木构楼阁构架主要形式

三层四重檐以下木构楼阁构架主要形式有：二层单檐无廊式；二层单檐设中柱无廊式；二层单檐上下层前廊式；二层单檐上下层前后廊或围廊式；二层单檐设中柱上下层前后廊或围廊式；二层前侧重檐首层前廊式；二层重檐首层前后廊式；二层重檐上下层前后廊或围廊式；二层重檐带平坐上下层前后廊或围廊式；二层重檐设中柱上下层前后廊或围廊式；二层三重檐带平坐上下层前后廊或围廊式一、二、三；三层三重檐各层前后廊或围廊式；三层三重檐带平坐各层前后廊或围廊式；三层四重檐带平坐各层前后廊或围廊式等（图 4–6–18、图 4–6–19）。

四、清代工部《工程做法》九檩楼房大木做法

1. 下檐柱

即首层檐柱，以明间面阔 8/10 定高低，以 7% 定径寸。每径一尺，外加榫长三寸。

2. 通柱

二层檐柱与一层金柱使用同一根柱子，在计算柱高时，一、二层分别计算。一层按下檐柱柱高 8/10 定高低，二层以面阔 7/10 定高低，实际上通柱总高应为 1.5 倍明间面阔再加上承重底皮至楼板上皮的垂直高度。通柱按下檐柱加二寸定径寸，每径一尺，外加榫长三寸。

3. 下檐抱头梁

以下檐廊步架加一份下檐柱径定长短，以檐柱径加二寸定厚、以本身之厚的 1.3 倍定高。

4. 下檐穿插枋

高、厚同下檐枋。

5. 下檐枋

以下檐柱径定高，以本身之高收二寸定厚。

6. 下檐垫板

即檐平水。以下檐枋之高收一寸定高，以檩径 3/10 定厚。

7. 承重

即承重梁。以通柱径加二寸定高，以通柱径寸定厚。

8. 间枋

高、厚同下檐枋，上皮与楞木上皮平。

9. 承椽枋

以通柱径寸定高，以本身之高收二寸定厚。

10. 围脊枋

也称博脊枋。位于承椽枋之上，下面为围脊板。以通柱径减半定高，以本身之高收二寸定厚。

11. 围脊板

也称博脊板。位于承椽枋与围脊枋之间，以间枋厚 2/10 定厚。

12. 棋枋

位于金通柱金间枋以下，其高度略高于檐枋或与檐枋持平。棋枋断面尺寸同檐枋。

13. 棋枋板

又称走马板。位于金间枋与棋枋之间，厚同围脊板。

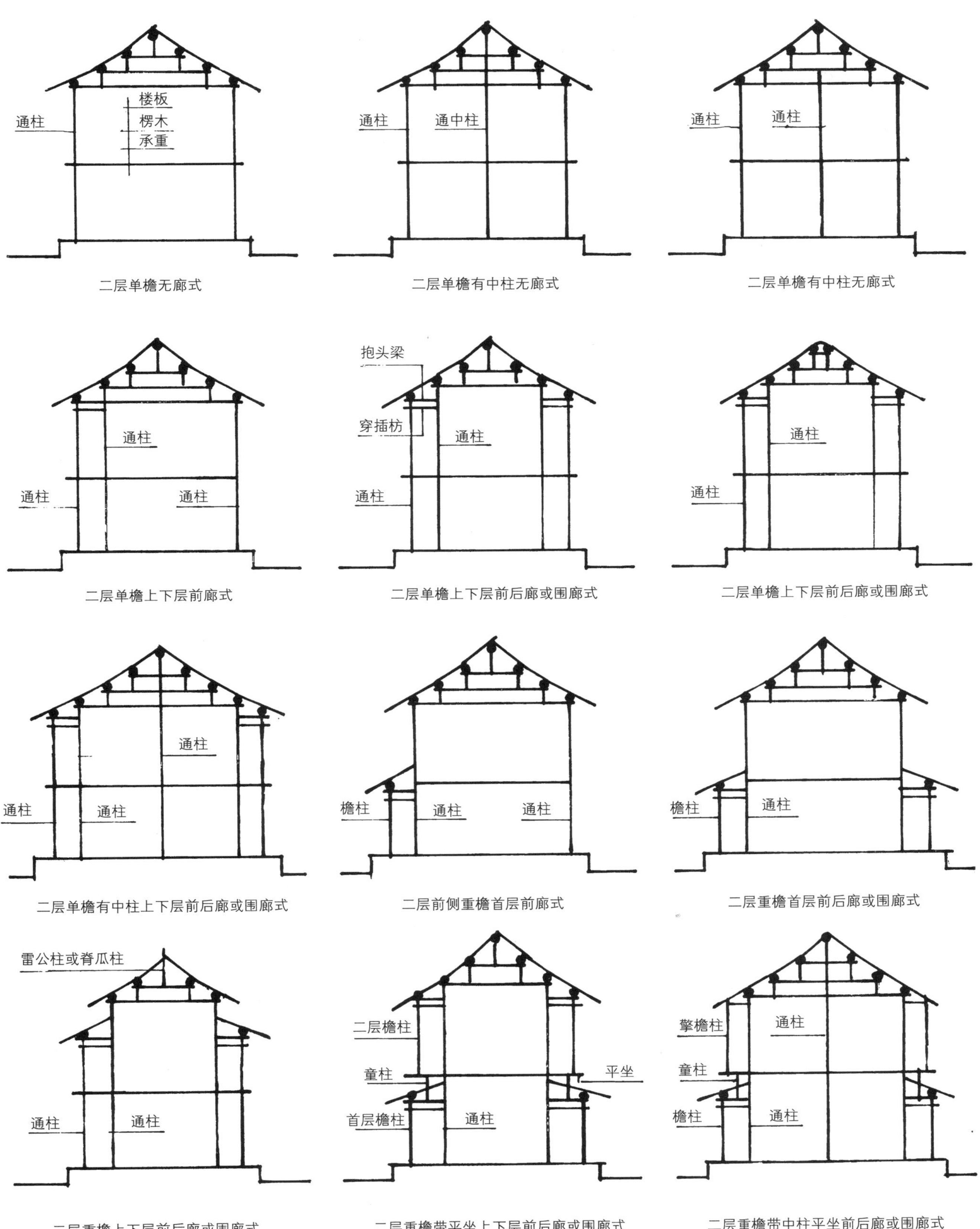

图 4-6-18　木构楼阁构架图一

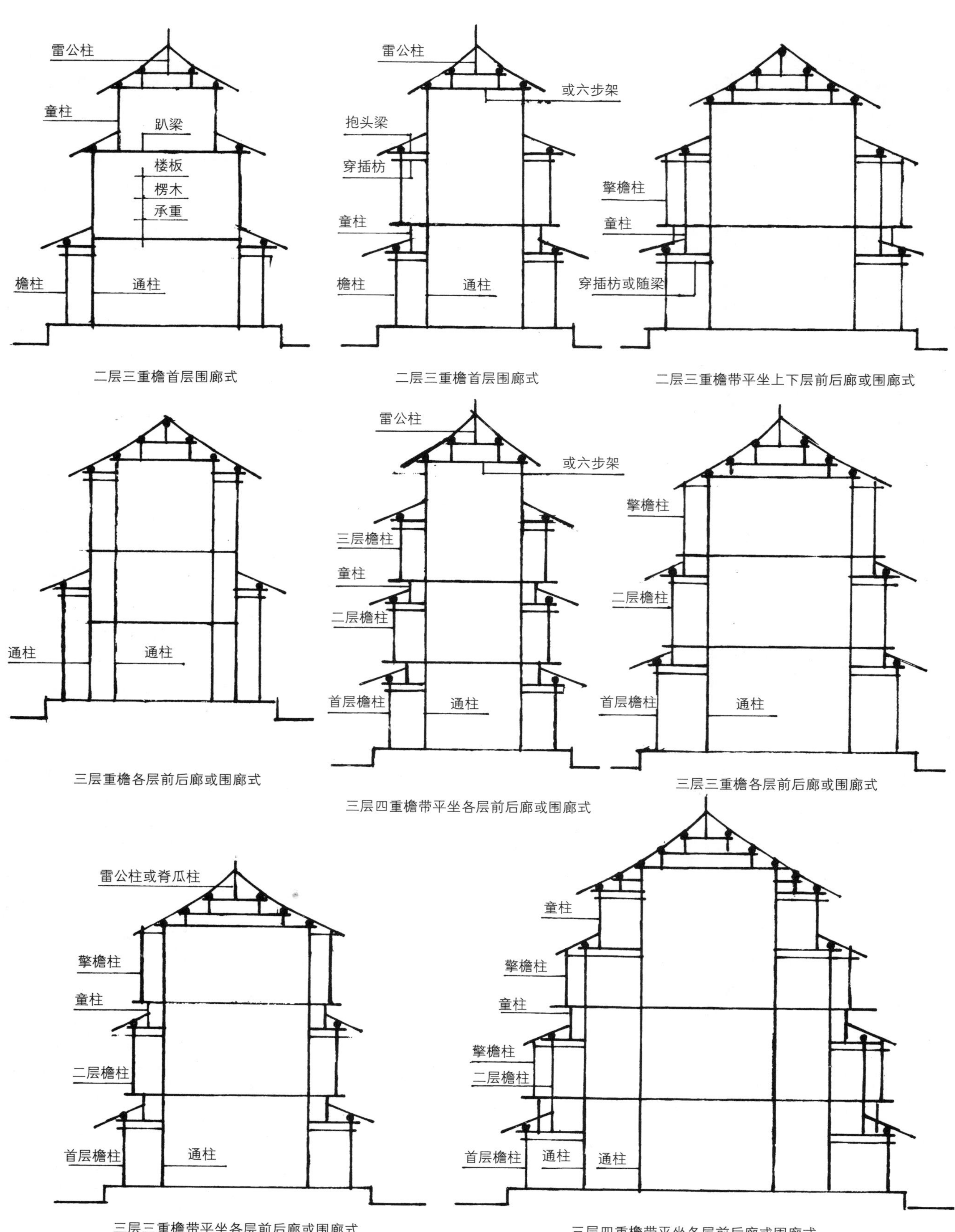

图 4-6-19 木构楼阁构架图二

14. 楞木

以承重（梁）之厚 6/10 定高、以本身之高的 8/10 定厚。

15. 楼板

以楞木之厚的 1/3 定厚，如墁砖则以楞木之厚减半定厚。

16. 下檐檐椽、飞椽

以檩径 3/10 定径寸，以下檐柱高 3/10 定檐出，其中飞椽占檐出 1/3。

17. 上檐金柱

柱脚落在承重（梁）上，柱头至五架梁下皮。径寸与通柱同，每径一尺，外加榫长三寸。

18. 上檐抱头梁

以通柱径加二寸定厚，以本身之厚的 1.3 倍定高。

19. 上檐穿插枋

使用两头不出榫的合头枋，其高、厚同承椽枋。

20. 五架梁

高、厚同抱头梁。

21. 随梁枋

其高、厚比檐枋各加二寸。

22. 金瓜柱

以三架梁之厚收二寸定厚，以本身之厚加二寸定宽。

23. 三架梁

以步架两份加檩径两份定长，以五架梁高、厚各收二寸定高、厚，每宽一尺外加上下榫各长三寸。

24. 脊瓜柱

宽、厚同金瓜柱，每宽一尺外加下榫长三寸。

25. 上檐枋、垫板

均与下檐同。如金、脊枋不用垫板，则以下檐枋高、厚各收二寸定高、厚。

26. 檩木

以面阔定长短，径寸均与下檐柱径同。

27. 上檐檐椽、飞椽

以檩径 3/10 定径寸，以上檐柱高 3/10 定檐出，其中飞椽占檐出 1/3。

28. 花架椽、脑椽、飞檐椽

径寸与檐椽同。

29. 连檐

宽、厚同檐椽。

30. 瓦口

长短随连檐，以所用之瓦中高的两倍定高，以本身之高的 1/4 定厚。

31. 里口

又称里口木。以面阔定长短，以飞檐椽径寸定厚，以飞檐椽径加一份半望板厚定高。

32. 椽椀

供封挡圆椽使用，长短随里口。以椽径的 1.3 倍定高，椽径的 1/3 定厚。

33. 扶脊木

长短、径寸同脊檩。

34. 望板

以椽径的 1/5 定厚。

35. 雀替

以面阔减去一份檐柱径的 1/4 外加榫长柱径半份定长短，以檐枋之高定高，以檐柱径 3/10 定厚。

36. 三伏云子

雀替上附件，以雀替之高定高、以雀替之厚减包掩六分定厚。

37. 栱子

雀替上附件，高以斗口两份，厚与雀替同。

38. 十八斗

雀替上附件，以三伏云之厚外加包掩六分得宽，高与三伏云之厚同。

39. 楼梯

以下檐柱高外加承重（梁）一份、楞木半份、楼板一份并按加举之法定长短，宽按门口尺寸。

40. 楼梯两帮

凡楼梯两帮以踹板之宽定宽，如踹板宽八寸、外加金边二寸、得宽一尺，厚按本身之宽 3/10，得厚三寸。

41. 踹板

即阶梯之踏板，以两帮之厚的 4/10 定厚。

42. 踢板

即踏步迎面之挡板，以两帮之厚 3/10 定厚。

第七节　亭

一、亭的历史沿革

亭，又称亭子。是一种四周相对开敞，并可停留、歇息、观景、避雨、纳凉、多功能的小型单层单檐或单层重檐建筑。亭是我国风景园林中运用得最多、最广的一种小品建筑，也是一种使用功能和观赏功能很强，建筑平面和建筑造型极为灵活多样的园林景观建筑。

在中国传统园林建筑中，由于亭子的造型优美、营造相对简便，其使用功能又灵活广泛，因此，人们常有“无亭不园”之说。

早在我国古代的秦汉时期，亭的概念和建筑形式并非如同我们现在所指的亭。据史书记载，当时的亭是为保障百姓安全而建，并有楼。如城门楼、瞭望楼或边塞、驿站等建于高台之上用来观察敌情的岗楼。早期的亭还泛指古代设在路边供行人停留食宿之类的处所及建筑。

随着社会的进步和城市园林的不断发展，东汉以后，亭便逐渐演变成如今所谓既具有一定使用功能而且还是有较高观赏功能的小型建筑了。如三国时期建业（今南京）的劳劳亭、西晋汉阳华林园的临涧亭、东晋会稽山阴的兰亭、北魏时济南大明湖的历下亭等。

亭子主要作为观赏性建筑运用在我国园林中，最早可追溯到魏晋时期，距今已有1800余年的历史了。

隋唐以后，亭已成为皇家御园和私家宅园当中不可缺少的建筑形式，常常与山、水及周围环境紧密结合，作为主景，甚至将其作为苑中唯一的景观建筑。

盛唐时期的历史名亭非常之多，如隋代皇家御园西苑中的逍遥亭、唐代文人王维私家宅园辋川别业中的邻湖亭等。

唐以后的宋、元、明、清的各个历史时期，亭在园林中的运用则更加普遍，不仅数量上有所增加，而且亭子的形式亦更加丰富、造型亦更加精美。较著名的如北宋安徽滁州的醉翁亭、江苏苏州的沧浪亭，元代浙江杭州孤山的放鹤亭，明代四川邛崃的古瓮亭，清代北京清漪园（现颐和园）中的廓如亭等。

颐和园中的“知春亭”，即是园中的主要景点之一，每逢春季、夏季，人们坐在亭中坐凳上休息、乘凉，十分惬意。景山公园中的“万春”、“缉芳”、“富览”、“周赏”、“观妙”五亭，也是我国明清时期园林中亭的运用极佳的范例。

二、亭子的作用

亭子在园林中的作用主要有四种：一是可以观景，即置身于亭中，可以四处眺望周边优美的景观；二是可以起到景观作用，就是从远处向亭子望去，亭与亭周围优美的环境可以形成景点、景观。亭与环境相得益彰、相辅相成；三是可以满足人们避雨纳凉、驻足休息或把玩琴棋等需求；四是对于某些亭子而言，还有其他如碑亭、井亭、祭祀亭、纪念亭、游戏亭、指路亭，桥上面的风雨亭等特定的不同功能，比如格言亭、习礼亭、宰牲亭、流杯亭、投壶亭等，由于功能不同，其作用也不同。

另外，还可以通过亭子的造型、亭子的匾联书法文字等给亭赋予一定的寓意和文化内涵以及揭示景观景点主题、烘托景观环境、渲染和深化园林意境的“画龙点睛”作用。如桃形平面的圆亭表示延年益寿；扇形平面的扇面亭表示凉爽、清高；双方（套方）亭的平面为古代八宝之一的方胜形象，表示吉祥如意；上层檐为圆形、下层檐为方形的重檐亭表示天圆地方、天人合一、天地永恒不衰等；有些亭子根据不同的园林环境其名称不同，如松柏交翠亭、知春亭、秋爽亭、迎晖亭、听松亭、邀月亭等，从而可以使人们通过亭子对园林意境产生更加强烈地艺术感染力和震撼力。

常言道：无亭不园。亭在园林中的作用十分重要。

三、亭子的种类

亭子的种类主要可以根据使用功能、使用材料、屋顶形式、建筑平面、建筑立面等多方面的不同加以区分。

（一）根据亭的主要使用功能和所处环境不同分类

通常有：观赏亭、观景亭、休息亭、风雨亭、纳凉亭、桥亭、廊亭、指路亭、标志亭、纪念亭、流杯亭、宰牲亭、格言亭、碑亭、井亭、山亭、半山亭等。

（二）根据亭的主要使用材料或重点部位使用材料不同分类

通常有：木（构）亭、石构亭、竹（构）亭、铜亭、黑瓦顶亭、琉璃瓦顶亭、石板瓦顶亭、茅草顶亭、琉璃瓦剪边屋顶亭等。

（三）根据亭的屋顶形式不同分类

通常有：攒尖屋顶亭、歇山屋顶亭、悬山屋顶亭、盝顶亭、平屋顶亭等。

（四）根据亭的建筑平面布局及建筑立面形象不同分类

通常有：三角亭、四角（四方、正方）亭、长方亭、五角（五方）亭、六角（六方）亭、八角（八方）亭、扇面亭、圆亭、双环（套环）亭、双方（套方、方胜）亭、双六方亭、十字亭、万字亭、重檐亭、天圆地方重檐亭、三重檐亭等。

在亭的建筑实例中，重檐三角亭较为少见，杭州西湖“三潭印月”的三角亭、绍兴“鹅池”的三角亭均为单檐攒尖顶亭。

三重檐亭亦较少，北京景山公园内的“万春亭”是皇家园林中典型的三重檐正方亭。

万春亭两侧的“周赏亭”、“富览亭”为重檐八方亭，“观妙亭”、“缉芳亭”为重檐圆亭。

北海公园内的小西天，是我国现存古典园林中规格尺度最大的一座正方亭。五龙亭中央的“龙泽亭”，是一座天圆（上重檐为圆形攒尖顶）地方（下重檐为正方形）的重檐亭。

明清故宫御花园内的“万春亭”和“千秋亭”，也是一座天圆（上重檐为圆形攒尖顶）地方（下重檐为正方形减去四个角、实际上为“十”字形）的重檐亭。

北京颐和园中有 50 余座亭子，而这些亭子的形象和立意则很少有雷同。万寿山山脊上有一座“荟亭”，是两个单檐六方亭勾连在一起的攒尖顶亭，真可谓婀娜多姿、别具一格。石舫附近荇桥上的“万字亭”为重檐盝顶长方形桥亭，屋顶中央设有宝顶。位于十七孔桥东侧的“廓如亭”，是全园亭子中最大的一座。它由内外三层 24 根圆柱和 16 根方柱（梅花柱）支撑，形态端庄、气势恢宏。

北京劳动人民文化宫（古代太庙）中的井亭，是一座单檐盝顶六方亭。北京中山公园（古代社稷坛）内的宰牲亭为重檐歇山顶正方亭。

四、亭的丈尺做法

（一）各个部位权衡比例关系

1. 面阔与柱高比

面阔是指相邻两根檐柱中至中的水平距离，柱高是指台基上皮至檐柱柱头上皮的垂直高度。

（1）四柱正方亭：10（面阔）：8~10（檐柱高）。

（2）六柱六方亭：10 ：14~16。

（3）六柱圆亭：10 ：14~16。

（4）八柱八方亭：10 ：15~17。

（5）八柱圆亭：10 ：15~17。

2. 檐柱柱高比檐柱柱径：11~13 ：1。

3. 檐柱柱径比金柱柱径：10 ：11~12。

4. 檐柱柱径比雷公柱柱径：10 ：13~15。

5. 檐柱柱高比雷公柱总高：10 ：5~7，雷公柱柱头底皮一般与金檩底皮持平。

6. 檐柱柱高比下出：10 ：2~2.5。

7. 檐柱柱高比上出：10 ：3。

8. 上出比下出：3 ：2~2.5。

9. 重檐亭檐柱柱高比童柱高：10 ：5~7。

10. 重檐亭檐柱柱径比童柱径：10 ：8~9。

11. 重檐亭檐柱柱径比金柱径：10 ：11~12。

12. 宝顶（含宝顶基座）高度（单檐、重檐）比檐柱柱高：10 ：3~4。

13. 重檐亭下层檐出比重檐亭上层檐出：1 ：1。

14. 步架与举架

（1）单檐亭：檐步举架通常为 5 举、脊步举架为 6.5~7.5 举。

（2）重檐亭：下层檐檐步举架通常为 5 举、上层檐檐步举架为 5 举，脊步举架为 6.5~7.5 举。

15. 檐柱高比台基高：10 ：1~2。

在一般情况下，正方亭、六方亭、八方亭通常使用圆柱，特殊情况也可使用与亭子建筑平面相对应的柱子，方柱采用带有梅花线角的梅花柱。

（二）各种构件丈尺做法

1. 檐柱

根据平面不同如四方、六方、八方等不同确定檐柱高，以檐柱高 1/（10~13）定径寸。

2. 金柱、重檐金柱

以檐柱的 1.1 倍定径寸。

3. 童柱

以 0.8~1 倍檐柱径定径寸。

4. 雷公柱

以 1.2~1.5 倍檐柱径定径寸，以 0.5~0.7 倍檐柱高定总高，柱头底皮与金檩底皮持平。

5. 抱头梁

以檐步架加 1 倍檐柱径定长短，以 1.4 倍檐柱径定高，以 1.1 倍檐柱径定厚。

6. 抹角梁

如采用抹角梁做法，抹角梁以 1.3~1.5 倍檐柱径定高，以本身高的 0.8 定厚。

7. 长趴梁

如采用长、短趴梁做法，长趴梁以 1.3~1.5 倍檐柱径定高，以本身高的 0.8 定厚。

8. 短趴梁

以 1.1~1.3 倍檐柱径定高，以本身高的 0.8 定厚。

9. 井字梁

以 1.3~1.5 倍檐柱径定高，以本身高的 0.8 定厚。

10. 穿插枋

以檐步架加 2 倍檐柱径定长短，以 0.8~1 倍檐柱径定高，以 0.8 倍本身高定厚。

11. 檐枋

又称檐垫枋，以檐柱径寸定高，以 0.8 倍檐柱径定厚。

12. 金枋、脊枋

以 0.5~1 倍檐柱径寸定高，以 0.4~0.8 倍檐柱径定厚。

13. 檐檩、金檩

以 0.5~1 倍檐柱径定径寸。

14. 檐垫板

以 0.8 倍檐柱径定高，以檐柱径的 1/4 定厚。

15. 花梁头

又称角云、云头。以 3 倍檐柱径加斜定长，方亭可按方五斜七加之，以平水高的 1.5 倍定高、以檐柱径的 1.1 倍定宽。

16. 仔角梁、老角梁、由戗

以檩径或 3 倍椽径定高，2/3 檩径或 2 倍椽径定宽。

17. 衬头木

以檐步架定长短，以 1/3 檩径定厚，以 2.5 倍椽径定高。

18. 交金墩

以 3 倍檩径定长，以抹角梁或趴梁宽减 1 寸定宽，以步架加举定高。

19. 檐椽、飞椽

以檩径或柱径的 1/3 定径寸。

20. 闸挡板

以椽径定高、厚 1/5 椽径。

21. 小连檐

以椽径定宽，以椽径的 1/3 定厚。

22. 望板

以椽径的 1/5 定厚。

23. 大连檐

高同椽径，宽 1.1 倍椽径。

24. 瓦口

以所用瓦件板瓦中高的 2 倍定高，以本身高的 1/4 定宽。

亭子檐柱间通常上做倒挂楣子、花牙子，下做坐凳楣子、坐凳板。木坐凳总高多为 50 厘米左右。有时，亦可使用青砖来砌筑坐凳，坐凳面既可用方砖亦可用木板制作。砖坐凳总高以不超过 55 厘米为宜。亭子一般不做吊顶，为彻上明照。

五、亭的台基和屋面做法

（一）台基做法

构成亭子台基的石构件主要有：柱础（柱顶石）、阶条石（台明石）、角柱石（埋头石）、陡板石、土衬石、垂带台阶、如意台阶或山石台阶等，其中土衬石也可以不设，陡板可以选择青砖采用干摆、丝缝或淌白做法，亦可选用毛石砌筑成虎皮石墙效果的做法。

亭的台基高度通常等于或大于三步台阶。如每步台阶为 12 厘米，那么，其台基高度为 36 厘米或 48 厘米。一般应高于与其所连接的游廊台基一步台阶高度。在园林建筑中更适宜选择自然山石来砌筑台阶。利用虎皮石陡板、山石台阶会取得很好的效果。

（二）屋面做法

亭子屋面可以使用琉璃瓦、黑瓦、石板瓦等不同的表层材料。使用琉璃瓦的称为琉璃瓦屋面；使用黑瓦屋面一般采用筒、板瓦屋面而不采用合瓦，称为黑筒瓦屋面；使用石板瓦的称为石板瓦屋面；使用茅草的称为茅草屋面。通常在我国园林中亭的屋面主要有以上四种。

琉璃瓦屋面主要用于古代皇家宫廷园林的一部分亭子当中，而黑筒瓦屋面应用则十分广泛。石板瓦屋面和茅草屋面的亭子虽然应用较少，均设置在周围环境十分自然、接近生态的环境氛围之中。石板瓦顶亭及茅草顶亭比起琉璃瓦顶亭来，虽然等级不高，但运用得当，其品位并不低。相反，琉璃瓦顶亭如运用不当，反而显得生硬、牵强，给人以不舒服的感觉。

1. 琉璃瓦屋面

琉璃瓦屋面的亭子除全部瓦件使用琉璃瓦以外，所有脊件等如吻、兽、当沟、宝顶等亦全部使用琉璃构件。

琉璃瓦与各种琉璃脊件等的规格尺寸应相对统一，如使用七样琉璃筒、板瓦，则其他脊件、吻兽等亦使用七样琉璃瓦件。

2. 黑瓦屋面

亭子所用的黑瓦屋面主要是指筒瓦屋面。通常使用黏土烧制的筒瓦（也称盖瓦）、板瓦（底瓦）、猫头、滴水（滴子）四种瓦。同一屋面上使用的黑瓦，其规格尺寸也应相对统一，如屋面使用二号筒瓦，那么，板瓦、猫头、滴水亦应使用二号。在特殊情况下，为加强屋面的防水功能，或存有多余的大号板瓦，亦可使用比筒瓦大一号的板瓦。这种情况也会带来造价的提高。为提高屋面的防水效果，筒瓦一般选用带有子母口的枭口瓦，瓦瓦时一块紧扣一块，捉节夹垄。一般情况下，新瓦不应采用裹垄的做法。板瓦通常采用“三搭头”即“压二露一”的做法。

小式做法的黑瓦顶亭，屋脊一般不安装各种脊兽，角梁头亦不安装套兽。这种不安装脊兽的亭子，往往会给人一种平和亲切的感觉。

黑瓦的规格尺寸以号数为准，号数越大而瓦的规格尺寸越小，以一号为最大、十号为最小。一号瓦用在较大的亭子上，二号、三号瓦用在略小的亭子上；琉璃瓦的规格尺寸以样数为准，样数越大瓦的规格尺寸越小，以二样为最大、九样为最小。

3. 石板瓦屋面

石板瓦屋面使用的石板瓦，通常可以选用长 30 厘米、宽 25 厘米、厚 1 厘米的青石板，瓦瓦时采用上下“压一露一”，竖向错缝，檐头板瓦缝下垫石板条，垂脊采用瓦扣脊筒瓦并裹垄的做法。宝顶最好采用石板贴面或用方砖贴面的做法。

4. 茅草屋面

采用茅草做屋顶的亭子朴实无华，颇具田园风趣。茅草顶上的宝顶亦可以采用茅草或原木来制作。

采用石板瓦及茅草做屋面的亭子，其亭子的柱、梁、枋等屋架最好采取原木（去掉木材的表皮），且外表只做油漆防腐、不进行任何彩画的工艺手法。

不管使用哪一种屋面，在设计和施工的过程中，做好屋面（含表层和基层）的防水、防止瓦件的滑坡及脊件的脱落都是十分必要的。

六、选用亭子的几个要点

（一）选择好亭子的最佳设置位置

选择最佳设置位置有四点值得注意，一是从亭中向四周望去，应该有景可观；二是亭的位置较为开敞，能够使亭和周围环境形成一定的氛围及景观；三是由于亭的出现，可以使景区内外形成一定的“借景”、“对景”等，可以丰富原有景观；四是设在山顶、水边、林中、竹间等特定的景观环境当中的，可以通过亭子的名称或匾联深化景点的意境。有特殊功能的亭子应注意选择能够充分发挥其使用功能的最佳位置。

（二）把握好适宜的体量与造型

把握好体量与造型有两点值得注意，一是亭的体量和造型应因地制宜，即在大环境中体量不宜过小、造型不宜过简。相反，在小环境中体量不宜过大、造型不宜过繁；二是体量与造型周围环境制宜，当周围环境比较丰富、景观较多时，亭子的造型不宜繁杂，而应简洁、明了。相反，当周围环境相对单调、景观不多时，亭子的体量不宜过小、造型不宜过简，以形成对比，提高其艺术感染力和冲击力。

（三）选择好亭子所使用的主体材料

建造亭子所使用的主体材料，包括台基、柱、梁、板、枋、屋面等可以有许多种，如木或混凝土代木、石、竹、黑瓦、琉璃瓦、石板瓦、茅草等。以选用哪一种材料做屋面为例，其中就大有文章。在现实生活当中，一味追求档次、盲目选择琉璃瓦做屋面的现象时有发生。殊不知，在我国古代皇家园林建筑中，选用琉璃瓦做屋面的亭子其数量很少，更不用说私家园林建筑中的亭子就几乎没有使用琉璃瓦做屋面了。实际上，一座亭子品位和档次的高低，并不只取决于使用琉璃瓦还是使用黑瓦。换言之，不顾周围环境、不适当的使用琉璃瓦做屋面的亭子远不如使用黑瓦做屋面亭子的品位和档次高。在一些自然环境较好的园林景区中，选择一些易于配合自然、便于取材和加工的地方性材料如石板瓦、茅草等做屋面的亭子更显得朴素而自然，其品位和档次反而更高。

（四）处理好亭子的整体色彩

亭子的整体色彩主要由以下两个因素来确定，一是根据所使用的主要材料来确定，如木制、琉璃瓦及黑瓦顶的亭子可以在梁架上面做油漆彩画，因此可以做到金碧辉煌，而石、竹制及茅草顶亭则不能油漆彩画，最好采用所用材料的本色，以体现其朴素、自然；二是根据所处环境来确定，如皇家园林中的亭子多金碧辉煌，而私家园林中的亭子即使使用木构，其颜色也应朴素淡雅。位于自然生态环境中的亭子更以色彩典雅为宜，可以使用木材、石材本色，并尽可能减少人工的雕琢。

第八节　游廊

游廊又称作廊、廊子、游廊。通常是作为建筑物之间相互连接并可避雨纳凉、观景的带状建筑。游廊在我国园林的总体布局中，整个园林可以看作是一个“面”，厅、堂、轩、馆、亭等建筑即是一个“点”，而廊、墙、路等则可成为园林中的“线”，园林中通过这些“线”的连络，可把分散的“点”联系成为一个有机的整体，它们与山石、水面、植物互相配合，可将整个园林的“面”划分成一个个独立的景区，从而增加园林的层次，使其更加丰富。

一、游廊在园林中的作用、种类和特点

（一）游廊在园林的作用

游廊在园林的作用归纳起来主要有以下五点，即：起连接殿阁厅堂和各个景点的通道作用；起防雨和防晒的作用；起观景和休憩的作用；起景观和观赏的作用；起分割景区和空间的作用。封闭的暖廊还可以起到保温及遮蔽风雨的作用。

（二）游廊的种类

游廊的基本种类可以按照屋顶的形式、建筑平面与布局、所处的环境、立面或剖面等方面的不同来划分。

1. 按照游廊的屋顶形式不同划分

主要有：坡屋顶游廊、盝顶游廊、平屋顶游廊、悬山屋顶游廊、歇山屋顶游廊等。坡屋顶游廊又包括单坡屋顶游廊、两坡屋顶游廊、勾连搭屋顶游廊等。其中，以两坡卷棚、悬山屋顶游廊最为常见。

2. 按照游廊的建筑平面与布局不同划分

主要有：直廊、曲廊、折廊、回廊等。

3. 按照游廊所处的环境不同划分

主要有：平地游廊、爬山廊、水廊、桥廊、抄手游廊等。其中，爬山廊中又有叠落式和爬坡式两种。抄手游廊为北方四合院中连接东、西、南、北房之间的游廊。

4. 按照游廊的立面和剖面不同来划分

主要有：单层游廊、双层游廊（又称作楼廊）、两侧空透游廊、单侧空透游廊（又称作半壁廊）、两侧封闭游廊（又称作暖廊，封闭主要采用檐柱间安装门窗、砌墙、安装木板壁等方法）、复廊（墙壁两侧均设廊的双面游廊）等。

两层楼廊通常为单檐，二层木楼板下面设有随面阔方向的楞木和进深方向的承重梁，梁头外面横向安装挂檐板。首层与二层使用通柱，二层檐柱间、楼板以上部位安装栏杆。两层楼廊一般设置在楼阁与楼阁之间，主要起通道作用，同时还具有较强的景观作用。

两侧空透游廊是一种开敞式的游廊，游廊的前后檐柱间不设门窗或墙体（不含砖坐凳），通常在檐柱间、檐垫枋下安装吊挂楣子，檐柱间、廊心地面以上安装坐凳楣子坐凳板或砌筑砖坐凳。人们即可在廊内通行又可在坐凳上歇息。空透游廊便于人们从廊内向廊外观赏庭院景观。

单侧空透游廊其空透的一侧如同两侧空透游廊的做法，而另外一侧的檐柱间、檐垫枋以下廊心地面以上砌墙。墙的做法一般分成上下两段：下段为下碱，内外檐多采用干摆或者丝缝做法；上段墙身部分内檐为白粉墙，外檐多采用干摆、丝缝或淌白做法。每间墙身的中心部位安装一扇什锦窗或者漏窗。

两侧封闭游廊通常有两种形式：一种形式为廊子的两侧檐柱间（前檐柱与前檐柱之间或后檐柱与后檐柱之间）安装屏门或槛窗，槛窗安装在檐垫枋以下，槛窗的下面砌筑槛墙。而门则多采用四扇屏门形式；另外一种形式为前檐檐柱间安装门窗而后檐檐柱间砌墙的形式。后檐墙的做法与单侧空透游廊（半壁廊）后檐墙的做法相同，前檐门窗与槛墙的做法同前一种封闭游廊形式的做法。

两侧封闭式游廊即封闭式暖廊，以第一种形式居多。

叠落式爬山廊的侧立面呈阶梯形、根据地形按开间叠落，屋顶、台基等均呈为水平状态，只是各段标高不同而已。爬坡式爬山廊又称斜坡式爬山廊，这种游廊每个开间的侧立面均呈倾斜的平行四边形即菱形四边形状态，其屋顶、台基等均为连贯的斜线，而每根柱子都是与地面垂直的，柱头、柱根也是随游廊的坡度而倾斜。不仅如此，其他如四架梁、月梁、椽子等构件的断面也将变成菱形，吊挂楣子、坐凳楣子、台基等原本水平的构件也都随坡度而改变了形象。因此，爬坡式游廊会加大工程工料的用量，从而提高工程造价。

水廊是架设在水上或一侧临水的游廊。

桥廊是桥上建廊，因此也称作廊桥。桥廊即是廊又是桥。

水廊、桥廊、爬山廊以及楼廊的二层若采用空透游廊形式时，其坐凳需增设靠背栏杆（俗称吴王靠或美人靠），也可将坐凳取消改成护身栏杆。

（三）游廊的特点

1. 通常选用卷棚建筑形式

无论是哪一种游廊均选用卷棚建筑形式，而且以四檩卷棚居多。

2. 屋顶选用悬山建筑形式

游廊由于要与其他建筑衔接，悬山建筑的山面是最容易与其他建筑作衔接处理的建筑形式。

3. 柱子采用方形梅花柱的形式，且柱子不高

游廊与垂花门均使用此种柱式。方形梅花柱与圆柱除断面形状不同以外，相同柱径的两种柱式，方形梅花柱比圆柱看上去要略显纤细一些。这是因为方形梅花柱的边长只有圆柱径的5/7。另外，房屋与游廊的柱式变化会增加人们视觉的丰富感及愉悦感。

由于游廊在与其他建筑衔接时，游廊的屋顶要插在其他建筑的屋檐或两山博缝板以下，游廊的柱子过高会造成游廊屋顶与其相衔接建筑的屋檐、博缝板或山墙产生矛盾，甚至无法交代，后果严重。因此，确定游廊合适的柱高十分重要。

4. 面阔、进深较小，而且面阔大于进深。廊内不吊顶、彻上明照。由于游廊在建筑组群当中，与殿堂、厅堂相比，是属于次要建筑，位于从属地位。因此，游廊的面阔一般不超过殿堂或厅堂梢、尽间的面阔。进深也多随殿堂或厅堂廊步架的进深。园林中相对独立的游廊，其进深也只不过有2~2.5米，面阔大于进深是游廊最为显著的特点。

园林中的所有建筑，都带有很强的观赏性，而游廊和亭子一样，更加具有观赏性。因此，游廊的屋架完全暴露在外面，不吊顶，不作任何遮挡。较为讲究游廊的脊檩下面也设有垫板、垫枋，有的还将瓜柱改成造型别致的荷叶墩形式，脊檩下面只设随檩枋。

（四）四檩卷棚游廊大木丈尺做法

1. 面阔

一般控制在1.3~2.5米以内，最大不超过3米。

2. 进深：通常控制在1.3~2米以内，最大不超过2.5米。

3. 柱高

即檐柱径。通常以15倍檐柱径定高或2.3~2.5米。

4. 柱径

即檐柱径。柱采用正方形断面，四角裁有弧形凹槽的“梅花柱”形式。柱径控制在5营造寸（合16厘米）左右为宜，即15~18厘米见方之间。梅花线深度为四方形每边长的1/10。

5. 台基高度

等于或大于两步台阶，但不得高于该游廊所连接的殿宇、厅堂等建筑台基高度，一般应比殿宇、厅堂等主要建筑低一至两步台阶。

6. 下出

根据柱高而定，一般以柱高的2/10确定。

7. 上出

根据柱高而定，一般以柱高的3/10确定。在上出中，正身椽（老檐椽）檐出占上出的2/3，飞椽檐出占上出的1/3。飞椽可采用一头两尾做法。

8. 步架

四檩卷棚只有三个步架，即一个顶步架、两个檐步架。步架根据进深而定，一般顶步架以进深的1/5确定，檐步架以进深的2/5确定。

9. 举架

檐步架为五举。即前檐檐檩檩中（或后檐檐檩檩中）至前檐脊檩檩中（或后檐脊檩檩中）的垂直距离应该等于其两者水平距离（即檐步架）的5/10。

构成四檩卷棚游廊的木构件有：檐柱、檐垫枋、四架梁、檐垫板、檐檩、瓜柱（或使用荷叶墩替代）、月梁、脊枋、脊垫板（可不用脊垫板，脊檩以下直接使用脊枋）、脊檩、檐椽（又称正身椽）、罗锅椽、小连檐、望板、飞椽、闸挡板、大连檐、瓦口，转角部位有递角四架梁、递角月梁、搭角檐檩、搭角脊檩、角梁、枕头木、翼角檐椽、翼角飞椽，悬山部位有燕尾枋、博缝板，其他装修构件有吊挂楣子、花牙子、坐凳楣子、坐凳板、什锦窗，封闭式游廊还有槛窗、屏门等。

10. 四架梁

以进深加两倍檩径定长短、以檐柱径1.2倍或加1.5~2寸定厚，以本身之厚的1.25~1.3倍定高。进深较大者也可使用随梁枋，随梁枋断面尺寸同檐垫枋。

11. 月梁

以顶步架加两倍檩径定长短，以四架梁之厚、高的0.9倍定厚、高。

12. 瓜柱

以月梁厚的 0.9 倍定厚，以本身之厚或 1.1 倍定宽。如使用荷叶墩者，其断面可参照瓜柱断面尺寸。

13. 檐垫枋

即檐枋。以檐柱径定高，以本身之高的 0.75~0.8 倍定厚。

14. 檐垫板

以 0.3 倍檩径定厚，以四架梁底皮至檐檩底皮（平水）之高定高（宽）。

15. 脊垫板

以 0.3 倍檩径定厚，以月梁底皮至脊檩底皮（平水）之高定高（宽）。

16. 脊枋

如不用脊垫板即用随脊檩枋。脊枋以檐垫枋厚、高的 0.7~0.8 倍定厚、高。

17. 檩径

檐檩、脊檩同径。以檐柱径的 1.1 倍定径寸。

18. 椽径

檐椽、飞椽、罗锅椽同为方椽，同径。以檩径的 0.3 倍定径寸。椽当等于或略大于椽径，每间椽当居中。

19. 小连檐

以椽径定宽，以 1.5 倍望板厚定厚。

20. 望板

以 0.3 倍椽径定厚。

21. 大连檐

宽、高同椽径。

22. 博缝板

以 6~7 倍椽径定宽，以 0.25~0.3 倍檐柱径定厚。

23. 楼廊的檐柱径一般不小于 5 营造寸（16 厘米见方）；承重（梁）断面尺寸随四架梁或以檐柱径的 1.2 倍定厚、以本身之厚的 1.3 倍定高；楞木、间枋、沿边木以承重之高的 0.5 倍定高，以本身之高的 0.8 倍定厚；楼板、挂檐板以楞木厚的 0.3 倍定厚。二层檐柱间上安倒挂楣子、下安护身栏杆。

（五）瓦件

游廊多采用黑筒瓦屋面，通常使用三号筒、板瓦。

（六）石构件

游廊的石构件主要有：柱础（柱顶石）、角柱石、阶条石（台明石）、土衬石、垂带台阶、如意台阶、山石台阶等。

二、构筑游廊应注意的问题

（一）处理好游廊与其相连接建筑的衔接关系

1. 处理好与垂花门的衔接关系

在与垂花门衔接时，游廊屋面要低于垂花门博缝板下皮，而且还不能妨碍游廊屋面施工。

2. 处理好与亭子的衔接关系

在与亭子衔接时，游廊屋面也应位于亭子檐椽下方，并且贴近亭子檐柱，如果游廊的尺度把握不好，就会造成游廊与亭子出檐方面的矛盾。

3. 处理好与厅堂的衔接关系

与厅堂建筑的连接，通常是与厅堂两侧山面的廊步衔接。硬山建筑或悬山建筑殿宇、厅堂是贴靠在山墙筒子门的外侧，游廊屋面应以不破坏厅堂建筑完整的博缝为宜。游廊的边柱紧贴山墙时，可以安装假博缝头。

（二）处理好游廊廊心地面标高与其相连接建筑室内地面标高之间的关系

一般情况下，游廊廊心地面标高应比它所连接的殿宇、厅堂、亭建筑室内地面低一步台阶，可与垂花门室内地面持平；当殿宇、厅堂建筑有正房和厢房时（如四合院），作为抄手游廊的廊心地面标高既可与厢房室内地面持平、低于正房一步台阶，也可低于厢房一步台阶，而低于正房两步台阶。

（三）处理好游廊山面建筑结构形式以及边柱、博缝板、排山屋脊等与垂花门、殿宇、厅堂、亭等建筑衔接时的相互关系

极少数是采用歇山形式的。山面采用歇山形式不能与垂花门、硬山建筑殿宇、厅堂和悬山建筑厅堂衔接，而只能与亭或歇山建筑厅堂衔接。

（四）处理好游廊两侧的地面标高和雨水排放问题

在构筑游廊时，还要处理好游廊两侧室外地面标高和雨水排放问题。由于游廊通常较长，因此，游廊内外排放雨水问题必须事先作好安排。排放雨水要从两个方向即顺着游廊台基方向和横向穿过台基方向解决。

1. 处理好需要穿过游廊的排水问题

穿过游廊排水是通过事先安排在台基或基础中的排水管沟完成的。如在台基中设置管沟，往往还在管沟

外侧、台基陡板露明部位安装有用石材雕琢的“沟眼”。

2. 处理好顺着游廊排水问题

顺着游廊方向排水，通常采用在散水外侧砌筑“荷叶沟”以及埋设管沟的做法。为了美观，管井的井口与井盖均用石材雕琢制成，其造型十分耐看。

（五）处理好半壁廊后檐墙的内外包金尺寸、半壁廊后檐墙里外檐的做法以及什锦窗的做法等问题

1. 处理好半壁廊后檐墙内外包金的尺寸很重要

因为这个尺寸既关系到游廊的使用又关系到游廊的美观。首先是在内檐檐柱两侧要留好柱门。所谓柱门，是指墙体竖向凹进去将柱子局部露出来的部位，有柱门的墙体一般是发生在可以将柱子砌在墙内但又很难完整包砌进去的情况，为了展示建筑屋架的完整性、最大限度减少木柱受腐，解决墙体难以完整包砌柱子的问题。游廊后檐墙内檐要巧妙采用留柱门手法。

在半壁廊中，后檐柱间的墙需偏中砌筑，即外包金（后檐柱中至墙外皮的水平距离）要大于内包金（后檐柱中至墙内皮的水平距离），半壁廊后檐墙的内包金一般不大于 10 厘米（指墙体下肩），墙体与后檐柱交接处退出八字，将后檐柱的一个看面及梅花线完整的暴露出来。

2. 半壁廊后檐墙里外檐的一般做法

半壁廊后檐墙里外檐的做法是不同的，其不同主要表现在墙身和签尖的不同方面。后檐墙的里外檐均由下肩和墙身两部分组成。

外檐做法：规格较高的墙体下肩和墙身均采用干摆做法，规格偏低一点的下碱采用干摆做法、墙身采用丝缝做法，采用后一种做法者较为普遍。墙身上面出一层拔檐，签尖通常采用“馒头顶”的做法；

内檐做法：下碱通常采用干摆或丝缝做法，墙身采用白粉墙做法，上端签尖部分抹出八字与檐垫枋相交。

3. 安排好什锦窗的做法

什锦窗位于每一开间墙身的中心部位，其造型多种多样、内涵各有不同。什锦窗的总高（或称作宽度，即下贴脸儿下皮至上贴脸儿上皮的垂直高度）约等于檐柱高的 1/3，其长度（即左右水平方向的长度）则要根据该什锦窗造型的不同而不同。这里需要注意的是，尽管每一扇什锦窗的长度不一，但每一扇什锦窗的高度应一致或者相对一致，而且各什锦窗的水平中线应成为一条重合的水平线（图 4–8–1）。

什锦窗外围的宽边被称作“贴脸儿”。贴脸儿宽为

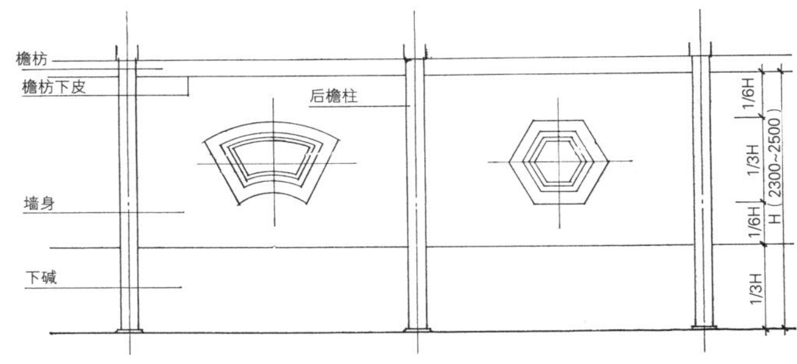

图 4–8–1　半壁游廊什锦窗权衡比例参考图

什锦窗总高的 1/7、约 10~12 厘米，内缘带有线角（多为窝角线，线宽 1 厘米左右）。贴脸儿主要有砖、木两种，由于木贴脸儿经不住风雨长时间的侵蚀，因此，多用于什锦窗的内檐，而外檐多使用砖贴脸儿。

北京颐和园的长廊是空透游廊的一个突出的实例。它建于 1750 年，1860 年被英法联军烧毁，清光绪年间重建。它东起“邀月门”，西至“石丈亭”，共 273 间，全长 728 米，是我国园林中最长的廊子。整个长廊北依万寿山，南临昆明湖，把万寿山前山的十几组建筑群有机地联系起来，增加了园林空间的层次和整体感，成为交通的纽带。

颐和园“排云殿”和“画中游”，借助爬山廊构成建筑群落，增强了建筑群的宏伟感。顺排云殿西侧的爬山廊登高至“德辉殿”，人工的雄伟气势的确令人叹服。再往上，围在 38 米高佛香阁外围四方形回廊是一组暖廊，它建在大块方整石砌筑的石台上，无论从它在佛香阁一组建筑群中所起的艺术作用，还是它本身提供给人们休息与观赏的价值上看，它的设计都是非常成功的。

颐和园谐趣园的游廊迤逦曲折，有时跨越溪流，有时穿插于松竹之间，通过游廊把园中建筑、山池结合成为一个整体。

北海公园琼岛北端的“延楼”，是呈半圆形弧状平面的双层楼廊。“延楼”东起“倚晴楼”，西至“分凉阁”全长共 60 间，呈东西对称布局。“延楼”环抱琼岛北岸，迎面为北海水面。从延楼向北望去，水天一色，远处五龙亭临水而建，宛如水上游龙。从北海北岸向南望去，延楼好比一条金碧辉煌的彩带将琼岛北麓的各个景区景点连成一个整体，加之神秘的琼岛和白塔倒映在水中，景色迷人。

北海公园画舫斋也是以游廊作为划分园林空间主要手段的园中之园。它以回廊、曲廊、平廊、爬山廊、桥廊等多种形式，将原本并不大的一个空间划分成山

庭、水庭、大庭、小庭等多个空间，而且它们之间互相衬托、互为因借，构成一个统一当中有变化、变化当中求统一的整体。

北京中山公园南部的长廊，始建于1914年，后于1971年翻建。翻建后的长廊共284间、总长700余米。中山公园长廊将公园南门、来今雨轩、水榭、唐花坞、兰亭八柱亭等连接为一体，体现了园林艺术的节奏和韵律美。

第九节　画舫、舫式建筑与水榭

一、园林画舫

园林画舫通常是指在园林江湖当中的一种造型优美、装饰华丽，遮阳避雨，可供人们乘坐和观景的船舶。如果将画舫的头部和尾部装饰成“龙”的形象，便称作“龙舟画舫”。

在中国园林中，比较讲究的画舫多采用与园林建筑相谐调的园林小品建筑形式，将画舫作为一种可以移动的园林建筑景观来对待，不过体量较小，多采用轻体材料如木材、铁皮等制作。有些画舫还可以采用一些现代轻体材料如塑钢、压缩板等，将其预制成中国建筑的屋面、屋脊等，经过精心组装以后其效果也是很不错的。

园林画舫的形式基本上有单舱舫、两舱舫、三舱舫、楼阁式舫四种类型。其中，多数是不带门窗、四面开敞的画舫，即“敞厅舫”，但也有少数为四周封闭、带有门窗的“暖舱舫”。暖舱舫的门窗能够开启，可以避免人们受风雨、浪花的侵袭和干扰，保持船舱内的室温，高档的画舫还可以安装空调设施。敞厅舫及暖舱舫内均设有固定的座椅。

一般单舱画舫可以由三开间组成。舱顶（屋顶）形式可采用平屋顶、盝顶、悬山、歇山等形式。柱间上安吊挂楣子、下安坐凳与靠背栏杆，全部梁架油饰彩画。船舱内也可以另外设置固定座椅。

两舱画舫既可由三开间组成，也可由五开间组成，并将其分成前舱和后舱两个空间。一般情况下，前舱只占一个开间，其余为后舱。前舱正立面朝向船头方向，屋顶规格与尺寸均高于后舱。如前舱屋顶可采用悬山或歇山形式，后舱屋顶可采用平屋顶、平屋顶上加装朝天栏杆或盝顶形式。

三舱画舫一般在五开间以上。分别由前舱、中舱和后舱组成。一般情况下，三舱舫的前、后舱各占一个开间，其余为中舱。前舱、中舱的做法与两舱舫大体相同，而后舱的正立面则朝向船尾方向，且屋顶的规格、尺寸还要略高于前舱。如前舱屋顶采用悬山形式，而后舱则可采用歇山形式。

楼阁式画舫可以是单舱舫，也可以是两舱舫或三舱舫，但一般体量较大。两舱舫和三舱舫的楼阁部分通常是安排在后舱并安装有门窗。

目前，园林中多以机动画舫为主，因此，前舱还要安排驾驶员的操作台位置和操作空间。为保证水质不会受到污染，机动画舫最好选择太阳能或者电能等环保清洁能源的动力系统。

二、舫式建筑

舫，即船。舫式建筑是一种观赏性、趣味性及实用性均较强的建筑形式，主要是指多用于园林湖泊岸边模仿舟船画舫造型，主要供人们休憩和观赏水景的一种固定性的临水小品建筑。有时在特定环境下，亦可在陆地上面构筑，称作“旱舫”。用于园林中的舫式建筑，亦可简称“舟”或“舫”，也有以“船”、“艇”、“舸”、“轩”等来命名的。

舫式建筑在我国何时出现，目前尚无定论。但最晚不会超过北宋时期，因为欧阳修在庆历二年（1042年）任滑州通判时，就在衙署东面建有“画舫斋”并著有《画舫斋记》。明、清时期，我国古典园林中使用舫式建筑比较普遍，不管是皇家园林还是私家园林、南方园林还是北方园林，可以说是比比皆是。在近现代一些传统园林当中，也经常用来作为小品建筑或者大型商业建筑使用。

舫式建筑用于园林之中，比较知名的范例，建于清代的如皇家园林中建于清代乾隆二十年（1755年）北京颐和园的“清晏舫”、北方私家园林中建于清代光绪十五年（1889年）山东济南十笏园的“稳如舟”、南方私家园林中建于清代晚期苏州拙政园的“香洲”以及苏州怡园的“画舫斋”、建于清代乾隆年间南京煦园的“舟舫”、建于清代光绪年间江苏吴江退思园的“闹红一舸”等；建于近代的如苏州狮子林建于1918~1926年间的“石舫”、山西太原晋祠建于1930年的“不系舟”、陕西西安华清池建于1956年的“龙石舫”等。

有时，舫式建筑在园林当中并不临水，只是通过周围环境的烘托与暗示，也可使人们产生碧波荡漾水环境的联想，来构成一定的园林意境。如扬州寄啸山庄的“静香轩”，本是一座敞厅，由于周围地面铺装成水波纹样，好似波纹涟漪，“静香轩”有如荡漾在清波水面上一般。且敞厅上面有对联曰：“月作主人梅作客，花为四壁船为家。”北京中山公园原来曾有一座“碧纱舫”，是建在绿树林中，属于“旱舫”，从远处望去，好像是在绿纱帐中的一条画舫。

舫，作为一种建筑形式在园林中出现，不仅可以使园林建筑的种类和形象更富于变化，从而丰富了园林景观，而且还可以为园林增添快意，带来活力。虽然舫式建筑不能够游动，但是身临其中，可见船边荡漾的水波，颇有一种乘船游荡于水上的感觉，极富情趣。人们在船舱内游玩宴饮，十分惬意。

古代私家园林中的舫，还经常用来作为主人的化身，体现其不可随波逐流、同流合污，没有风波之险、但又有坐享烟波之趣，逍遥自在、无拘无束、无劳无忧、孤芳自赏、放荡不羁的个性与心态。

（一）舫式建筑的特点与造型

1. 舫式建筑的特点

作为园林建筑的舫，通常用于水边。舫的主要部分三面环水，船头部位一侧设有石板或平桥与泊岸相连。

舫式建筑一般由船台、船舱和跳板三个部分组成。船台又称船体，即船形建筑的台基，多由石或砖石砌筑。船头、船尾和船舷既可大体上模仿真船造型（仿真型），亦可采用更加概括的平台形式（写意型）；船舱多用木构，可简可繁，船舱顶部可平可坡，坡顶一般使用筒瓦屋面；跳板通常使用石板构筑，亦可采用平桥形式。

简单的舫式建筑只有一组船舱，多选用平顶、盝顶或悬山屋顶的建筑形式。较为复杂的舫式建筑可选用前后两组船舱或前、中、后三组船舱的平顶、盝顶与悬山或廊与亭相结合建筑形式。少数大型舫式建筑也有采用二层或二层以上楼阁式舱楼形式的。由于中、小型园林的水面较小，因此，舫式建筑不宜过大，应以单层两舱或三舱舫为首选。

舫式建筑又有敞厅舫、暖舱舫和敞厅与暖舱的混合舫形式。

敞厅舫檐柱间上安倒挂楣子、下安坐凳板及坐凳楣子，坐凳板上安装靠背栏杆，上、下楣子棂条纹样相同。前后两山柱间安装通透花心的落地罩，花心棂条纹样同倒挂、坐凳楣子。

暖舱舫檐柱间下做槛墙、榻板，上安固定或推拉式槛窗。前后两山柱间安装隔扇门或风门。

敞厅与暖舱混合舫多为楼阁式两舱或三舱舫，一般前舱、中舱为单层敞厅，后舱为带有门窗的楼阁。

园林中的木构舫式建筑多采用四檩卷棚屋架，楼阁部分亦可采用五檩或六檩卷棚屋架，檐柱一般使用梅花柱形式。

2. 舫式建筑的造型

舫式建筑的造型主要取决于船台即船体和船舱两个部分，其中，船舱更为重要。

下面给大家介绍几种舫式建筑船舱的形式：

（1）单舱舫

①平屋顶敞厅或暖舱舫，通常三开间。

②盝顶敞厅或暖舱舫，通常三开间。

③卷棚悬山屋顶敞厅或暖舱舫，通常三开间。

④卷棚歇山屋顶敞厅或暖舱舫，通常三开间。

四川眉山三苏祠的“船坞”，即是一座单层单舱歇山屋顶的敞厅舫；山西太原晋祠的“不系舟”，也是一座单层单舱歇山屋顶的敞厅舫。

（2）两舱舫

共三间或四间。前舱一开间，后舱两间或三间。前舱面阔朝船头船尾方向，后舱面阔方向朝向船身两侧（图 4–9–1、图 4–9–2）。

①前舱悬山卷棚、后舱平屋顶的敞厅或暖舱舫。

北京中山公园内的“旱舫”即是前舱为悬山卷棚、后舱为平屋顶的单层两舱暖舱舫。

②前舱悬山卷棚、后舱盝顶的敞厅或暖舱舫。

③前舱悬山卷棚、后舱两坡顶的敞厅或暖舱舫。

④前舱横向悬山卷棚、后舱纵向悬山卷棚的敞厅或暖舱舫。

江苏扬州静香书院的“莳玉舫”，即是一座前舱为横向悬山、后舱为纵向悬山的单层两舱敞厅舫；江苏吴江退思园的“闹红一舸”，是一座前舱为横向悬山暖舱、后舱为纵向悬山暖舱的单层两舱舫。

浙江杭州“曲院风荷”的舟舫比较特殊，是一座前舱为悬山敞厅、后舱为单檐歇山暖舱的单层两舱舫。

⑤前舱单檐或重檐歇山卷棚、后舱盝顶的敞厅或暖舱舫。

⑥前舱单檐或重檐歇山卷棚、后舱悬山卷棚屋顶的敞厅或暖舱舫。

⑦前舱单檐或重檐攒尖、后舱平屋顶的敞厅或暖舱舫。

⑧前舱单檐或重檐攒尖、后舱盝顶式敞厅或暖舱舫。

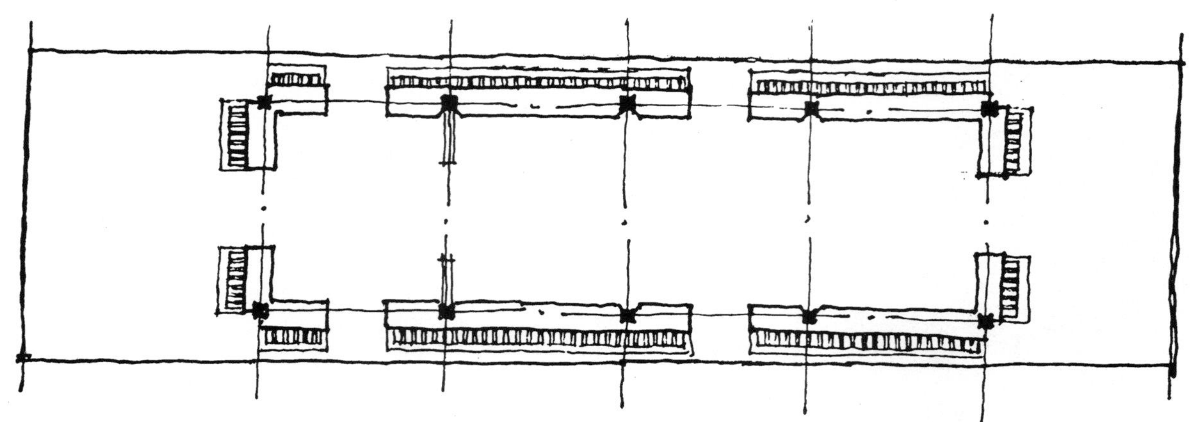

图 4-9-1　悬山、平顶两舱舫平面、立面图

图 4-9-2　悬山、两坡顶两舱舫侧立面图

⑨前舱单檐或重檐攒尖、后舱悬山卷棚屋顶的敞厅或暖舱舫。

⑩前舱单檐或重檐攒尖、后舱歇山卷棚屋顶的敞厅或暖舱舫。后舱与前舱连接部分的后舱屋顶需做成悬山形式。

（3）三舱舫

共四间或五间。前舱、后舱各一开间，中舱两间或三间。前、后舱面阔方向朝向船头船尾，中舱面阔方向朝向船身两侧（图 4-9-3~ 图 4-9-7）。

①前舱单檐或重檐歇山卷棚、后舱悬山卷棚、中舱、平屋顶式敞厅或暖舱舫。

②前舱单檐或重檐歇山卷棚、后舱悬山卷棚、中舱盝顶式敞厅或暖舱舫。

③前舱单檐或重檐歇山卷棚、后舱悬山卷棚、中

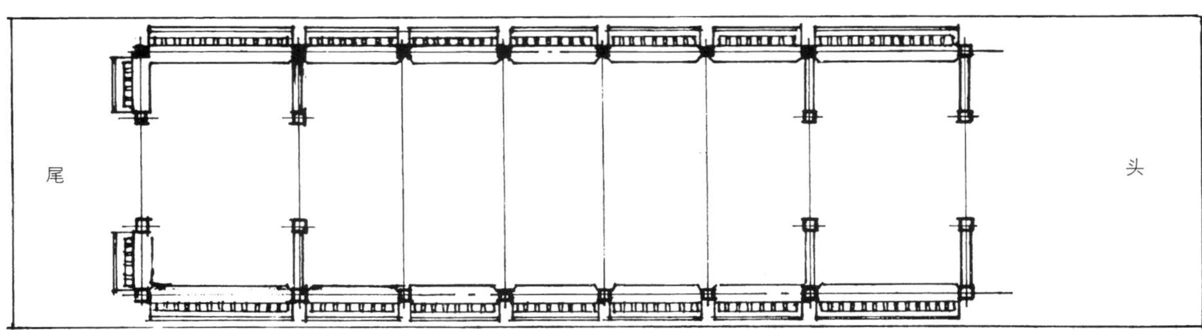

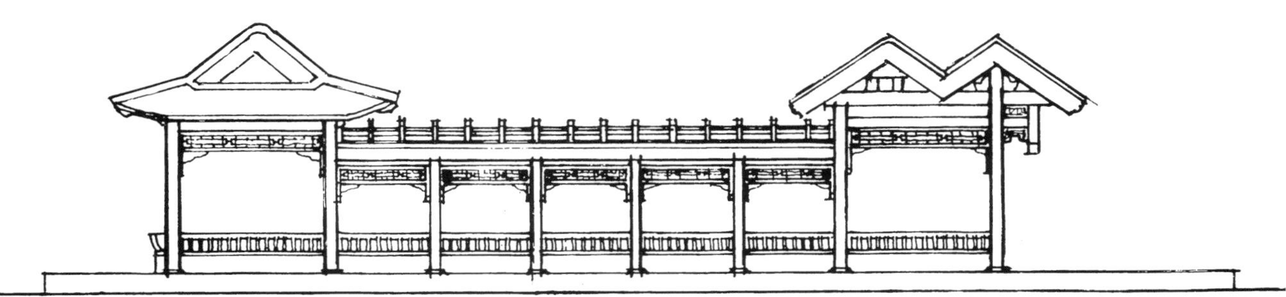

图 4-9-3　勾连搭、平顶、单檐歇山三舱舫平面、侧立面图

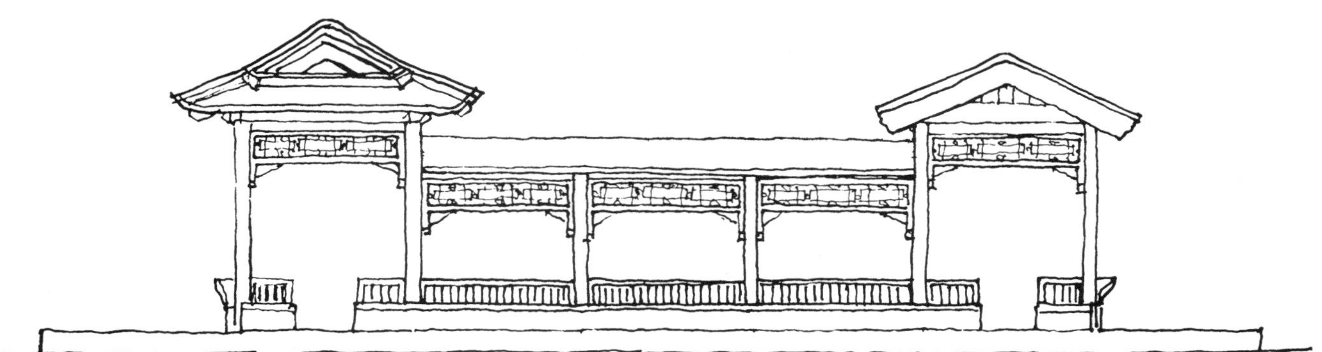

图 4-9-4　单檐歇山、两坡顶、悬山三舱舫侧立面图

图 4-9-5　单檐歇山、两坡顶、重檐歇山舫立面

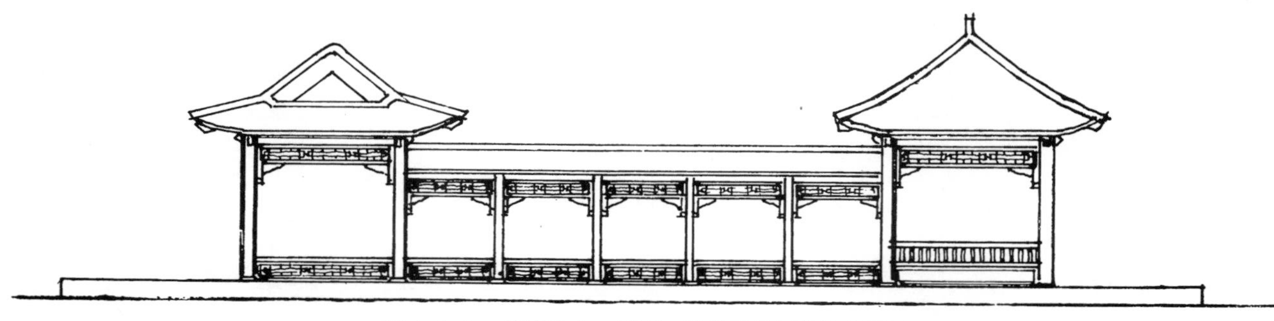

图 4-9-6 单檐歇山、盝顶、单檐攒尖三舱舫立面图

图 4-9-7 单檐攒尖、盝顶、重檐攒尖舫立面图

舱两坡卷棚屋顶式敞厅或暖舱舫。

④前舱单檐歇山卷棚、后舱重檐歇山卷棚、中舱卷棚屋顶式敞厅或暖舱舫。

⑤前舱单檐或重檐歇山卷棚、后舱单檐或重檐攒尖、中舱平顶或盝顶式敞厅或者暖舱舫（图 4-9-6）。

⑥前舱单檐攒尖、后舱重檐攒尖、中舱平顶或盝顶式敞厅或者暖舱舫（图 4-9-7）。

⑦前舱单檐或重檐歇山卷棚、后舱单檐或重檐攒尖、中舱卷棚屋顶式敞厅或暖舱舫。

⑧前舱悬山卷棚、后舱单檐攒尖、中舱平顶或盝顶敞厅或者暖舱舫。

⑨前舱悬山卷棚、后舱单檐攒尖、中舱卷棚屋顶式敞厅或暖舱舫。

⑩前舱单檐歇山卷棚、后舱单檐庑殿、中舱卷棚屋顶式敞厅或暖舱舫。

（4）楼阁式舫

楼阁式舫是指二层以上的舫式建筑。其屋顶形式大体上与前面所讲到各种舫的屋顶形式基本相同，但以三舱式居多，三舱式又以前舱、中舱为单层，后舱为楼阁者居多（图 4-9-8、图 4-9-9）。

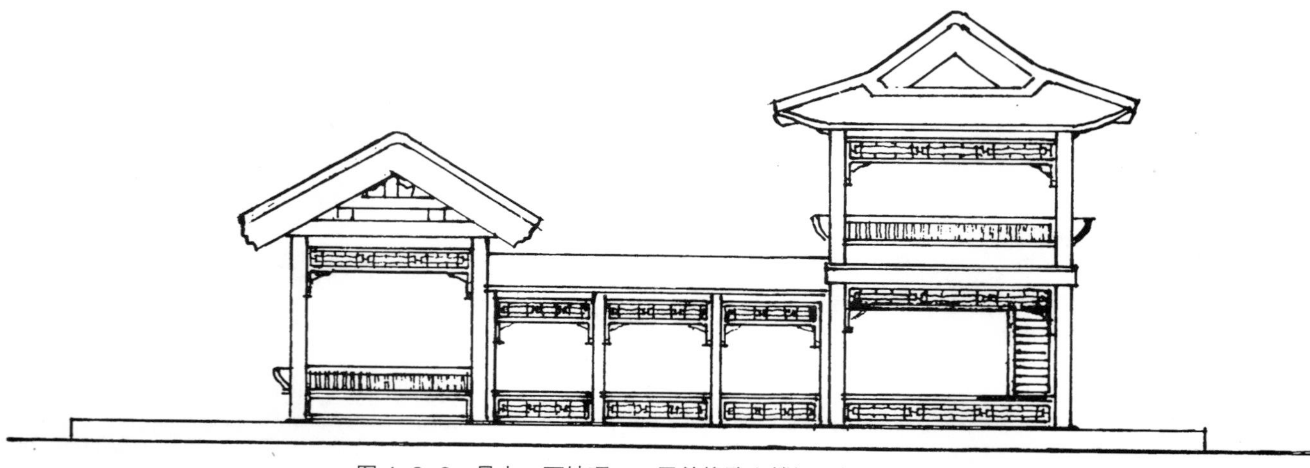

图 4-9-8 悬山、两坡顶、二层单檐歇山楼阁三舱舫侧立面图

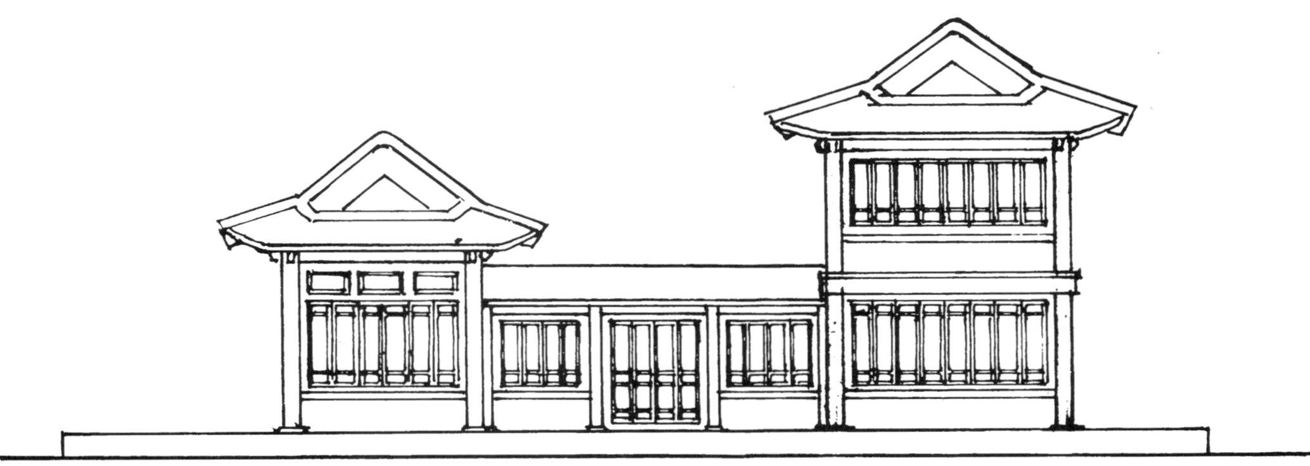

图 4-9-9　单檐歇山、两坡顶、二层单檐歇山楼阁暖舱舫侧立面图

北京颐和园中的“清晏舫”，即是一座两层三舱楼阁式石舫；苏州拙政园的“香洲”，即是一座前舱为单层单檐歇山敞厅、中舱为单层两坡顶敞厅、后舱为两层单檐歇山暖舱的三舱楼阁式舫；苏州怡园“画舫斋”，是一座前舱为单层单檐歇山敞厅、中舱为单层两坡顶敞厅、后舱为两层重檐歇山楼阁暖舱的三舱楼阁式舫；江苏扬州西园曲水的“翔凫”石舫，是一座前舱为单层四坡顶敞厅、中舱为单层重檐暖舱、后舱为两层单檐歇山暖舱的三舱楼阁式舫；江苏常熟兴福寺“团瓢舫”，是一座前舱为单层单檐歇山敞厅、中舱为单层两坡顶敞厅、后舱为两层单檐歇山楼阁暖舱的三舱楼阁式舫；江苏南翔的舫式建筑，是一座前舱为单层单檐歇山、中舱为单层两坡顶屋面、后舱为两层单檐歇山的三舱楼阁式暖舱舫；广东顺德清晖园的船厅，是一座单舱两层单檐歇山屋顶的楼阁式暖舱舫。

三、水榭

水榭是一种设置在水上或者临水、可供人们休息以及观赏水景的敞厅建筑。

水榭在中国传统建筑园林中多有应用，全国各地不胜枚举，数不胜数。如北京颐和园谐趣园中的“洗秋”和“饮绿”水榭、“鱼藻轩”水榭，北海公园内的“濠濮涧”水榭，中山公园内的“水榭”，紫竹院、陶然亭公园内水榭，江苏南京中山陵水榭，苏州拙政园的“芙蓉榭”、怡园的“藕香榭”，浙江杭州的“平湖秋月”水榭，广东广州兰圃的水榭等都是水榭建筑形式在园林中运用得十分成功的范例。

水榭的功能与作用和舫式建筑基本相同。水榭除了可供人们休息和观景之外，还可以作为展览室、阅览室、接待室、茶室、餐厅、舞厅、音乐厅等使用。

水榭建筑的特点

1. 水榭建筑的平面多为长方形，临水或水面宽阔一边为长边。水榭建筑可以是一座，也可以是组群，不论是一座还是一组，其架设在水上建筑的正立面应该朝向水面，而且，水上平台离水面较贴近，以保证其观赏水景的功能；

2. 水榭的建筑形式多为卷棚歇山建筑，若组群者，其架设在水上的建筑通常采用卷棚歇山形式建筑。这是因为卷棚歇山比起悬山、盝顶、平顶等其他建筑形式的屋顶造型更为丰富、更加优美，对园林景观的构成更具有冲击力；

3. 水榭建筑可以整体架设在水上，亦可一部分架设在水上，其临水的一面通常是开敞的，柱间不设门窗而采用坐凳或者坐凳栏杆的形式。这也是因为水榭所具有观赏水景的特定功能而使然；

4. 水榭建筑在结构和构造上的特点，就是传统的木构水榭是通过立在水中的柱子，进深方向的承重梁，面阔方向的楞木、间枋、沿边木挂檐板及进深方向的楼板等构件架设在水上而不是悬挑在水上的。水榭建筑在某种程度上与楼阁的构造有些相似之处。宋代以前的水榭建筑还经常使用平坐与平坐斗栱来构筑水上平台；

5. 由于水榭建筑是架设在水上，因此，立在水中的柱子必须使用防水性能较好、耐潮湿、耐糟朽的木材，如柏木、杉木等，同时，还要做一些防水、防腐方面的技术处理。另外，房屋的基础也要采取一些相应的技术措施以保证水上建筑的绝对安全。近代水榭的平台以下部分一般使用钢筋混凝土浇筑，可以解决木材的诸多弊病。

根据水榭在园林中的功能和特点，我们在具体应用时，一定要处理好水榭建筑与周围整体环境之间的关系，包括与水池、池岸之间的关系；与其他建筑之间的关系；水榭的建筑形象、建筑体量、建筑色彩等与周围环境之间的关系等。

第十节 桥

本节研究的对象是中国传统建筑园林中的桥。桥，又称作桥梁。通常是架设在水上、供车辆及行人通行的建筑，园林中的桥还具有独特的景观价值。

我国具有两千多年悠久的桥梁建筑历史，在世界桥梁史上占有非常重要的地位。

一、园林中桥的种类

（一）从基本构造上分类

园林中桥的种类很多，如从桥的基本构造上分类，主要有：墩台桥、梁桥、拱桥、吊桥四种基本类型。

1. 墩台桥

墩台桥又称作墩台式桥、墩台担板桥，是在水中砌筑墩台，台上架设较厚的桥面石板，桥面两侧可安装石栏杆。墩台桥多用于园林中的平石桥，一般体量不大，墩台间距较小，水浅者亦可不设栏杆。墩台桥是园林桥中结构最为简单、应用最为普遍的一种桥。有单孔、双孔、三孔和多孔墩台桥等多种类型。

2. 梁桥

梁桥又称作梁柱式桥、抬梁式桥，是在水中筑墩或立柱，柱或墩上面架梁，梁上铺设桥面等构件的桥。梁桥按功能可分为跨空梁桥、漫水梁桥等，按孔或间数的多少又可分为单跨（间）式梁桥、双跨（间）式梁桥、三跨（间）式梁桥、多跨（间）式梁桥等，也可以成为曲桥。按梁桥主要使用材料可分为石墩石梁桥、砖石梁桥、木构梁桥、混凝土梁桥等。

3. 拱桥

拱桥又称作拱券式桥。是以拱券作为桥身主要承重结构的桥梁，拱券式桥既可是平桥，也可是起拱桥。如按孔洞的多少又可分为单孔平桥、多孔平桥、单孔拱桥、多孔拱桥等，按孔洞的弧度大小和孔洞的形状又可分为坦拱桥（高跨比小于1：4，拱顶呈弓形）、半圆拱桥（高跨比大于1：4，拱顶呈半圆形）、陡拱桥（高跨比大于1：2）、蛋形尖拱桥（拱顶呈椭圆形）、桃形尖拱桥（拱顶呈尖圆形）等，按主要使用材料还可分为石拱桥、木拱桥、砖石拱桥、混凝土拱桥等。

4. 吊桥

吊桥又称作悬桥、吊索桥、悬索桥等，是桥面直接铺在悬索上面的桥。悬索以铁索为主，桥面用木板铺设。古代用于城防中，架设在护城河上的吊桥以及现代斜拉式桥梁亦当属此类。

园林中使用较多的是墩台桥、梁桥及拱桥。

（二）从桥的建筑形式和桥身结构上分类

从建筑形式分类，主要有：平桥、拱桥、吊桥、廊桥、亭桥等；从桥身结构上分类，主要有：墩台式桥、拱券式桥、台梁式桥等，墩台式桥主要由墩台、桥面、栏杆等组成；拱券式桥主要由拱券、桥面、栏杆等组成，而台梁式桥则主要由柱、梁、板、栏杆等组成。

1. 平桥

平桥是桥面平坦的桥，平桥又可以分为一字平桥和折桥两种，折桥又称曲桥，如三曲桥、五曲桥、七曲桥、九曲桥等。

2. 拱桥

拱桥是桥面拱起的桥，又称作起拱桥、罗锅桥。

3. 吊桥

吊桥是以桥的墩柱为支点，向下悬吊的桥，故又称作悬桥。

4. 廊桥

廊桥既是廊又是桥，如安装有门窗即可在廊内遮风避雨，故这种桥又称作风雨桥。

5. 亭桥

亭桥是在桥的中心部位或者两端建有亭子，故名。

（三）从桥的孔洞数量上分类

主要有单孔桥、双孔桥、三孔桥、五孔桥乃至十七孔桥等。

（四）从主要使用材料上分类

主要有石桥（方整石、山石）、木桥、竹桥、钢桥、混凝土桥等。其中，石桥多采用拱券结构形式，木桥多采用台梁结构形式。下面将重点介绍一下传统石桥。

二、传统石桥的构造

传统石桥基本由桥的墩台或者拱券（包括墩台拱券），桥面、桥底及护栏四部分构成。墩台、拱券既可单独使用，亦可结合在一起来使用，结合起来即为墩台拱券（图 4-10-1、图 4-10-2）。

1. 墩台

墩台又称桥墩或分水金刚墙，是用来支撑平桥桥

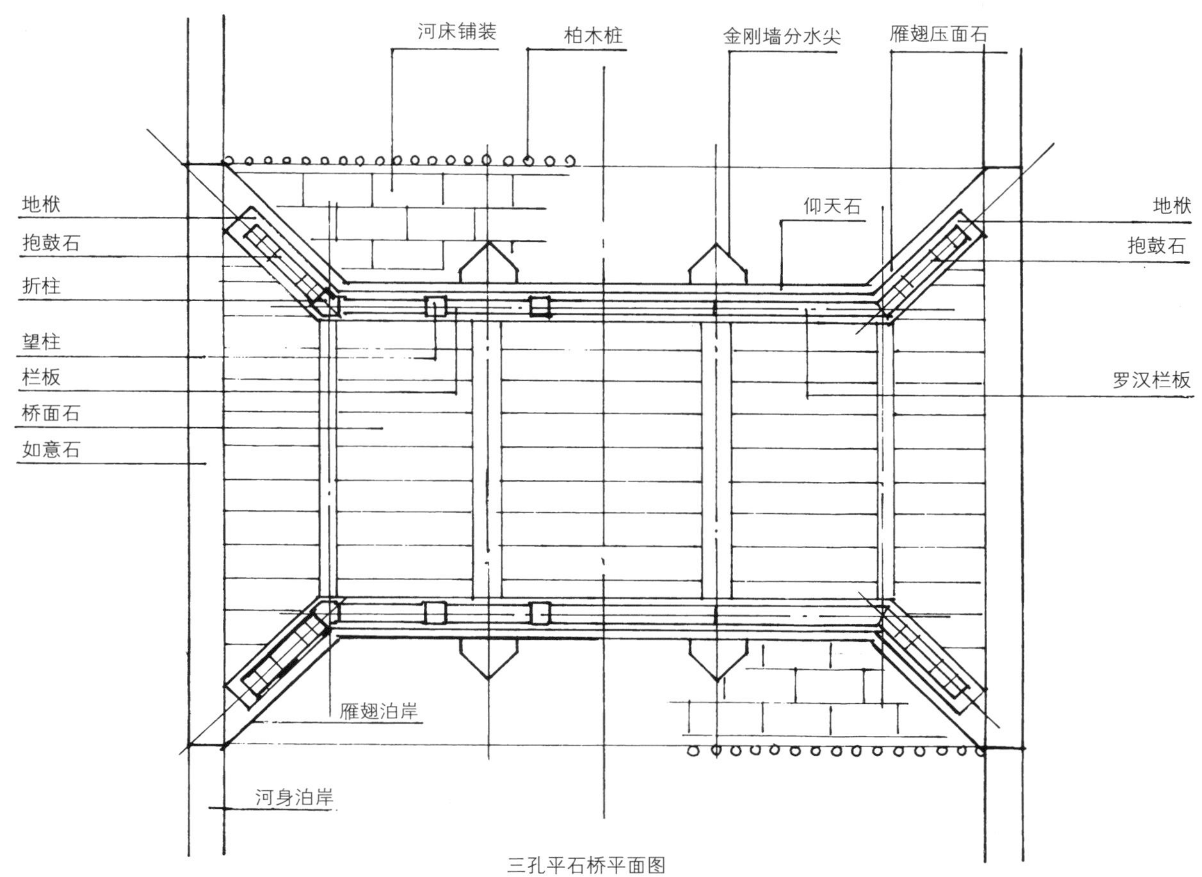

三孔平石桥平面图

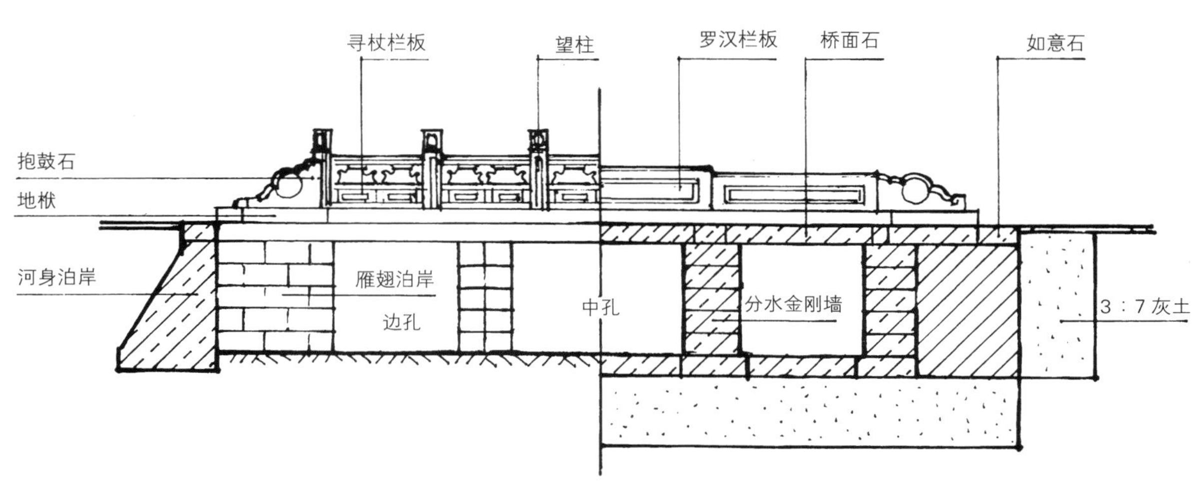

三孔平桥立面、剖面图

图 4-10-1　三孔平石桥平、立、剖面图

仰天石 河床铺装 罗汉栏板 罗锅栏板
地栿
抱鼓石
桥面石
桥心石
如意石
雁翅泊岸
河身泊岸
柏木桩

单孔拱桥平面图

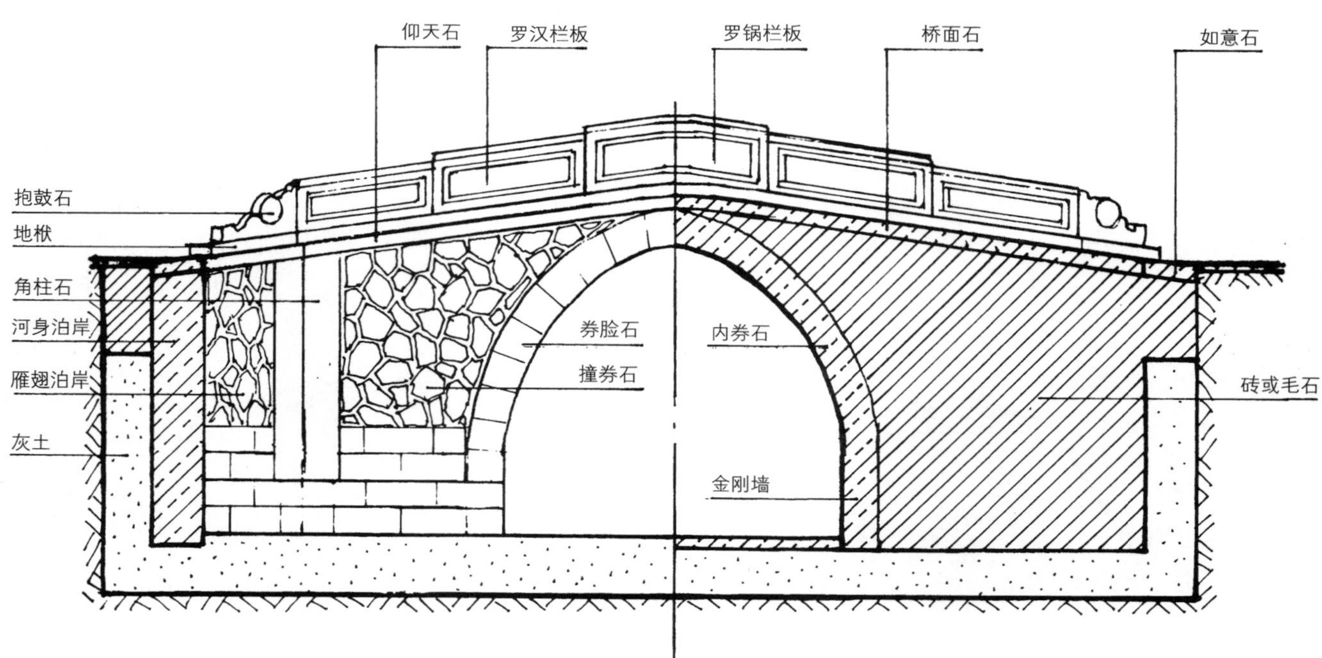

单孔拱桥立面、剖面图

图 4-10-2 单孔石拱桥平、立、剖面图

面的柱体部分。通常分水金刚墙的两端做成尖状，称作分水尖，其作用是分解水流对桥体墩台的冲力。当然，架设在流速较慢水面上桥的墩台两端亦可以不做分水尖。采用墩台形式的，桥面直接压在墩台上，桥洞形状为矩形。另外，与两端墩台相连的河道泊岸也要建成喇叭口状，即称作燕翅或燕翅泊岸。

2. 拱券

其作法又称作“发券”、“法券”。是根据在纵向荷载作用下，主要是竖向承受压力的力学原理而产生的一种建筑物洞口做法。通常采用抗拉力强度较差，而抗压强度良好，且能够就近取材、经济耐用的砖、石材料建造。用于砌筑石桥拱券的石料统称为拱券石，砌筑在洞口以内的石料为内券石，而砌筑在迎面一层的为券脸石，其中正中间的一块为龙门石或戏水兽面石。拱券石是砌筑在两侧方整石的金刚墙上面，金刚墙及拱券石的后面使用砖胎背里，砖胎背后为灰土。采用拱券形式的桥面压在拱券上，桥洞呈圆弧形，整座石桥既可建成平桥，也可建成拱桥。

有一些较为大型石桥的拱券，是建在墩台上面。这种做法就是墩台拱券。其中的墩台即分水金刚墙，其做法同上，亦由大块方整石砌筑。拱券的做法，与上面介绍的拱券做法也基本相同。墩台拱券既可用于平桥，也可用于拱桥，但更多用于拱桥。

3. 桥面

桥面位于墩台拱券或墩台、拱券上方，是桥的重要组成部分。桥面的主体为桥面石，桥面石呈长方形，多顺着桥的方向错缝铺装。桥面两侧边缘安装有条石曰仰天石，仰天石外侧雕刻出冰盘檐，上面安装栏杆地栿。桥面两端铺装有条石曰如意石，作为石桥的结尾。通常坦拱桥的桥面前后两坡均呈平直状态，只是桥面最高处的桥身中线部位呈折角状态。中心的一块栏板做成罗锅栏板，地栿做成罗锅地栿，桥面两侧的仰天石做成罗锅仰天。这种做法不仅美观大方，而且也可以降低制作安装石栏杆的难度。因此，这种做法被古代石桥广泛采用。

4. 桥底

是指与河床上皮持平、桥面正投影及两侧燕翅金刚墙以内的铺装地面。石桥桥底地面的做法通常是在桩基上面打两步3 ∶ 7灰土（每步灰土虚铺22.4厘米，夯实厚16厘米），然后在灰土上面铺装一层厚石板，外缘装条石牙子。石板地面两侧各栽一行柏木桩牙钉用来辅助稳固桥底。铺装石板的目的是为保护桥墩基础免受损害，故铺装的石板又称作桩板，或曰装板。

5. 护栏

护栏即钩栏，又称栏杆，护栏是从安全角度而言。传统石桥的护栏主要有四种形式：寻杖栏板护栏、罗汉栏板护栏、束莲栏板护栏和其他形式栏板护栏。石桥上面的护栏栏板要居中，栏板上面可以镌刻该桥的名称。

（1）寻杖栏板护栏

即寻杖栏板栏杆，又称寻杖栏杆、禅杖栏杆。寻杖栏杆主要有木制和石制两种，木制多用于楼阁，而石桥则采用石制寻杖栏杆。寻杖栏杆栏板雕刻有寻杖、荷叶净瓶、面枋、海棠池等形象，完整的石制寻杖栏板栏杆应包括望柱（含柱身、柱头两部分）、地栿等，栏杆结尾时安装抱鼓石。特殊讲究的可将抱鼓石改做靠山神兽；

（2）罗汉栏板护栏

即罗汉栏板栏杆。罗汉栏板栏杆的栏板雕刻较为简单，只是栏板中心部位逐层比四周略厚一点有如罗汉肚，故称。罗汉栏板栏杆又有两种形式：一种是带有望柱的罗汉栏板栏杆，一种是不带望柱的罗汉栏板栏杆。前者所有栏板高度完全一致，后者则栏板高度并不相同，当中的一块最高，其他两侧栏板高度逐层对称递减，一侧栏板通常有三、五、七块等。罗汉栏板栏杆栏板下面也安装有地栿，两端安装抱鼓石；

（3）束莲栏板护栏

即束莲栏板栏杆。束莲栏板栏杆与寻杖栏板栏杆基本相同，只是栏板的样式有些不同。束莲栏板无荷叶净瓶、面枋等，装饰比较简洁；

（4）其他形式栏板护栏

其他形式栏板护栏又称杂式栏板栏杆。其式样较多，如有栏板较为通透的、栏板满雕花纹的等。

寻杖栏板栏杆和束莲栏板栏杆既可用于平桥，也可用于拱桥，而罗汉栏板栏杆则多用于平桥或起拱较小的拱桥。

平桥的桥面两侧可以安装栏杆，如果桥面接近水面且水体很浅，桥面两侧亦可不安栏杆或者只在一侧安装栏杆，私家园林中的小桥也有采用条石坐凳代替石栏杆的。但水深者必须安装护栏。

桥面两侧亦可采用砌筑矮墙的方法取代护栏。

桥面栏杆所使用的材料通常与桥的主体使用材料相一致，如石桥通常使用石栏杆，木桥通常使用木栏杆，竹桥通常使用竹栏杆，钢桥通常使用铁栏杆，混凝土桥通常使用混凝土栏杆等。

桥面栏杆样式和做法的选择确定十分重要，因为它对于桥的整体形象、风格特色影响很大。但不管选择哪一种样式和做法，都必须做到坚固耐用，以确保人身安全。

通常桥的两端平面多为“八字”或曰“燕翅”、“喇叭口”、“燕尾”形，这是因为保护桥两端金刚墙、减少水流桥体的破坏而使焉。桥头下面两端金刚墙因而又称作八字金刚墙，两侧金刚墙八字与桥通行方向所形成的内夹角多为 30~45 度。由于桥两端的金刚墙呈八字形，因此，桥面栏杆两端也会随之呈现八字形，通常这个“八”字，多由抱鼓石来完成，较长的桥也可以由抱鼓石及一、两节栏杆来组成。如使用带有望柱的栏杆，“八”字转折部位使用八字折柱。如使用无望柱的栏杆，转折部位使用割角榫衔接。

三、传统石桥基础做法

传统石桥（两端金刚墙及分水金刚墙）基础多采用梅花桩基做法，选用直径 10 厘米左右圆木、长 1.5 米左右的柏木桩，将小头削尖后，按间距 20 厘米左右使用桩锤砸人地下，外露 15 厘米左右，中间用碎石填平后灌注灰浆或水泥砂浆。

四、古代园林中的名桥

在我国古代园林当中，桥的种类、数量最多，质量、造诣最高者当数清代皇家园林北京颐和园了。

位于昆明湖东堤与南湖岛之间的十七孔桥，是一座十分壮观的连拱大石桥。建于清乾隆时期，是颐和园中最长的一座桥。十七孔桥桥面隆起，形如初月漂浮在水面上，桥面石栏杆柱头上雕刻有形象各异的小狮，栩栩如生。八字折柱后面并非使用抱鼓石，而采用的是靠山兽（鲅猊）形式，靠山兽雕刻精美、威武雄壮。十七孔桥西端与有如蓬莱仙境的南湖岛相连，东端与廓如亭及铜牛相邻，桥的环境也使得这座石桥更加雄伟壮丽。

昆明湖西堤上面建有界湖桥、豳风桥、玉带桥、镜桥、链桥和柳桥共六座桥。这六座桥的形式各具特色、各有不同，如其中的玉带桥最负盛名，该桥原名穹桥，也是清乾隆时期所建，至今已有二百多年的历史了。玉带桥全部用白石筑成，拱券呈蛋尖圆形，桥面上白色雕栏玉砌随拱券会形成一种非常优美的双向反曲线。整座通体洁白的高拱桥在水中倒影的陪伴和青山翠柳的衬托下，显得十分玲珑剔透、婀娜多姿。

位于颐和园清宴舫北面的荇桥，又名织女桥，是一座精美的亭桥。桥上建有重檐长方亭，桥墩外侧上方配有雕刻精美的石狮，上下桥石台阶两侧安装有汉白玉石栏杆。桥头东西两侧还各立牌坊一座，别具风韵。

此外，北京北海公园内的堆云积翠桥，为九孔石拱桥。桥面栏板望柱等均用汉白玉石精雕细刻而成。桥头南北两端各建有牌楼一座，南曰“堆云”，北曰“积翠”，桥名与环境互为因借、相得益彰。

浙江杭州西子湖畔波光桥影，充满诗情画意。西湖苏堤的映波桥、锁澜桥、望山桥、压堤桥、东浦桥和跨虹桥，向有“六桥烟柳”雅名。民间歌谣也流传有“西湖苏堤六座桥，一株杨柳一株桃”，可见堤上的桥与周围环境巧妙融合，给西湖景色增添了许多光彩。而且，每座桥的名称与四周景色也十分贴切、名副其实。

杭州“三潭印月”南北向的九曲桥，建于清雍正五年（公元 1727 年）。此桥三回九曲，桥上建有一座三角楼亭。临水凭桥或漫步桥上，步移景异，景色迷人，别有情趣。

江苏扬州瘦西湖里的五亭桥，旧称莲花桥，建于清乾隆二十二年（公元 1757 年），是一座古朴别致的拱形石桥。五亭桥因桥上东、西、南、北、中分别建有五座亭子而得名。桥上五亭造型玲珑典雅，精美瑰丽。在国内现存古桥中别具一格，是我国园林桥梁中的珍品。五亭桥之美，还贵在桥与周围景观环境陪衬因借关系的巧妙处理方面。从桥下孔洞向外看去，每个孔外都会形成一幅美丽的画面。此外，瘦西湖中的五亭桥、长春桥、小虹桥和春波桥四座桥可以在特定位置同时出现，在阴雨中形成“四桥烟雨”景象，好像一幅极富诗意的水墨画。

除园林中的名桥以外，如河北赵县的安济桥，即著名的赵州桥，就是我国保存到今天最古老的一座拱桥。该桥建于隋代大业初年（公元 605 年），距今已有 1400 多年的历史了。全桥共长 50.82 米，单孔、净跨 37.37 米，上设四个小拱。这是世界上第一座敞肩式单孔圆弧弓形石拱桥。赵州桥不仅历史悠久，而且设计精巧，造型优美。

浙江绍兴是一座具有两千多年历史的古城，城区河道纵横，桥梁一座挨着一座，在面积不足 18 平方公里的区域内，就有各类大小桥梁二百余座，平均每平方公里有桥梁达 12 座之多，不愧为著名的江南水乡、古越桥城。在这里不仅有古代遗留下来的汀步桥和独木桥，还有极具浙江传统特色五边形石拱桥和多边形石拱桥等。

我国古今名桥遍布全国各地，数不胜数。就园林桥梁而言，不仅数量众多，更重要的是技术水平和艺术水平极高。在中国园林当中，桥的运用已经成为造园艺术的一个重要手段了。

第十一节　塔

一、塔的历史沿革

塔是我国古代寺庙园林风景名胜经常可以见到的建筑。塔起源于古代印度，是佛教中神佛的象征。塔在我国南北朝以前称作“堵波”或“浮屠”，是古代印度（stopa）的音译。隋唐以后才有了“塔”的名称，普遍的称作“塔”是在宋、元时期。

相传，佛祖释迦牟尼“灭度”后，他的弟子将其尸骨火化，意外地得到许多五彩晶莹、击之不碎的“舍利子”，人们便捡拾起这些“舍利”，把它们分成八份，分别在释迦牟尼生前主要活动过的八个地方瘗埋起来，并堆土垒石为台，作为缅怀和礼拜这位佛教创始人的纪念性建筑物。这就是佛塔的起源。后来，凡“德行”高尚的僧人死后的骨齿遗骸，也被称作“舍利”。

从现存塔的实例看，并非都是瘗埋佛“舍利”的。有的塔内是瘗埋所谓释迦牟尼的遗物，有的塔内瘗藏着整部经卷，有的塔内是一座经幢，有的塔内是瘗埋有一句经文……总之，建塔法物十分繁多。现在看来，凡是可以引起对佛祖思念的物品，都可以拿来建塔。

二、塔的种类

塔的种类很多，但大体上可以分成以下几种：

1. 单层塔

单层塔，绝大多数都是墓塔，俗称和尚坟。这种塔一般都不高，最大的也不过约10米高。墓塔常成群出现，即形成“塔院”或“塔林”。墓塔不一定都建造在室外，也有不少墓塔是被供奉在大殿或经堂里（图4–11–1）。

图4–11–1　单层塔

2. 楼阁式塔

楼阁式塔，又称作高层塔、多层塔。有木构、砖木构、全砖构及砖石构等。不管使用哪种材料，而它们的形制都是模仿木构楼阁来建造的。楼阁式塔的特点是每层都要安装有门窗、楼梯并可登临。塔的层数有三、五、七、九，均为奇数（图4–11–2）。

现存的多层塔实物较多，较为著名的有江苏苏州虎丘的云岩寺塔，建于公元976~983年，由于塔身倾斜，被称为东方斜塔。苏州罗汉院双塔，建于公元982年。苏州报恩寺塔，建于公元12世纪。江苏镇江金山寺慈寿塔，公元1900年重建。浙江杭州六和塔，始建于公元970年。上海龙华塔，建于公元977年。松江兴圣教寺方塔，建于公元11世纪。陕西西安兴教寺玄奘塔，建于公元669年。河北定县开元寺了敌塔，建于公元1055年。

3. 密檐式塔

密檐式塔，与楼阁式塔均属高大型佛塔，但两者的形制特征却完全不同。密檐式塔的底层塔身特别高，一般要占全塔总高的1/4~1/3左右。第二层以上是密集的塔檐。塔檐通常为11层或13层，甚至多到15层，也有9层以下的。密檐式塔大多都不能或不适于登临眺望（图4–11–3）。平面为四角形是密檐式塔的最早形制。陕西西安荐福寺小燕塔，建于公元684年，是唐代密檐式塔的著名遗例。辽、金时期，塔的平面由四角改为八角，个别也有六角乃至十二角形的。塔身和塔檐也多仿木构建筑的形式，塔身下部用须弥座承托。12世纪创建的辽代北京天宁寺塔，它的整体造型十分富有节奏感，是辽、金时期密檐式塔中最为成功的一例。

4. 喇嘛塔

喇嘛塔，又称瓶形塔、喇嘛教式塔。喇嘛塔不论大小，它的基本形式都是一样的，最下面是整个塔的基座，基座上面是塔身，学名称覆钵，俗称“塔肚子”，塔身上面是相轮座，又称“塔脖子”。相轮座上面立着

图 4-11-2　楼阁式塔

图 4-11-3　密檐式塔

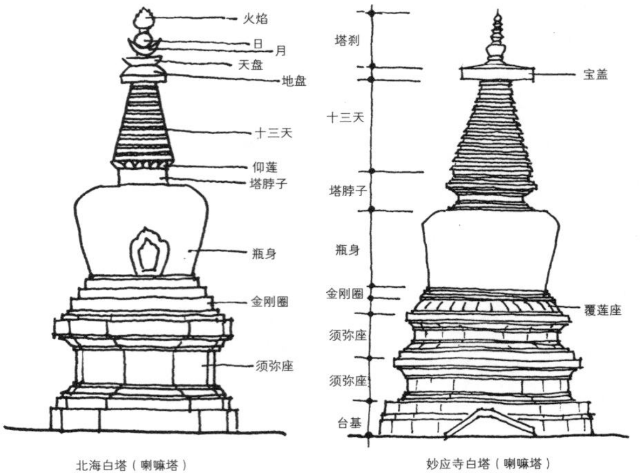

北海白塔（喇嘛塔）　　妙应寺白塔（喇嘛塔）

图 4-11-4　喇嘛塔

圆锥形相轮，即“十三天”，最上面是青铜伞盖、流苏、宝瓶，明中叶以后做成天盘、地盘和日月火焰。著名的喇嘛塔有北京妙应寺白塔、北京北海公园琼华岛白塔、山西五台山塔院寺大白塔等（图 4-11-4）。

5. 金刚宝座塔

金刚宝座塔，这种塔是用来礼拜金刚界五方佛的象征性建筑物。五方佛分别代表理性、觉性、平等性、智慧和事业，所以又被称作“五智如来”。金刚宝座塔塔座以上，塔的形式可以是密檐塔，还可以是“缅式”塔或楼阁式塔（图 4-11-5）。

图 4-11-5　金刚宝座塔

三、多层塔的构造

多层塔通常有地宫、天宫、塔基、塔身、塔刹五部分组成。

1. 地宫

是珍藏舍利的地下宫室，又称作龙宫或龙穴。地宫的形式，多为用砖石砌成的四方形、六方形、八方形或圆形的宫室。多数宫室均设在地下，但也有极少数是设在半地下或是设在地上的。一般地宫内安放有石函，函内层层函匣相套，亦有用石、金、银或玉等材料制成小型棺椁，当中安放舍利。

2. 天宫

是珍藏建塔的有关资料宫室。天宫比地宫简单的多，通常建造在塔刹之下、塔顶天花内。可用砖石砌筑亦可用木制，安装有宫室之门。

3. 塔基

就是整座塔的基台、基座，建造在地宫之上。在我国唐代以前，塔基较矮，只有几十厘米，而且很简单，多以素平砖石砌成；唐代以后，塔基有了很大的发展，塔基明显分成基台和基座两部分：基台基本还是早期塔下低矮的塔基，而基座则是建在基台之上、用来承托塔身的底座。基座相对高大、华丽；辽、金以后，特别是密檐式塔，塔的基座愈加高大，多采用须弥座形式。北京天宁寺辽代添建的八角十三层密檐式塔，其整个须弥座的高度约占塔高的 1/5，成为塔的重要组成部分。有的喇嘛塔，其基座高度达到了占全塔总高的 1/3 左右。

4. 塔身

是塔的主体部分。塔身根据塔的建筑类型不同，也有实心和空心两种类型。空心者主要有木柱木楼层塔身、砖壁木楼层塔身、木中心柱塔身、砖木混砌塔身、砖石塔心柱塔身等。

（1）木柱木楼层塔身即是木结构的楼阁式塔，汉、唐时期平面多为四方形，以后发展为六方形以及八方形。建于辽代的山西应县木塔平面为八角形，每面三间四柱，当心间较大。每层都出平坐，平坐上面置栏杆和环廊，下面挑出塔檐，外观五层。由于采用了平坐结构，故内部就自然形成了 5 个暗层。实际上，这是一座 10 层的楼阁式塔。塔总高 67.31 米，是我国现存最古老、最有代表性的木柱木楼层塔身塔；

（2）砖壁木楼层塔身的砖体内部有如一个空筒，故又称作空筒式塔身，是早期楼阁式或密檐式砖塔的主要结构形式。这种塔的内部有事先预设好承托楼板的木柱、木枋等木构件，楼梯多为紧贴塔壁盘旋而上。陕西西安大雁塔就是一座砖壁木楼层塔；

（3）木中心柱塔身内的巨大中心柱贯通全塔并直插地下，成为塔身的骨干。河北正定的天宁寺木塔是唯一一座木中心柱塔身结构形式的塔；

（4）砖木混砌塔身塔的塔身用砖砌，砖壁内砌入木梁、木枋、角梁等，其他如塔檐、平座、栏杆等也均用木构。浙江杭州的六和塔就是一座砖木混砌塔身塔；

（5）砖石塔心柱塔身全部用砖石砌筑，塔的中心是一个上下贯通的大砖石柱子，每一楼层的楼板均与中心柱和外壁紧密联系在一起，使其形成一个整体。塔心柱外设有回廊，楼梯环绕塔心柱攀登或穿过塔心柱折返攀登。河南开封祐国寺塔、河北定县的开元寺料敌塔等均属砖石塔心柱塔。

5. 塔刹

位于塔的上端，是塔最为崇高、至关重要的部分。塔刹的建筑结构功能是冠盖全塔，将塔顶层的角梁、椽子、望板、屋面瓦垄等尾部固定集中在一起并起到防止漏雨的作用。

塔刹主要有刹座、刹身、刹顶、刹杆等部分组成。刹座是塔刹的基础，多砌成须弥座或仰莲座的形式，须弥座上再砌以仰莲或忍冬花叶形承托刹身；刹身是指套贯在刹杆上的圆环，又称作相轮、金盘或者承露盘，是作为塔的一种神圣标志，以起敬仰神佛作用。一般大塔的相轮数量较多较大，小塔较少较小。相轮数量为1、3、5、7、9、11、13不等。相轮上置华盖，又称宝盖，作为刹身的冠饰；刹顶在华盖之上，是全塔的顶端。刹顶一般由仰月、宝珠组成，也有用火焰、宝珠的。宝珠即可置于火焰之上，也可位于火焰之中；刹杆是贯通塔刹的中轴，塔刹的各部分构件，均连接于刹杆之上。刹杆主要有木制和铁制两种，高大的刹杆称刹柱，有的刹柱与塔心柱相连，可达塔底地宫之上。

第十二节 棚架

园林棚架，简称棚架，又称花架。通常是为攀缘植物而支搭的架子。棚架是我国园林中应用十分广泛而且又是与园林植物结合得非常紧密的园林小品建筑。

一、棚架的作用

棚架是园林建筑中不可或缺的一种建筑形式。它在园林中的作用主要有以下四点：

1. 是可以适应园林攀缘植物的生长，解决植株在通风、光照、开花、挂果等方面的生态需求；

2. 是可以充分展示园林攀缘植物在观叶、观花、观果及所开之花多带有芳香等方面特点，使其可以成为园林当中具有一定震撼力的园林植物景观；

3. 是由于棚架上攀缘植物枝叶繁茂，棚架下多摆放一些桌凳或者在棚架的柱子之间、地面以上设置坐凳，因此，人们除可以在下面观花、观果或者品味花香以外，还可以在棚架下休息纳凉；

4. 是园林棚架本身也具有观赏价值，它与其他园林建筑及周围环境在造型、体量、色彩、质感、繁简等方面所形成的谐调或者对比，会产生一定的美感，给人们带来一种美的享受。

二、棚架的种类

棚架的种类较多，我们可以从主体使用材料、棚架形式、攀爬棚架所用植物材料和使用功能四个方面加以区分。

1. 从主体材料上分有木棚架、竹棚架、钢制棚架、钢筋混凝土棚架等；

2. 从棚架形式上分就建筑平面而言有一字形棚架、工字形棚架、十字形棚架、方形棚架、六方形棚架、八方形棚架、扇面形棚架等，就棚架形象而言有直廊式棚架、曲廊式棚架、回廊式棚架、伞状棚架、栅栏式花架等；

3. 从攀爬棚架所使用的植物材料上分有藤萝棚架、凌霄棚架、葡萄棚架、月季棚架、蔷薇棚架、茑萝棚架、栝楼棚架等。

4. 使用功能上分有单纯植物棚架、与报栏或图片宣传橱窗相结合的棚架及兼顾休息纳凉的棚架等。

三、平顶廊式棚架

北京皇家园林、坛庙园林和一些传统风格的园林当中，经常使用一种平顶廊式棚架，由于其中蕴涵了中国传统建筑的一些元素，而且，棚架的体量、各构件的权衡比例尺寸以及色彩等与周围环境还比较谐调，因此，多年来得到广大群众的赞许和专家的认可。下面将对这种棚架做一介绍：

这种棚架主要由台基与棚架两部分组成，台基做法与厅堂台基做法基本相同，只是棚架台基较矮，一般只有一步或者两步台阶高，即12~24厘米。台基外围周圈安装阶条石，有柱子的部位安装柱顶石，台心铺方砖或者石板。棚架部分主要有柱子、梁枋、桁条等构成。棚架的建筑平面可以有多种，如一字形、工字形、十字形、方形、六方形、八方形、扇面形，建筑形式可以是直廊式、曲廊式、回廊式等。棚架的柱子、檐枋、桁条可以使用木材亦可以采用钢筋混凝土制作。如有吊挂楣子、坐凳楣子、坐凳板等，吊挂楣子、坐凳楣子、坐凳板既可使用木材亦可使用钢材制作。

1. 面阔

2~3米，亦可根据具体使用功能确定。

2. 进深

1.3~2.5米，亦可根据具体使用功能确定。

3. 棚架柱高

2.3~2.5米，亦可根据具体使用功能确定。

4. 棚架柱径

13~15厘米见方梅花柱（梅花线脚宽、深1.3~1.5厘米）。

5. 顺梁枋

柱子上方、顺面阔方向。顺梁枋厚同柱径、高可按本身厚的1.5倍左右酌定，两山出檐2/10柱高，头类似燕尾枋。

6. 桁条

位于进深方向、顺梁枋以上。除每开间柱头部位上方要安装桁条以外，其他部位均等距安装，中矩保持在40~50厘米，桁条可按柱径定高、以本身高的7/10，两端出檐2/10柱高，头类似燕尾枋。

7. 台基前后檐下出、两山山出

下出、山出均可按顺梁枋及桁条出檐的8/10酌定。

8. 台基高度

一至两步台阶（如每步台阶高12厘米，则台基高12或24厘米）。

如安装吊挂楣子、坐凳楣子、坐凳板，可参照以下尺寸做法：

1. 吊挂楣子

总高65厘米（含两侧边梃垂柱及雕花垂头长25厘米、楣子宽40厘米），边梃垂柱、抹头5厘米见方或4.5厘米见方，棂条2.5厘米见方或2厘米见方。

2. 花牙子

高15厘米、长45厘米、厚3厘米（以上尺寸不含出榫）。

3. 坐凳楣子：总高45厘米（含两侧边梃腿子5厘米、楣子宽40厘米），边梃腿子、抹头、棂条的尺寸做法和形式同吊挂楣子。

4. 坐凳板：厚5厘米、宽15~20厘米。

以上是仿通透游廊棚架的尺寸和做法，此外，还可以仿照半壁游廊来设计棚架。半壁游廊棚架中的“墙壁”可以使用棂条拼接成冰裂纹、龟背锦或方格纹来替代，每一开间中央再安装一扇什锦窗。“墙壁”的大边和什锦窗边梃可参照吊挂楣子边梃尺寸，“墙壁”棂条参照吊挂楣子棂条尺寸。什锦窗外缘高约1/3柱子高，宽度可根据形状不同酌定，窗心通透。整个棚架的颜色可以使用深绿色、深栗色或者白色。

选用竹材、钢材以及原木等亦可制作类似上面形式的棚架来，只要总体把握好权衡比例尺寸，也会收到良好的效果。

棚架还可以与橱窗、报廊、游廊相结合，采用“半壁廊”的形式，一侧柱间上安吊挂楣子、花牙子，下安坐凳楣子、坐凳板；另一侧用棂条拼接成方格锦或冰裂纹“墙壁”，中央安装玻璃橱窗。人们坐在棚架下面的坐凳上，既可休息乘凉又可观景观花，同时，还可以阅览报刊或者欣赏图片展览。这种棚架尤其是在花开时节，更是惹人喜爱。

第五章　传统园林建筑的木装修

装修又称装折，在传统建筑的行业分类中属小木作。木装修主要包括：门、窗、楣子、栏杆、隔扇、花罩、博古架、天花、藻井等。

装修分内檐装修与外檐装修两种。外檐装修是指直接与室外接触的门、窗等。内檐装修则是指用于室内的隔扇、花罩等。

在外檐装修当中，门窗安装在檐柱之间的称为“檐里安装”或“檐里装修”，安装在金柱之间的称为“金里安装”或“金里装修”。

第一节　外檐装修

外檐装修包括传统建筑的大门、隔扇、帘架、帘架风门、实榻门、攒边门、包镶门、屏门、撒带门、随墙门、槛窗、帘架窗、支摘窗、夹门窗、后檐高窗、什锦窗、漏窗、木栏杆、吊挂楣子、坐凳、坐凳靠背以及挂檐等。

外檐装修多使用上等红松、白松或者杉木制作。

一、大门

传统建筑的大门，又称作中式大门。这种大门是指安装在房屋的面阔方向，柱、枋与房屋地面之间的双扇对开大门。民居建筑主要是用作街门使用，是通往庭院的主要门户。在我国封建社会，大门随主人身份、地位的不同，其规格、等级也有所不同。安装在中柱间的大门称作“广亮大门”，是规格、等级最高的大门。安装在金柱间的大门称作“金柱大门”，其规格、等级低于广亮大门。安装在檐柱间的大门称作“檐柱大门”，俗称“蛮子门”，蛮子门的规格、等级低于金柱大门。除此以外，宫殿、官府、衙署、王府等建筑还经常用作正门或侧门来使用；传统建筑园林经常用作庭园或景区的大门、庭园或景区内院落的大门等。大门门扇除安装在中柱、前檐金柱及前檐柱之间以外，还经常安装在后檐金柱之间，称作“后檐金柱大门”。另外，大门门扇还可以安装在其他形式大门如垂花门、如意门、菱角门等大门门柱或者砖砌门垛之间。

大门门扇外面安装有门钹或兽面，门扇内安装有门栓，俗称“门插关”，也有使用门杠的。宫殿或坛庙的大门门扇正面还装饰有状如馒头的门钉，门钉最高等级安装 9 路、每路 9 枚，代表无极限的数，表示长盛不衰、长生不老。

大门的门枕可以使用木材和石材制作，用石材制作的称为门枕石。宅院大门的门枕石常采用门鼓石形式，门鼓石俗称“门墩”。由于这种门枕石的门外部分通常下面雕刻成须弥座、上面雕刻成圆形石鼓（圆鼓子）形式，故称门鼓石。但也有雕刻成为方形鼓子的。在圆形或方形鼓子上面还往往雕刻有小狮子形象。

一般中式大门主要由槛（下槛、中槛、上槛）、框（长抱框、短抱框、门框）、腰枋、余塞板、绦环板（又称束腰板）、裙板、迎风板、门枕、连楹、门簪等构件组成（图 5–1–1）。

槛、框是大门的主要框架。其中，槛为横向构件，主要有上槛（又称替桩）、中槛（又称中枋、跨空槛）、下槛。框为竖向构件，主要有长短抱框、门框等。槛、框之间以安装板材为主，上槛和中槛之间安装迎风板（又称走马板），长抱框和门框以及中槛和上腰枋之间安装余塞板，上、下腰枋之间安装绦环板，下腰枋和下槛之间安装裙板。门扇通过门边上的门轴由门枕、门簪与连楹（或门龙）固定在下槛和中槛上。

在传统建筑木装修当中，各种门不同构件的尺度和权衡比例关系首先是按柱径确定下槛的尺寸，然后再以下槛的尺寸推算出其他构件的尺寸。

1. 下槛

高通常为柱径的 3/5~4/5，厚按本身高的 1/2~3/5 或檐柱径的 3/10~4/10 确定。

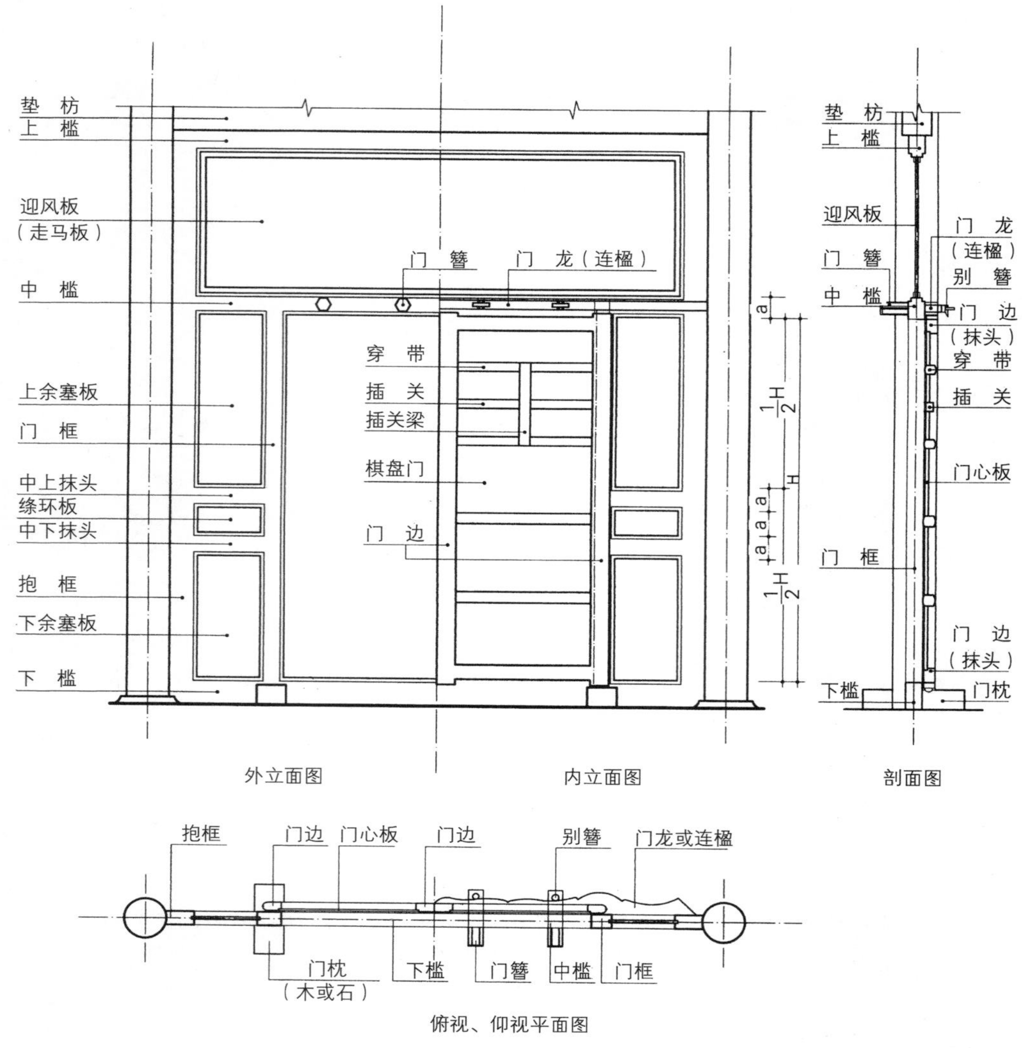

图 5-1-1 大门平、立、剖面图

2. 中槛

高为下槛高度的 7/10~8/10，厚同下槛。

3. 上槛高为中槛高的 7/10~8/10，厚同下槛。

4. 长短抱框、门框、腰枋

宽或同中槛，或为下槛高的 7/10~8/10，厚同中槛。各槛、框外缘边角均起八字线或斜面单混框线。

5. 迎风板、余塞板、绦环板、裙板

厚为槛框厚的 1/6~1/5，一般绦环板宽同腰枋宽，余塞板、裙板高度按 6 和 4 比例确定。

6. 连楹、门龙

连楹及门龙均为安装在中槛内侧、用来固定门扇上方门轴，同属一类功能的必要构件，其不同之处在于连楹的内侧没有任何线脚与装饰，而门龙的内侧则采用由几段不同曲线组成的壶瓶牙子线脚，好似龙背，故称。它们的长度与断面尺寸基本相同。门枕俗称门墩，位于下槛下方、地面以上，卡在下槛上面，是用来固定门扇下方门轴的必要构件。门枕尾部与门轴相应位置剔出海窝，内置铁锭，用来承托门轴。连楹或门龙宽（进深）可按中槛高的 4/5，厚（看面）按宽的 1/2 确定。

7. 门簪

直径为中槛高的 4/5，长按中槛之高加中槛之厚再加上 1.5 倍连楹宽。

8. 门枕

如用木制门枕，其长为下槛高的 2.5 倍，宽同下槛高、高按下槛高的 3/5~7/10。

9. 门扇

除宫殿使用实榻门外，一般使用攒边门（即棋盘门）。

10. 清代大门门口的尺寸及门光尺

我国清代大门门口的高、宽尺寸是很有讲究的，是按照“门光尺”和“门诀”排出来的。门光尺又称门尺、曲尺、八字尺，一门光尺的长度等于一尺四寸四分营造尺。若按门光尺和门尺图，可以排出124种不同规格尺寸的财（贵）、义（顺）、官（禄）、福（德）四种“吉门口”来。

门光尺和门诀是清代营造司编制的，带有浓厚的封建迷信色彩，从现代唯物主义观点看来，是不足可取的。

然而，经过人们多年的实践，大门的尺度已经和人们的日常生活需要紧密结合起来，比如工匠们常用一句话：“街门二尺八，死活一起搭”，就是说门口的宽度必须要依据婚丧嫁娶所用轿舆及棺木宽窄尺寸为准，要考虑大型家具、用具等运进搬出的实际需要。

大门的门口尺寸，首先要保证人们生产、生活和安全等在使用方面的需要，同时，还要与整个大门乃至整体建筑形成恰如其分的权衡比例关系，以满足人们在观赏和审美方面的需要。

二、隔扇

又称隔扇门，简称隔扇、格扇、槅扇，是使用隔扇来作为门的一种装修形式。用于外檐者又称外檐隔扇、内檐者称作内檐隔扇。外檐隔扇一般安装在明间或明、次间，每间使用单扇隔扇门的数量为偶数，通常为四扇或六扇，但以四扇居多。也有些建筑物的各个开间均安装有隔扇。

外檐隔扇主要由槛（下槛、中槛、下槛）、框（长抱框、短抱框）、间柱（间枋）、横披、隔扇组成（图5–1–2）。

槛，为两柱之间的横向水平构件。

框，为上、中、下槛之间紧贴柱子的竖向垂直构件。

间柱，是位于上、中之间并呈偶数（多为二或四根）的竖向垂直构件。

槛、框、间柱的厚度（进深方向）相同，宽度（看面）有所不同，通常下槛最宽（高）、中槛比下槛窄但

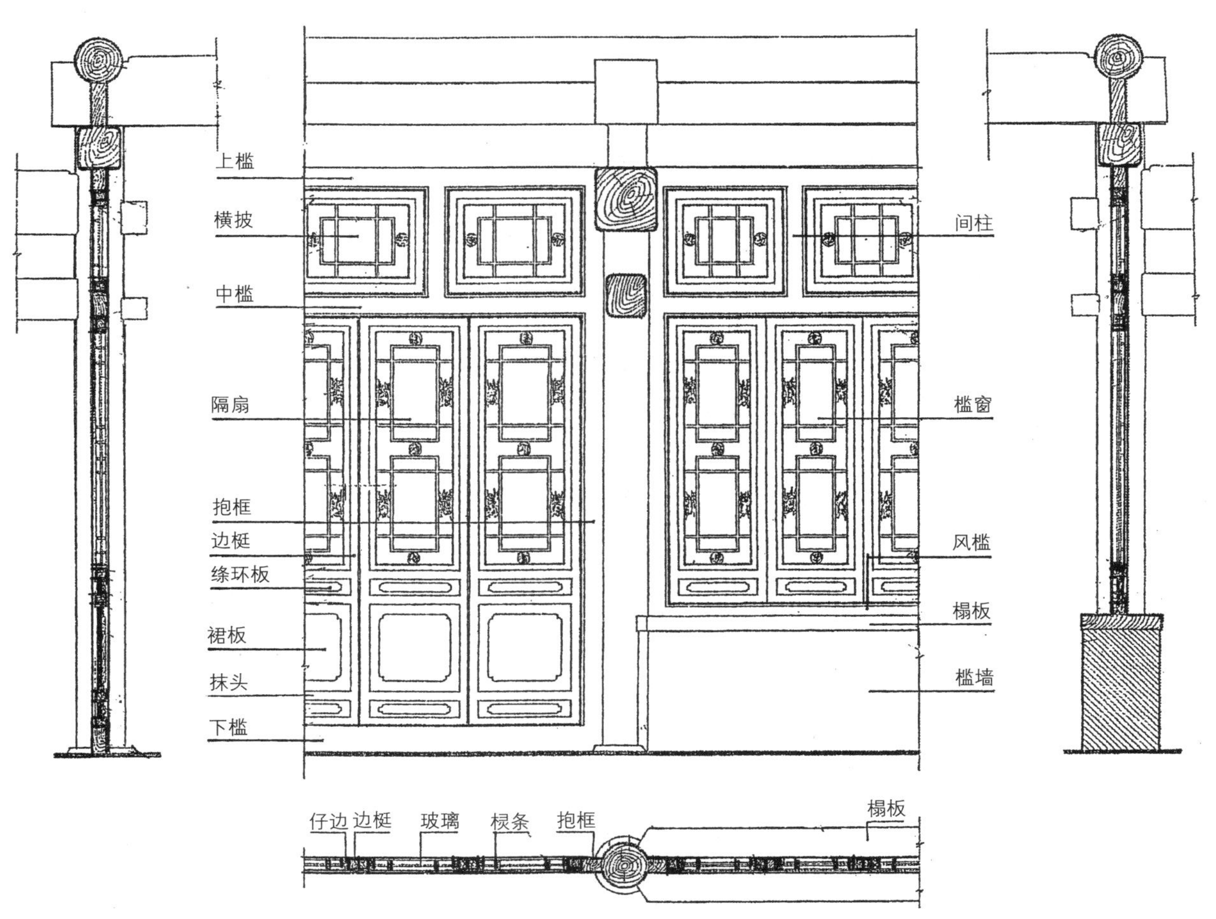

图5–1–2　外檐隔扇及槛窗平、立、剖面图

比上槛略宽。上槛、中槛、间柱和短抱框之间安装横披并呈奇数（多为三或五扇），中槛、下槛和长抱框之间安装隔扇。

隔扇，由抹头（冒头）、边梃（大边）、裙板、绦环板（束腰板）、隔心组成，隔心又由仔边、棂条及纸或玻璃等组成。

隔扇的框架主要由抹头和边梃组成，其中抹头为横向水平构件，边梃为竖向垂直构件。隔扇最上面的一根或两根抹头称作上抹头，如两根抹头，它们之间安装绦环板。最下面的一根或两根抹头称作下抹头，如两根，之间也安装绦环板。中间的两根称作腰抹头，腰抹头之间亦安装绦环板。在下腰抹头和下抹头之间安装裙板。上腰抹头和上抹头之间安装隔心。

根据柱子的高度不同，抹头的数量也有所不同。如使用四根抹头的称为“四抹隔扇”，使用五根的称为“五抹隔扇”，使用六根的称为“六抹隔扇”。隔扇最少使用四抹，最多使用六抹。

不管使用几抹隔扇，每扇隔扇最上面一根抹头上皮至上腰抹头上皮的高度应占该隔扇总高度的6/10，上腰抹头上皮至整扇隔扇最下面一根抹头下皮的高度占4/10（图5-1-3）。至于单扇隔扇的高度以中槛下皮至下槛下皮的垂直高度减去下槛本身的高度来确定。清代工部《工程做法》规定，隔扇的高度亦可按柱径一尺得门高八尺五寸六分的比例来酌定。

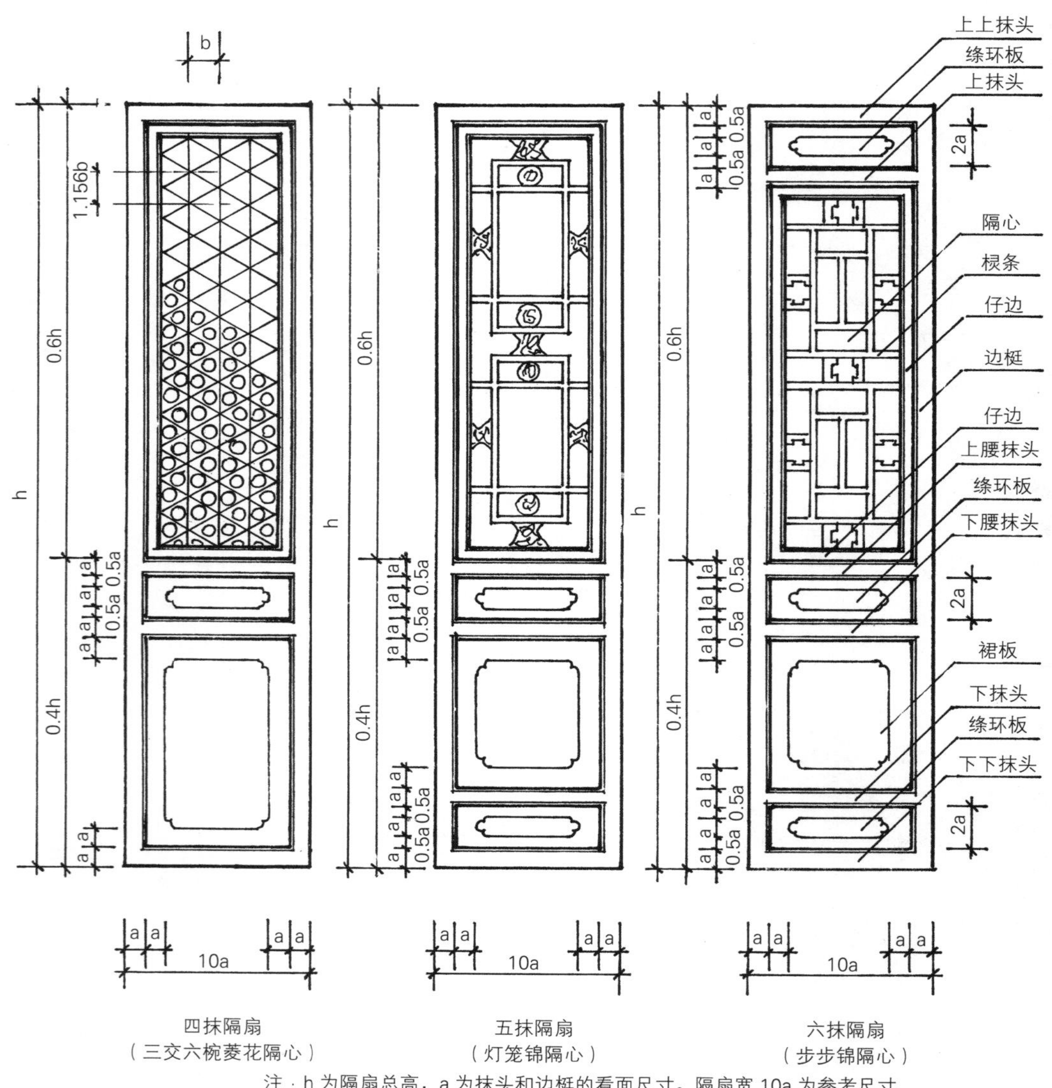

图5-1-3 内外檐隔扇各部位名称及权衡比例图

中槛的安装高度通常为：檐里装修，中槛上皮与飞椽椽头下皮取平；金里装修，中槛下皮与穿插枋下皮取平。

另外，在外檐装修中，边梃抹头里皮和槛框里皮应取平。棂条看面起线均为盖面（即泥鳅背）。

还有一种隔扇没有绦环板和裙板，上下均为透明作，这种隔扇称作“落地明”。

隔心又称作花心，由于棂条的布局、纹样和做法十分丰富而得名。常见的隔心纹样主要有方格锦、步步锦、灯笼锦、套方锦、龟背锦、冰裂纹、菱花锦等。菱花锦隔心俗称“菱花格、菱花窗”，菱花隔心的做法比较复杂，多用于宫殿、坛庙等建筑中。菱花隔心棂条的整体布局和细部纹样也有多种，整体布局以双交四椀和三交六椀（正交、斜交）四种形式为主。细部纹样主要有龟背锦、毬纹、艾叶锦、橄榄球纹、古老钱等。

具体式样主要有以下六种：（1）三交灯球嵌六椀菱花；（2）三交六椀嵌橄榄菱花；（3）三交六椀嵌艾叶菱花；（4）三交满天星六椀菱花；（5）古老钱菱花；（6）双交四椀菱花。棂条雕成橄榄形者，又称“马蜂腰”；雕成艾叶形者，又称“老虎爪”。古老钱又称“轱辘钱”。

外檐隔扇一般安装在明间。其中槛、框的尺寸做法基本同大门。门框、间柱断面尺寸同抱框。菱花棂条看面起线有多种形式，应根据不同菱花的纹样采取不同的起线手法。

横披也是由横向抹头和竖向边梃构成外围边框，里面再由仔边、棂条等构成隔心共同组成。横披各构件的断面尺寸和做法同隔扇。

外檐隔扇的边梃、抹头边角看面的起线主要有以下几种形式：

（1）方直破瓣，即边角采用窝角线的起线形式。是在看面两侧边角起窝角线，窝角线宽和均为该构件看面本身宽的1/10。这种起线多用于没有斗栱建筑的内外檐隔扇边梃、抹头当中；

（2）通混压边线，即盖面压边线的起线形式。是只在看面中央占8/10的部分起通混线（即盖面）的起线形式；

（3）通混压边线中心起双线，即在盖面压边线的基础上中央再起双线（该双线又称两柱香）的起线形式。即在占看面中央8/10的部分起通混线（盖面），在再盖面中央再起两道细混线（两柱香）。这种起线多用于带有斗栱建筑的外檐隔扇边梃、抹头当中；

（4）素通混，即在看面起通混线（盖面）的起线形式，俗称“泥鳅背”的做法。与外檐门窗棂条看面的起线形式相同；

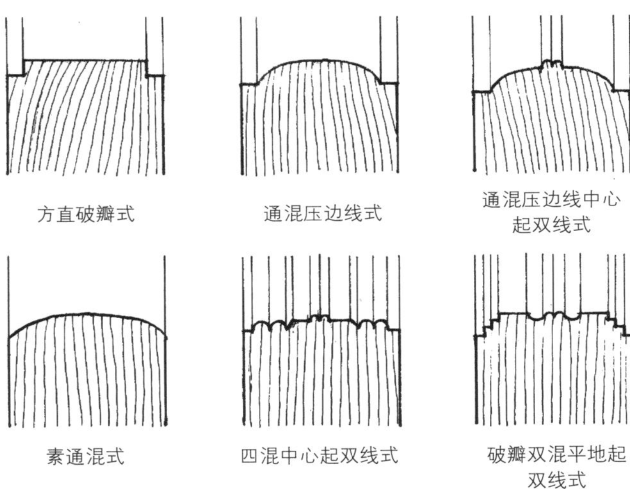

图5-1-4　边梃、抹头看面、边角起线形式图

（5）四混中心起双线形式，即在看面两边各起两条混线、当中为凸出的平地、在平地中心再起两条细混线（两柱香）的一种起线形式。这种起线形式从外表看上去，会显得十分丰富而华丽；

（6）破瓣双混平地起双线，是在看面边角起三层细窝角线，在当中平地中心凹下去的部位再起两条细混线（两柱香）的一种起线形式。这种起线形式从外表看上去，也会显得十分丰富、十分华丽（图5-1-4）。

其他还有通混压边线中心起单线、破瓣双混平地起单线等起线形式。

外檐隔扇各个构件权衡的比例参考尺寸：

1. 下槛

长为面阔减柱径加榫长，高为柱径的7/10~8/10，厚为柱径的4/10或本身高的1/2。

2. 中槛

长为面阔减柱径加榫长，高为下槛高的8/10~9/10，厚同下槛。

3. 上槛

长为面阔减柱径加榫长，高为中槛高的8/10~9/10，厚同下槛。

4. 长抱框

抱框是紧贴柱子的门框，故称。有长、短抱框之分，下槛与中槛之间为长抱框。长抱框长为下槛上皮至中槛下皮之高加榫长，宽同中槛或略小，厚同下槛。

5. 短抱框

长为中槛上皮至上槛下皮或上槛上皮至迎风槛下皮之高加榫长，宽同长抱框，厚同下槛。

6. 间柱

位于短抱框之间，间柱之间安装横披。其宽、厚同抱框。

7. 边梃

又称大边，是每一扇隔扇两侧竖直方向的边框。边梃的看面（即小面）尺寸为抱框宽的 1/2 或隔扇门扇宽的 1/10 左右，进深（即大面）尺寸为看面尺寸的 1.1~1.4 倍。如果采用单面起线单层棂条隔心，即可按 1.1~1.2 倍确定。若采用双面起线双层棂条隔心，则可按 1.4 倍定之。边梃内侧起窝角线，线角宽、深均为边梃看面尺寸的 1/10。

8. 转轴

附着在开启门扇边梃室内一侧，是开启门扇的转轴。转轴断面尺寸可按边梃宽、厚的 1/2 确定。转轴上端插入连楹仓眼内，下端插入下槛单楹或连二楹海窝内。现代传统建筑隔扇多采用金属合页开启，因此，转轴、连楹等构件均不存在。

9. 抹头

是每一扇隔扇上下水平方向、与边梃相连接的边框。抹头的断面尺寸和做法基本同边梃。通常两根腰抹头之间安装绦环板，腰抹头与下抹头之间安装裙板。如果使用两根上抹头或两根下抹头，抹头之间亦安装绦环板。

10. 连楹、单楹、连二楹

连楹附着在上槛或中槛内侧，以边梃宽定高，以 1.2~1.5 倍边梃厚定宽（进深）。

单楹、连二楹附着在下槛内侧，单楹供一扇门轴使用，连二楹供两扇门轴共同使用。两种连楹均以下槛高的 7/10 定高，以 1.2~1.5 倍边梃厚定厚（进深）。单楹以 2.5~3 倍边梃宽定长，连二楹以 3.5~4 倍边梃宽定长。

11. 栓杆

供栓门之用。其长度及断面尺寸同转轴。栓杆上端插入连楹内，下端插入栓杆单楹内。

12. 仔边

仔边位于边梃、抹头内侧，与棂条相连，是格心的边框。如棂条直接与边梃、抹头相连，可以不使用仔边。仔边看面尺寸为边梃、抹头看面尺寸的 3/5~4/5，进深尺寸按具体做法确定，双面棂条者进深尺寸小、单面棂条者进深尺寸大。仔边内侧边角也起窝角线，窝角线线脚的宽、深均为仔边看面尺寸的 1/10。

13. 棂条

紧贴玻璃或窗纸，有单层和双层两种做法。棂条看面尺寸为仔边看面尺寸的 3/5~4/5 或者边梃、抹头看面尺寸的 1/3~4/10，进深尺寸根据不同做法确定。棂条看面起盖面线，即“泥鳅背”。

14. 绦环板、裙板

厚 1/5~1/3 抹头、边梃厚，如做裙板心凸出者，海棠池心凸出 0.5 厘米。

绦环板净高（不含上、下榫长）为两根抹头看面尺寸的高度。

15. 玻璃

厚 0.3~0.5 厘米，面积较大者酌情加厚。

三、帘架隔扇门

即带有帘架的隔扇门。帘架，顾名思义，是中国古代建筑用于悬挂门帘的框架。通常安装在隔扇门当中两扇可开启隔扇的外面。一般用于殿堂建筑的明间，但也有同时由于明间和次间的。内檐隔扇也可以使用帘架（图 5–1–5）。

帘架是由两根横向的边框（帘架抹头）和两根竖向的边框（帘架边梃、帘架梃）构成框架，两根竖向边框上、下分别使用铁制的兜袢卡子固定在中槛和下槛上，两根竖向边框中矩等同两扇隔扇的宽度。两根横向边框（抹头）和竖向边框之间安装横披，上面一根边框（抹头）的上皮与各扇隔扇上皮平齐，下面一根边框（抹头）的下皮距下槛下皮的垂直高度通常不小于两米（以不碰头为度）或按隔扇高的 1/6~1/7 确定横披的高度。帘架横、竖向边框的断面尺寸同隔扇边梃、抹头，棂条尺寸亦可参照外檐隔扇棂条尺寸。

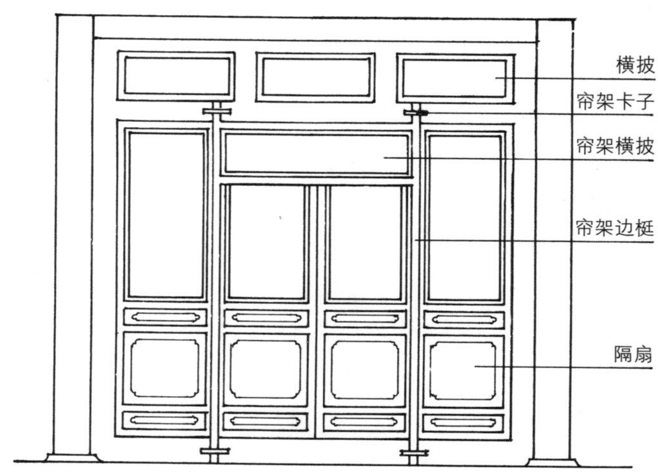

图 5–1–5　帘架隔扇门立面图

四、帘架风门

帘架风门，即是带有风门的帘架门，风门的功能就是起防风保温作用，故名。帘架风门的安装位置也是隔扇门当中两扇可开启门扇的外面，一般多在居室建筑中使用。带有风门的帘架门主要由帘架、风门、腿子（又称余塞）、横披、楣子等部分组成（图 5–1–6）。

帘架的做法与上面的帘架相似，只是在两根竖向边框之间、紧贴地面，附着在隔扇下槛外皮增加了一块横向的“下槛”，称作“哑巴槛”。哑巴槛的高度接近隔扇下槛、厚度与两根帘架边框厚度相同，两端交待在荷叶墩上。在哑巴槛上皮至帘架横披下皮帘架边框之间，上面安装眉子（门口低者可不安装眉子），两侧安装帘架腿子，当中安装风门。

帘架腿子和风门的构造同四抹隔扇，只是帘架腿子比隔扇矮且窄长，而风门则比隔扇矮且宽。另外，风门两根帘架边梃上端多安装有莲花楹斗（栓斗）固定在中槛上，下端安装有荷叶墩固定在下槛上，莲花楹斗与荷叶墩以 1.2 倍帘架梃厚定厚，以 2.5~3 倍帘架梃宽定宽。荷叶墩以 8/10~9/10 下槛高定高，莲花楹斗以 1/2~2/3 中槛（或上槛）高定高。风门各构件的尺寸做法基本与外檐隔扇门及帘架相同。

五、实榻门

实榻门，系指较厚较大的实木板门。主要用在宫殿、坛庙、城垣等建筑的宫门、城门及大门等处。其做法通常是用多块长条形同一厚度的厚木板采用龙凤榫或企口缝的做法拼装组成，同时横向贯穿有暗带（用抄手楔对穿）或者明带。门扇的高、宽尺寸可按后面的攒边门（棋盘门）方法计算，厚亦可参照攒边门门边厚度确定。门轴、掩闪、碰头等做法均可参照攒边门（图 5–1–7）。

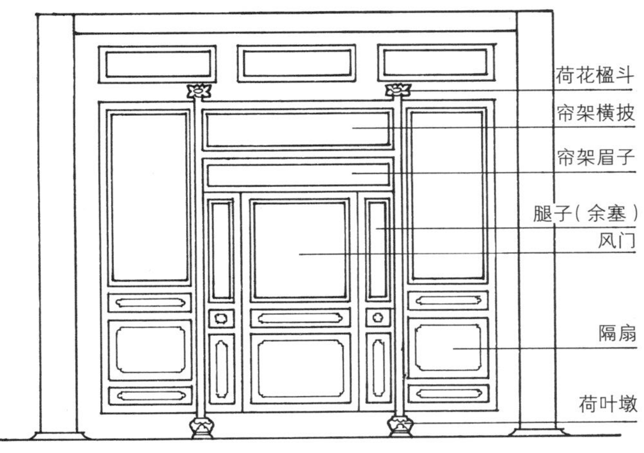

图 5–1–6　帘架风门立面图

有一些实榻门上面安装有门钉。门钉本来是起固定门板和后面穿带作用的，但到后来，官式建筑实榻门的门钉不但尺度加大，而且几乎完全丧失了门钉结构方面的功能，变成了装饰性、象征性很强的一种附加构件了。

门钉有五路、七路、九路不等，以纵横各九路者等级最高，纵横各七路者次之，纵横五路者等级最低。按照封建社会的型制规定，只有帝王宫殿的建筑才可以使用九路九列门钉，而亲王府只能使用九路七列门钉，郡王府和世子府使用九路五列门钉，公使用七路七列门钉，侯以下至男递减至五路五列门钉，且为铁制。

门钉的直径和高度要根据路数而定，如五路门钉的横向间距为三倍门钉的直径，七路为 2.5 倍门钉的直径，九路为两倍门钉的直径。计算门钉的直径是以大门门扇宽度减去门轴掩闪尺寸（门扇厚加 2 厘米左右）除以门钉路数加门钉空当数来确定。门钉高度同门钉直径。纵向门钉定位以大门门扇高度减去上下碰头（共 5 厘米左右）及上下边（各为纵向 1/2 门钉间距高度）尺寸除以门钉路数来确定。

六、攒边门（棋盘门）

攒边门，是指门扇四周边框采用攒边做法，内装门板背后穿带的门。将门扇里面朝上平铺在地上很像一块棋盘，故又称作棋盘门。一般棋盘门为两扇对开，多用于外檐。

门扇主要由门边、抹头、门心板、穿带等组成（图 5–1–8）。

门扇高度应按门口净高外加上下掩缝宽计，掩缝宽可按传统做法上碰七（七分）、下碰八（八分）计算，也可按上下掩缝各宽 2 厘米计算。

门扇宽度应按门口净宽的 1/2 外加门轴和掩闪宽，门轴宽同门边厚，掩闪按七分即 2 厘米计。

门边每扇左右两根：外一根以门洞口净高加上下掩缝宽及碰头长定长；内一根以门洞口净高加上下掩缝宽及门轴长（可按一份下槛高）定长。门边均以 1/2~2/3 抱框或门框宽定宽，以本身宽的 3/5~7/10 定厚。抹头宽、

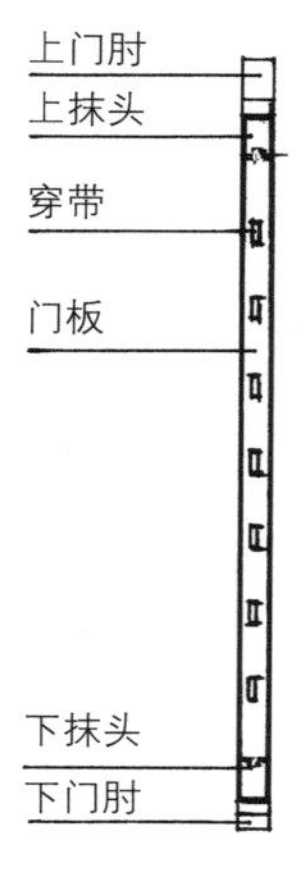

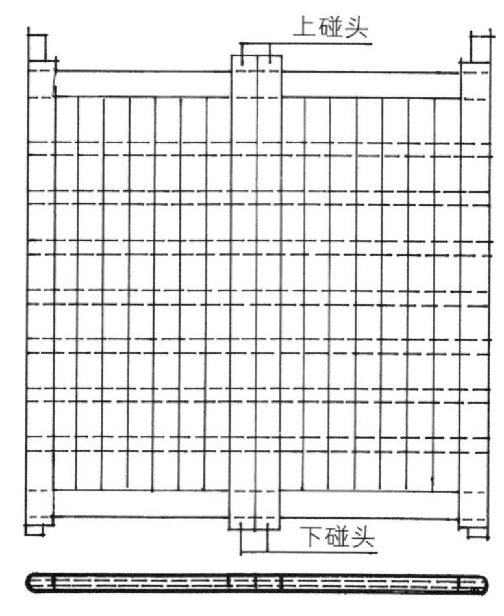

图 5-1-7 实榻门平、立、剖面

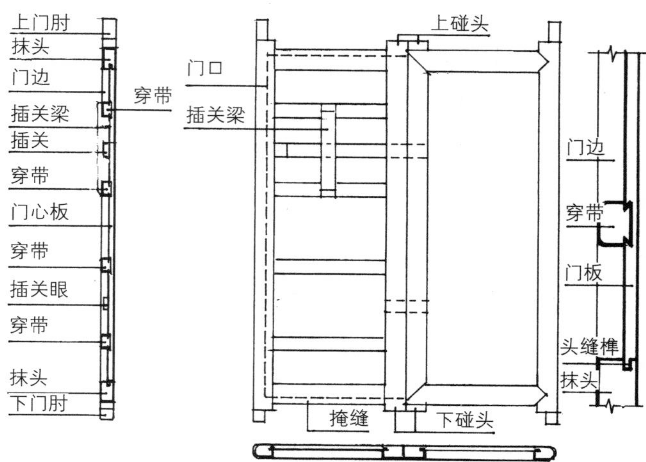

图 5-1-8 攒边门平、立、剖面

厚同门边。门心板厚为门边厚的 1/3。穿带宽同门边厚，厚为门边厚的 2/3 加门心板厚的 1/3。另外，紧贴上下门轴外皮安装有铁制或铜制套筒，门轴下皮安装踩钉。

七、包镶门

包镶门，是指门扇四周安排有边框，内外两面装配薄板而中空的大门，其外表型制、规格尺寸与功能用途和实榻门基本相同。由于包镶门比起实榻门节省材料、重量减轻，而且不易走动变形，因此，被人们广泛利用，特别是用于现代传统建筑当中。包镶门扇主要由四周门边、腰枋及内外门板组成。门边的做法尺寸可参照棋盘门，腰枋的断面尺寸同门边，门板厚可按门边厚的 1/5 确定、采用企口缝做法拼装（图 5-1-9）。

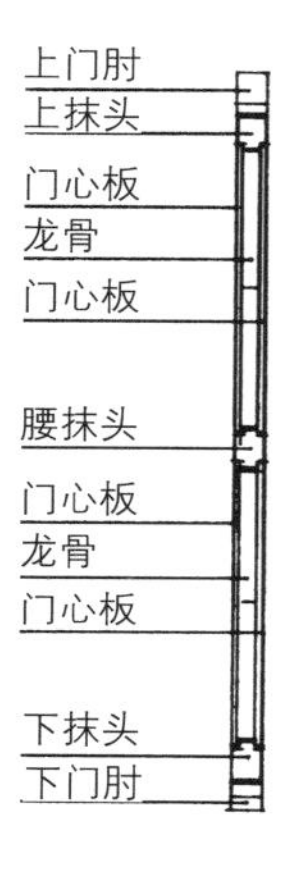

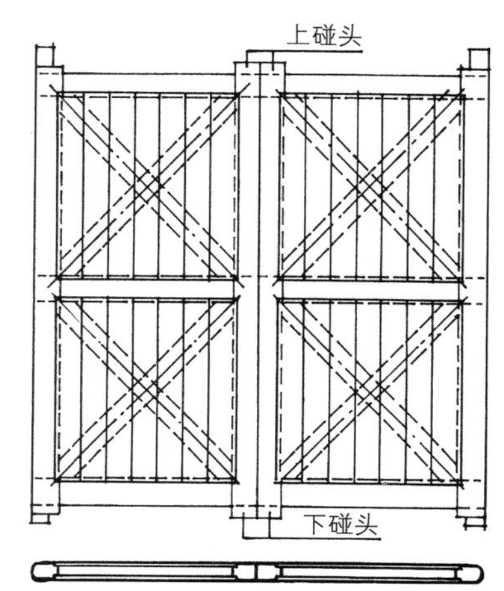

图 5-1-9 包镶门平、立、剖面

八、屏门

屏门有两层意思，一层意思是指门扇的一种做法，而另一层意思是指门的一种形式。

就门扇的做法而言，屏门也是一种实榻板门，只不过门的厚度较实榻门薄许多，其厚度一般在 5 厘米左右，做法亦相对简单一些，通常是由长条木板拼接并辅以横向穿带，上下两端再安装横向割角抹头将每块长条木板连接固定起来并使板门四边小面的木料茬口统一起来。屏门门扇多使用在随墙门、垂花门及内外檐屏门等处。屏门的开启多使用屈戌儿海窝（安装在上下槛上）和鹅颈、碰铁（安装在屏门门扇上）。屏门通常使用四扇或者两扇。

就门的形式而言，是指在传统建筑的门类当中，不管是随墙门还是紧贴柱子的门，也不管是内檐的门还是外檐的门，只要使用屏门门扇的门均可称作屏门。

九、撒带门

撒带门，即是门板的一侧配有门边边梃，而另一侧没有门边边梃，门板背后穿带均撒着头的门。一般用作街门或屋门。门扇的高、宽尺寸等计算方法同棋盘门，但上下没有抹头，门边边梃是用在有门轴的一侧（图 5-1-10）。

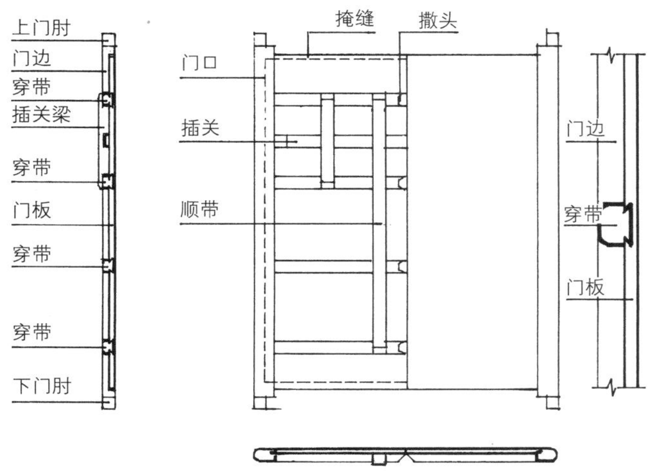

图 5-1-10　撒带门平、立、剖面

十、随墙门

随墙门，是指在庭院围墙上安装的门。传统园林建筑随墙门的样式较多，常见的有方门、六方门、八方门、圆门（又称月亮门、月洞门）、宝瓶（形）门、宝葫芦（形）门等。随墙门的构造通常有过梁、上槛、下槛、抱框、屏门等组成。过梁是随墙门洞口上面的承重构件，槛、框是随墙门的主要构架，是固定门扇的构件。随墙门槛、框的尺寸做法基本与外檐隔扇相同。随墙门门扇多使用屏门，个别也有使用撒带门的。

安装带有门扇的异形随墙门，如六方、八方、圆形、宝瓶形门等，可以采用两种不同做法：一种是采取门的洞口内外立面完全一致的做法，即在门的洞口内直接安装门的槛框及四扇或者两扇屏门；另一种则是门的洞口采取内外（即前后）立面有别的做法。这后一种做法是将墙体门的洞口部位外包金按六方、八方、圆形、宝瓶等形状只做出门的洞口来（含门筒子、门贴脸、元宝石等），而墙体洞口部位的里包金则根据门的形象不同分别采用正方、长方、扁方四扇或者两扇屏门的做法。这种做法的优点是门扇的尺寸和开启方式可以不受门洞口形式和尺寸的制约，但缺点是门的里外形象不一致，会在一定程度上影响内立面的观赏艺术效果。

十一、如意门

如意门，是一种有顶无柱、门安装在两侧砖腿子当中的大门，多用于北方民居院门或传统园林中的园门与院门。如意门的木装修部分主要有过木、下槛、上槛、抱框、门簪、连楹、门枕（或木制或石制）、门扇等构件构成。过木为承重构件，位于门的洞口上方。其他构件的尺寸做法与大门相应部位基本相同。大型如意门门扇使用实榻门或包镶门，中型门扇使用攒边门，小型使用撒带门。

十二、棂星门

宋代称作乌头门，由于两根门柱柱头上端安装有陶瓦制作的云冠名曰“乌头”而得名，门柱前后设有戗杆以加强门柱的稳定。明、清时门柱改用石制，门柱前后安装有抱鼓石并去掉戗杆及云冠，并改称棂星门。棂星门通常是安装在古代坛庙当中祭祀场所所使用的大门。棂星即灵星，古代祭天祭神必先祭灵星，以祈穀。

棂星门的构造除了石制的门柱、抱鼓石、大小额枋、槛框、连楹（多用门龙形式）、门枕等以外，还安装有木制的门扇。门扇多为五抹或六抹框架，门轴上端插入连楹的门轴孔内，下端落在门枕的海窝内。棂星门上腰抹头上皮至下抹头下皮的高度一般为门扇总高的 1/2，两根下抹头和两根腰抹头之间安装绦环板，下腰抹头与下抹头之间安装裙板；腰抹头与上抹头及两根上抹头之间安装长方形断面的竖直棂条，棂条四周有仔边，棂条数量为双数。

棂星门由于设置在室外，长期经受风吹雨淋，因此需要选用耐潮湿、耐糟朽、不易变形的木料制作。

十三、槛窗

槛窗多由四扇竖向条窗组合而成，通常用于殿堂或厅堂的次间和梢间。金里安装的槛窗框架是由上槛、中槛、间柱、风槛、榻板、长抱框和短抱框组成，上槛、中槛、短抱框和间柱之间安装横披，中槛、风槛和长抱框之间安装槛窗窗扇（图 5-1-2）。

槛窗上槛与中槛的高度和尺寸同明间隔扇上槛与中槛。长、短抱框的尺寸亦同明间隔扇长、短抱框。槛窗窗扇抹头、边梃、花心（隔扇隔心）、绦环板等各部位的尺寸做法均可参照明间隔扇。风槛高可同中槛或略小、厚同抱框。榻板以槛墙厚加里外金边定宽，以本身宽的 1/4 定厚。

使用菱花样式作花心的窗子称作菱花窗，多用于宫殿与坛庙建筑的门窗上。菱花纹样要与明间隔扇的花心相一致。

根据槛窗的长短大小，可分两抹、三抹、四抹等不同形式，三抹槛窗的绦环板位于下方，四抹槛窗有两块绦环板分别位于上下方。在一般情况下，下面的绦环板应与明间隔扇中束腰绦环板持平，上面的绦环板应与明间隔扇上绦环板持平。也就是槛窗上抹头与隔扇上抹头取平，下抹头与隔扇群板上抹头取平。以收到整齐美观的效果。

在中国传统建筑装修中，隔扇与槛窗的门扇及窗扇开启一般是通过转轴来实现的，转轴加装在开启扇的一侧边梃上，上下端分别插入上下两槛的连楹内。当门窗关闭之后，内侧插栓杆栓牢。

十四、帘架窗

帘架窗，即是外面加装帘架的槛窗，为挂窗帘所用。帘架的各构件断面尺寸和做法基本同隔扇门帘架。

为了确保较高较大隔扇和槛窗的坚固和使用年限，还在横向构件抹头与竖向构件边梃相交之处安装有铜制或铁制的“面页”。

十五、支摘窗

支摘窗，顾名思义，是一种上扇可以支起、下扇能够摘下的窗子。多用于居室、住宅建筑的次间或梢间。支摘窗与槛窗区别较大，槛窗窗扇为四扇竖向长方形，横向排列；而支摘窗的窗扇则多为横向矩形，上下、左右排列。传统支摘窗各扇均为里外双层，由于外上扇可支起，外下扇能摘下，故称。通常上支扇糊纸、里扇糊纱，下摘扇既可糊纸也可使用用薄板做成护窗板，里扇为大玻璃窗。

构成支摘窗的框架与槛窗基本相同，但一般不设风槛，各构件的尺寸和做法也与槛窗基本相同，只是在中槛（或上槛）与榻板之间、两边长抱框或抱框中间安装一块竖向的间柱，间柱两侧安装支摘窗。间柱断面同中槛。支摘窗边梃、抹头、棂条等做法和断面尺寸基本同槛窗（图 5-1-11）。

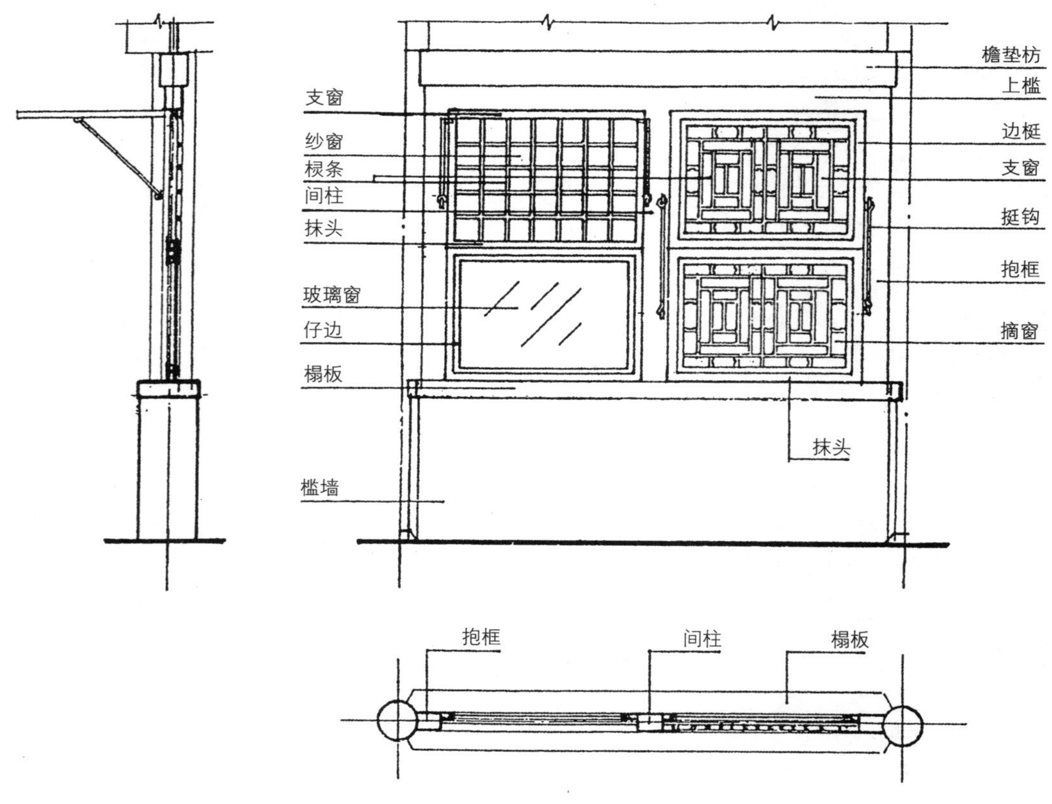

图 5-1-11　支摘窗平、立、剖面图

十六、门连窗

门连窗，是一种在同一开间前檐柱间既有门又有窗，门、窗连在一起，可供单间独立使用的外檐装修形式。门多用单扇风门、无帘架，窗多采用支摘窗形式。这种门窗多用于民居或办公用房，使用在园林建筑当中别有一种情趣。门连窗中的门和横披窗有位于当中、两侧下砌槛墙上安支摘窗的，也有门和横披窗位于一侧，另外一侧下砌槛墙上安支摘窗的。门设在窗子中间位置的又称作“夹门窗”。有少数安装在金柱间作金里装修的，须加装楣子或横披，楣子或横披上面安装上槛，两侧安装短抱框（图 5–1–12）。

夹门窗的各个构件可参照支摘窗、风门等有关尺寸做法设计施工。

十七、后檐高窗

后檐高窗，由于位于后檐檐垫枋以下部位，因比前檐窗高故曰高窗。传统的高窗类似支摘窗中的支窗，里外两扇，外扇可支起、里扇可摘下，以供夏季通风使用。现代传统建筑的后檐高窗仍做成里外两层，外层做成固定纱扇，纱扇的边框由边梃、抹头组成，花心由仔边（也可不用仔边）及棂条组成，里面钉纱。里层安装两扇平开玻璃窗。外层纱扇及里层玻璃扇均安装在槛框上。槛框看面尺寸略大于边梃、抹头看面尺寸，边梃、抹头、仔边、棂条等尺寸做法均参照前檐槛窗或支摘窗。

十八、什锦窗

什锦窗，多用于半壁游廊或庭院院墙墙身部位，由于窗子的外形各异，故称。其形状多有扇面、寿桃、宝瓶、方胜（双方）、六方、八方、圆形、书卷、绣墩、玉佩、蝙蝠、梅花、海棠花等。什锦窗有单面窗扇与双面窗扇之分，多数什锦窗为双面窗扇、当中装灯，可用于夜晚照明（图 5–1–13）。单面窗扇什锦窗主要是用来装饰墙壁，没有采光和透光功能，只起美化作用。

什锦窗的构造一般有窗筒子、窗口（贴脸）、边框、仔边及磨砂玻璃等组成，玻璃上面往往还加以彩画，内容以花草为主。窗筒子是圈在什锦窗外缘、基本与墙体同厚、用木板制成的筒子体，板厚 5 厘米左右，是在与砌墙的同时安装上去的。窗口即贴脸有木制和砖制两种，通常木制用于内檐而砖制用于外檐。木制贴脸厚 3 厘米左右、宽 10~12 厘米。砖制贴脸宽度同木制，但略厚，多采用干摆做法。

什锦窗边框和仔边的尺寸做法基本同外檐隔扇。如作为盲窗使用时，仔边内改用背板并安装棂条。

十九、漏窗

漏窗，是指墙壁当中通透的洞窗，多用于园林建筑半壁游廊及庭院墙等处。由于漏窗内外可以相互借景，使漏窗构成一幅完整画面，因此漏窗又被美其名曰“尺幅窗”，“尺幅”即小画面。一组漏窗即可造型各异犹如什锦窗，也可同一形状整齐划一。一般漏窗的构造比较简单，主要由过梁、窗筒子和窗口（贴脸）等组成，窗筒子、窗口尺寸做法基本同什锦窗。

二十、盲窗

盲窗，是一种没有采光功能、只起装饰美化作用的假窗。盲窗多应用于园林建筑的后檐墙和庭院墙等墙体当中。其形式与做法以模仿什锦窗者居多。

二十一、木栏杆

用于传统园林建筑外檐的木栏杆安装位置分类主要有檐里栏杆和朝天栏杆两种，其他还有用在木桥及木楼梯等处的栏杆。按照形式分类主要有寻杖栏杆和杂式栏杆两种。栏杆的作用主要是起安全护身作用，同时也起着装饰美化作用。

檐里栏杆安装在檐柱之间、地面以上，朝天栏杆安装在平屋顶上。寻杖栏杆多用于楼阁檐柱间，主要由地栿、望柱、寻杖（上枋）、中枋、下枋、荷叶净瓶、绦环板、牙子等构件组成（图 5–1–14）。

杂式栏杆样式很多，如有上中枋之间使用卡子花、中下枋之间使用小木枋组成各种纹样、没有地栿和牙子的；有没有中枋、地栿和牙子，上下枋之间使用小木枋组成各种纹样的；有不带望柱、不带地栿和牙子，上中枋之间使用卡子花、中下枋之间使用小木枋组成各种纹样的等。

一般情况下，栏杆高度（系指上枋上皮至地面的垂直高度）不应小于 1 米，以 1~1.2 米较为适宜。望

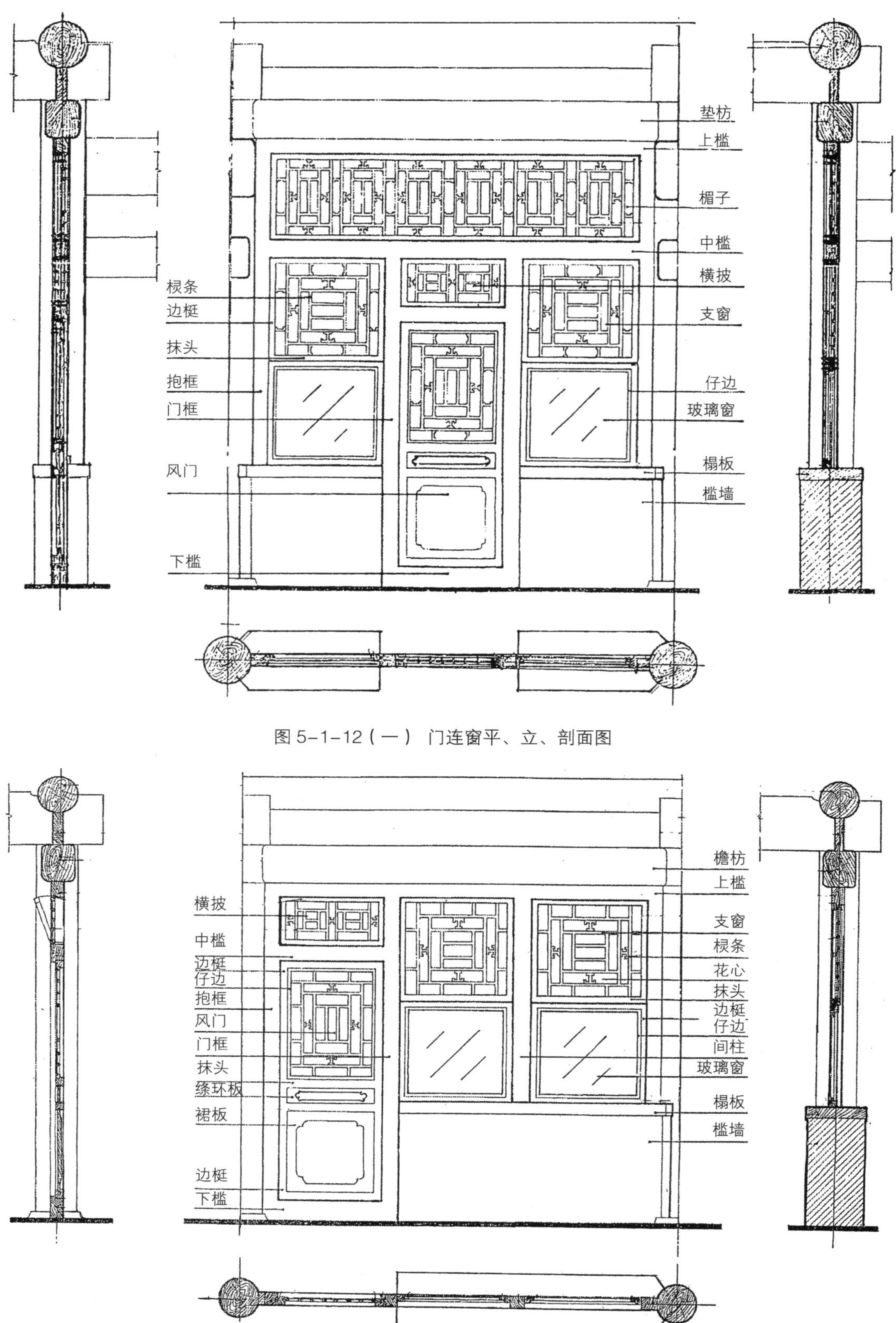

图 5-1-12（一） 门连窗平、立、剖面图

图 5-1-12（二） 门连窗平、立、剖面图

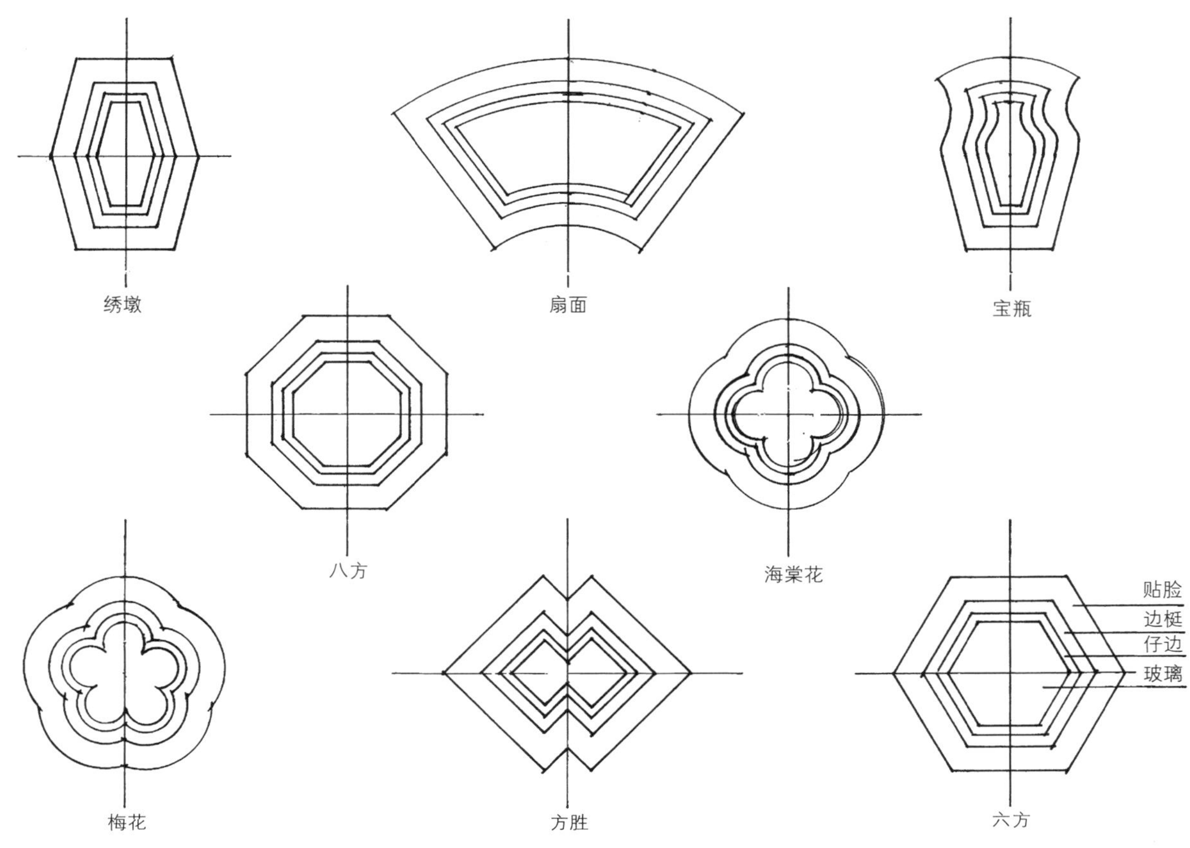

图 5-1-13　什锦窗立面图

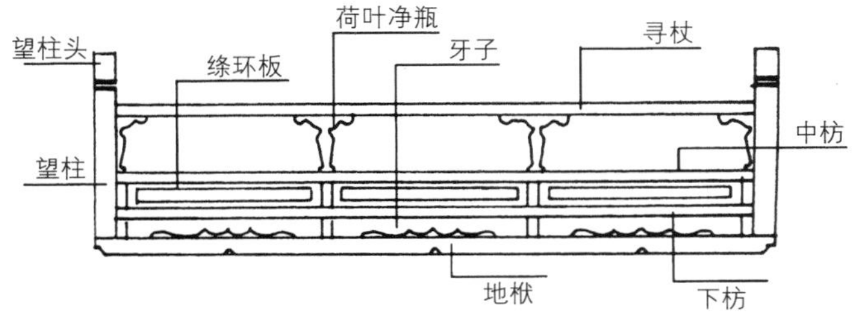

图 5-1-14　木栏杆立面图

柱的断面尺寸以 10~12 厘米见方或檐柱径的 2/5 见方为宜。上枋、中枋、下枋断面尺寸以 6~10 厘米见方或长方为度，小木方心条断面尺寸以 4~5 厘米见方或长方为宜。绦环板和牙子厚 2~3 厘米。

二十二、倒挂楣子

倒挂楣子，又称吊挂楣子，因位于檐柱之间、倒挂在垫枋之下而得名。倒挂楣子主要由边梃、抹头、棂条、花牙子等组成。边梃为竖向构件，下端雕成垂头（又称白菜头）。抹头为横向构件，两个抹头之间有可构成一定纹样的棂条连接。花牙子位于边梃与下抹头相交处的下方、垂头以上部位，呈三角形。花牙子是用薄木板采用透雕手法雕刻而成，通常使用松竹梅、缠枝花、蝶恋花、长寿桃、宝葫芦、草龙、夔龙等纹样。楣子中棂条所组成的纹样更为丰富，可以和隔扇中的隔心相比，只不过倒挂楣子不安装玻璃而已。常用的纹样主要有步步锦、灯笼锦、套方锦、龟背锦等。

倒挂楣子的宽度（上抹头上皮至下抹头下皮的垂直高度）一般在 40 厘米左右。边梃、抹头的断面尺寸通常为 5 厘米见方或看面为 4.5 厘米，厚 5 厘米。棂条的看面尺寸为 2~2.5 厘米、进深 2.5~3 厘米，内外面起线均为泥鳅背（盖面）。花牙子厚 2~3 厘米、高 4/10 楣子宽即 15 厘米左右、长为高的 2.5~3 倍左右。垂头部分（多做连珠束腰，上、下覆莲雕刻）高度可掌握在两倍边梃看面的尺寸即 10 厘米左右。

二十三、木坐凳（坐凳板、坐凳楣子）

木坐凳，是指位于檐柱之间、地面以上部位，与檐枋下的倒挂楣子上下呼应，可供人们坐下来休息、观景、纳凉的一种装修形式。坐凳通常由坐凳板和坐凳楣子两部分组成。坐凳楣子位于坐凳板以下，结构类似倒挂楣子，亦由竖向边梃和横向抹头构成框架，中间有棂条衔接。两侧边梃的下端紧贴柱顶，上端亦可安装替木辅助承托上面的坐凳板。

坐凳楣子各构件的尺寸和做法与上面倒挂楣子基本相同。棂条纹样也应与其一致。坐凳楣子的宽度（指上抹头上皮至下抹头下皮垂直高度）与倒挂楣子宽度大体相同，即以 40 厘米左右宽为宜。下抹头下皮至地面 5~7 厘米。

坐凳板厚多为 5 厘米，可适当加厚但不得小于 5 厘米，宽度一般控制在比与其相连柱子的直径略大或等同即可，不宜过宽。坐凳板与檐柱衔接处抹角退八字。

二十四、坐凳靠背

坐凳靠背，又称美人靠、吴王靠，安装在坐凳板上方外侧，作为靠背和栏杆使用。一般用于具有一定危险性如水榭、山亭、楼阁、高处的游廊敞厅等的建筑坐凳上。坐凳靠背即可供人们凭栏休息和观景，同时还可以起到保护人身安全的作用。既要具有使用价值又要具有观赏价值是安装坐凳靠背的宗旨，因此务必做到既安全又好看。通常坐凳靠背如同家具一样，使用硬杂木制作，靠背垂直高度（坐凳板上皮至上枋上皮）不低于 50 厘米。

坐凳靠背的形式很多，但基本是由上枋、中枋、下枋、边梃、心条、坐凳板、扶手、挺钩等构件组成。许多靠背的边梃和心条都做成弯曲的形状，其目的是让人们坐靠在上面很舒服，并且又十分美观。

不管哪一种形式的坐凳靠背，为了保证使用安全及观赏效果，其边梃、中枋、下枋看面尺寸以 5 厘米左右为宜，上枋应相对宽一些。心条以 3 厘米左右、之间净空 10 厘米左右为宜。挺钩用直径 1.5 厘米圆钢制作。

二十五、挂檐

又称挂檐板、挂落板，通常用于平屋顶或楼阁顶层以下梁头以外部位，呈横向陡板状，因其悬挂在屋

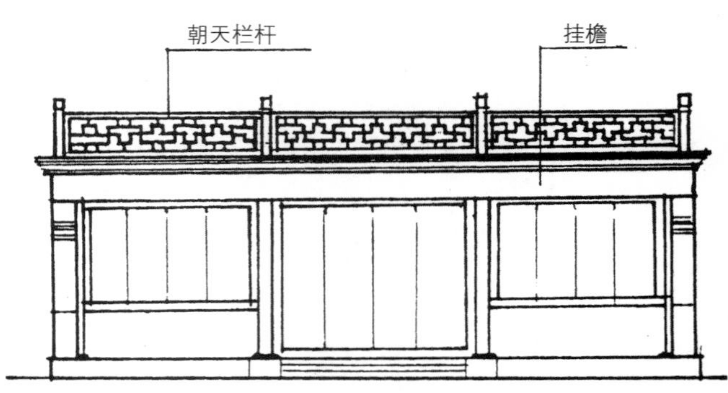

图 5-1-15 朝天栏杆与挂檐

檐下，故名（图 5-1-15）。用于楼阁上面的挂檐一般称作滴珠板。挂檐的作用是遮挡梁头，支撑平顶屋檐。同时，还起装饰美化作用。挂檐有木制和砖制两种，砖制挂檐表层使用面砖、底层仍然是木板。木制挂檐也有两种形式，一种是表面不做任何雕刻的素挂檐，另一种则是表面雕刻有各种图案和纹样的雕花挂檐。其他还有使用纵向条形木板拼接的如意头挂檐等。雕花挂檐的式样十分丰富，特别是商业铺面用房，品类繁多且具文化内涵。

挂檐长度同面阔，宽度不等、以挡住梁头为宜，厚度为 2~5 厘米，雕花挂檐比素挂檐厚一些，雕刻深度应不小于本身厚度的 1/5。

外檐装修多选用优质红白松等材料制作，含水率不高于 12%。

第二节 内檐装修

内檐装修是指用于室内作为分隔室内空间和组织室内交通并可美好环境、烘托室内气氛的小木作。内檐装修比起外檐装修更为精美，其选材、制作、油饰均比外檐装修更加讲究。内檐装修还往往配上一些字画以及精细的雕刻，其透明或半透明材料不仅为平板玻璃或糊纸，也经常使用一些较高级的材料，如磨砂玻璃、纱、绢、五彩玻璃等，造成一种高雅、华贵、庄重、古朴、安静、舒适的室内气氛，从而陶冶人们的情操，给人以美的享受。

我们常见的内檐装修，其主要形式有碧纱橱（内檐隔扇）、栏杆罩、落地罩、几腿罩、花罩、炕面罩、挂落、八方罩、圆光罩、木板壁、太师壁、屏门、博古架、木顶格、天花、藻井等。在诸多装修形式当中，除室内

吊顶以外，大多都可以移动、可以机动的组织室内空间，使用起来十分灵活，这是中国传统建筑内檐装修的一个重要特色。

内檐装修由于用材讲究，所以一般不做复杂的油漆，而用木本色打蜡出亮。所用材料有花梨木、紫檀木、鸡翅木、楠木、榆木、柏木、紫椴木、黄松、黄杨木、樟木、榉木、梓木、色杉木等。此外，椴木、桐木、杉木、杨木、柳木等亦可制作雕刻较多的裙板、绦环板、花罩等装修构件。更为讲究的还有在装修构件上镶嵌碧玉、宝石、象牙、贝壳、金丝、银丝、铜丝等材料的。镶嵌贝壳薄片的工艺称作螺钿，此种工艺早在我国周代就已经形成，距今已有两千多年的历史了。

在一组装修中有用一种材料制作，也有用两种或几种材料同时搭配使用的，比如内檐隔扇选用金丝楠木制作边框，而隔心、绦环板、裙板则采用黄杨木或黄柏木制作。再如边框使用杉木，而外面用花梨、紫檀包镶，这种做法盛行清代乾隆年间。

内檐装修所选用的木材，其含水率应不高于10%~12%。

一、内檐隔扇

内檐隔扇，又称作碧纱橱、隔扇隔断。是指在内檐进深或面阔方向柱与柱之间满做隔扇的隔断。为内檐装修中应用最多的一种装修形式。根据柱间距离的大小不同，隔扇的数量也有不同，如有六扇、八扇、十扇等隔扇隔断，但均为偶数（图 5-2-1）。

内檐隔扇与外檐隔扇在材料、尺寸、做工、油漆等外，其他做法与外檐隔扇基本相同。不过，在当外檐门窗安装在金柱之间，即做金里装修时，由于室内竖向空间较高，通常又在内檐隔扇上槛以上的部位又增加了迎风板、迎风槛和两侧短抱框。

当外檐门窗做在金柱间的金里装修时，内檐装修不管采用哪一种形式，其上槛的上皮大多与穿插枋上皮取平。上槛以上安装迎风板，以下安装横披。内檐隔扇单扇门的高度以出入和生活方便为主。

在内檐隔扇当中，中间开启扇的外面往往也安装有悬挂门帘的帘架，帘架主要由帘架边梃、连架抹头和连架横披组成，做法基本同外檐。

图 5-2-1　内檐隔扇立面图

内檐隔扇所有构件断面尺寸（宽、厚）均比外檐隔扇略小六分之一至 1/5。

1. 下槛

以柱径的 6/10~7/10 定宽、以本身高的 1/2 至柱径的 3/10 定厚。

2. 中槛

以下槛高 8/10~9/10 定宽，厚同下槛。

3. 上槛

以中槛高 8/10~9/10 定宽，厚同下槛。

4. 迎风槛

以上槛高 8/10~9/10 定宽，厚同下槛。

5. 各长短抱框、间柱

断面尺寸同中槛。

6. 迎风板

如采用实板制作，厚五分（合 1.6 厘米）；如采用包镶做法，板厚 2~3 厘米。

7. 边梃、抹头

看面尺寸为抱框宽的 1/2 或隔扇本身宽的 1/10~1/11（4.5~5.5 厘米），厚为本身看面的 1.1~1.4 倍。

8. 绦环板

厚 1~2 厘米、单面起鼓 0.5 厘米，净宽（高，不含上下榫长）两倍抹头看面宽。

9. 裙板

厚同绦环板，做法与绦环板一致。

10. 仔边

看面为边梃抹头看面尺寸的 3/5（2.5~3 厘米），厚按做法不同而定。

11. 棂条

看面为仔边看面的 1/2 左右（1.3~1.5 厘米），厚按做法不同而定。表面起与外檐棂条盖面相反的凹弧线（即凹面线）。

12. 夹玻璃或夹纱

内外双层棂条中间可夹 0.3~0.5 厘米厚的平板玻璃、磨砂玻璃、花玻璃、五彩玻璃、刻花玻璃，还可夹字画（被称作贴落）、纱、绢等，做法很多。

此外，迎风板上通常装裱字画，内檐隔扇绦环板和裙板中的“海棠池”部位一般还要进行精美的雕刻，雕刻的内容和形式丰富多彩。

在内檐隔扇传统做法当中，可开启的门扇通常不使用金属合页，也不使用木质转轴及木连楹。而是在可开启门扇的边梃上、下分别安装金属（铜制或铁制）上下鹅颈与上下碰铁，门上面中槛上嵌入金属连楹以固定可转动的上鹅颈，门下面使用金属屈戌、海窝嵌入下槛上以固定可转动的下鹅颈。

门的拉手、钉锔使用金属看页扭头圈子。

如安装有帘架，帘架边梃上、下两端使用金属兜袢分别固定在下槛和中槛上。

二、落地罩

落地罩，安装位置与碧纱橱基本相同，但其功能和作用却有很大不同。碧纱橱是一种封闭式的装修形式，可将室内空间完全分隔开来，而落地罩则是一种开敞的装修形式，它虽然也可起到分隔室内空间的作用，但是这种分隔只是一种象征性、装饰性的分隔，它的根本作用是增加室内空间的层次感、节奏感和丰富感，从而提升房间内部的品位和档次。当然，落地罩在一定程度上也起到划分室内不同使用空间的作用，但是，这种作用对于落地罩来讲是次要的。落地罩不仅是内檐装修中运用较多的一种形式。有时还应用在亭子、敞厅或榭舫建筑的外檐，作为金里装修。

在落地罩的装修形式中，有一部分是和内檐隔扇完全相同的，如长短抱框、中槛、上槛、迎风槛、迎风板、间柱、横披等。所不同的是，落地罩没有下槛，而且中槛以下只有在紧贴抱框位置安装一扇隔扇，其余部分不安装隔扇，两单扇隔扇墩在矮小的须弥座上。同时，在中槛以下、隔扇外口安装镂空雕刻的花牙子或者小花罩（图 5-2-2）。

内檐落地罩中各构件的尺寸做法均同内檐隔扇。少数用于外檐的落地罩，其构件尺寸做法同外檐隔扇。

须弥座的高、厚同内檐隔扇下槛高、厚。镂空花牙子或花罩厚 3~5 厘米。

在落地罩内安装有花罩的又可称作落地花罩。

三、栏杆罩

栏杆罩，其功能和作用与落地罩基本相同，通常安装在进深方向的柱与柱之间，当然也可以安装在面阔方向。栏杆罩与落地罩不同之处就是，栏杆罩没有隔扇、须弥座，而是在抱框与抱框之间、中槛与地面之间安装竖直方向的间柱，间柱与抱框之间、紧贴地面安装栏杆。另外，在间柱与抱框之间，间柱与间柱之间，中槛以下安装花罩、花牙子或者挂落，栏杆罩不设下槛（图 5-2-3）。

图 5-2-2 落地罩立面图

图 5-2-3 栏杆罩立面图

栏杆罩中的中槛、上槛、迎风槛、迎风板、长短抱框、间柱、横披等尺寸做法与内檐隔扇完全相同。栏杆多采用没有柱头的寻杖栏杆形式。

在栏杆罩内安装有花罩的又可称作栏杆花罩。

四、几腿罩

又称鸡腿罩，是最简单的一种内檐装修形式。其特点就是中槛以下既无隔扇又无间柱、栏杆，只是在中槛以下、抱框之间安装花牙子、花罩或挂落。几腿罩中的中槛、上槛、迎风槛、迎风板、间柱、抱框的尺寸做法与内檐隔扇完全相同（图 5–2–4）。

几腿罩内安装花罩者又被称作几腿花罩。

五、花罩

花罩，是使用木质板材经过精心雕刻以后安装在槛框间的一种高档装饰装修构件。花罩有大花罩和小花罩之分。大花罩又称作落地式花罩，花罩两侧的花腿墩落在紧贴地面的须弥座上。小花罩不落地，只是吊挂在槛（多为中槛）框（抱框、间柱）上，两侧边梃下端做雕花垂头。

花罩经常与落地罩、栏杆罩、几腿罩等结合起来使用，但也可以单独使用。花罩所雕刻纹样的内容十分丰富，多为平安吉祥、多福多寿、事业兴隆等题材。

使用木棂条拼装成各种图案纹样的小花罩又称作挂落。

六、八方罩、圆光罩

八方罩、圆光罩，即门口形状呈八方形或圆形的落地式花罩。由于这种花罩别具特色，而且经常单独使用，因此在传统建筑木装修当中往往都将其单列一项。

八方罩和圆光罩通常也有下槛、中槛、上槛、长短抱框、间柱、横披等构件，有时八方罩或圆光罩便安装在中下槛和两侧长抱框之间；有时紧贴两侧抱框安装两扇落地明隔扇、然后又在中下槛和隔扇内安装八方罩或圆光罩；有时八方罩或圆光罩内还安装有四扇门扇、门扇采用落地明隔扇形式，中间两扇开启。

八方罩或圆光罩的花罩部分，有采用满堂红镂空雕刻工艺手法的，也有使用棂条组合成冰裂纹、万字纹、拐子锦、套方锦等图案纹样的。不管采取哪一种方法，由于安装有八方罩或圆光罩，而造成的室内气氛和装修效果是十分明显的。

八方罩、圆光罩中的槛框、边梃抹头、仔边棂条等，均可参照内檐隔扇和落地罩等其他内檐装修形式的尺寸做法（图 5–2–5、图 5–2–6）。

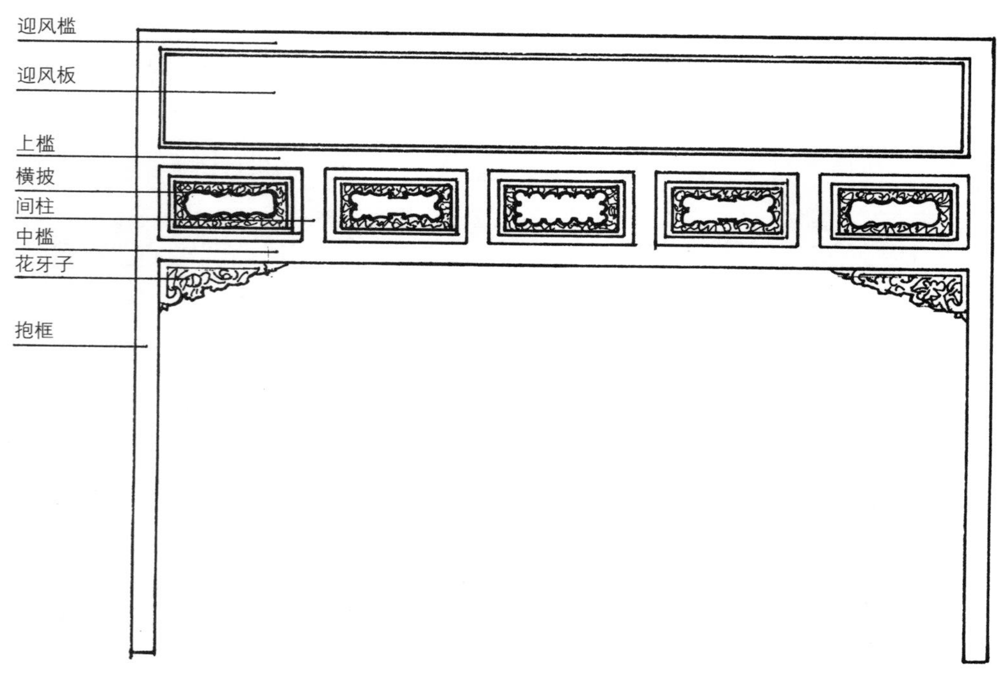

图 5–2–4 带迎风板几腿罩

图 5-2-5　八方罩立面图

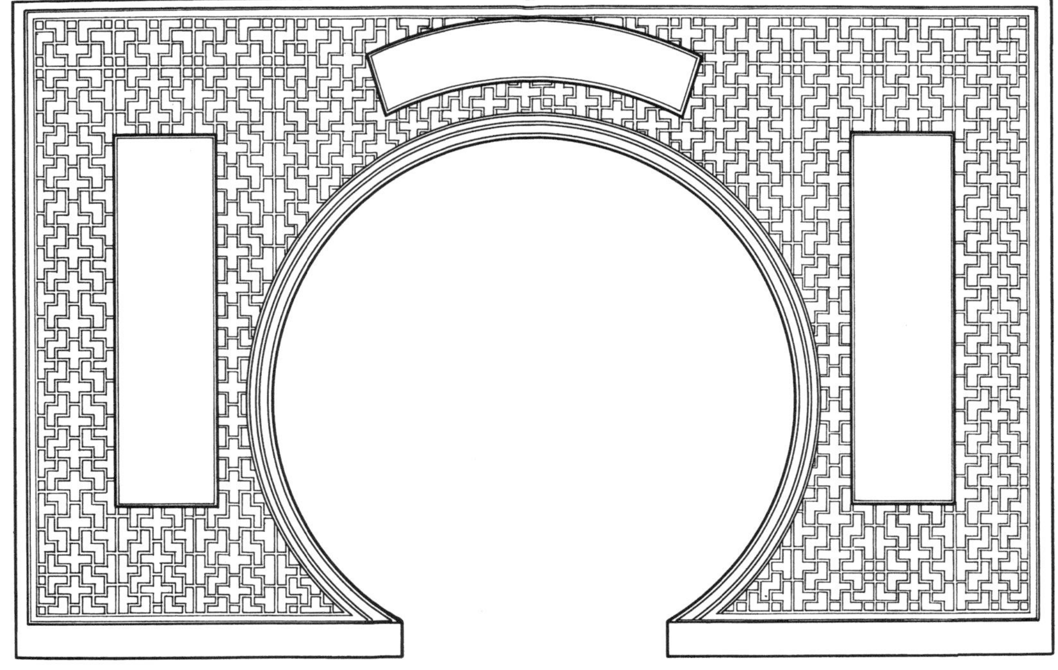

图 5-2-6　圆光罩立面图

七、炕面罩

炕面罩，又称炕罩。用于古代宫殿、民居及传统园林建筑中居室内床榻前脸装修。炕面罩内安装帐杆，用来吊挂幔帐（图 5-2-7）。

炕面罩多安装在面阔方向。主要有几腿罩式、落地罩式、大花罩（落地式花罩）式和小好罩式等几种形式，其中落地罩式较为多见。

炕面罩中的槛框、边梃抹头、仔边棂条等，均可参照内檐隔扇和落地罩等内檐装修形式的尺寸做法。

八、博古架

博古架，又称作多宝格、百宝格。博古架作为传统建筑室内装修的一种形式，不同于家具中的博古架，主要区别在于两点：一是内檐装修中的博古架是固定在进深或面阔方向柱与柱之间的一种室内设施，而家具中的博古架是可随意灵活移动的；二是内檐装修中的博古架比家具中的博古架尺度大，有时在内檐装修中的博古架上面还安装有装饰性的精美小栏杆，十分华丽壮观（图 5-2-8）。

一般博古架都由上下两部分构成：下面是低矮的橱柜、供储物之用，上面是主体多宝格、由于陈列古玩瓷器。

博古架的厚度通常为 30~50 厘米左右，边框的看面尺寸可参照内檐隔扇的抹头边梃、仔边看面尺寸，隔板厚 2 厘米左右。

九、木板壁

木板壁，顾名思义，是一种以木板为主拼装而成用于分隔室内空间的板墙式装修形式。木板壁即可安装槛框，也可不安槛框。观赏性较强的木板壁做工十分讲究，构造如同内檐隔扇，只是花心部位改用木板。有时，木板上面还刻有诗文字画或金石瓦当，令室内气氛更加典雅别致。

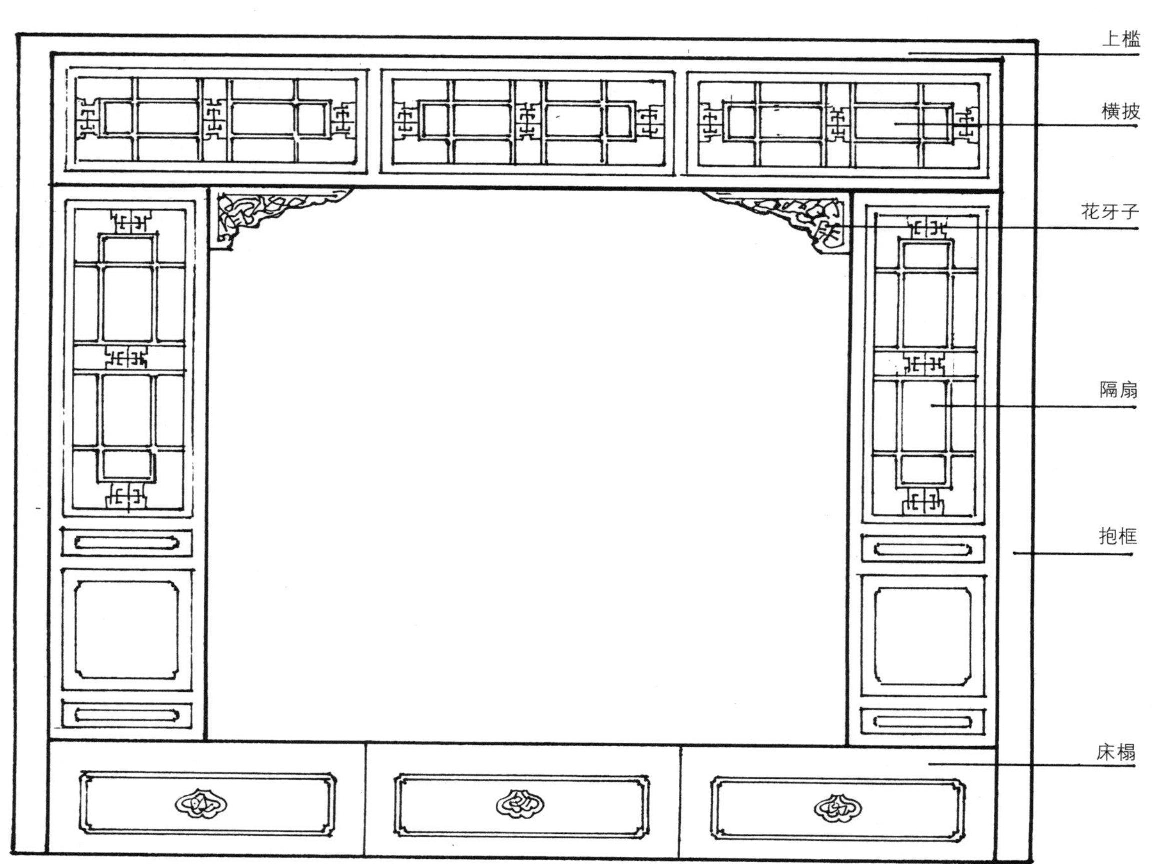

图 5-2-7　炕面罩立面图

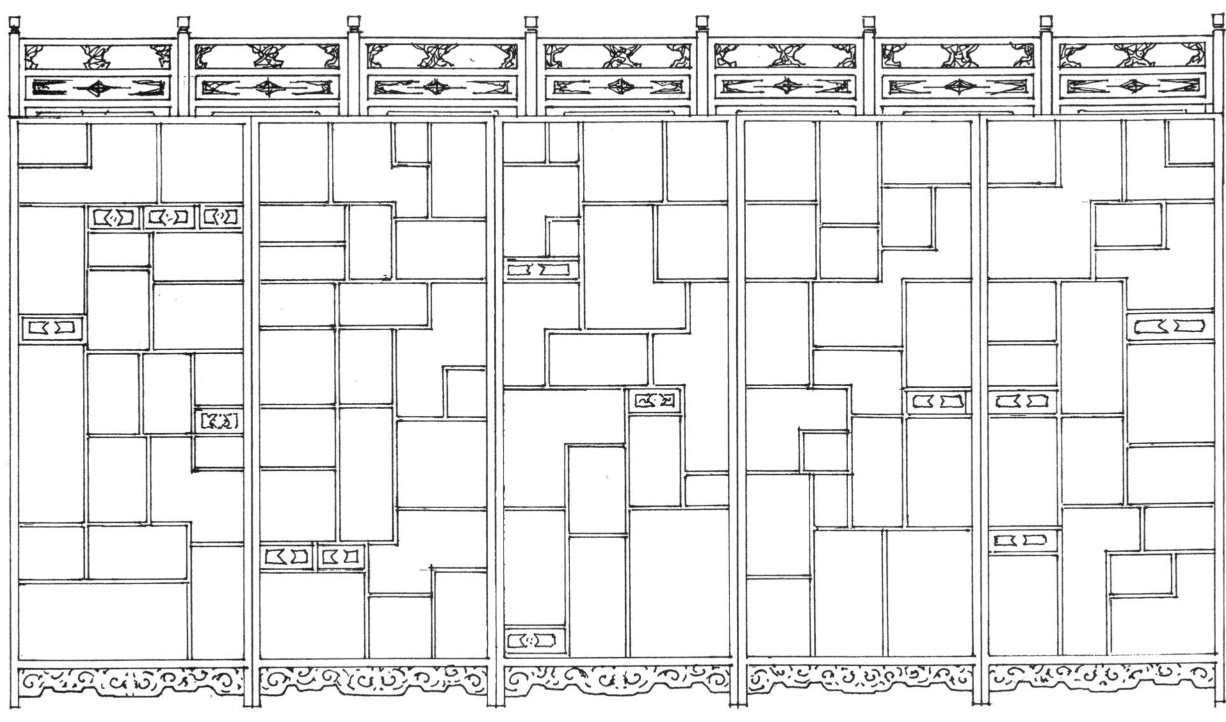

图 5–2–8　带有朝天栏杆的博古架立面图

十、太师壁

太师壁，是一种内檐照壁。常安装在厅堂明间后檐金柱之间，后檐明间檐柱之间通常安装有可以开启的隔扇门。太师壁通常采用木板壁、隔扇或屏门等形式，安装屏门者也称作内檐屏门。太师壁上部多悬挂匾额，两侧金柱上设置对联，前面安放几案、太师椅等家具。太师壁的两侧和背后均可供人们通行。

太师壁前经常是旧时主人处理政事和接待客人的空间场所。

十一、内檐屏门

内檐屏门，安装位置和使用功能与太师壁基本相同，屏门前即可安放几案、太师椅等家具及室内陈设，也可安装在庙宇的正殿中，作为佛像神龛的背景。宫殿中帝王宝座的背景也是屏门（图 5–2–9）。

实际上，内檐屏门并不是作为门来使用，而是作为屏风及板壁使用的。在屏门上方的迎风板和两侧柱子上，还悬挂有匾额和抱柱对联。

屏门的槛框、迎风板尺寸做法与内檐隔扇基本相同。屏门门扇做法与外檐屏门基本相同。

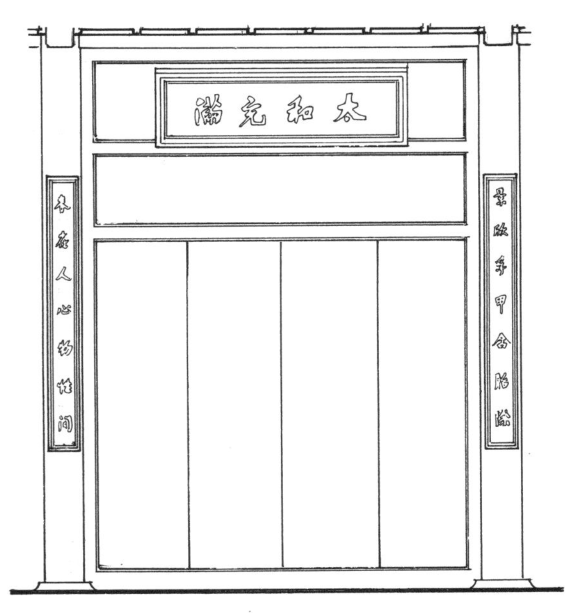

图 5–2–9　内檐屏门立面图

十二、木顶格

木顶格，又称作海墁天花。也称木顶隔、木顶槅、白堂箅子，俗称顶棚。是传统建筑室内吊顶的一种做法。由于室内吊顶可以防尘，因此又有承尘、仰尘之称。木顶格的构造主要有贴梁、木顶格扇、吊杆等（图 5–2–10）。

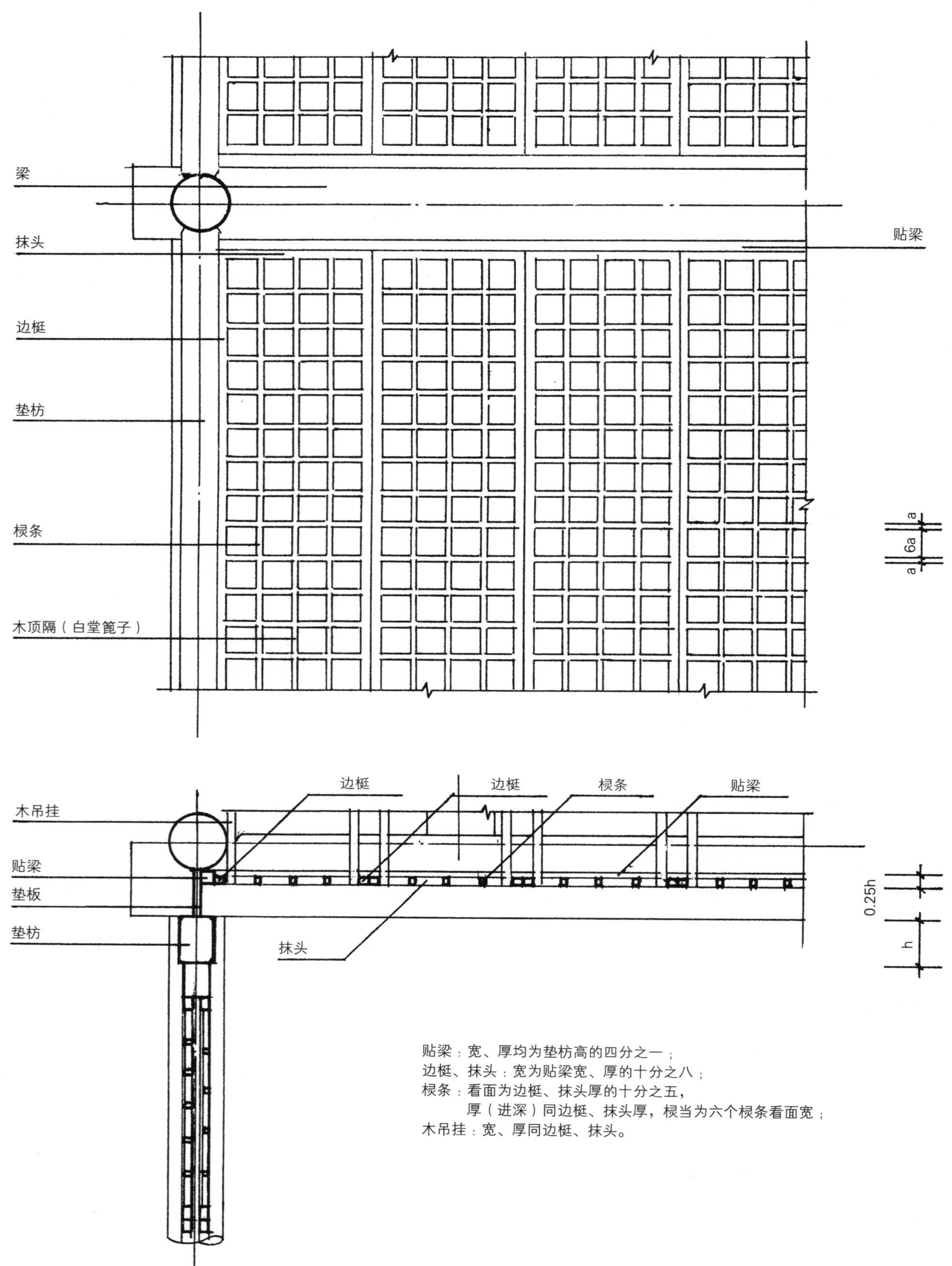

图 5-2-10　木顶格仰视平面及剖面图

贴梁是钉附在梁及垫板侧面的木枋，其宽、厚均为檐垫枋高、厚的 1/4。木顶格扇由边梃、抹头及棂条组合而成，每扇宽 60~100 厘米、长 120~200 厘米。边梃与抹头宽、厚为贴梁宽、厚的 4/5，棂条看面宽 1/2 边梃抹头宽，厚同边梃抹头厚，棂条之间净空六倍左右边梃抹头宽。每扇使用吊杆四根，吊杆断面尺寸同边梃抹头。

各扇木顶格底皮持平，下面糊纸，可做海墁天花彩画。

十三、井字天花

井字天花，又称龙井天花、井口天花，由于纵横支条相交呈“井”字形，故名。井字天花是中国传统建筑中等级较高的一种顶棚形式。构成井字天花的构件主要有天花梁、天花枋、贴梁、帽儿梁、支条、天花板等，井字天花不使用吊杆（图 5-2-11）。

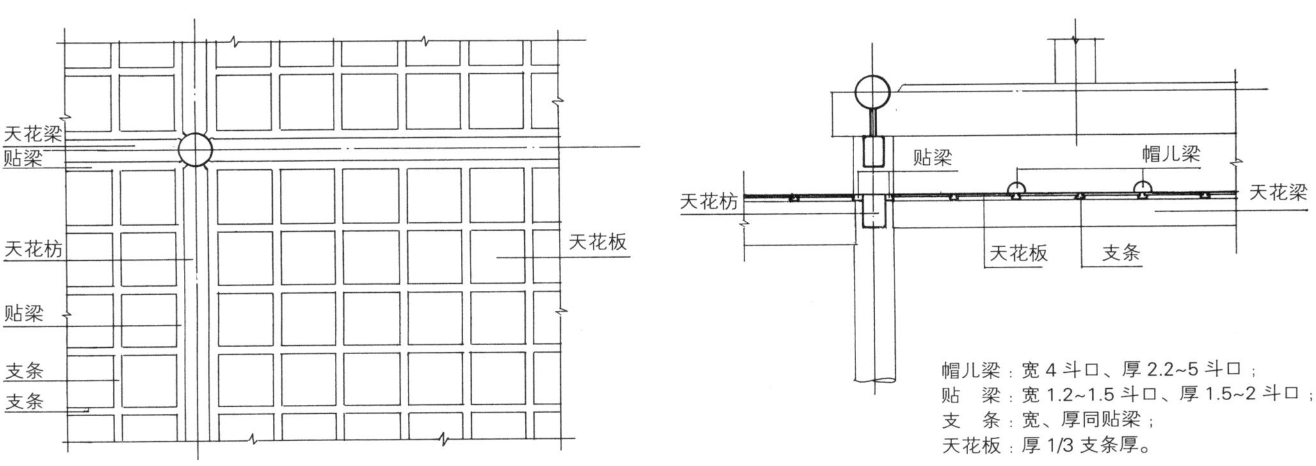

图 5-2-11　井字天花仰视平面及剖面图

1. 天花梁

天花梁用于进深方向，天花枋用于面阔方向，它们均有榫头插在金柱或檐柱上。天花梁通常以 6 斗口加 2/100 本身长或以 0.8~1 檐柱径定高，以本身高 8/10 定厚。

2. 天花枋

天花枋以 6 斗口 0.8~1 檐柱径定高，以本身高 8/10 定厚。无斗栱的建筑，其天花枋可以檐柱径的 1/2 定厚，以本身厚的 1.3 倍定高。天花枋上皮与天花梁上皮持平。

3. 帽儿梁

用在面阔方向，两端搭在天花梁上起井字天花的龙骨作用。帽儿梁经常与支条连做，每隔一根支条使用一根帽儿梁。帽儿梁以 4 倍斗口或 2 倍支条宽定宽。如连做，以 4~5 倍斗口或 2 倍支条宽定厚；单做以 2~2.5 倍斗口或一份支条宽定厚。

4. 支条

是井字天花最下面的木枋，平面组成方格网状。支条交接所形成的孔洞称作井口。支条以 1.5~2 倍斗口或檐垫枋高的 1/3~1/4 定高，以 1.2~1.5 倍斗口或本身宽的 7/10~8/10 定厚。

5. 贴梁

贴靠在天花梁及天花枋侧面的支条称作贴梁。贴梁的宽、厚同支条。

6. 天花板

为外形呈正方形的木板，平装在井口支条上面的裁口内。天花板以 1/3 支条厚定厚。

天花梁、天花枋、贴梁、支条、天花板的室内露明部分均施有精美的彩画，即井字天花彩画。

十四、藻井

藻井，是室内天花中央高高隆起的部位，是一种等级很高的室内顶棚装饰手法。通常用在宫殿、寺庙的大殿当中，藻井下方安置帝王宝座、佛像或祭台等。在某些公共建筑如戏台的吊顶也有使用藻井的。

藻井的平面形象多为下方上圆，以象征天圆地方。方、圆之间用八方形作为过渡。它的构造主要是通过井口的趴梁加之抹角梁一层一层叠落，首先由正方形转变成八方形，然后再由八方形转变为圆形。各层井口内均安装有斗栱和雕饰，最上层圆形井盖通常雕刻蟠龙。蟠龙口衔宝珠，栩栩如生。

第三节　木装修中的五金配件

传统建筑木装修中的五金配件，主要有面页、兽面、门钹、看页扭头圈子、门钉、鹅颈、屈戌、碰铁、菱花钉帽、套筒、护口、踩钉、海窝、挺钩等，多为铜铁制作。

一、面页，又称面叶、梭叶

主要用于大门门扇、如意门门扇、隔扇等装修构件上面，除起加固和保护门扇的作用以外，同时还起到装饰美化作用。

大门门扇的面页通常是将上下边内外基本都包裹起来，因此又称作“大门包页”。用于如意门门扇的面页还经常做成如意形状，故又称作“如意面页”。用于隔扇上面的面页主要有单拐角面页、双拐角面页、双人字面页、看页等。单拐角面页是用在单根抹头与边梃连接的转角部位；双拐角面页是用在两根抹头与边梃的连接部位；双人字面页是用在两根腰抹头与边梃的连接部位；看页则是用在边梃上面，有镌花看页和素看页之分。看页上下两头做成云头形状的称作如意头梭叶或云头梭叶。面页通常使用在规格尺度较大、分量较重、等级较高的隔扇上面。

宫殿所用面页均用紫铜或黄铜片锤成凸地，镌刻有云龙纹饰，外表采用鎏金工艺。其效果金碧辉煌。面页使用鎏金铜钉钉在门扇上。

二、兽面

又称铺首，上带仰月千年锦一份。安装在宫门及城门门扇的正面，每扇门一副，成对使用。多用铜制，表面凹凸具有立体感。兽面形象威武凶猛，颇具一种震慑力（图 5–3–1）。

三、门钹

即门钹扭头圈子。一般用于可开启平板门扇的正面，每扇门安装一个，成对使用。多用铜制或铁制，以内圆外六方形者居多，圆心安装扭头圈子。门钹主要有两个作用，一个是起门的拉手作用，另一个就是起扣门的作用。此外，还有装饰美化作用（图 5–3–2）。

四、看页扭头圈子

又称梭叶扭头圈子。扭头即拉手，看页扭头圈子是将扭头用圈子固定在看页上，故名。一般用于内外檐隔门可开启门扇的边梃上，每扇门安装一副，成对使用。多用铜制或铁制，但以铜制为多。扭头圈子除了可以作为门的拉手使用之外，还可以用于上门锁时使用（图 5–3–3）。

图 5–3–1　兽面

图 5–3–2　门钹

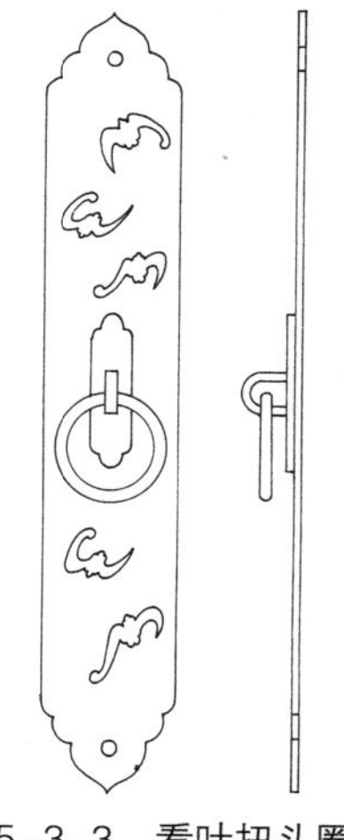

图 5–3–3　看叶扭头圈子

五、门钉

即大门门钉。大门门钉有木钉和金属钉两种，此乃金属钉。多用黄铜制作，外面鎏金或贴金。

六、菱花钉帽

又称菱花钉。用于菱花隔心棂条结合部位，起加固和装饰双重作用。菱花钉穿过“眼钱”钉在棂条相交的交点上。一般用铜制或铁制，表面鎏金或贴金。

七、鹅颈、屈戌

鹅颈因造型细长并有转角，形似鹅颈，故称。鹅颈即是安装在屏门可开启门扇一侧、上下一对金属制作的门轴。屈戌是固定鹅颈的环状金属构件，可供鹅颈在环中转动。

八、碰铁

是安装在屏门可开启门扇鹅颈门轴的另一侧，关门时可与门槛碰撞的薄铁。

九、套筒、踩钉、护铁、海窝

是用在大门及隔扇门等门扇转轴、开启部位的金属构件。海窝又称轴椀。套筒是指套在门扇上下转轴外面的铁筒或铜筒，其作用主要是保护木转轴的坚固耐久；踩钉是钉在下转轴底部的“大头钉”，踩钉头部呈半球型；海窝是安装在门枕上面承托转轴踩钉的凹型金属构件，其作用是让转轴踩钉在上面灵活自如的转动。护铁又称护口，安装在连楹或门龙门扇上部转轴孔洞下方，其作用是保护洞口免遭磨损，故称。由于踩钉在上、凸出转轴底面，而海窝在下、凹于门枕平面，为取吉祥之意，踩钉又称“寿山”，海窝又称“福海”。海窝除用于大门门轴踩钉下面以外，还经常用于屏门门扇下方鹅颈的下面。

十、挺钩

在木装修当中，挺钩主要使用在支摘窗支窗窗扇的两侧，用作支起窗扇的金属构件。支窗挺钩较长，平时，垂挂在支窗两侧的抱框或间柱上。另外，匾额除下面使用木质或金属匾托以外，上方两侧也要使用挺钩。

第四节　传统建筑装修中的常用纹饰

在我国传统建筑的各种装修当中，包括木雕、砖雕、石雕、五金雕镌、彩画以及木装修中的隔心、绦环板、裙板、花板等，所使用的纹饰不仅非常丰富，而且还具有深刻的文化内涵。如以“方形”喻地、以“圆形”喻天、以“桃形”喻寿、以“蝙蝠形”喻福等，通过象形、会意、谐音等手法构成艺术语言，来表达人们对美好、富庶、吉祥、安定与幸福生活的向往和追求。

在我国传统建筑和各种装修中经常使用的纹样归纳起来大体有以下几种类型：

一、三角形

如正三角、套三角、直线波状纹、三角形冰裂纹等；

二、方形、菱形

如方格（四方、豆腐块）、方胜（套方）、套方锦、拐子锦、盘长等；

三、长方形

如步步紧、灯笼锦、席纹等；

四、多边形

如五边形（五方）、六边形（六方）、八方形、龟背锦、多边形冰裂纹等；

五、圆形

如圆光、双环（套环）、椭圆、扇面、如意、轱辘钱、球纹、波纹、涡纹、云纹等；

六、文字形

如十字纹、人字纹、亚字纹、万字纹、长寿字、圆寿字、喜字、福字、工字、井字、回纹等；

七、植物花草形

如松、竹、梅、牡丹花、西番莲、缠枝花、栀花、海棠花、万年青、梅花、石榴、玉兰、海棠、柿子、柿蒂纹、桃、红豆、兰花、菊花、莲花、栀花、葵花、水仙、葫芦、灵芝、枫叶等；

八、动物形

如龙、草龙、夔龙、凤、夔凤、龟、蛇、龟背纹、鱼鳞纹、大象、麒麟、狻猊、狮子、猴子、马、鹿、羊、仙鹤、喜鹊、白头翁、蝙蝠、蝴蝶、卧蚕、尺蠖、蜘蛛等；

九、器物形

如宝瓶、花篮、花瓶、古玩、书卷、书案、如意、玉佩、瓦当、绳纹、席纹、锦纹等；

十、组合形

如十字海棠、十字转心海棠、十字如意、蝶恋花、如意盘长、八方间四方等；

十一、图腾寓意形

如五福（五支蝙蝠）捧寿（寿字或寿桃）、灵仙祝寿（灵芝、水仙、竹叶、寿桃）、福在眼前（蝙蝠、带孔的古钱）、万福万寿（万字锦加蝙蝠、寿字）、万事如意（万字、柿子或柿蒂纹、如意）、万象更新（大象、万年青）、百年和好（百合、鸳鸯）、事事平安（柿子、花瓶、鹌鹑）、四季平安（花瓶、月季花）、安居乐业（鹌鹑、菊花、枫叶）、连年有余（莲花、鲶鱼）、双喜临门（两只喜鹊）、喜从天降（一只蜘蛛挂在蛛网下）、喜上眉梢（喜鹊、梅花）、金玉满堂（金鱼）、玉堂富贵（玉兰、海棠、牡丹）、荣华富贵（芙蓉、牡丹）、富贵白头（牡丹、白头翁）、福禄寿喜（蝙蝠、鹿、桃、蜘蛛）、福禄（葫芦）、忠孝仁义（狗、羊、鹿、马）、八宝（佛珠、方胜、磬、犀角、金钱、菱镜、书、艾叶）、八吉祥（法螺、法轮、雨伞、白盖、莲花、宝瓶、金鱼、盘长）、岁寒三友（松、竹、梅）等。

第六章 传统建筑的油饰、彩画与棚壁裱糊

中国传统建筑的油饰彩画又称作“油饰彩画作”。宋代《营造法式》中，没有明确油饰工种，而寓含在彩画作当中，在清代工部《工程做法》中，则明确将油饰和彩画列为两个工种。因此，也可以分别称作“油饰作”和“彩画作”。中国传统建筑的棚壁糊饰，在清代工部《工程做法》中被称为“裱作”，与“木作”、“瓦作”等同属传统工艺范畴。

在中国传统建筑中，油漆彩画与棚壁裱糊的作用主要有三点：一是可以对建筑产生显著的装饰美化作用；二是可以对木结构建筑的木构件起到防潮、防腐、防蛀的作用；三是在一定程度上可以体现建筑物的使用功能和文化内涵。

第一节 油饰

由于中国传统建筑以木结构为主，因此，建筑的油饰工艺也十分复杂、十分精细。建筑主要木构件的工艺，从木基层处理算起至油饰全部完成，前后需要二十多道工序。

概括起来，传统木结构建筑油饰工艺主要包括地仗（油饰基层的处理）、油皮（涂刷油漆面层）和金饰（贴金）三道工序。

一、处理地仗

地仗是指直接敷着在木构件表面的油灰垫层，处理地仗是油饰工程的基础工序。传统建筑的油饰之所以可以对木构件能够起到防潮、防腐的保护作用，主要还是通过油饰之前的处理地仗来实现的。处理地仗包括木基层处理和实施地仗两个步骤。

木基层处理主要有木构件表面砍挠、楦缝、刷油浆三道工序。

地仗的做法主要有三种，一种叫作单披灰地仗，一种叫作使麻灰地仗，一种叫大漆地仗。地仗中所谓的“灰”，实际上是用桐油、猪血血料和砖灰等配制而成的“腻子”，其配合比依各道工序的作用不同而有所不同，并且将各道腻子紧密粘结在一起。麻及麻布可以增强地仗的绞结抗拉作用，使用麻或加使布的地仗，可由最少一麻三灰至三麻两布七灰总共十余种做法。

（一）一麻五灰地仗

一麻五灰地仗是传统园林建筑经常使用的一种地仗做法。其特点是要在所要油漆的木构件上粘麻。五灰是指先后要在所要油漆的木构件上披挂五道灰，即捉缝灰、扫荡灰、压麻灰、中灰和细灰。一麻五灰地仗需要十几道工序，主要有斩砍见木、撕缝、下竹钉、汁浆、使提缝灰、用粗灰、粘麻、使压麻灰、用中灰、用细灰、钻生等。一麻五灰地仗主要用于建筑中起结构作用的木构件及严防劈裂的木件上，如柱、梁、檩、板、枋及屏门、筒子门、实榻门、匾额等。

（二）单披灰地仗

单披灰是一种只用灰而不使麻的地仗，工艺比一麻五灰地仗简单一些。根据建筑的规格不同、部位不同和要求不同，单披灰地仗又可分为四道灰、三道灰、二道灰、一道灰（靠骨灰）地仗等不同做法。单披灰地仗主要用于建筑中不起结构作用的装修木构件上，如隔扇门、窗子、楣子等。

（三）大漆地仗

大漆地仗与麻灰地仗做法大体相似，只是所用的各种灰均以生漆调合，通常糊麻布（夏布）一至两层或增加披麻一至两层。主要工序有撕缝、抄生漆、捉灰缝、溜缝、用粗灰、糊布、使压布灰、用细灰、抄生漆等。

二、面层油饰

地仗完成以后，剩下来的工作就是表面油饰和彩画了。在油饰之前，需要把彩画的部位预留出来不做油饰。须知彩画部位不油饰，油饰部位不彩画。

通常传统园林建筑油饰多采用三道油做法，由里及表分糙油、垫光油、光油依次涂刷三遍。这种做法的工艺流程主要有浆灰、挂细腻子、刷头道油、垫二道油（或三道油），最后罩光油。

除三道油做法以外，还有使用红土油饰和烟子油饰，不用垫光油，仅用糙油、光油两遍成活的做法；刷胶色、罩一道油的做法；地仗单披灰或涂刷靠木色，然后再烫蜡出色等许多做法。其他，还有大漆做法、金漆做法等均属油饰专业范围。传统油作不仅包括建筑梁架、门窗的油饰，同时还涵盖建筑匾联、室内家具等的油饰。

三、金饰

系指贴金，贴金本属画工，清代以后改归油作。金饰工艺有多种做法，与建筑油画相关联的主要有贴金和遍金做法。贴金又称飞金，多使用金箔或仿金铜箔来完成。金箔可分赤金和库金两种，每张三营造寸（合 9.6 厘米）见方，每十张为一贴，每百张为一把，每千张为一具，或称一块。库金颜色偏红，含金量较高（97%~98%），赤金颜色偏黄，含金量较低（约 75%）。一般油画多使用赤金，重点工程亦可同时使用两种金箔，但应突出重点、有主有次。

如在油饰部位有贴金之处，则要在二道油干后贴金，然后再扣三道油，最后罩光油。

贴金一般是用于大木构件与装修构件的边缘、棱角或者彩画纹样线路等部位贴饰金线的做法，遍金是用于较大面积贴金的一种做法，遍金既可使用金箔，亦可用金箔泥成金粉，称为泥金。

四、油饰设色

传统建筑的大木、小木等木构件，在没有彩画的部位通常需要油饰，其原因主要是出于保护建筑构件、适应使用功能和观赏功能而使焉。由于人们在长期的实践过程当中，不断积累、不断总结，对于各种木构件油饰的设色以及相互之间色彩的搭配已经形成了一定的模式和规律。这些模式和规律不仅与中国传统建筑的艺术风格十分协调，而且也与中华民族对于色彩的审美取向十分吻合。

我国古代建筑设色，历代各有制度。清代宫殿以红色为主，主要用于木构下架及门窗装修等处；皇家园林及王府花园建筑多以红、铁红、深绿等色结合起来使用；王府建筑多用绿色；衙署、道观及一般民居建筑多使用黑色、深栗色、栗色或木本色。

对于传统园林建筑木构件上面油饰的设色，皇家园林建筑与私家园林建筑是有许多不同的，其不同主要表现在两个方面，一是皇家园林建筑多使用大红大绿等鲜艳的色彩，而私家园林建筑多使用棕色黑色等柔和的色彩；二是皇家园林建筑多使用冷暖对比强烈的色彩，而私家园林建筑多使用色相接近较为协调的色彩。

就皇家园林建筑而言，在一般情况下，红色或铁红色多用于圆柱，其他主要梁架构件如梁、瓜柱、檩、垫板、垫枋、山花板、博缝板、椽帮，传统大门的槛框、门扇，挂檐、木坐凳板，门窗外檐槛框、榻板，隔扇抹头、边梃、绦环板、裙板，槛窗绦环板、裙板，望板底皮，坐凳楣子与吊挂楣子抹头、边梃，什锦窗木贴脸等部位。朱红色多用于大连檐、瓦口，门窗边梃、抹头，倒挂楣子与坐凳楣子边梃、抹头以及木栏杆望柱、边框等部位。深绿色多用于方柱（梅花柱），椽肚，坐凳板，屏门门扇，筒子门筒子板，隔扇、槛窗、支摘窗、什锦窗等边梃、抹头、仔边与棂条，坐凳楣子棂条等部位。黑色多用于筒子门筒子板、什锦窗木贴脸等部位。

在传统建筑当中，有些建筑，如民居、衙署、道观等，其柱、梁枋、槛框等主要构件经常使用黑色、深栗色、栗色或木本色。有的建筑，黑色与红色搭配在一起使用，如柱、梁枋、槛框、榻板、筒子门门筒子、什锦窗木贴脸等油成黑色，而外檐隔扇、槛窗等油成红色，个别部位油成绿色；随墙门的过木、槛框、菱角木油成黑色，屏门门扇油成绿色，门扇上面的斗方油成红色或绿色，斗方中的大字用黑色或者贴金箔。

第二节　彩画

彩画是中国传统建筑所特有的一种建筑装饰艺术，通常是在做完地仗之后，于施工现场制作完成的。

彩画应用在中国建筑当中已有悠久的历史了。在我国春秋战国时期，建筑上面一般不施彩画，而是保持木材的本色。至南北朝、隋唐时期，建筑开始油漆红柱，斗栱出现彩绘。宋代建筑开始使用金碧辉煌的彩画，元代延续使用并加以发展和完善，至明代，建筑彩画已发展到成熟阶段并形成制度，清代继续发展，清中叶以后建筑彩画似乎有些过于烦琐。

在我国封建社会，建筑彩画的使用是有严格规定的。彩画只限于使用在宫殿、官府、寺庙等建筑上，民居则是不得施五彩加以装饰的。对于较高等级的和玺彩画和旋子彩画，更是有着严格的规定。

明、清时期，官式建筑彩画主要分为和玺彩画、旋子彩画和苏式彩画三种形式。不同形式的彩画，其构图布局、纹样内容、用金用色等都有着许多详细而具体的规定。

中国传统建筑的和玺彩画、旋子彩画和苏式彩画均施于建筑的屋檐部位，主要包括椽、梁（柁）、柱、檩、垫板、垫枋、额枋等构件上。

一、和玺彩画

和玺彩画是中国传统建筑彩画中等级最高的一种，一般只限于在宫殿、坛庙的主殿及门等建筑上使用。其彩画的部位除梁、檩、大额枋、小额枋、由额垫板外，还有椽、斗栱、雀替、平板枋等内外檐大木构件上。当然，有些建筑并无小额枋及由额垫板，亦可饰以单额枋和玺彩画。和玺彩画主体构图格局主要由柱头、箍头、盒子、找头（藻头）、枋心等组成（图 6-2-1）。彩画中的全部线条及主要纹样均沥粉贴金，以青、绿等低色衬托金色图案，其效果金碧辉煌、十分绚丽华贵。

在和玺彩画当中，一般又可分为金龙和玺彩画、龙凤和玺彩画、龙草和玺彩画和金凤和玺彩画等几种形式。

1. 金龙和玺彩画

彩画的枋心通常以画二龙戏珠纹样为主，盒子内多配以坐龙，找头内画降龙或升龙，由额垫板多画行龙等。

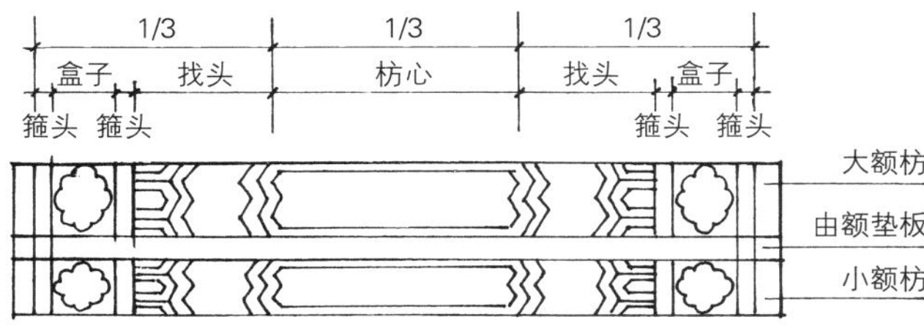

图 6-2-1 和玺彩画布局

2. 龙凤和玺彩画

一般在枋心、找头、盒子部位画龙、凤，即所谓“龙凤呈祥”。

3. 龙草和玺彩画

通常在枋心、盒子、找头部位由龙和吉祥草或法轮吉祥草搭配布局，由额垫板画吉祥草。

4. 金凤和玺彩画

在枋心、盒子、找头等部位主要绘以凤纹。

龙、凤是一种神化了的动物形象，是中国古代的一种图腾纹样，它是至高无上的象征，是神权、皇权的标志。

特别重要的建筑，与最高等级的和玺彩画相匹配，椽子、望板可做沥粉贴金彩画。

二、旋子彩画

旋子彩画比和玺彩画低一等，位居第二位，一般用在官衙、庙宇的配殿，坛庙的配殿以及牌楼等建筑物上。旋子彩画所饰用的部位及彩画主体构图格局与和玺彩画基本相似，主体构图格局也是由柱头、箍头、盒子、找头（藻头）、枋心等几个部分组成（图 6-2-2）。在构图上与和玺彩画最为明显的区别：一是和玺彩画找头与方心的分界线呈放倒的“w”字形，而旋子彩画则为放倒的“V”字形；二是和玺彩画找头内通常使用云龙、云凤、卷草、灵芝、西番莲等图案纹样，而旋子彩画在找头内则普遍使用一种带漩涡状、被称作“旋子”或“旋花”的几何图形。“旋子”的原型本是一种多年生野生草本攀援植物的花朵，其生命力极强。旋子代表长寿和吉祥。

有些建筑并无小额枋及由额垫板，亦可饰以单额枋旋子彩画。

旋花各层花瓣从外到里分别称为“一路瓣”、“二路瓣”、“三路瓣”和“旋眼”，清代中晚期旋子彩画多采用三路瓣画法。找头内旋花的布局以一个完整旋花和两个 1/2 旋花组合，即“一整二破”为基础，并可

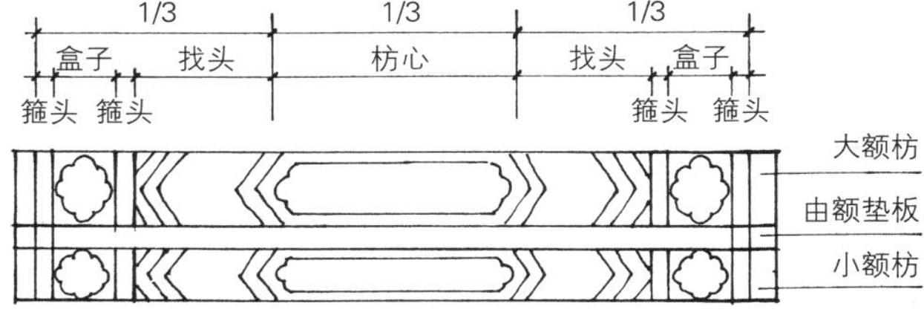

图 6-2-2 旋子彩画布局

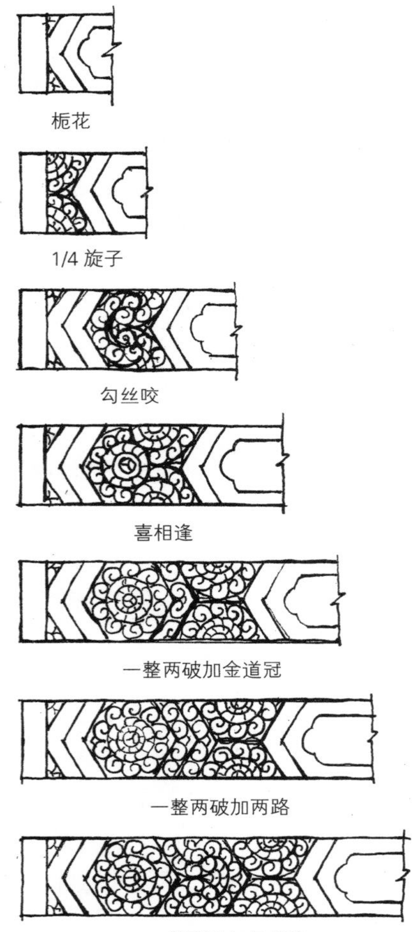

图 6-2-3 旋子彩画的多种找头

根据找头的长短不同作相应增减。如采取两个 1/4 旋花、勾丝咬、喜相逢、一整二破加一路、一整二破加金道冠、一整二破加两路、一整二破加勾丝咬等不同布局不同组合的找头形式。最简单者不使用旋花，而只是在菱角地处画 1/4 栀花或再加一路、两路旋花瓣做法（图 6-2-3）。

在旋子彩画当中，一般又分为金琢墨石碾玉、烟琢墨石碾玉、金线大点金、墨线大点金、金线小点金、墨线小点金、雅伍墨、雄黄玉等几种不同形式。不同形式的旋子彩画表现出不同的等级和规格，不同形式的旋子彩画使用在不同等级和类型的建筑物上。

1. 金琢墨石碾玉旋子彩画

这种彩画为旋子彩画中等级最高的一种，可与和玺彩画媲美。此种彩画全部大线、旋花各路瓣、旋眼、栀花心、菱角地、宝剑头等均沥粉贴金，枋心多画龙锦，其效果金碧辉煌、十分华丽。

2. 烟琢墨石碾玉旋子彩画

这种彩画的特点是除箍头线、枋心线、岔口线、皮条线、盒子线五大线沥粉贴金以外，其余各线均用墨线勾画。旋子花瓣及栀花用墨线、退晕，旋眼、栀花心、菱角地、宝剑头沥粉贴金。枋心画龙锦。

3. 金线大点金旋子彩画

这种彩画的五大线及栀花心、菱角地、宝剑头亦沥粉贴金，旋子花瓣及栀花均用墨线，但不退晕。菱角地、旋眼、栀花心、宝剑头沥粉贴金。枋心多画龙锦，盒子多画坐龙、西番莲草。

4. 墨线大点金旋子彩画

这种彩画的五大线及旋子、栀花均用墨线，不退晕。旋眼、栀花心、菱角地、宝剑头沥粉贴金。盒子多画栀花，枋心常用龙锦或一字枋心。

5. 金线小点金旋子彩画

这种彩画的做法基本与金线大点金的做法相同，只是旋眼、菱角地、宝剑头部位不贴金而改用青绿色。

6. 墨线小点金旋子彩画

这种彩画除旋眼、栀花心贴金以外，其余均无金饰，各线路皆使用墨线勾画。枋心通常选用夔龙或一字枋心，很少使用龙和锦。盒子多画栀花。

7. 雅伍墨旋子彩画

这种彩画的特点是所有线路均用黑白双线勾勒，底色为青、绿二色。整个彩画不用金、不退晕。枋心多选用夔龙或一字枋心。雅伍墨彩画是旋子彩画中最简单、素雅的一种彩画形式。

8. 雄黄玉旋子彩画

这种彩画以黄色调为底色，青、绿色为旋花瓣。整组彩画不贴金、不退晕。这种彩画多用于坛庙建筑中的神厨、神库等建筑上。

三、苏式彩画

苏式彩画起源于江苏苏州，故而得名。苏式彩画自清乾隆年间传入北京后，便结合北京建筑的特点形成了自己的风格。京式苏画突出了彩画当中的画面效果，极其巧妙地将山水、人物、翎毛、花卉、走兽、鱼虫、楼阁、博古等工笔写意画生动地融汇展现于建筑彩画当中，使建筑彩画内容更加丰富多彩、耐人寻味，从而大大增强了建筑彩画的可观赏性、趣味性和艺术性。此外，北京的苏式彩画色彩艳丽且金碧辉煌，显得十分雍容而华丽。同时，又和和玺彩画、旋子彩画形成一定程度的统一性和和谐性。在中国古代皇家园林中，三种彩画同时出现在一组建筑群体当中，让人觉得十分协调自然，毫无牵强附会之感。

苏式彩画主要用于园林建筑和住宅建筑当中，其种类和形式较多。如按彩画的主题纹饰内容划分，则可达数十种之多。下面我们将按照等级、形式、做法进行分类作一介绍。

按规格等级不同划分主要有金琢墨苏画、金线苏画、墨线苏画三种；按基本形式不同划分主要有包袱式苏画、枋心式苏画、海墁式苏画三种；按具体做法不同划分主要有完整包袱式苏画、掐箍头搭包袱苏画、掐箍头彩画及椽柁头彩画四种；按彩画的主要工艺做法、组合构图形式和主体纹饰内容划分，其种类就太多了，起码可达数十种，如“金线包袱式苏式彩画”、“金线枋心式苏式彩画”、“金线海墁式苏式彩画”、“墨线包袱式苏式彩画”、“墨线枋心式苏式彩画”、“墨线海墁式苏式彩画”、“花锦枋心苏式彩画”、“花草枋心苏式彩画”、“福如东海包袱苏式彩画”等。

1. 金琢墨苏式彩画

金琢墨苏画由于工艺考究、彩画用金量大和颜色退晕层次丰富，因此成为苏式彩画中最华丽、等级最高的一种。彩画主要线路均沥粉贴金，箍头和卡子等在深、浅、白三色退晕纹样的外缘亦沥粉贴金，包袱轮廓烟云托子退晕层次 7~9 道，最多可达 13 道。包袱、枋心、聚锦内以画殿堂楼阁及山水花鸟为主。包袱内的彩画尤其精彩，最为讲究的是全部使用金箔衬地的“窝金地”做法。

2. 金线苏画

这是苏式彩画中最常用的一种。彩画主要线路均沥粉贴金，箍头、卡子细部纹饰多为片金或烟琢墨攒退。烟云退晕层次 5 或 7 道。

3. 墨线苏画

彩画构图基本同金线苏画，但全部线路均不贴金，主要线条用墨线勾画。箍头多采用素箍头，卡子等纹样均为烟琢墨攒退做法。烟云退晕层次五道以下。墨线苏画是等级较低的苏式彩画。

近代还有一种主要线条不用墨线而用黄线勾画、其他做法基本同黑线苏画的黄线苏画。此种彩画是介于金线苏画和墨线苏画的变异做法，也是一种等级较低的苏式彩画，相比金线苏画和墨线苏画，较少使用。

4. 包袱式苏画

包袱式苏画是苏式彩画中有代表性的一种彩画形式，通常画于内外檐檩、板、枋（大木三件）部位，因在彩画的中心部位采用半圆形如包袱的画面而得名。包袱的外轮廓多采用一层层退晕的烟云形式，用曲线表现的烟云称为软包袱，而用折线表现的烟云称为硬包袱，包袱内为画面。画面的内容和形式十分丰富，如有山水、人物、翎毛、花卉、殿阁、走兽等，主要是表现美好、吉祥内容和题材的画面。包袱式苏画又有完整包袱式苏画和掐箍头搭包袱苏画等不同形式。

5. 枋心式苏画

枋心式苏画主要用在檩、板、枋、梁等单一横向构件上。所谓枋心，就是指横向构件中心的狭长部位。枋心式苏画一般是在不能或不宜实现包袱式苏画的情况下而应用的一种苏式彩画形式。完整的枋心苏画有箍头、卡子、聚锦、枋心等组成。较狭长的构件也可以在两端各设两条箍头，箍头之间加画盒子。枋心、聚锦内可以彩绘山水、花鸟、殿阁等内容。其他部分以图案为主（图 6–2–5）。

6. 海墁式苏画

通常是画在檩、板、枋、梁等单一横向或者竖向构件上。所谓海墁，是指在单一颜色如青、绿、红、香色等为底色的背景上，点缀不同纹样如流云、花卉、蝙蝠、仙鹤、锦纹等作为装饰的一种手法。海墁苏画较包袱苏画和枋心式苏画更为灵活、随意，具有较强的适应性和广泛性。海墁苏画两端，既可设有箍头、卡子，亦可不设箍头、卡子，直接将纹样描绘在构件的底色上（图 6–2–6）。

7. 完整包袱式苏画

完整包袱式苏画是苏式彩画中最具有代表性的一种彩画形式，通常画于内外檐檩、板、枋（大木三件）部位。这种彩画的基本构图主要由梁（柁）头、柱头、椽头、箍头、包袱、卡子、聚锦等七个部分组成（图 6–2–4）。包袱及聚锦内的彩画内容和题材十分丰富，主要有山水、花鸟、人物、殿阁、走兽等，其中不乏吉祥如意内容。梁（柁）头内多画古代青铜器、瓷器、漆器等博古纹样。其他部分则以图案为主。

以直线组成卡子纹样的，称为硬卡子；以曲线组成卡子纹样的，称为软卡子。通常在青地内使用硬卡子，绿地内使用软卡子。卡子满贴金的称为片金卡子。卡子外轮廓沥粉贴金，轮廓内用深、浅、白三色退晕的称为色卡子。

完整包袱式苏画可以采用金琢墨苏式彩画、金线苏画和墨线苏画等不同形式。

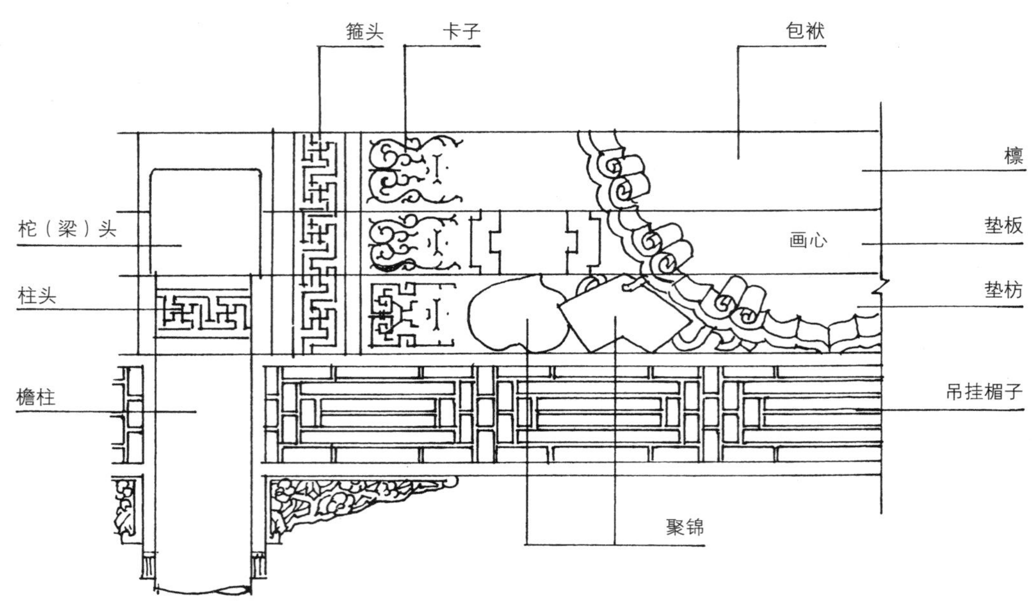

图 6-2-4 苏式彩画（包袱式）

8. 掐箍头搭包袱苏画

此种彩画的特点是在箍头与包袱之间即找头部分不做彩画，而只做油漆。梁（枋）头、柱头、箍头、椽头及包袱的做法同完整包袱式苏画，包袱边线随箍头线做法，可以采用“金琢墨掐箍头搭包袱”、“片金掐箍头搭包袱”、“金线掐箍头搭包袱”或“墨线掐箍头搭包袱”等不同做法。掐箍头搭包袱苏画多用于较为次要的建筑。

9. 掐箍头彩画

此种彩画只画梁（枋）头、柱头、箍头和椽头，其他部位油漆。椽头亦可只涂色而无任何图案纹样作装饰。也可以采用“金琢墨掐箍头”、“片金掐箍头”、“金线掐箍头”或“墨线掐箍头”等不同做法。掐箍头彩画多用于建筑的后檐或次要部位。

10. 椽枋头彩画

此种彩画是苏式彩画中最简单的、因此也是等级最低的一种彩画形式。它的特点是只画椽头和梁（枋）头，其他部位均做油漆。梁头及椽头既可彩绘相应的装饰纹样，亦可只涂一种颜色而不画任何图案纹样。椽枋头彩画多用于较为次要的附属建筑。

在苏式彩画系统中，吊（倒）挂楣子、花牙子（小雀替）、花板等均需按要求进行彩画。

苏式彩画中的吊（倒）挂楣子彩画，又称作“苏装楣子”。苏装楣子的做法通常为，楣子的边框（边梃及抹头）刷成由光油调制的朱红色或一间青、一间绿色。

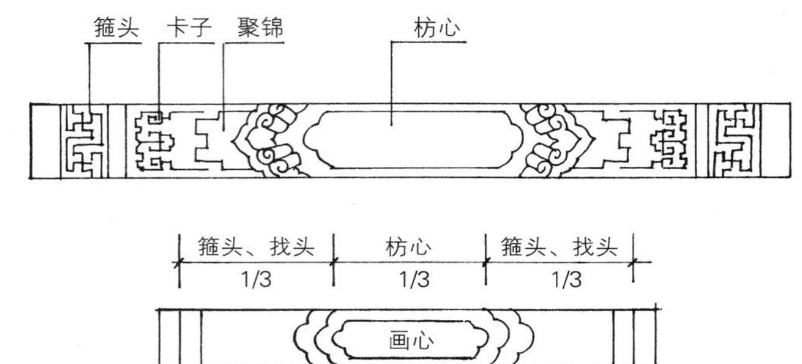

图 6-2-5 苏式彩画（枋心式）

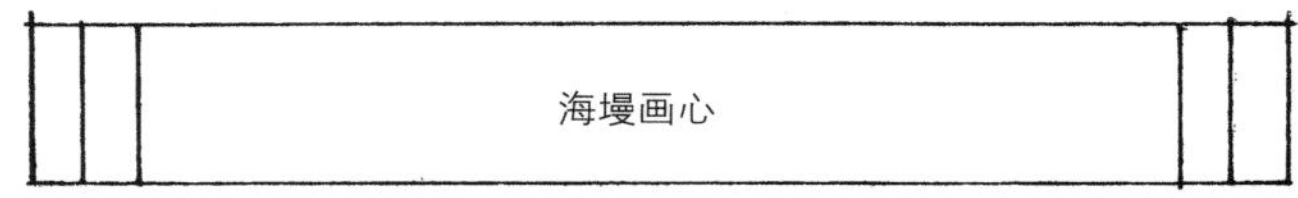

图 6-2-6 苏式彩画（海墁式）

棂条看面刷成青、绿色，正中勾画细白粉线，棂条侧面刷橘红色。

花牙子多为镂空透雕，其内容题材有松、竹、梅，蝶恋花、牡丹花及卷草等十分丰富。花牙子也要进行彩画，即“纠粉”。较高等级的花牙子，大边部位还要贴金。

在苏式彩画中，梁（枋）头通常彩绘中国古代瓷器、漆器、青铜器等古玩器皿，通称“博古”。其他也有画四季花卉、锦上添花等内容的。

四、其他建筑构件彩画

1. 椽头彩画

传统建筑的椽子有方椽和圆椽两种，其中方椽用作飞椽，圆椽既可作檐椽亦可作飞椽使用。而园林建筑檐椽则以方椽居多。方椽椽头彩画的内容题材主要有万字、栀花、柿子花、四季花等；圆椽椽头主要有圆寿字、龙眼宝珠等。等级较高的椽头彩画均沥粉贴金。椽子通常油成“红椽帮绿椽肚”，望板亦油成红色。

飞椽椽头一般为绿地，片金边框，较低等级的苏式彩画也有用墨边框的，片金边框内的椽头纹样也多用片金，墨边框内做墨十字别。檐椽椽头一般为青地，边框做法随飞椽，片金边框内做片金纹样或做福寿、百花等吉祥纹样，墨边框内做彩柿子花等。最简单者，只是在飞椽椽头平涂绿色，檐椽椽头平涂青色而已。

2. 雀替彩画

雀替彩画做法较多，通常的做法是大边贴金，池心卷草设青、绿两色，轮廓勾白粉线，卷草外空地刷朱红色，山石使用青色。

3. 斗栱彩画

斗栱彩画一般以青、绿为主，间配红色。如升、斗用青色，翘、昂用绿色，如升、斗用绿色，翘、昂则用青色。垫栱板心用红色，大边用绿色，垫栱板主题纹样做片金。宝瓶有两种做法，一种是在上面做沥粉装饰纹样、宝瓶满贴金，称作浑金宝瓶。一般用于各类中、高等级建筑；一种是用章丹做底色，上面用黑烟子绘出纹样，称作丹地切活宝瓶。主要用于各类中、低等级建筑。

4. 角梁彩画

角梁多由老角梁和仔角梁组成。老角梁、仔角梁均用绿色，边框有金、墨两种，以金边框为高贵。有套兽的大式建筑仔角梁底面做青色退晕肚弦，肚弦的道数为五、七、九不等，但均为奇数。

五、天花彩画

在中国传统建筑中，除和玺彩画、旋子彩画和苏式彩画以外，还有用在彩绘于室内吊顶上的天花彩画（图6-2-7）。

传统天花彩画主要有井字天花和海墁天花彩画两种。

1. 井字天花彩画

井字天花是在安装有许多纵横十字相交的支条和天花板的吊顶上进行的一种彩画，由于支条的相交可构成一个个“井”字，故称。井字天花的天花板是可以取下来的，所以，彩画可以摘下来在下面进行，而支条上面的彩画则是要在脚手架上进行的。

井字天花彩画的构图布局通常为支条的十字相交处彩绘轱辘燕尾，天花板中心部位为圆光，圆光以外有方光，方光内、圆光外四角安排有岔角，方光外、支条内为大边。

井字天花圆光内彩画的题材和内容十分丰富，根据建筑的等级和用途不同，天花圆光内的主题纹样也有所不同。主要有龙、凤、龙凤、西番莲、四季花、仙鹤等。岔角及燕尾多使用五彩云纹。

根据等级和画法不同，可分为片金天花、金线天花、金琢墨天花、烟琢墨天花等。一般来说，用金量越多者，其等级越高。

2. 海墁天花彩画

海墁天花彩画是在木顶格的平顶上所画的彩画。海墁天花彩画的形式和构图较为灵活，不受支条的约束，与井字天花有很大不同。海墁天花彩画的内容也很丰富，多为颜色较为淡雅的紫藤花、玉兰花、海棠花、牡丹花、缠枝花、仙鹤、祥云等吉祥纹样，但也有模仿井字天花彩画的，只是没有立体感，“天花板”和“支条”全在一个平面上。

中国传统建筑彩画所使用颜料以矿物性颜料和植物性颜料为主，辅以化工颜料等加胶、水或油等调制而

图6-2-7　井字天花布局

成。尤其值得一提的是，在许多颜料中都带有不同程度的毒性，如石青、石绿、石黄、章丹、银朱、洋绿、藤黄、定粉等。其中以洋绿、藤黄、定粉毒性较大。绘制时，要严加防范、特别注意。然而，正是由于彩画中的毒性颜料，才使得彩画对木构件进一步起到防止虫蛀的保护作用。

六、新式彩画

新式彩画又称作现代彩画，起源于我国20世纪50年代。它是在继承传统彩画的基础上发展演变而成的一种彩画。新式彩画一般用在具有民族传统风格的新建筑中，园林建筑中运用亦较多。此种彩画既可用于建筑物的外檐，也可用在内檐。外檐主要用在檐口部位，内檐主要用在顶棚、梁身以及墙身上部，有着极好的美化装饰效果。

外檐新式彩画的式样，以简化了的和玺彩画或旋子彩画布局构图居多。彩画纹样一般不用龙、凤，而是选用简洁的花草纹样或几何纹样。彩画形式丰富、多样。在一些具有传统风格的新建筑中，也有采用苏式彩画中的掐箍头搭包袱或只画四头（梁头、柱头、箍头、椽头）及卡子，其他还有只画梁头、箍头和椽头的等。

外檐新式彩画还有选用琉璃、马赛克及其他面砖烧制或拼制而成的。

内檐新式彩画用于顶部，有基本采用传统井字天花形式的，也有采用简化了的井字天花，如只用支条部分或只用天花板部分作为构图形式的。其中圆光的圆心一般为吊顶的灯位，因此，圆光内的花饰又称作“灯花”。灯花、岔角等也有使用石膏花的。梁身及墙身上部的彩画格式基本同外檐檐口彩画。在有些建筑中，室内的柱子也有进行彩画的，多采用沥粉贴金做法。

新式彩画除上面提到的不同于传统彩画之处以外，还有一个非常重要的特点，就是新式彩画设色淡雅、讲求色调，很少使用强烈的对比色，一般不用大红大绿，多使用柔和的中间色，以形成一种明快的色调，使人感到很轻松、很亲切，并且具有强烈的时代感。

第三节　棚壁裱糊

棚壁裱糊是指在我国传统建筑内檐装修过程中，将纸张、绢布等裱糊在内檐顶棚、墙壁、柱梁及门窗等木构件上的一种施工工艺，清代工部《工程做法》中将其列为“裱作”，编有“裱作用料”一卷（卷六十）。

一、棚壁裱糊的部位

（一）内檐带有井字天花的建筑

1. 可用于井字天花软天花板的糊饰；

2. 室内山墙、后檐墙、槛墙等墙壁的裱糊；

3. 外檐门窗里皮窗纸裱糊等。

（二）内檐吊有平顶棚的建筑

1. 可用于顶棚裱糊；

2. 外檐门窗里皮窗纸裱糊；

3. 外檐门窗里皮所有各槛、框、间柱、边梃、抹头、绦环板、裙板、槅板木构件裱糊；

4. 内檐所有露明柱子及露明梁、板、枋、檩等木构件的裱糊；

5. 室内山墙、后檐墙、槛墙、隔断墙等墙壁的裱糊；

6. 可用于室内各种木装修如碧纱橱、落地罩、栏杆罩、几腿罩等迎风板的裱糊。

实际上，吊有平顶棚建筑的室内顶棚、墙壁以及外檐门窗的室内部分均可使用素白纸或银花纸裱糊起来，从而，做到室内“四白落地”。

二、棚壁裱糊的做法

（一）清代工部《工程做法》中的棚壁“裱作做法”

1. 槅井天花（井字天花）

（1）用白棉榜纸托夹堂，苎布或夏布糊头层，底二号高丽纸糊两层，山西练熟绢、白棉榜纸托裱面层；

（2）山西纸托夹堂，贴布糊头层，底二号高丽纸糊一层，山西练熟绢、白棉榜纸托裱面层。

2. 海墁天花

（1）用白棉榜纸托夹堂，苎布或夏布糊头层，底二号高丽纸横顺糊两层，山西练熟绢托白棉榜纸裱面层；

（2）山西纸托夹堂，苎布或夏布糊头层，底二号高丽纸糊一层，山西练熟绢托白棉榜纸裱面层。

3. 顶槅墙垣梁柱装修等项

（1）顶槅用山西纸一层，上白栾纸一层，竹料连四纸一层；

（2）顶槅用二白栾纸缠秫秸扎架子，山西纸糊底，面层用白栾纸；

（3）墙垣梁柱等项俱用高丽纸一层，不用山西纸，面层所用纸张，临期酌定。

4. 木壁板墙

（1）山西纸托夹堂，苎布或夏布糊头层，底二号高丽纸横顺糊两层，面层所用纸张，临期酌定；

（2）山西纸一层、二号高丽纸一层托夹堂，苎布或夏布两层，面层所用纸张，临期酌定。

顶槅即木顶格；高丽纸、山西纸、白棉榜纸、白栾纸、竹料连四纸等均为纸张的不同种类；面层纸张多选用带有浅色“万字”、“祥瑞草”等纹样的印花纸。

（二）近代棚壁裱糊的常用做法

1. 处理基层，刷浆糊布。基层可使用石膏腻子嵌补缝隙及孔洞，干透磨平。可用108胶加水代替传统浆糊，基层表面均匀涂刷后糊一层夏布或豆包布。

2. 首层使用一层高丽纸，面层再裱糊一层银色印花纸或淡绿色印花纸。浆糊既可使用108胶，亦可使用传统浆糊。传统浆糊是使用小麦淀粉来制做粘合剂，为防止蠹虫和发霉，粘合剂通常使用花椒明矾水熬制。

3. 也可使用现代粘合剂，面层选用带有浅色“万字”、“祥瑞草”等中国传统纹样的印花纸或者具有较强民族风格、色彩淡雅的现代壁纸、壁布。

第七章　传统建筑园林的植物配置

第一节　园林植物的配置原则

在中国造园艺术当中，植物配置与建筑布局一样，都是其中的重要组成部分。具有“天人合一”造园理念的中国园林，园林植物的配置就显得更加重要。

一、植物配置在园林中的作用及配置形式

（一）植物配置在园林中的作用

1. 创造良好园林生态环境，改善局部地区小气候，增加湿度，净化空气，起到防风、防尘、防噪声，防止水土流失以及吸纳一些有害气体。

2. 营造园林景观，丰富园林景色，展现园林活力，深化园林意境。

3. 有效分割园林空间，丰富园林层次及色彩，体现园林季相变化，充实园林文化内涵。

4. 美化园林环境，装点园林构筑，屏障不良景观。

从而，给人们创造一个优美、舒适、健康的游览、观赏、休息和生活环境。

（二）园林植物的配置形式

园林植物的配置主要有规则式、自然式和混合式三种配置形式。

1. 规则式配置形式

园林树木多为行列对称栽植，常以绿篱、绿墙来划分空间，有时树木还要进行整形修剪，地被植物或花卉布置多采取由几何图形所组成的图案形式。规则式配置形式适合用于规则式园林当中。现代园林与西方园林多采用此种配置形式。

2. 自然式配置形式

即不规则配置形式。园林树木以孤植、群植、林植为主，不讲求行列对称，园林树木不做整形，园林中通常不使用绿篱和规则的图案式花坛，地被植物及园林花卉也多采取自然式的种植形式来反映植物的自然姿态美。中国传统形式园林或自然式园林主要采用这种配置形式。

3. 混合式配置形式

即规则式与自然式相互混合的一种配置形式。实际上，我们常见的庭园绿地，绝对规则式或者绝对自然式的园林布局并不多见，一般都是两者的结合。上面我们所说的规则式或自然式配置形式，也只不过是指全园整体布局上以规则式配置为主或以自然式配置为主而已。

二、园林植物配置的原则

（一）保证和满足庭园绿地的功能性质要求

根据各种园林绿地及景区的功能、性质、风格、特点不同，确定不同的园林植物配置形式。

庭园绿地的功能性质各有不同，有开放性的庭园绿地，如公园、风景区等；有自闭性或半自闭性的庭园绿地，如宅园、宾馆、居住区等；有以观赏性为主的庭园绿地，如景点、景区等；有以功能性为主的园林绿地，如医院、学校、工厂等。

大型开放性庭园绿地的植物配置应该具有开阔的草坪，以供人们开展集体活动，同时，还应该提供遮荫纳凉、休息观赏和怡情养性的功能；医院、学校、工厂的植物配置既要考虑减尘隔声，同时，也要具有休息和观赏功能。医院侧重卫生防护功能，工厂侧重防尘抗污功能，机关、写字楼、饭店则以休息和观赏功能为主，等等。

根据周围环境及庭园所处的特定位置而采取不同形式的种植方式。如，处在大门前、广场周围、大型现代建筑附近，则多采用规则式种植；而在自然山水、不对称的小型建筑附近及具有民族形式的建筑周围则应采取自然式种植方式。

（二）适合园林植物的生态特性和生长习性，注意选择地方乡土园林观赏树种，因地制宜、适地适树

就某一个景区、景点或者园林而言，由于园林植物的栽植地点不同、生长环境不同，也应该注意选择配置生态特性和生长习性与之相适应的园林植物，充分体现生物多样性原则。

园林植物的生长习性主要表现在不同植物对气候、温度、湿度、光照、土壤等的要求有所不同。比如，有些植物只适合在热带或亚热带生长，而不适合在温带露天生长。有些植物却恰恰相反。有些植物适合在华北地区生长，有些植物则不适合在华北地区生长；有些植物，如垂柳、紫穗槐等对土壤和空气湿度的适应性较强，因此，可配置于水边河畔。而有些植物则不然，如松、柏等耐干旱却忌水涝；有些植物喜光不耐阴，而有些却喜光又耐阴或稍耐阴，如云杉、冷杉、珍珠梅、天目琼花、金银木、地槿、玉簪等。

为了满足植物的生态要求，使植物能够正常生长，一方面是因地制宜，适地适树，使所种植植物的生态习性和栽植地点的生态条件能够达到统一；另一方面，就是为植物正常生长创造适合的生态条件。

（三）掌握园林植物的观赏特性，因景制宜

园林树木的观赏特性主要表现在树冠外型、叶形叶色、花色花形、果色果型、枝干特征等几个方面。

1. 树冠外形

是指未经修剪整形的自然生态树木树冠造型。园林树木的树冠外形丰富多彩、千姿百态，但归纳起来，大体上可以分为圆球形、扁球形、圆锥形、毛笔头形、圆柱形、鹅卵形（正、反）、大钟形、半球形、伞盖形、匍匐形等多种（图 7-1-1）。有一些树种如松、柏等，其幼年、成年和老年各个时期树冠的外形并不一样。

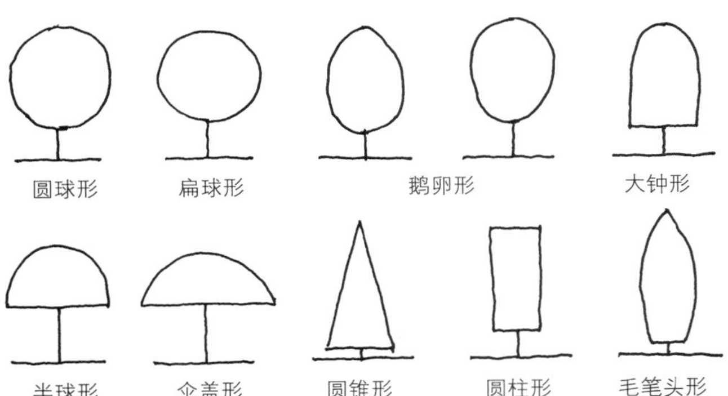

图 7-1-1　树冠形体示意图

（1）圆球形。如栾树、杜仲、元宝枫、五角枫、黄刺梅等。

（2）扁球形。如国槐、合欢、核桃、构树、鸡爪槭、梅花等。

（3）圆锥形。如青少年桧柏、青少年侧柏、青少年油松、青少年白皮松、青少年银杏、青少年水杉、龙柏、云杉、雪松等。

（4）毛笔头形。如幼年桧柏、幼年侧柏等。

（5）圆柱形。如钻天杨、新疆杨、杜松等。

（6）鹅卵形。如海棠、玉兰、木槿、成年桧柏、成年侧柏、成年白皮松、成年银杏、成年水杉、加杨、千头柏、球柏等。

（7）大钟形。如中年油松、马褂木等。

（8）半球形。如馒头柳、垂柳、龙爪柳等。

（9）伞盖形。如成年油松、龙爪槐等。

（10）匍匐形。如匍地柏、匐地蜈蚣等。

由于树冠外形的不同，会产生不同的园林天际线和园林视觉艺术效果。如，具有几何形体感较强的圆锥形树冠者，多适合于规则式园林布局中，采用均衡或者对称的构图形式配置。从而形成一种整齐、端庄、严肃的气氛；具有圆球形或卵圆形树冠者，多有雄浑、庄重、敦厚的效果；具有扁球形树冠的大乔木，一般均有着较好的遮荫效果，不仅适合独立或者组合造景，而且也是较为理想的林荫道树种；具有尖顶或狭窄如毛笔头形及圆柱形树冠者，则多有高耸、向上、静谧的感觉。不同树冠外形树木的组合可根据园林风格和具体要求进行配置。

2. 叶形叶色

园林树木的叶形叶色也是千变万化、千姿百态的。叶形叶色不仅包括叶的形状、叶的颜色，而且还包括叶的大小、叶的结构等，其中，叶的形状和叶的颜色在树木观赏特性中占有主导地位。

（1）叶形。就叶子的形状而言，归纳起来就有多种：

①针形叶：如油松、乔松、雪松等；

②条形叶：如冷杉等；

③披形叶：如立柳、垂柳、馒头柳、水杉等；

④圆形叶：如河北杨等；

⑤卵形叶：如玉兰、桑树、女贞等；

⑥扇形叶：如银杏等；

⑦心形叶：如紫荆等；

⑧掌形叶：如梧桐、元宝枫、鸡爪槭等；

⑨马褂形叶：如马褂木等；

⑩奇数羽状复叶：如槐树、栾树、臭椿、珍珠梅等；

⑪偶数羽状复叶：如香椿、黄连等；

⑫掌状复叶：如七叶树、五叶地槿等。

（2）叶色。就叶子的颜色而言，归纳起来有：

①深绿色：如油松、桧柏、侧柏、圆柏、雪松、大叶杨、构树等；

②绿色：如槐树、栾树、合欢、碧桃、海棠等；

③浅绿色：如七叶树、马褂木、黄花松、水杉、玉兰等；

④红色：如红叶小檗、红枫等；

⑤紫红色：如紫叶桃、紫叶李、紫叶矮樱等；

⑥金黄色：如金叶女贞等。

秋季观叶树木：呈金黄色、黄褐色或黄绿色的有银杏、白蜡、马褂木、加拿大杨、柳、青桐、槐树、榆树、栾树、椿树、白桦、水杉、悬铃木、栓皮栎、紫荆、丁香等；呈红色、深红色或紫红色的有元宝枫、鸡爪槭、火炬树、黄栌、柿树、山楂树、樱花、漆树、黄连木、盐肤木、卫矛、花椒、地槿、五叶地槿等。

春季观叶树木：呈红色的有臭椿；呈紫红色的有黄连木等。

某些树种，叶子正面和背面的颜色有显著不同，被称作“双色叶树”，这种树在微风中会产生特殊的观赏效果。比如像银白杨、胡颓子、沙枣、栓皮栎等均属此类。

此外，还有些树种的变种、变异或者品种，叶片常年异色，比如像红叶小檗、红叶桃、紫叶李、紫叶矮樱、金叶女贞等。还有些树种在叶片上具有不同颜色的斑点、条纹或边缘，如变叶木、银边黄杨、斑竹、金镶玉竹等，都有较高的观赏价值。

3. 花形花色

园林树木的花朵，有各式各样的形状，而在色彩上更是千变万化、五彩缤纷。由于园林树木花朵的形状、颜色、大小以及花序组合不同，就会形成不同的心理效应和观赏效果。鲜艳的红色花朵如火如荼，会形成一种欢快、兴奋、热烈的气氛；纯洁的白色花朵如玉如雪，会形成一种恬静、悠闲、淡雅的气氛。

（1）花色。观花树木以花朵颜色分类主要有：

①红色系花木：如合欢、山桃、梅花、樱花、石榴、玫瑰、贴梗海棠、榆叶梅、西府海棠、凌霄、蔷薇、锦带花、红碧桃、红紫薇、红牡丹、红月季等；

②紫色系花木：如藤萝、木槿、泡桐、楸树、紫荆、紫玉兰、紫穗槐、江南槐、紫丁香等；

③黄色系花木：如迎春、连翘、黄刺梅、棣棠、栾树、蜡梅、黄木香等；

④白色系花木：如珍珠梅、太平花、玉兰、天目琼花、白鹃梅、荚蒾、洋槐、梨树、流苏、白丁香、白碧桃等。

（2）花香。以花朵芳香分类主要有：

①清香型花木：如太平花、金银花等；

②淡香型花木：如梅花、蜡梅、玉兰等；

③浓香型花木：如白兰花、丁香等；

④甜香型花木：如桂花、月季等；

⑤奇香型花木：如国槐、泡桐、小叶椴、湖北海棠、树兰等。

春季观花树木：如山桃、迎春、连翘、梅花、蜡梅、黄刺梅、榆叶梅、贴梗海棠、西府海棠、紫藤、泡桐、凌霄、樱花、杏、梨、山楂、碧桃、玉兰、丁香、紫荆、棣棠、牡丹等。

夏季观花树木：如紫薇、栾树、国槐、木槿、太平花、合欢、楸树、七叶树、文冠果、木香、花石榴、天目琼花、玫瑰、月季等。

秋季观花树木：如紫薇、木槿、月季等。

4. 果色果形

许多园林树木的果实既有很高的经济价值，同时又有很高的观赏价值。在选择园林观果树种时，主要从果实的颜色和果实的形状两个方面加以考虑。

果实的颜色很重要。以果实的颜色分类主要有：

①红色系果实树木：如枸杞、山楂、樱桃、红海棠、西府海棠、金银木、石榴、柿子、栒子、红叶小檗、铺地蜈蚣等；

②紫色系果实树木：如李、葡萄、紫珠、海州常山等；

③黄色系果实树木：如梨、杏、梅、贴梗海棠、葫芦等；

④白色系果实树木：如银杏、红瑞木等；

⑤黑色系果实树木：如小叶女贞、小蜡、地槿、毛梾、五加、鼠李、金银花等。

5. 枝干特征

主要是指树木的枝、干、树皮等的特征及其观赏特性。

树木枝干由于树种不同，生长习性不同，其姿态和体形特征也不同。正是由于枝干的形态不同才使得树冠的外形不同。根据不同树种主干、分枝等生长发育的自然规律，可将树木枝干主要分成两大类型，即：主干明显者为乔木；主干不明显者为灌木。

（1）枝干形态。在乔木当中有：

①分枝点以上主干（中央领导干）明显者：如银杏、

水杉、云杉、雪松、幼年桧柏、幼年侧柏等；

②分枝点以上无主干（中央领导干）或不明显者：如立柳、馒头柳、国槐、合欢、栾树等；

③分枝点以上支干垂枝者：如垂柳、垂枝桃、连翘等；

④枝干龙爪形者：如龙爪槐、龙爪柳等。

在灌木当中又有：

①枝干丛生者：如丁香、玫瑰、太平花、黄刺梅、金叶女贞、红叶小檗、棣棠等；

②枝干匍匐者：如匍地柏、铺地蜈蚣等；

③枝干攀援者：如藤萝、凌霄、葡萄、山葡萄、金银花、蔷薇、攀援月季、地槿、五叶地槿、南蛇藤、牵牛、茑萝、栝蒌等。

由于园林树木枝干的类型不同，所产生的园林形象也不同，因此带给人们的园林气氛也会有所不同。比如，分枝点以上主干明显者的树木一般主干直立笔挺，多有端庄、整齐、向上的感觉；分枝点以上无主干的树木一般树冠茂密丰满，常有丰富、尊贵、华丽的气氛，多可用作园林骨干树；分枝点以上支干垂枝的树木通常体量不会太大，一般不宜用作遮荫纳凉植物，但会给人以亲切、谦和、圆满之感；枝干可攀援的树木会体现一种积极向上、奋勇前进和不甘落后的进取精神，此类植物多攀援在园林棚架上面；而枝干呈匍匐状态的树木可当作地被植物来使用。

（2）枝干颜色。园林树木枝干除因形态不同以外，它的颜色也具有一定的观赏价值。特别是当深秋树木落叶以后，枝干的颜色更加引人注目。对于那些枝干或枝条具有美丽色彩的园林树木，被称作观枝树木。

①可观赏红色红褐色枝条的树木：红瑞木、红茎木、山桃、山杏等；

②可观赏古铜色枝条的树木：油松、毛桃等；

③冬季可观赏碧绿枝条的树木：竹、青桐、棣棠、绿萼梅等；

④可观赏黄色枝干的树木：金竹等；

⑤可观赏斑驳色彩枝干的树木：金镶玉竹、玉镶金竹、斑竹、木瓜等；

⑥可观赏白色或灰白色树干的树木：白皮松、桦木等。

（3）树皮外观。树皮的外观也很有观赏价值。

①具有光滑树皮的树木：如青桐等；

②横纹树皮的树木：如桃树、山桃等；

③丝裂纹树皮的树木：如桧柏、侧柏等；

④片裂纹树皮的树木：如白皮松、悬铃木等；

⑤纵裂纹树皮的树木：如栾树、白蜡等；

⑥长方裂纹树皮的树木：如柿树、君迁子等；

⑦粗糙树皮的树木：如云杉等。

还有，有些树木的刺、毛及裸露的根部等也有一定的观赏价值。有些树木老年以后愈加显露出一种露根之美，如松、榆、槐、楸、银杏等。松、柏等还可以观其姿。

此外，还有些植物如荷花、芭蕉、青桐等既可观其叶，又可闻其声。成片的松林亦可形成“松涛”。

（四）植物品种应丰富多彩，体现生物多样性原则，要做到三季有花、四季常青，乔、灌、花、草相结合

这一条主要是针对北方园林的室外植物配置而言，对于冬季露地可有开花植物的南方园林来讲，则应做到常年有花。植物品种丰富多彩不仅是为了满足人们观赏方面的需求，同时也体现了生物多样性的原则，而更重要的是，生物多样性是原生态环境的一种自然现象，是“生态园林”的重要特征。在通常情况下，植物品种是否丰富多彩的基本标准应该是：

1. 既有常绿品种树木，又有落叶品种树木；

2. 既有常绿针叶品种树木，又有常绿阔叶品种树木；

3. 既有乔木、灌木，又有地被和攀援植物，做到乔、灌、花、草相结合，平面绿化和垂直绿化相结合；

4. 既有大乔木，又有小乔木；

5. 既有以观花为主的乔灌木，又有以观叶为主的乔灌木和以观果为主的乔灌木或者既可观花，又可观叶，还可观果的乔灌木。

（五）每个景区的植物景观要有一定的主题和立意，而且，要有一定规模，要形成群落，要形成一定的气氛

中国园林造园技艺的精髓在于造景，就是要营造出美妙的自然景观、建筑景观和植物景观。中国园林的特点就是具有诗情画意，就是根据某一主题和立意来营造一个空间环境或是把自然形成的某一空间环境赋予一定的思想和意境，通过景题或命名，使景色本身具有更强烈的表现力和深刻的感染力，从而，使人们产生联想和共鸣，并陶醉于园林景观之中，得到美的熏陶与享受。利用园林植物造景是中国造园艺术当中的一种重要手段。

当然，西方园林也讲植物造景，但与中国园林的植物造景大相径庭。西方人对植物的欣赏多限于植物本身的自然美，如植物的颜色、形态、芳香等，而中国人常常超越了植物的自然美，更赋予其内在的理性美。中国人观赏梅花景观不仅欣赏她美丽的花朵、枝干和芳香，而且还欣赏她抵寒傲雪、坚韧顽强的“品质”和“性格”。因此，中国的园林景观更加耐人寻味。

中国园林植物景观的主题立意可以从植物的静态景观和动态景观两个层面考虑。静态景观主要包括植物的造型、姿态、颜色、芳香等内容；而动态景观则主要包括植物的季相变化、植物群落组合的序列变化等内容。关于这方面成功的范例在中国园林当中屡见不鲜。比如：

“香雪海”——利用梅花或者白丁香造景；

“桃源、桃花源”——利用桃、碧桃、垂枝桃、寿星桃、红叶桃等造景；

“杏花村”——利用杏花造景；

“海棠峪”、“海棠花溪”——利用海棠花、海棠果、西府海棠、垂丝海棠、野海棠等造景；

“西山晴雪”——利用杏花、桃花造景；

“月月太平”——利用月季、太平花造景；

“百日花红”——利用红色花系紫薇造景；

“柳浪闻莺”——利用垂柳、莺啼造景；

“曲院风荷”——利用荷花造景；

其他，还有利用樱花、紫薇、牡丹、芍药、竹、樱桃等营造独具主题立意的植物景观。还有，一些古树名木也以其悠久的历史、苍劲的形态闻名于世。它们是历史的见证、存活的文物，将自然景观和人文景观融合为一体，成为风景园林中独特的植物景观、旅游资源当中的宝中之宝。以北京为例，比如：北海公园的唐槐、团城上的“白袍将军”（白皮松）；中山公园的辽代古柏、槐柏合抱；天坛公园的九龙松；故宫御花园的连理松；大觉寺的银杏王；潭柘寺的银杏、娑罗树（七叶树）；戒台寺的抱塔松、卧龙松；植物园樱桃沟的石上松、卧佛寺的古蜡梅；颐和园的紫玉兰等，不胜枚举。

园林中的植物按照季节发生变化，形成不同的美丽景象。这种园林观赏植物的季相变化，也会为园林风景旅游提供无限的乐趣。早春嫩芽吐绿，接着繁花似锦、争芳斗艳，夏季绿荫如盖、光影撒地，秋季果实累累、层林尽染，冬季落叶以后树木枝干千姿百态、古松柏苍劲有力，特别是雪后初晴时更是一种令人向往的美景。

园林植物景观要形成一定的意境和气氛，没有相当的规模和数量是难以形成的。植物形成群落不仅是观赏方面的需要，同时也是植物生长生态方面的需要。没有一定的规模和数量，园林植物景观就不会产生强烈的感染力和震撼力。

（六）每个景区应突出一个季节的植物季相景观，同时，考虑不同季节的景色变化，兼顾四季植物景观

这里的景区是指一座园林当中具有相对独立主题的园林空间，其规模范围可大可小。在一般情况下，一座园林可以划分成几个或者若干个相对独立的景区。

每个相对独立景区的植物应该突出一个季节的季相景观，避免一年四季平均分配。这是因为任何具有相对独立景区的空间范围都是有限的，在有限的空间范围内想要达到突出每个季节植物景观的愿望是很好的，但实际上是很难实现的。实践证明，每个景区以突出一个季节植物景观为主，同时兼顾其他季节的植物景观是切实、可行、科学、合理的。

仅突出一个季节的植物景观，兼顾四季景观，每个季节的观赏树木也需要配置骨干观赏树种，亦不可平均对待。骨干观赏树种又称作基调观赏树种，骨干树种不仅要在数量上占有绝对优势，而且，还要在栽植位置和透视重心上也要占有绝对优势。当然，骨干观赏树种要按照景区的主题立意经过慎重筛选来确定。

园林植物的景色随着季节而变化，因此，它是一种动态的景观。一年四季用不同的植物材料可以造成不同的季相景色来烘托气氛。在稍大一点的庭园中，可以分区、分段配置植物，使每个分区或地段突出一个季节植物景观主题，在统一中求变化。在重点地区，应该做到四季有景可观。即使以某一季节景观为主的地段也应点缀一些其他季节可以观赏的内容，不然一季过后，景观就显得单调了。

为了整座园林植物景观的整体和谐统一，全园所有景区的行道树种和常绿树种应该做到基本一致。

（七）植物配置要从全局着眼

园林植物配置不能只盯着局部，而要从全局着眼。在园林总体平面布局上，要考虑植物配置的疏密程度以及林际线；在园林竖向立面上，要注意树冠线与天际线的变化；在景区中要组织好各个景点的透视线；要注意植物景观的层次感和远近观赏效果，远观要有大效果，近观要耐看，做到单株树形、花、果、叶都要好看；园林种植形式切忌苗圃化；配置植物要处理好与建筑、

山、水、石、道路的关系，园区内绿化率 100%，做到“黄土不露天”；要充分发挥植物的遮挡功能，一定要分析处理好并挡住一切不可入目的视线，而将精彩之处显露出来，并加以烘托；姿态好的树可以用来单株造景，单株植物的选择，也要先看总体，如体形、高矮、大小、轮廓，其次才是叶、枝、花、果。

用来做行道树或者道路两旁的植物除要有遮荫功能外，还应考虑到树干分枝点高、耐修剪、耐污染、容易成活、生长快、适应该地区环境的树种；种在山上或者高坡上的植物，应选择耐干旱并能衬托山景的树种；栽在低地或者水边的植物则应选择耐湿耐涝并能够与水景相协调的树种；在靠近高大建筑物北侧或者大树下面的植物，要注意选择耐阴树种；而绿篱绿墙则应选择上下枝叶繁茂、耐修剪并能组成屏障的树种；在有纪念性的园林中，还可以种植象征纪念对象性格的树种或者被纪念者生前所喜爱的树种。

用来作为屏障的植物可使用速生的高大树种，而且还要采取密集形式栽植。

在树木配置上，常绿树与落叶树、乔木与灌木、观花树与观叶树的比例要适中。同时，还要注意层次和衔接，避免生硬。另外，根据庭园绿地的不同要求和具体条件，树木与花草之间的比例也有所不同。如带有纪念性的庭园，其常绿树比例就可以多些。

合理配置地被和攀援植物。地被植物是低矮的植物群体，它能覆盖地面，包括草坪在内多为草本，也包括一些低矮小灌木和藤本植物。地被植物应用广泛，地块大小皆宜，它既可覆盖地面保持水土，又可起到装饰美化作用。地被植物养护简单，不需要经常修剪。地被植物要选择对环境有适应能力，抗旱、抗热、抗寒、耐阴、耐瘠薄、耐酸碱性能的植物材料，同时还要具有美丽的枝、叶、花、果。

攀援植物具有较长的枝条和蔓茎、美丽的枝叶和花朵，它们或借吸盘、卷须可攀登高处，或借蔓茎向上缠绕与垂挂覆地，同时在它生长的表面，形成稠密的绿叶和花朵覆盖层或独立的观赏装饰价值，可以丰富园林构图的立面景观，是一种优美的可供做垂直绿化的植物。许多攀援植物除了叶子好看以外，开花繁茂、花期较长、色彩艳丽，并且吐放芳香。此外，攀援植物的最大优点是可以经济地利用土地和空间，在较短的时间内达到绿化效果。覆盖地面的攀援植物，可以与其他地被植物一道，起到水土保持的作用，并增加园林绿地景观。

用攀援植物来绿化山石局部及空旷的建筑墙面，将会使枯燥的环境增加光彩和情趣，从而提高其观赏价值。我们在做庭园设计时，可以广泛应用攀援植物装点，如围墙、棚架或者缠绕枯死的古树等。

还有，在种植设计中应尽量保存及利用原有树木，尤其是名贵树木和古树。要在原有树木的基础上搭配植物种植。

（八）兼顾近期效果和长远目标，尽可能选择大规格苗木

园林植物和园林建筑不同，园林建筑竣工之后便可达到预期效果，而园林植物则需要一段生长和养护过程才能达到预期的使用目标和观赏效果。从长远角度考虑，为保证庭园的使用功能和观赏效果，园林树木的种植密度应根据成年树木树冠的大小来确定种植距离。

为了在短期内就能够有较好的绿化效果，并兼顾长远目标，首先，就要在保证成活率的基础上尽可能使用大规格苗木；此外，还可以栽植得密一些，或者采取快长树与慢长树互相搭配的方法来解决近期与远期的景观过渡问题。

第二节　乔灌木在园林中的配置

一、乔灌木的使用特点及种植类型

乔灌木是园林植物当中最基本，同时也是最重要的组成部分。乔灌木是园林绿地的骨干。乔木和灌木之间差别很大，使用当中其特点也各有不同。

（一）乔灌木的使用特点

1. 乔木

乔木植株较高，树冠较大，树龄（寿命）较长，树干占据地面空间较小，有很好的遮荫效果，人们可以在树下活动、休息和乘凉。乔木的形体和姿态富有变化，因此，在植物造景当中，既可配植成郁郁葱葱的林海，又可营造出千姿百态的树丛，还可栽植成婀娜多姿的孤立树，从而形成一幅美丽的画面。

乔木在园林绿地中，既可以成为主景，同时又可以起到组织和分隔空间，丰富景观层次和屏障视线的作用。

2. 灌木

灌木的植株较矮，树冠较小，多呈丛生状，其树

龄（寿命）较短，树干和树冠占据空间较多，人们很少能够身入树冠下面，因此大多只能临近观赏其姿色。灌木枝叶茂密丰满，形体、姿态富于变化，常见有鲜艳而美丽的花朵与果实，是很好的防尘、固坡、防止水土流失的树种。在造景方面，灌木常作为乔木的陪衬，可以增加树木在高低层次方面的变化。

品种优良的灌木，也可以作为主景，突出表现其花、果、叶、枝干观赏上的效果。灌木还可以组织和分隔较小的空间，屏障较低的视线等。

（二）乔灌木的种植类型

1. 孤植

是指乔灌木的孤立种植。孤植的树又称孤立树或孤植树。有时，在特定的情况下，也可以是两株或三株同一种树紧密栽植在一起，远看也会形成孤植树的效果，但株距不宜超过 1.5 米。孤立树下不能配植灌木。

用孤植树作主景，表现的是自然界个体植株之美，因此在构图上，往往是用作局部空旷地区的主景，外观上要挺拔繁茂、雄伟壮观。比如在门前广场中央，栽植一株枝繁叶茂、雄伟挺拔的云杉，四周没有其他树木配植，那么这棵云杉就是典型的孤立树种植。

可作孤植树的树木应具备以下条件：

（1）株型完整、枝繁叶茂、树冠开阔、分蘖少、观赏价值较高的树种。如树形富于变化的油松，树皮奇特的白皮松，开花繁茂、花白如玉的白玉兰，芳香浓郁的桂花、小叶椴、丁香，以及叶色美丽、叶形特殊的银杏、鸡爪槭、马褂木等。

（2）生长健壮、树龄（寿命）较长、能够经受住重大自然灾害并在乡土树种中已久经考验的传统树种。如国槐、桧柏等。

（3）不含有害毒素、没有异味及带污染性并容易脱落花果的树种（如核桃、柿子）等。

孤植树在园林种植树木中的比例虽然很小，但都会起到很好的点景作用。孤植是植物造景的一种重要方式。孤立树的种植地点，要求开阔，应有足够的观赏视距和树木生长所需要的空间，便于人们在此停留活动。当然，最好有天空、水面、草地等色彩既单纯又有丰富变化的景物环境作背景衬托，以突出孤植树的形体、姿态及色彩。

布置在开朗大草地中的孤植树，一般不宜种植在草地的几何中心，而应安置在与草地周围景物取得均衡和呼应的构图自然重心上。孤植树配植在可透视辽阔远景的高地或山岗上，不仅可以丰富天际线的变化，还可供人们在树下纳凉、向远处眺望。孤植树也可作为自然式园林的交点树和诱导树，栽植在自然式园林甬路的转折交接处、假山蹬道口及园林局部的入口部位，起底景或导向作用。孤植树还可配植在广场、大块铺装的边缘、人流较少的地方或园林小品建筑的前面。

华北地区适宜作为孤植树的种类，主要有：云杉、油松、雪松、黑松、白皮松、侧柏、桧柏、银杏、国槐、榆树、柳树、栾树、楸树、椴树、桑树、七叶树、黄金树、合欢树、悬铃木、马褂木、青桐、白蜡、樱花、梅花、碧桃、石榴、海棠、玉兰、红叶李、红叶桃等。

2. 对植

是指用两株独立树按照一定的轴线关系作相互对称或对应（均衡）的种植形式。对植主要用于大门、建筑、道路等入口处，既可在树下休息、纳凉，又可烘托主体景观，在空间构图上起配景作用。

在规则式园林绿地中，通常使用同一树种、同一规格的树木依主体景物的中轴线做对称布置，两株树的连线与轴线垂直并被轴线等分。在规则式种植中，一般采用树冠整齐的树种，乔木距建筑物墙面 5 米以上，小乔木和灌木可适当减少，但不宜少于 2 米，以保证树木有足够的生长空间。

在自然式园林绿地中，对植通常是不对称的，但左右应保持均衡。最简单的形式是以主体景物的中轴线作为支点，左右取得均衡关系分布在轴线两侧。左右要求使用同一树种，其大小、姿态不宜雷同，动势应向中轴线集中，两侧树木与中轴线（支点）的垂直距离，大树要近、小树要远，两树栽植点的连线，不要与中轴线垂直相交。

自然式对植，也可采用树种相同而株数不相同的种植配植方式，如一侧是一株大树，而另一侧则是同一树种的两株小树。在特殊情况下，也可以两侧采用相似而不同的树种或两组树丛，树丛的树种也必须相似。

3. 行列栽植

是指乔灌木按照一定的株行距、成行成排地种植，或是在行内株距有变化的栽植形式。行列栽植形式所形成的景观比较整齐、单纯、有气势。一般用在规则式的园林绿地中，如道路两旁、广场周围，作为居住区及办公楼前后庭园绿地的基础种植。在自然式园林绿地中，也可以布置在比较整形的局部。行列栽植的最大优点是方便施工和管理。行列栽植要求树种、株型、冠形单一整齐。株行距一般乔木采用

4~8 米，灌木 2~5 米，太密会影响正常生长。

行列栽植的基本形式有两种：

（1）等行等距。从平面上看植株呈正方形或品字形的栽植。多用于规则式园林绿地中。

（2）等行不等距。行距相等，行内的株距有疏密变化，从平面上看植株呈不等边三角形或四角形的栽植。可用于规则式园林绿地或自然式园林的局部，如路边、水边、建筑边、铺装广场边等。也可用作从规则式栽植到自然式栽植的过渡。

4. 丛植

是由两株到十几株乔灌木组合栽植而成的种植类型。它以反映树木群体美的综合形象为主，但这种群体美的形象又是通过个体之间的组合来体现的，彼此之间既有统一的联系又有各自的变化，互相对比、互相衬托。同时，组成树丛的每一株树木，也都要能在统一的构图中表现其个体美。所以，选择作为组成树丛单株树木条件与孤植树相似，必须挑选在遮荫、树姿、色彩、芳香等方面有特殊价值的树木。

树丛是构成园林空间构图的主体，同时又可遮荫，作主景或者配景，以及发挥导向作用。树丛可分为单纯树丛和混交树丛两类。主要用于遮荫的树丛，最好采用单纯树丛形式，一般选用树冠开展的高大乔木为宜。在构图中用来作主景、配景或导向使用的树木，最好采用乔灌木混交的树丛。

作主景点树丛，通常采用针、阔叶混植形式。可以配置在草坪的中央、水边湖畔、土丘高地、山岗或岛上，也可以安排在园林粉墙的前方、游廊或庭堂的角隅，或者与假山、岩石配合形成树石小景。作导向的树丛，大多布置在入口、叉路口和道路转弯的部分，以诱导游人按设计安排好的路线欣赏丰富多彩的园林景色。另外，也可以用在小路分叉口作为底景或作为遮挡前景的屏障，从而达到峰回路转又一景的艺术效果。

树丛设计必须以当地的自然条件和总体设计意图为依据，使用的树种要少而精，应充分掌握植株个体的生物学特性及个体之间的相互影响，使植株在生长空间、光照、通风、温湿度和根系生长发育方面都得到适合的条件，保持树丛的稳定和持久，以达到预期的效果。

下面介绍两株、三株、四株、五株树丛的配植形式。

（1）两株树丛。由两株树组成的树丛，应符合对立统一原则，既要有对比又要有调和。两株树既要有通相又要有殊相，达到变化当中求得统一，使树丛生动活泼。

两株树丛的配植，最好选用同一树种，但两株的大小、姿态、动势要有一定差异，且忌体量、体形相近或相同，要形成对比，才能取得较好的观赏效果。不同树种的树木，如果在外观上十分相似，也可以考虑配植在一起。同一个树种的品种和变种，差异更小，一般也可以一起配植。但是，即使是同一种树的不同变种，如果外观上差异太大，仍然不适合配植在一起，如馒头柳与龙爪柳，同为旱柳变种，但由于两者外形相差太大，配在一起就很不协调。

两株树丛，植株必须紧密栽植，距离要小于小树树冠的直径，两株树应该形成一个整体。如果栽植距离大于成年树的树冠，就会变成两株孤植树而不是一个树丛。树丛周圈也不栽植其他树木。

（2）三株树丛的配植。三株树丛最好选用两个不同树种，而不用三个不同树种（如果外观不易辨认者可以除外）。如果采用两个树种，最好两株同为常绿树或同为针叶树、同为乔木或同为灌木（如桧柏和侧柏、花碧桃和垂枝桃），树种有主有从，并且，两个树种的体量不宜相差太大。若按植株形体由大到小排列为第一、第二、第三号，则等一、二号应为一个树种，第三号为另一个树种。在组合当中，第一和第三号的距离宜近，三株忌成直线栽植。这样，才能形成既有变化又有统一、既有共性又有个性的局面，达到理想的观赏效果（图 7–2–1）。

（3）四株树丛的配植。四株树丛的组合，可以完全由一个树种组成，也可以由不超过两个树种组成。如采用两个树种，必须同为乔木或同为灌木。如采用一个树种，其体形、姿态、大小、距离、高矮各异。树丛外形可分为两种类型，一种为不等边三角形，一种为不等边四边形（图 7–2–2）。

四株组成的树丛，一般不可两两组合，而采用三、一组合。当树种相同时，最大的一株和最小的一株紧密栽植在一起，并与另外两株中的一株组合成一组，与余下的一株距离略大。如树种不同时，其中三株应为一个树种，一株为另一树种。另外，单一树种的株形既不能最大也不能最小，而且还必须与另一树种中的两株共同组合成一个三株的混交树丛，与余下的一株距离略大。

（4）五株树丛的配植。五株树丛的组成，可以采用同一树种，亦可采用两个树种，但树种不宜太杂。

五株同一树种的组合方式，要求每株树的体形、姿态、动势、大小以及栽植距离等都应有所不同。最好是以三株和二株的分组方式进行组合，其中最大的一株应该是主体树，而且要位于三株树的一组当中。也可以采用四株和一株的分组方式组合，其中最大的一株主体树也须位于四株树的一组当中，单株的树木既不能最大也不能最小。不管是三、二分组组合还是四、一分组组合，两个小组株距都不宜太远，并且在动势上要有呼应（图7-2-3）。

五株由两个树种构成的组合方式，要求一个树种为三株，另一个树种为两株。其组合方式也有三株与二株分组组合及四株与一株分组组合两种。其中，同一树种的三株应分别栽植在两组当中。

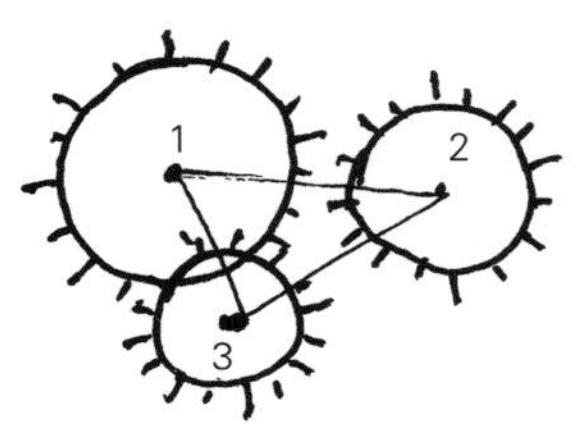

1. 同为常绿树种

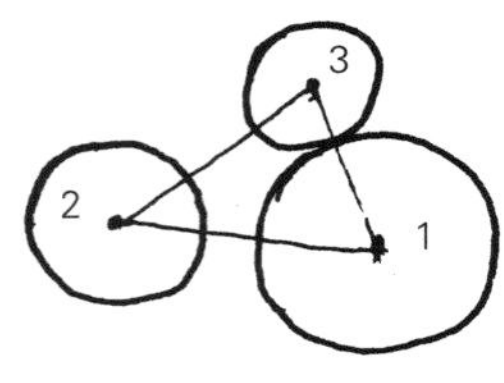

2. 同为落叶树种

二、一组合，由一个或两个树种组成。

图7-2-1 三株树丛的配植

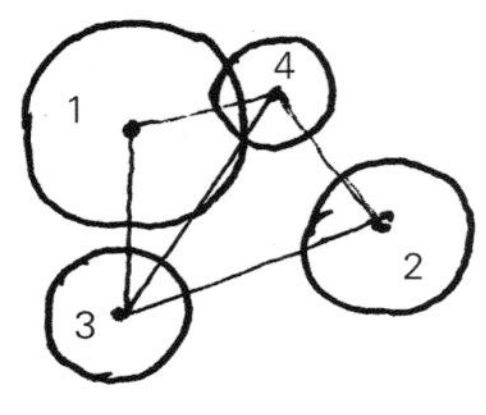

1. 不等边四边形平面

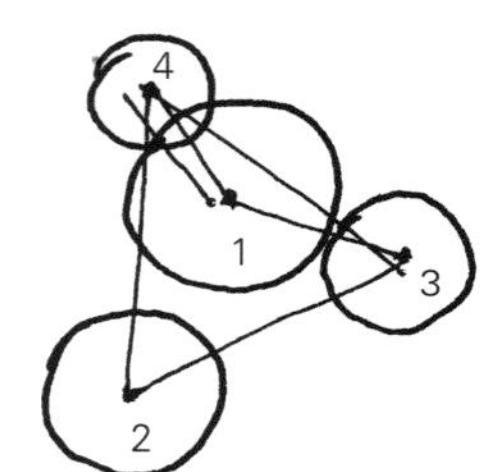

2. 不等边三角形平面

三、一组合，由一个或两个树种组成。

图7-2-2 四株树丛的配植

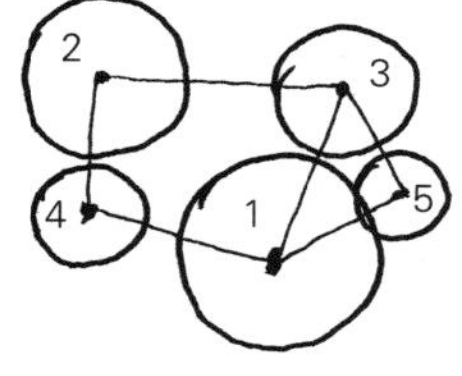

1. 不等边五边形平面

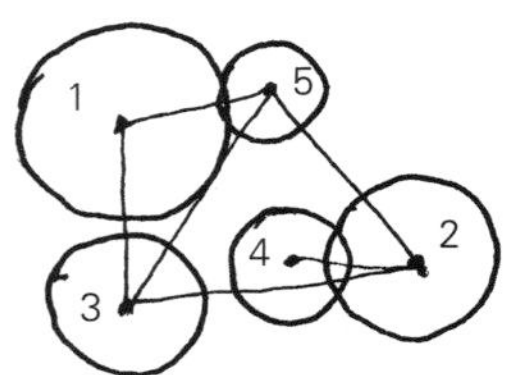

2. 不等边四边形平面

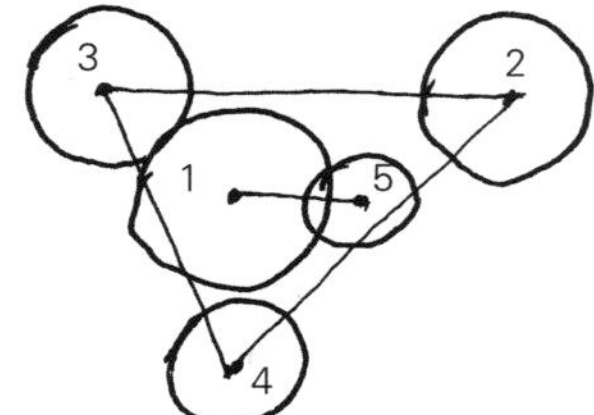

3. 不等边三角形平面

三、二或四、一组合，由一个或两个树种组成。

图7-2-3 五株树丛的配植

在五株树丛配植中的两株、三株、四株的分组组合可按照前面所讲到的两株树丛、三株树丛和四株树丛的配植方法进行。

（5）树丛的配植，从两株到十几株，其实都是由以上四种基本组合方式或这四种基本组合方式之间的组合来构成的。实际上，三株树丛的组合最为重要，是关键，应认真加以理解和消化。五株树丛的配植如能够掌握，则六株、七株、八株、九株等树丛的配植就没有问题。树木配植的基本原则,就是和谐当中求对比、变化当中求统一的对立统一规律。

树丛的配植，树种不宜过多，过多则乱。一般在10~15株以内时，如树形差异较大的树木，最好不要超过五种。如果树形接近或相似的树木，树种可略有增加。

5. 群植

通常是指二三十株以上、成群栽植而形成的种植形式，也称作树群。树群所要体现的是树木的群体美。树群同树丛一样，也是园林空间构图的主体。

树群一般布置在比较开阔的场地上，如林中空地、开阔草坪、水中小岛或者小土丘、小山坡上。树群的规模不宜太大，在构图上要四周空旷，树群主要立面的前方，最少应保留树群高度4倍以上距离的空地，用于人们观赏。

树群可以分为单纯树群和混交树群两类。在园林植物造景中，混交树群是群植的主要形式。

单纯树群是由相同树种组成，林下可用地被植物、宿根花卉作为点缀。

混交树群是由多个树种混交组成。一般可分为五个部分，即大乔木层、亚乔木（小乔木）层、大灌木层、小灌木层和草本植被层。

大乔木层选用的树种，树冠的形态要特别丰富，使整个树群的天际线富于变化；亚乔木层选用的树种，最好是开花繁茂，或者具有美丽的叶色；灌木层应以开花灌木为主；草本地被植物层应以多年生草本花卉为主。树群下面不能有裸露的土地。

树群配植的基本方法是，高大的乔木层居中，亚乔木在其四周，大、小灌木处于外缘，从而使它们之间不会相互遮挡而是互相衬托。但是，整个树群切不可形成机械呆板的"金字塔"形象。处理好林际线十分重要，树群的某些边缘可以配植三、五个树丛和几株孤植树，这样既可打破金字塔式规整外形，丰富林际线和天际线，同时又有利于和周围树木的呼应与衔接。

6. 林带

有自然式林带和规则式林带两种，自然式林带就是带状的树群，一般长宽比在 1 ∶ 4 以上。林带既可以起防风、防尘和防噪声作用，又可以屏障视线、分割园林空间，同时，还可以遮荫或用作园林景观背景的作用。园林绿地常用在最外围。规则式林带采用成行成排的种植形式。林带可根据功能要求选择不同树种。

7. 林植

凡成片成块大量栽植乔灌木，构成林地或森林景观的称为林植或树林。

树林一般可分为疏林和密林两种。疏林的郁密度在 40%~70%，密林的郁密度达 70%~100%。疏林和密林也有单纯林和混交林两种。

疏林多与草地结合，形成“疏林草地”景观。疏林草地夏日蔽荫，冬日见光。草坪空地既可供人们观赏林中景色，又可供大家游戏活动。林中景色多彩多姿，深受人们所喜爱。

疏林配植的树种一般都具有较高的观赏价值，落叶树居多，树木生长健壮，树冠疏朗开展。树林四季均有景可观。疏林配植多采用自然形式布置，林间自由错落、断续结合，追求自然情趣。

8. 乔灌木栽植的种植土厚度、土球直径、种植穴尺寸及特殊要求

（1）最低种植土厚度

①小灌木：45 厘米；

②大灌木：60 厘米；

③浅根乔木：90 厘米；

④深根乔木：150 厘米。

（2）土球直径

①常绿乔木：

株高 150~250 厘米，土球直径 70~80 厘米，种植穴深 80~90 厘米，种植穴直径 100~110 厘米；

株高 250~400 厘米，土球直径 80~100 厘米，种植穴深 90~110 厘米，种植穴直径 120~130 厘米；

株高 400 厘米以上，土球直径 140 厘米以上，种植穴深 120 厘米以上，种植穴直径 160 厘米以上。

②落叶乔木：

胸径 5~6 厘米，种植穴深 60~70 厘米，种植穴直径 80~90 厘米；

胸径 7~8 厘米，种植穴深 70~80 厘米，种植穴直径 90~100 厘米；

胸径 9~10 厘米，种植穴深 80~90 厘米，种植穴直径 100~110 厘米。

③花灌木：

冠幅 100 厘米以内，种植穴深 60~70 厘米，种植穴直径 70~90 厘米；

冠幅 200 厘米以内，种植穴深 70~90 厘米，种植穴直径 90~110 厘米。

（3）特殊要求

①种植胸径 12 厘米以上的乔木，每株可使用 1 克生根粉、0.5 公斤抗蒸腾剂；

②种植穴内可填入 20 厘米厚营养土（含有腐熟的有机肥料）；

③如需底肥，应事先准备好优质腐熟的有机肥料与填土搅拌均匀，随填土时施入穴底及土球周围。

9. 绿篱及绿墙

凡是由灌木或小乔木以近距离的株行距密植、栽成单行或多行、结构紧密的规则式种植形式，便称作绿篱或绿墙。

（1）绿篱、绿墙的作用与功能

①起围挡防范和引导作用。绿篱及绿墙可作围墙，阻止游人通过，起防范和组织引导游览路线使用。

②起分隔园林空间和减少互相干扰作用。尤其是高于视线的绿墙，可将如儿童娱乐、运动场等热闹区域与观赏、休息等安静区域分隔开来，减少互相干扰。

③屏障视线，起协调园林布局作用。在自然式园林布局中，对于局部规则式的园林空间，可以采用绿墙隔离，从而，使强烈对比、风格迥异的园林布局形式得以过渡和缓和。

④可用来作为雕塑、喷泉、花境的背景。雕塑、喷泉和花境由于在形式和色彩上比较活泼，艺术情趣较高，因此，经常是作为园林绿地的点景要素，是人们观赏视线的焦点。用绿篱或绿墙作背景，形象和色彩对比较强，可以鲜明地衬托主题、烘托气氛。

⑤美化挡土墙、园林中的坡地或台地，同时，亦可防止水土流失。

（2）绿篱及绿墙的类型

①根据高度分类：

绿篱：一般是指高度在 50~150 厘米之间的绿篱；

矮绿篱：高度在 50 厘米以下的绿篱；

绿墙：高度在 150 厘米以上、可以遮挡视线的绿篱，又称作树墙。

②根据功能要求及观赏要求分类：

常绿绿篱：由常绿树种组成，如桧柏、侧柏、黄杨绿篱等；

落叶绿篱：由落叶树种组成，如榆、紫穗槐等绿

篱等；

观果绿篱：由观果树种组成，如火棘、枸骨绿篱等；

花篱：由观花树种组成，如玫瑰、木槿等；

刺篱：用带刺的植物组成、可起防范作用的绿篱，如花椒、黄刺梅绿篱等；

蔓篱：在竹、木、铁栅栏上攀援的藤本植物，如蔷薇、栝楼等；

编篱：把绿篱植物的枝条编结起来，做成网状形式的绿篱，如木槿、杞柳、紫穗槐等。

③绿篱的种植密度

绿篱的种植密度可根据其使用目的、树种及苗木规格不同、种植地带的宽度不同来确定。

一般绿篱和矮篱，株距常采用 30~50 厘米，双行绿篱栽成“品”字形平面布局，株行距 40~60 厘米；绿墙的株行距通常可采用 50~120 厘米。

第三节 攀援植物在园林中的配置

一、攀援植物的特点及在园林中的作用

攀援植物具有较长的枝条和蔓茎、美丽的枝叶和花果，它们或借吸盘、卷须攀爬高处，或借蔓茎向上缠绕与平行覆地，在它生长的表面，可以形成茂密的绿叶和花朵覆盖层。许多攀援植物除了枝叶好看以外，开花繁茂、花期较长、色彩艳丽，并且还具有可人的芳香。攀援植物具有独特的观赏装饰功能，可以丰富园林构图的立面景观，是一种优美的可用作垂直绿化的植物材料。

攀援植物最大的优点是可以经济地利用土地和空间，并在较短的时间内实现绿化效果。园林中的棚架，只有选用攀援植物才能达到观赏效果。覆盖地面的攀援植物，可以与其他地被植物一道，起到水土保持的作用，并增加园林绿地景观。用攀援植物来绿化山石局部及不好看的建筑墙面，将会使枯燥的环境增加光彩和情趣，从而提高其观赏价值。

基于上述情况，我们在作园林设计时，可以广泛应用攀援植物装点，如围墙、花架、缠绕古老死树等。

二、攀援植物在园林中的配置

1. 用攀援植物垂直绿化栅栏或墙壁

利用植物的吸盘或气生根直接贴附墙面。如地槿、凌霄等。

使用引绳牵引。一些一、二年生的草本攀援植物，地上部分冬天枯萎，需要在生长季节用铁丝或细绳牵引。如牵牛、茑萝、栝楼等。

2. 攀爬栅栏：

栽植在钢、竹、木等材料制作的栅栏一侧，贴附栅栏攀爬。如攀援月季、金银花等。

3. 独立布置

独立布置通常是利用棚架、花架等设施，形成一种遮荫走廊，达到观赏、休息、乘凉为一体的植物造景形式。棚架、花架的植物种植，一般采用同一树种，一株或数株植于棚架北侧或四周。也可以采用形态相似的几种植物。

4. 土坡、假山的攀援植物种植

当土坡坡度超过规定角度时，土壤便会产生不稳定和流失现象，在这种情况下，用根系庞大而牢固的攀援植物来覆盖，既可保护土壤，又使土坡有了生气。

我国园林中利用假山或假山石作点缀的很多，山石全部裸露，有时显得缺少生气。为了改变这种状况，可以运用攀援植物攀爬覆盖其不太好看的部位。但不要影响假山石的主要观赏面，避免喧宾夺主。

第四节 庭园花卉在园林中的应用

花卉是园林绿地中经常用作丰富色彩、装点美化环境的植物材料，是活跃园林气氛、增加园林景观的有效手段。

园林花卉主要可分为花坛、花境、花台与花池、花丛等四种形式：

一、花坛

花坛是在具有一定几何形状的植床内采用各种不同色彩的观赏植物而构成的一种具有精美布局与色彩的花卉种植形式。

（一）花坛的种类

大致可分为花丛花坛、模纹花坛、立体花坛和水法花坛四种。

1. 花丛花坛

主要是以体现花丛的群体美和色彩的组合美而形

成的花卉种植形式。

2. 模纹花坛

是利用各种不同色彩的观叶植物或花卉，组成华丽而精美并具有一定立体效果图案纹样的花卉种植形式，如图案花坛、文字花坛（标语花坛、时钟花坛）等。

3. 立体花坛

一般是在具有一定立体造型的骨架与植床上，表面应用各种不同色彩的观叶植物或花卉，构成活泼生动、形象逼真、颇具立体感的花卉种植形式，如立体花篮或果篮花坛、表达中华民族企盼早日崛起的“巨龙腾飞”立体花坛、表现旧貌变新颜的“万象更新”立体花坛、表现革命精神的“延安宝塔山”立体花坛、表现历史革命题材的“南湖灯光”立体花坛等。

4. 水法花坛

是一种喷水池与花坛相结合的花坛。喷水池通常为圆形、方形、海棠花（四瓣）形、梅花（五瓣）形等规则的几何图形，喷水池外围设置花坛，花坛的外轮廓一般随喷水池的外形，花坛植床成坡状。这种花坛由于增加了水景，因此，水法花坛更加具有观赏价值，深受人们喜爱。

（二）花坛的应用要点

1. 花坛的种类、形式等应与周围环境协调统一

花坛的种类和形式应该从属于整个园林绿地空间环境，并与其协调统一。如在自然式园林中，应采用自然式的花丛布置而不宜使用花坛。布置在大面积铺装和广场中心的花坛，其面积与铺装和广场应成一定的比例关系，不宜过大或过小，平面轮廓也要与铺装或广场的外形协调。如采用立体花坛或水法花坛，其高度也应考虑与周围环境的比例关系。

2. 花坛植物应根据花坛的类型不同、观赏时段不同来进行选择

花丛花坛以色彩构图为主，不要求出现规则纹样，因此，应选择一、二年生或多年生宿根花卉，并要具备开花繁茂、艳丽，花期、花色整齐，花序高矮规格一致，开花持久等特点的植物。

模纹花坛以表现图案花纹为主，要求图案纹样鲜明整齐，因此，一般多选择萌蘖强、分枝密、叶子小的观叶草本植物。模纹线条相对粗犷的花坛亦可选用具有株型较小、开花艳丽、花团锦簇、开花持久等特点的草本花卉。不同纹样要选用色彩上具有明显差别的植物以求得图案纹样清晰。

立体花坛常用植株矮小、萌蘖强、叶子小或花朵小的观叶观花植物作表层植物材料。五色草是立体花坛进行造型经常使用的一种草本观叶植物材料，也可利用不同颜色的搭配修剪出具有一定立体感的模纹，用于模纹花坛，也可在立体花坛的造型上用作边框及局部点缀一些简单的图案纹样。五色草观赏期长、萌蘖快、耐修剪、覆盖性能强，主要有白（淡绿）、绿、红、黑（暗红）四色，黑、红两色早期区别不如晚期明显。

水法花坛中的花坛部分，既可采用花丛花坛形式，也可采用模纹花坛形式。

3. 花坛种植床设计要点

一般花坛种植床多高出地面 5~10 厘米，以便排水。也可以将花坛中心堆高形成四面坡状。植床内种植土的厚度应根据植物种类来确定。

4. 其他方面

立体花坛还应考虑立体造型骨架的坚固、花木的喷灌、夜晚观赏效果等问题，如在立体花坛上面事先安排好喷灌系统、灯光照明系统等。水法花坛应考虑喷水池的喷水形式、喷射高度、喷射效果等。

二、花境

花境是以多年生花卉为主组成的带状花坛。花卉布置多采用自然式块状混交形式，以表现和突出花卉群体自身的美感和韵味。花境要呈现一幅自然景观的美丽画面，它所表现的主题，是观赏植物本身所特有的自然美以及观赏植物自然组合的群体美。花境看不到平面的几何图案，而是植物的自然群落景观。

三、花台与花池

花台和花池是我国传统园林的布置形式。

花台的整个种植床高出地面很多，一层一层叠落呈台地状，边缘栏土墙多用山石或砖砌筑。花台具有排水良好、观赏视觉亲近等特点。常选用牡丹、芍药等花木再配以山石、小型水面及其他观赏树木共同组成盆景式花台。

花池的整个种植床与地面标高差距不大，外形既可是规则的，也可是自然形状的，边缘栏土墙也是使用山石、石料或砖砌筑。花池中可以灵活地种植各种观赏价值较高的花木或园林主人喜爱的花卉，再配置山石等，自成一景。

四、花丛

花丛是由几株、十几株或数十株花卉组成的一种群落花木布置形式。

花丛既可选用同一种花卉组成，也可以选用不同种花卉混植。花丛常常以生长健壮的宿根花卉为主。按照植株大小、高低、疏密、花色等，断续相间、错落有致地布置在树林边缘或者自然式道路两旁。花丛主要是体现花色的自然美和群体美。

庭园花卉种植土的厚度，一年生的草本花卉通常不低于30厘米，多年生花卉和小花灌木多为35~45厘米。

第五节　草坪、地被植物的种植

一、草坪、地被植物在园林绿化中的地位和作用

草坪又称草地，也属地被植物。地被植物泛指低矮的植物群体，它能覆盖地面，多为草本，也包括小灌木和藤本。

园林绿地的草地及地被植物，平铺在地面上，形成一片碧绿。它能够增加植物层次，丰富园林景色，可以使人心胸开阔、眼观舒适。草坪的功能除观赏外，还可供人们散步、坐卧、休息及开展体育、娱乐活动等。草地被人们誉为绿色的地毯。不仅如此，草坪及地被植物还能改善局部小气候，夏季可以降低气温、增加湿度。同时，又能防沙固土、减少风尘、净化空气、抑制杂草生长等。在造园艺术上，人们常利用它们扩大园林空间、开拓景观视野，使人们得到更多美的享受。

二、草坪的类型与种植

（一）草坪的类型

主要有观赏型草坪、游息型草坪、运动型草坪及护坡护岸草坪等。

1. 观赏型草坪

通常这种草坪不允许人们入内践踏或休息，专供观赏使用。一般选择有较高观赏价值、叶绿期长、叶丛美观、叶色鲜亮的草种。

2. 游息型草坪

主要用于可供休息、散步、游戏等活动的草坪。一般选用耐践踏、耐修剪、叶绿期长、对环境适应性强的草种。

3. 运动型草坪

是指足球场草坪、网球场草坪、高尔夫球场草坪、儿童游戏场草坪等可供体育活动使用的草坪。一般选用耐践踏、耐修剪、有弹性、对环境适应性强的草种。

4. 护坡护岸草坪

是用于坡地、池湖岸边，为保持水土不被流失而铺栽的草坪。通常选用耐干旱、耐水涝、分蘖能力强、管理较粗放的草种。

（二）草坪的种植

1. 坡度、排水与种植土厚度

（1）满足水土保持方面的要求

为了避免水土流失、土方的塌落现象发生，任何类型的草坪，其地面坡度均不能超过该土壤的自然安息角（一般为30度左右）。超过这种坡度的地形，应采用土建工程措施加以护坡。

（2）满足排水方面的要求

草坪最小允许坡度，应该从地面的排水要求来考虑。运动场上的草坪，由中心向四周倾斜坡度为1%；一般游息型草坪，其最小排水坡度，最好不低于2%~5%，并且不宜有起伏交替的地形，以免不利于排水。必要时可埋设盲沟（暗沟）来解决排水问题。

（3）适应草坪功能、活动方面的要求

规则式游息型草坪，除保持最小排水坡度外，一般情况其坡度不宜超过5%；自然式游息型草坪，地形坡度最大不宜超过15%。一般游息型草坪，70%以上面积坡度最好控制在5%~10%以内起伏变化。在坡度超过15%时，由于坡度陡，进行游息活动不安全。

（4）草坪种植土的厚度一般不应低于30厘米。

2. 草种的选择

园林中的草坪能否达到理想效果，草种的选择十分重要。草种应本着“因园而异、适地适草”的原则，可按照草坪的主要功能、环境条件、管理成本三个方面的要求来加以选择。

（1）按照草坪的主要功能选择，如以观赏为主的草坪，可用早熟禾、匍匐剪股颖等草；以运动娱乐为主的草坪，可用结缕草；以覆盖裸露地面为主的草坪，可用大羊胡子草、小羊胡子草等。

（2）按照环境条件不同选择，如树荫下或较少能够见到阳光的区域，应选择耐阴性能较强的草种，如麦冬、苔草等；土质差的地方应选择抗性强的草种，如野

牛草等；在冷凉、湿润环境中，可选择冷季型草，如早熟禾、高羊毛草等；在温暖的小气候条件下，可选用暖季型草。

（3）按照管理成本进行选择，如有些草种管理成本（人力、物力、财力）较高，如早熟禾、匍匐剪股颖等，有些草种管理相对粗放，成本会低一些，如野牛草、大羊胡子草、小羊胡子草、麦冬草、苔草等。

（三）地被植物的种植

地被植物应用广泛，地块大小皆宜。它既可覆盖地面，保护水土不被流失，又可作为装饰，具有观赏价值。地被植物养护简单，不需要经常修剪。地被植物除了有草坪的功能外，通常还有美丽的枝、叶、花、果等。

选择栽植哪种地被植物，仍然是按照不同种类的生态特性，如对环境的适应能力，包括抗旱、抗热、抗寒、抗涝、耐阴、耐污染、耐酸碱能力以及生长速度等方面的不同要求来考虑。就是要选择出适合该地生长条件并符合理想观赏效果的地被植物来。

地被植物种植土厚度一般不低于30厘米。

以上所谈到关于乔木、灌木、攀援植物、花卉以及地被等园林植物的配植与种植，经常是综合起来运用的，我们在设计过程中应因地制宜、因园而异，也不一定全受以上条条框框的限制，要掌握基本道理以后灵活运用。但提醒大家注意的是，不管哪一处园林绿地，植物配植一定不能乱。其中最重要的是不要忘记确定基调（主调、骨干）树种和基调树木，基调树种包括：常绿树的基调树种；落叶大乔木的基调树种；观花、观叶或观果亚乔木的基调树种；观花、观叶或观果大小灌木的基调树种。基调树木可以是以上基调树种当中的一种。

基调树种要能够充分体现该园林绿地的功能、主题与立意，要兼顾一年四季景观。基调树的数量要占绝对优势，应处于视线构图中心位置。基调树种以外为陪衬树种，主要是丰富园林植物景观、烘托基调树种气氛、充实四季景观内容、调节园林植物色彩，以达到景区内既有高潮又有铺垫、既具鲜明特色又具多姿多彩的园林植物景观效果。

规模较大的园林绿地可以分成不同景区，选择不同基调树种和基调树木。对于一些基调树种占绝对主导地位的景区可以选用基调树种命名，如玫瑰园、牡丹园、紫薇园、樱花园等。

第六节 北京及华北地区的主要园林观赏树种

适合北京及华北地区生长的园林观赏树种主要有：

1. 常绿乔灌木：油松、白皮松、华山松、乔松、黑松、雪松、红松、樟子松、侧柏、桧柏、圆柏、龙柏、匍地柏、沙地柏、云杉、冷杉、紫杉、大叶黄杨、小叶黄杨、胡颓子等。

2. 落叶乔木：黄花松、银杏、水杉、北京杨、河北杨、新疆杨、加拿大杨、大叶杨、小叶杨、银白杨、美杨、青杨、垂柳、立柳、馒头柳、龙爪柳、国槐、洋槐、江南槐、龙爪槐、五叶槐、皂角、栾树、合欢、楸树、青桐、英桐、美桐、法桐、泡桐、白蜡、臭椿、香椿、七叶树、大叶椴、小叶椴、小叶扑树、榉树、榆树、桑树、构树、鹅掌楸、美国鹅掌楸、马褂木、杜仲、核桃、核桃楸、元宝枫、槲树、辽东栎、麻栎、楝树、黄金树、黄波罗、文冠果、火炬树、黄栌、鸡爪槭、柿树、玉兰、木兰、二乔玉兰、苹果、海棠、西府海棠、垂丝海棠、桃、山桃、碧桃、垂枝桃、寿星桃、红叶桃、杏、梨、李、红叶李、樱花、山楂、梅花、果石榴、花石榴等。

3. 落叶灌木：牡丹、丁香、黄刺梅、榆叶梅、珍珠梅、白鹃梅、连翘、迎春、紫荆、紫薇、木槿、玫瑰、贴梗海棠、多花枸子、棣棠、红瑞木、红叶小檗、紫叶矮樱、金叶女贞、金银木、木芙蓉、太平花、溲疏、月季、木香、蔷薇、麻叶绣球、海州常山、圆叶鼠李、紫穗槐、卫矛、花椒、天目琼花、香荚蒾、锦带花、胡枝子、海仙花、接骨木、猬实等。

4. 半常绿灌木：蜡梅、金银花等。

5. 攀援植物：藤萝、凌霄、葡萄、山葡萄、南蛇藤、地槿、五叶地槿、蔷薇、牵牛、瓜蒌等。

6. 竹类：早园竹、箬竹、紫竹、刚竹、金镶玉竹、玉镶金竹等。

7. 地被植物：羊胡子草、野牛草、苔草、结缕草、高羊毛、早熟禾、黑麦草、匍匐剪股颖、麦冬、白车轴草、紫花地丁、二月兰、百里香、半枝莲、半边莲、金钱草、垂盆草、蛇莓、知母、匍枝委陵菜等。

以上适合北京及华北地区生长的园林植物是从整个地区的总体而言，并非特指某一个局部。具体到某一个景区、景点或者公园，则要根据其实际情况选择与其相适应的植物材料进行配置。

第八章　传统建筑园林中的匾联、景题、牌示、雕塑与雕刻

第一节　匾联与景题

一、匾联

匾联即园林中的牌匾和对联。悬挂在建筑前檐明间门面上方的牌匾，又称为匾额。而在大门外一侧墙面上设置的匾只能称作牌匾而不能称作匾额。对联多设置在建筑前檐明间檐柱上，前檐柱又称楹柱，故对联又称为楹联。在一般情况下，匾额和楹联多组合在一起使用来表达同一个主题，简称匾联。当然，匾额也可以独立使用。另外，匾联不仅可以用于室外，而且还可以用于室内。用于室内的匾联其工艺更加精细、用材更为考究。

匾联是中国建筑所特有的一种建筑附加构件及建筑室内装饰，有着悠久的历史渊源和深厚的文化底蕴，是中国建筑文化的重要组成部分。匾联广泛使用在宫殿建筑、坛庙建筑、宗教建筑、商业建筑、园林建筑和民居建筑上面及其室内，其设置位置显要、工艺做法考究，对于整座建筑起着画龙点睛、展现主题、渲染内涵、烘托气氛的作用。

用来制作匾联的材料有多种，但以木材为主。除木材以外，还有用铜、石、竹、砖等其他材料制作的。就木材而言，也有许多种类，如花梨木、楠木、柏木、楸木、橡木等，材料应具有不易变形、不易开裂、含水率低的特性。

匾联表面工艺也有许多不同做法，如清油做法、混油做法、披麻挂灰做法、大漆做法、玻璃外框做法，北京故宫内还有采用珐琅即景泰蓝做法等。匾联上面的文字是匾联的主体，也是匾联的精髓。因此，匾联文字多为当代名人或书法家所书，具有很强的艺术性和感召力。

匾联文字有直接镌刻在胎面上的，如木、石、砖、竹等上面。也有镌刻在胎面外的表层材料上面的，如刻在灰层、大漆层等上面。镌刻可以采用阴刻、阳刻、圈阳刻等不同手法；匾联文字也有采用镶嵌或粘贴工艺做法的，文字所使用的材料既可是与匾联本身同样的材料，也可以使用与匾联本身不同的材料，如可以使用鎏金字、贝壳字、玉石字、玻璃字、不同金属字等。

二、园林匾联的主要形式

匾联按照形式不同分类，大体可以分为斗子匾、带有边框匾联、不带边框匾联、异形匾等几种。

1. 斗子匾

又称斗子牌匾、斗型牌匾，因其造型好似旧时称粮食所用的“斗”而得名。斗的底部为匾心，四壁为匾边。匾边的外缘呈曲线形。斗子匾的外形呈长方形、竖向设置。常见的斗子匾有两种，一种为素边斗子匾，一种为花边斗子匾。

（1）素边斗子匾

素边斗子匾匾边内测平地起线，线形纹样多有云纹、回纹、如意纹、云龙纹等。匾边平地一般为朱红色，匾边起线为金色。素边斗子匾庄重大方、高贵典雅，多用于重要建筑物或等级较高的建筑物上。

（2）花边斗子匾

又称雕花斗子匾，四周匾边浮雕花纹。雕有云龙纹样的又称作雕龙斗子匾。这种斗子匾工艺精美、华丽厚重，主要用于宫殿、宫门、城楼、楼阁以及皇家园林的重要殿堂和牌坊上面。雕龙斗子匾中，龙的数量有五、七、九条不等，其中以九龙斗子匾等级最高。匾边浮雕的纹样部分贴金，浮雕纹样的衬底部分有贴金也有使用银朱红的。

斗子匾匾心多使用群青色，匾边底色为朱红色，匾边的装饰花纹及匾心中的文字贴金，使用铜胎者亦可采用鎏金工艺。

2. 带边框匾联

带有边框的匾联主要有两种，一种为素边匾联，另一种则为花边匾联。

（1）素边匾联

素边匾联的边框不做任何雕刻，但可以起线。其线脚的式样很多，线脚可多可少、可宽可窄、可繁可简。线脚主要有混线（凸出的圆线，又称“泥鳅背”）、枭线（凹下去的圆线）、窝角线（凹下去的直角线）等不同样式，不同样式的线脚也可以组合起来使用。素边匾联用于内檐比用于外檐者居多。

（2）花边匾联

又分称作花边匾、花边对联，匾、联的边框采用浮雕工艺形成花边，纹样运用二方连续手法，题材很多。如斜万字、回纹、松、竹、梅、云、龙、缠枝桃、缠枝花、缠枝葫芦等，但以斜万字、回纹为最常见。

带有边框的匾联在颜色搭配方面要比斗子匾丰富许多，匾边多使用金色，匾心可用群青地金字、黑地金字、红地金字、墨绿地金字、深栗色地金字、白地黑字、朱红地黑字、金地黑字、黑地红字、白地石绿字、黑地石绿字、深栗色石绿字等。

带有边框匾联具有秀丽端庄、精美高雅的风格，多在厅、堂、轩、馆等多种建筑当中广泛应用。特别是对于那些用于室内，在纸或绢上面书写的匾、联，表面需要有一层玻璃来保护，采用带边框的形式便可以解决这个问题。

3. 不带边框匾联

不带边框的匾联就是四周没有边框的牌匾和对联。其风格朴素大方、简洁典雅，多用于商业、园林、民居等建筑上面。不带边框匾联通常使用旧木板或风干木板制作，木板经过拼接、背后剔凿燕尾榫槽穿带、两端再拼接割角抹头等工艺流程加工而成。牌匾厚度多在5厘米以上，对联厚度多在3厘米以上。

4. 异形牌匾

异形牌匾是指牌匾的外形并非矩形而呈现诸如扇面形、套环形、套方形、书卷形、册页形、蝙蝠形、蕉叶形等特殊形状的牌匾。

异形牌匾的特点是活泼精巧、隽永华美，尤其适合于园林及观赏性较强的建筑中使用。

在异形牌匾当中，又有无边异形牌匾、素边异形牌匾和花边异形牌匾三种形式，有的素边异形牌匾，素边的重点部位还可以进行细致的雕刻。

三、匾联文字做法

匾联文字主要有三种做法：第一种是直接在匾联的木板上面刻字；第二种是在匾联的表层材料，如在披蔴挂灰或大漆等外表装饰材料上面刻字或者用灰、大漆等材料堆字；第三种是粘贴或镶嵌铜、铁等金属及、玻璃、玉石、木材等材料制作的文字。

匾联文字的镌刻也不外乎阴刻、阳刻和线刻三种手法。

（1）阴刻

阴刻是文字整体凹进匾联板面的一种做法，其中又分为“⌐⌐”形断面、“⌐U⌐”形断面和“⌐V⌐”形断面三种做法。这种做法的特点是文字的立体感强，但由于受到匾联本身厚度的制约，采用此种做法的文字不宜过大、笔画不宜过宽。

（2）阳刻

又称圈阳刻或锓阳刻，是一种将每个字每个笔画的边缘刻下去，每个笔画中心高、两侧低，笔画断面呈“泥鳅背”形，使文字有一定立体感而显露出来的一种做法。这种做法的特点是文字的轮廓鲜明，可以在较薄的板材上面完成。因此，匾联文字采用此种镌刻做法者居多。当然，匾联文字采用镶嵌或者粘贴工艺做法者也较为普遍。

（3）线刻

线刻的做法是指只将文字每个笔画的边缘轮廓刻下去而将其显露出来，笔画本身没有凹凸变化的一种做法。这种做法的缺点是文字的立体感不强，但是，它可以在很薄的板材上面完成。因此，这种做法适合于文字较小、笔画较多或者板材较薄的匾联中使用。

异形牌匾匾心文字以采用镶嵌或粘贴工艺做法者居多。

四、吊挂匾联配件

吊挂匾联的配套构件，主要有：匾托、挺钩、联托、挂环等。

（1）匾托

用在牌匾的下方，左右各安装一个，起承托和固定牌匾作用，故称。匾托通常可用木、铜、铁等材料制作，木匾托的立面多为横向矩形，断面呈“L”形，表面还经常雕刻有万字、回纹等纹样作为装饰，纹样贴金、凹下去的部分多油成朱红色。铜、铁匾托多制成桃形，呈钉状，故又称作桃钉。讲究者钉帽部分铸造而成，表面有凹凸变化的纹样作装饰，桃形钉帽与断面为方形的钉有转轴连接。

（2）挺钩

为悬挂牌匾时所用，铁制。挺钩一端固定在需要悬挂牌匾的建筑构件上，另一端与牌匾固定，每块牌匾两侧各使用一套。

联托基本与铜、铁制作的匾托相同，使用在楹联的下方，起承托和稳定楹联作用。外形为桃形者也称桃钉，每块匾联使用一个。

（3）挂环

使用在牌匾或者楹联的上方，通常使用铜或铁制成，是用来吊挂和固定牌匾楹联的五金构件。挂环的造型和式样较多，其图案多为如意、蝙蝠、夔龙、套环等吉祥纹样，纹样可由曲线构成，亦可由直线构成，为镂空形式，具有较强的艺术性和观赏性，可为匾联增加光彩。挂环多与桃钉组合起来使用。楹联每块使用挂环一个，牌匾每块使用挂环两个。使用挂环的牌匾可以处于垂直状态，但牌匾的重量不宜过大，一般多用于悬挂室内牌匾。

五、景题

景题是园林艺术的一种独特的表现手法。主要以园林中的石刻、匾、联为依托，用来表达某一园林景观的主题立意，起到画龙点睛、深化内涵、指点迷津、引人入胜的作用。因此，景题是造园艺术的重要组成部分，是园林的灵魂。

一般来说，景观、景点的名称即是一种景题，除此以外，以简短文字介绍景观、景点内容，揭示景观、景点内涵，描述景观、景点环境等内容并通过匾联、石刻、牌坊等形式展现给观众面前的都称为景题。

景题的文字虽然很少，但却具有很多的文化内涵，具有很高的文学艺术性、书法艺术性，同时还具有强烈的唯一性即个性、艺术创作中的含蓄性。很多景题都极具诗情画意并独具匠心。

通常景题可以有不同的层次，如从整体景观到个体景观，从个体景观到个别景点，直到一棵树、一块石头都可以有自己的景题。比如北京颐和园，描述整体颐和园与背景环境关系的景题是以牌楼匾额形式出现，位于东宫门外300米处，牌楼正面匾额为“涵虚”、背面为“罨秀”，属于第一个层次的景题；而“颐和园”的匾额则悬挂在东宫门的檐口部位上，属于第二个层次的景题；颐和园中的个体景观、园中之园书有“谐趣园”三字的匾额是悬挂在谐趣园的大门上，是属于第三个层次的景题；谐趣园内一些个别景点如“知鱼桥”、“玉琴峡”、“瞩新楼”等都分别以石牌坊上刻字、山石上刻字、匾额等形式作为景题，这些，则属于第四个层次的景题了。

我国许多自然景观、名山大川的景题都是通过摩崖石刻的形式来体现的。如安徽省黄山桃花溪畔龙头石上的刻字“且听龙吟”、圣泉峰下“醉石”石刻；福建省武夷山九曲三十六峰上，景题摩崖石刻达700多处，字体有篆、隶、楷、行、草多种。其文字隽永、书法苍劲。其中最大的“镜台”二字，数里之外即可看见；山东省泰山上，景题石刻之多，不胜枚举。原立于泰山顶玉女池旁的秦二世石刻，系公元前209年用篆书刻制的。在泰山万山楼北面盘路西侧石壁上，有一处“虫二”两字刻石。“虫二”二字至今仍是个谜，据行家分析，“虫二”取风（風）、月两字的字心组成，是隐喻“风月无边”的意思。形容这里自然风景无限优美。此处景题，虽属文字游戏，但立意新颖，玩味无穷。再如，江苏省苏州市虎丘山下石壁上镌刻着苍劲雄浑的“虎丘剑池”四个大字作为景题，让人们浮想联翩、妙趣横生。类似以上风景名胜区当中的景题，全国各地可以说成千上万、数不胜数。

我国的造园艺术是中华民族艺术宝库当中的一块瑰宝，而园林中的景题则是宝中之宝。

第二节　园林牌示

园林牌示即园林中主要向游客展示的各种标牌，主要包括公园或园林景区入口处的标识、公园景区内的“景区简介”牌、“景区导游图”牌、“游客须知”牌、“景点介绍”牌、指路牌、提示牌、宣传牌、说明牌等。

园林牌示对于每一处园林来讲，都是极其必要也是十分重要的。因为它是向人们传达园林文化信息和介绍游览知识的重要媒体，同时，也是保证游览秩序的一种有效手段。

园林牌示与其他普通牌示的主要区别在于，园林牌示要具有更高的谐调性、观赏性和科学性。所谓谐调性，就是要求与其园林风格特色相谐调、与其周围环境相谐调、与其园林景色相谐调；所谓观赏性，就是要求牌示本身应该给人们带来一种美感，它的体量、造型、选材、用色等要十分考究；所谓科学性，就是要求园林牌示所设置的地点、位置、尺度、环境等科学合理，既不能喧宾夺主，又不能画蛇添足。

园林牌示按照设置方法分类主要有附着式和落地式两种，其中以落地式为主。

1. 附着式牌示

附着式牌示，是指附着于建筑物墙体或者其他建筑构件上的各种标牌。由于附着式牌示有很多都是设置在较高位置上，因此，首先应该考虑的是安全，即要保证标牌本身的坚固和附着的牢固。其次，是要考虑牌示的规格尺度、权衡比例关系。然后，是要考虑牌示的形式、色彩等与所附着建筑物的风格、特色以及周围环境的谐调统一关系。

2. 落地式牌示

落地式牌示，是指坐落在地面上的各种标牌。由于这种牌示相对固定，并且具有一定的体量，会对园林艺术效果产生一些影响，因此，它已经成为园林中不可或缺的一种建筑小品形式了。落地式牌示的设置首先应该慎重，要坚持对可设可不设的牌示一律不设的原则，以尽可能减少园内落地式牌示的数量。其次，还要慎重考虑设置位置、牌示形式、规格体量、权衡比例、用材和设色等多方面因素，以充分体现园林牌示的谐调性、观赏性和科学性原则。

对于具有浓厚民族风格和传统特色的园林，其园林牌示也应该充分体现民族风格和传统特色。特别是对于可以构成园林小品建筑的落地式牌示来说，尤为重要。比如，可以借鉴一些传统建筑或家具形式或者吸收其中有代表性元素符号的方法，来确定外观形式和色彩。可以拿来借鉴的传统建筑形式主要有：单间两柱式牌楼（柱不出头式和柱出头即冲天牌楼式两种）、单间两柱棂星门、木屏风、木照壁、单间两柱菱角门、单间两柱垂花门、柴门等。

具有民族风格和传统特色的落地式牌示，可以使用木材制作，亦可使用钢材或钢筋混凝土制作。近几年来，有一些传统形式的小型建筑使用塑钢材料来取代木材的技术已经取得了一些可喜的成果，可以利用这种新材料新技术来制作落地式牌示。但是，不管使用哪一种材料，做好设计都是关键环节。

第三节 园林雕塑与雕刻

传统建筑园林的雕塑与雕刻是指传统园林中利用木、砖、石、土、金属等材料通过雕塑或雕刻工艺技术来表现各种艺术形象的一种造型艺术形式。

如古典园林大门前设置的华表、石狮，殿堂前、庭园中摆放的铜制或铁制的祥瑞兽，殿堂内布置的神像、佛像，建筑中大量出现的木雕、砖雕、石雕、石碑、匾联花边与文字雕刻以及自然风景区中的摩崖石刻、园林中的古木与奇石等，均属园林雕塑与雕刻范畴。

一、园林雕塑与雕刻的种类

园林雕塑与雕刻的种类较多，但大体上可以从雕塑与雕刻主体形象在多维空间中所呈现的起伏程度不同、雕塑与雕刻作品所使用的材料不同、雕塑与雕刻作品工艺加工制作方法不同、雕塑与雕刻作品所表现的内容不同、雕塑与雕刻作品所处的位置不同以及雕塑与雕刻作品所运用的艺术手法不同等几个方面进行分类。

（一）从雕塑主体形象在多维空间中所呈现的起伏程度不同分类

主要有：圆雕、浮雕、透雕和平雕等多种。

（二）从使用材料不同分类

使用传统材料的有泥塑、铜铸、铁铸、石雕、木雕、砖雕等，现代材料的有混凝土雕塑、玻璃钢雕塑等多种。

（三）从工艺加工制作方法不同分类

主要有：在建筑材料上直接雕刻成型、使用泥或灰直接塑造成型、使用泥或灰通过烧制成型、通过翻模浇铸成型等加工制作方法。

1. 在建筑材料上面直接雕刻成型，如石雕、木雕、砖雕等。在传统建筑园林中的石狮，石栏杆柱头、栏板等，内外檐木装修中的花板、绦环板、裙板、花牙子、花罩等，建筑墙体或屋面上经常使用的砖雕戗檐、垫花、透风、博缝头、花盘子、砖雕宝顶等。

2. 使用泥、土、灰等材料雕塑成型以后，经过风干，然后再经过表面装饰处理。如寺庙园林大殿内的佛像、神像等。

3. 首先使用土、灰等材料雕塑成型以后，再经过表面处理，高温一次或两次烧制而成。如传统园林建筑墙体或屋面经常使用的琉璃构件、黑瓦构件等。

4. 首先使用可塑性材料，如土、灰等经过雕塑成型后翻制成模具，然后再使用金属或水泥等材料通过模具浇注或灌铸而成的制作工艺手法。如寺庙园林建筑大殿内的铸铜、铸铁佛像，传统建筑园林庭院当中摆放的各种铸铜、铸铁器物等。

（四）从表现内容不同分类

主要有人物、动物、植物、器物、山水、花鸟等。

（五）从所处位置不同分类

主要有建筑屋顶（含屋脊、宝顶）、建筑墙体、建筑台基（含石栏杆）、建筑内外檐木装修、庭院景物陈设、建筑室内陈设装饰等部位的雕塑与雕刻。

（六）从所运用的艺术表现手法不同分类

主要有具象的艺术手法与抽象的艺术手法两种。

1. 具象的艺术表现手法

又称作写实的艺术手法，是对所要表现的对象采取如实描写的一种现实主义手法。这种艺术表现手法并不是简单地将表现对象如实地加以再现，而是根据作者主观要求对客观形象加以综合分析，通过归纳、取舍，去粗取精、去伪存真等艺术处理，使客观对象艺术再现。

在具象的艺术表现手法当中，又有两种：一种是客观再现类型的，一种是象征寓意类型的。客观再现型的，直接表现所要表达内容的形象，明确体现作者的构思立意，使观赏者一目了然；象征寓意型则往往是通过比喻、象征、寓意的手段，不直接表现所要表达内容的形象，而是描写另外一种形象，但能使人通过联想，暗示出所要表达的主题内容。这后一种是中国传统建筑雕塑与雕刻运用最多的具象艺术表现手法。

2. 抽象的艺术表现手法

这种艺术表现手法在中国传统建筑园林当中使用较少，是 20 世纪发展起来的现代艺术潮流的一种流派，其表现手法的特点是，作品看不出任何现实客观实物的具体形象，而是运用抽象的各种点、线、面、块的多种组合来表达情感、渲染气氛，从而给人带来美的享受。这种艺术手法，有明显的主观表现意识，不易被人们看懂，但具有强烈的现代气息，适合在现代建筑以及现代园林中使用。

二、园林雕塑与雕刻的特点及其工艺

1. 圆雕

在我国宋代《营造法式》中称作“混雕”，是指雕塑艺术作品的主体形象，无论是从上下、前后、左右各个不同角度观看，均呈立体状态，是一种最接近实物、立体感最强的造型艺术形式。如大门前的石狮、铜狮，庭院中陈列的铜仙鹤、铜麒麟，寺庙内供奉的佛像、神像等均属此类。

2. 浮雕

在我国宋代称作“剔雕”，明、清称作“采地雕”、“落地雕”，是指在平面背景上面，通过雕塑或雕刻的工艺手段使雕塑艺术作品的主体形象突出于背景前面并具有一定立体感和层次感的一种造型艺术形式。通常情况下只能从作品的前方观看，浮雕又有深浮雕、浅浮雕和镶嵌雕之分。

（1）深浮雕

深浮雕比浅浮雕凹凸程度要大、进深方向形态逼真、立体感和层次感更强，因此也更加具有艺术感染力。园林建筑中的深浮雕主要用于硬山建筑的戗檐、门楼檐口部位的砖雕，屋脊装饰以及室内藻井等处。

（2）浅浮雕

园林建筑中的浅浮雕主要用于硬山建筑山墙墀头的各层拔檐、垫花、博缝头、透风、槛墙、照壁上面的花饰以及室内外木装修中的裙板、绦环板、雀替、栏杆栏板、匾联花边等处。

（3）镶嵌雕

又称嵌雕，多用于砖雕制作工艺。它是将浮雕作品主体形象的主要部位单独进行精细加工制作，然后再将其镶嵌到该浮雕艺术作品当中去的一种做法。其特点是，镶嵌的部分明显凸出于其他部位之上，不仅可以增加整体画面的立体感和层次感，而且还可以使得主体形象更加突出，起到“画龙点睛”的作用。如照壁上面的砖雕云龙图案，云纹和龙身采用剔雕（浮雕）做法，而龙头则单独雕刻，然后再将雕刻好的龙头镶嵌到事先预留好的部位上去。

3. 透雕

是指在平面背景上面，通过雕刻镂空的工艺手段只将图案纹样保留下来，其余背景部分全部剔除掉而使其作品本身呈现通透状态的一种造型艺术形式。透雕的效果是玲珑剔透、轮廓鲜明、形象突出，艺术观赏性较强。

透雕的图案纹样根据不同情况，可以有凹凸、起伏和深浅变化，也可以没有凹凸变化。图案纹样可以采用深浮雕做法，也可以采用浅浮雕或者平雕做法。

园林建筑中的透雕主要用于木雕制作工艺，如牌坊当中的花板，垂花门当中的绦环板，木栏杆当中的绦环板、荷叶净瓶、栏板，外檐木装修中的花窗、花板、花牙子以及内檐木装修中的几腿罩、碧纱橱、栏杆罩、落地罩、多宝格、花罩、炕罩、太师壁以及井字天花、藻井等需要雕刻装饰的部分。

4. 平雕

即平面雕刻，是指在平面背景上面，采用镌刻的工艺手段，主要利用点、线、面的艺术手法将主体形象表现出来的一种雕刻艺术形式。譬如刻图章，就是平雕的一种艺术形式。在平雕当中，又有阴雕、阳雕、阴阳雕、贴面雕四种形式。

（1）阴雕

又称阴刻，宋代称“隐雕”，阴雕是不动背景（即留地、留底）而将主体形象的全部内外轮廓线镌刻剔去的一种平面雕刻方法。

（2）阳雕

又称阳刻，与阴刻完全相反，是将主体纹样背景剔雕下去以使主体形象凸显出来的一种平面雕刻方法。

在阴雕或阳雕的形式当中，全部使用线条的雕刻工艺手法又称作线雕。阳雕又有两种手法，一种是主体纹样的背景凹下去并呈平面，而主体纹样本身有凹凸起伏变化，带有一定的立体感；另一种是主体纹样所有轮廓线及以外凹下的部分均呈平面，这种雕刻手法由于剔去的面积较大，因此主体与背景对比较强，主体与背景相得益彰。

（3）阴阳雕

又称圈阳雕、锓阳体，主要用于在较薄的木、砖、石等材料上雕刻匾联文字方面。其工艺特点是，匾联当中每个文字都是凹下去的，但每个文字每道笔画的中心部分又是凸出来的，文字笔画的剖面呈“泥鳅背”状，每个文字边缘轮廓向下垂直剔凿一定深度。这种雕刻手法的效果是，文字轮廓清晰、笔画具有较强的立体感，特别是使用这种方法可以在较薄的材料上面取得较为理想是效果。

（4）贴面雕

又称贴雕，多用于木雕制作工艺。其做法是先将所要雕刻的图案纹样拓描在薄板上，然后对图案纹样进行雕刻，最后再沿图案纹样的外轮廓将其整体镌刻下来，固定在预定的建筑构件某个部位上，是平面雕刻的一种特殊制作工艺手法。这种工艺的特点是图案纹样可以在场外预制，更便于操作和加工。而且，所要雕刻的图案纹样可以使用不同材质、不同颜色的材料制作加工。特别是对重复使用的图案纹样，加工起来就更加便利。

三、传统建筑园林雕塑与雕刻的题材内容

传统建筑园林雕塑与雕刻的题材内容十分广泛，但归纳起来，除了寺庙、坛庙等一些园林中塑有佛像、神像以外，而绝大多数都是以吉祥、平安、如意、长寿、忠孝、礼仪、升官、发财、古代典故或古代传说等为雕塑与雕刻的主要题材和内容。

雕塑与雕刻所选用的图案纹样主要有人物、动物、器物、山水、植物等。其中动物类也是以祥瑞兽为主，如龙、凤、狮、麒麟、鹿、龟、鹤、大象、猴子、蝙蝠、喜鹊、鹌鹑等；植物类以吉祥花草为主，如松、竹、梅、兰、菊、莲花、石榴、柿子、葫芦、海棠、玉兰等；器物类也是以具有一定寓意的为主，如宝瓶、古老钱、书卷、如意、博古等。

在中国古典园林当中，精美的雕塑雕刻艺术作品比比皆是、到处可见。如北京颐和园东宫门前的铜狮、园内仁寿殿前的铜麒麟及新建宫门内昆明湖边的铜牛，北海公园内太液池北岸的琉璃九龙壁、琼华岛北坡的仙人承露盘，北京西山卧佛寺内的卧佛以及全国各地寺庙园林中的佛像、陵墓园林中的石人、石马、石象生；其他还有许多屋脊上面的装饰；许多雕刻梁柱、天花、藻井；许多装饰装修构件等，其雕塑雕刻艺术精品不计其数、不胜枚举、美不胜收。这些作品都会给人带来许多视觉艺术上和精神方面的享受。

第九章　传统建筑园林的色彩

中国传统建筑园林与一般风景园林一样，与色彩有着十分密切的关系。这一点仅从赞美风景园林如何美丽的词汇当中就可以得到印证，如：丰富多彩、五彩缤纷、花红柳绿、斑斓（灿烂多彩）、绚丽（色彩华丽）、烂漫（颜色鲜明而美丽）、灿烂（光彩鲜明耀眼）等不胜枚举。可以说，色彩是风景园林的生命，没有色彩就没有风景园林。谈到色彩的重要性，我们还是从色彩的基本知识讲起。

第一节　色彩

一、色彩的产生

我们之所以能够辨认出风景园林当中不同物体的各种色彩，一个根本的条件就是借助光线，一旦光线消失了（如同黑夜），那么，一切物体的色彩亦将随之消失。可见，色彩和光线有着不可分割的联系，可以说没有光线就没有色彩。

不同物体在同一光线照射之下，能够反映出不同的色彩，是由于这些物体的物理性能各有不同，它们各自所吸收的光色和反射出的光色也不同而形成的。例如，橙色的物体（如橘子），它只能反射橙色光，而将其他各种色光都吸收了，因此就呈现出橙色来。又如绿色的草地，只能反射绿色，而将其他光色吸收。

我们经常接触到的光线，均可分解出一条由红、橙、黄、绿、青、蓝、紫七种颜色组成的光谱。如果我们让光线透过三棱镜，经折射后，就可以看到这种物理现象。纯白色的物体是各种色光均不能吸收的结果，反之，纯黑色物体是各种色光均被吸收而不反射的结果。在现实生活当中，单纯呈一种颜色的物质是十分稀少的，而是相对较多地反射某一种色光，而较少地吸收其他色光。正是因为这个道理，客观世界上各种物体的色彩才会千变万化，远远不止红、橙、黄、绿、青、蓝、紫这七种颜色。就白色而言，就有锌白、钛白、奶白、象牙白等，红色就有橘红、朱红、大红、洋红、曙红、玫瑰红、紫红等多种。

二、色彩的三个要素

色彩的三个要素，即色相、纯度、明度。

（一）色相

即色彩的“相貌”。是指某一物体所呈现的各种不同的颜色，如红、橙、黄、绿等，颜色不同，其色相不同。

（二）纯度

亦可称作彩度。是指颜色的饱和程度，也称作颜色的纯洁程度、鲜艳程度。如在标准色中掺进了白色或掺进了黑色，都会破坏原色的纯度。颜色越纯，彩度越高。掺进的颜色越多，其纯度越低，彩度也越低。

（三）明度

是指颜色的明亮程度，即明暗差别程度。每一个种类的颜色都有它自身的明暗、深浅差别，如绿色有草绿、翠绿、墨绿等，草绿则明、浅，墨绿则暗、深；不同的颜色，其明暗程度不同，如黄色的明度高，看起来较亮，而紫色的明度就较低，看起来较暗；介于中间的橙色与红色，其明度分别相当于绿色与蓝色。

三、色彩的原色、间色与复色

（一）原色

色彩的名目繁多、千变万化，但是，有三种颜色是最基本的，这就是红（接近大红）、黄（接近柠檬黄）、蓝（接近天蓝）。这三种颜色是其他任何颜色都调配不出来的，相反，用这三种颜色却可以调配出其他任何颜色。因此，我们就把这红、黄、蓝三种颜色称为三原色。

（二）间色

用两种原色调配而产生的颜色就称为间色。例如，用红色与黄色调配出来的颜色为橙色，红色与蓝色调配出来的颜色为紫色，黄色与蓝色调配出来的颜色为绿色。这橙色、紫色、绿色三种颜色即是间色。

（三）复色

用两种间色调配而产生的颜色称为复色。例如，用橙色与绿色调配成为黄灰色、橙色与紫色调配成为红灰色、绿色与紫色调配成为蓝灰色。这黄灰、红灰、蓝灰三种颜色即是复色。用三种原色按不同比例或三种以上间色调配而成的颜色也称为复色。如赭石色、墨绿色等。黑色是由三原色按同等比例调配而成的复色。灰色是三原色加进白色以后调配出来的复色。

原色又称为第一次色，间色称为第二次色，复色称为第三次色。原色、间色的纯度较高、色彩比较鲜明。复色由于包含了三个原色成分，因此，带有灰色的因素。颜色调配的次数越多，则成分越杂、越趋向灰色。

四、色彩的冷暖、对比与调和

（一）色彩的冷暖

色彩本身并没有什么冷暖的温度差别。有的色彩会使人感到温暖，而另一些则使人感到寒冷，如，橙色、黄色、红色等可以让人联想到太阳、火光、烛光等，似乎可以给人以温暖的感觉；绿色、蓝色、紫色等可以让人联想到海水、月夜、阴影等，似乎可以让人感觉到寒冷。因此，我们就把这些反映冷暖的颜色分别称为暖色和冷色。即：将红色、橙色、黄色通常称为暖色，绿色、蓝色、紫色通常称为冷色。

但是，色彩的冷与暖并不是绝对的，例如，紫色与红色相比，紫色显得冷。可以认定紫色比红色冷；而紫色与蓝色相比，则又显得较暖。也可以认定紫色比蓝色暖。所以，色彩的冷与暖都是在颜色相比较的情况下相对而言的。在宏观无比较的情况下，接近橙色色相的颜色称为暖色，而接近蓝色色相的颜色称为冷色。

（二）色彩的对比

两种色相反差最大的颜色即为对比色。在红、黄、蓝三原色当中，任何两种原色调配出来的颜色就是第三种原色的对比色，或称补色、互补色。如红与绿（黄、蓝调配）、黄与紫（蓝、红调配）、蓝与橙（红、黄调配）等都是对比色，相互之间又称补色。绿色是红色的对比色，也是红色的补色。

两种颜色之所以能够成为对比色，是因为这两种颜色相互之间没有任何共同的因素，因此，两种颜色才能起到对比的作用。若将两种颜色放在一起，可以使各自的色彩显得格外鲜明、夺目。

（三）色彩的调和

两种色相接近的颜色即为调和色。换言之，含有共同因素的两种颜色放在一起，在色彩上比较接近，我们把这两种颜色称为调和色。例如，橙色与黄色、蓝色与绿色、紫色与红色等都是调和色。因为，橙色与黄色的共同因素是黄色，蓝色与绿色的共同因素是蓝色，紫色与红色的共同因素是红色。若将两种调和色放在一起，可以使色彩显得格外协调、柔和。

（四）色轮

在研究色彩时，通常可以用一个由 12 种颜色组成的色轮（亦称色环）来表示色彩之间的冷与暖、对比与调和等诸多关系（图 9–1–1）。

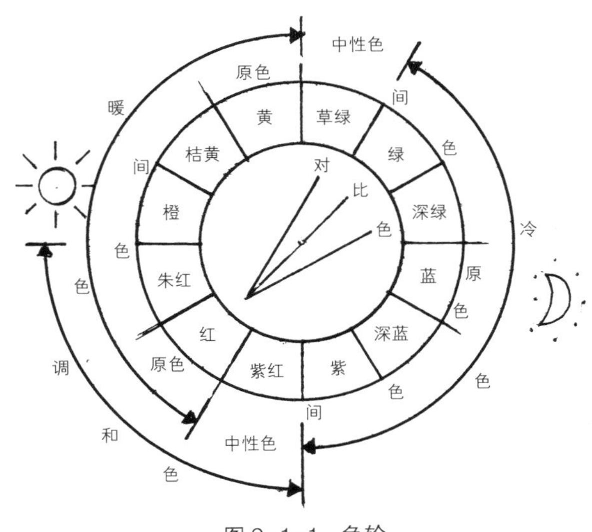

图 9–1–1 色轮

按照一定程序排列的色轮，一部分为暖色，另一部分为冷色，而且，冷暖之间有着很好的过渡。以橙色表示最暖的颜色，以蓝色表示最冷的颜色。那么，我们可以依次地比较各种颜色的冷暖程度。另外，从色轮中我们还可以看出色彩对比与调和的关系，即：处于对应位置的颜色为对比色，处于相邻或相近位置的颜色为调和色。

五、色调和色彩的心理效应

（一）色调

多种颜色组合在一起所构成的总体色彩倾向即称作色调。

色调的划分，主要有以下几类：

1. 从色相上划分，有：红色调、黄色调、蓝色调、绿色调、灰色调等；

2. 从色性（颜色的冷、暖）上划分，有：冷色调、暖色调、中性色调、冷暖过渡色调等；

3. 从色度上划分，有：明（高）色调、暗（低）色调、灰（中间）色调等；

4. 从方法上划分，有：单色调、调和色调、对比色调等。

不同的色调，给人的感觉不同。因此，不同的色调可以表达不同的思想情感，烘托不同的环境气氛。如，暖色调通常可以使人感到热情、兴奋，冷色调常常使人感到幽雅、宁静，明快的色调可以使人感到清新、愉悦，灰暗的色调使人感到忧郁、沉闷。

（二）色彩的心理效应及其应用

人类赖以生存的自然界乃是一个色彩缤纷的世界。这五颜六色的色彩，不仅丰富了人的感官世界，而且，还可以对人体的心理机能起到调节作用。这种作用就是色彩的心理效应或者称作色彩的情感效应。

近代一些心理学家根据人们对色彩的心理效应，将颜色分成几大类，例如冷色、暖色、明快色调、灰暗色调等。认为冷色使人感到寒冷；暖色使人感到温暖；明快色调使人感到明亮、宽阔；灰暗色调使人感到黑暗、狭窄；人们生活在色调谐调的环境里，会感到心情愉悦、精神振作；而生活在光怪陆离的色彩环境中，人们的心绪会烦躁不安、疲乏劳累、精力分散、反应迟钝，自控能力差，抵抗能力减弱，健康水平下降，容易感染疾病。

色彩的心理效应因不同的颜色而异，有时，也因不同的民族而异，下面介绍几种世界多数国家对色彩的心理效应及寓意：

1. 红色：热烈、热情、庄严、革命、喜悦、吉庆、激情、焦灼等。

2. 黄色：崇高、尊贵、辉煌、愉快、健康、明朗、希望、光明等。但巴西、埃及、叙利亚忌用黄色，他们认为黄色表示死亡。

3. 蓝色：象征天空、海洋，具有生命力、代表西方文明等。但比利时人认为不吉利，埃及视为恶魔。

4. 橙色：温暖、成熟、丰收、浪漫、活泼、欢喜、爽朗、温和等。

5. 绿色：和平、生命、青春、安静、新鲜、安全、年轻等。伊斯兰国家认为绿色表示吉祥。日本人认为绿色不吉利。

6. 紫色：庄严、严肃、高贵、慈祥、神秘、不安等。

7. 白色：纯洁、光明、和平、美好、朴素、清爽、纯粹、冷酷等。摩洛哥人忌穿白色服装，白色寓意贫穷。

8. 灰色：平凡、沉着、中性、中和、抑郁等。

9. 黑色：高贵、庄严、严肃、肃穆、严峻、黑暗、压抑等。

鉴于以上色彩的情感效应，人们在自己的生活与环境等方面可以注意科学地运用色彩，从而，起到促进身心健康的作用。

（三）不同环境对色彩的不同要求

1. 办公环境及医院：宜用白色、灰色或冷色。从而使环境肃静，易于注意力集中。

2. 体育、文化娱乐场所：室内环境色彩则要求热烈、欢快、跳动，因此，可以使用红色、橘黄色等较为刺激的色彩，以增强运动员的活力。

3. 居室：应注意色彩的和谐，使之有利于身体健康。

白色、灰色以及金、银均为中性色，既不暖也不冷，色性安稳、朴实。它们是削弱冷暖色彩明显对比、在当中起到调和作用的颜色。

4. 室外环境最好是能够体现自然生态环境的色彩，如蓝天、白云、青山、绿水、树木葱翠。另外，庭园植物还要求体现出不同季相色彩的变化，例如：春华秋实。再例如，一年四季的总色调：春绿、夏碧、秋紫、冬褐等。园林花卉的色彩十分活泼、艳丽，对于活跃庭园气氛、提高园林景观效益起着非常重要的作用。如何组织好园林景观室外环境各种要素的色彩，是设计师的重要任务。

六、中国传统文化中的色彩

除了色彩的心理效应以外，有些色彩在我国还有着不同的含义。在中国传统文化当中，尤其是红、黄、蓝、白、黑五种颜色，就有着特殊的文化内涵。

1. 黄色：为五行当中的土，代表中央方位，象征宇宙的镇星、人的口、音律中的宫、季相中的长夏等；

2. 红色：为五行当中的火，代表南方方位，象征宇宙的荧惑星、人的舌、音律中的征、季相中的夏等，以朱雀形象为代表；

3. 黑色：为五行当中的水，代表北方方位，象征宇宙的辰星、人的耳、音律中的羽、季相中的冬等，以玄武形象为代表；

4. 蓝色：为五行当中的木，代表东方方位，象征宇宙的岁星、人的目、音律中的角、季相中的春等，以青龙形象为代表；

5. 白色：为五行当中的金，代表西方方位，象征宇宙的太白星、人的鼻、音律中的商、季相中的秋等，以白虎形象为代表。

第二节 传统建筑园林的色彩

园林中的色彩，一般来讲：热闹的地方、需要突出的地方，色彩宜采用暖色调，同时，要有较强的对比；安静的地方、需要减弱的地方，色彩宜采用冷色调，同时，要强调色彩的调和。颜色的运用要有主有次，要有变化，要有呼应。

园林植物的色彩关系，应按照一年四季的不同景观效果来组织安排。其中，可以突出一个或者两个季相景观的效果。要善于将运用园林艺术的基本原理和园林色彩学的理论知识，紧密结合不同景点景观的实际，营造出优秀的风景园林艺术作品来。

一、皇家园林的色彩

我国皇家园林的特点是强调色彩的对比。在中国皇家园林当中，红柱红墙、黄色琉璃瓦顶和湖水蓝天构成了皇家园林中的三原色。此外，园林中植物的绿色与红柱红墙形成了强烈的对比。实际上，园林植物的绿色是十分丰富的，而且，除绿色植物以外，还有其他如紫色、紫红色、黄色、银灰色等多种颜色以及五颜六色的美丽花卉。园林植物再加上园林建筑彩画使得皇家园林的色彩更加丰富多彩。

另外，皇家园林中又以大量灰色的墙体、屋顶、道路铺装，白色的石栏杆、粉墙，建筑彩画中的金色等，作为在强烈对比色彩中的调和色，才使得皇家园林的色彩既能够形成强烈、鲜明的色彩对比，同时，又达到绚丽多彩，并不使人感到眼花缭乱、心情烦躁。反而，让人感到欢快、激动和愉悦。这正是我国在皇家园林中色彩运用的绝妙之处。

二、私家园林的色彩

我国私家园林的色彩与皇家园林则截然不同，私家园林是强调色彩的谐调，以冷灰色为主调。在私家园林中，墙体是灰色或者白色的，屋面瓦顶也是灰色的，道路铺装还是灰色的，只有建筑门窗装修带有一些素雅的色彩。加上其他环境的色彩，如绿树、蓝天、碧水等，营造了一种宁静、典雅、舒适的生活环境。这种色调有助于人们放松大脑、消除疲劳。这也是我国在私家园林中色彩运用的绝佳之法。

第十章　传统建筑园林营造艺术的基本原理与基本法则

中国传统建筑园林营造艺术即中国园林的景观营造艺术，简称造园艺术。艺术的门类很多，如音乐、绘画、戏剧、电影等。任何一种艺术形式都有其个性与共性，作为中国传统建筑园林的景观营造艺术也同样具有本身的个性及与其他姊妹艺术相通的共性。大家知道，音乐是一种听觉的艺术，绘画是一种视觉的艺术，而戏剧、电影则是听觉视觉艺术，那么，园林景观营造艺术则是一种感觉的艺术、是一种空间的艺术、是一种环境的艺术、是一种人们可以身临其境的立体绘画艺术，可以说园林景观营造艺术是集视觉、听觉、嗅觉、感觉于一身的艺术。

由于艺术门类不同，因此，它们在表现主题、表达思想感情的手法也不同，如音乐主要是通过音符、节奏与旋律，绘画主要是通过线条、色彩与笔触，戏剧和电影主要是通过情节、人物与语言，而造园艺术则是通过土、山、水、石、路、树、屋等来构成生境、画境和意境，从而给人以情感的熏陶、一种美的享受。所谓生境，即生态环境；所谓画境，即是构成景观，形成画面；意境即是存在于生境、画境之外的思想、意念和情感。

正因为如此，造园艺术、园林景观艺术所关系到的学科很多，如建筑学、植物学、生物学、生态学、气象学以及文学、哲学、书法、绘画等等。换言之，我们要掌握造园艺术的本领，还要具备一定的相关学科知识。

所谓共性，如：艺术作品在结构上通常都有，序、铺垫、高潮、结尾等；艺术作品要求内容与形式的完美统一；艺术作品的创作要有构思、要有立意；艺术作品形式美的对比与谐调、节奏与韵律等基本法则等。

艺术作品的形式美法则运用到园林景观艺术当中也称作园林景观的形式美法则。园林景观艺术的形式美法则主要有：对比与调和、对称与均衡、节奏与韵律、尺度与权衡、主景与配景、借景与障景、掇山与理水、错觉与错觉矫正、内容与形式以及环境与堪舆等。形式美法则的根本规律是变化当中求统一的对立统一规律。中国古代的“太极图”就是对对立统一规律最完美的诠释。

综上所述，中国传统建筑园林造园艺术的基本原理就是六个字：“对立统一规律”，对立统一规律不仅是造园艺术的基本原理，而且也是一切艺术创作的基本原理；中国传统建筑园林造园艺术的基本法则就是对比与调和、对称与均衡、节奏与韵律、尺度与权衡、主景与配景、借景与障景、掇山与理水、错觉与错觉矫正等形式美的基本法则。

第一节　对比与调和

一、对比

对比，又称对立、反衬。世间一切事物，都是在对比（对立、反衬）之下而存在的，没有小就无所谓大，没有低就没有高，没有多就无所谓少。美也是靠对比而存在，靠对比而创作出来的。人们常说“好花要靠绿叶扶”就是这个道理。在造型艺术中，对比的表现形式是多种多样的，是丰富多彩的。如：

大—小（体量）、多—少（数量）、高—低（高度）、曲—直（形状）、疏—密（布局）、明—暗（明度）、粗—细（形体）、冷—暖（色相）、黑—白（色度）、宽—窄（宽度）、凹—凸（形状）、轻—重（重量）、薄—厚（厚度）、强—弱（势态）、虚—实（密度）、软—硬（质感）、繁—简（内容或布局）、开—合（势态）、动—静（动态）、快—慢（速度）、左—右（位置）、前—后（视距）、阴—阳（属相）、俯—仰（视角）、朝—夕（时态）、春—秋（季相）、水平—竖直（方向）、集中—分散（布局）、奇数—偶数（数量）、光滑—粗糙（质感）等等。

在我国造园艺术中，常取“柳暗花明又一村”的意境，这种意境就是靠一明一暗、一花一柳这种对比的手法来实现的。中山公园蕙芳园入口就是采取这种手法来实现闹中求静、竹径寻幽的。我国的盆景艺术、中国山水画也是充分地运用了对比的手法、谐调的手法来达到“咫尺山林”、“崇山峻岭”效果的。盆景中，小小的一块石头为什么令人有高山大川的感觉呢？就是因为石头旁边那微小的植物或者山石上的小巧亭台、水中的小船等，充分运用了对比的手法。中国山水画的画幅不大，但可以表现千山万壑、高山峻岭磅礴恢宏的气势，其原因也在这里。

一般园林建筑为什么尺度规格都要比普通建筑要略小一些（诸如桥、亭、廊、台等），在苏州园林中，小的桥只可单人通过，小的游廊进深还不足一米，其目的就是要通过它们来衬托庭园之大、山之高、水之阔。

园林中堆砌的假山也要依靠对比，几块石头堆叠起来竟有高山之感，就是运用高差对比、山石陡峭及周围植物材料矮小等对比艺术手法来达到的。

二、调和

调和，又称作谐调、和谐、统一。美也是靠调和而存在的，没有调和（谐调、和谐、统一），只求对比，也不能构成美。花、叶同是植物的组成部分，具有共同性、完整性，这种共同性和完整性就是谐调。园林中的花卉之所以美，不仅花朵的颜色、大小、花形要美，而且，叶子也要美（叶形、叶色并且不枯不脱），否则，由于叶子的反衬对比效果，会降低或者失掉美感。一味强调对比，缺乏风格与格调的谐调、形式与手法的谐调、构图与布局的谐调，就会造成杂乱无章，就会失去美感。

中国园林讲“曲径通幽”，是因为中国园林的传统为自然山水风景园林，属不规则式布局的园林（除坛庙园林有其特殊性以外），甬路做成曲线状顺理成章。如果把曲径用在西式园林或规则式园林中，就会产生不谐调的感觉。因此，在西洋古典园林中的路不做曲线而使用直线。规则式庭园与不规则式庭园在运用植物、地形、水池、道路等方面都有很大差异。这些差异是符合形式美法则的，对比与调和就是对立与统一，中国的“太极图”又称“阴阳鱼”，十分准确、形象地说明了这一

图 10-1-1　对立统一图形（太极图）

美的法则（图 10-1-1）。图形中有黑白、明暗、阴阳、大小、左右的对比，又有同处一个圆中、同是曲线，且你中有我、我中有你这种谐调，因此，这种图形是最美的图形。在风景园林中也经常应用，如北海公园的平面布局、颐和园水陆主要布局等。

第二节　对称与均衡

对称与均衡的美不仅大量存在于现实生活当中，而且，也是人们对和平、和谐、平稳、安定情绪在形式美中的体现。对称主要给人以稳定、庄重、安静的感觉（图 10-2-1）。

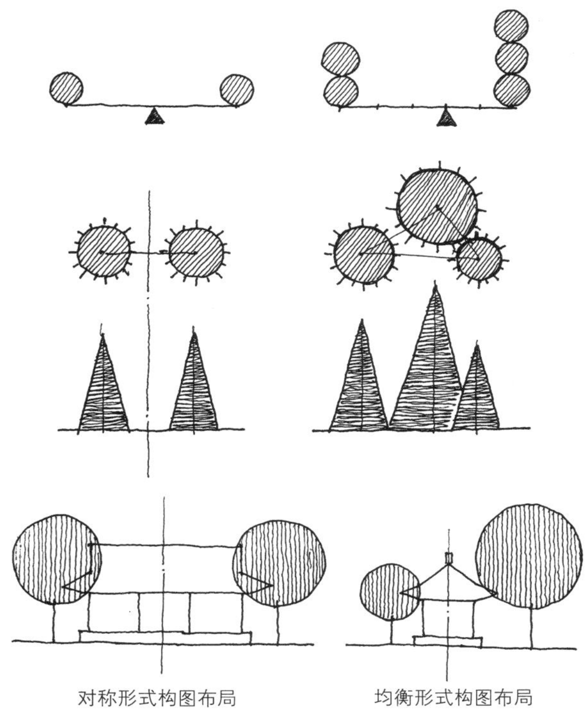

图 10-2-1　对称与均衡形式构图布局

一、对称

对称，通常是指依中轴线或中心线两侧作等量等形布局和构图的一种形式。比如正面直立的人体就是一种典型的对称布局形式。再比如像天安门城楼、人民大会堂等许多建筑也都表现为此种形式。其他世上许多物品也都以对称形式存在的。对称会给人们带来美感，这种形式美所体现的往往是一种静态的美，主要给人以端庄、稳定、规矩、高贵、完整的感觉。

对称形式美的园林景观实例很多，如北京景山公园五亭景观就是一处比较典型的实例，就是以等形、等量的状态，依中轴两侧排列的形式。位于中轴线上的"万春亭"为三重檐正方亭，万春亭东西两侧各建有两座亭子东西两两相对，"周赏亭"与"富览亭"相对，同为重檐八方亭，"观妙亭"与"揖芳亭"同为重檐圆亭。景山公园五亭景观充分体现了与宫殿建筑群的谐调布局和五亭景观本身庄重、稳定而牢固的环境气氛（图10–2–2）。

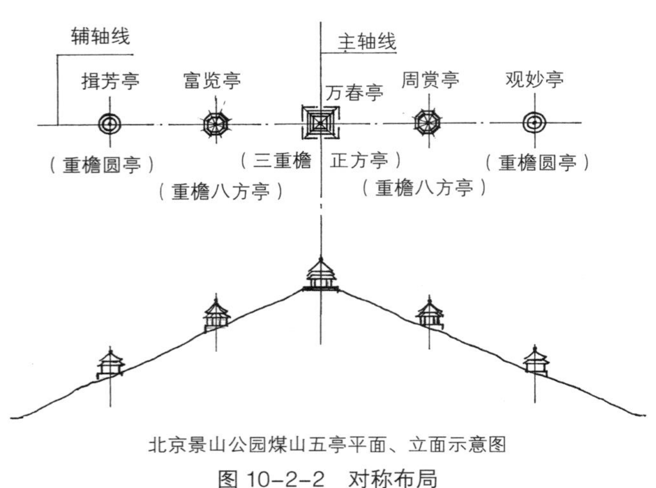

北京景山公园煤山五亭平面、立面示意图

图 10–2–2 对称布局

二、均衡

均衡，又称均齐、平衡，通常是指依中轴线（中心线）或依支点（重心）两侧作等量不等形布局和构图以及依构图中心两侧平衡布局的一种形式。这种形式主要是掌握重心，比对称显得自然，给人以生动、活泼、赋予变化的感觉。均衡与对称的根本区别在于中轴线或重心两侧不等形，而且两侧图形与中轴线（中心线）或支点（重心）既可等距（距离），也可不等距。均衡与对称的共性就是中轴线（中心线、支点或重心）两侧等量。均衡就像一杆秤一样，若要让支点或吊点两侧平衡,就必须让两侧的物重乘以力臂（力距）的积数相等，力臂越长（远）物重越轻，而力臂越短（近）则物重越沉。这里的物重在形式美法则中可以换成体量、形体、形状等内容。

体现均衡形式美法则的布局和构图的实例比比皆是、到处可见。如天安门广场的布局即属于这种形式。在此布局中，端门、天安门、毛主席纪念堂、正阳门、正阳门箭楼等均位于中轴线上，而天安门广场以外，依中轴线两侧排列的是等量不等形的建筑或者建筑群。如天安门两侧分别为劳动人民文化宫（明清太庙）和中山公园（明清社稷坛），天安门广场两侧分别为人民大会堂和国家博物馆。这种均衡形式的布局不仅体现了端庄、严肃、雄浑的气势，而且也营造了一种亲切、平和、富丽的环境气氛，不愧为北京市和全国人民向往和喜爱的地方。在园林绿化的植物配置设计当中，三株大小不同规格的苗木组合在一起形成一组树丛，其中最大最高一株与最小最矮一株的距离应比大小居中的一株距离要近一些。这样的配置之所以感到美、感到舒服就是因为这种布局是符合了均衡的形式美法则。这种均衡形式就是以构图中心为"轴"，两侧取得平衡之后而给人们带来一种美的满足和美的享受。

均衡的布局和构图所体现的往往是一种动态的美，会给人以活泼、丰富、变化、婉丽的感觉。

呼应是均衡形式的转化。均衡主要表现于外在形式，而呼应除表现于外在形式如形状、造型、色彩、质感等以外，还表现为内容如气势、气质、连贯等。一般可利用虚实，借助某种姿态动势或采取"我中有你，你中有我"的方法来达到呼应的效果。如写字，一个字的每一笔要有呼应，字与字之间也要有呼应。在一幅画中，山与水、花与鸟、人与物、实与虚等要有呼应。一副对联，上下联之间要有呼应。在图案纹样中，纹样的虚实、长短、上下、左右等也要有呼应（图10–2–3）。

敦煌壁画上的飞天，人物的动态与飘带相呼应。在舞蹈、武术和击剑等的优美动作中，每一次亮相都颇具美感，而在亮相当中，尤为讲究眼与手、上肢与下肢、上肢与上肢、下肢与下肢之间的呼应。呼应给人以气势上的平衡感、动作上的连续感、观赏上的谐调感，从而，增强艺术作品或艺术形象的完美性。

我国风景园林中的呼应表现在山、水、石、路、

画面中，花与空白、题字之间的呼应　　对联上下联的呼应

图案纹样上下、左右的呼应

图 10-2-3　均衡的转化形式——呼应

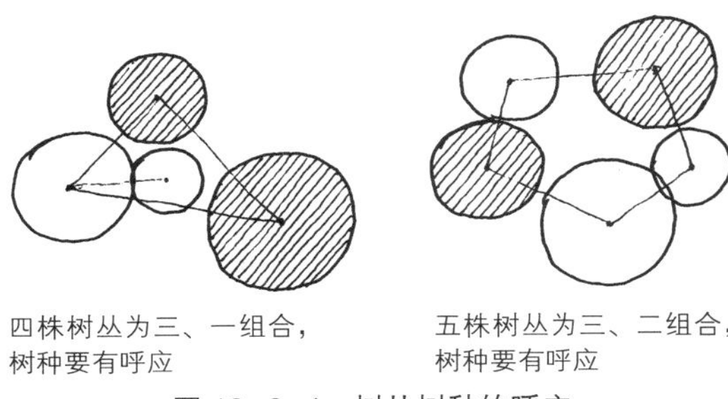

四株树丛为三、一组合，树种要有呼应　　五株树丛为三、二组合，树种要有呼应

图 10-2-4　树丛树种的呼应

树、屋等各个方面。如，园林树木的配置，“二株一丛，必一俯一仰、一欹一直，一向左、一向右，一有根、一无根，一平头、一锐头，二株一高一下”；“三树一丛，第一株为主树，第二、第三树为客树”，“三树一丛则二株宜近、一株宜远，以示别也。近者曲而俯，远者宜直而仰”。再如，四株、五铢树丛的组合，要求完全由一个树种、最多由两个树种组成，两个树种必须同是乔木或同为灌木，同时要求其体形、姿态、大小、远近、高矮各有不同，四株为三、一组合，五株为三、二组合，若两个树种，则要求要有呼应（图 10-2-4）。呼应不仅仅是树种上的呼应，其他如树形、颜色、姿态等也要有呼应。在园林景点中，还要求上下、左右、前后的呼应，材质上的呼应，手法上的呼应等。园林中的借景，无论是内借还是外借，都是一种呼应关系。

第三节　节奏与韵律

节奏，是指在一切事物和艺术作品当中，具有一定规律性的重复所产生的各个阶段。如音乐中的节拍、乐句、乐章等。韵律，则是由节奏为组成单位而由于节奏内容不同所形成的一种高低、强弱、虚实等有序变化，能够对人产生美感或幸福感的现象。

在人类的社会实践当中，人们才逐渐认识到节奏与韵律对于人类来说是多么的重要。节奏与韵律不仅是社会科学的规律，同时也是自然科学的规律。当然，也是美的规律。

当人类还没有认识这种自然规律的时候，结果往往是失败，而当人类掌握了这种自然规律并且采用了相应的办法之后，结果却是胜利。在自然界，当人类还没有认识到它的变化规律的时候，不懂得什么时候应该把种子播下去，什么时候可以收获。正是由于人类认识了自然界的发展规律是有节奏有韵律，而且是以 365 天为一个节奏并有春、夏、秋、冬四季变化的韵律（节奏包含有不断反复的内容）之后，人们才获得了驾驭自然的主动性，人类才有了粮食的生产、蔬菜的生产、经济作物的生产，从而，促进了人类的进化。

在自然界当中，以 365 天（即一年）的循环往复便构成了自然界的节奏，而春、夏、秋、冬的四季变化即构成了韵律。其实，世界上任何事物的发生和发展都是有自己的节奏和韵律的，只不过有的明显，有的隐晦而已。当人们还没有认识的时候，就不能取得主动权，就往往会受到挫折和失败，当人们一旦认识了它、掌握了它的时候，就可以由必然王国走向自由王国，就可以取得胜利。

在日常生活当中，我们经常会遇到这个问题。没有条理没有规律地去工作、去做事，你的工作效率就不会高，事情就很难做好。马克思主义唯物论认为存在决定意识，美的意识也来源于社会存在，这就是节奏与韵律乃至其他形式美法则产生的根本原因。

节奏与韵律不仅存在于音乐艺术作品当中，同时也存在于其他艺术作品之中。所谓节奏，就是事物发展的重复性和阶段性，而韵律则是每一个阶段当中的发展变化。从艺术角度来看，韵律是情调在节奏中的具体表现。音乐作品的节奏是由乐章、乐句、音节构成，而曲调的高低、起伏、强弱就构成了韵律。我们从五线谱音符的排列就可以看出它的韵律来。再如建筑，著名建筑学家梁思成先生曾说：“一柱一窗的连续重复，有如四分之二拍子的乐曲，而一柱二窗的连续反复则是四分之三的华尔兹。”一组建筑所形成的轮廓线（天际线）便构成了建筑自身的韵律。

韵律通常可以分为连续的韵律、渐变的韵律、起

节奏 节奏
韵律 韵律

绿化带的节奏与韵律

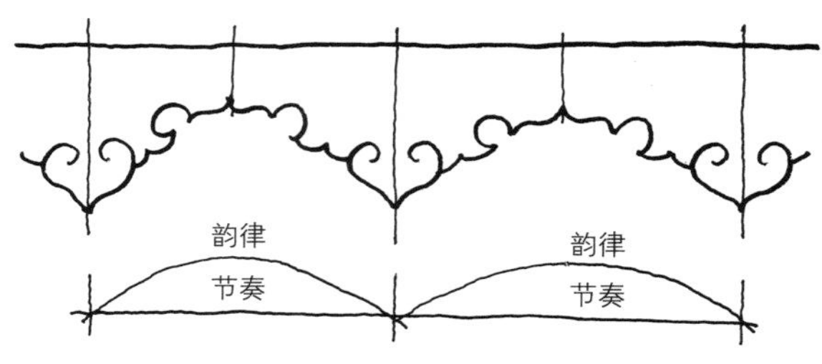

图案纹样的节奏与韵律

图 10-3-1 绿化带、图案纹样的节奏与韵律

伏的韵律、交错的韵律等。

连续的韵律是由一个或多个组成部分连续重复的排列而产生的韵律。如园林绿化中的行道树以及一些图案纹样的构图布局即属于此类（图 10-3-1）。园林建筑中的开间、有序排列的什锦窗等亦属连续韵律。

渐变的韵律是由多个组成部分作有规律的渐变，如由小至大、由低至高、由简至繁等而产生的韵律。园林中此种实例很多，几乎比比皆是，但最为典型的实例当属南京中山陵了。

起伏的韵律是由多个组成部分作有规律的起伏变化而产生的韵律。大部分音乐作品均属于这种韵律。一些大型建筑群（如北京故宫）及大型园林（如北京颐和园、北海公园等）均属此类。

交错的韵律是多个组成部分作有规律的穿插交错起伏变化而产生的韵律。多数交响乐音乐剧音乐作品由于需要表达一定的故事情节，因此主要表现为交错的韵律。

第四节 尺度与权衡

一、尺度

这里的“尺度”并非是一般意义上的尺寸关系，而是一种特指。是特指与人有关的实用和审美对象（艺术作品或实物），其高、低、大、小等在使用当中，与人所产生的空间尺寸关系，就是与人有关的实用和审美对象要符合人体工程学方面要求的尺寸关系。尺度是以人在使用中的需要和便利为依据的。例如，一个写字台，台面高度一般为 78~81 厘米，这个高度使用起来既不高也不低，这是写字台的尺度。再如，园林建筑(如游廊)坐凳的高度以 0.5 米为宜。建筑中的门，其高度一般不低于 1.9 米，建筑中的栏杆，高度不低于 0.8 米，这是门、栏杆的尺度。当然，还有其他许多尺度。美学原理认为，符合尺度不仅实用，而且具有美感。

二、权衡

权衡，也可称作比例，是指审美对象（艺术作品或实物）各局部之间、局部与整体之间、整体与周围环境之间的高、低、大、小等关系，简言之，即指局部与整体、个体与总体的相互尺寸关系。权衡也是几何学、算术学当中的一种尺寸关系。比如，有两个长方形，一个是以两个正方形组成，一个是以正方形的对角线为长边构成。那么，这后面的长方形比前者在权衡上就要美。这后一个长方形就是古今中外沿用已久的“近似黄金比矩形”，它的长宽比就称为“近似黄金比”。正五角星也是具有“黄金比”的形态之一（图 10-4-1、图 10-4-2）。

美学原理还认为，既符合尺度关系同时又符合权衡比例关系的物品才是美的，才更具有美感。

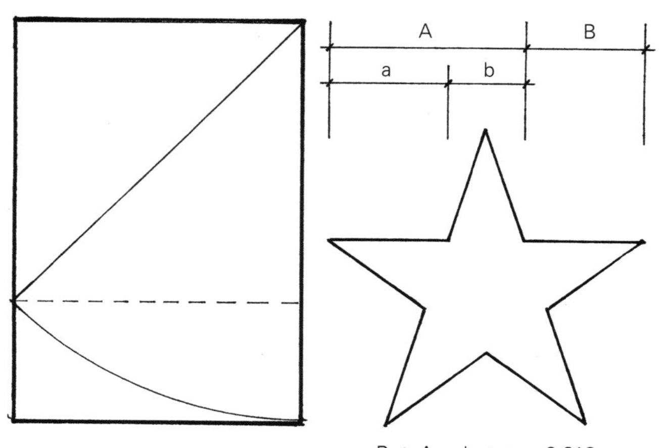

图 10-4-1 近似黄金分割矩形 图 10-4-2 近似黄金比

三、黄金比

黄金比的精确比率是 1 ∶ 1.618，即“黄金分割率”。黄金比又称作“黄金分割”。“精确的黄金比矩形”其长边∶短边 =1 ∶ 1.618，短边∶长边 =0.618（图 10–4–3）。

两千多年前，古希腊人毕达哥拉斯首先发现了“黄金分割率”，后来，法国天文学家开普勒把它称为几何学的瑰宝。16 世纪，威尼斯数学家柏奇阿里又将黄金分割率的长宽之比推崇为“上帝规定的比例”。18 世纪，德国数学家阿道夫•蔡辛把长为 1 的直线分为两段，让其中的一段与全线长度之比等于另外一段与这一段之比。其数学公式为：

1.x（其中一段长度）∶ 1 =（1 − x）（另外一段长度）∶ x；

2.A（其中较长一段长度）∶ B（另外较短一段长度）=（A+B）∶ A=1.618

按照这个公式得出的比率是 3.82 ∶ 6.18=0.618，其近似值为 2 ∶ 3、3 ∶ 5、8 ∶ 13、13 ∶ 21 等。最后，阿道夫・蔡辛先生得出结论：世间万物，凡是符合或者近似“黄金比”的都是最美的形体（图 10–4–2、图 10–4–3）。

两千多年以来，“黄金比”一直受到人们的普遍认同。黄金比及黄金比的组合到处可见。中国建筑的基本单位——一个开间，每间面阔与进深、柱高与面阔的比例都基本接近黄金比，近似 2 ∶ 3 的黄金比不仅使建筑外形产生美感，而且，在建筑内部结构上也是完全合理的。其他如一本书、一件家具都能够体现黄金比。有专家分析，人的各部位比例多呈黄金比，人就是“近似黄金比矩形”的组合物。

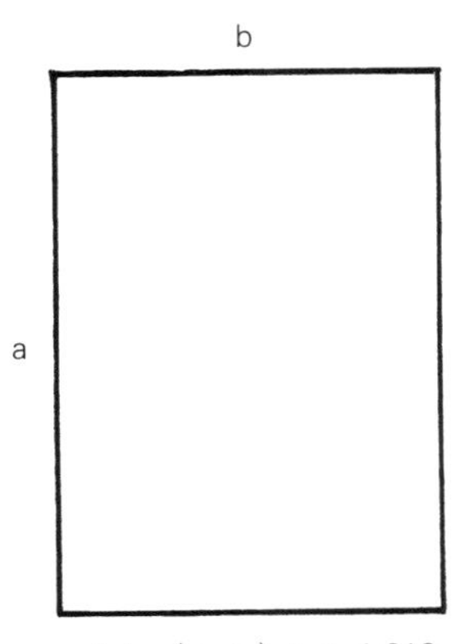

a ∶ b=（a+b）∶ a=1.618
b ∶ a=0.618

图 10–4–3　黄金分割矩形

上面讲过，门的尺度（高度）为 1.9~2.0 米，但有时为了考虑整组建筑的权衡，那么，门的尺寸就要加高加大，如某大会堂建筑高大雄伟，根据权衡的法则，这个大会堂外檐门的高度并非 2 米，而是 4.5 米。

四、处理好尺度与权衡两者关系

风景园林的景点景观设计，从整体到局部，既要考虑尺度，也要考虑权衡。比如，水池、假山、园林建筑、植物配置，乃至花坛等无一例外。园林景点的设计，更多是考虑与周围环境的体量、比例关系，而踏步、坐凳、栏杆、棚架等则要考虑尺度关系。至于中国传统园林建筑方面，其权衡比例关系很多，可以说，从整体到局部、从大到小、从木作到瓦作，无所不含。这些权衡比例关系，不仅符合美学，而且还符合力学、材料学，同时也符合使用方面的要求。园林棚架还存在与园林植物生态学方面的尺度关系，如棚架高度确定，其中是有学问的。

尺度与权衡的关系同对比与谐调、对称与均衡、节奏与韵律一样，是辨证的、是缺一不可的、是相辅相成的、是互为补充相得益彰的。不符合尺度不会使人产生美感，不考虑权衡也同样不会使人产生美感，只有既符合尺度而又照顾权衡，才能让人有一种美的享受。

在特殊情况下，我们还可以运用尺度和权衡这一法则去创造特殊的艺术效果。如儿童戏剧的舞台道具、观赏性景点的配景、盆景艺术等。

第五节　主景与配景

风景园林中的主景与配景的关系即是造型艺术当中主与次、主与从、主与客、主与辅之间的关系。

一、主景与配景

园林中的主景可以是任何一种园林要素，如以建筑作为主景、以假山作为主景、以水体作为主景、以植物作为主景等。当某一种要素一旦成为主景之后，那么，其他要素就必然成为配景了。因为主景最重要的特性就是唯一性。但是，在同一园林景区当中，由于地点不同、视点不同、景点不同，其主景也会随时发生变化，即所谓“步移景异”。然而，作为一座有主题、有立意的园林来讲，全园性乃至各个景区的主景和配景则是相对固定的。直接表现主题、立意的景观就是主景，对表现主题、立意起陪衬或者间接作用的景观就是配景。

主景还有一个重要特征就是绝对性。绝对性主要是指主景或者构成主景的要素在地位上、构图上、数量上、质量上等占有绝对优势。以园林植物而言，一座园林、一个景区、一个庭院，其植物、树种的配置，切忌平均分配或平均散点，一定要有主有次、有疏有密，否则，会使人感到平淡乏味，缺乏艺术感染力。平均分配不能形成植物景观的主题，因此，也不能产生意境。

园林中的植物首先要具有一定的观赏价值，要以当地传统的乡土观赏植物为主，要遵循“适地适树、适花、适草”的原则。园林植物中有大乔木、小乔木、大灌木、小灌木、宿根花卉、地被植物、草坪等，同时，还有落叶、常绿植物，针叶、阔叶植物之分，此外，还有观花、观果、观叶、观枝干、观树冠以及芳香植物，以上种种植物在园林当中是各有侧重的，具体到每一个园林或景点，不管有几种植物材料，都必须做到有主有次、有多有少，主者、多者称为骨干树种，又称基调树种，其他则为陪衬树种或宾客树种。这种配置不仅符合美学原理，同时，也符合生态学原理。在自然界当中，由于地理、地质、气候等不同的外部条件，其植物的群落组合是不同的，它总是会有一种或几种植物适合其生长、繁殖条件，而占主导、统治地位，不可能出现各种植物平均分布的状况。

较大的园林可以分成若干个景区，每个景区可以突出某一树种，但还要注意与整个园林的统一谐调。

在园林植物景观以及主景与配景的设计中，我们还可以突出某一个季相景观为主。如突出春景，可以山桃、腊梅、梅花、玉兰、丁香、紫荆、碧桃、海棠、樱花、花石榴、牡丹、芍药等植物为主；如突出夏景，可用月季、紫薇、木槿、太平花、荷花、国槐、栾树、合欢等植物为主；如突出秋景，可以观叶类（紫叶李、红叶桃、银杏、红枫、鸡爪槭、火炬等）、观果类（柿子、山里红、石榴等）及观花类（菊花、丰花月季等）植物为主；北方冬季植物景观主要以常绿植物如油松、柏树、雪松、竹等及具有金黄色枝干的棣棠、紫红色枝干的红瑞木等为主。当然，也可以芳香植物为主构成主景，如丁香、桂花、梅花、腊梅等。以某个季相景观为主并不排斥其他季相景观，而且，还要兼顾一年四季景观。

要处理好植物造景中主景与配景的辩证关系，既要避免主次不分甚至“反客为主”，又要避免简单单调以致“一统天下”。主景还可以从形、色、味、声以及立意方面去考虑。作为主景的树种不仅是数量多，而且要品种优良、花色艳丽、叶形美观，位置要突出。作为配景的树木要起到“烘云托月”的作用，主景与配景要做到“相得益彰”。

二、突出主景的手法

突出园林主景的手法很多，通常可采用中轴对称的底景法、主景升位法、环抱中心法、构图重心法、柳暗花明法、色彩对比突出法、造型对比突出法等。

（一）中轴对称的底景法：主景通常是位于道路的正前方，作为底景。这种手法的特点就是主景要处在中轴线上，并且依中轴线两侧呈对称布局。此种手法借用了透视学的原理，画面中的透视线全部投射在主景上。如某些园林的正门、坛庙园林的主殿等。

（二）主景升位法：是通过提高主景高度及体量的方法使主景突出出来，形成“鹤立鸡群”的局面，从而，吸引人们的注意力。这种方法十分有效，是在风景园林中强调主景最常用的手法。如北京颐和园中的主景万寿山佛香阁、天坛公园中的主景祈年殿等。

（三）环抱中心法：是将主景环抱起来，让主景处在中心位置上，形成“众星捧月”的局面。如北京北海公园中的主景琼华岛白塔就是运用环抱中心法突出主景的一处典型实例。

（四）构图重心法：是让主景处于自然图形或几何图形的重心部位的手法。如圆形的圆心、方形长方形对角线的交点、三角形多边形各角平分线的交点等位置均属构图重心部位。

（五）柳暗花明法：又称渐入法。是通过若干环节、曲折或者由低到高、由次要景观到主要景观，然后形成高潮的一种手法。也是处理园林景观中主景与配景关系经常使用的一种方法。这种方法的特点是层次丰富、内容厚重、顺理成章、说服力较强。

（六）色彩对比突出法：是通过色彩上的反差、对比来突出主要景观。人们常说：“万绿丛中一点红”，这“一点红”就十分显眼、非常突出，其原因就是红和绿是互补色，即对比色。对比色还有黄和紫、橙和蓝等。此外，冷色和暖色、复色和原色都可以形成色彩上的对比。除色相的对比以外，色彩明度的反差、纯度的反差也可以形成对比。

（七）造型对比突出法：是通过造型上的反差、对比来突出主要景观。造型包括平面造型和立体造型两部分，既包括形状又包括形体。造型对比内容相当丰富，如：方与圆、方体与球体、直线与曲线、规则形状与不规则形状、规则形体与不规则形体、点与面、竖直与水平等等。

在风景园林中，有时还同时运用两种或两种以上突出主景的方法。如北京景山公园，在一片不规则图形的绿树林中突然出现几座规则图形的红柱黄瓦亭子，而且还同时运用了升位法，使得这几座亭子十分突出，成为主景。园林中类似情景很多，如在自然图形的绿树丛中出现一座规则图形的楼阁、玲珑宝塔等，都可作为色彩对比突出法和造型对比突出法同时运用的范例。

第六节　借景与障景

借景与障景都是在我国造园艺术实践当中经常使用而且十分有效的重要手段。

一、借景

借景，包含有三层意思：其一是将本园之外的景观、景物、景点，通过引导视线及组合构图等手段，使之成为本园风景的组成部分；其二是在本园之内的景观、景物、景点相互成为对景；其三是借助特定的时间、地点以及风景以外的其他因素所形成的景观。如，北京西山的“西山晴雪”（春季、西山、杏花）、卢沟桥的“卢沟晓月”（卢沟桥、拂晓、月亮），杭州西湖岸边的“柳浪闻莺”（风、柳、莺）等。这种借景又称作气象景观或者时态景观。明代造园家计成在《园冶》中有：“夫借景，园林之最要者也，如远借、邻借、仰借、俯借、应时而借”。所借之景，可远可近、可大可小。

二、障景

障景，就是遮挡景观、屏障景观。不过，障景中的景与借景中的景有本质的区别。借景中的景是美景，而障景中的景是丑景、俗景。《园冶》中称：“极目所至，俗则屏之，佳则收之”。

在我们作园林景观景点的设计时，经常遇到周围环境中，有一些杂乱无章、丑陋难看或与景点环境极不谐调的景象。对于这种景象，我们必须设法利用园林中的各种要素有效地遮挡起来，其方法是可利用建筑、利用假山叠石、利用地形、利用朝向等，而其中最简便而又经济并且行之有效的方法就是利用植物，用植物材料去挡住一切不可入目的视线、视野，而将周围环境中精彩的部分充分显露出来。

实际上，障景不止屏障不好的景观，有时，亦可遮挡一些暂时还不需要露面的美好景观。其目的是为更好地体现艺术的“含蓄”之美，使景物藏而不露。所谓“欲扬先抑”、“欲明先暗”，从而达到“不鸣则已，一鸣惊人”，出人意料的艺术效果。

第七节　掇山与理水

中国园林的特色是自然山水宫苑，山、水是园林的主体。在中国造园艺术中流传着这样两句话，即：“无山不园”和“无水不园”，山、水是园林的“骨架”，可见山、水在中国园林中的重要地位。因此，在营建自然式园林的景观景点时，一定要处理好山水地形之间的相互关系。自然界的山和水多分布在一起，所谓“水因山转，山因水活”、“山要回抱，水需萦回”、“山水相依，动静相参”。

孔子曰：“智者乐水，仁者乐山”。宋朝朱熹解释说：“仁者安于义理，而厚重不迁，有似于山，故乐山”，“智者安于事理，而周流无滞，有似于水，故乐水”。认为山是仁义的代表，水是智慧的象征。山、水在传统园林中的应用，正是体现了中国主流文化的这种“比德现象”。

古代帝王为了“长生不老”，遂将自己的园林建成一种虚幻的神仙生活境界。在中国道教的神仙生活境界中，有海称“福海”，有水称“太液池”，有山称“仙山”，有岛称“仙岛”。仙山、仙岛均称作“蓬莱”、“方丈”、“瀛洲”。所以，中国历史上各朝各代的皇家园林中多建有太液池或福海，水中堆山或设岛，名为“蓬莱”、“方丈”、“瀛洲”三岛。如秦始皇在咸阳上林苑“作长池，引渭水……筑土为蓬莱山”。汉武帝在建章宫内开掘太液池，池中堆筑三岛。元大都（今北京）大内御园（今中南海、北海）的太液池中亦有三岛，即万岁山（琼华岛）、圆坻（团城）、犀山。1705年清代乾隆皇帝为母祝寿改建清漪园（今颐和园），也采用了“一池三山”的模式，即昆明湖、南湖岛、藻鉴堂、治镜阁。北京圆明园的福海中亦有蓬岛瑶台、瀛海仙山、北岛玉宇三岛。浙江杭州的西湖亦不例外。“一池三山”的造园理念还影响到私家园林以及日本园林。较小的水面，还可以使用三块山石来象征“三山”。

中国园林中的假山是自然界真山的写意和再现。其形式亦不外乎土山、石山和土石山三种。

园林中的水体大致可以分为两类，即：带状水体和块状水体；水体的自然形态主要有：泉、瀑、潭、池、溪、湖、江、海等。各种类型、各种形态的水体在中国园林中皆有表现。

水是园林中所有生命的保障，是净化园林环境的重要因素，它可以使园林充满活力和生机。水和园林其他要素巧妙配合，可以创造丰富有趣的园林景观。人们喜爱水，不仅是生命的需求，而且水可以寓意人类高尚的品德。如，水甘居于低洼之所，仿佛通晓礼仪；面对高山深谷毫不犹豫地前进，具有勇敢的气概；永保清澈，忍受艰辛、不怕路遥，具有高尚的品德；滋润万物、坚持公正、公平；水可以洗去污浊等。另外，滴水和流水的声音可以使人振奋，激励人们前进。

第八节　视觉错觉与错觉矫正

人类视觉是一种极为重要和复杂的感觉，人们所感受到的外界信息80%以上来自视觉。错觉是指人们对外界事物的不正确的感觉或知觉，最常见的就是视觉方面的错觉。由于受到外界干扰和人们自身心理定式的作用会对某些物象产生某种错误的认识。在现实生活当中，产生错觉的现象有很多，人们是经常处于在不断地纠正错误即错觉矫正中来感知和适应客观世界的。

比如，用两条不同开张角度的同样长度线段进行比较，向外开张的线段感觉较长（图10–8–1）；两条同样长度的线段，由于与另外线段所形成的夹角不同而感到长短不同，夹角小者显长（图10–8–2）；一条垂直线的一端与另一条同样长度水平线的中点连接，垂直线显长（图10–8–3）；两个同样角度的角，由于辅助线的角度不同，会对它们产生影响（图10–8–4）；同样大小的两个白色物体，背景深的物体比背景浅的物体显得大；两个同样大小的圆形，分别放在一群大圆形和一群小圆形当中，放在一群大圆形中的显得小，而放在一群小圆形中的显得大（图10–8–5）；当一根直线斜穿一个物体时，将会发生方位的错觉，特别是物体由平行线组成时，斜度越大，其错位越明显（图10–8–6）；高大的建筑，建成之后与设计图（如立面图）的效果会有些不同，这是因为人们看到的建筑实物效果都是在透视规律如近大远小、近高远低等作用下所形成的。例如中国传统建筑的坡屋顶，建筑立面图与实物视觉效果差异较大就是这个道理；垂直竖立的圆形会给人以扁圆形的感觉等。

人类大脑对视觉的调整作用使观看者往往更相信他们自己的判断，然而并不总是正确的。在较为复杂的形体中，人们陷入迷惑就更不足为奇了。作为设计家应慎重地使自己和欣赏者始终保持正确感觉。比如，在我们设计柱子的时候，直径30厘米的圆柱与30厘米见方的方柱在立面图上是一样的，但是，当这两根柱子做完以后，其实际效果是截然不同的。从45度角看过去，方柱要比圆柱粗约4/10。这是因为，设计图是平视图，看到的只是方柱的一个面，而实际效果是有透视的，一般情况均可看到方柱的两个面，当然方柱则显得粗了。

在中国传统建筑当中，柱子就有卷杀、升起、侧脚、收分等之说，西方建筑也把柱子做成鼓形，从而使其产生雄伟、挺拔、丰满的效果。天安门广场中国人民英雄纪念碑的造型，也是考虑到人们的错觉而进行矫正后设计的。中国传统建筑园林当中会经常发现石拱桥，桥洞呈圆弧形，为了使圆弧形桥洞更显得挺拔而丰润，通常是将洞口的顶点适当提高而把桥洞建造成竖向半椭圆形（图10–8–7）。

完美的艺术应该追求“尽善尽美”。错觉矫正的方法，就是依据人们在视神经出现的错觉，进行有的放

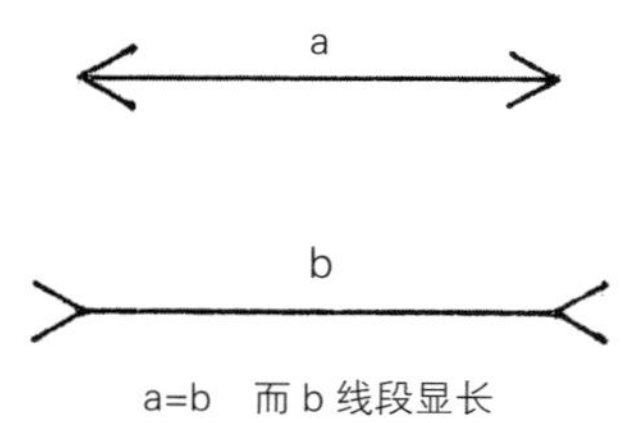

图10–8–1　不同开张角度方向的线段错觉

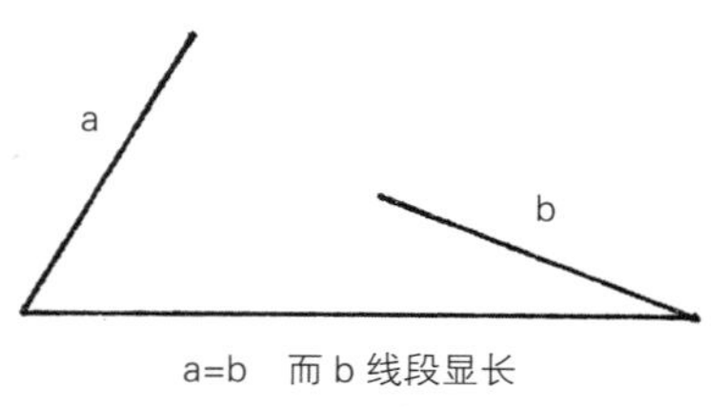

图10–8–2　夹角不同的线段错觉

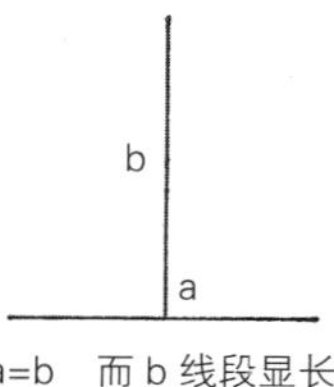

图10–8–3　垂直相交的线段错觉

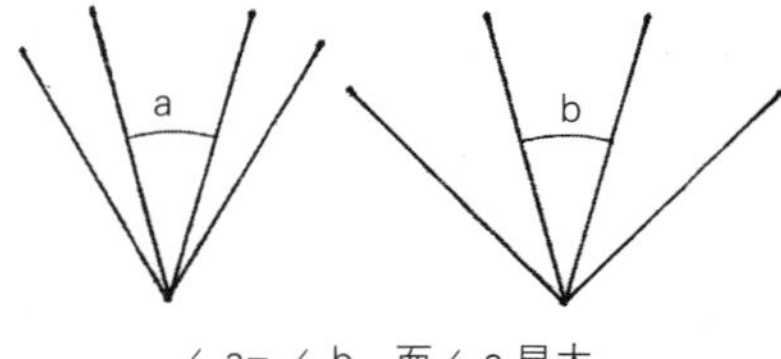

图10–8–4　辅助线对同等角影响产生错觉

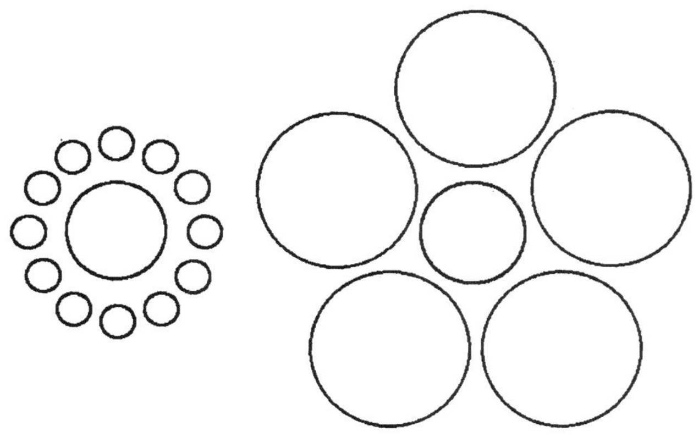

图 10–8–5　大小的错觉

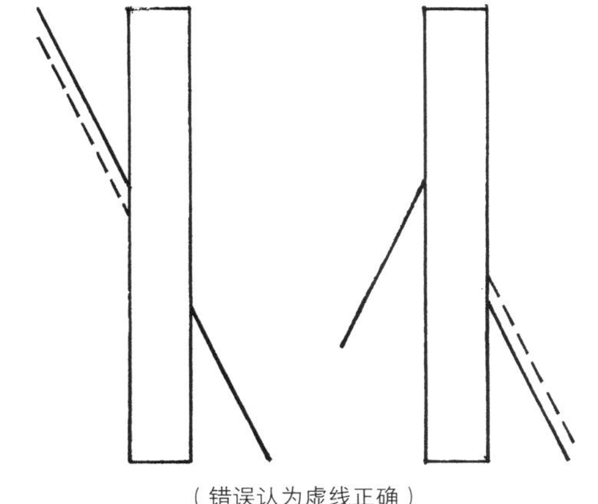

图 10–8–6　方位错觉

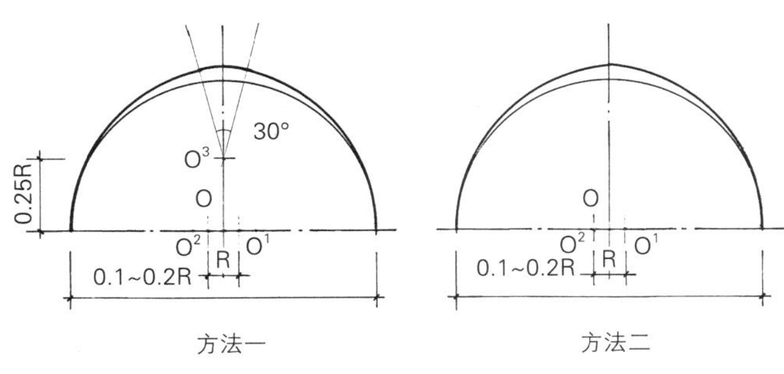

图 10–8–7　拱桥对半圆形拱券的圆弧矫正

88 33 EE

图 10–8–8　数字符号的视觉矫正

矢的调整，要反其道而行之，如人们对一些数字和符号均做了必要的矫正（图 10–8–8）。错觉矫正的前提，是要掌握人们视神经容易出现错觉的环境和条件。比如，大环境中的物体显小（大中显小），小环境中的物体显大（小中显大）；高处物体感觉小，低处物体感觉大；远处物体感觉小，近处物体感觉大（近大远小）；深色物体感觉小，浅色物体感觉大；冷色物体感觉小，暖色物体感觉大；俯视物体感觉渺小，仰视物体感觉高大等。还有如：运动的物体感觉虚（比如园林树木，春夏秋冬有变化、遇风雨有变化），不动的物体感觉实（如园林建筑）；园林中的水体感觉虚，园林中的山体感觉实；建筑门窗部位感觉虚，建筑墙体部位感觉实等。在我们作景点景观建设和设计时，要充分考虑观赏者的错觉并对其做出相应的矫正，如我们在营建圆拱桥时，将拱桥圆拱的顶点适当提高，从而达到艺术效果的绝妙与完美就是一例。

第九节　内容与形式

一切艺术作品都存在内容与形式问题，完美的艺术作品要求内容与形式高度统一。唯物辩证法认为：一切艺术作品的内容都是第一位的，形式是第二位的；形式服从内容，内容决定形式。形式是表象，内容是实质。如果把形式比做人的躯体，那么，内容就是人的灵魂。

作为造园艺术而言，园林的“躯体”如果把它形象化，在我看来，园林中的土地就好比是人的皮肤，树木就好比是人的毛发，山川地貌就好比是人的骨架、头和四肢，而园中的殿堂、亭台、楼阁等就好比是人的五官，园中的道路等就好比是人的经络，园林水系就好比是人的全身血管；而园林的“灵魂”就应该是这个园林的文化内涵，并由此引申出这个园林的历史文脉、功能性质、风格特色、意境品位等。

园林中的内容与形式还经常地、大量地表现在景与境的关系上。园林中的景又称作风景，境又称作意境。景是一种表象，而境则是内涵。景是可以见到的，而境则是看不见，但是可以意会到、感觉到、联想到的。园林中的景对于每一个观赏者都是一样的，而境却是因为观赏者的素质（如文化艺术修养、个人经历、知识面、爱好等）不同而不同。景是客观存在、是物质，境是情感意念、是精神。景是第一性的，境是第二性的，不同的景可以产生不同的境。反过来，境又是可反作用于景，可以使景增加美感，意境愈深，风景愈动人。

关于景与境，举一摄影艺术作品为例：画面中一枝梨花，正含苞欲放，中有一朵初开，白色花瓣淡绿色花心，花瓣上挂着露珠，在慢慢滚落。整幅画面淡绿色调，构图有虚有实、有深有浅、有近有远，十分典雅，给人一种美感。美丽的枝叶、花朵构成了这一画面的景——梨花。然而，在画面的右上角，作者题了“梨花一枝春带雨”几个字，就是由于这几个字，竟使画面中的景产生了境，产生了联想，产生了情感，即产生了意境。原来，这七个字不是作者随意题写上去的，而是从唐代大诗人白居易的七言长诗《长恨歌》中摘录下来的。《长恨歌》中这七个字是写唐代贵妃杨玉环落泪时的媚态。欣赏者在看到题字后，通过遐想，使画面发生了变化，使景得到了升华。画面中的梨花已不再是一朵梨花，而变成了亭亭玉立的美人，变成了杨贵妃，同时还联想到杨贵妃与唐明皇一段悲欢离合的恋爱故事。欣赏这幅作品，让人流连忘返，体会到艺术作品的魅力。

园林中一片桃树林，经过巧妙的设计后，可以想到《桃花源记》那种世外桃源的意境；园中假山、竹林、溪流等，经过精心设计，可以联想到曹雪芹在《红楼梦》里描写的大观园中“曲径通幽处”的意境；茂林古刹则能联想“禅房花木深”的意境。

意境还与赏景人的思想情感有关。如面对一组夕阳之景，弘一法师李叔同则写出了游子旅愁十足的诗句：“长亭外，古道边，芳草碧连天，暖风拂柳笛声残，夕阳山外山……”，唐朝诗人李商隐面对夕阳抒发了人生感悟：“天意怜幽草，人间重晚情”。而叶剑英元帅则有：“老夫爱作黄昏颂，满目青山夕朝明”的感慨。对于秋景亦如此，晚唐杰出诗人杜牧有名句：“霜叶红于二月花”，毛泽东主席则认为秋景“不似春光，胜似春光”，也有一些文人墨客则写出悲秋的凄凉之作。孔子曾说：“钟鼓之声，怒而击之则武，忧而击之则悲，喜而击之则乐。其志变，其声亦变。”写景如此，观景亦如此，所谓：“观山则情满于山，观海则情溢于海”。

每一件艺术作品都有两个创作过程，第一次创作是作者，园林设计为设计者。而观众、听众、游客则是第二次创作者，第二次创作则具有极大的灵活性和随意性，与人的思想境界、综合修养密切相关。

有时，园林植物由于生态及人文环境不同还具有一定的寓意。在特殊情况下，也有被人忌讳的植物。比如：玫瑰寓意美丽、爱慕；百合象征百年好合、子孙满堂。法国人寓意庄重、尊敬。而英国人则象征死亡；牡丹寓意富贵、华丽、脱俗儒雅；梅花寓意傲骨、清高、坚贞不屈；竹子寓意虚心、有气节、坚韧挺拔；杜鹃花可寓意思乡之情；万年青寓意长寿、情谊长久；葫芦寓意“福禄”；荷花象征纯洁、清廉；兰花寓意高雅、脱俗、清静；水仙象征纯洁、高雅；苍松寓意挺拔、坚强、长寿、不屈不挠；木棉象征英勇、英雄；玫瑰、郁金香，表示爱慕、思念、爱情等。

在国际交往中，忌用菊花、杜鹃、石竹以及黄色的花献给客人。欧美多数国家在墓地给亡灵献花才用菊花。

园林意境通常利用园名或者景点名称，如“香雪海”（梅花、白丁香）、“柳浪闻莺”、“平湖秋月”、“琼岛春阴”等以景题、匾额、楹联、刻石、园记、碑记等形式表现出来。景点景观的题名、匾联是该处风景特色、园林意境的集中反映，其文字应避免通俗、直白，力求精辟、含蓄，具有一定的文化内涵和艺术情趣。

园林意境主要表现在主题和立意两个方面。园林中的土、山、水、石、路、树、屋等诸要素都要紧密围绕主题和立意，为主题和立意服务。北京颐和园又名万寿山，万福万寿是该园的主题。因此，园中“福”、“寿”随处可见，如园林建筑中就有“仁寿门”、“仁寿殿”、“乐寿堂”、“介寿堂”、“景福阁”、“转轮藏”等；建筑装饰中“福”字、“寿”字、“万”字、“蝙蝠”、“寿桃”等处处可见；在园林植物配置上大量使用了松柏（万寿山的后山以油松为主，而前山则以侧柏和桧柏为主），由于松、柏树龄很长，因此松柏也寓意健康长寿。近年来，有人提出颐和园万寿山的平面是一个蝙蝠的形状，蝙蝠中“蝠”的谐音即是“福”。还有人认为颐和园南湖岛、十七孔桥及廓如亭共同组成了一个龟的平面形象，以象征长寿。当然，以上说法不一定就是当初颐和园设计者的有意安排。不过，北京颐和园的确可以堪称是一个内容与形式结合十分完美的园林艺术作品典范。

总之，不管哪一种艺术形态，内容与形式的关系绝不是对等的、并列的，而是内容决定形式，形式取决于内容。也就是说：内容是第一位的，形式是第二位的。有什么样的内容就应该有什么样的形式，形式服从于内容。

就园林景观艺术而言，园林景观的主题、立意、功能、性质、风格、特色以及文化内涵等就是内容，园林景观中的土、山、水、石、路、树、屋、园林布局以及造园手法等就是形式。园林中的一砖一石、一草一木、一山一水都应该紧紧围绕园林的主题、立意、功能、性质、特色以及文化内涵，并为其服务。传统建筑园林中的坛庙园林、寺庙园林和陵园，其内容与一般风景园林如公共园林和私家园林等就有很大不同，前者需要体现一种庄重、严肃，具有神圣感的环境气氛，从而通常采用中轴对称的规则式构图布局形式；而后者则需要体现另外一种轻松、活泼，具有亲切感的环境气氛，因此一般采用不规则的自然式构图布局形式就是这个道理。

第十节　环境与中国古代堪舆学

一、堪舆学

中国古代堪舆学又称作风水学、相地学，是我国人民所独创的，是中国几千年传统文化派生出来的一种专门处理方位与空间的学说，是我国古代有关工程建设环境及选址的主要理论。当然也是我国古代城市乃至大型宫苑选址、规划的主要理论依据。

关于“堪舆”二字，汉代许慎曾在《淮南子·天文训》中解释为：“勘，天道也；舆，地道也。”由此可以看出，堪舆学是一门不仅关系如何相地，而且还是一门研究如何观天的学科，它是我国独特的一种风俗文化，是在地质地理学的基础上，吸收生态学、景观学、古代哲学、伦理学、美学、心理学、天文学、历算等多种文化而发展起来的，集科学、风俗与迷信为一体，较为复杂的理论体系。它与营造学、造园学构成了中国古代建筑理论的三大支柱。

中国古代堪舆学是中国传统建筑文化的重要组成部分，对于今天的我们来讲，应该吸收其中科学、精华的部分而摒弃其中迷信、糟粕的部分，特别是其中所蕴含的哲学思想和自然科学思想，很值得我们研究和借鉴。

二、阴阳五行学说

堪舆学的核心理论是阴阳五行学说。阴阳五行学说也是我国古代哲学思想的集中体现，学说认为：阴阳是宇宙间最基本的两种要素；自然界的万物万象，其内部都同时存在着阴阳相反而对立的两个方面，阴阳对立是一切事物的根本矛盾；同时，阴阳又是互相结合、相互统一的；阴阳两个方面，不仅是相互对立、相互排斥的，同时又是相互依存、相互联系的，并且在一定的条件下，还可以互相转化、互为因果，它们各自以对方的存在而存在，如果没有阴，也就无所谓阳；没有阴，也就不可能有阳。即所谓：阳根于阴、阴根于阳、阴阳互根。阴阳的对立与统一，是宇宙间万事万物生成、发展、变化的根本动力。

世间一切生命皆来源于阴阳的结合。天地之间因为有阴阳，才有生气和活力，大气才会呼呼流动以成风，草木才能欣欣向荣而生长。天地间有风、寒、热、湿、燥这些无形的元气，有金、木、水、火、土这些有形的物质。气与形相交，就会生化成宇宙间色彩纷呈、形象各异的万事万物了。

五行学说认为，宇宙间的一切事物都是由金、木、水、火、土，东、西、南、北、中等五种物质和现象构成或派生出来的，自然界各种事物和现象的发生、发展与变化，都是由于这五种物质和现象不断运动与相互作用的结果。

五行当中，以土为主，“土”具有长养、化育的特性，属中央；“木”具有生发、条达的特性，属东方；“水”具有寒冷、向下的特性，属北方；“火”具有炎热、向上的特性，属南方；“金”具有清静、收杀的特性，属西方。我们可以从古代社稷坛“五色土”的平面布局中得到印证（图 10–10–1）。五行学说采用取象比类的方法，把需要说明的事物或现象分别归类于五行之中，并运用五行相生相克的规律来解释和说明它们的发生与发展、联系与变化。

所谓相生，是指五行之间的互相滋生、互相促进、互相助长的关系。相生的规律是：木生火、火生土、土生金、金生水、水生木，木又能生火。

所谓相克，则是指五行之间的互相制约、互相抵制、互相克制的关系。相克的规律是：木克土、土克水、水克火、火克金、金克木，木又能克土（图 10–10–2）。

相生相克，像阴阳一样，是事物不可分割的两个方面，没有生，就没有事物的发生和发展；没有克，就不能维持事物发展和变化过程中的平衡与协调。因此，没有相生也就没有相克，没有相克就没有相生。正是由于这种生中有克、克中有生、相辅相成、互为所用的关系，才能够推动和维持事物的发生、发展与变化。

另外，相生相克如果运用不当，还能够适得其反，成为相乘相侮或反生为克。所谓相乘相侮，是指原本自己可以克胜的一方，由于过度相克，而反被对方克胜；

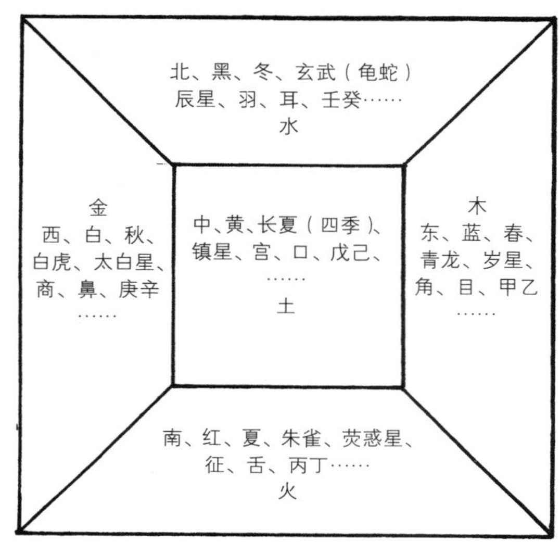

图 10–10–1　社稷坛五色土与五行关系图

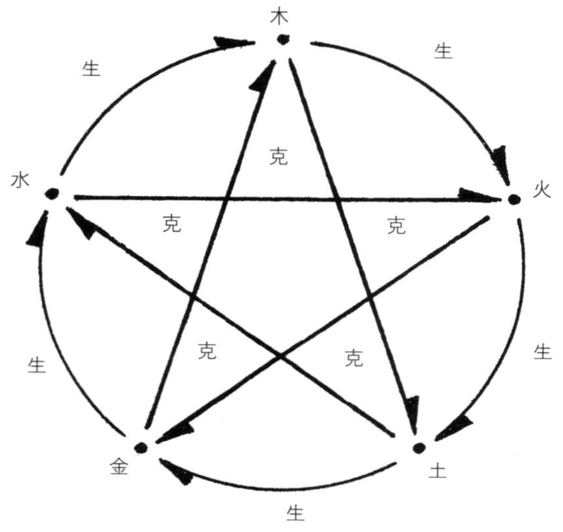

图 10–10–2　五行相生相克图

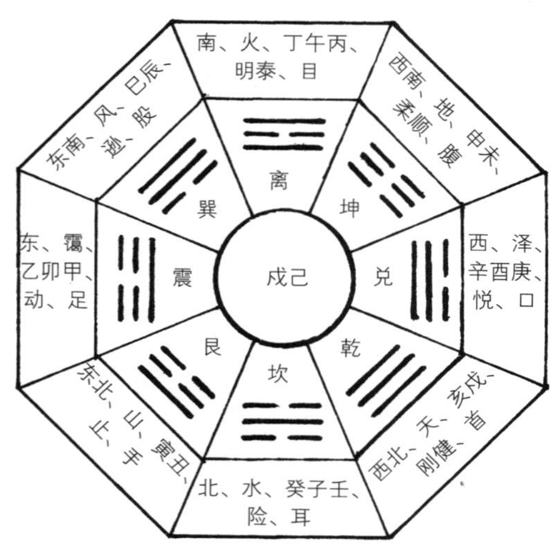

图 10–10–3　后天八卦示意图

反生为克，是指原本可以互相滋生、互相促进、互相助长，由于相生过度或不当，结果却使相生关系变成了相克的关系。

由阴阳五行学说派生出来的还有八卦学说、四象学说、九宫学说、干支学说等分支。

说明八卦学说的图称作“八卦图”。传说“八卦图”为伏羲氏首创，后来周文王也创立有“八卦图”并被演绎而成《易经》。后人将伏羲氏八卦叫作“先天八卦”，而周文王八卦称作“后天八卦”。自后天八卦问世以后，各种学说和学科多以此作为分析、研究和把握世间各种事物与现象发生、发展及变化的理论依据（图 10–10–3）。

后天八卦的卦位是：震（东）、离（南）、兑（西）、坎（北）、巽（东南）、坤（西南）、乾（西北）、艮（东北）。

在八卦学说中，不同卦位有不同的属性与内涵，分别象征和代表着不同的自然现象和社会现象，称为卦象。卦象可以代表和象征一切事物，如乾为阳、为天、为日、为上、为左、为主、为男、为山、为奇、为马、为头、为金、为西北等；坤为阴、为地、为月、为下、为右、为次、为女、为水、为偶、为牛、为腹、为土、为西南等；坎为水、为耳、为正北等；离为火、为目、为正南等；震为雷、为足、为正东等；艮为山、为手、为东北等；巽为风、为股、为东南等；兑为泽、为口舌、为正西等。由此可触类旁通，引申万物。人们可以运用八卦学说解释和处理各种自然现象、人文现象和社会现象。

其中震、离、兑、坎又称为四象，代表春、夏、秋、冬四个季象，即是四象学说。

九宫学说源于《洛书》，即八卦中的八个方位为八宫，中央的方位为一宫，总计为九宫。

干支学说是十天干、十二地支的简称。

十天干是指甲、乙、丙、丁、戊、己、庚、辛、壬、癸。其中甲、丙、戊、庚、壬为阳干，乙、丁、己、辛、癸为阴干。

十二地支是指子、丑、寅、卯、辰、巳、午、未、申、酉、戌、亥，其中子、寅、辰、午、申、戌为阳，丑、卯、巳、未、酉、亥为阴。

归根结底，阴阳五行学说就是古代人们从各种角度去认识和处理人与自然、人与环境关系的一种应用学说。

三、景观环境与堪舆学

中国古代堪舆学就是人们利用阴阳五行理论去认识、研究和处理人与人之间的关系，人与生活环境之间的关系，人与大自然之间的关系。堪舆学理论的宗旨是：勘察自然，顺应自然，有节制地利用和改造自然，选择和创造出适合人们身心健康以及行为需求的最佳环境，使之达到阴阳之和、天人之和（天人合一、物我交融）、身心之和的理想境界。

在景观方面，注重自然景观与人文景观的和谐统一；在环境方面，以河图洛书、八卦、阴阳五行等易学文化为基础，通过建筑物的方位调整、空间分割、纹样选择和色彩运用等象征会意手法，来实现其身心之和的环境追求。

按风水理论要求，人类一个理想的生活环境应该具备以下外部条件：首先是地势要相对平坦，而且西北高而东南低；其次是以山为依托，背山面水。背山有祖山（主山）向左右两侧延伸呈环抱的形势。最为理想环境的对面还要有朝山（案山）作为屏障，水口两旁也应有山峦夹持。

实际上，我国的自然地理环境就是一块符合堪舆学理论的风水宝地。总体地形西北高而东南低，东部面向黄海、东海和南海，海上有蓬莱等诸多仙岛作为朝山，西北自北向南有天山山脉、昆仑山脉、喜马拉雅等山脉，以昆仑山作为主山，其他还有西南部横断山，北部阴山，东北部大、小兴安岭等山脉环抱。此外，还有长江、黄河由西向东穿过高山和平原，一泻万里，最后流入大海。

具体到某一个城市，也有许多相似之处。譬如北京，北京的地理环境可用七个字概括，即："三山四水一平原"。三山：西山（西北）、燕山（东北）、军都山（北）；四水：永定河（西南）、温榆河（东）、潮白河（东）、白河（北）；一平原：即北京平原。北京的自然地形也是西北高而东南低，西部有太行山脉蜿蜒逶迤，由南向北；北部有燕山山脉罗列；太行、燕山两山交会、聚结、簇拥，拱卫着京师，形成风水中的祖山龙脉；来自蒙古高原的洋河会合为永定河，形成北京冲积平原，构成藏风聚气、利于生态环境的最佳格局。

为营造北京宫城的风水格局，明成祖朱棣在营建紫禁城时，特将挖掘护城河之土在紫禁城北门神武门外堆筑镇山（景山）作为祖山。永定门外的土台山名为"燕墩"，实际上就是宫城的朝山。

古代北京的城市布局也是按照堪舆理论建设的，如都城具有明确的中轴子午线，紫禁城的格局为：文东武西、左祖右社、前朝后寝。都城格局为：文东武西、前朝后市、天（坛）南地北（坛）、日（坛）东月（坛）西。

河北承德避暑山庄是我国清代最大的一座行宫苑囿和皇家园林。这座园林也是按照堪舆学说理论选址营建的。山庄的地势风貌很像全国地理环境的一个缩影，西北多山而东南多水，西部山峦起伏、峰峦叠嶂。山前有千余亩平原，地势西北高而东南低，东北方向有武烈河绕山庄之东向南蜿蜒曲折流入滦河。

山庄内还有许多涌泉，如趵突泉、热河泉等，尤以热河泉最为著名。泉水分别顺西峪、梨树峪、松云峡三条山谷流入如意湖、澄湖、镜湖等十余个大小不同的湖沼。

正是由于这一地区的自然条件符合堪舆学对人居理想环境的要求，清代康熙皇帝才在这里营建了规模宏大的离宫御苑。

北京颐和园是清代的另外一座大型行宫苑囿和皇家园林，初名清漪园。清漪园背山面水，地势西北高而东南低。背山即祖山为北京西山的余脉瓮山，又名万寿山；山的南山麓有一块狭长的带状地面，较为平坦，可以营建殿宇楼台亭阁；万寿山的西北部有玉泉、龙泉等汇集在山的南部，形成一个浩瀚的湖泊，即瓮山泊，后称西湖、昆明湖。元代科学家郭守敬又将瓮山西北凤凰山下白浮泉之水导入瓮山泊，然后顺流东下进西直门北水关入大都城，汇入积水潭以济漕运。

由于这一带的自然条件也符合堪舆学所倡导的"藏风理论"、"得水理论"和"聚气理论"，所以，很受明、清两代皇帝的赏识，使这里成为当时封建统治阶级游玩享乐的场所。1750年，清代乾隆皇帝为母亲钮钴禄氏六十岁生日祝寿，遂对这里大兴土木，营建了规模宏巨的清漪园。为了更加符合堪舆学说理论要求，在祖山万寿山的南面、昆明湖当中堆筑了三岛（即三山），作为朝山。

正确理解并合理运用我国古代堪舆学的理论，应该以现代科学为依据，以实现最大社会效益和环境效益为目标。既不可盲目崇拜、一切生搬硬套，亦不可全盘否定、一概拒之门外。

我想，中国园林与西方园林有许多不同之处，而中国传统园林在营造原理、文化内涵方面的不同才是本质上的不同。也正是由于这种不同才形成了中国园林的风格和中国园林的特色。

传统园林建筑设计参考图①

一、门

（一）大门

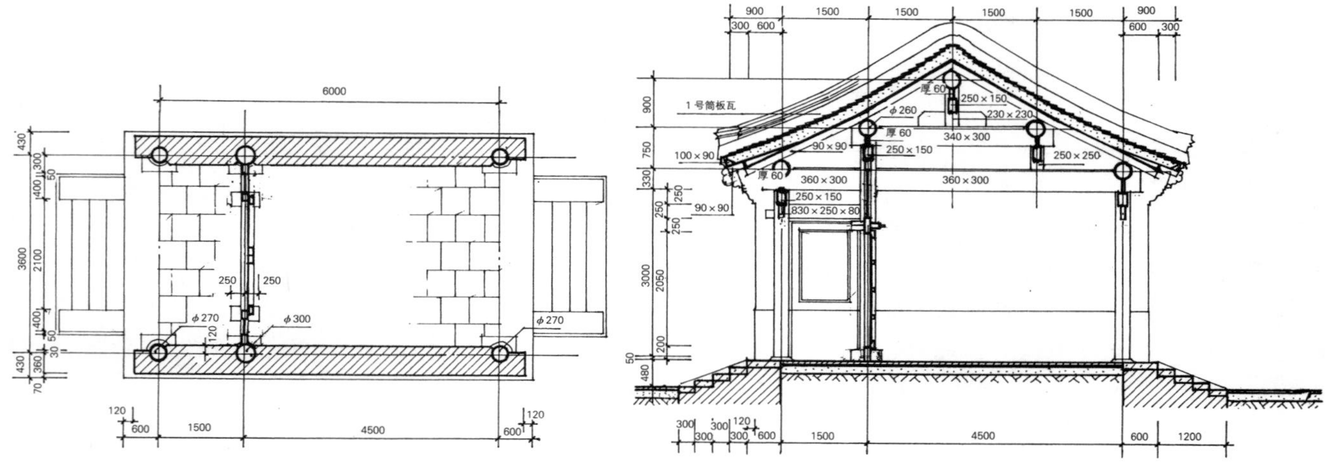

图 DM1-1　硬山金里大门平面、剖面图

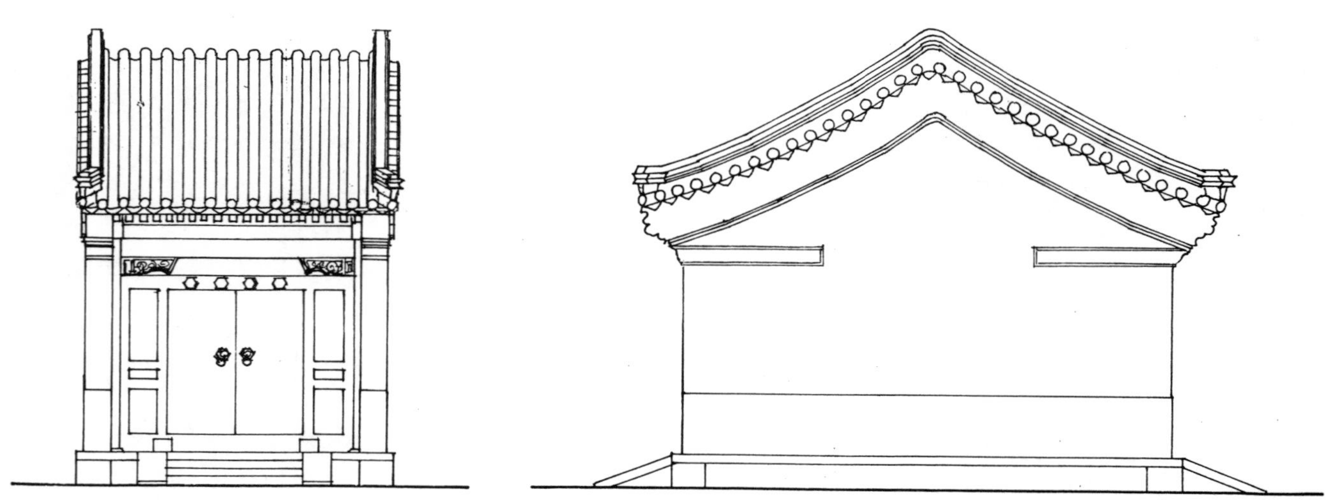

图 DM1-2　硬山金里大门正、侧立面图

① 参考图中单位尺寸除已注明者外，其他单位尺寸均为毫米（mm）。

（二）如意门

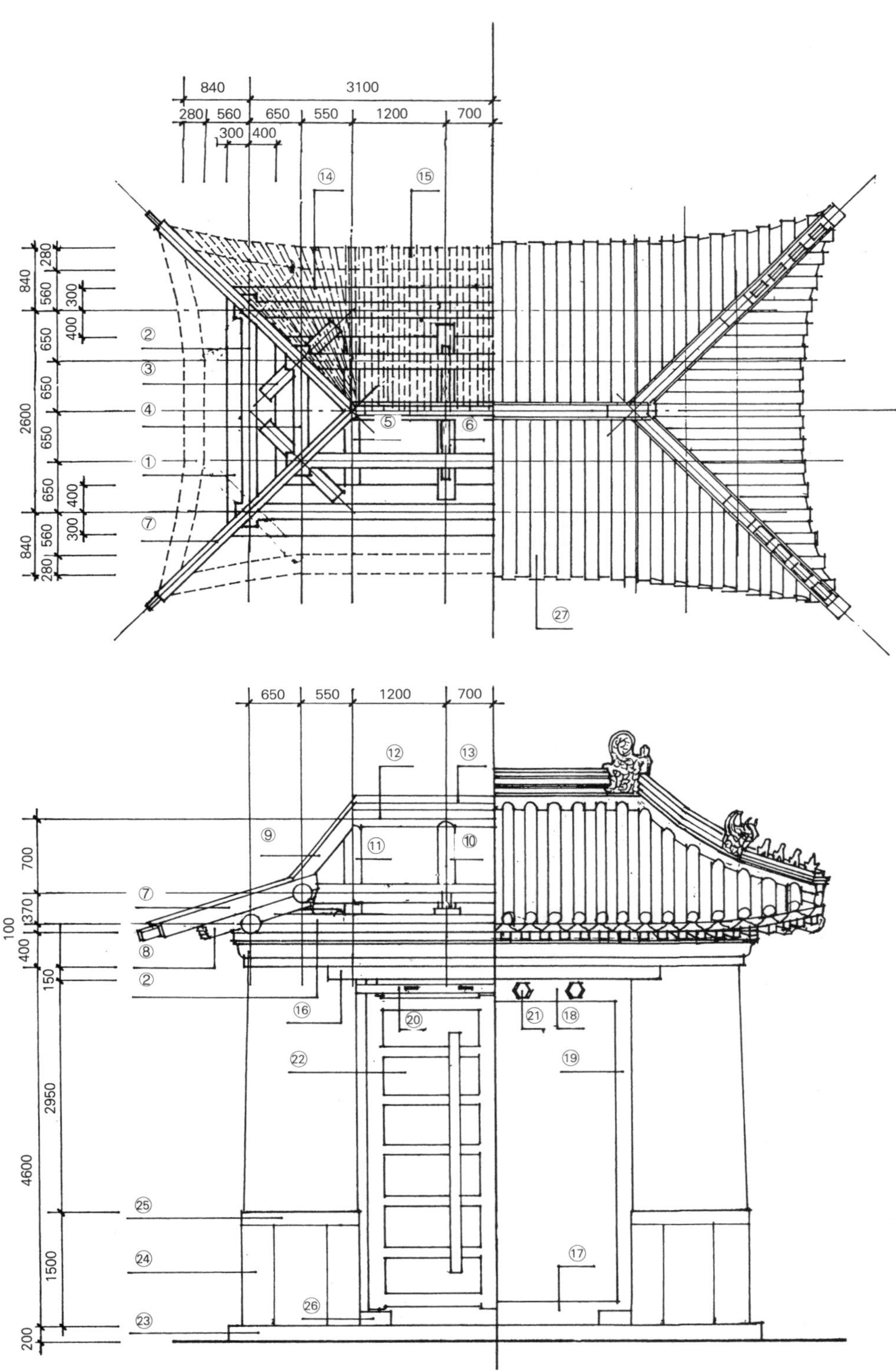

图 RM1–1 庑殿屋顶如意大门门楼屋顶平面、正立面、屋架平面及立面图

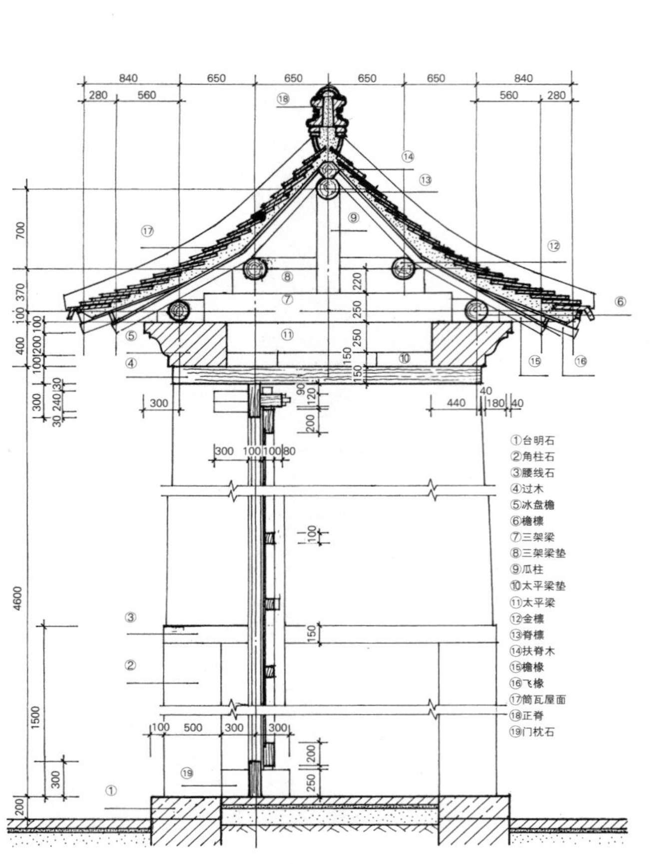

图 RM1-2 庑殿屋顶如意大门门楼纵剖面图

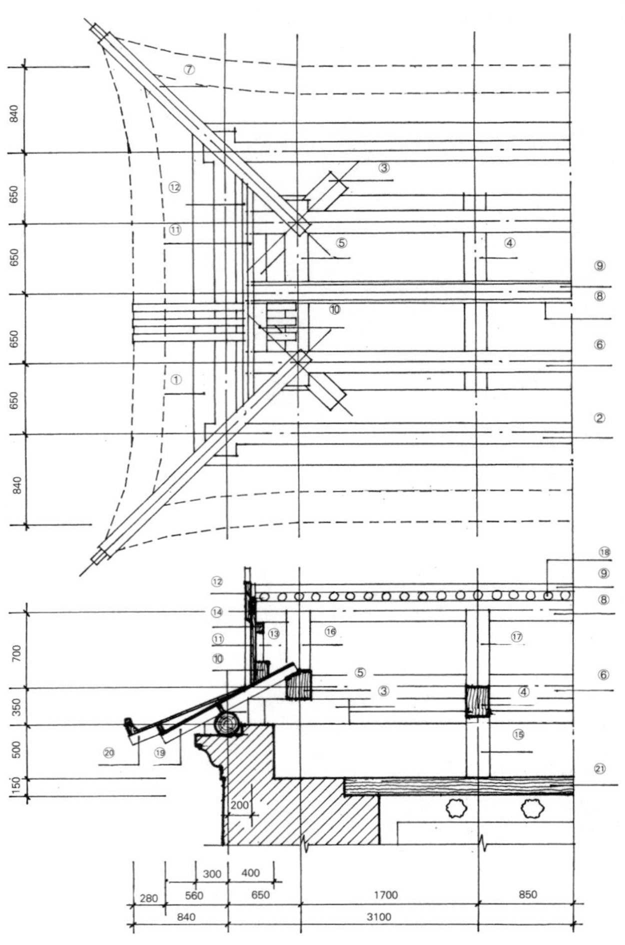

图 RM2-2 歇山屋顶如意大门楼屋架 1/2 平面及剖面图

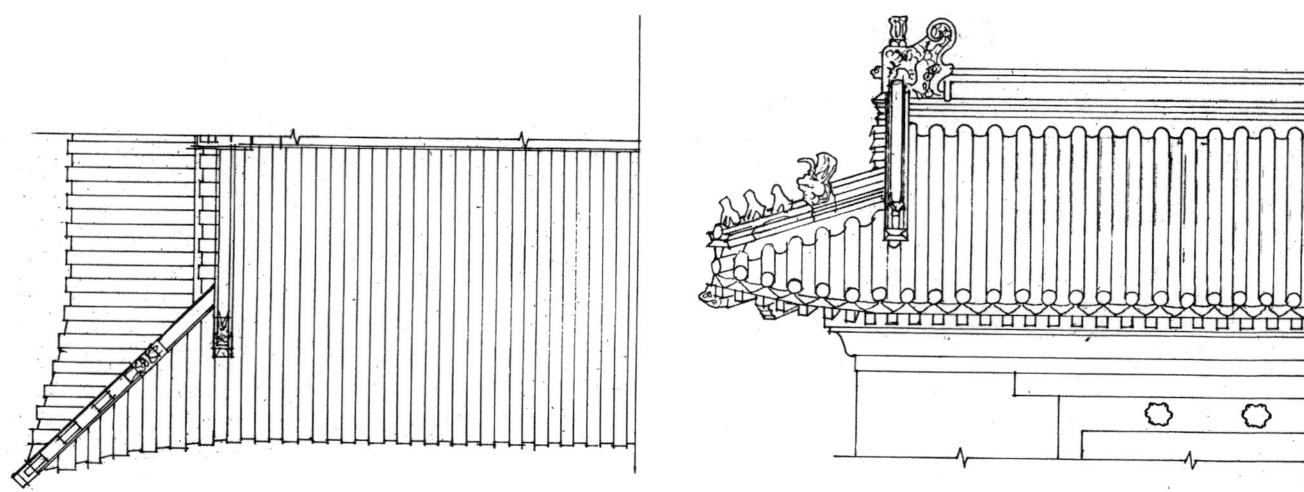

图 RM2-1 歇山屋顶如意大门楼局部屋顶平面及建筑立面图

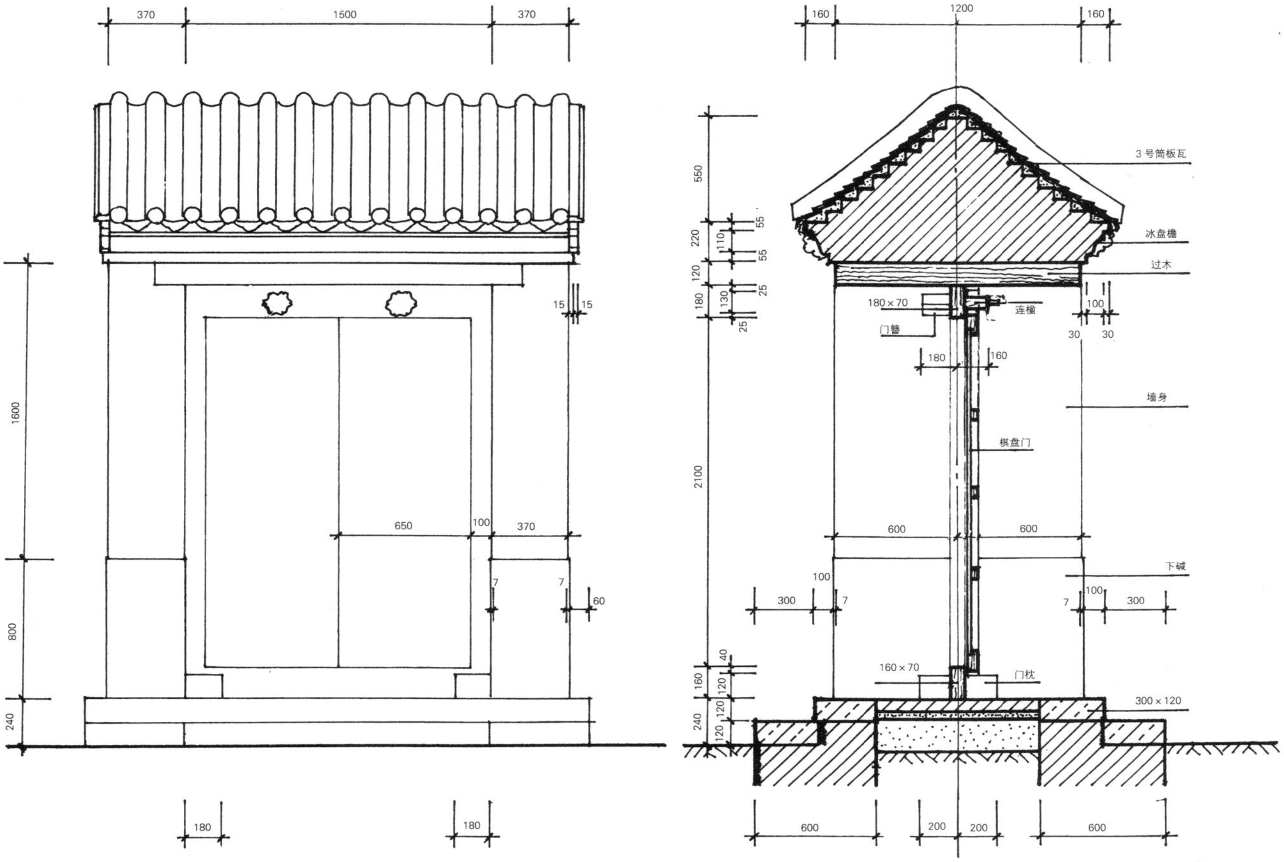

图 RM3 硬山披水排山过垄脊如意门立面、剖面图

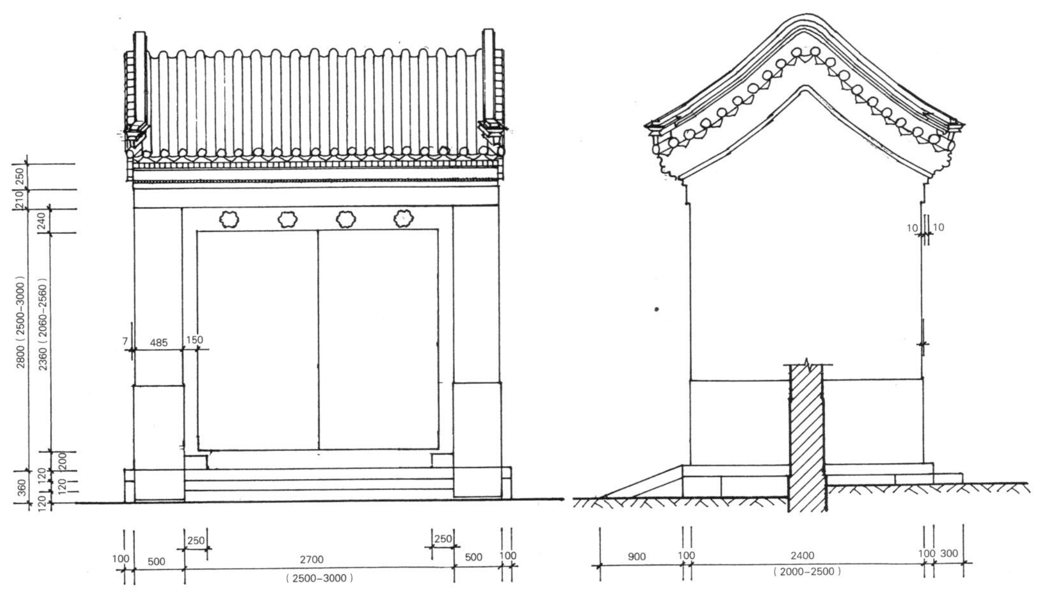

图 RM4-1 硬山铃铛排山箍头脊如意大门正立面、侧立面图

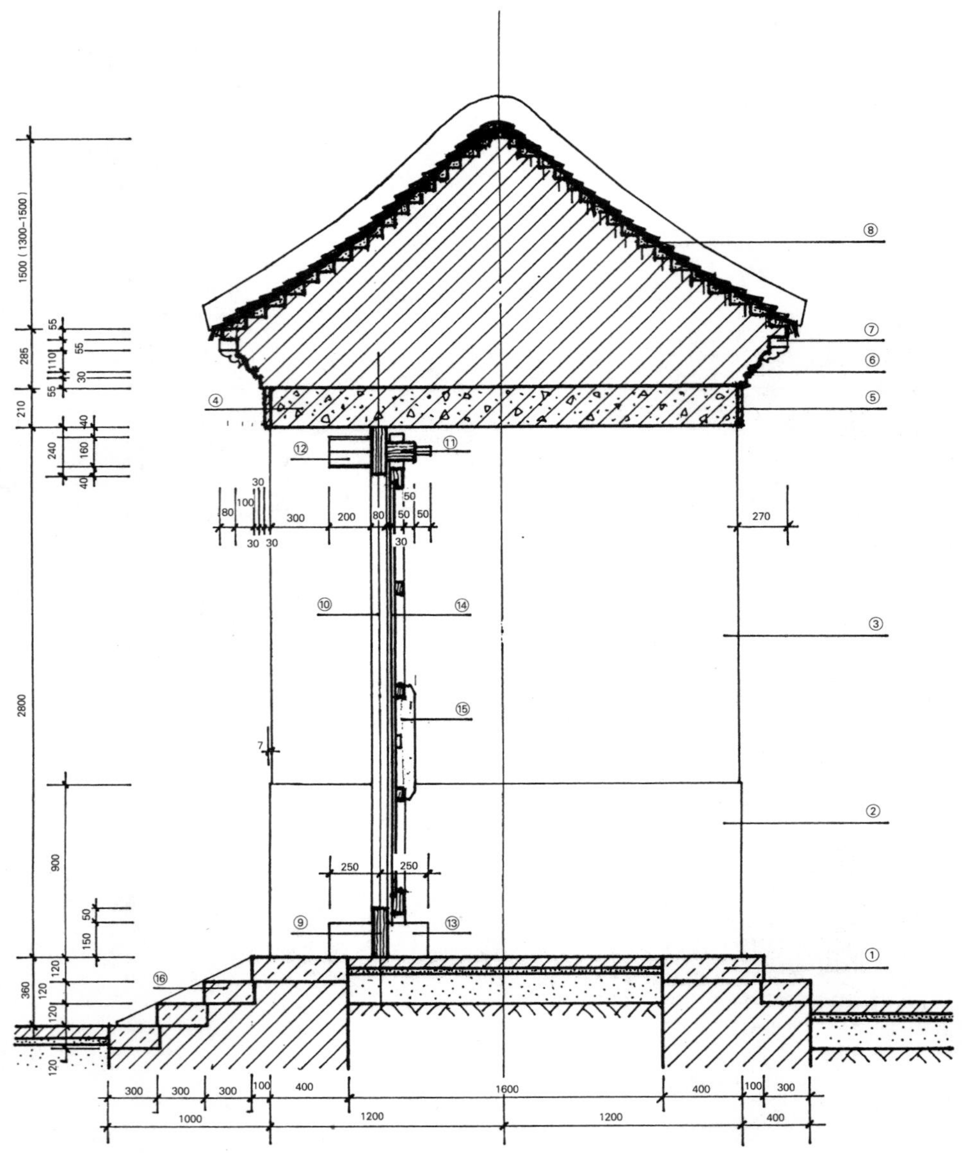

①台明石 ②墙下碱 ③墙身 ④过梁 ⑤砖挂落 ⑥连珠混 ⑦砖椽子 ⑧3号筒瓦屋面 ⑨下槛 ⑩抱框 ⑪门龙或连楹 ⑫门簪 ⑬石门枕或木门枕 ⑭棋盘门 ⑮插关梁 ⑯垂带台阶

图 RM4-2 硬山如意大门剖面图

（三）垂花门

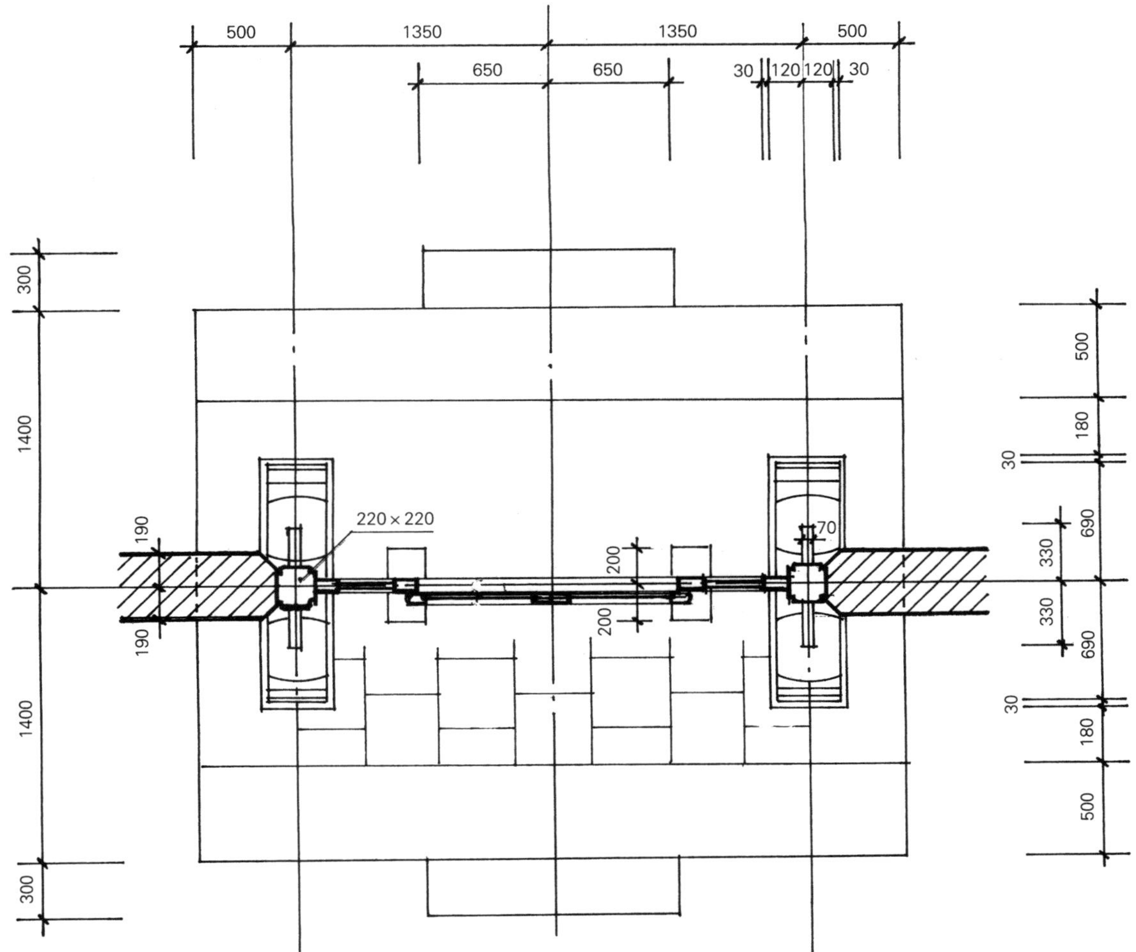

图 CHM1-1　三檩担梁式垂花门平面图

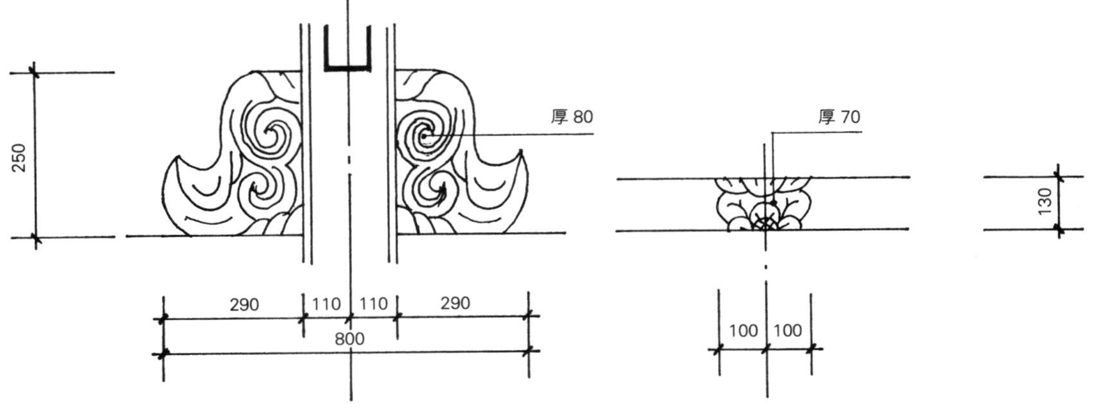

垂花门角背、荷叶墩详图

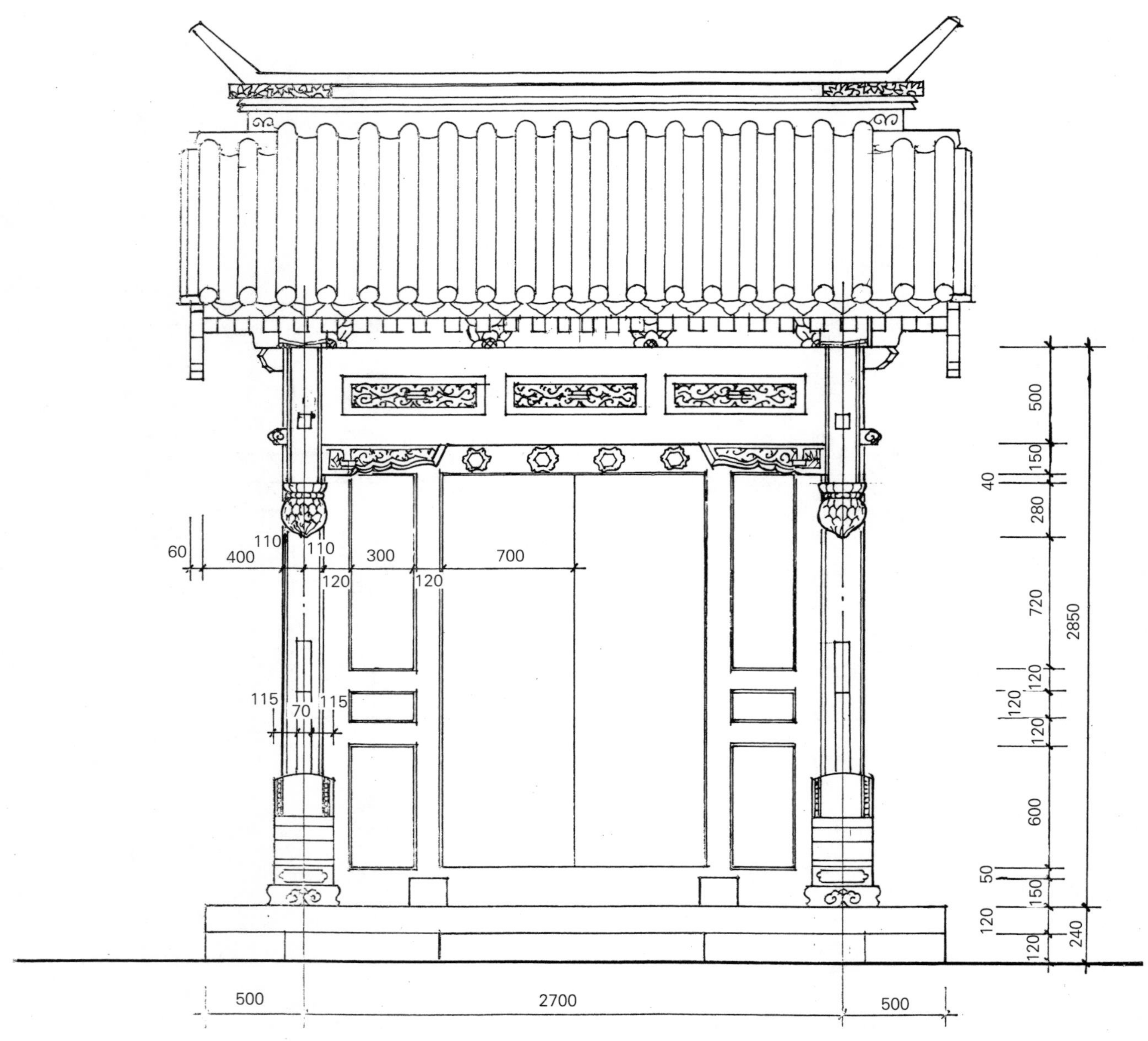

图 CHM1-2 三檩担梁式垂花门立面图

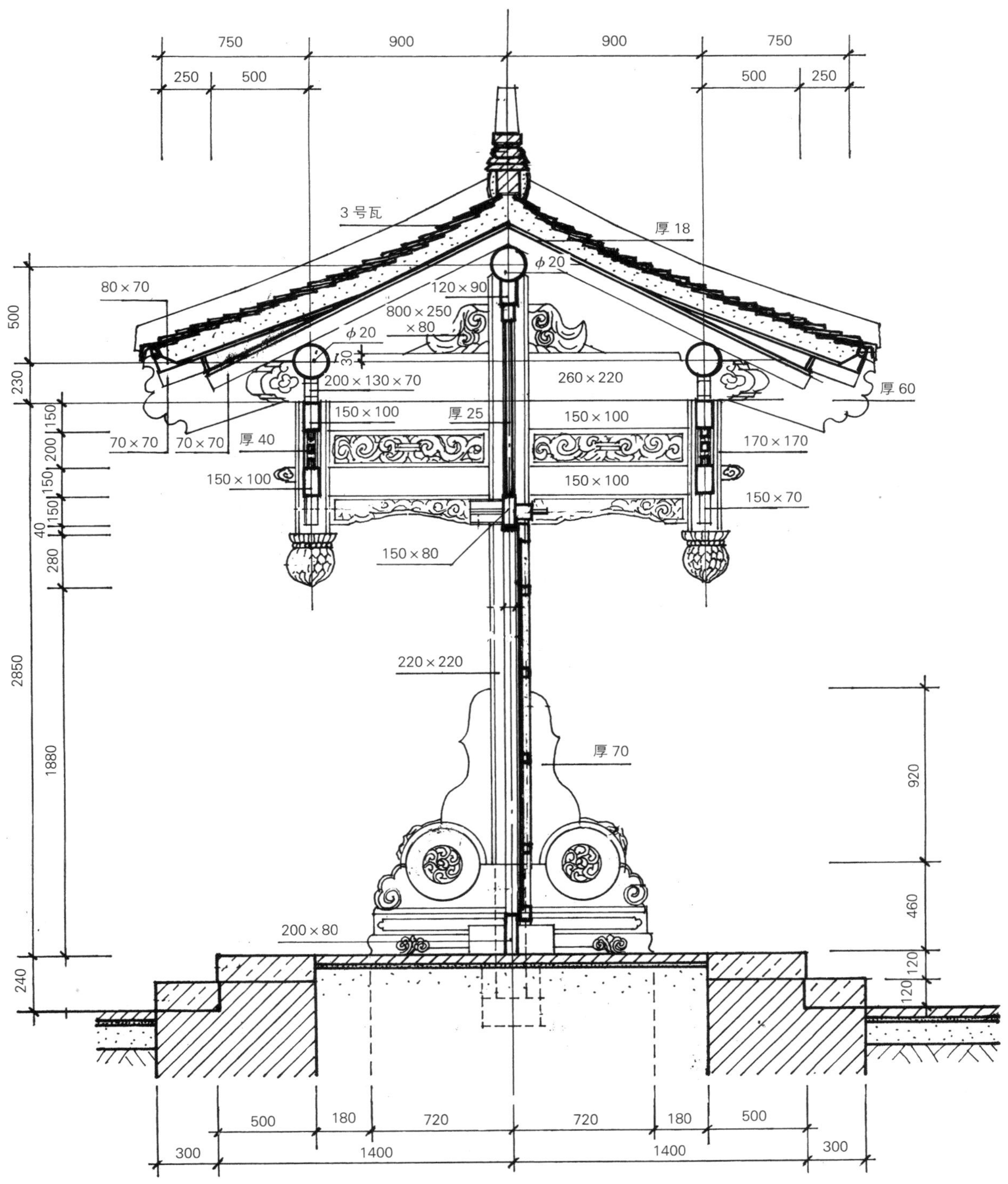

图 CHM1-3 三檩担梁式垂花门剖面图

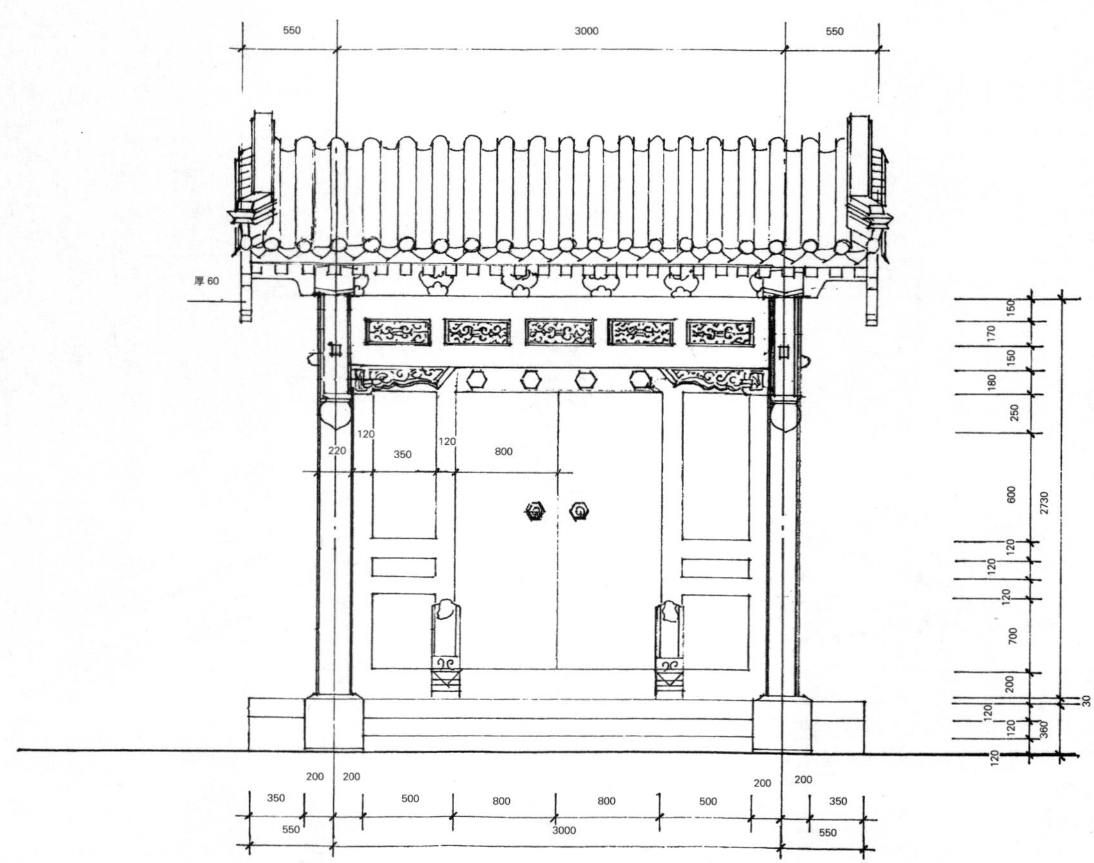

图 CHM2-1　双卷棚垂花门立面图

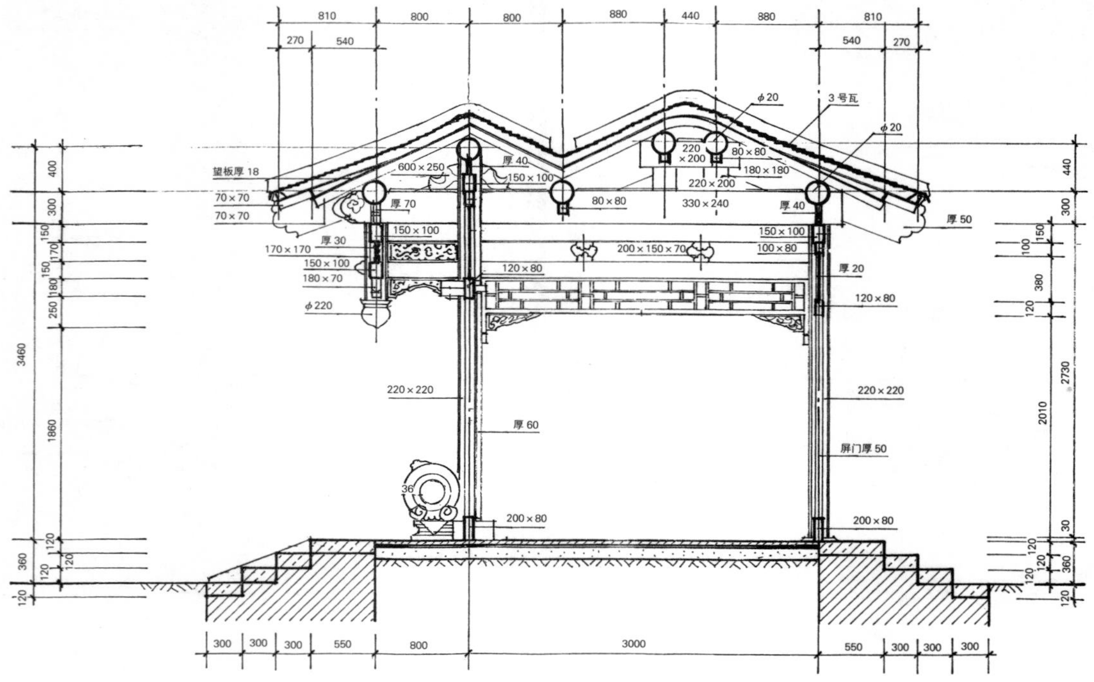

图 CHM2-2　双卷棚垂花门剖面图

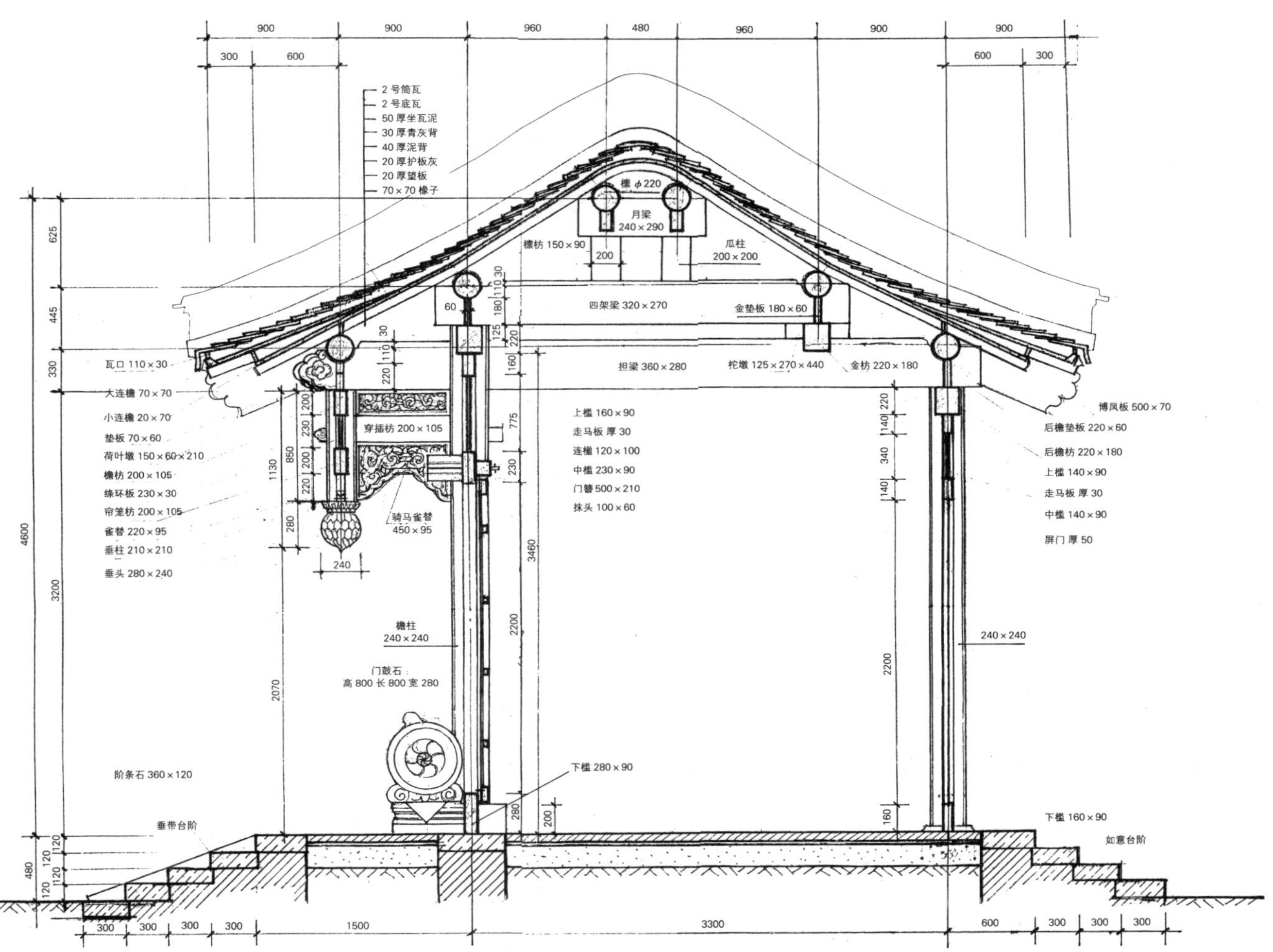

图 CHM3 六檩卷棚垂花门剖面图

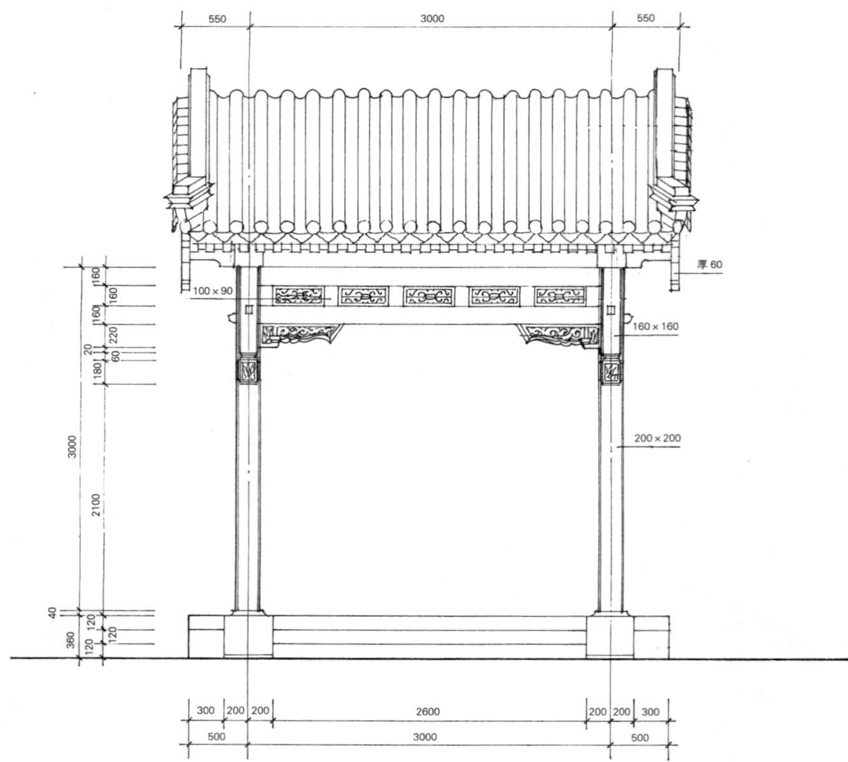

图 CHM4-1 四檩卷棚垂花门立面图

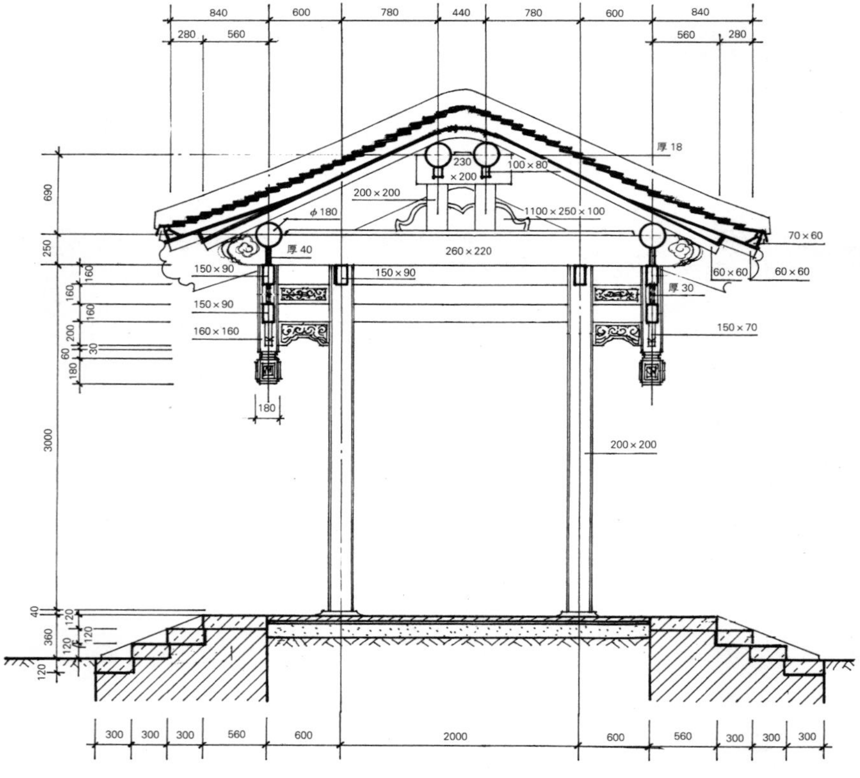

图 CHM4-2 四檩卷棚垂花门剖面图

（四）菱角门

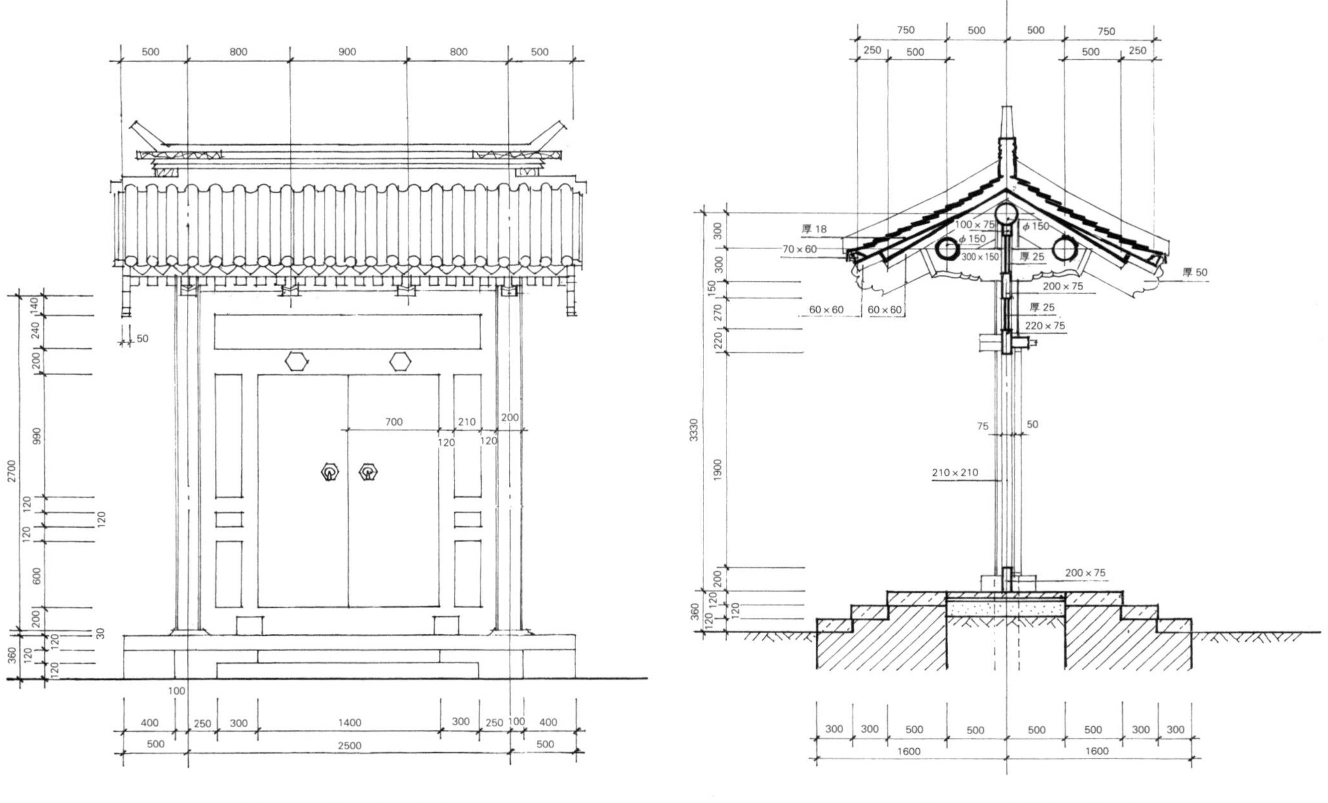

图 LJM1-1　菱角门立面图

图 LJM1-2　菱角门剖面图

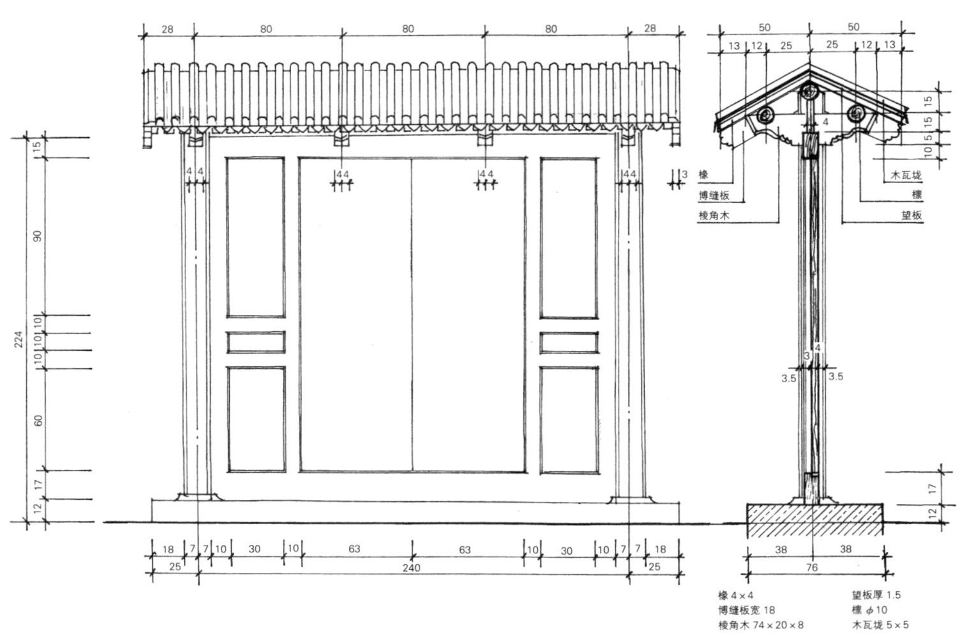

图 LJM3　菱角门立、剖面图

（五）随墙门

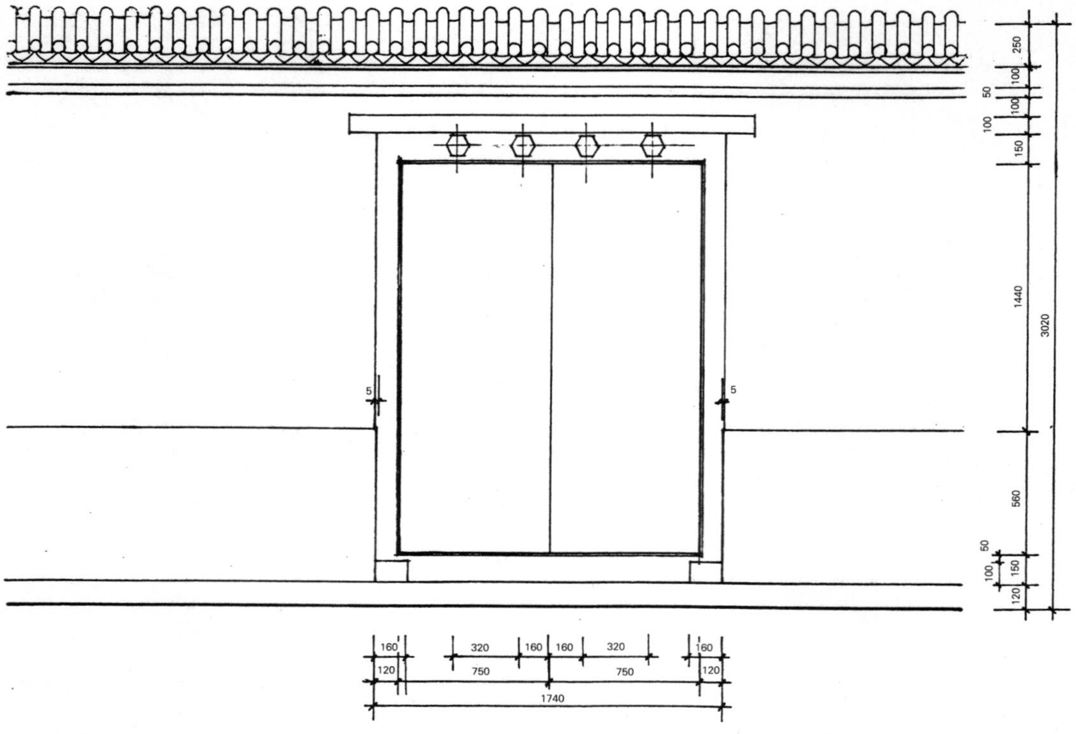

图 SQM1　带门簪的随墙门立面图

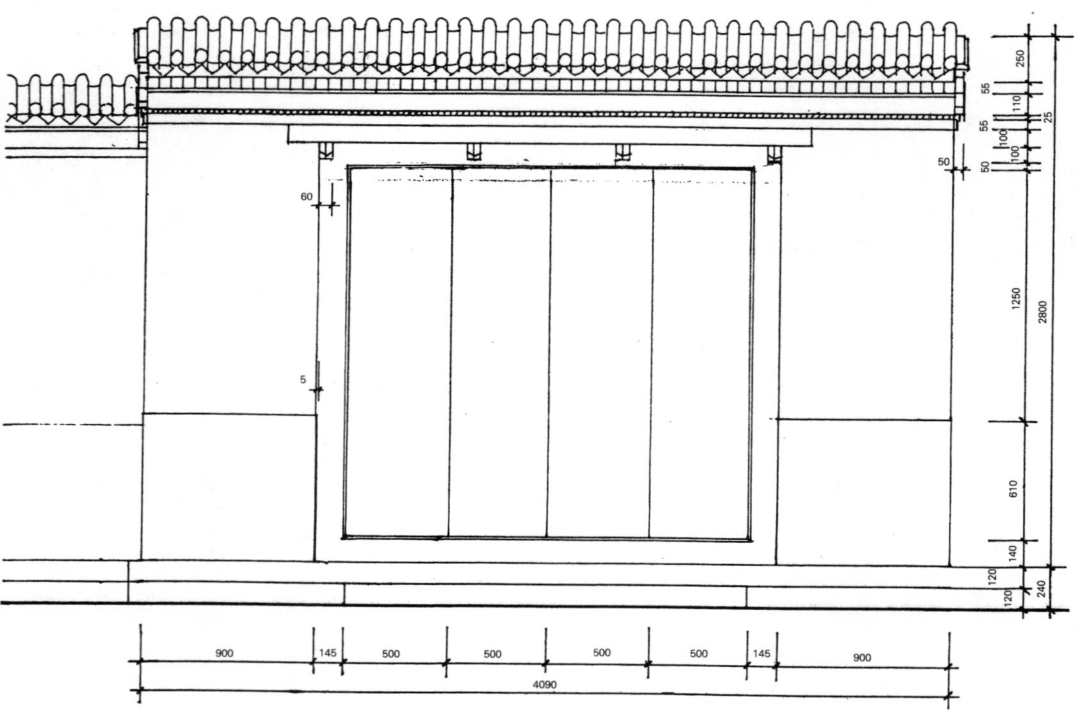

图 SQM2-1　带砖椽子及棱角木的四扇屏门立面图

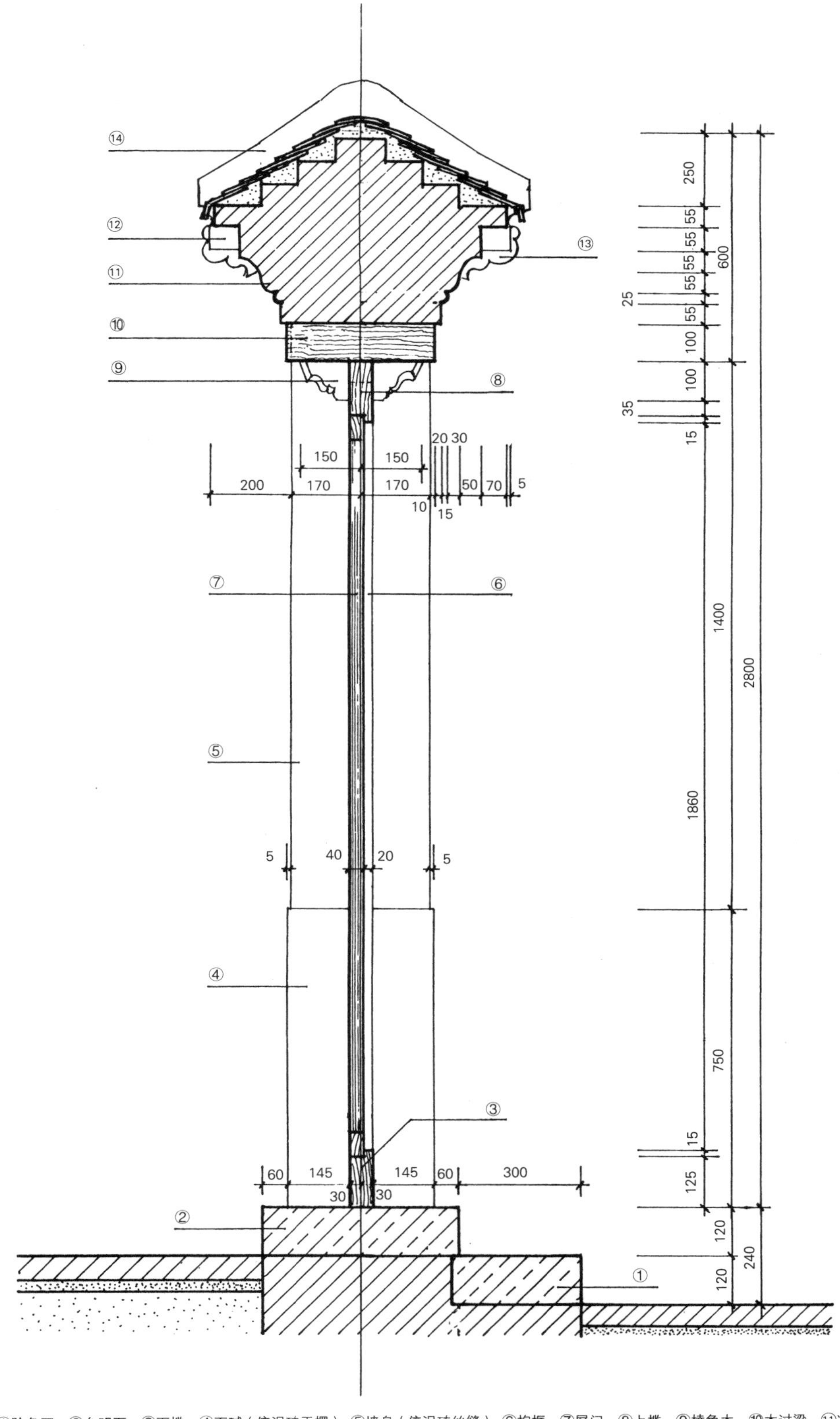

①阶条石　②台明石　③下槛　④下碱（停泥砖干摆）⑤墙身（停泥砖丝缝）⑥抱框　⑦屏门　⑧上槛　⑨棱角木　⑩木过梁　⑪冰盘檐（停泥干摆）
⑫砖椽子　⑬砖博缝　⑭10号筒板瓦屋面（捉节夹垄）

图 SQM2-2　带砖椽子及棱角木的屏门剖面图

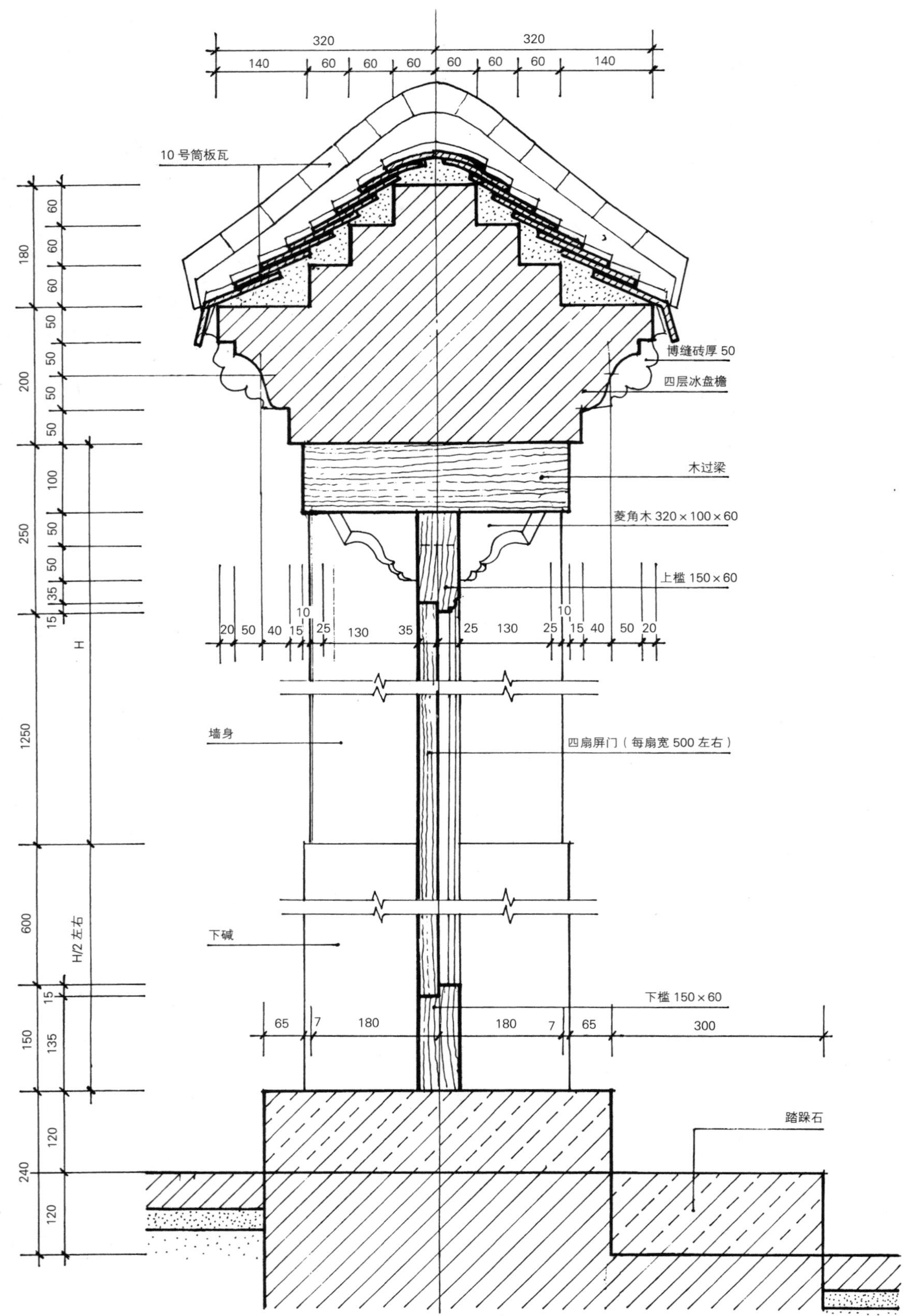

图 SQM3 带菱角木的随墙屏门剖面图

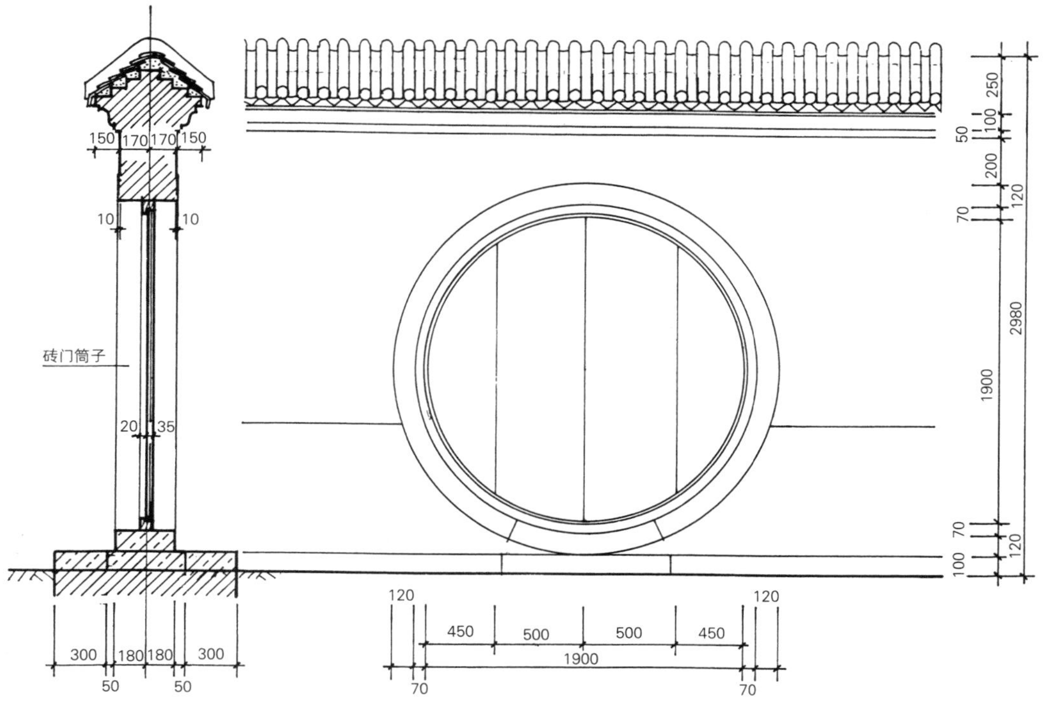

注：停泥砖干摆下碱、丝缝墙身，停泥砖干摆冰盘檐。

图 SQM4　随墙圆屏门立、剖面图

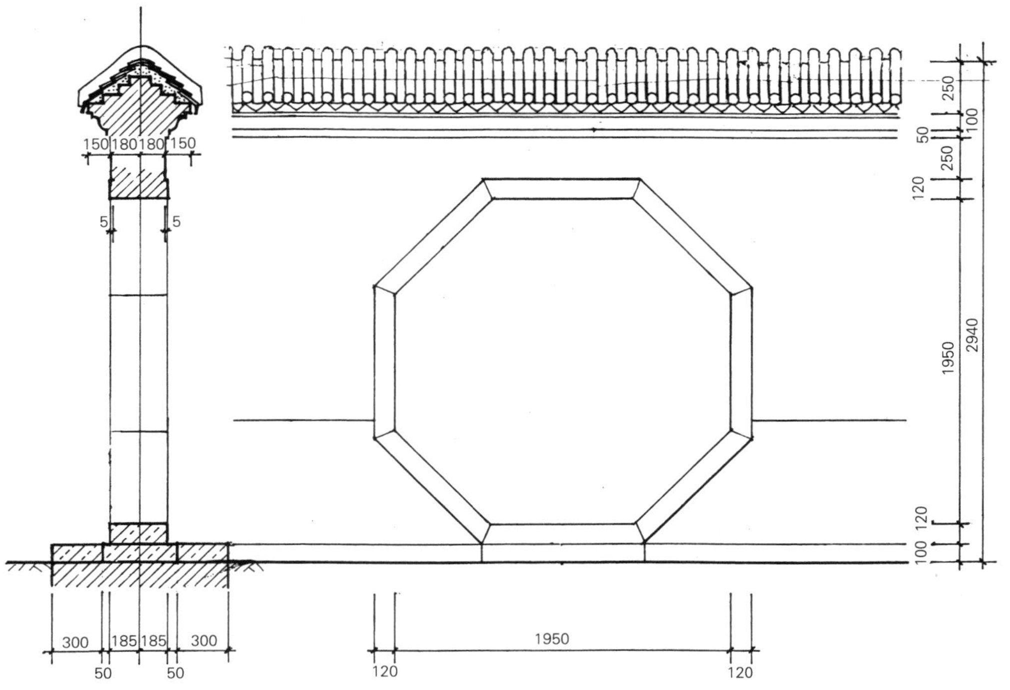

注：停泥砖干摆下碱、丝缝墙身，干摆砖门筒子、贴脸，停泥砖干摆冰盘檐。

图 SQM5　随墙八方洞门立、剖面图

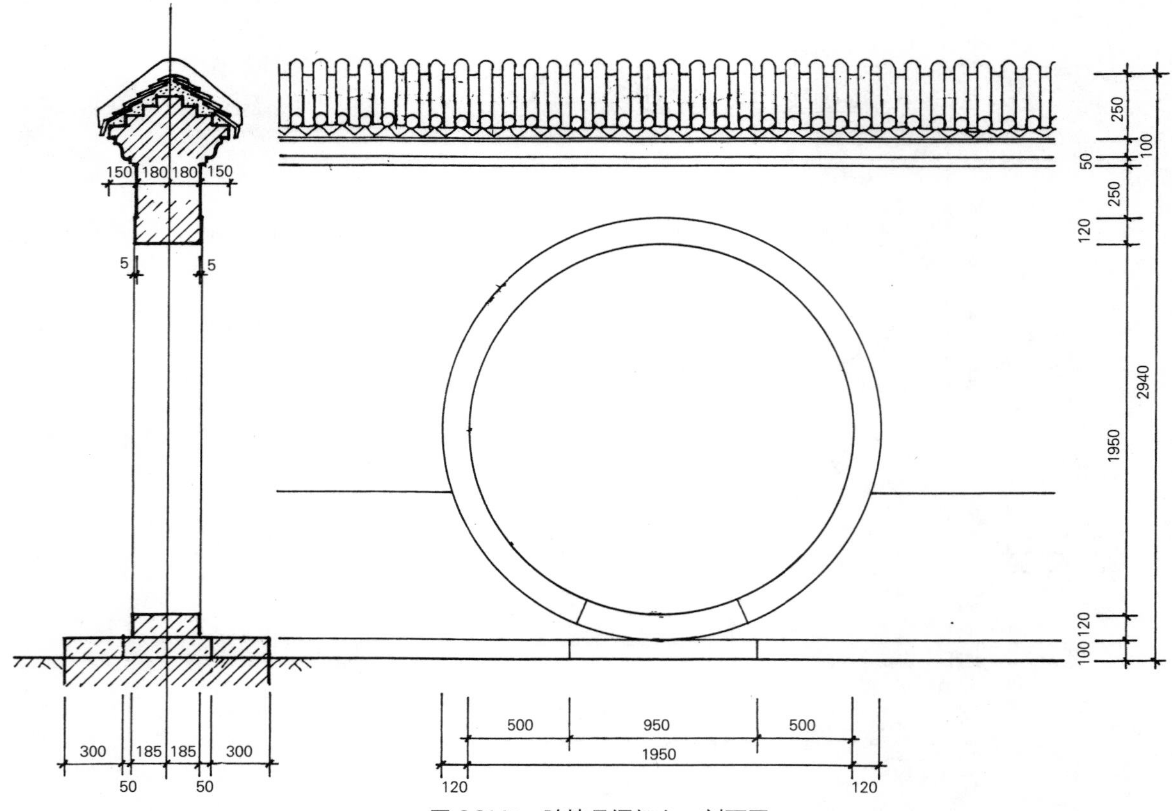

图 SQM6 随墙月洞门立、剖面图

注：停泥砖干摆下碱、丝缝墙身，干摆砖门筒子、贴脸。

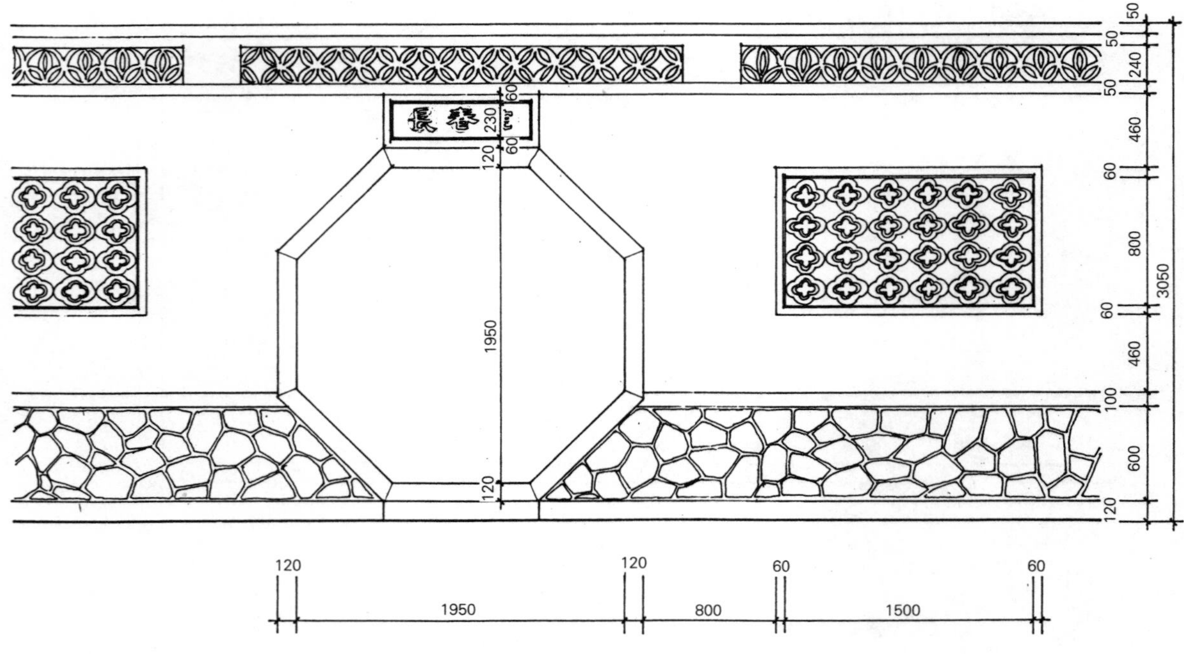

图 SQM7-1 八方随墙洞门及花窗立面图

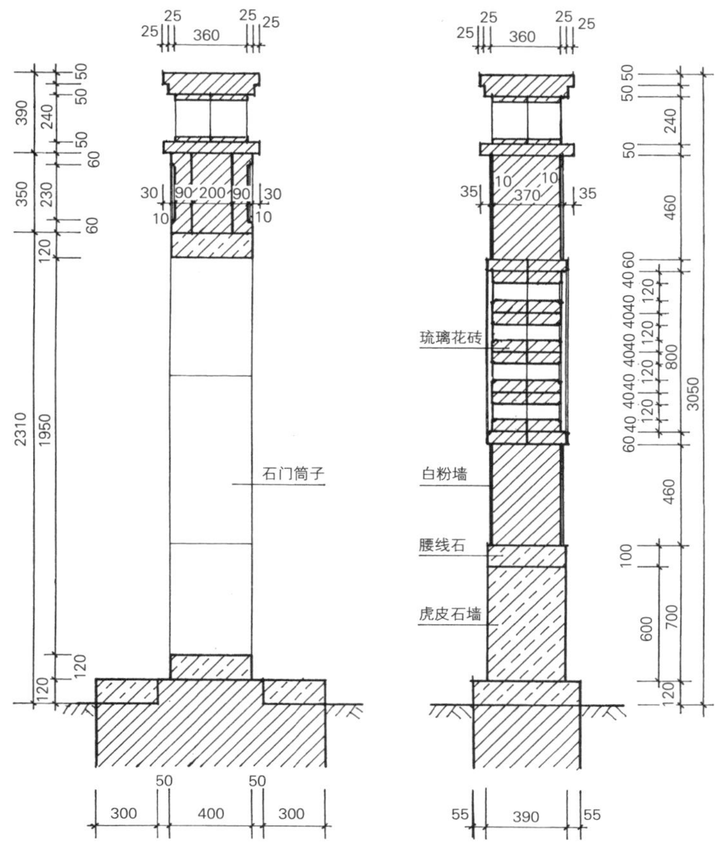

图 SQM7-2 八方随墙洞门及花窗墙剖面图

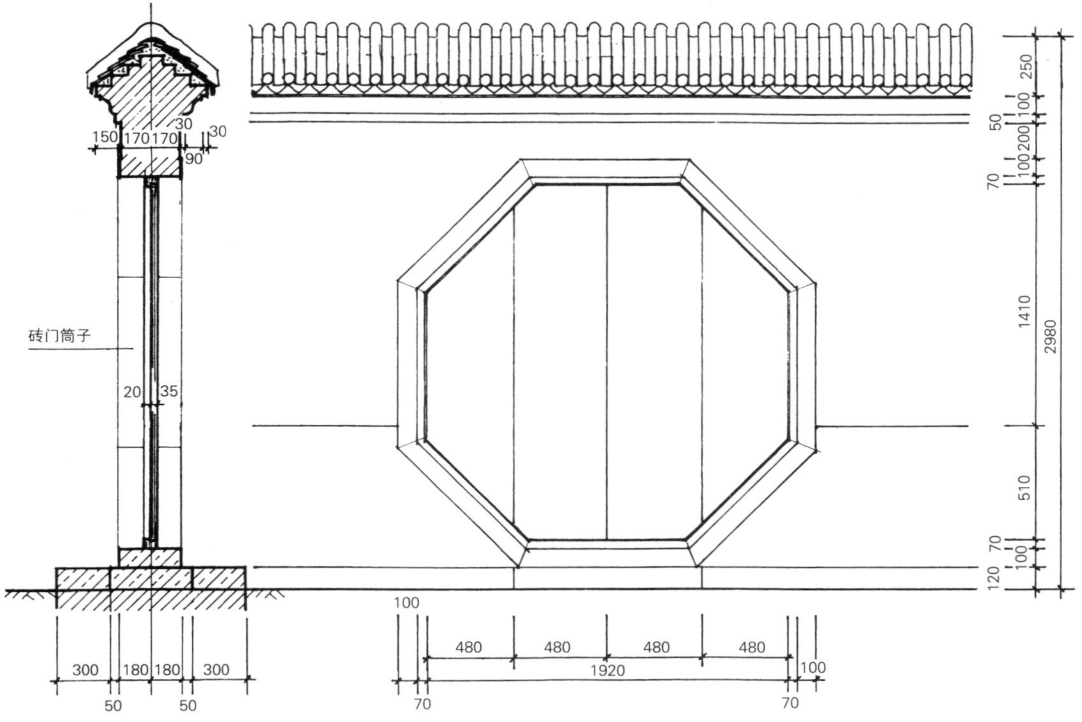

图 SQM8 随墙八方屏门立、剖面图

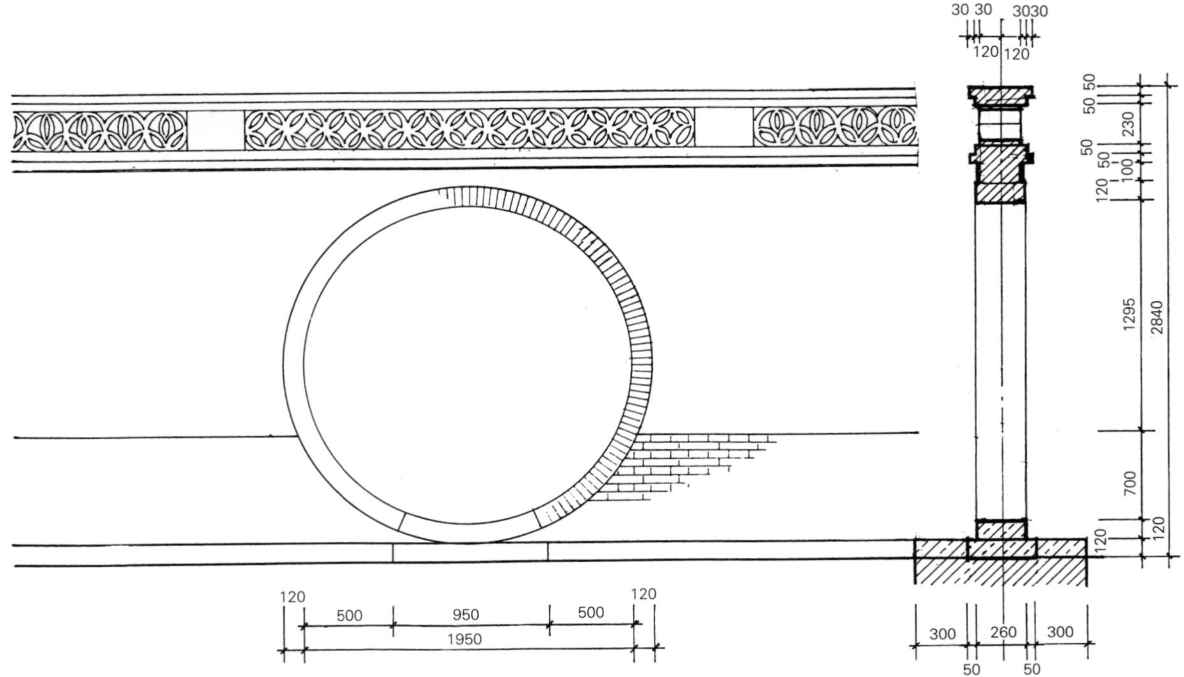

图 SQM9 随墙月洞门立、剖面图

注：停泥砖干摆下碱、白灰膏抹面墙身，停泥砖干摆月洞门门筒。

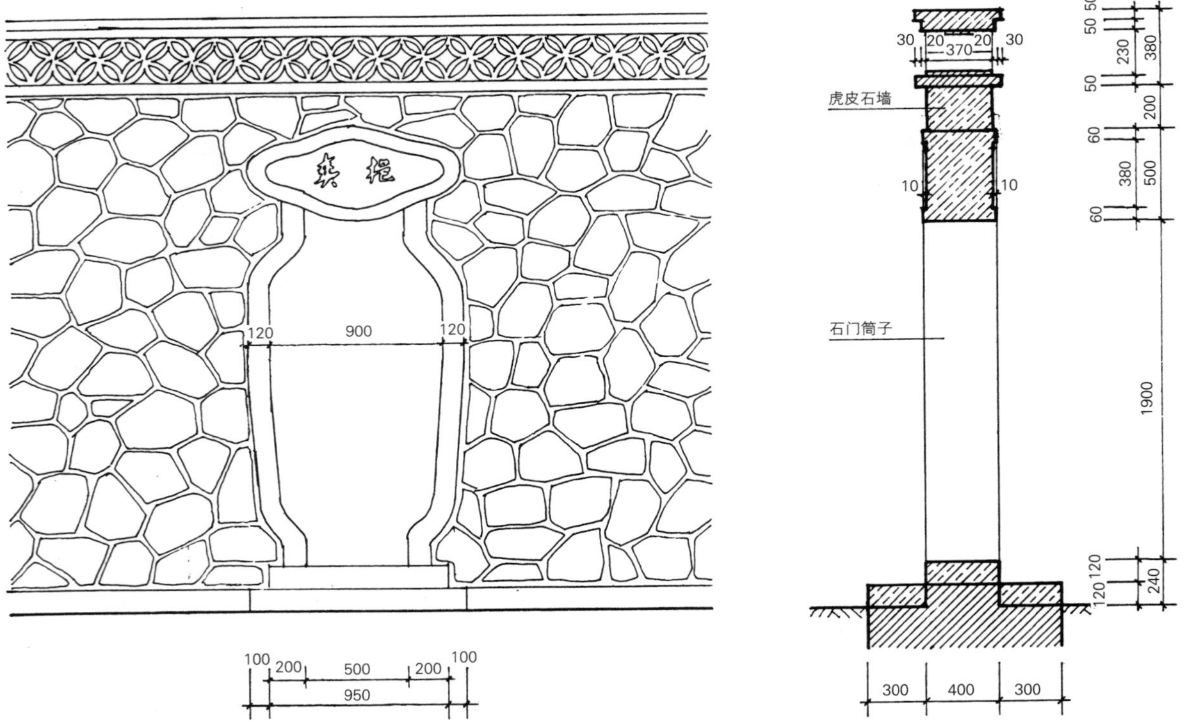

图 SQM10 随墙宝瓶洞门立、剖面图

二、厅堂、敞厅（榭）

（一）硬山、悬山厅堂

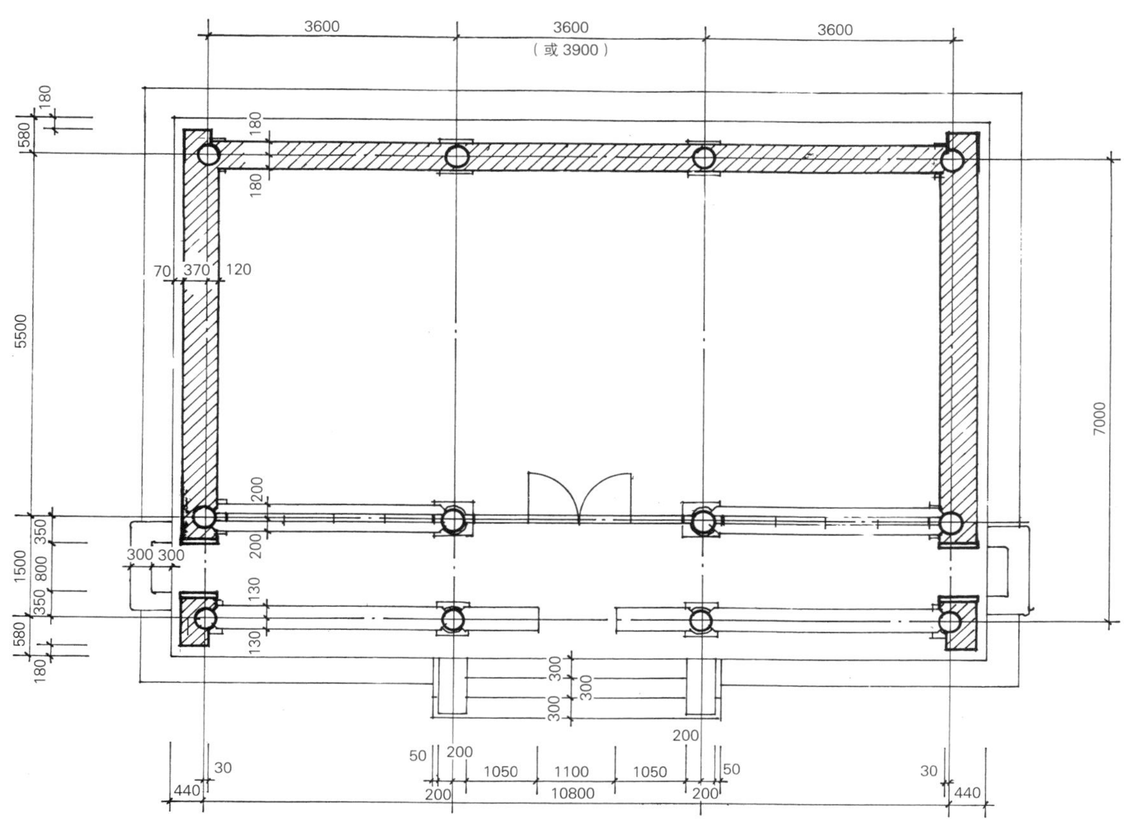

图 TT1-1　硬山厅堂建筑平面图

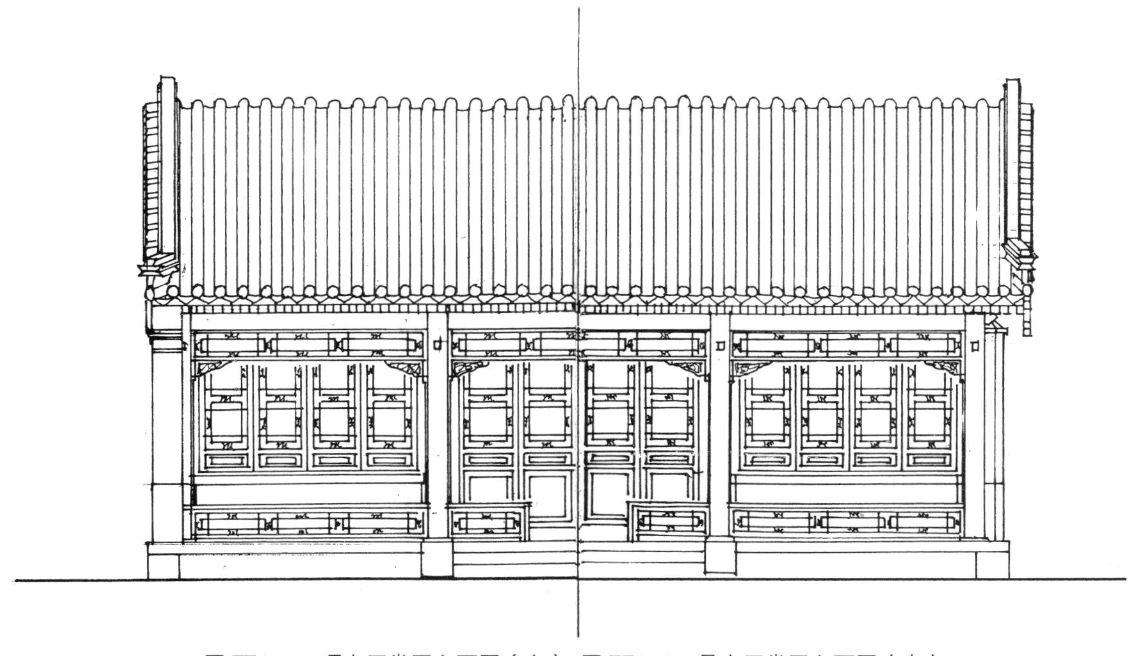

图 TT1-2　硬山厅堂正立面图（左）　图 TT2-2　悬山厅堂正立面图（右）

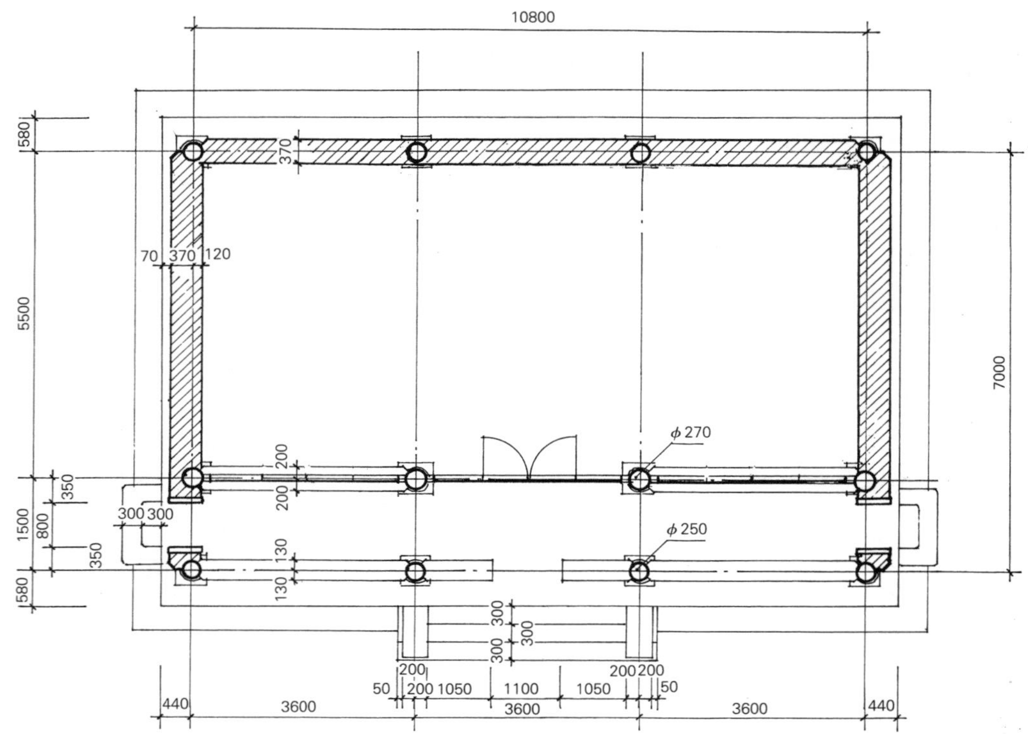

图 TT2-1 悬山厅堂建筑平面图

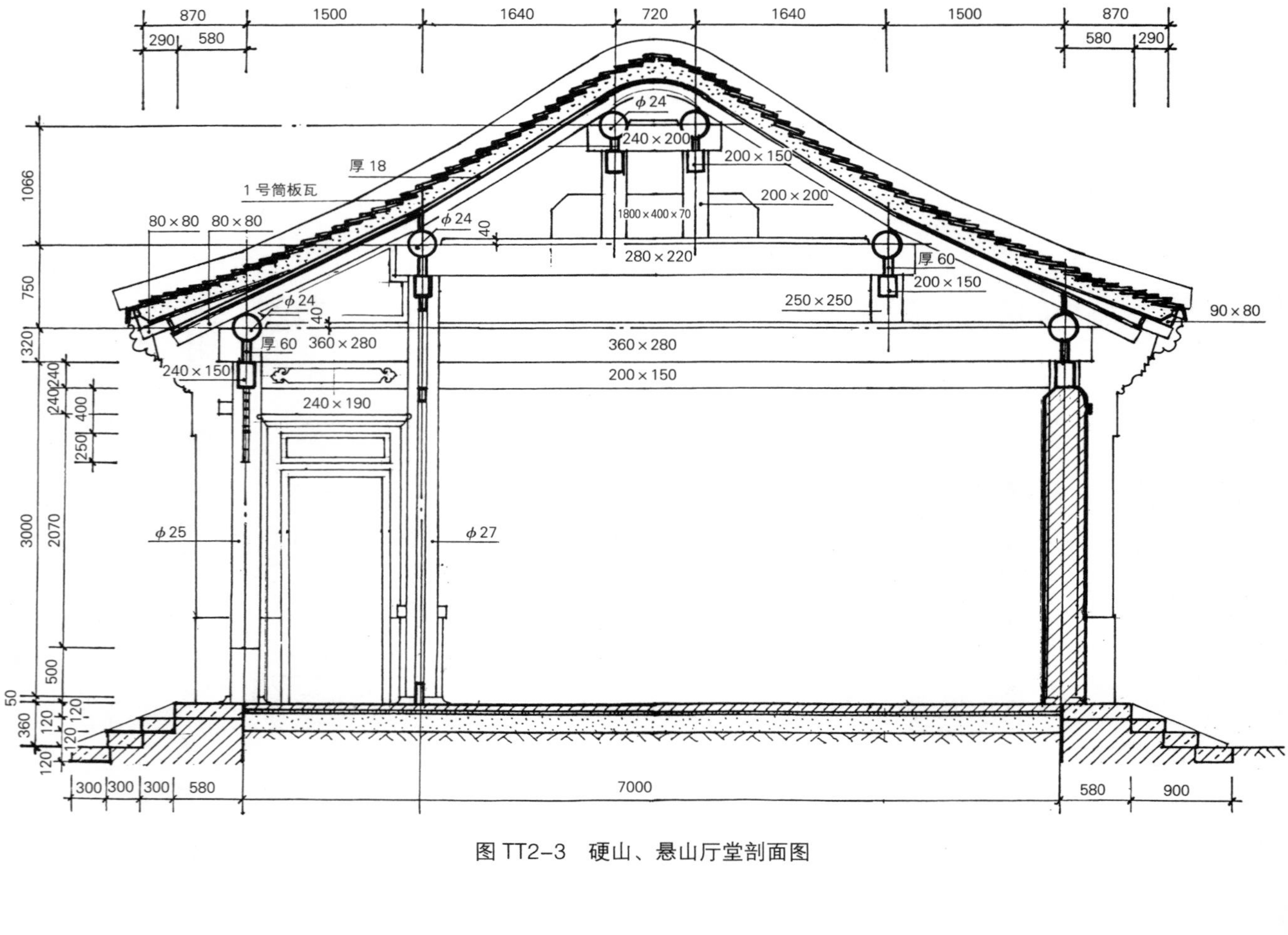

图 TT2-3 硬山、悬山厅堂剖面图

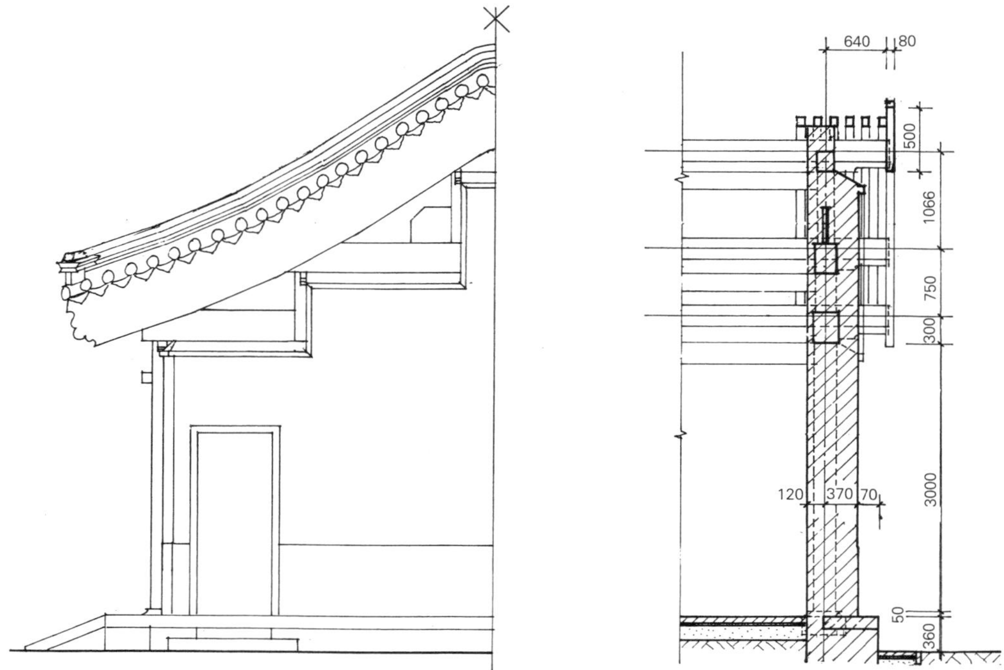

图 TT2-4 悬山厅堂 1/2 侧立面及悬山屋架剖面图

（二）歇山厅堂

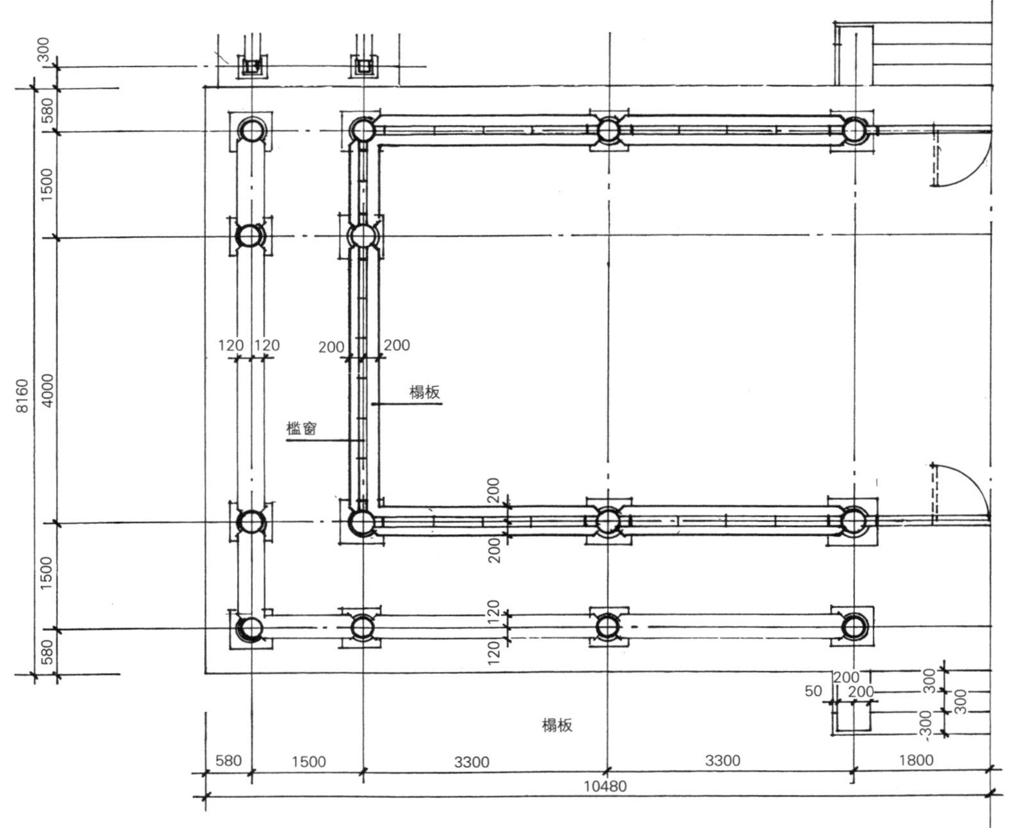

图 TT3-1 歇山厅堂建筑 1/2 平面图

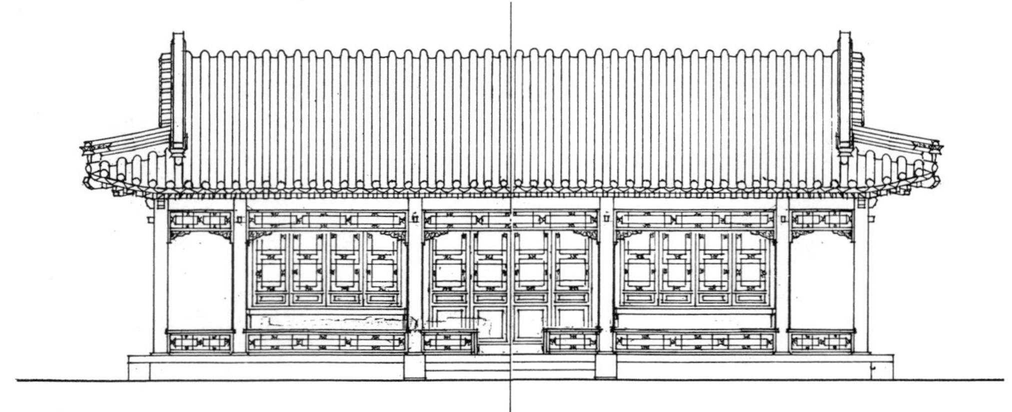

图 TT3-2 歇山厅堂立面图

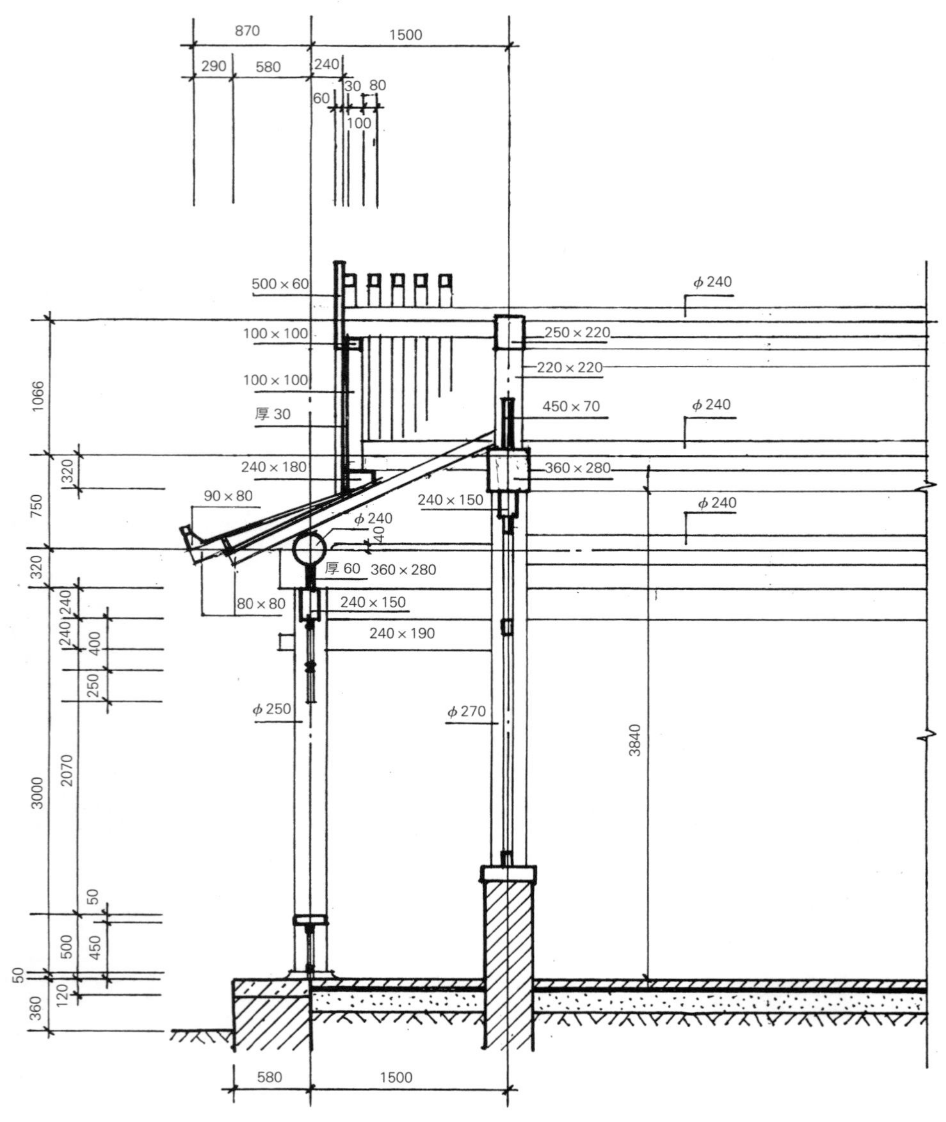

图 TT3-3 歇山厅堂两山屋架剖面图

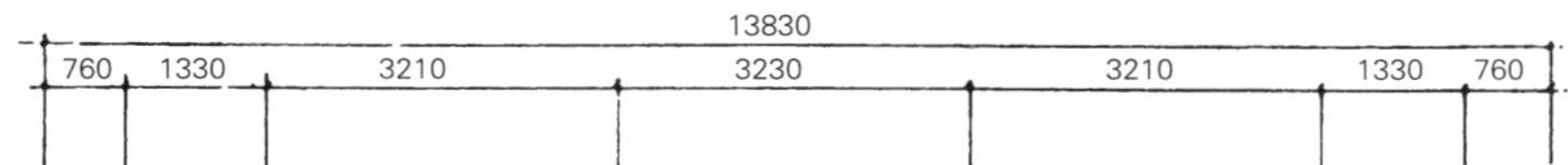

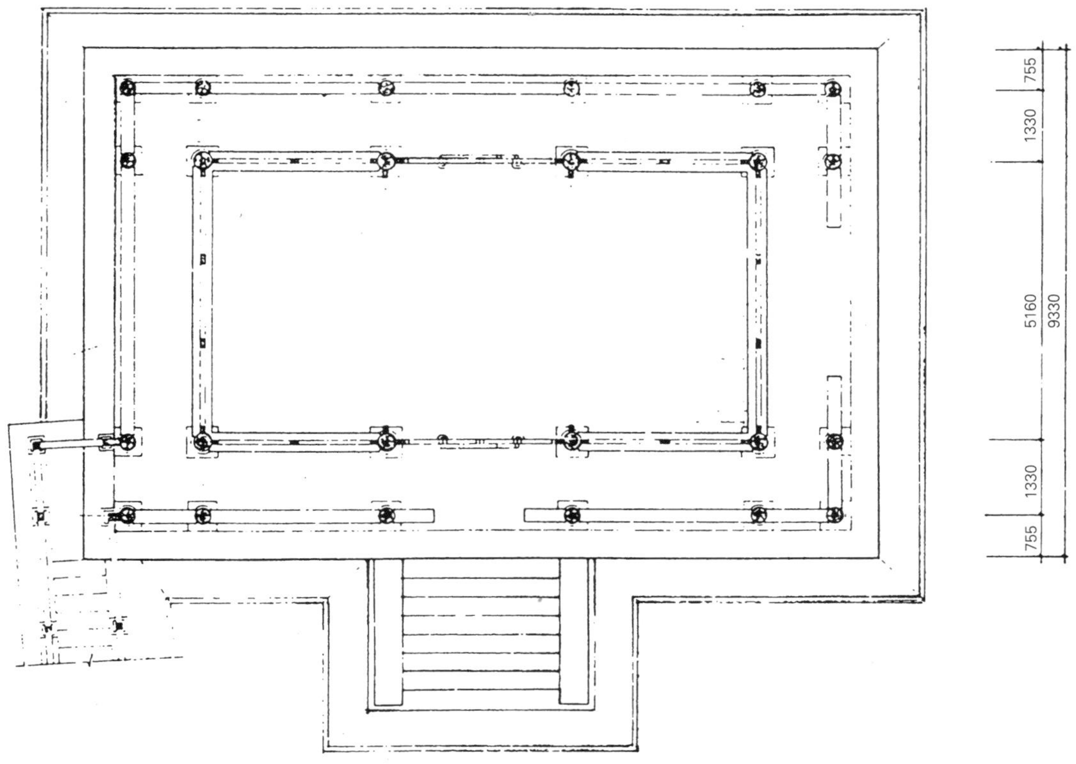

图 TT4-1 歇山厅堂平面图

图 TT4-2 正立面图

图 TT4-3 侧立面图

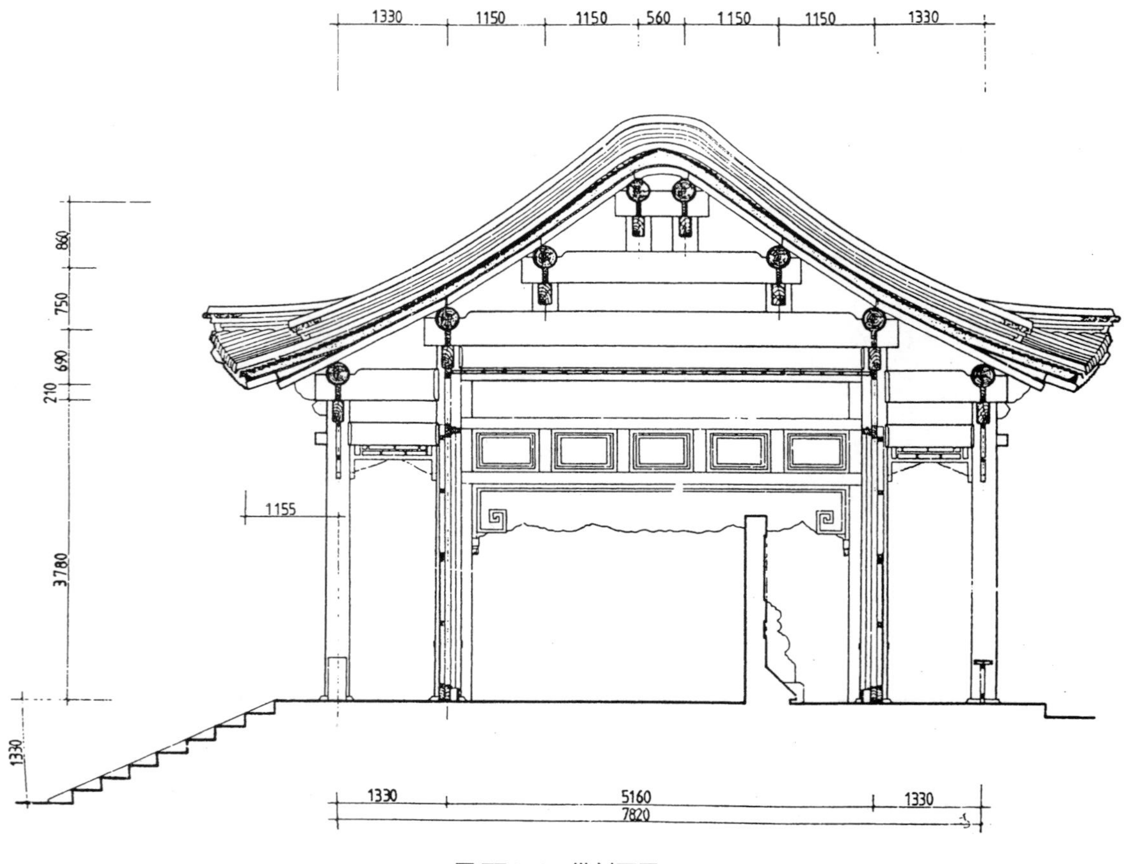

图 TT4-4 纵剖面图

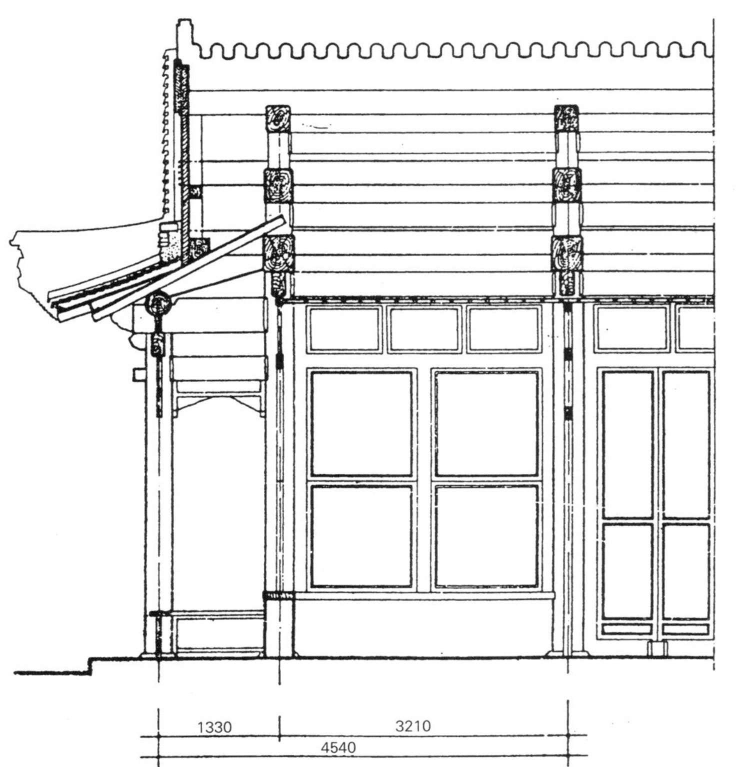

构架尺寸表							
序号	构件名称	长	宽	高	厚	径	备注
1	檐柱			3780		290	
2	金柱			4470		320	
3	穿插枋			275	140		
4	檐、金枋			280	150		
5	檐垫板			215	60		
6	抱头梁			410	360		
7	六架梁			420	380		
8	四架梁			400	320		
9	月梁			340	270		
10	踏脚木			290	230		
11	草架穿			145	145		
12	山花板				80		
13	博缝板		600		80		
14	金、脊垫板			210	60		
15	脊枋			280	150		
16	随梁枋			280	150		
17	角梁			270	180		
18	角云			300	250		
19	椽子			90	90		
20	飞椽			90	90		
21	大连檐		110	100			
22	小连檐		100		30		
23	上槛			110	80		
24	中槛			155	80		
25	下槛			218	80		
26	间柱		160		80		
27	抱框		130		80		
28	榻板		365		80		

图 TT4-5 两山屋架剖面图

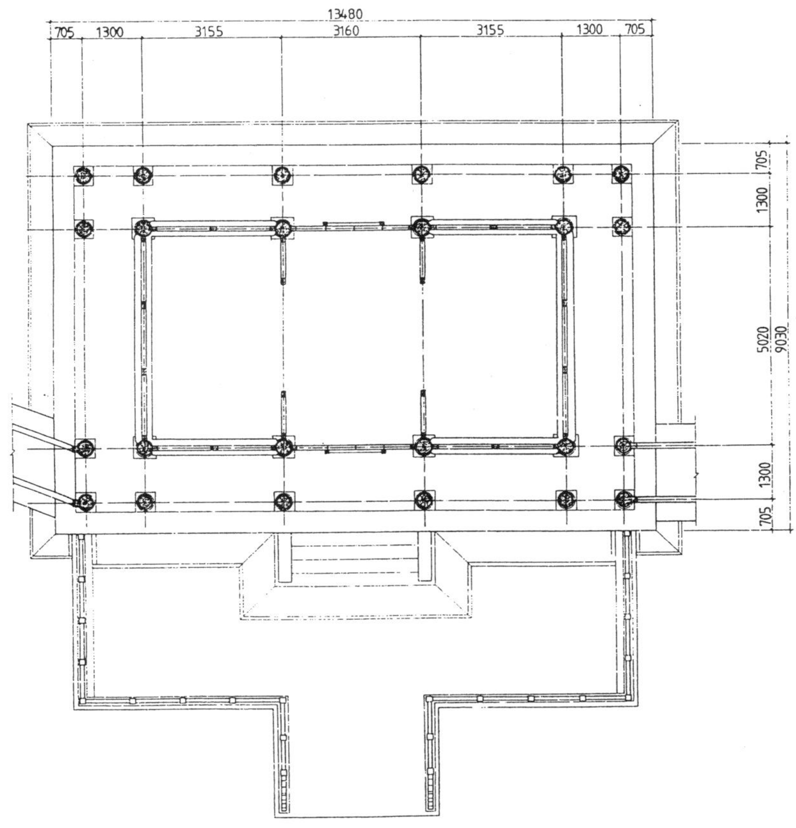

图 TT5-1 歇山厅堂平面图

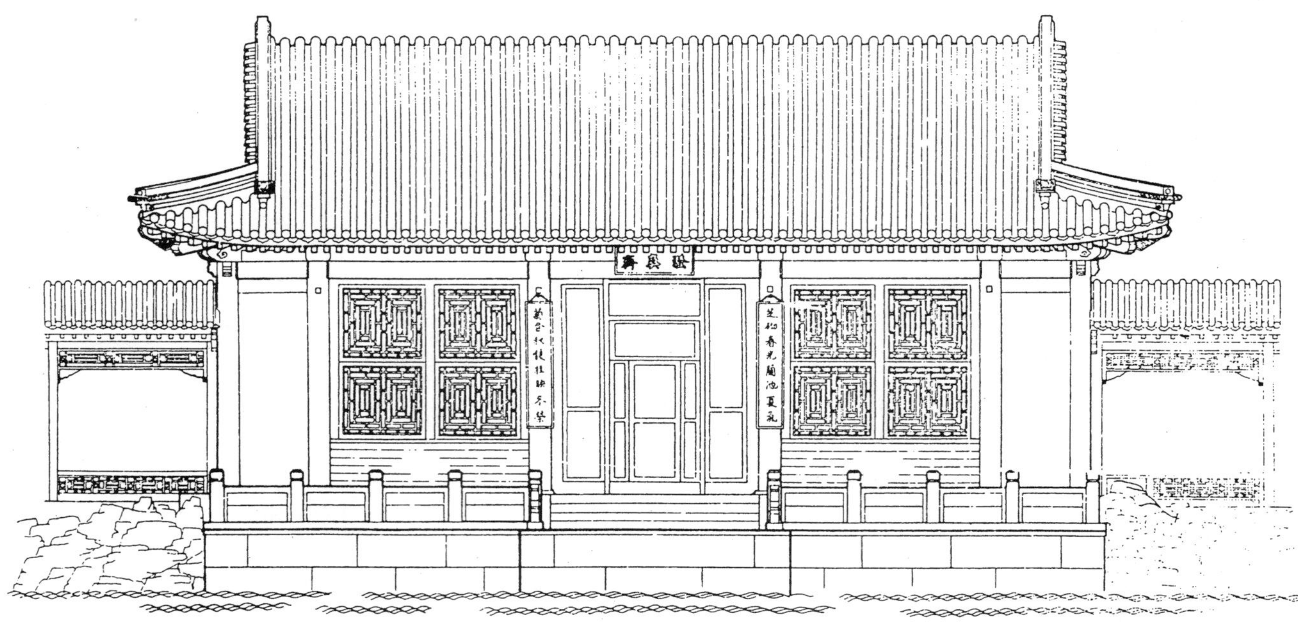

图 TT5-2 正立面图

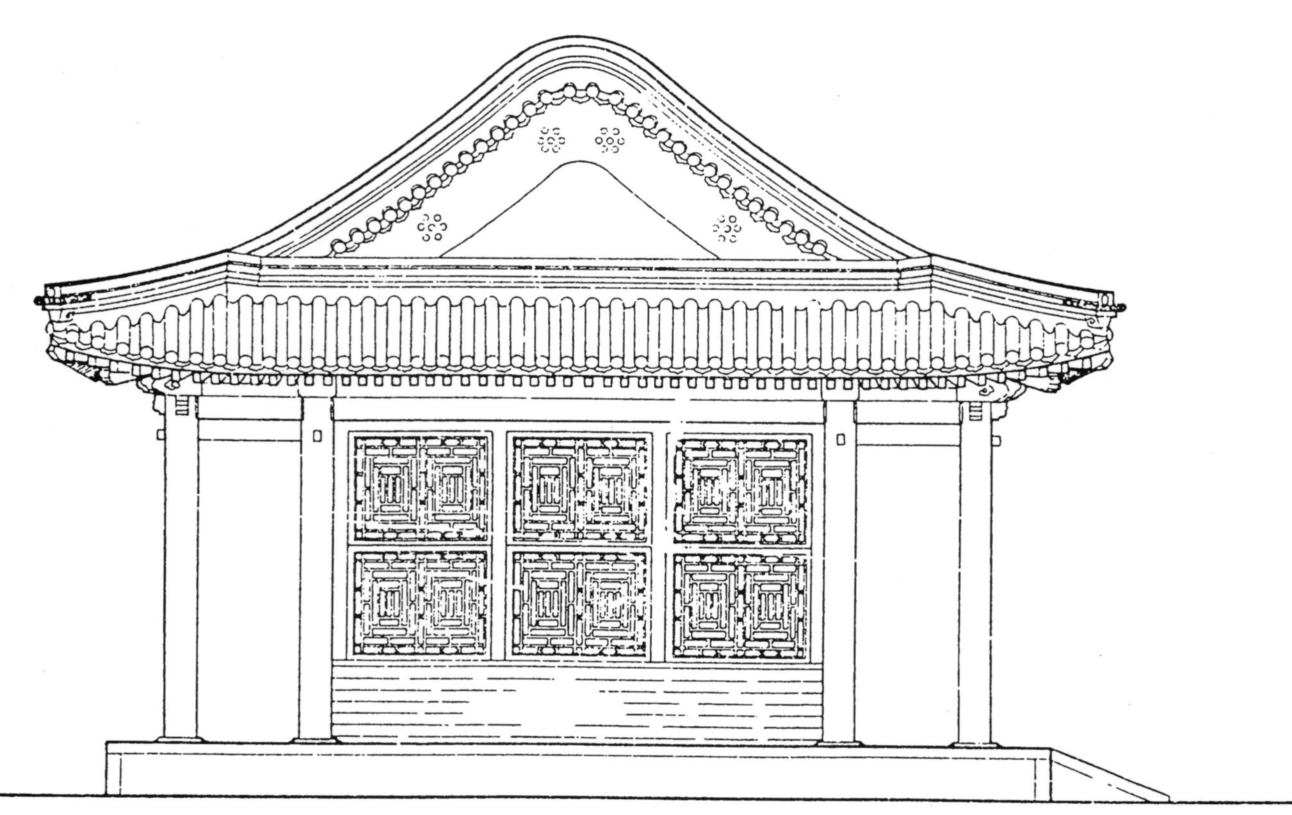

图 TT5-3 侧立面图

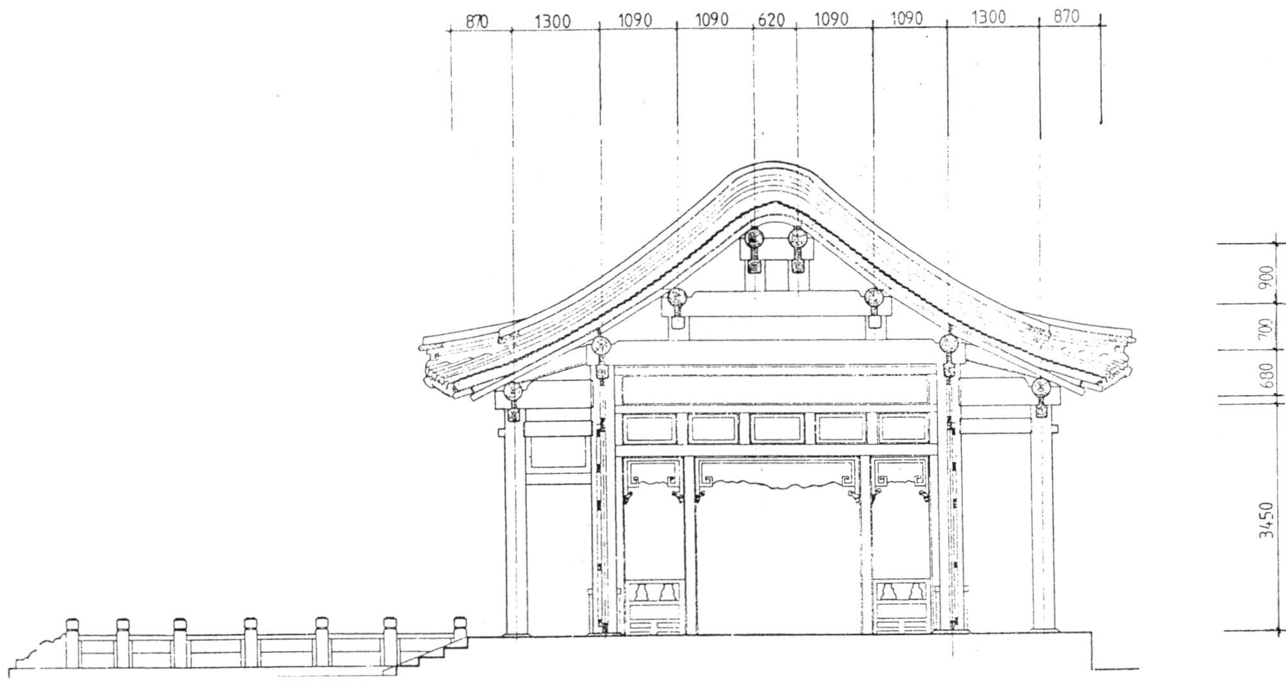

图 TT5-4　纵剖面图

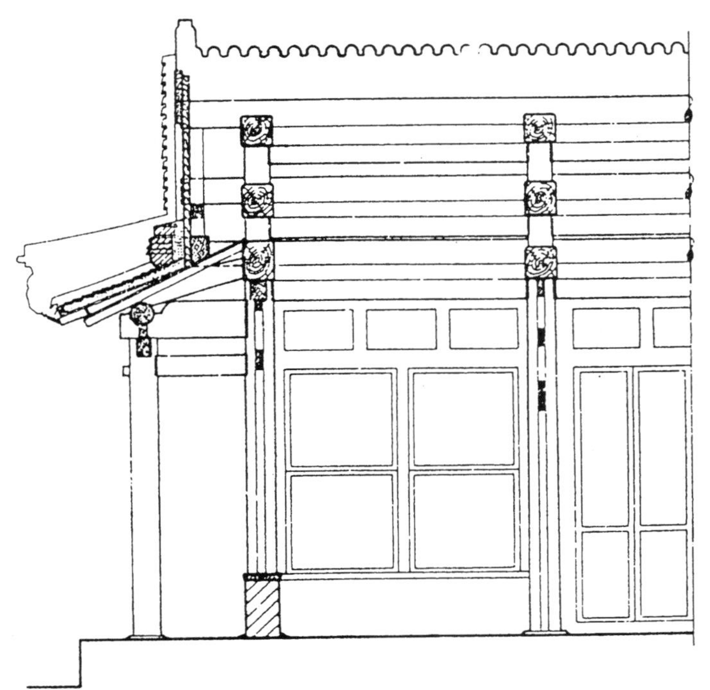

构架尺寸表							
序号	构件名称	长	宽	高	厚	径	备注
1	檐柱			3500		290	
2	金柱			4100		320	
3	檐枋			240	160		
4	檐垫板			170	60		
5	金枋			210	160		
6	金垫板			230	60		
7	抱头梁			400	275		
8	穿插枋			215	125		
9	角云			360	275		
10	椽子					85	
11	飞椽		85		85		
12	大连檐		120	90			
13	小连檐		110	30			
14	六架梁			430	365		
15	四架梁			370	340		
16	月梁			330	320		
17	角梁			280	170		
18	博缝板		620		80		
19	上槛			80	75		
20	中槛			140	75		
21	下槛		110	170	75		
22	抱框		140		75		
23	间柱				75		

图 TT5-5　两山屋架剖面图

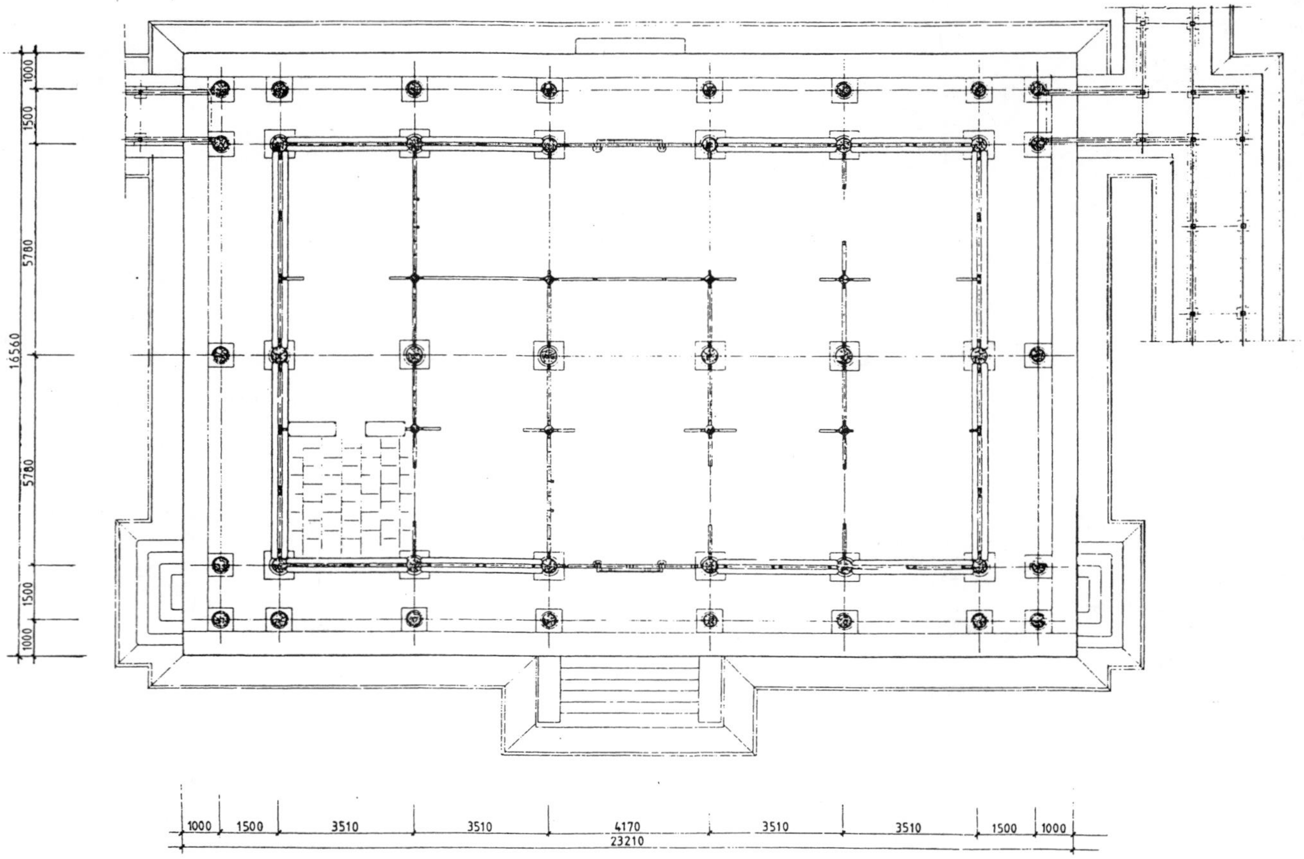

图 TT6-1 歇山厅堂平面图

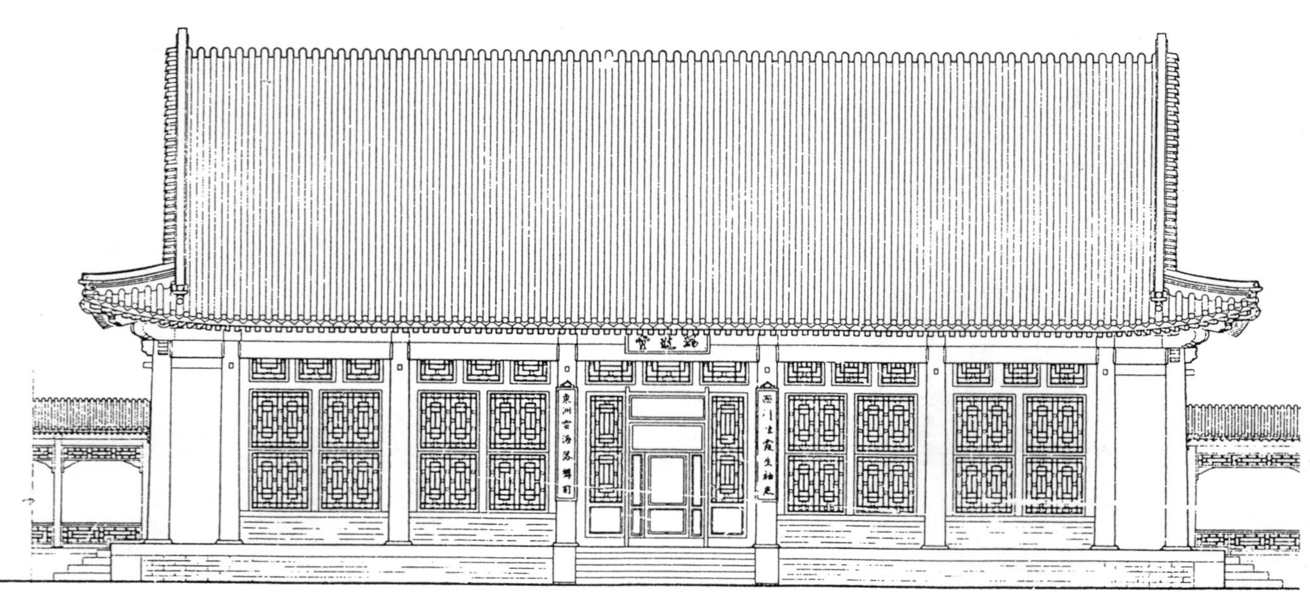

图 TT6-2 正立面图

图 TT6-3 侧立面图

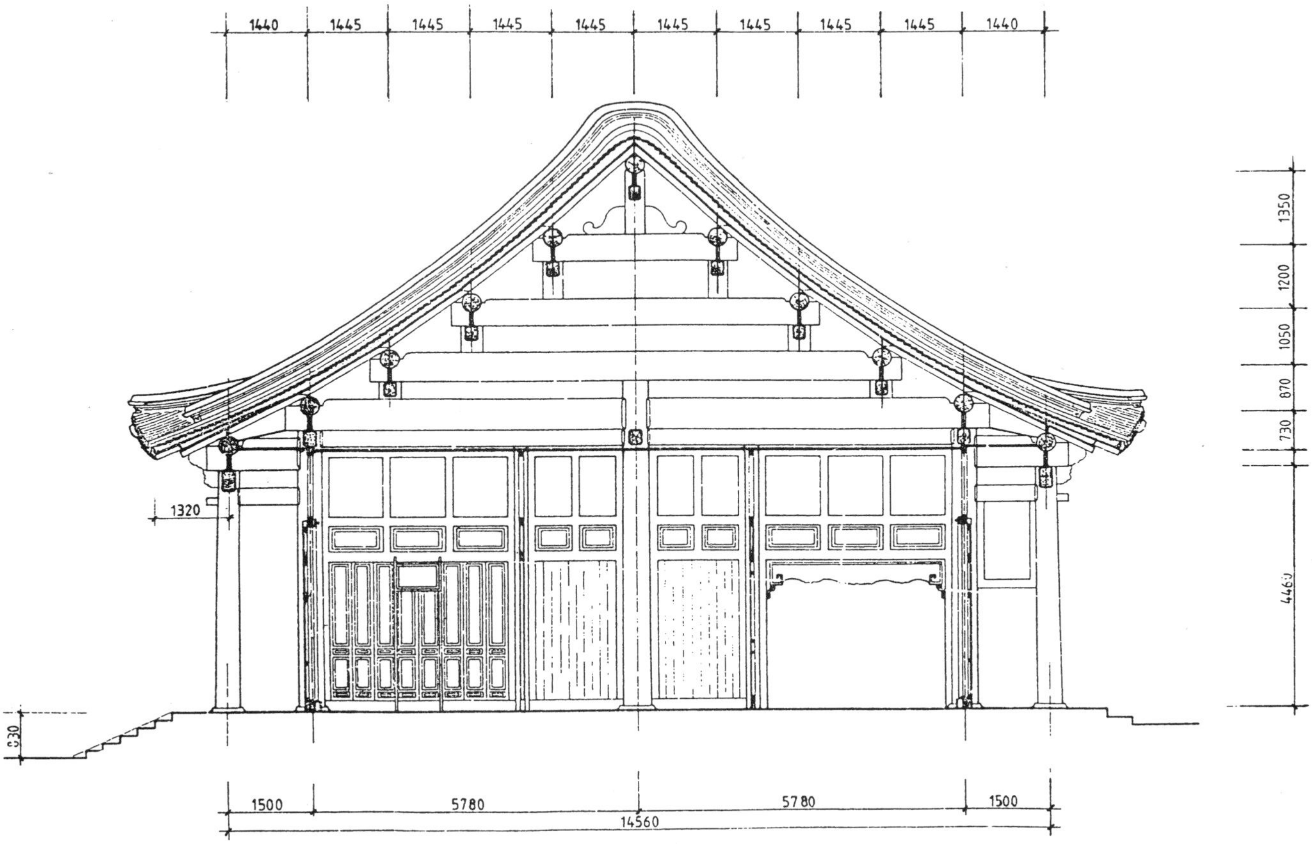

1440 1445 1445 1445 1445 1445 1445 1445 1445 1440

1350 1200 1050 870 730 4460

1320

030

1500 5780 5780 1500

14560

图 TT6-4 纵剖面图

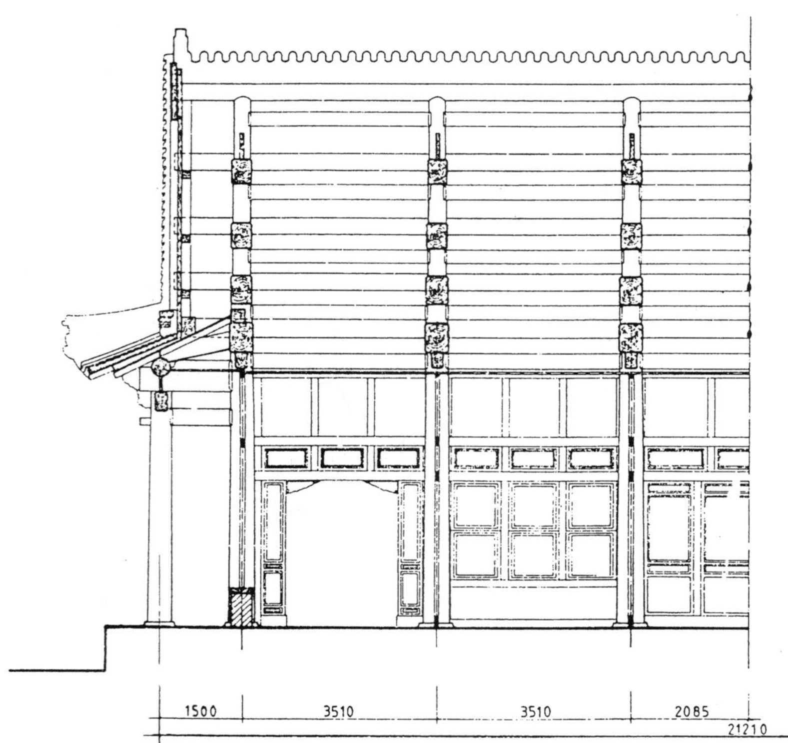

构架尺寸表（mm）							
序号	构件名称	长	宽	高	厚	径	备注
1	檐柱			4390		420	另加鼓镜高 70
2	金柱			5130		450	另加鼓镜高 70
3	中柱			6040		480	另加鼓镜高 70
4	穿插枋			310	250		
5	檐枋			410	260		
6	檐垫板			270	60		
7	抱头梁			600	380		
8	四步梁			580	460		
9	七架梁			550	420		
10	五架梁			500	390		
11	三架梁			460	370		
12	脊瓜柱		320		360		
13	踏脚木		260	380			
14	草架穿		160		160		
15	山花板				80		
16	博缝板		750		115		
17	金枋			290	260		
18	金垫板			290	60		
19	脊枋			260	220		
20	脊垫板			220	60		
21	檩					340	
22	随梁枋			290	260		
23	角背			500	80		
24	角梁			325	210		
25	角云			400	360		
26	椽子		110		110		
27	飞椽					110	
28	大连檐		140	100			
29	小连檐		100		30		
30	上槛			140	100		
31	中槛			165	100		
32	下槛			200	100		
33	抱框		165		100		明间
34	抱框		140		100		次稍间
35	间柱		160		100		
36	榻板		450		120		
37	内檐方柱		250	4870	250		

图 TT6-5　两山屋架剖面图

（三）悬山敞厅

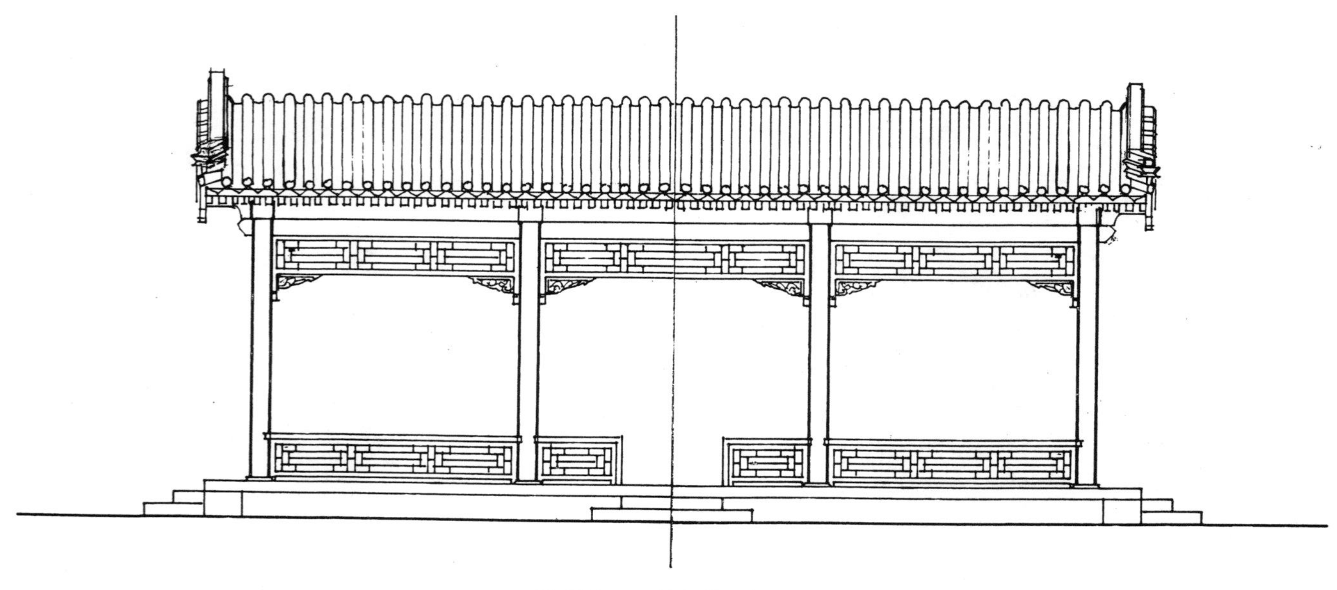

图 CT1-1　悬山敞厅立面图

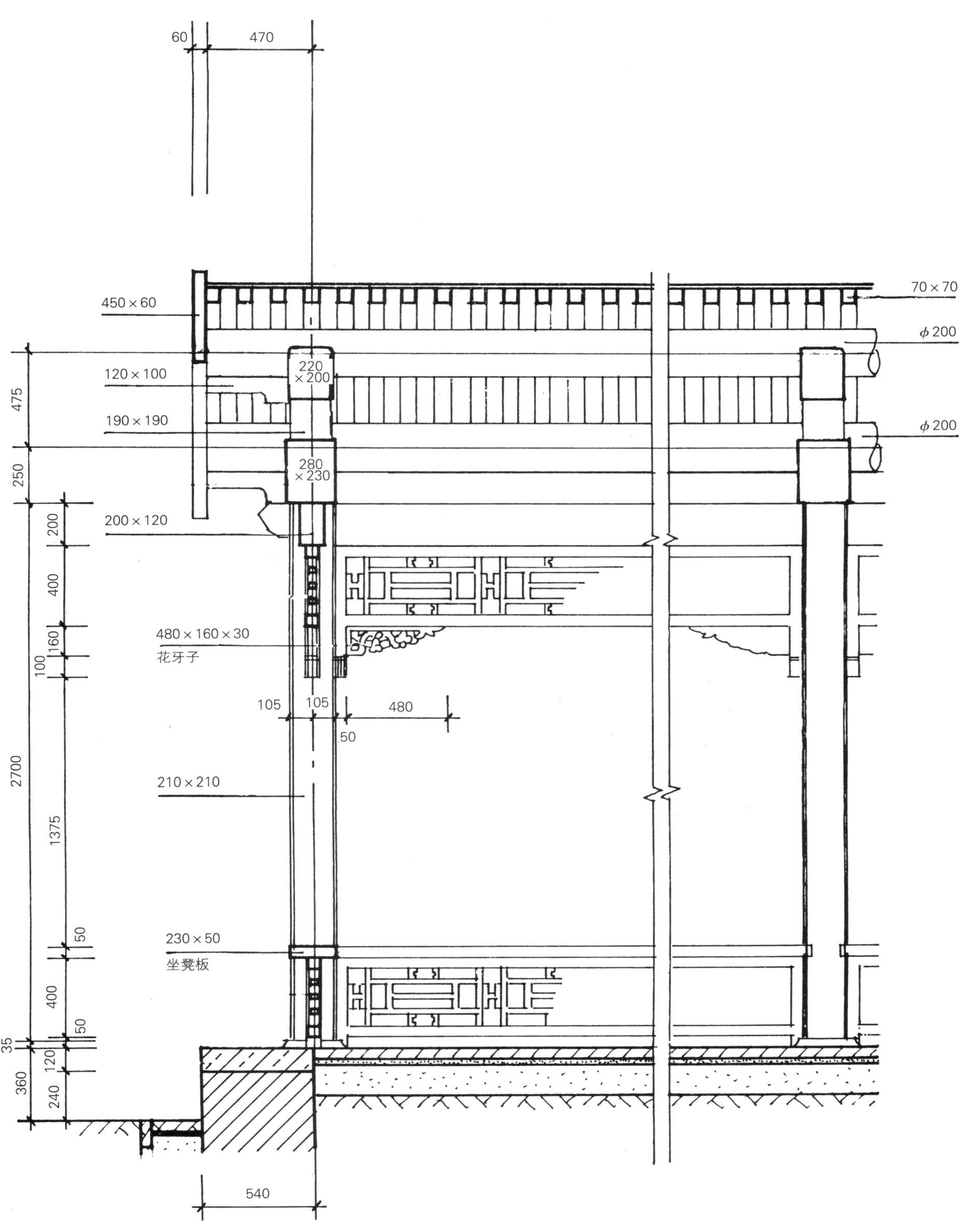

图 CT1-2 悬山敞厅剖面图

（四）歇山敞厅

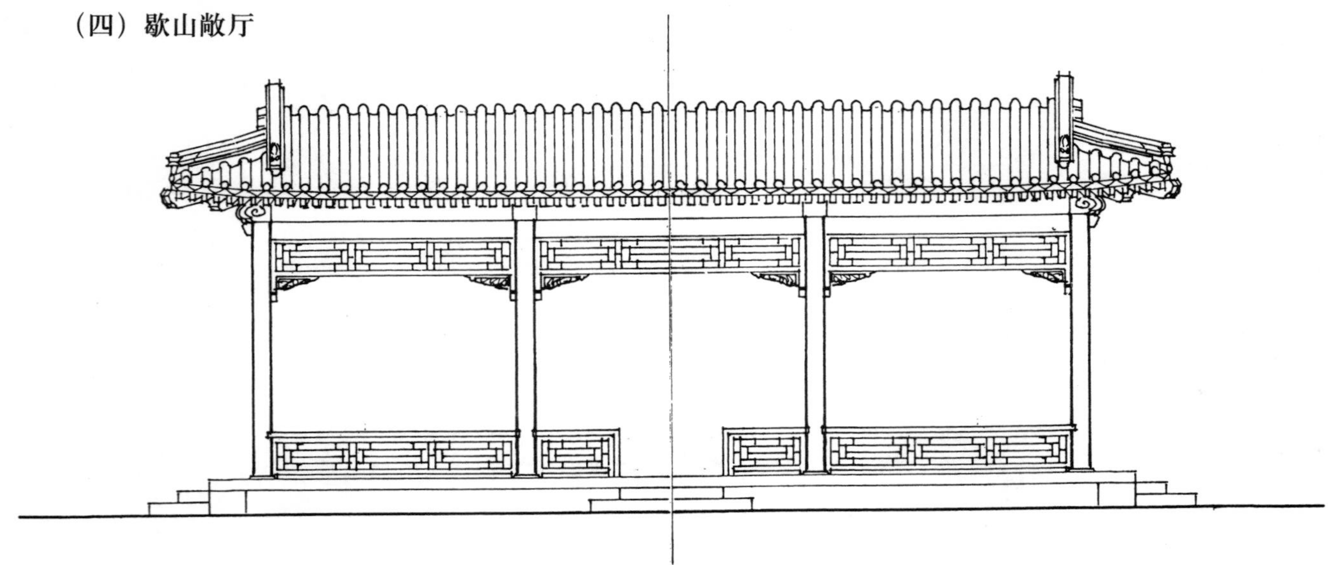

图 CT2-1　歇山敞厅立面图

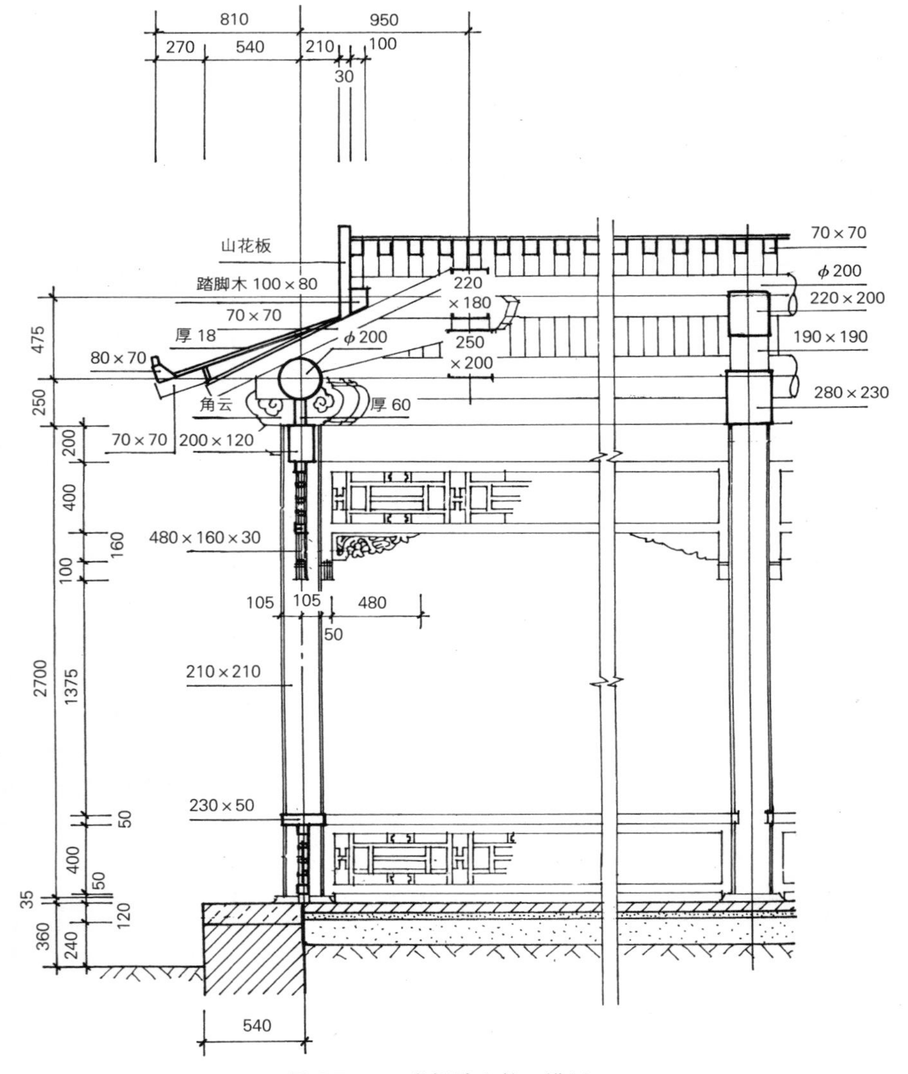

图 CT2-2　卷棚歇山敞厅横剖面

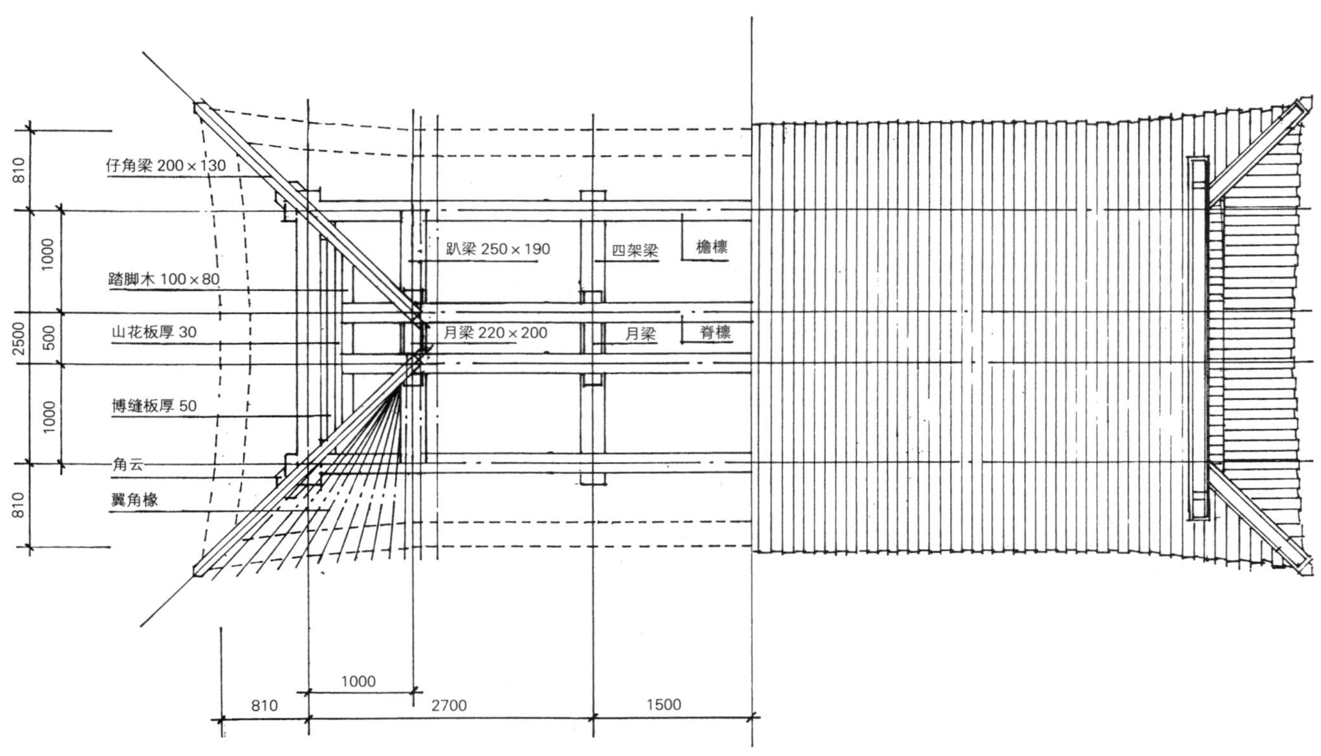

图 CT2-3 歇山敞厅屋架俯视及屋顶平面图

（五）歇山顶水榭

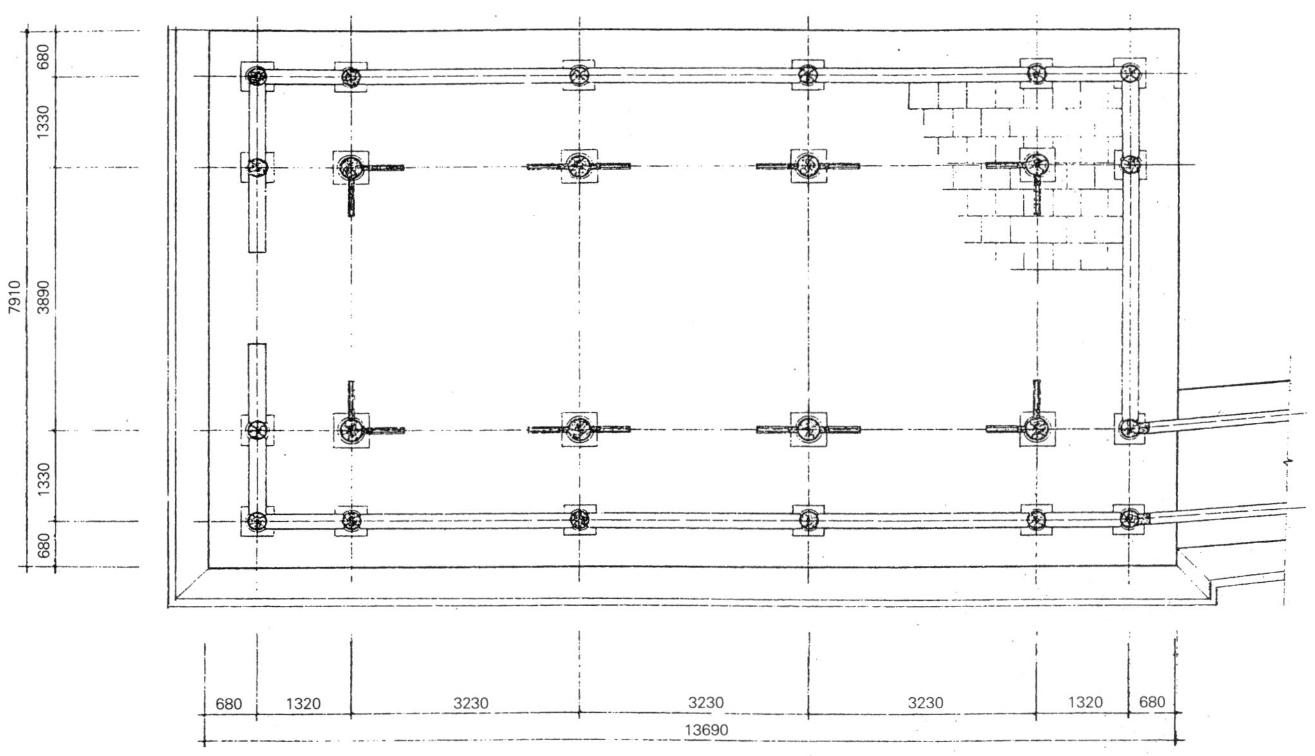

图 CT3-1 建筑平面图

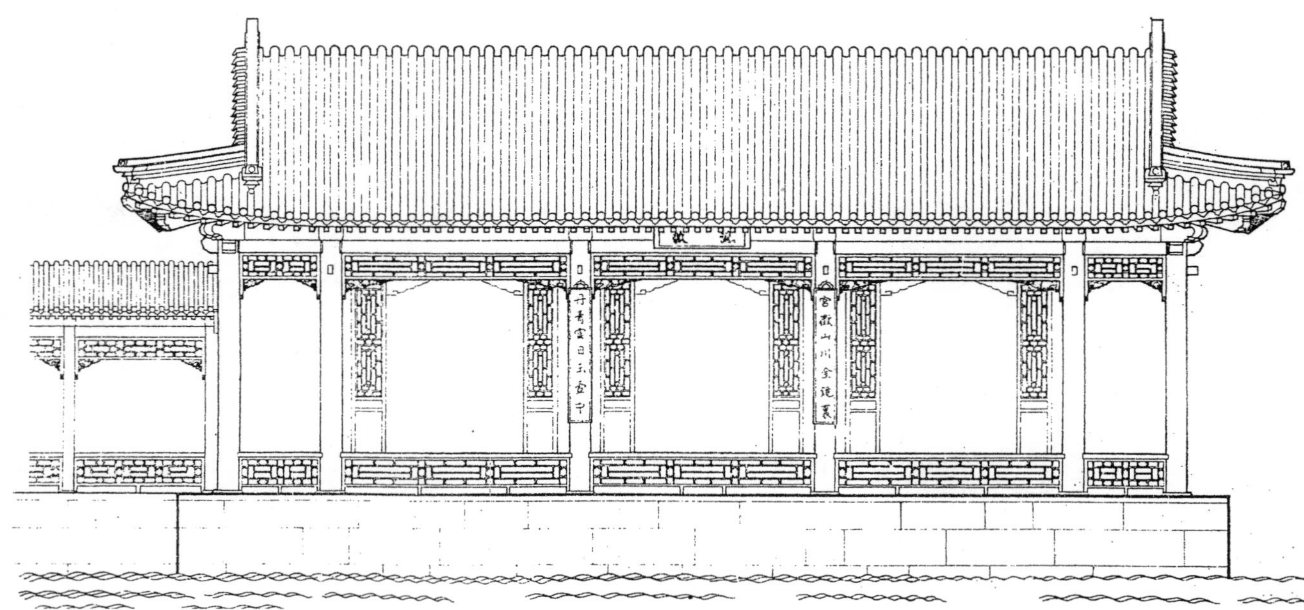

图 CT3-2 正立面图

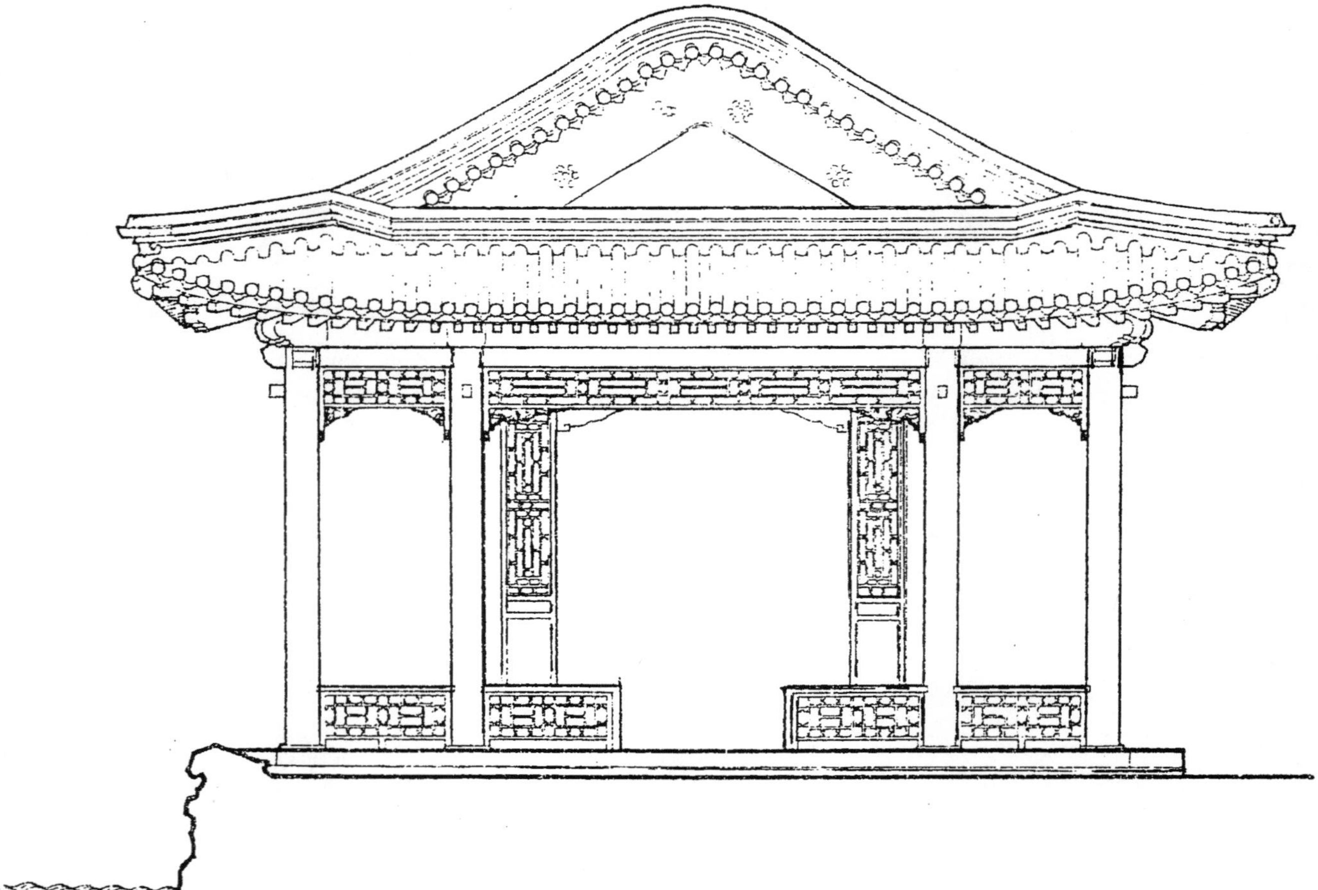

图 CT3-3 侧立面图

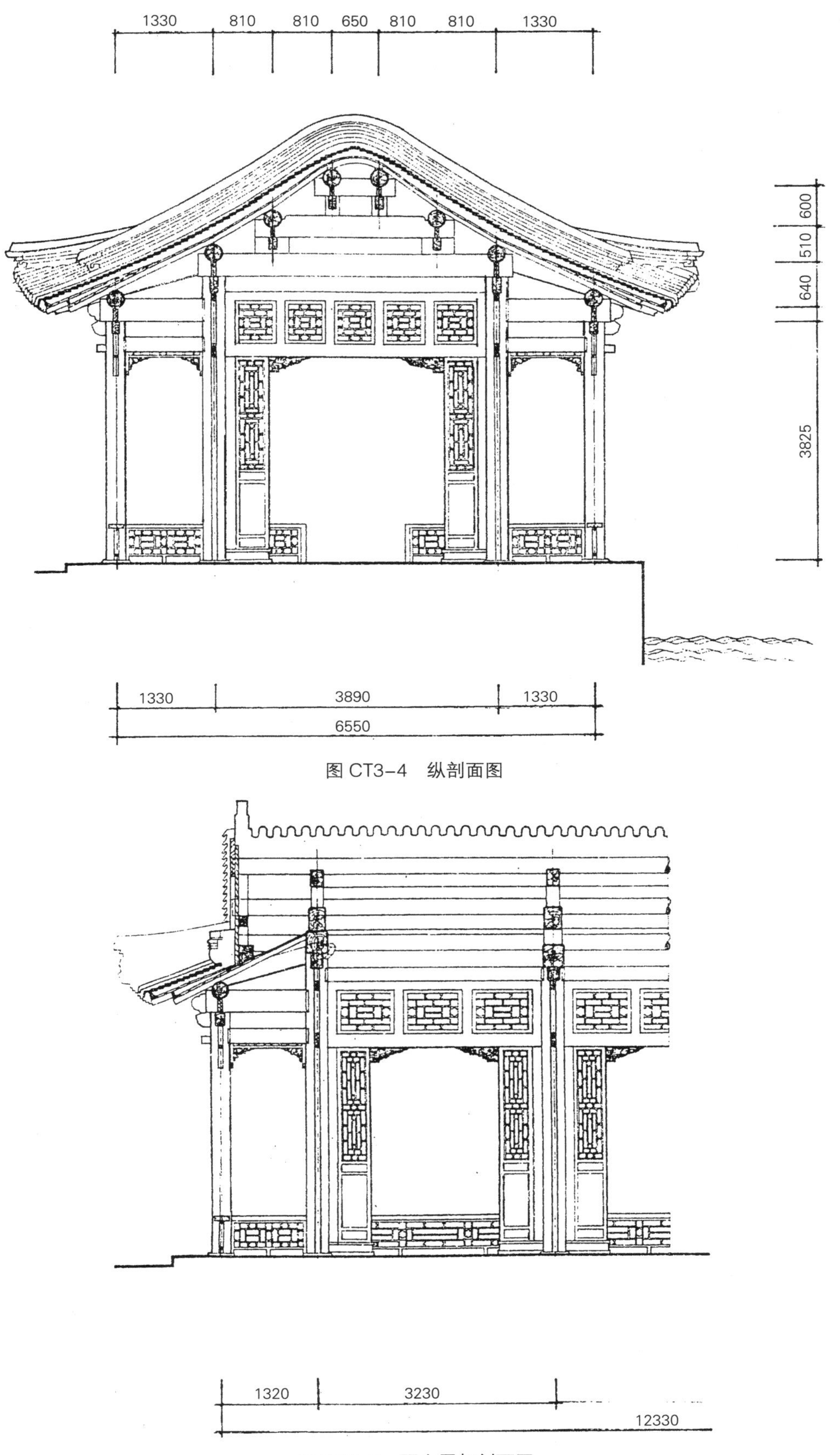

图 CT3-4 纵剖面图

图 CT3-5 两山屋架剖面图

三、游廊

（一）坡屋顶通透游廊一

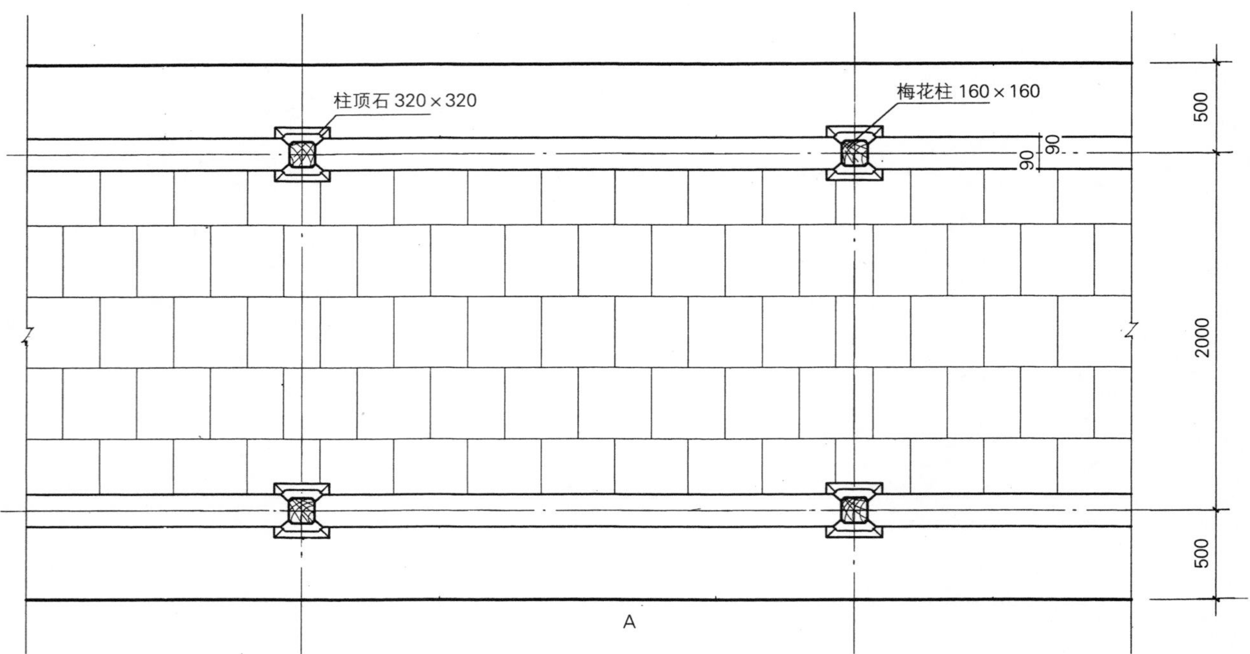

图 YL1-1　建筑平面图

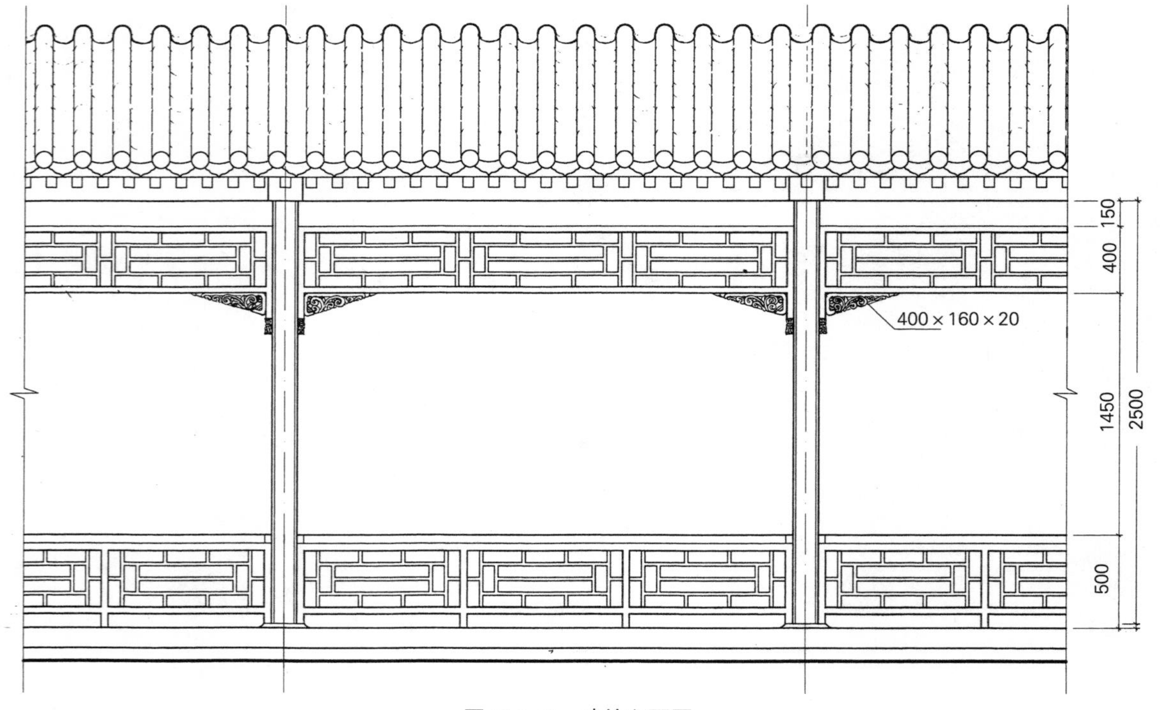

图 YL1-2　建筑立面图

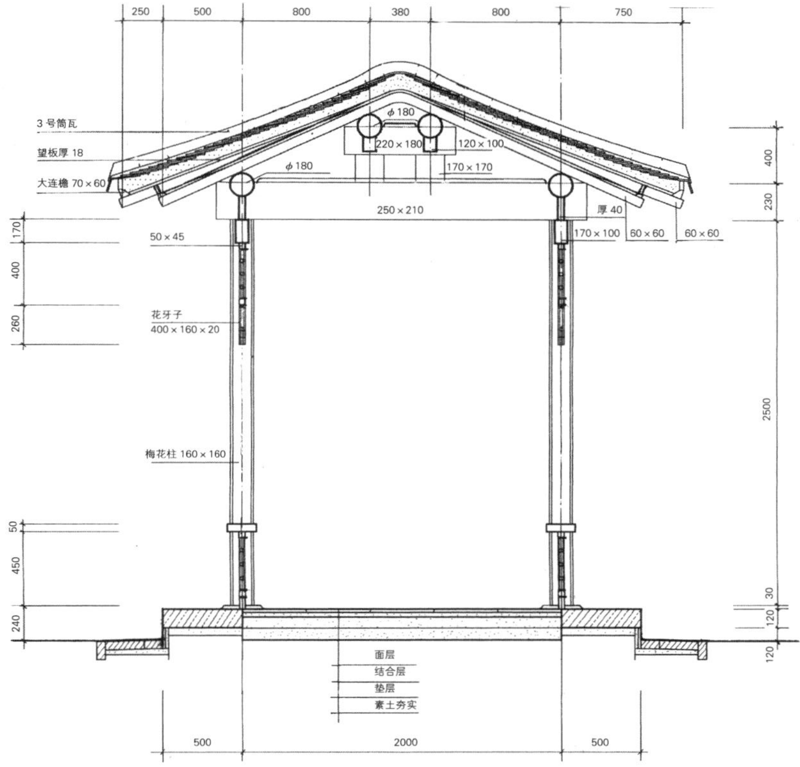

图 YL1-3 建筑剖面图

（二）坡屋顶通透游廊二

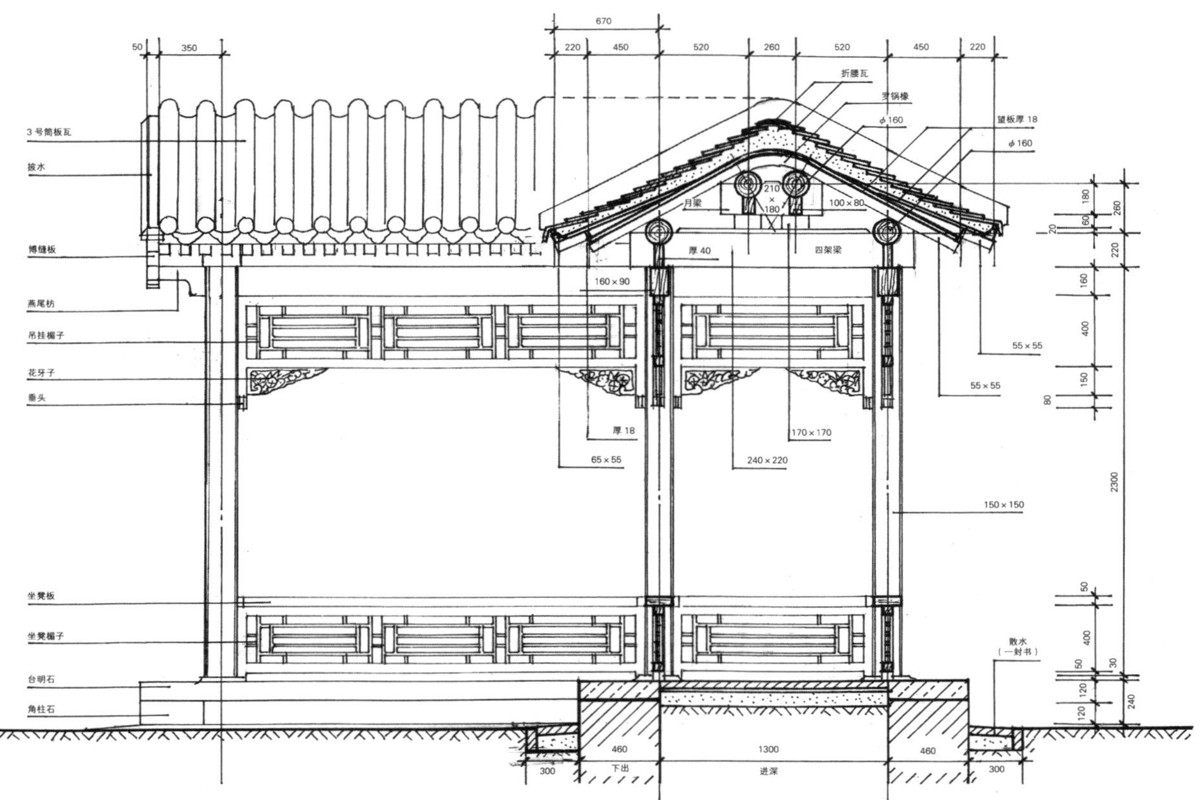

图 YL2 建筑立面、剖面图

（三）坡屋顶通透游廊三

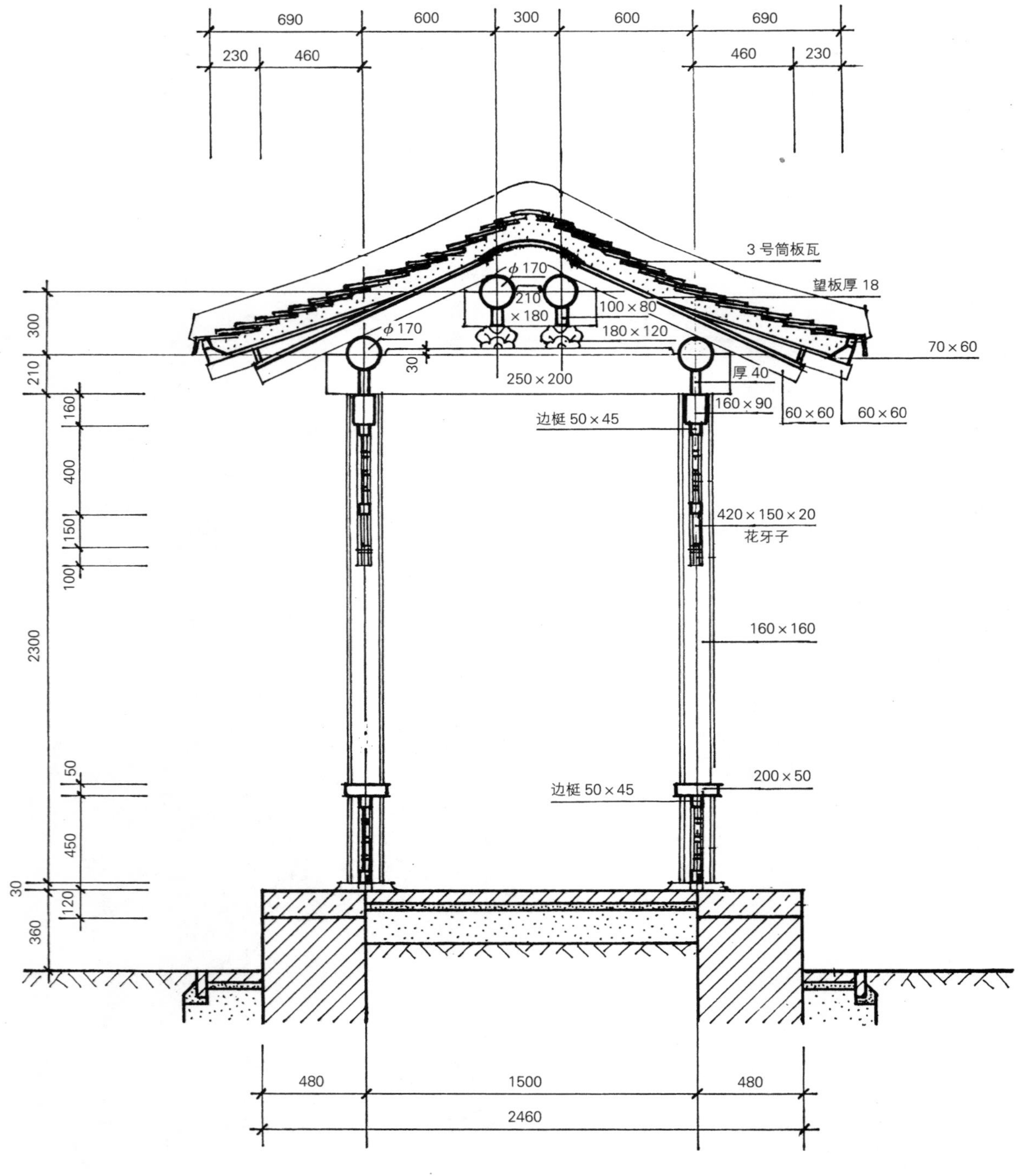

图 YL3 建筑剖面图

（四）坡屋顶通透游廊四

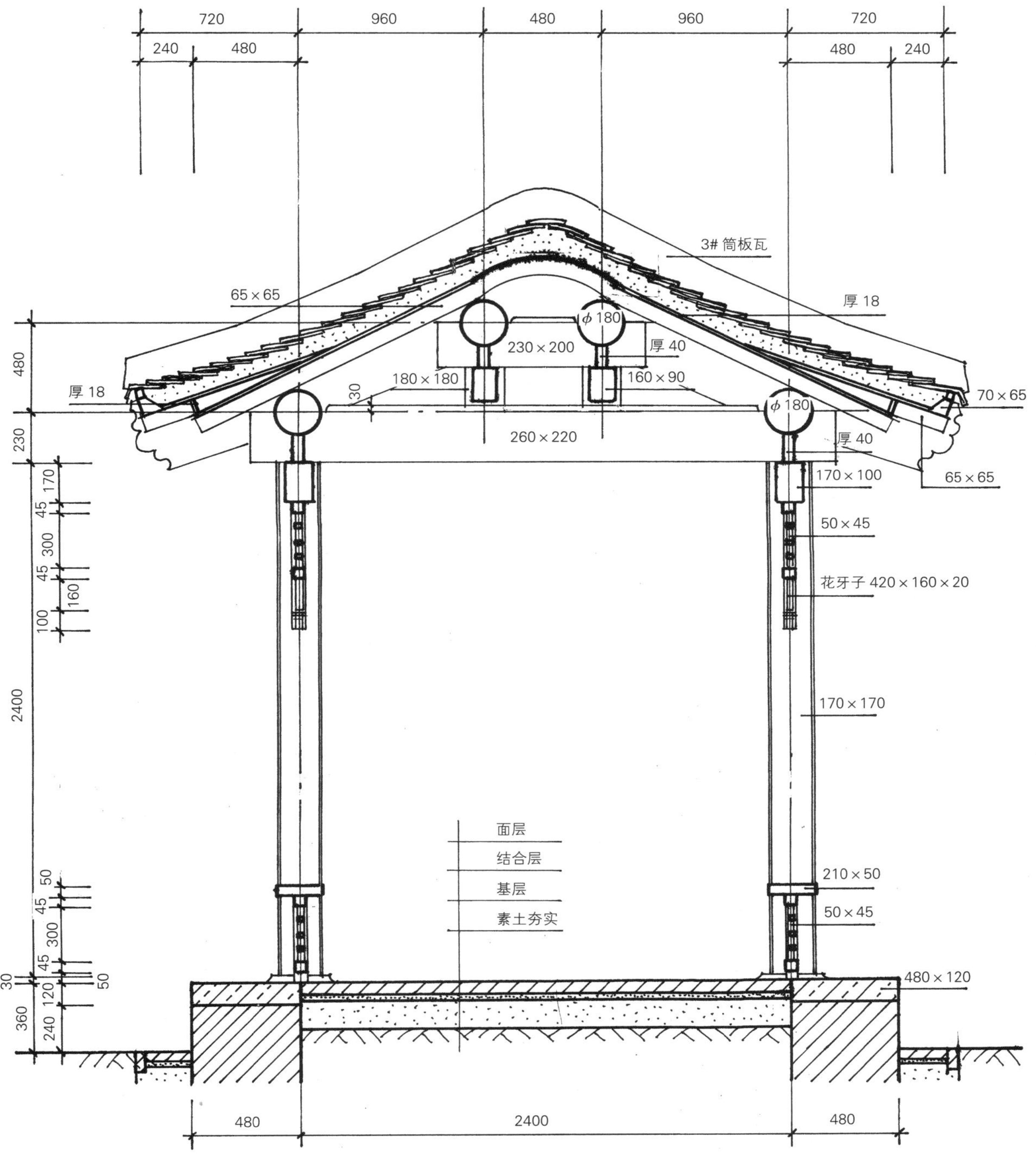

图 YL4 建筑剖面图

（五）平屋顶通透游廊

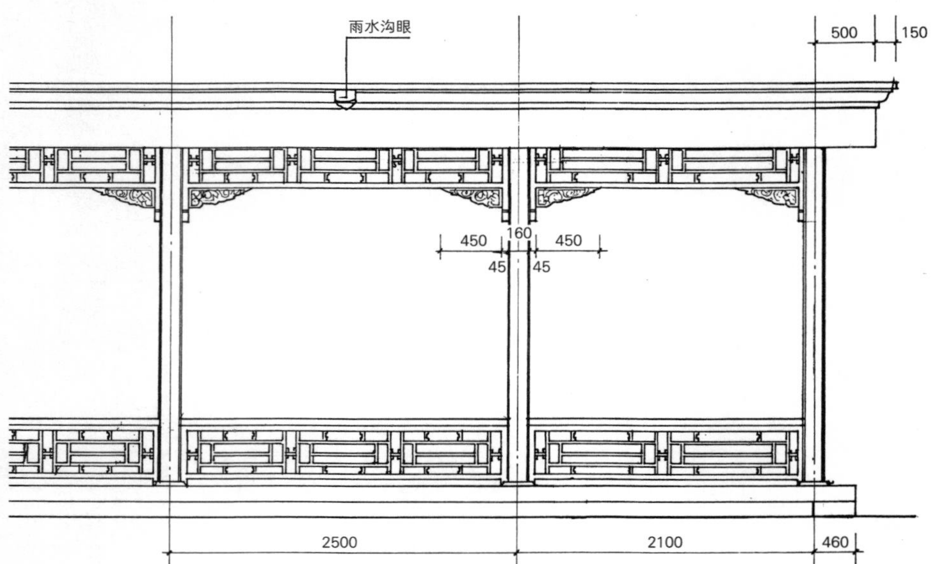

图 YL5-1　建筑立面图

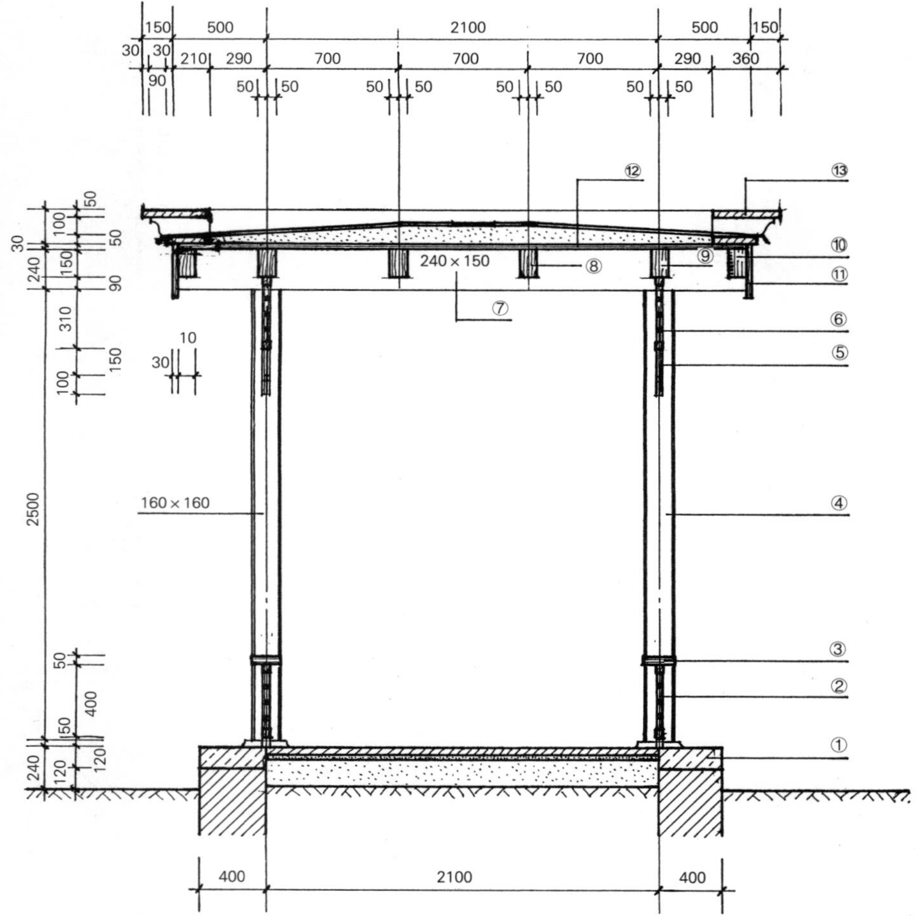

①台明石　②坐凳楣子　③坐凳板　④梅花柱　⑤花牙子　⑥吊挂楣子　⑦梁　⑧楞木　⑨檐枋　⑩沿边木　⑪挂檐　⑫望板　⑬冰盘檐

图 YL5-2　平顶游廊剖面图

（六）复廊

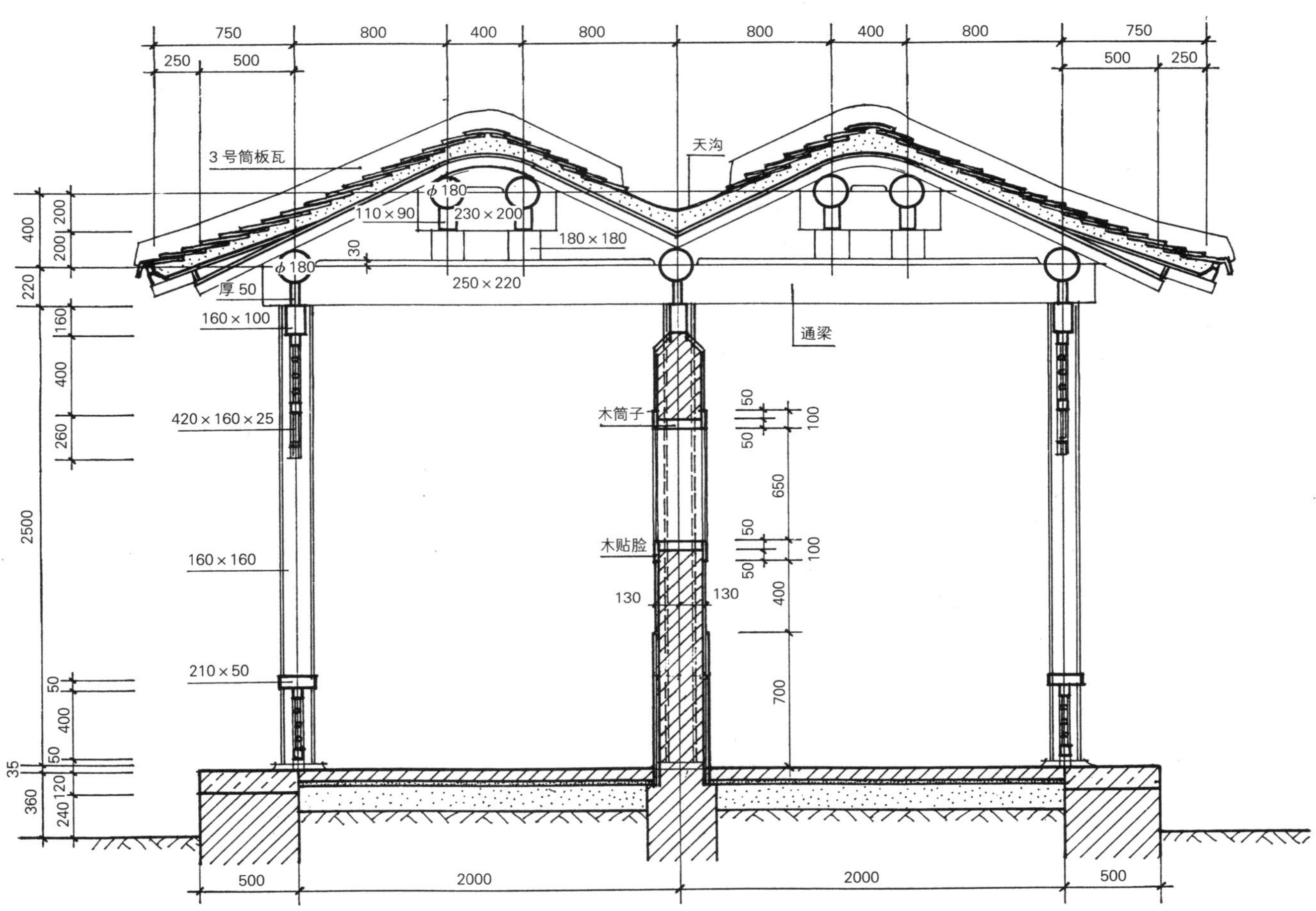

图 YL6　建筑剖面图

（七）通透楼廊

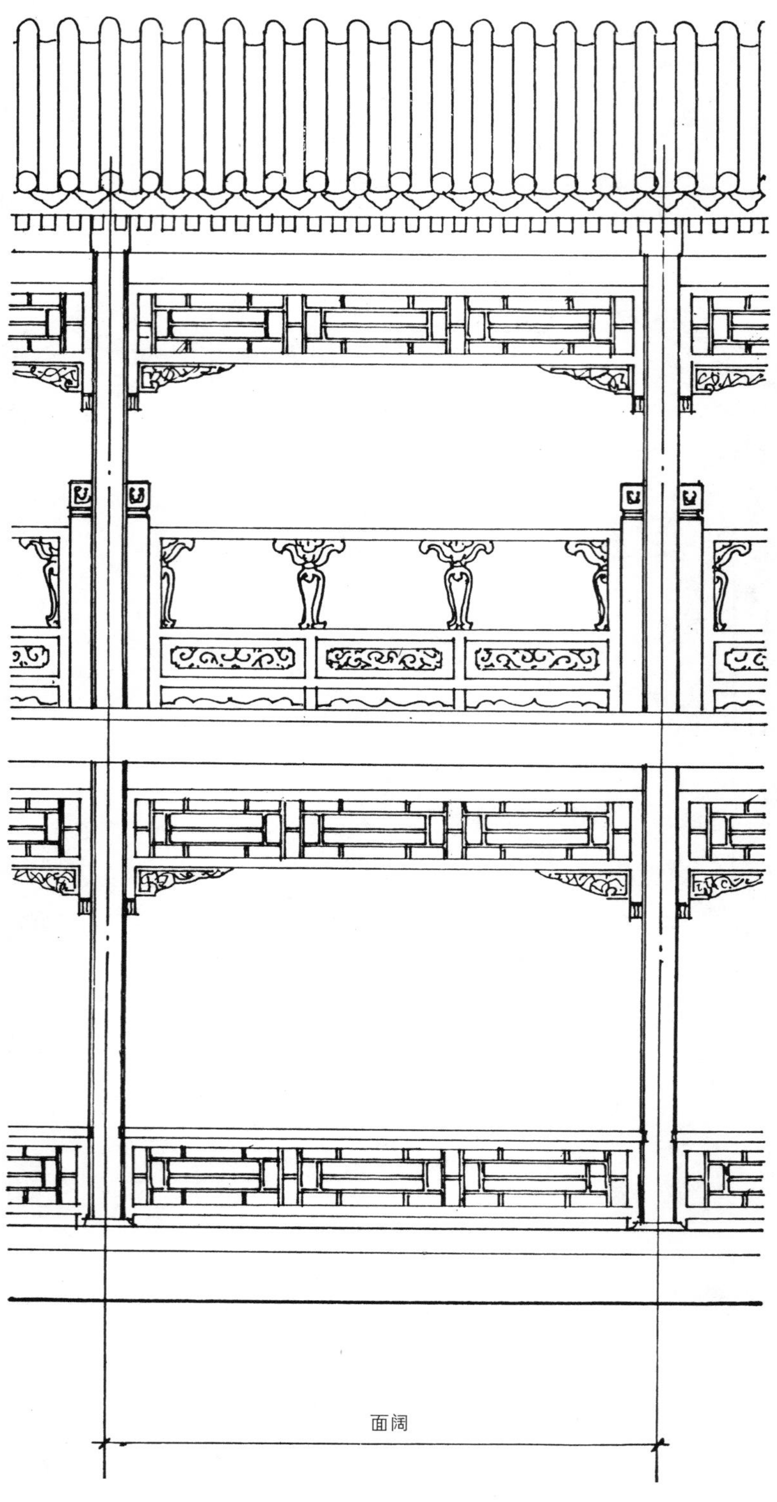

图 YL7-1 建筑立面图

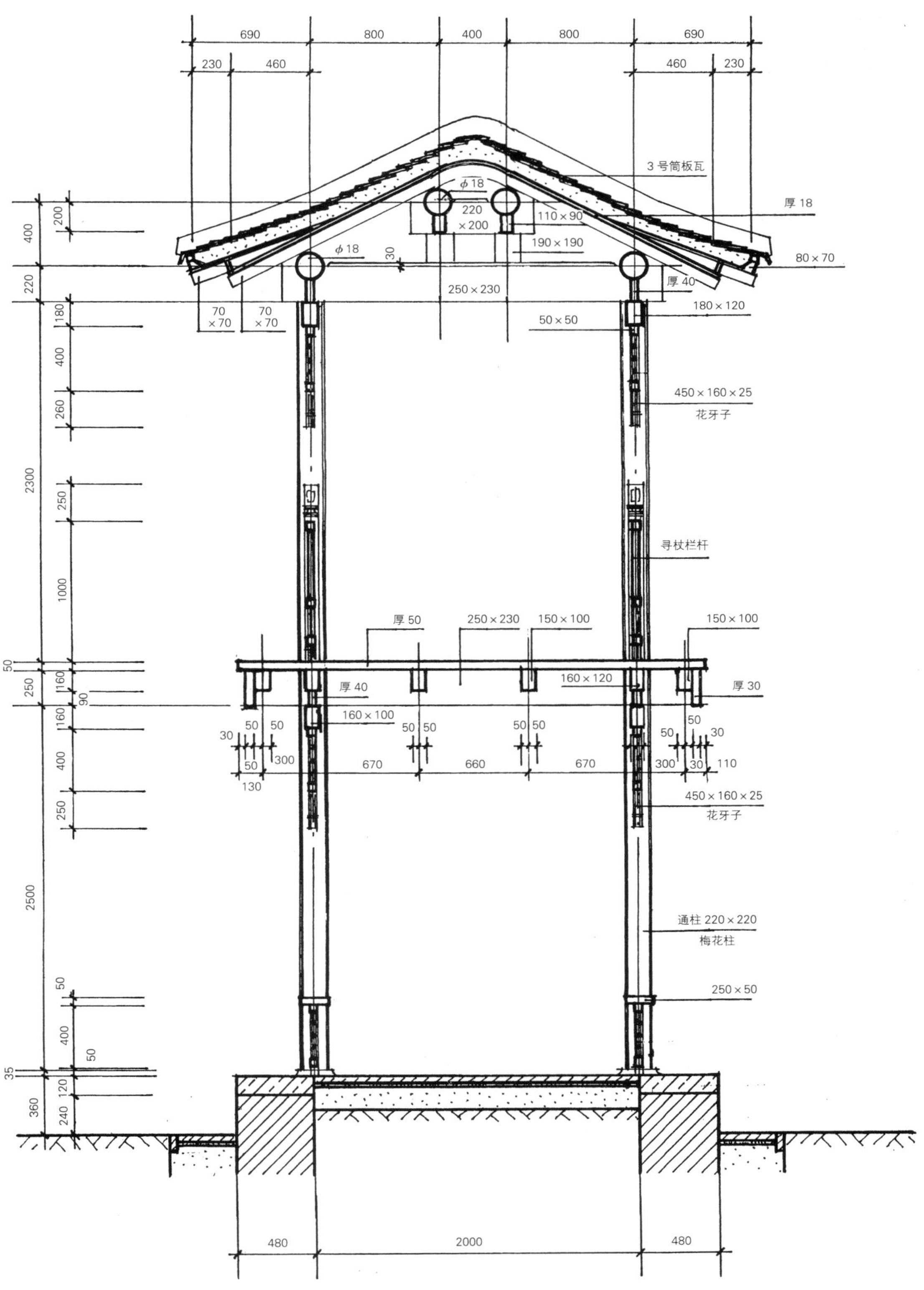
690
800
400
800
690
230
460
460
230
3 号筒板瓦
厚 18
ϕ18
220
×200
110×90
190×190
ϕ18
30
80×70
厚 40
250×230
180×120
70
×70
70
×70
50×50
450×160×25
花牙子
寻杖栏杆
厚 50
250×230
150×100
150×100
160×120
厚 40
厚 30
160×100
670
660
670
300
300
130
110
450×160×25
花牙子
通柱 220×220
梅花柱
250×50
480
2000
480
400
220
2300
2500
360
200
180
400
260
250
1000
50
250
160
90
160
400
250
50
400
50
35
120
240

图 YL7-2　建筑剖面图

（八）半壁游廊后檐墙及什锦窗

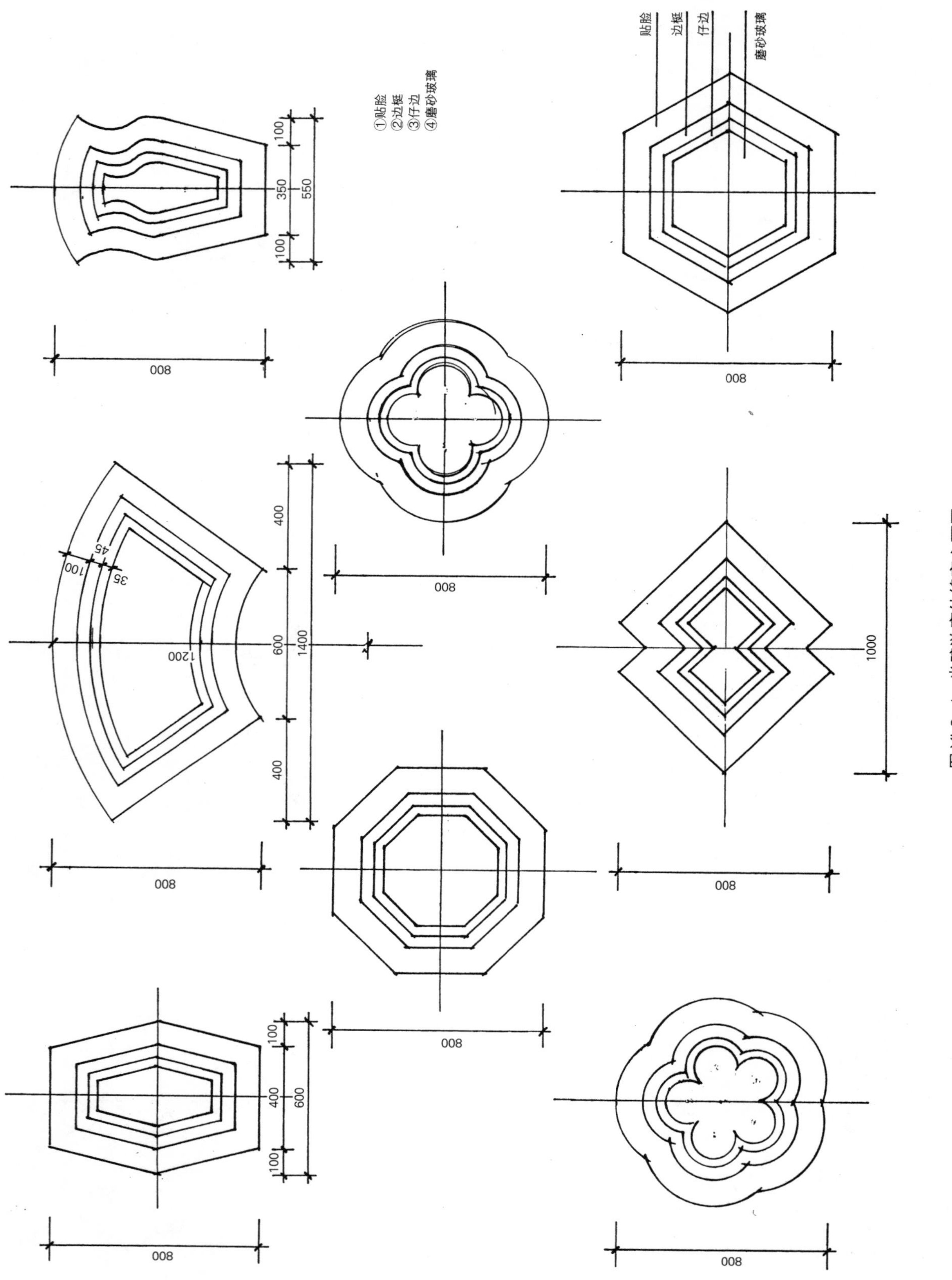

图 YL8-1 半壁游廊什锦窗立面图

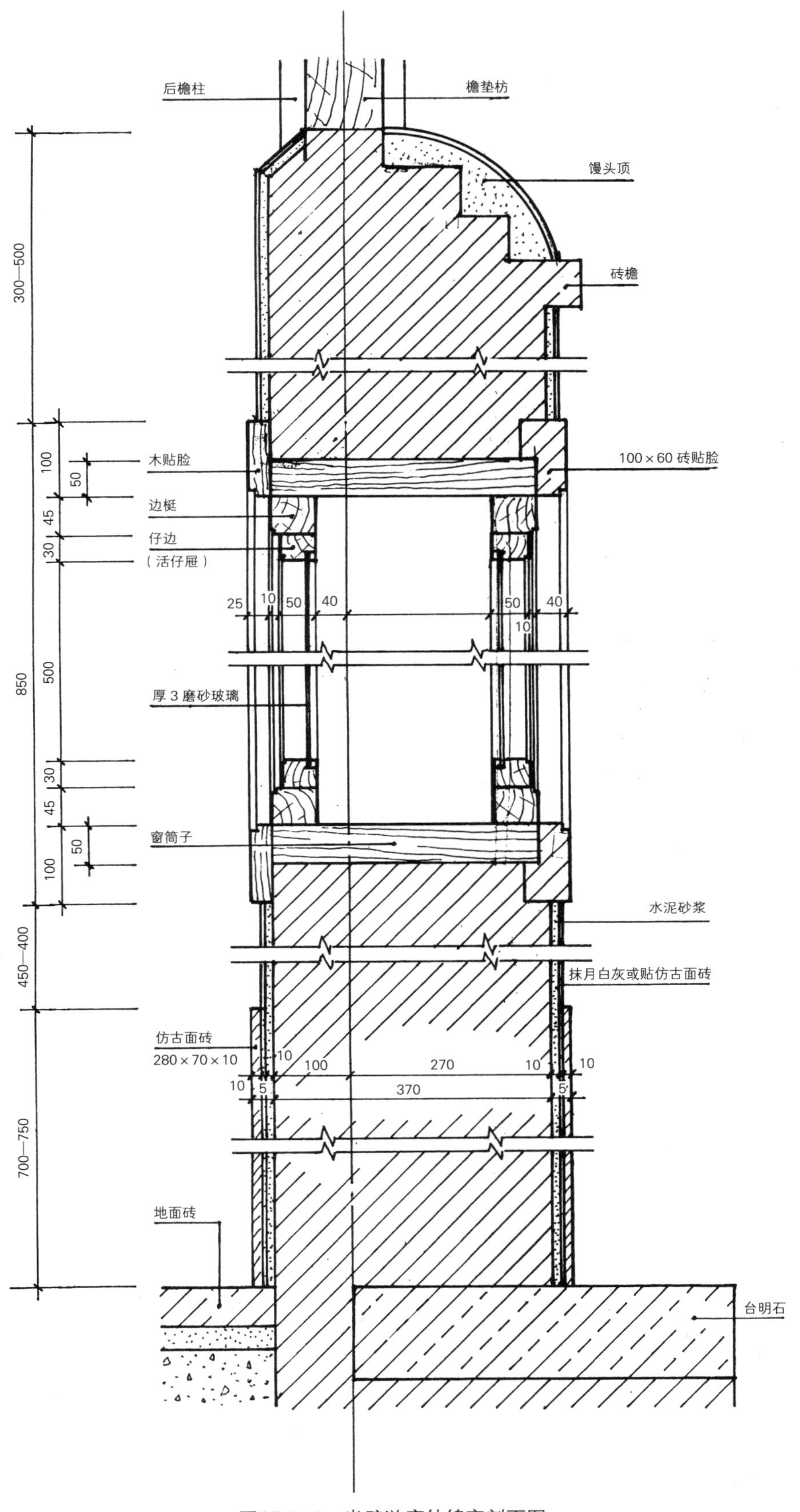

图 YL8-2　半壁游廊什锦窗剖面图一

注：窗内可以安装灯，供晚间照明使用。

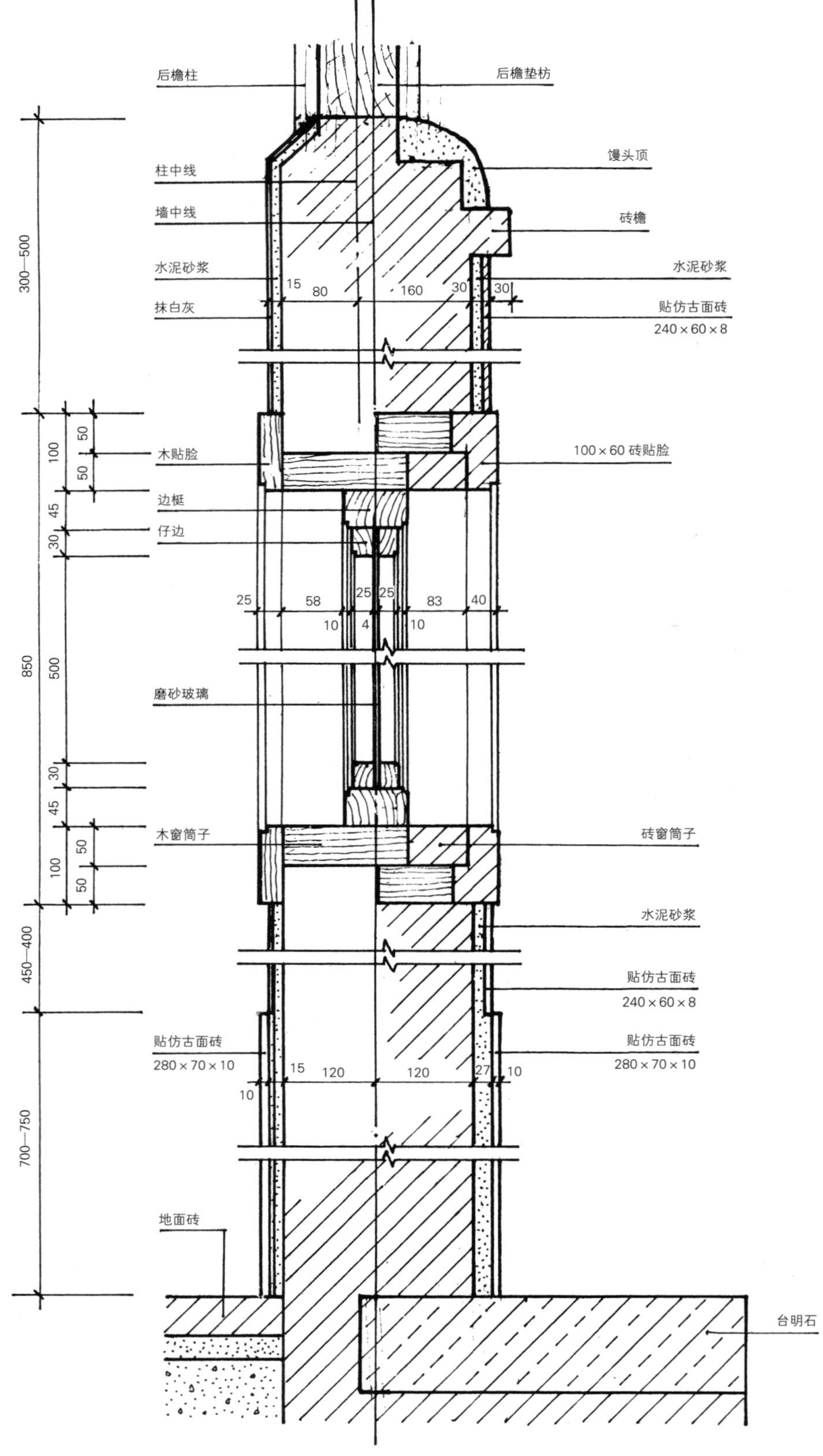

图 YL8-3 半壁游廊什锦窗剖面图二

四、亭

（一）单檐攒尖十二柱正方亭

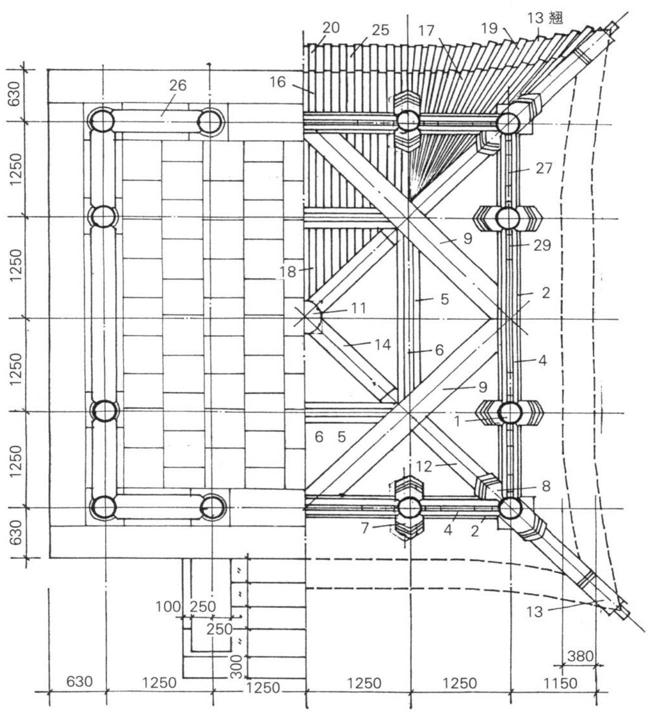

图 T1-1　建筑平面、屋架仰视图

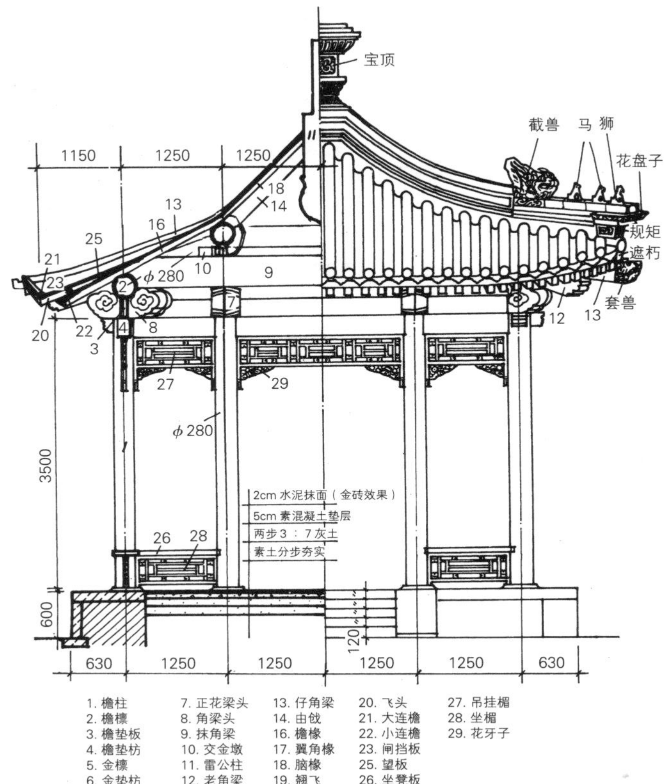

图 T1-2　建筑立面、屋架剖面图

单檐攒尖十二柱正方亭构件尺寸表

构件名称	构件尺寸（不含榫长）	数量	构件名称	构件尺寸（不含榫长）	数量
檐柱	Φ280×3600	12 根	檐椽	Φ90×2200	50 根
檐檩	明间 Φ280×2600 次间 Φ280×15300	4 根 4 根	翼角椽	Φ90×2500　13 翘、山面 9 翘	110 根
檐垫板	明间 210×40×2300 次间 210×40×1440	4 根 4 根	翘飞椽	90×90×1900	110 根
檐垫枋	170×230×2220 170×230×970	4 根 4 根	飞椽	90×90×1100	50 根
金檩	Φ280×3300	4 根	脑椽	Φ90×1800	40 根
金枋	100×100×330	4 根	大连檐	90×100	35m
正花梁头	350×300×900	8 根	小连檐	25×60	34m
角花梁头	350×300×980	4 根	闸挡板	18×100	17m
抹角梁	300×350×3500	4 根	瓦口	30×140	35m
交金墩	280×100×600	4 根	望板	厚 18	120m²
雷公柱	Φ350×2600	1 根	坐凳板	320×60×2150 320×60×1100	2 块 10 块
老角梁	270×180×3300	4 根	吊挂楣子	400×2120 400×1020	4 扇 8 扇
仔角梁	270×180×3800	4 根	坐凳楣子	400×2120 400×1020	4 扇 8 扇
由戗	270×180×1700	4 根	花牙子	170×400 170×300	8 块 16 块
枕头木	90×180×900	4 根			

（二）单檐攒尖四柱长方亭

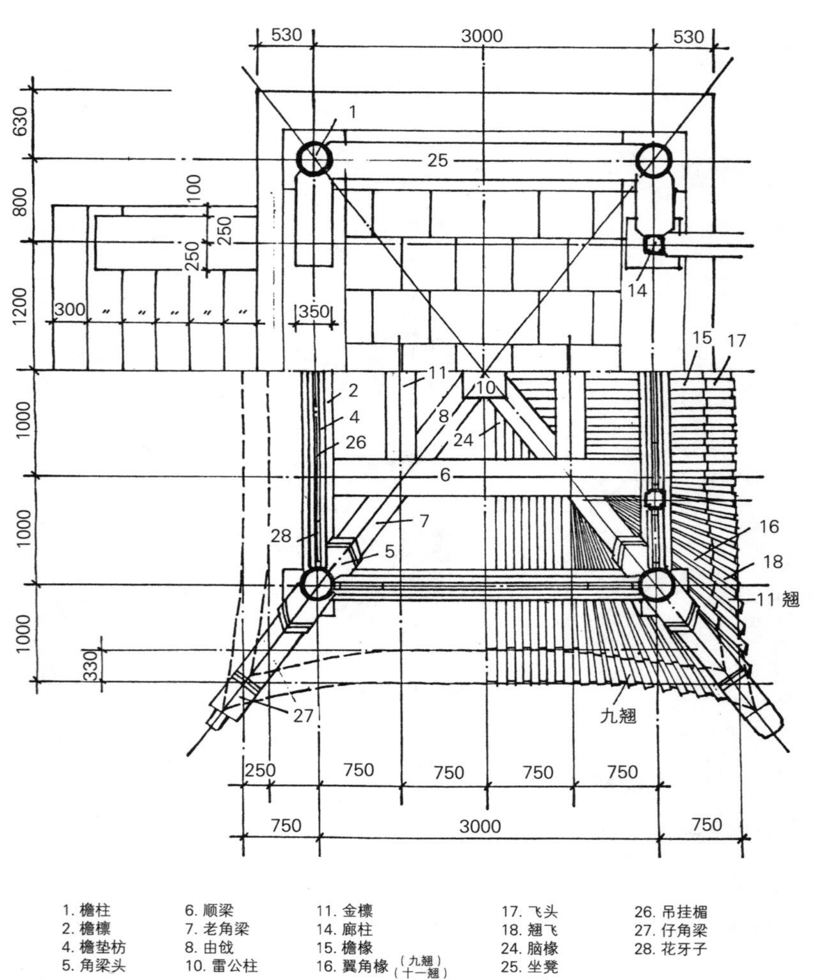

1. 檐柱　2. 檐檩　4. 檐垫枋　5. 角梁头　6. 顺梁　7. 老角梁　8. 由戗　10. 雷公柱　11. 金檩　14. 廊柱　15. 檐椽　16. 翼角椽（九翘）（十一翘）　17. 飞头　18. 翘飞　24. 脑椽　25. 坐凳　26. 吊挂楣　27. 仔角梁　28. 花牙子

图 T2–1　建筑平面、屋架平面仰视图

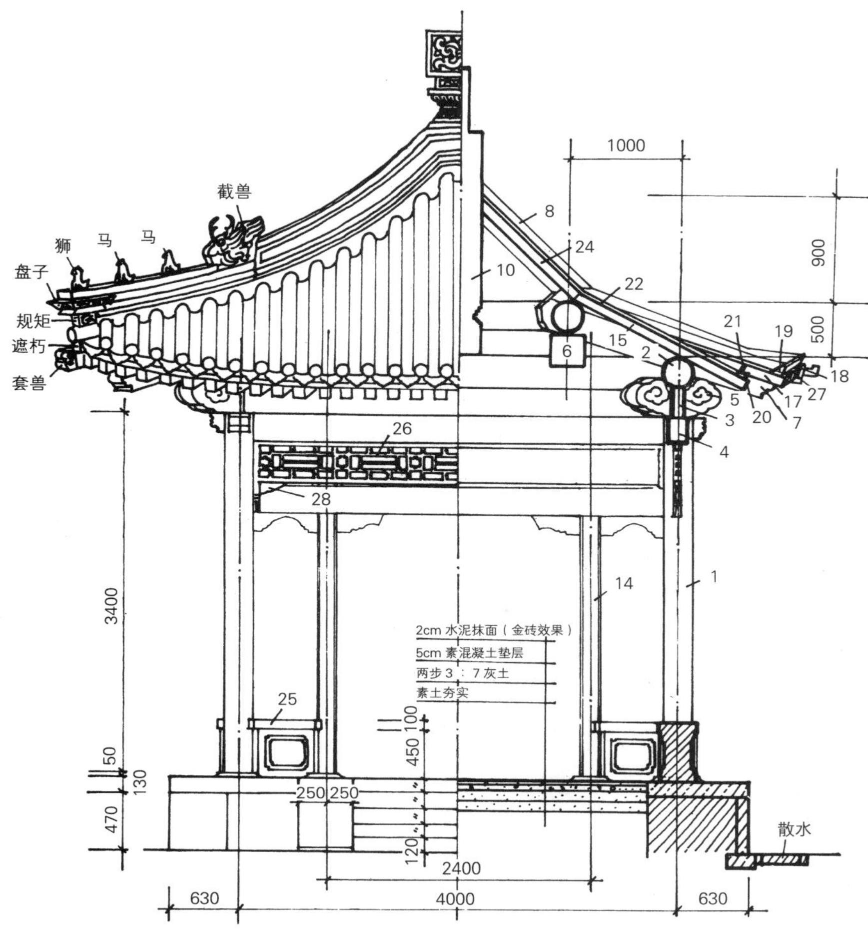

图 T2-2　建筑立面、屋架剖面图

单檐攒尖四柱长方亭构件尺寸表

构件名称	构件尺寸（不含榫长）	数量	构件名称	构件尺寸（不含榫长）	数量
檐柱	Φ260×3500	4 根	脑椽	Φ90×1500	40 根
檐檩	Φ260×3700 Φ260×4700	2 根 2 根	飞椽	Φ190×1750	40 根
檐垫板	190×40×3840 190×40×2820	2 根 2 根	翼角飞椽	用厚 90 木板制作，正面 11 翘、山面 9 翘	72 根
檐垫枋	270×180×4800 270×180×3800	2 根 2 根	枕头木	100×200×1000	4 根
花梁头	380×310×1100	4 根	大连檐	90×100	25m
趴梁	370×320×3000 320×270×2000	2 根 2 根	小连檐	25×60	24m
老角梁	270×180×2800	4 根	闸挡板	18×90	15m
仔角梁	270×180×3500	4 根	望板	厚 18	66m^2
由戗	270×180×1500	4 根	瓦口	30×70	50m
雷公柱	400×300×2600	1 根	坐凳板	砖砌	
金檩	Φ260×2200 Φ260×2700	2 根 2 根	坐凳楣	砖砌	
金枋	160×270×1800	2 根	吊挂楣子	400×2730　400×3730	各 2 扇
檐椽	Φ90×1600	40 根	花牙子	160×400　160×300	各 4 块

（三）重檐攒尖八柱八方亭

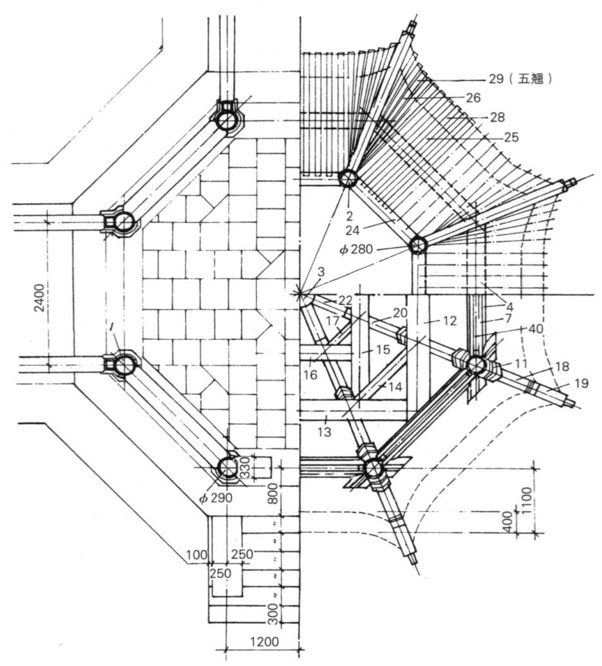

图 T3-1　建筑平面、屋架仰视、屋架俯视图

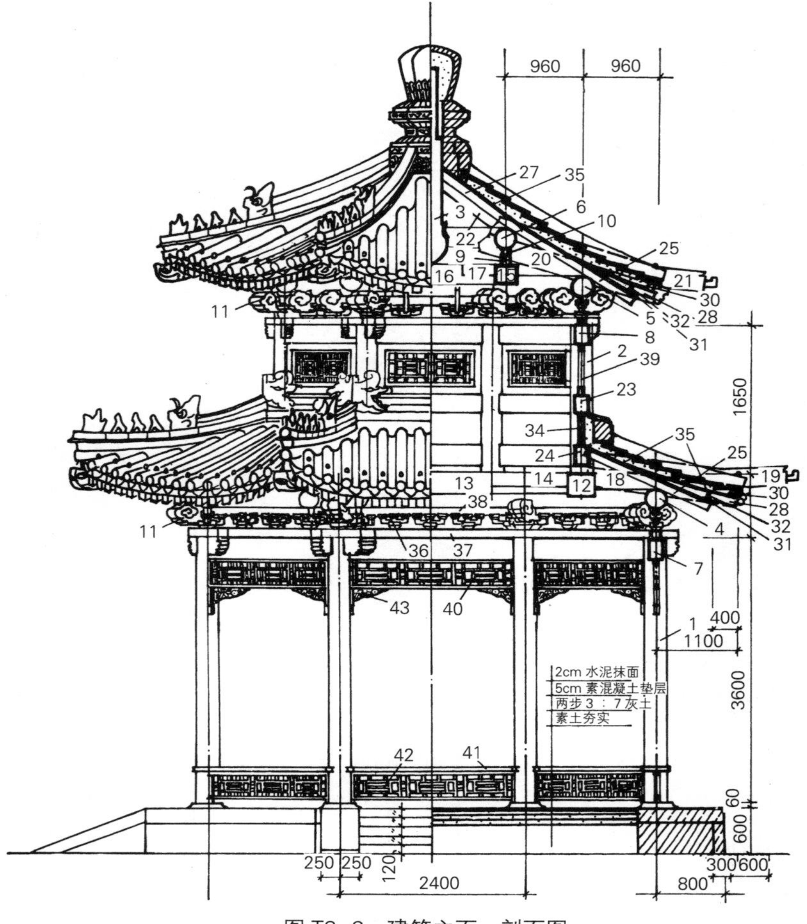

图 T3-2　建筑立面、剖面图

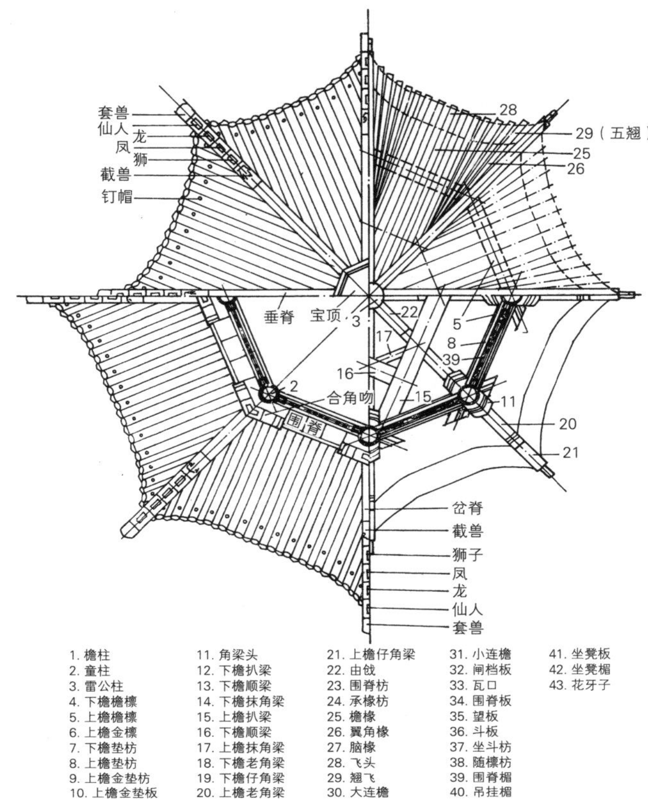

图 T3-3　上下檐屋顶平面、上檐屋架俯视及仰视图

重檐攒尖八柱八方亭构件尺寸表

构件名称	宽	高（长）	厚	径	构件名称	宽	高（长）	厚	径
檐柱		2650		Φ290	上檐短趴梁	250	2940	270	
童柱		1700		Φ280	上檐抹角梁	130	700	190	
雷公柱		2800		Φ320	下檐老角梁	180	2300	270	
下檐檐檩		3200		Φ280	下檐仔角梁	180	2800	270	
上檐檐檩		2400		Φ270	上檐老角梁	180	2700	270	
上檐金檩		1600		Φ250	上檐仔角梁	180	3200	270	
下檐檐枋	290	3200	220		由戗	180	1100	270	
上檐檐枋	290	2400	220		围脊枋	250	1420	150	
上檐金垫枋	220	1400	130		围脊板	240	1420	40	
上檐金垫板	170	1400	40		承椽枋	280	110	210	
下檐随檩枋	110	3200	65		枕头木	180	900	90	
上檐随檩枋	110	2400	65		檐椽		1900		Φ90
下檐坐斗枋	110	3200	100		飞椽	90	1100	90	
上檐坐斗枋	110	2400	100		椽翼角		2200		Φ90
上檐斗栱	一斗二升交麻叶	每间两整二破	斗口 55		翘飞椽	90	2000	90	
下檐斗栱	一斗三升	每间三整二破	斗口 55		脑椽		1200		Φ90
上下檐角云	280	990	270		大连檐	90		100	
下檐长趴梁	340	4800	380		小连檐	50		25	
下檐短趴梁	320	3740	380		闸挡板	100		18	
下檐抹角梁	190	1700	280		望板			18	
上檐长趴梁	300	4000	320		瓦口	30	110	140	

（四）单檐攒尖四柱正方亭

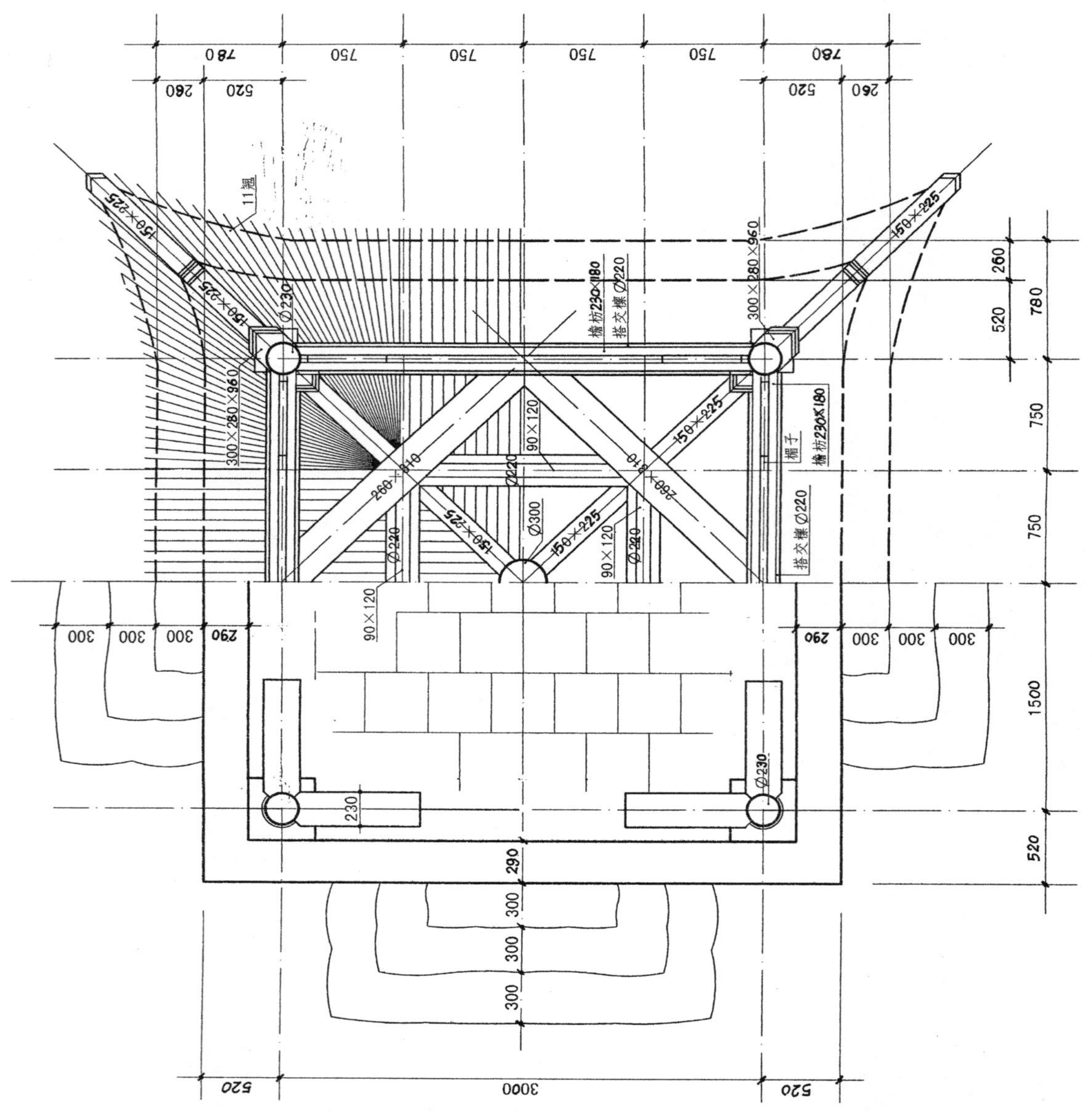

图 T4-1 建筑平面、屋架仰视图

名称	断面尺寸
檐柱	φ230
檐檩	Ø220
金檩	Ø220
檐垫板	厚40
檐垫枋	180×230
金檩枋	90×120
角云	300×280
抹角梁	260×310
仔角梁	150×225
老角梁	150×225
由戗	150×225
雷公柱	Ø300
枕头木	70×200
檐椽	75×75
脑椽	75×75
飞椽	75×75
翘飞（板）	厚75
大连檐	75×75
小连檐	75×30
望板	厚18
闸挡板	厚18
瓦口	30×70
坐凳板	厚50
吊挂楣	宽400
坐凳楣	宽400
花牙子	厚20

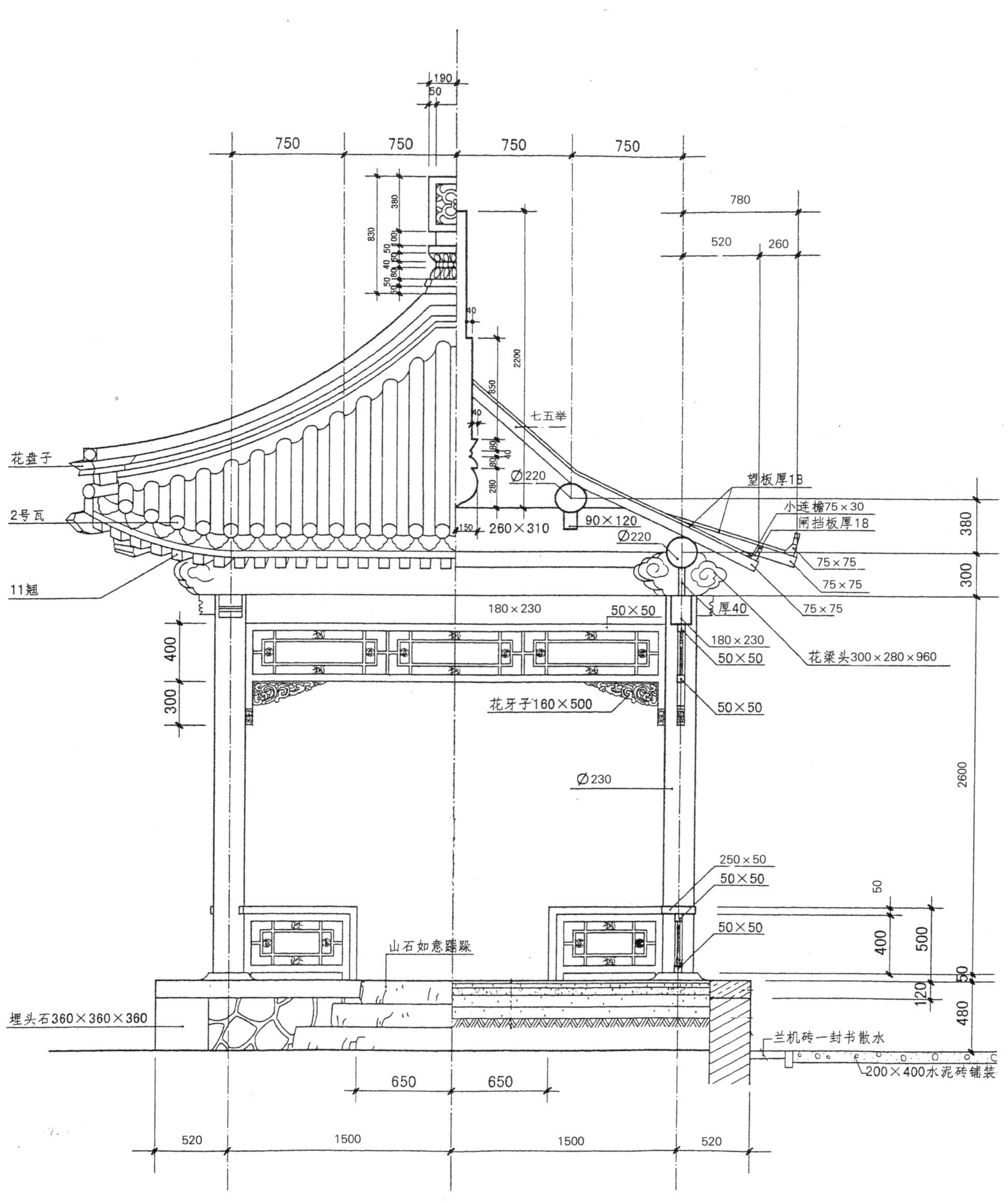

图 T4-2　建筑立面、屋架剖面图

（五）单檐攒尖十六柱正方亭

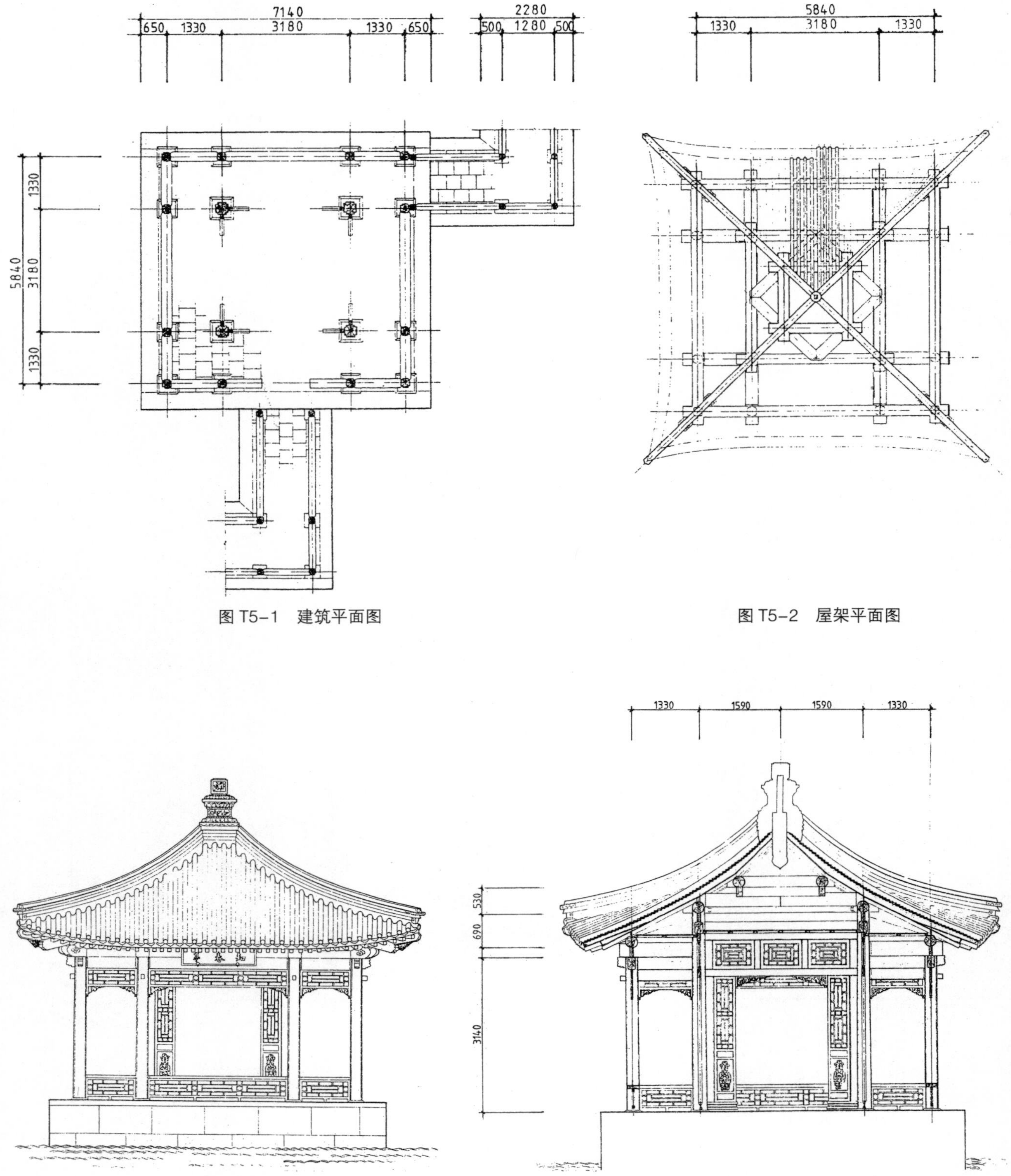

图 T5-1　建筑平面图

图 T5-2　屋架平面图

图 T5-3　建筑立面图

图 T5-4　建筑剖面图

（六）单檐攒尖四柱正方石板瓦屋面亭

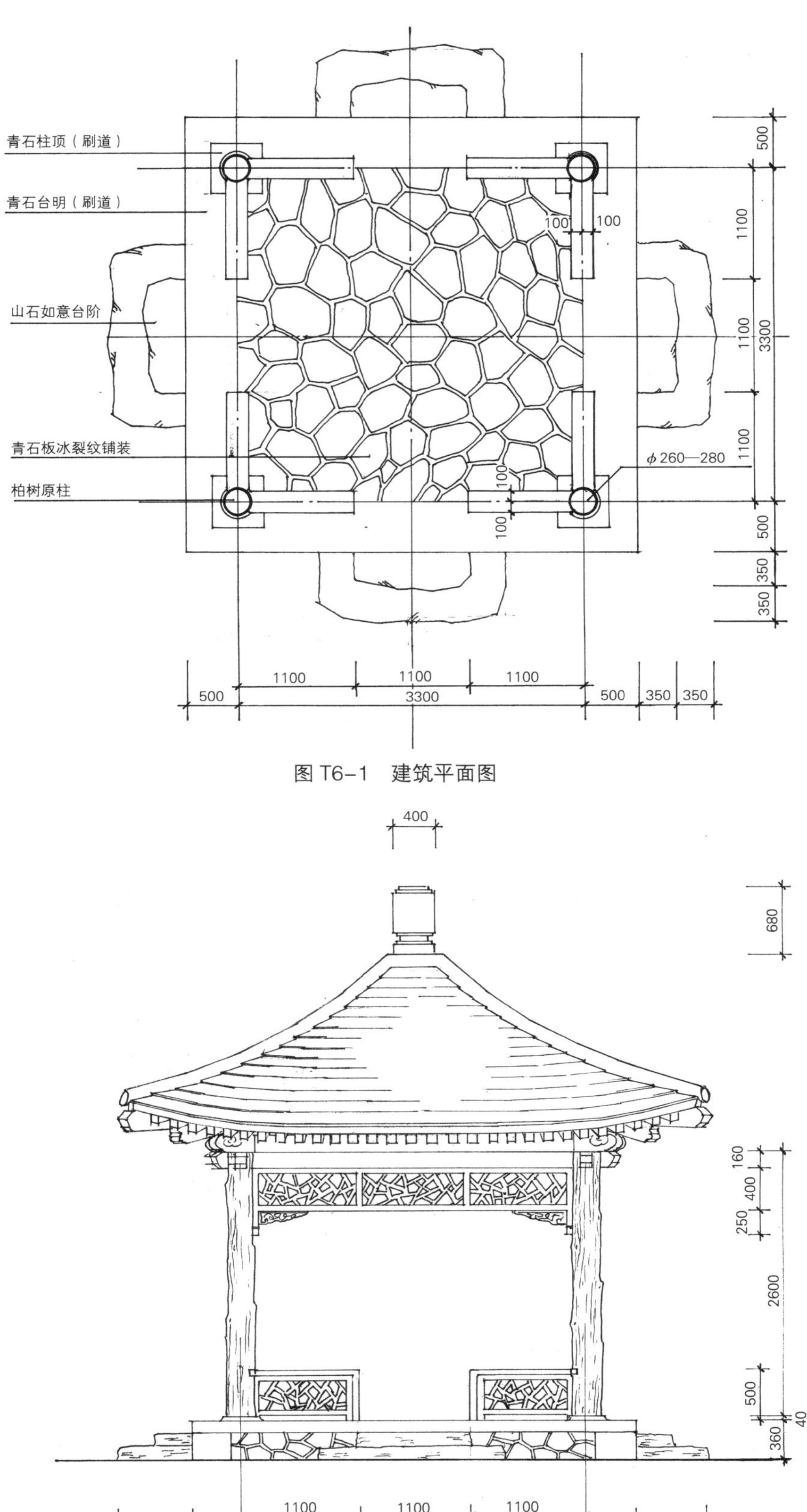

图 T6-1 建筑平面图

图 T6-2 建筑立面图

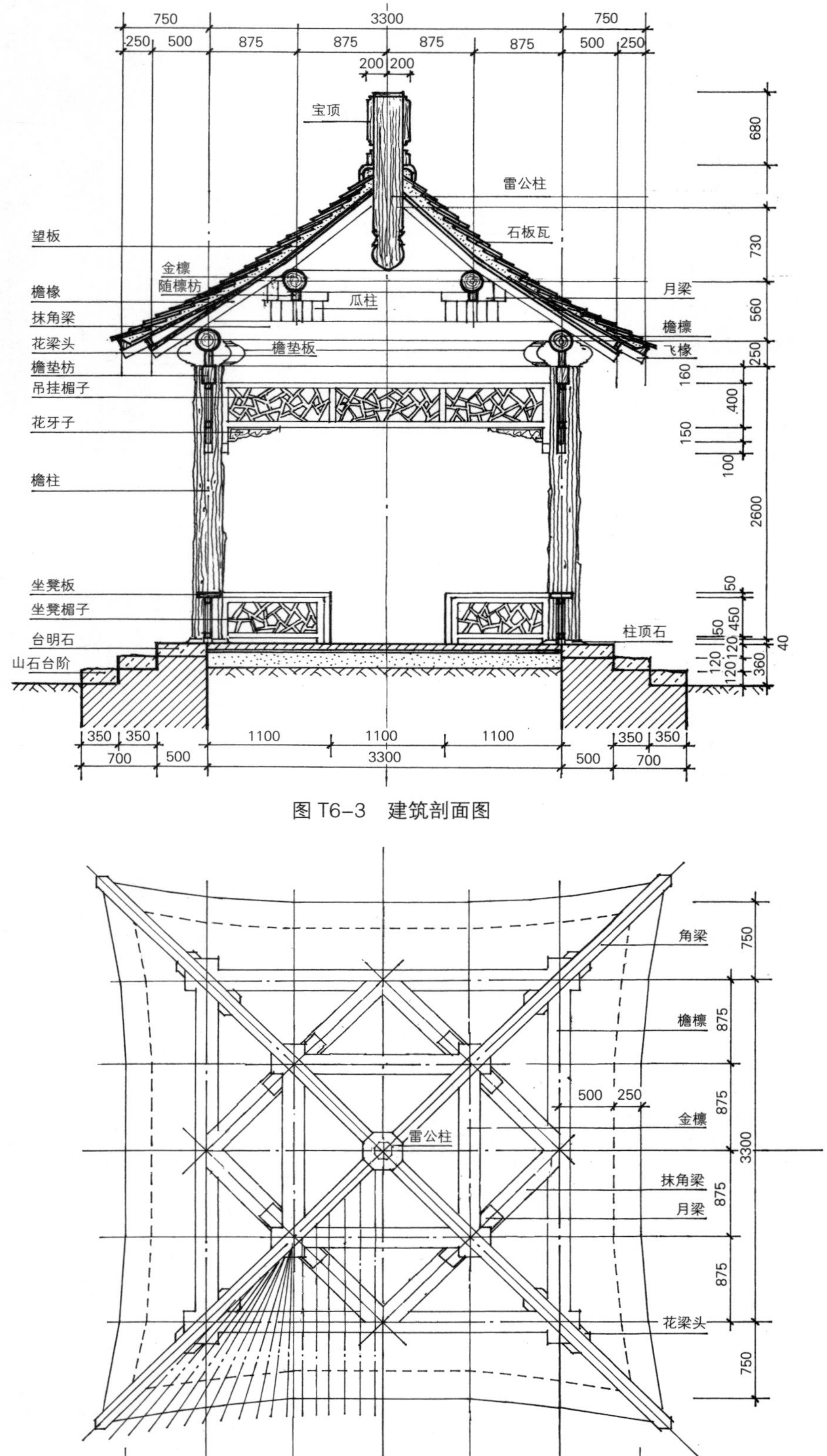

图 T6-3 建筑剖面图

图 T6-4 屋架俯视图

（七）单檐攒尖六柱六方亭

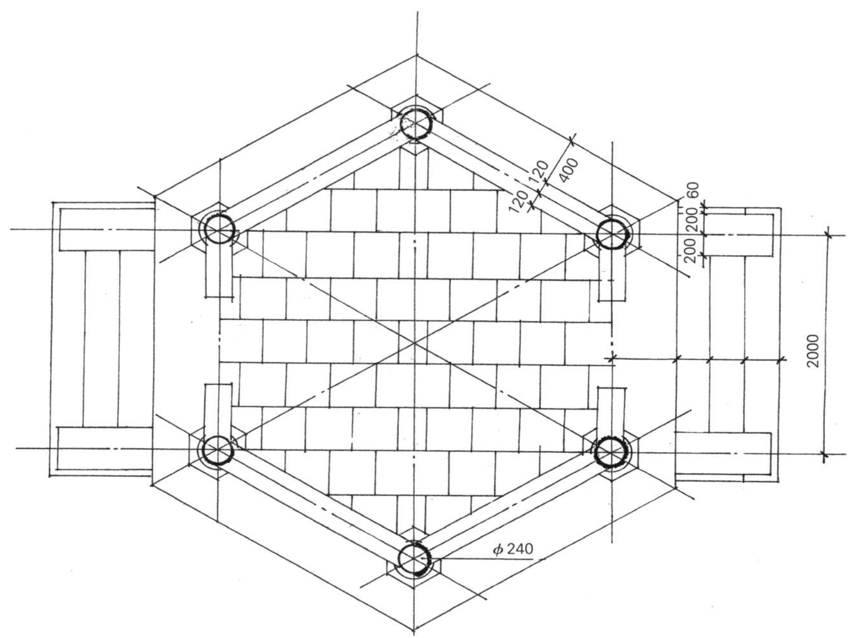

图 T7-1　建筑平面图

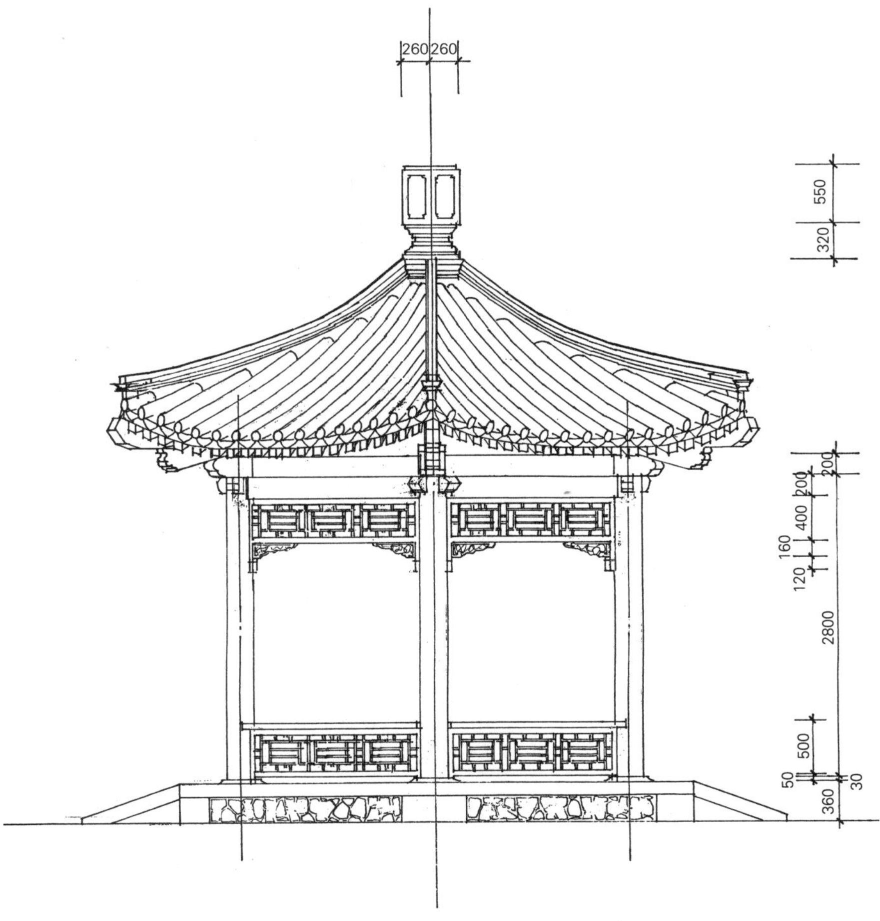

图 T7-2　建筑立面图

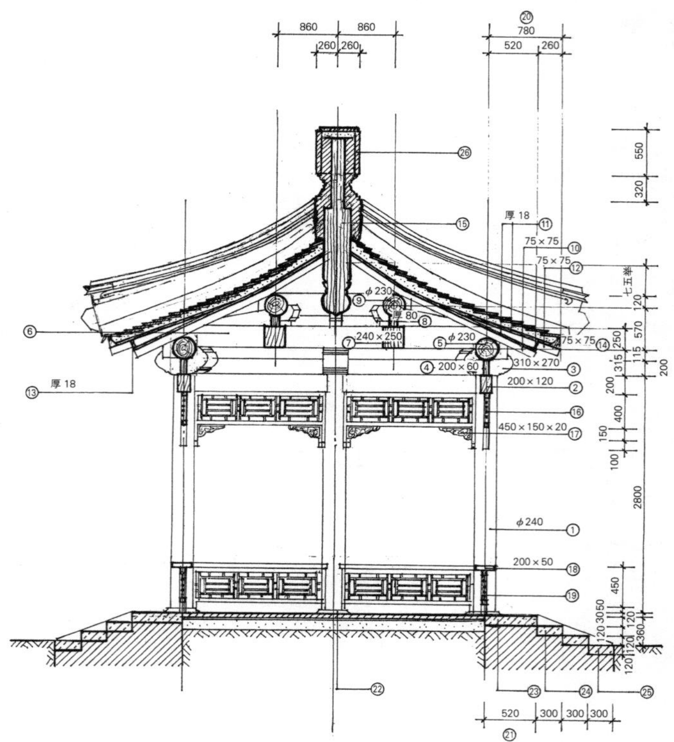

①檐柱 ②檐垫枋 ③花梁头 ④檐垫板 ⑤檐檩 ⑥长趴梁 ⑦短趴梁 ⑧金垫枋 ⑨金檩 ⑩檐椽
⑪望板 ⑫飞椽 ⑬闸档板 ⑭大连檐 ⑮雷公柱 ⑯吊挂楣子 ⑰花牙子 ⑱坐凳板 ⑲坐凳楣子
⑳上出 ㉑下出 ㉒柱顶石 ㉓台明石 ㉔踏跺条石 ㉕砚窝石 ㉖宝顶

图 T7-3 建筑剖面图

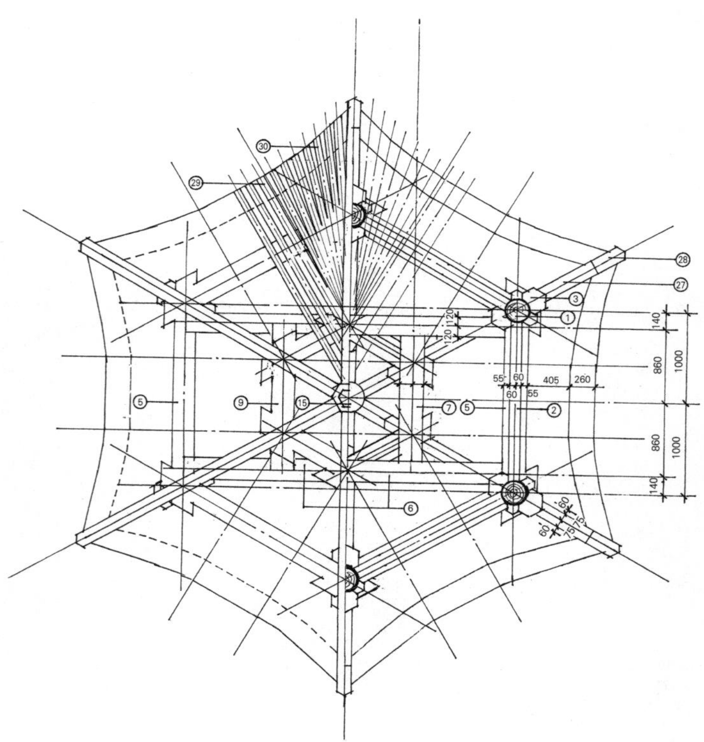

①檐柱 ②檐垫枋 ③花梁头 ④檐垫板 ⑤檐檩 ⑥长趴梁 ⑦短趴梁 ⑨金檩 ⑮雷公柱 ㉗老角梁 ㉘仔角梁 ㉙正身椽 ㉚翼角椽

图 T7-4 屋架俯视、仰视图

（八）单檐攒尖十柱双六方亭

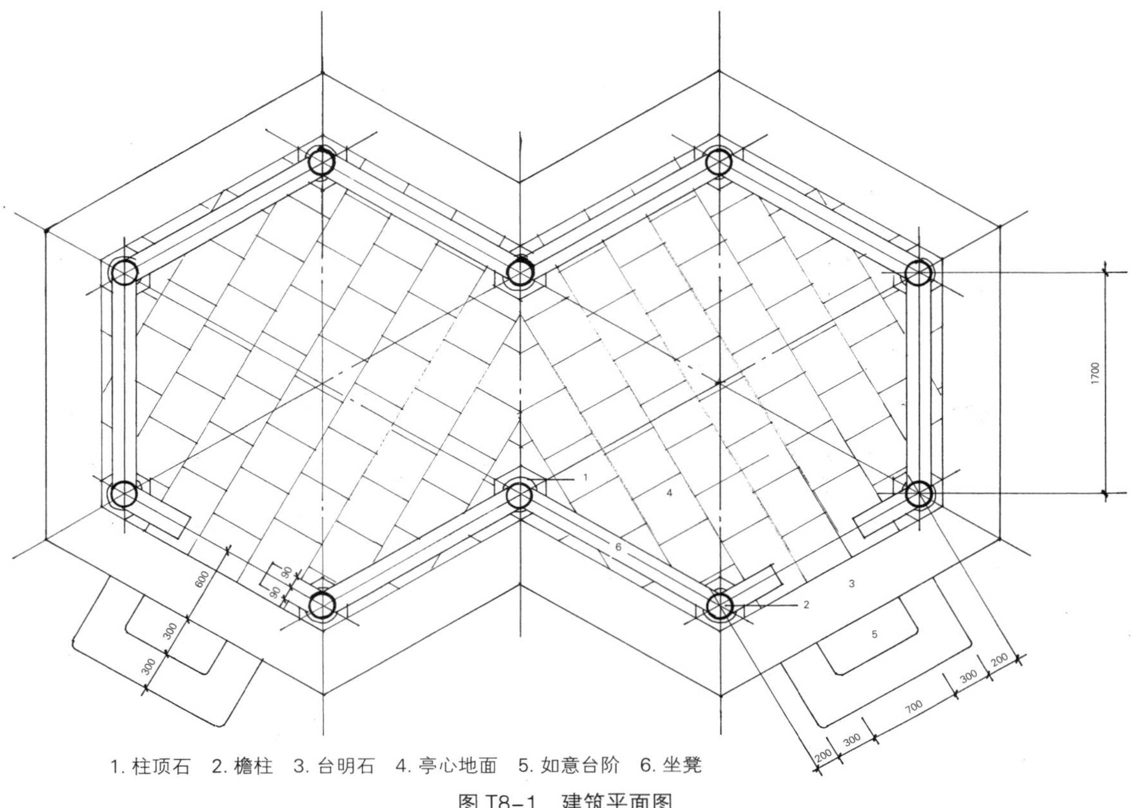

1. 柱顶石　2. 檐柱　3. 台明石　4. 亭心地面　5. 如意台阶　6. 坐凳

图 T8-1　建筑平面图

图 T8-2　建筑立面图

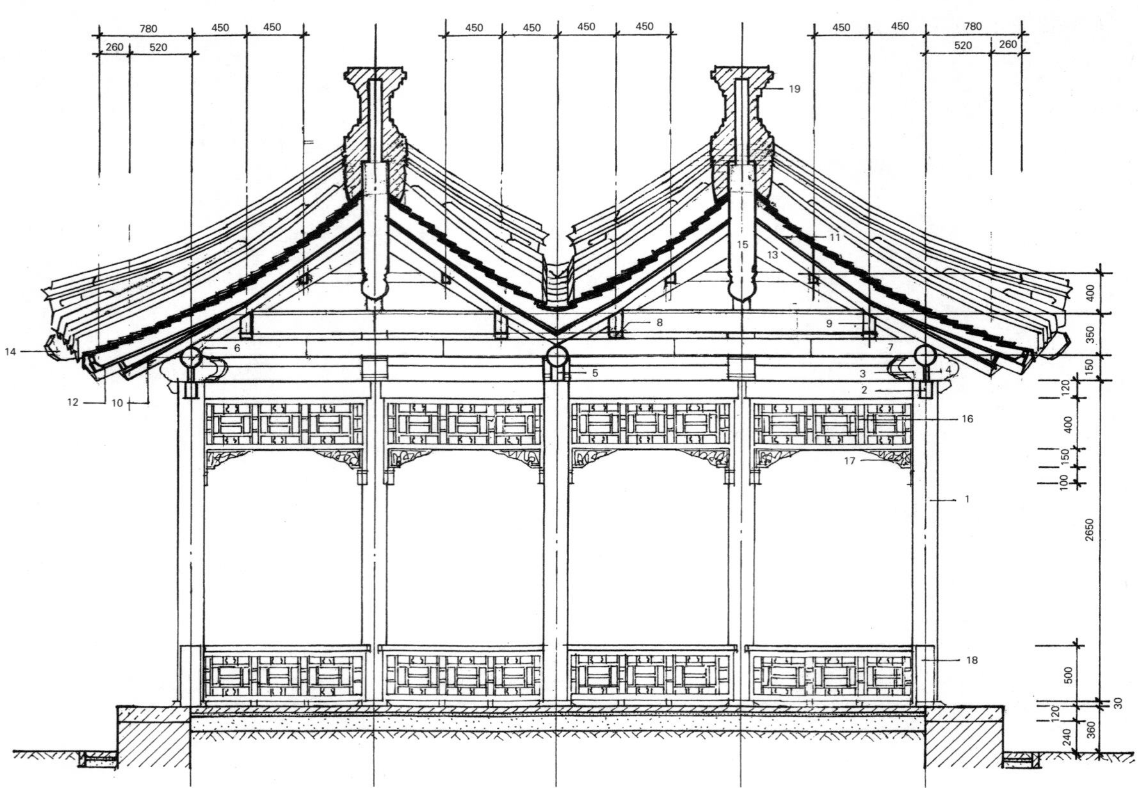

1. 檐柱 2. 檐枋 3. 角云 4. 檐垫板 5. 随檩枋 6. 檐檩 7. 抹角梁 8. 交金墩 9. 金檩 10. 檐椽 11. 望板 12. 飞椽 13. 老角梁 14. 仔角梁头 15. 雷公柱 16. 吊挂楣子 17. 花牙子 18. 坐凳 19. 宝顶

图 T8–3 建筑剖面图

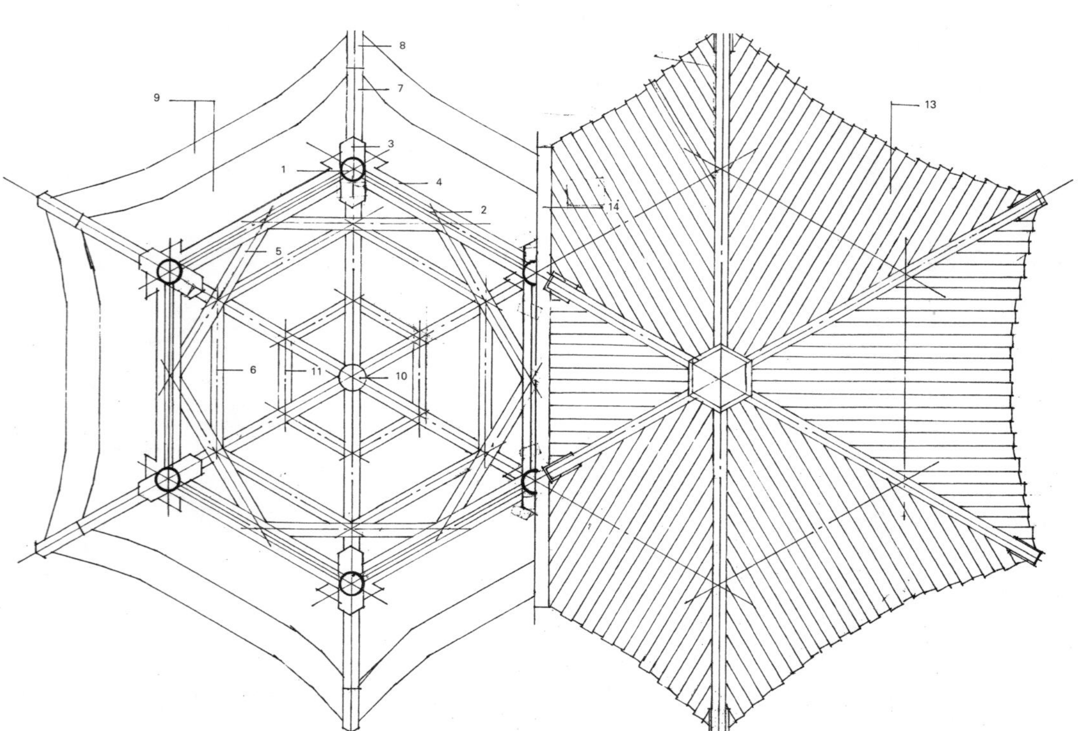

1. 檐柱 2. 檐枋（下为吊挂楣子） 3. 角云 4. 檐檩 5. 抹角梁 6. 金檩 7. 老角梁 8. 仔角梁 9. 椽、望、连檐、瓦口 10. 雷公柱 11. 上枋 12. 宝顶 13. 筒瓦屋面 14. 天沟

图 T8–4 屋架仰视、屋顶俯视图

（九）单檐攒尖八柱圆亭

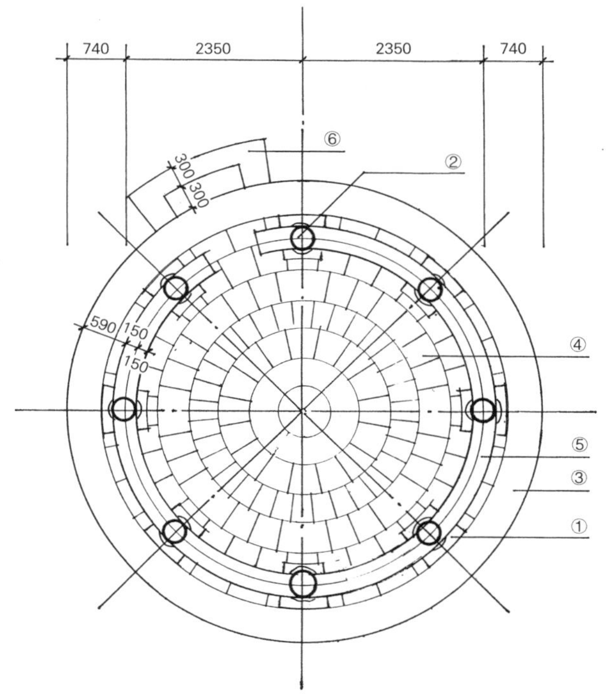

①柱顶石 ②檐柱 ③台明石 ④亭心地面 ⑤坐凳 ⑥如意台阶

图 T9-1 建筑平面图

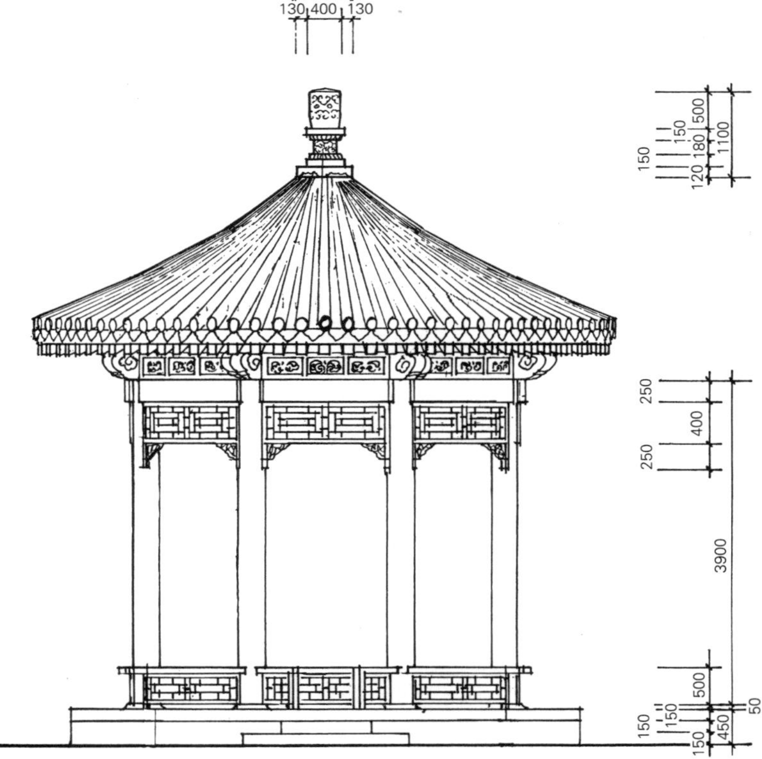

图 T9-2 建筑立面图

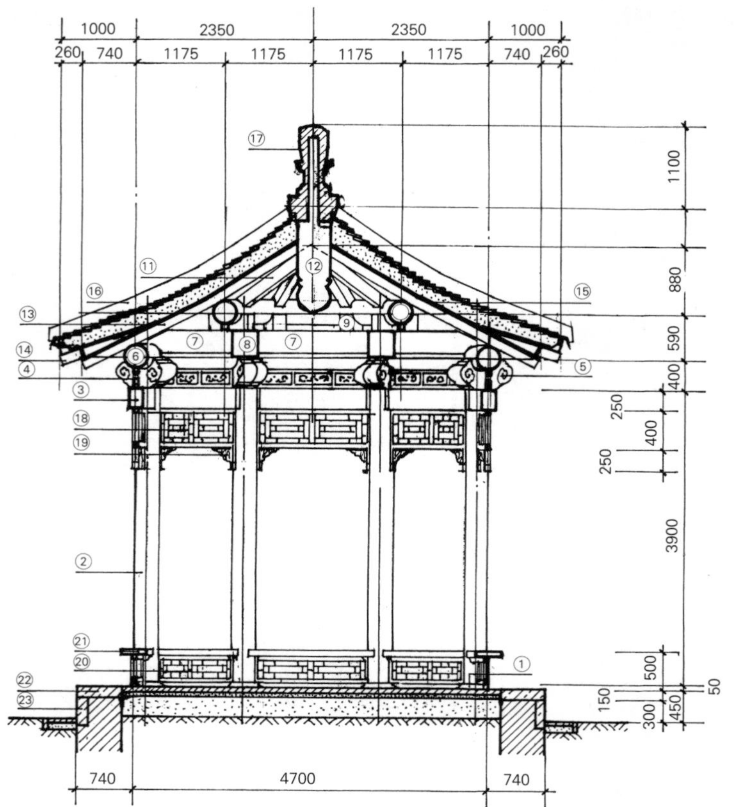

①柱顶石 ②檐柱 ③檐垫枋 ④檐垫板 ⑤角云 ⑥檐檩 ⑦短趴梁 ⑧长趴梁 ⑨交金墩 ⑩金檩 ⑪由戗 ⑫雷公柱 ⑬正身椽 ⑭飞椽 ⑮望板 ⑯瓦垄 ⑰宝顶 ⑱吊挂楣子 ⑲花牙子 ⑳坐凳楣子 ㉑坐凳板 ㉒台明石 ㉓陡板石

图 T9-3 建筑剖面图

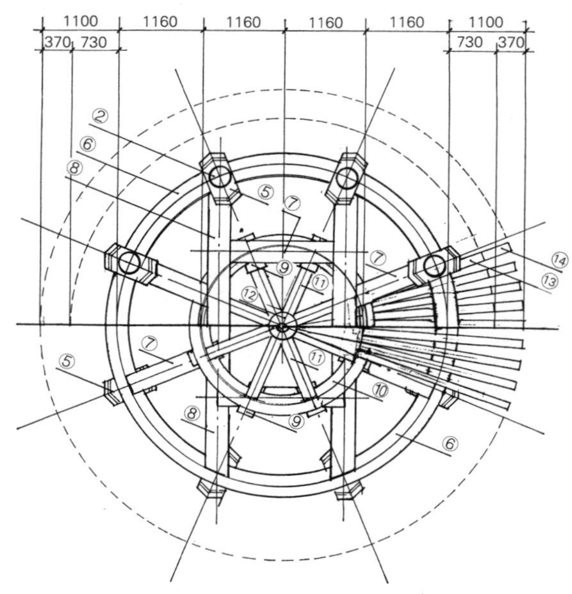

①檐柱 ②角云 ③檐檩 ④趴梁 ⑤顺梁 ⑥斜梁 ⑦交金墩 ⑧金檩 ⑨由戗 ⑩正身椽 ⑪飞椽

图 T9-4 屋架仰视、俯视图

（十）单檐悬山十字亭

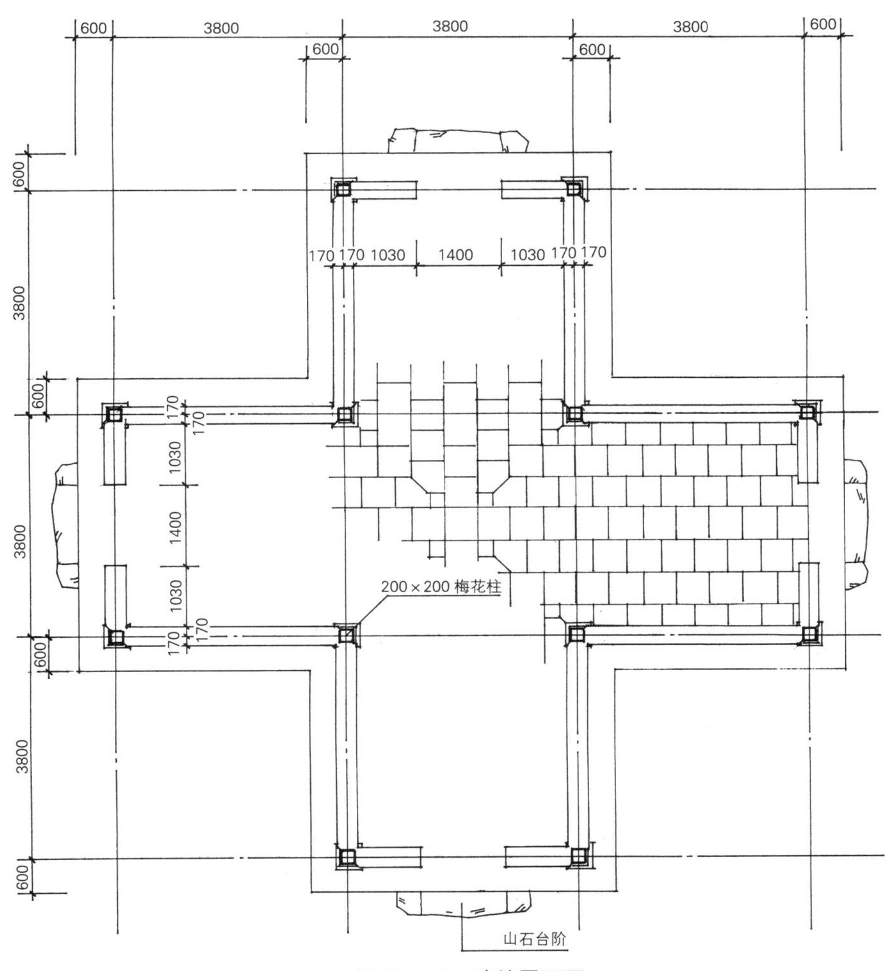

图 T10-1 建筑平面图

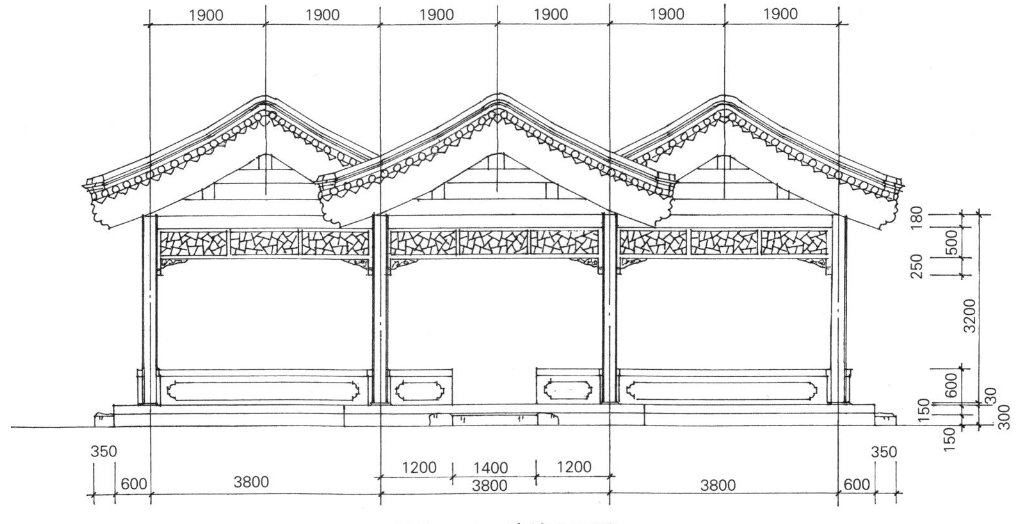

图 T10-2 建筑立面图

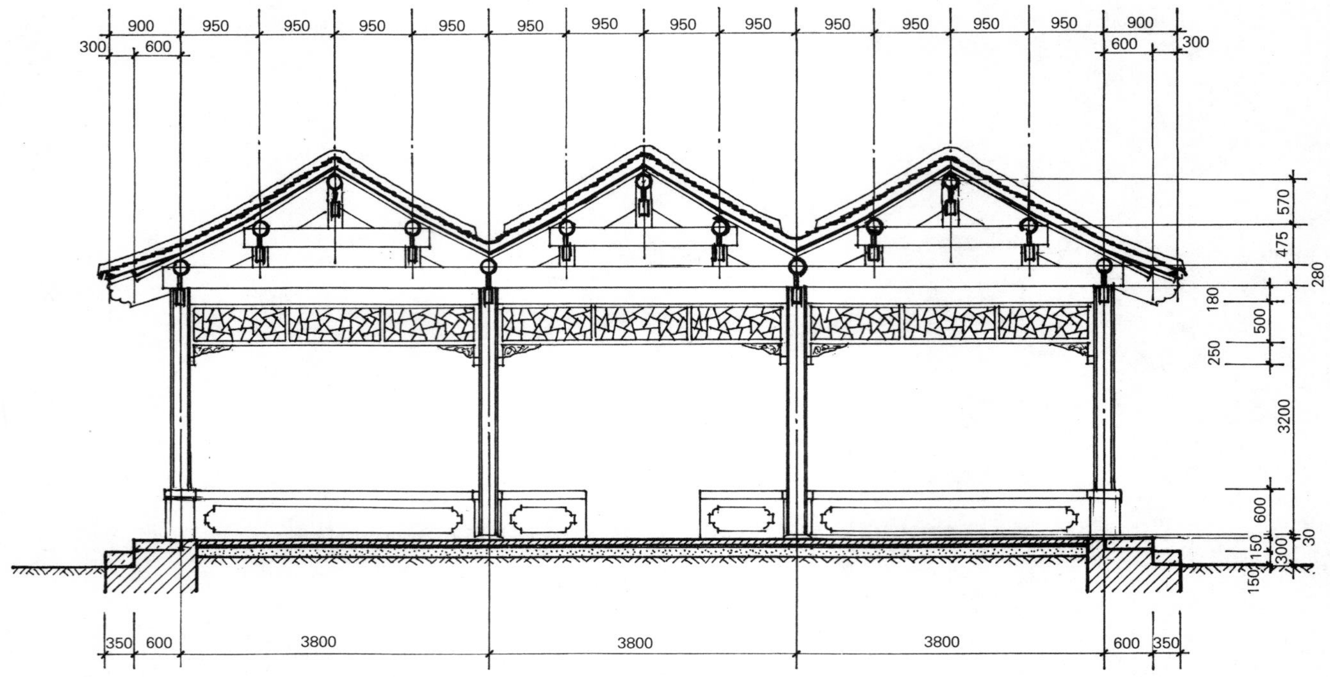

图 T10-3 建筑纵剖面图

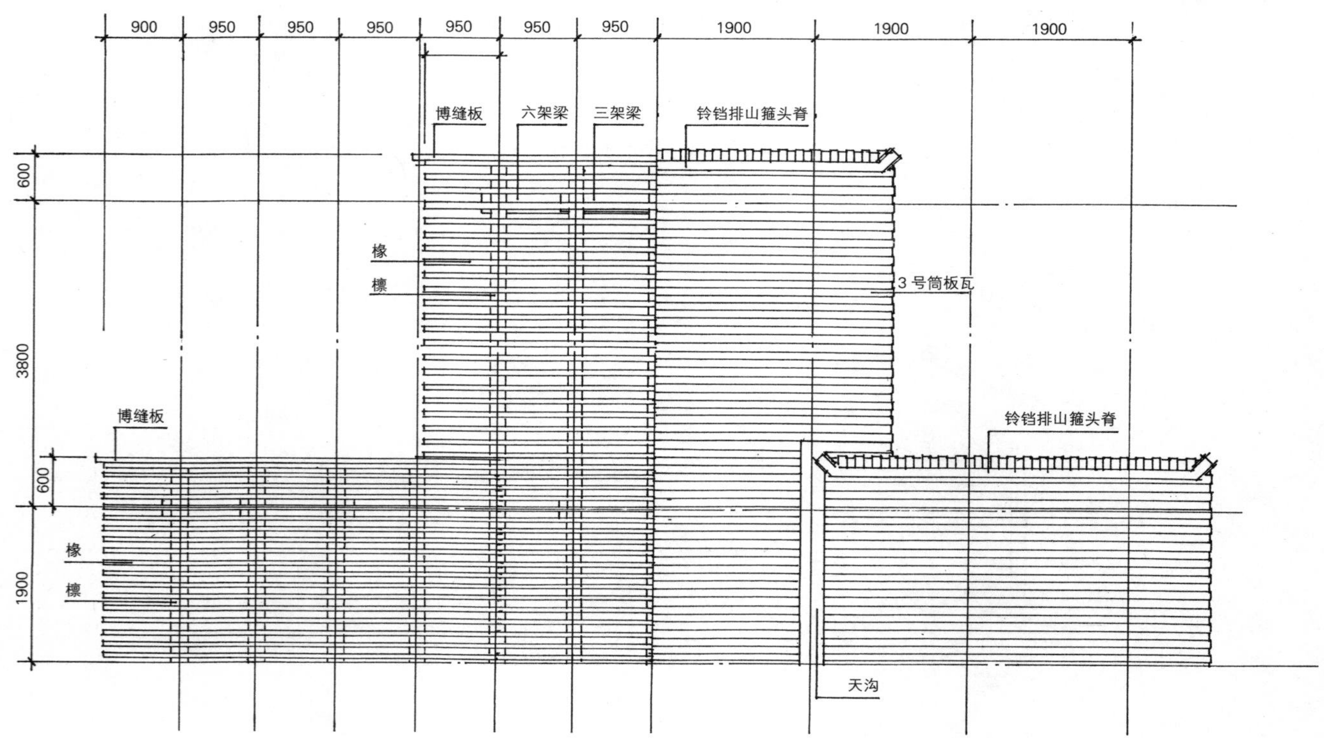

图 T10-4 屋架屋顶平面图

五、舫

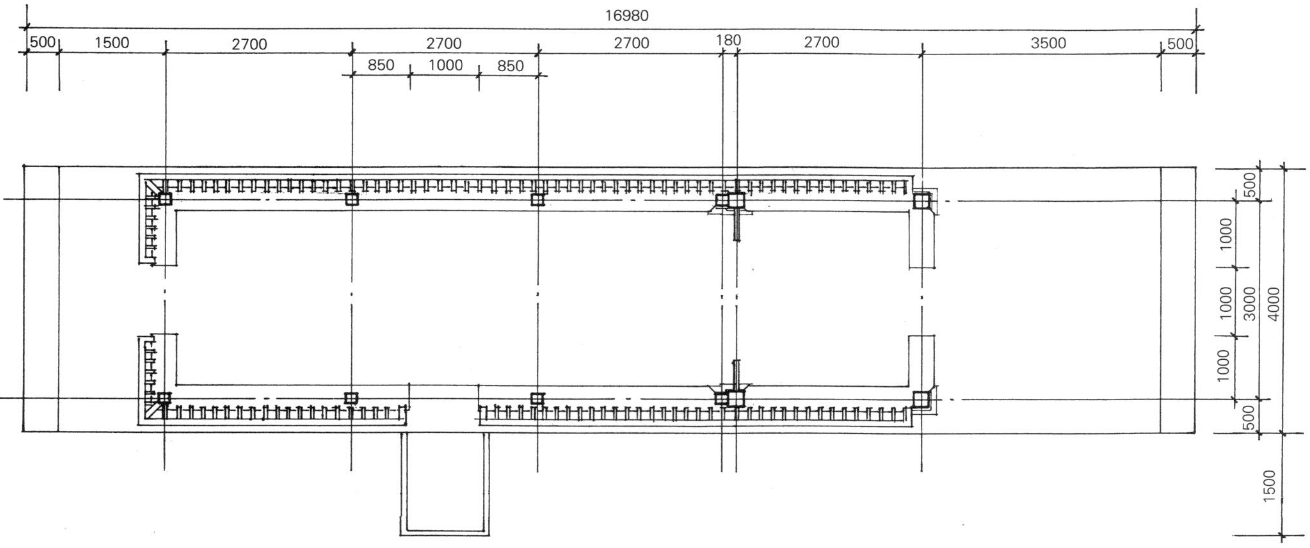

图 F1-1 旱舫平面图

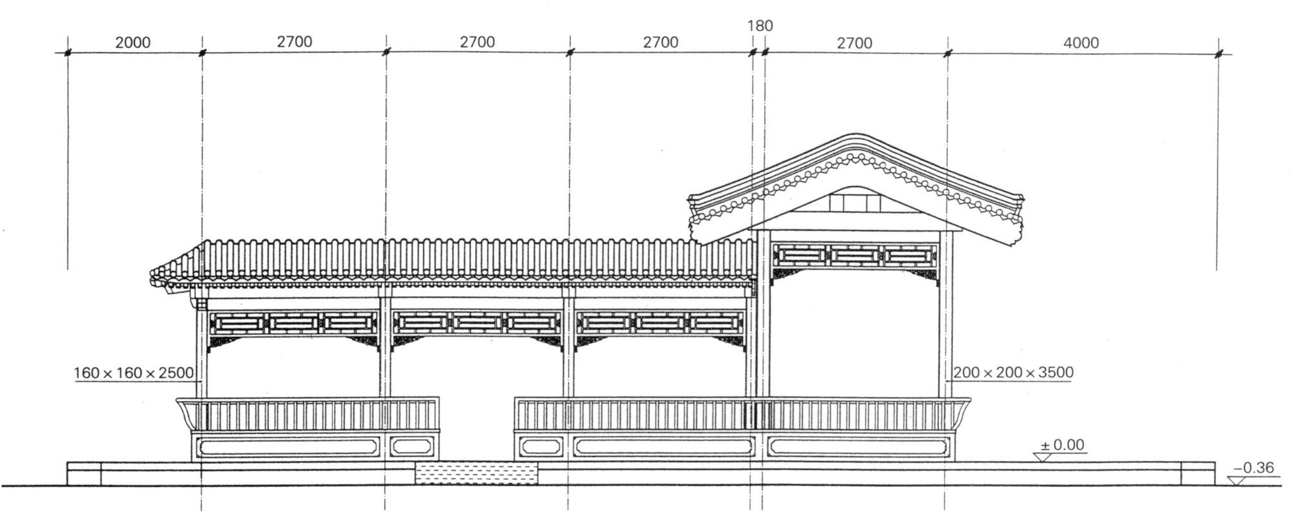

图 F1-2 旱舫侧立面图

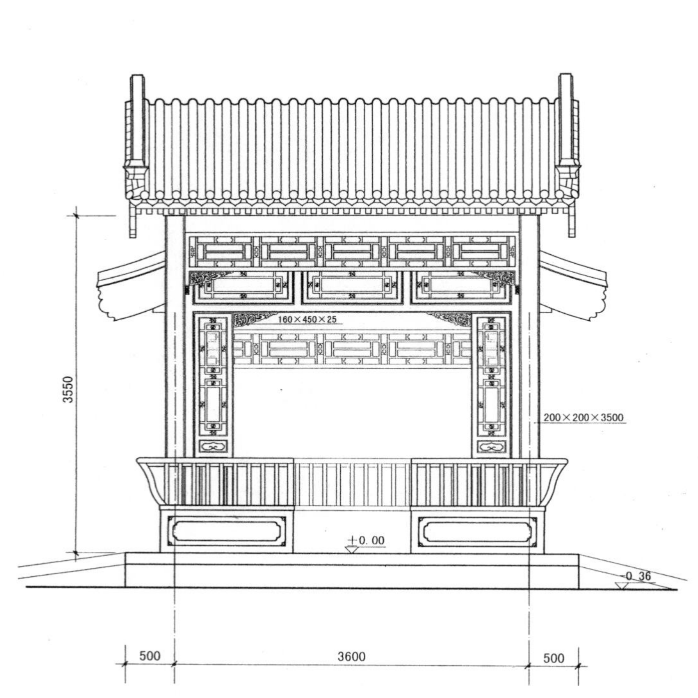

图 F1-3　旱舫正立面图

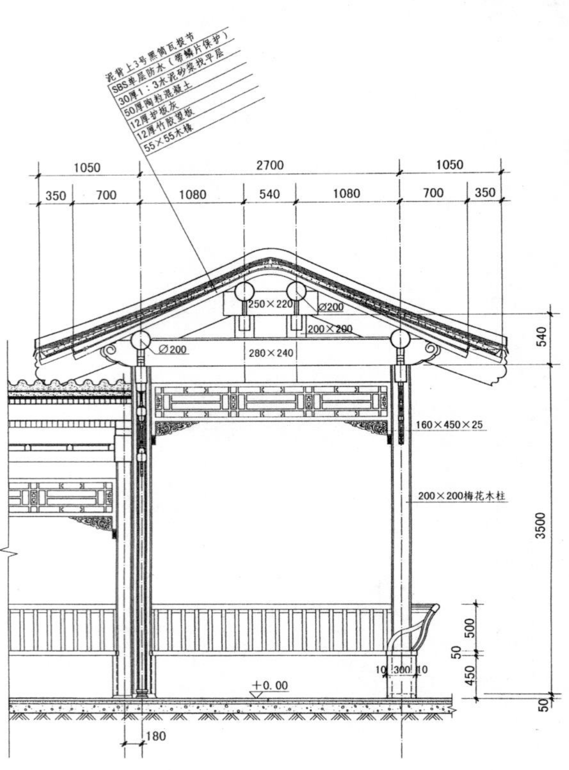

图 F1-4　旱舫船头剖面图

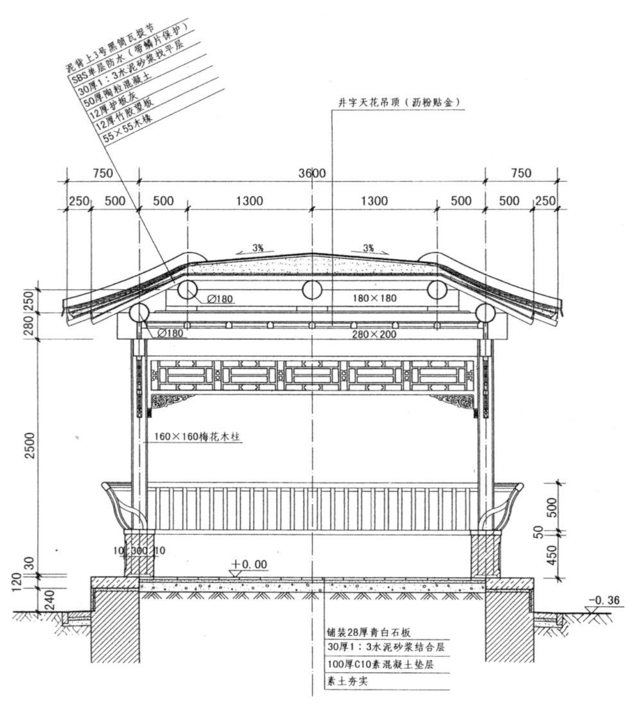

图 F1-5　旱舫船仓剖面图

六、观景台、石栏杆

（一）观景台

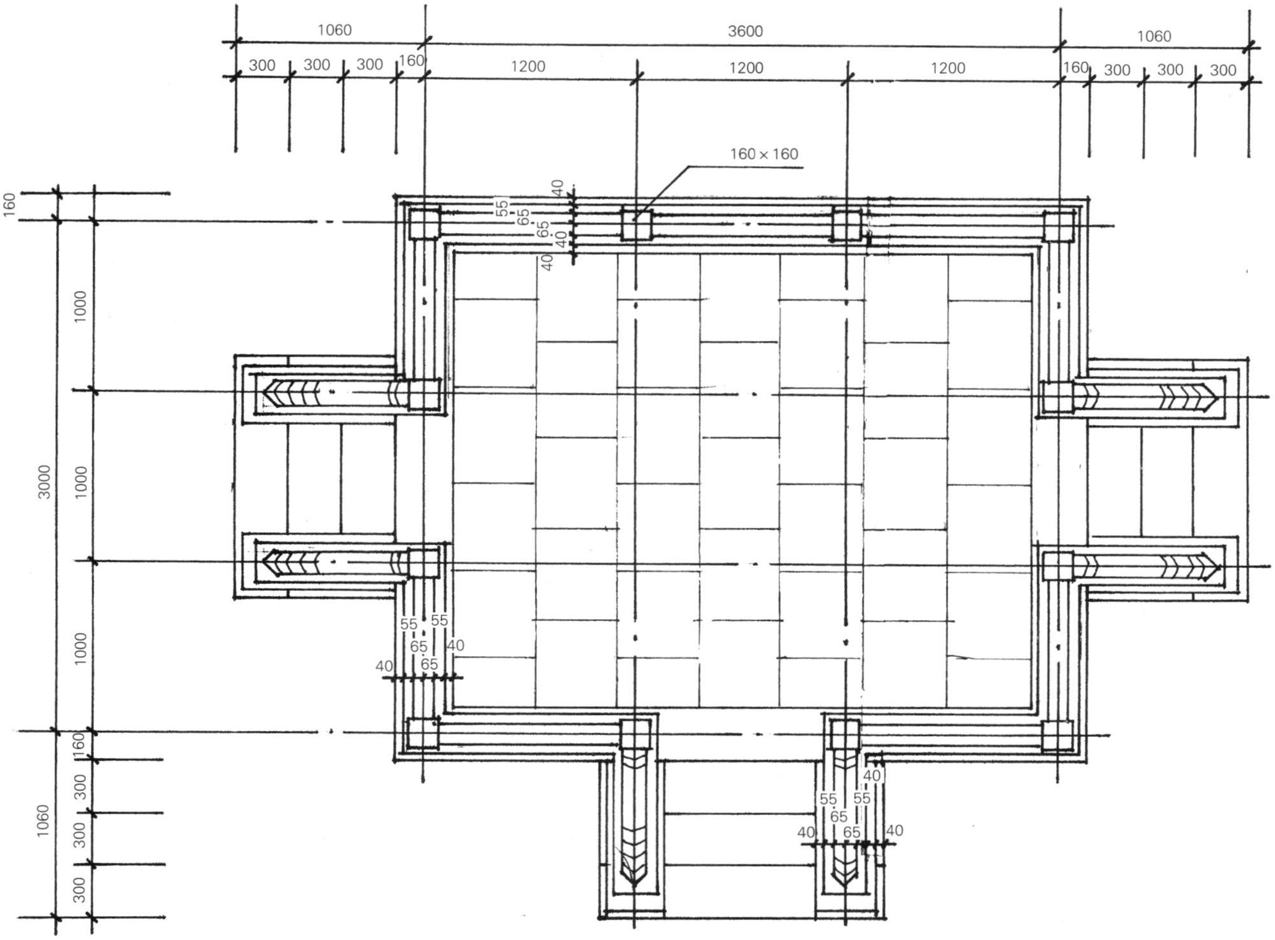

图 G1-1　观景台建筑平面图

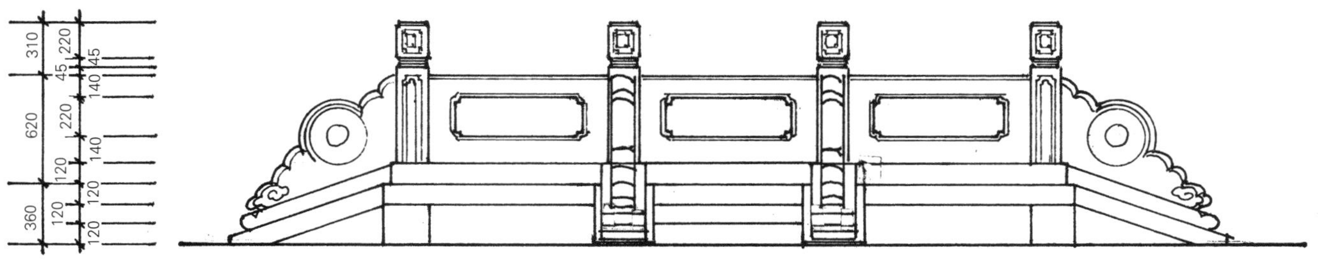

图 G1-2　观景台建筑立面图

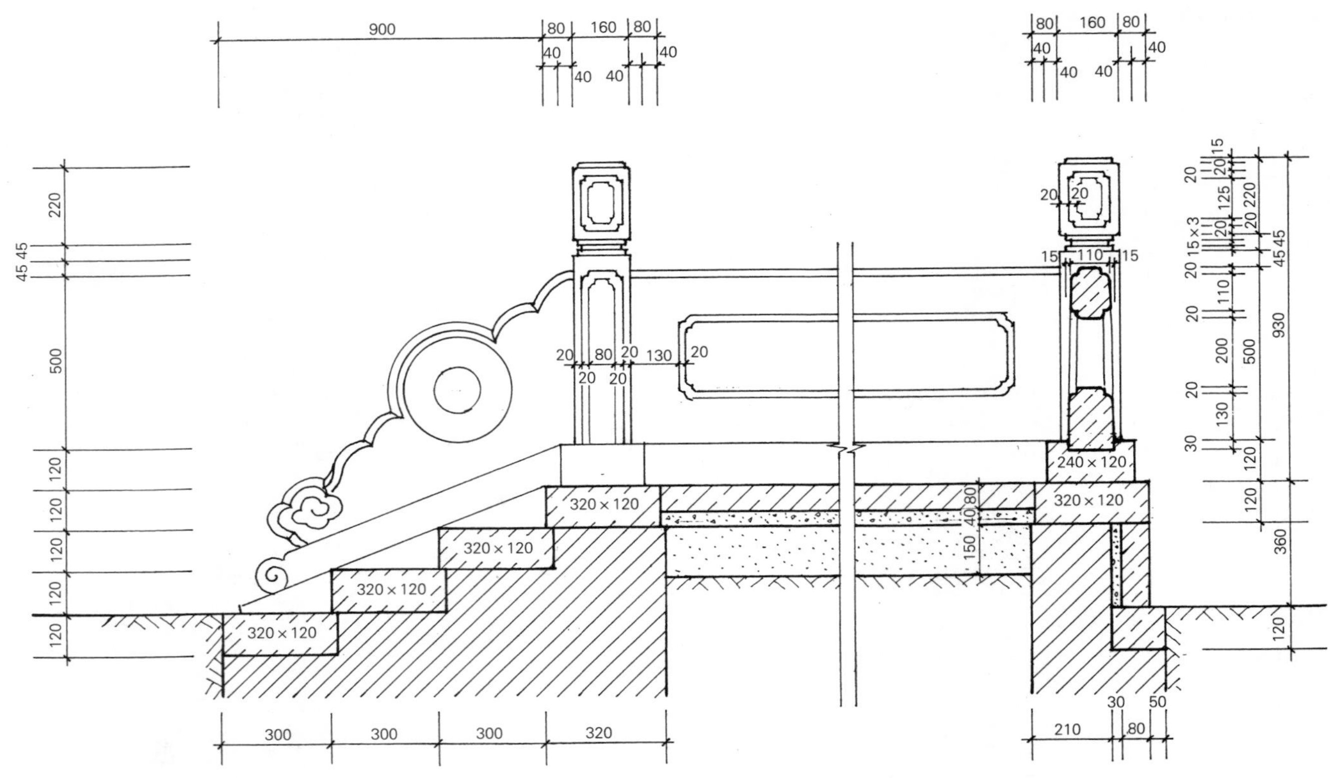

图 G1-3 观景台建筑纵剖面图

（二）石栏杆

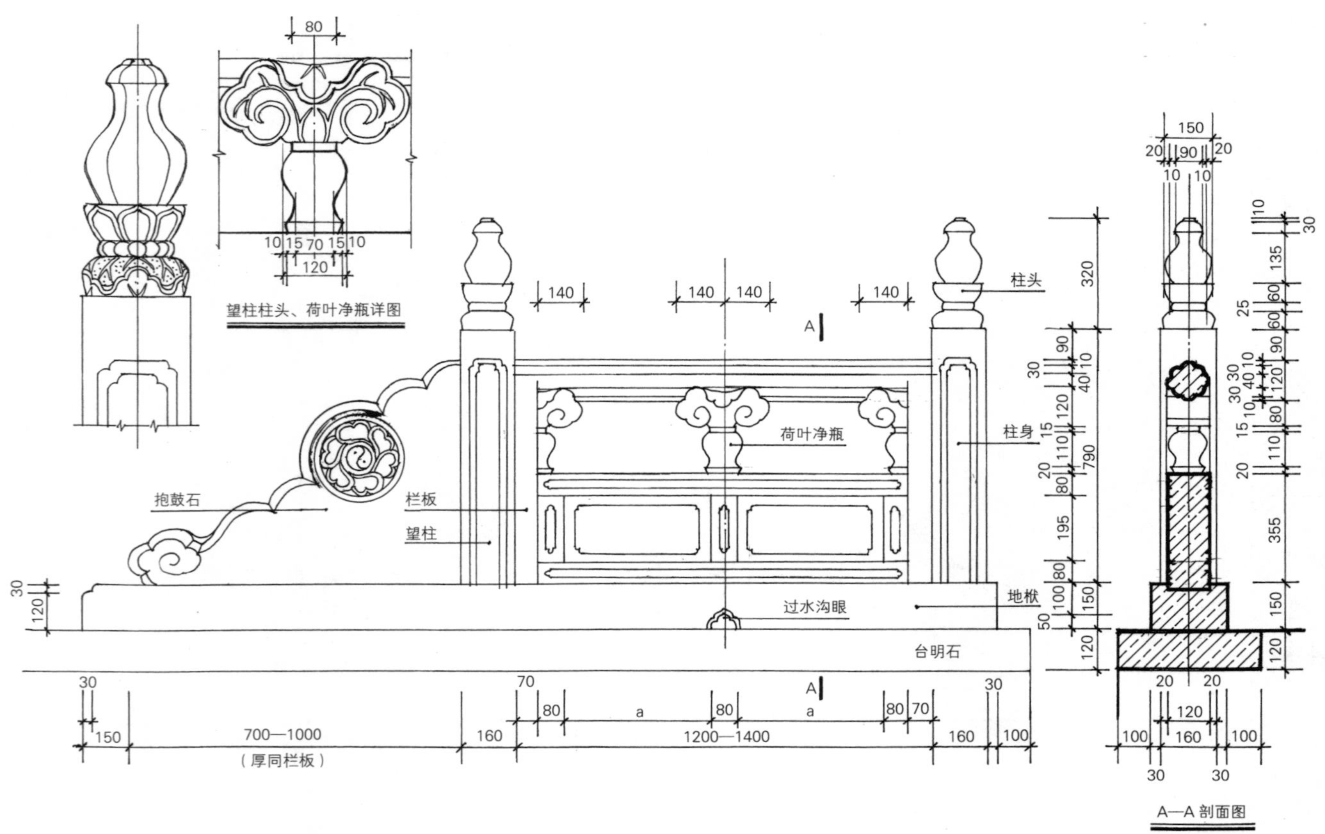

图 SL1 石栏杆立面图、剖面图

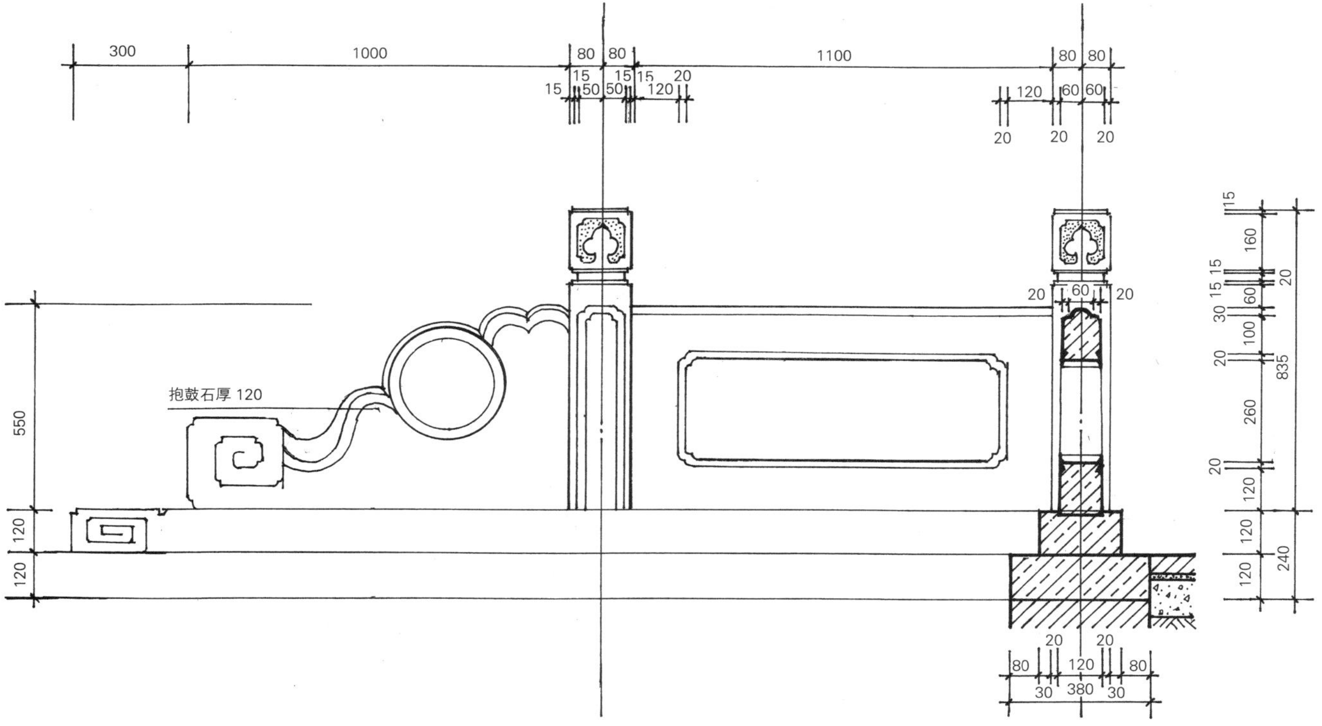

图 SL2 矮石栏杆及抱鼓石立面、剖面图

七、水池

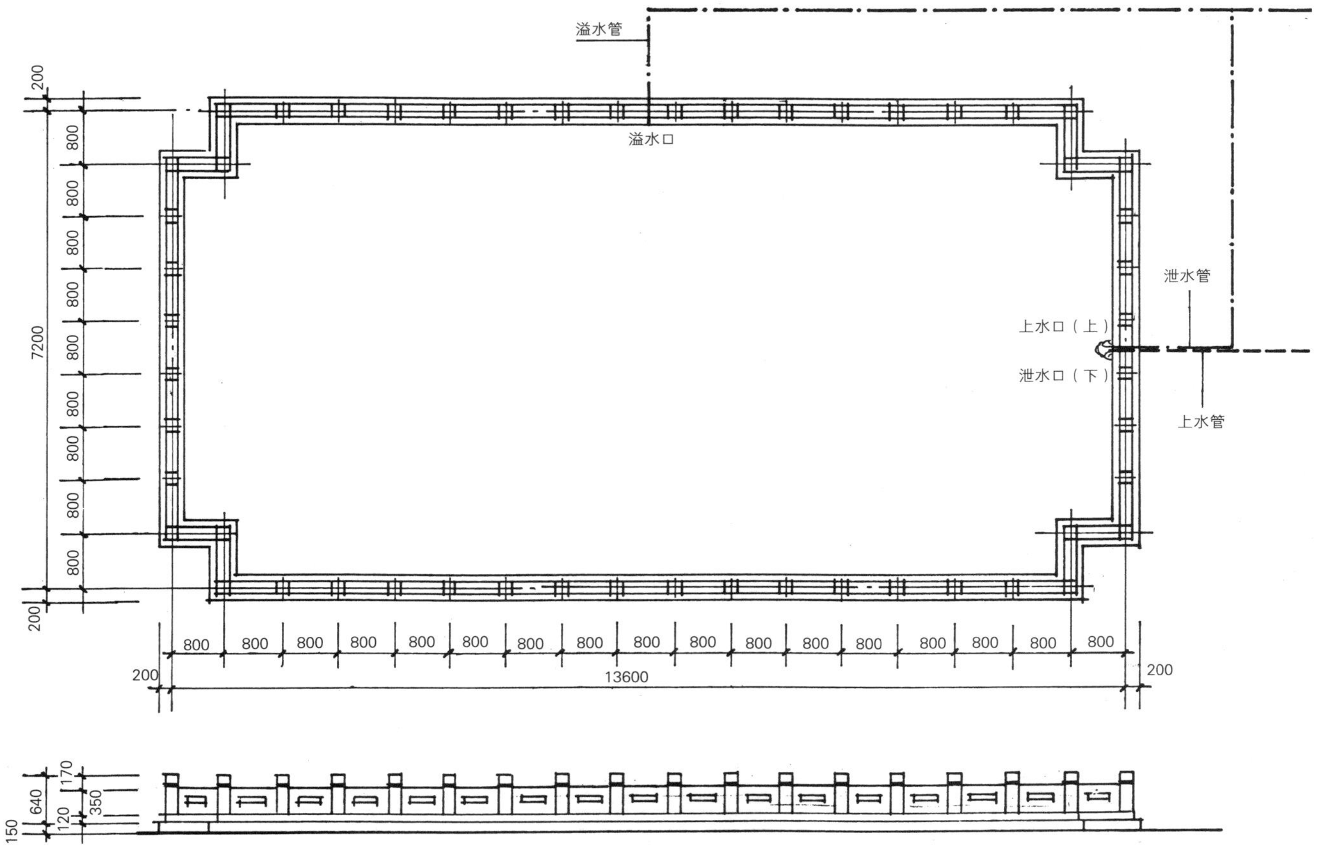

溢水管
溢水口
泄水管
上水口（上）
泄水口（下）
上水管
7200
13600

图 S1-1 规则式方整石泊岸、石栏杆水池平面图

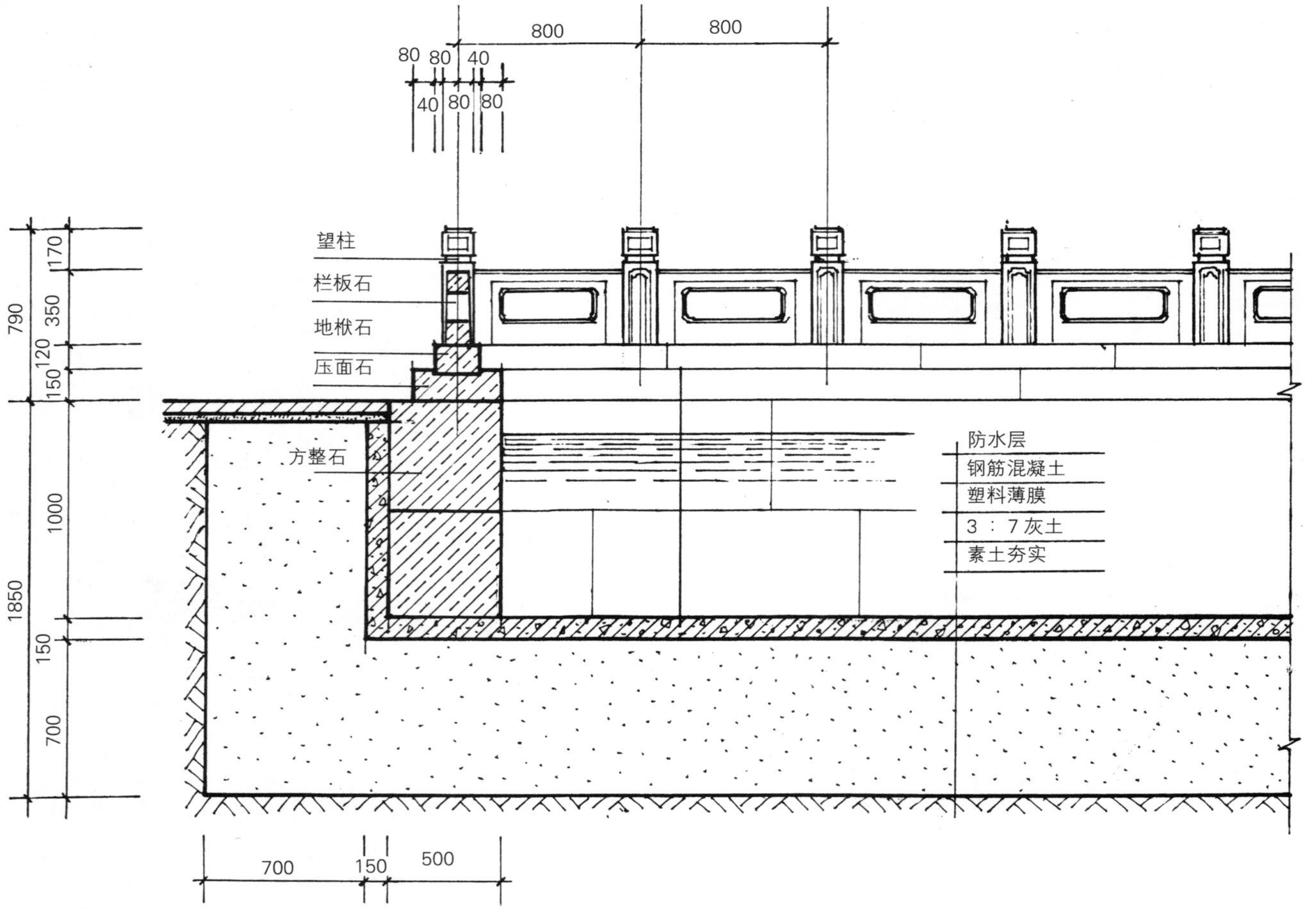

望柱
栏板石
地栿石
压面石
方整石
防水层
钢筋混凝土
塑料薄膜
3 ：7 灰土
素土夯实

图 S1-2　规则式方整石泊岸、石栏杆水池剖面图

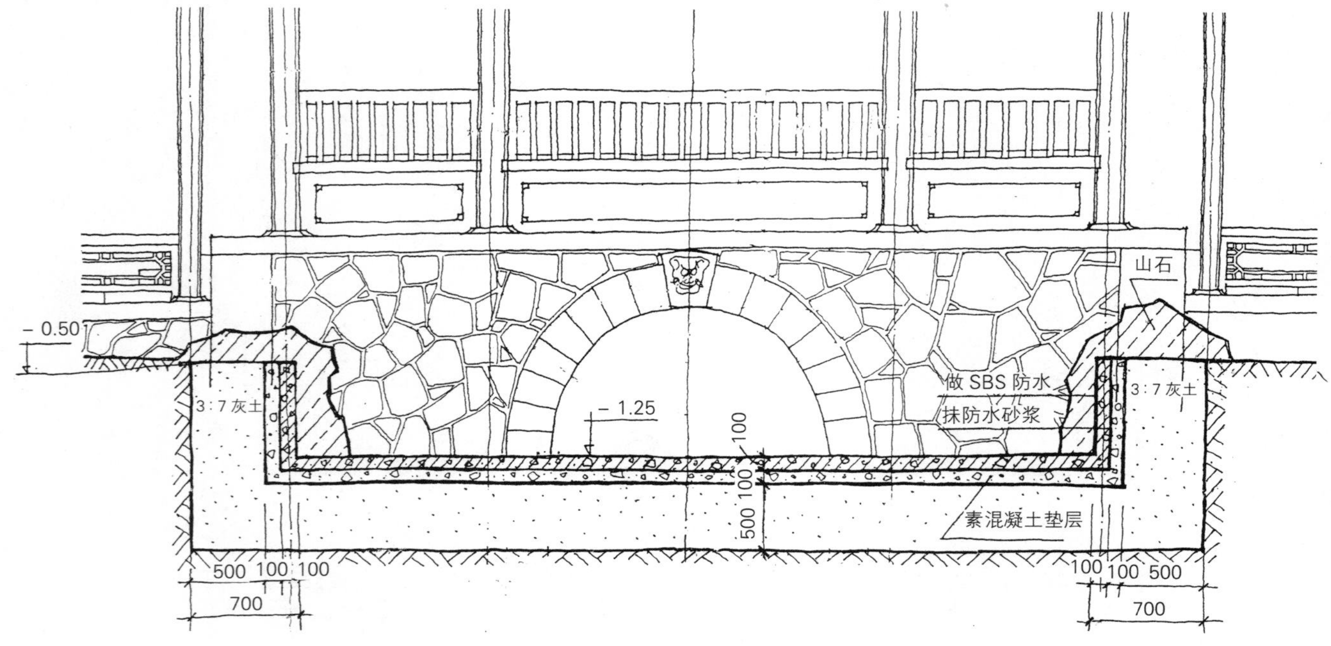

图 S2　自然式山石泊岸水池剖面图

八、桥

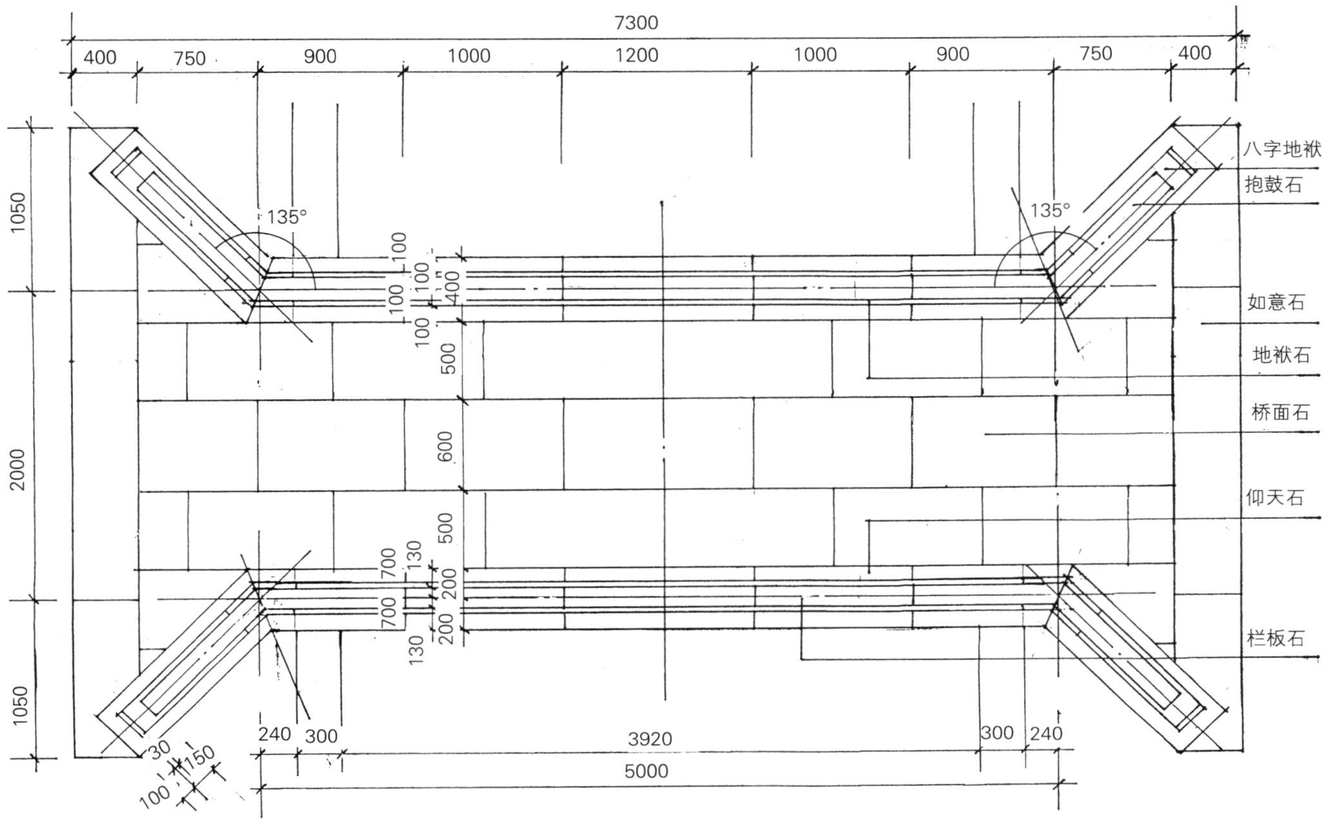

图 Q1-1　单孔拱券式平石桥平面图

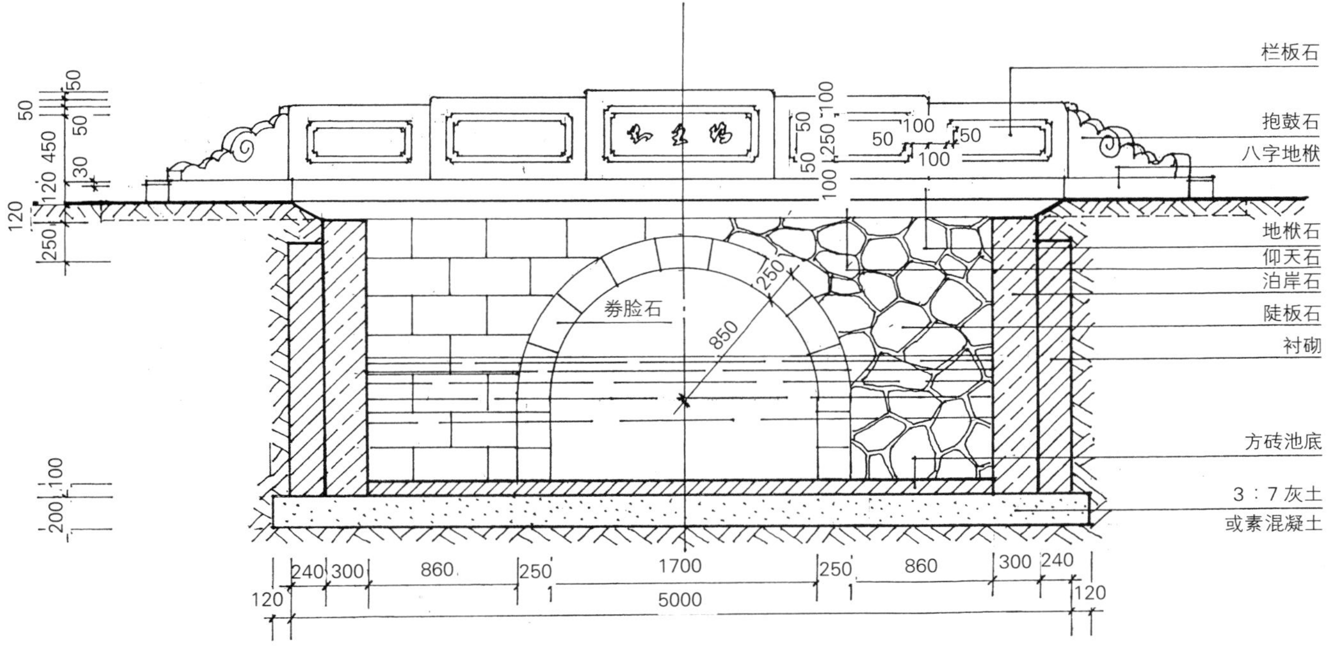

图 Q1-2　单孔拱券式平石桥立面图

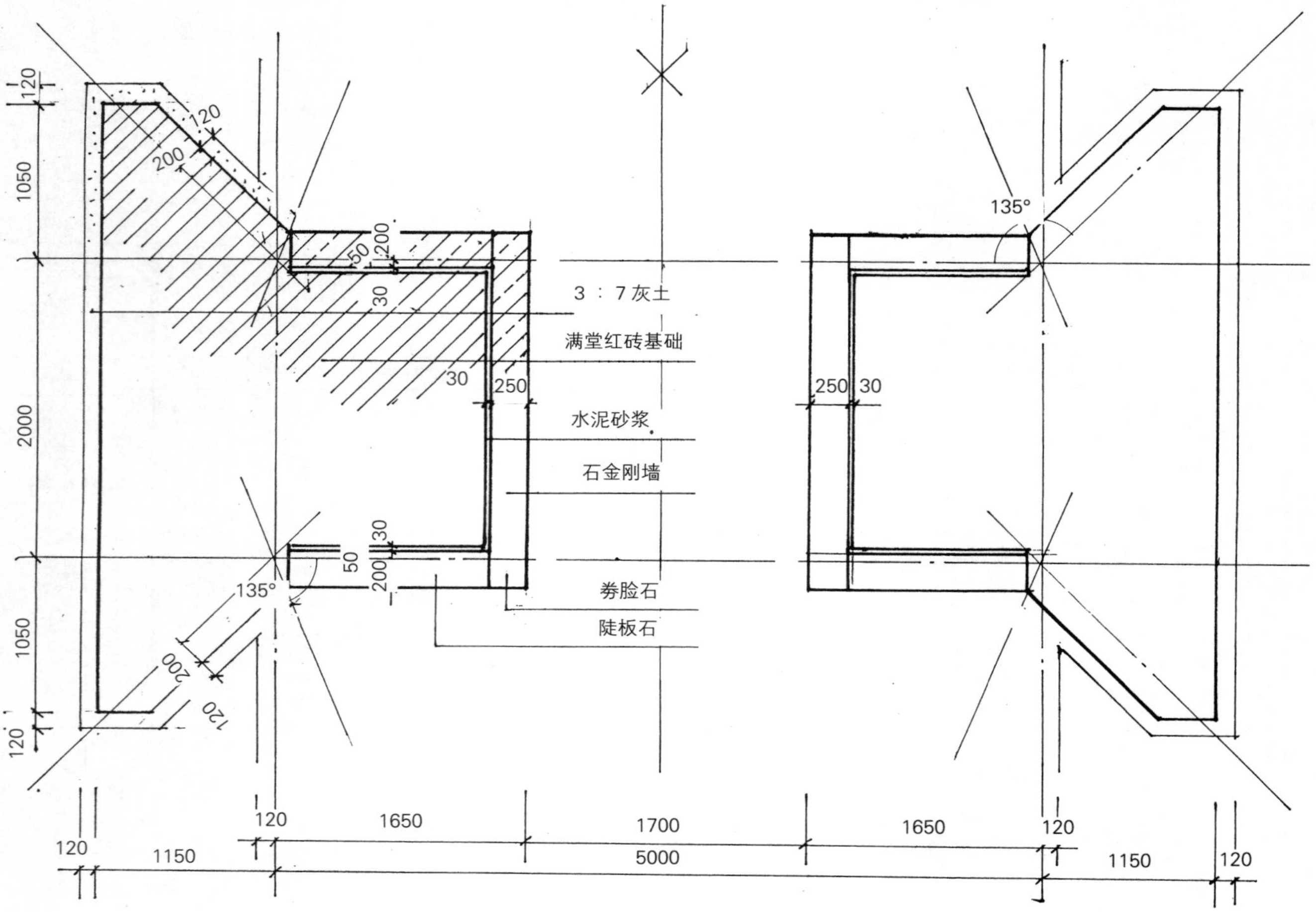

3 : 7 灰土
满堂红砖基础
水泥砂浆
石金刚墙
券脸石
陡板石

图 Q1-3　单孔拱券式平石桥横剖面图

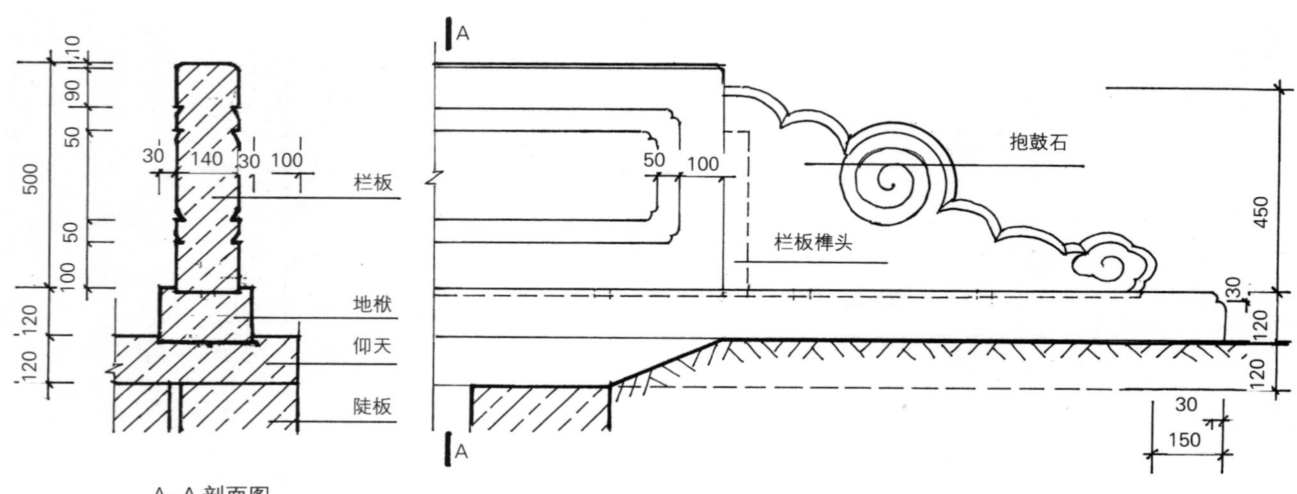

图 Q1-4　栏板、抱鼓石立面图

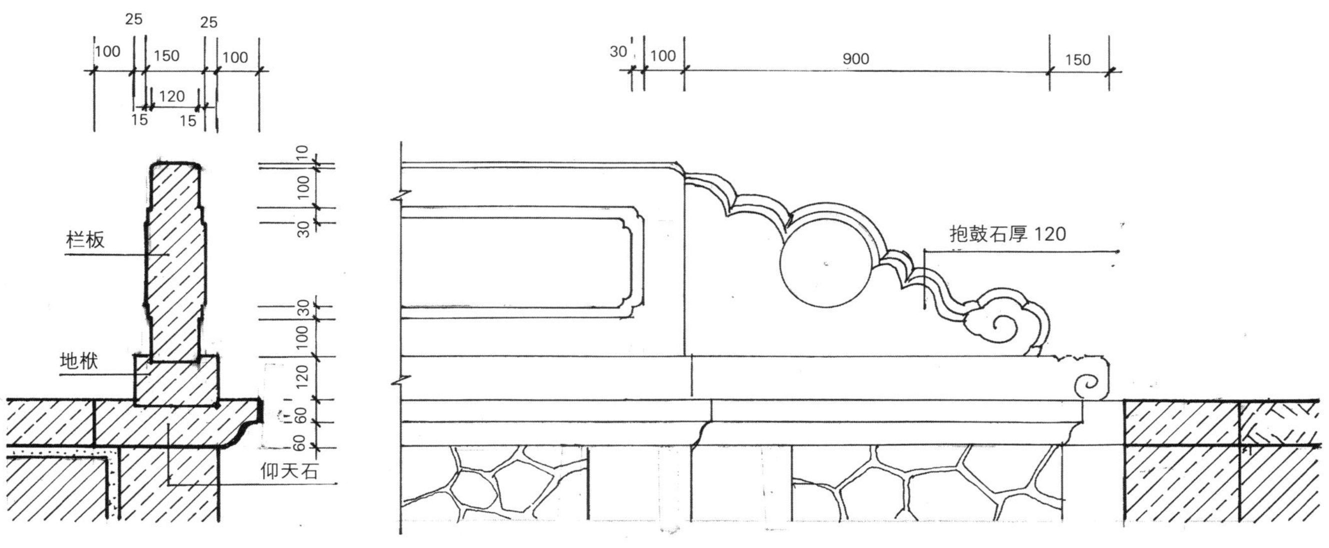

图 Q2　栏板、抱鼓石、地栿、仰天石立面及剖面图

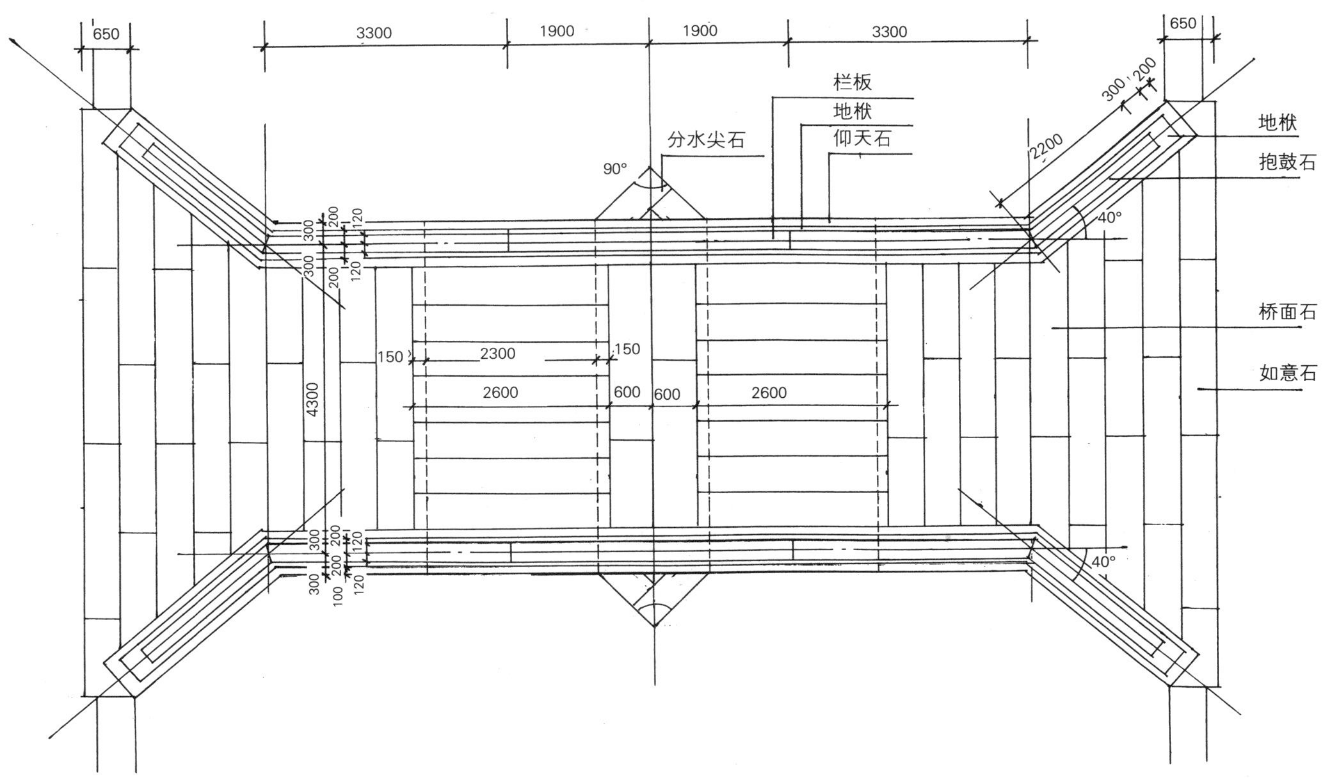

图 Q3-1　双孔墩台式平石桥平面图

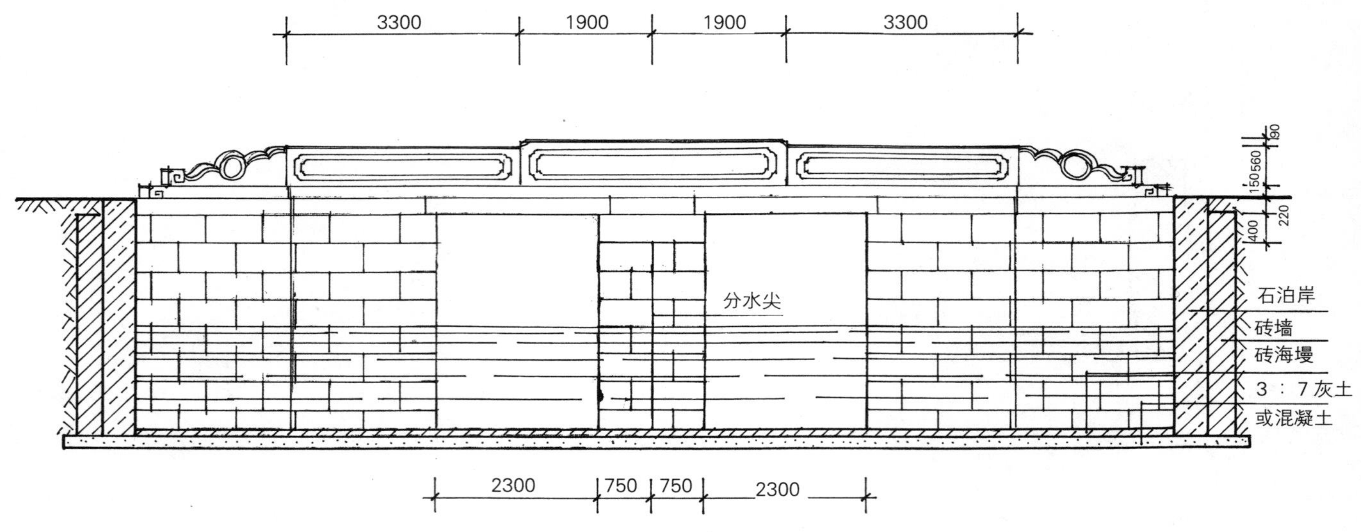

图 Q3-2　双孔墩台式平石桥立面图

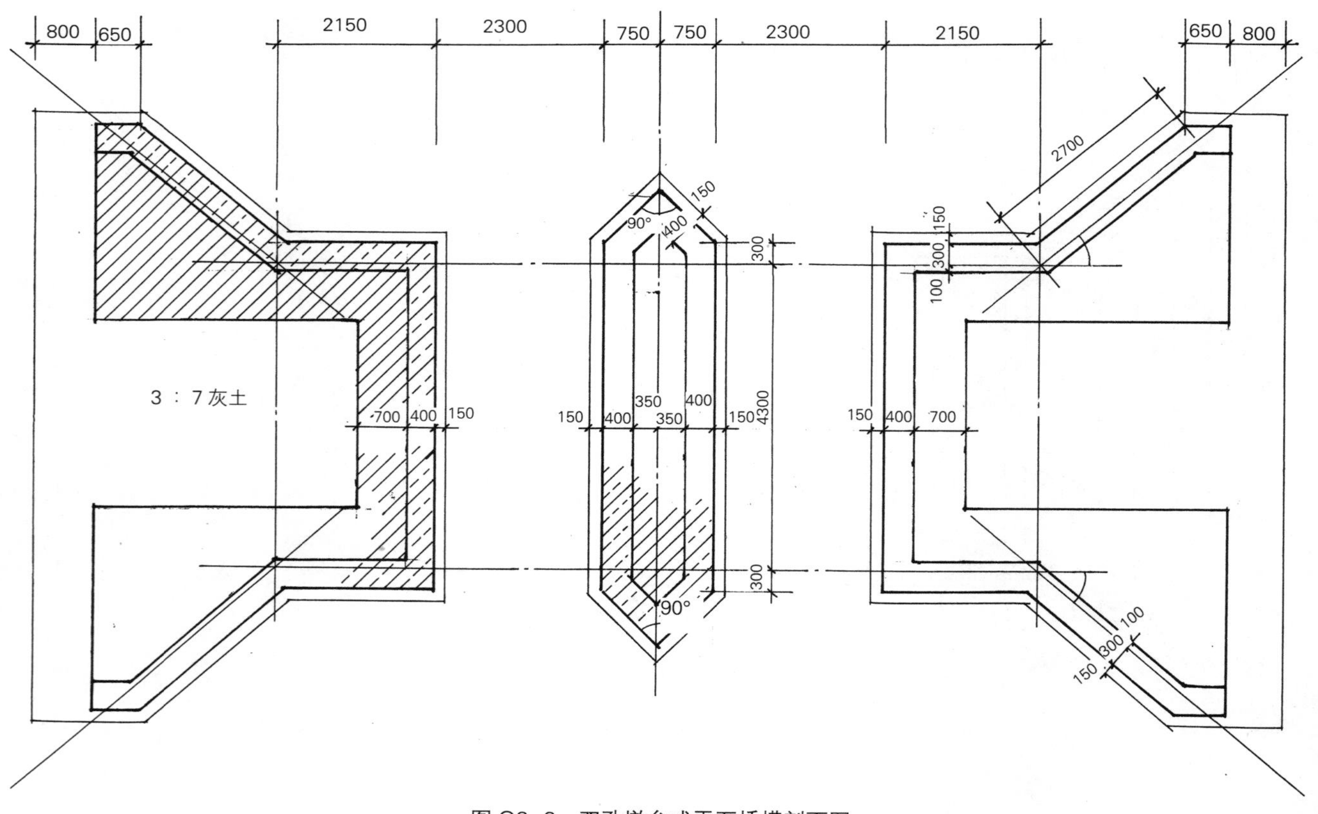

图 Q3-3　双孔墩台式平石桥横剖面图

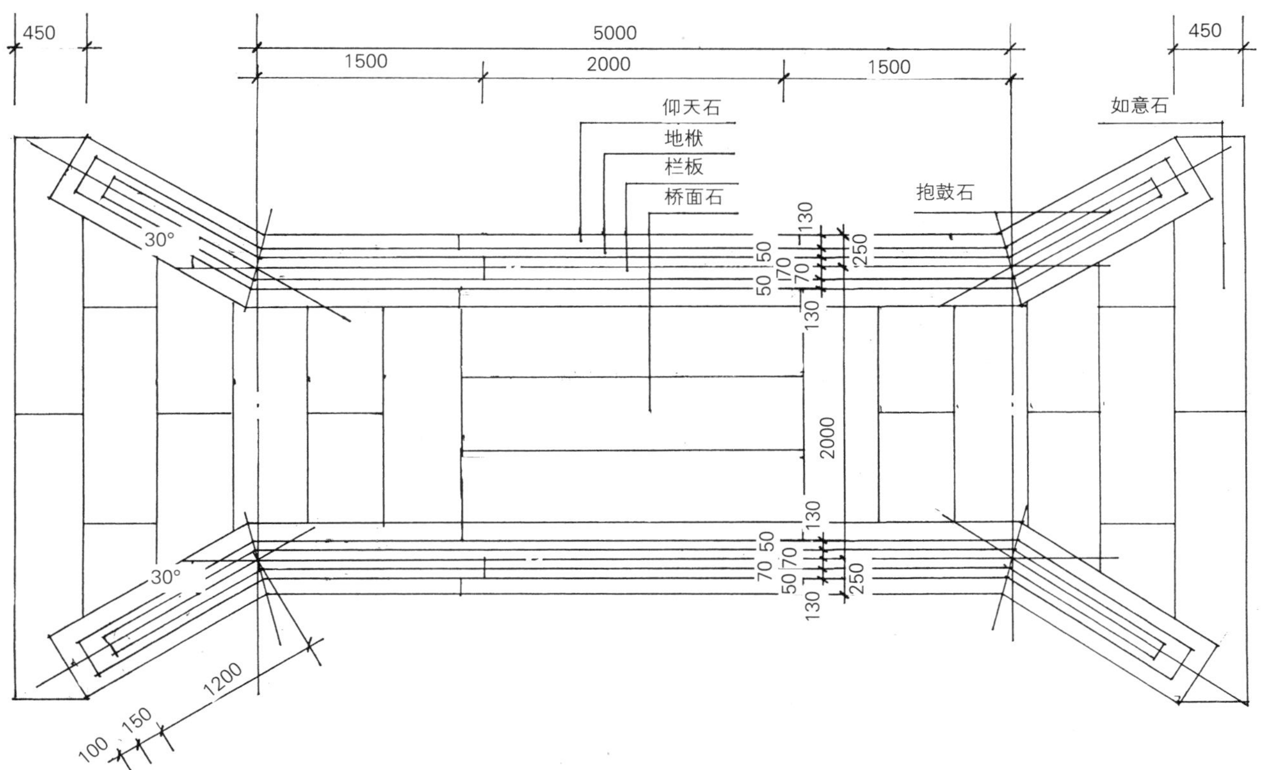

图 Q4-1　单孔墩台式平石桥平面图

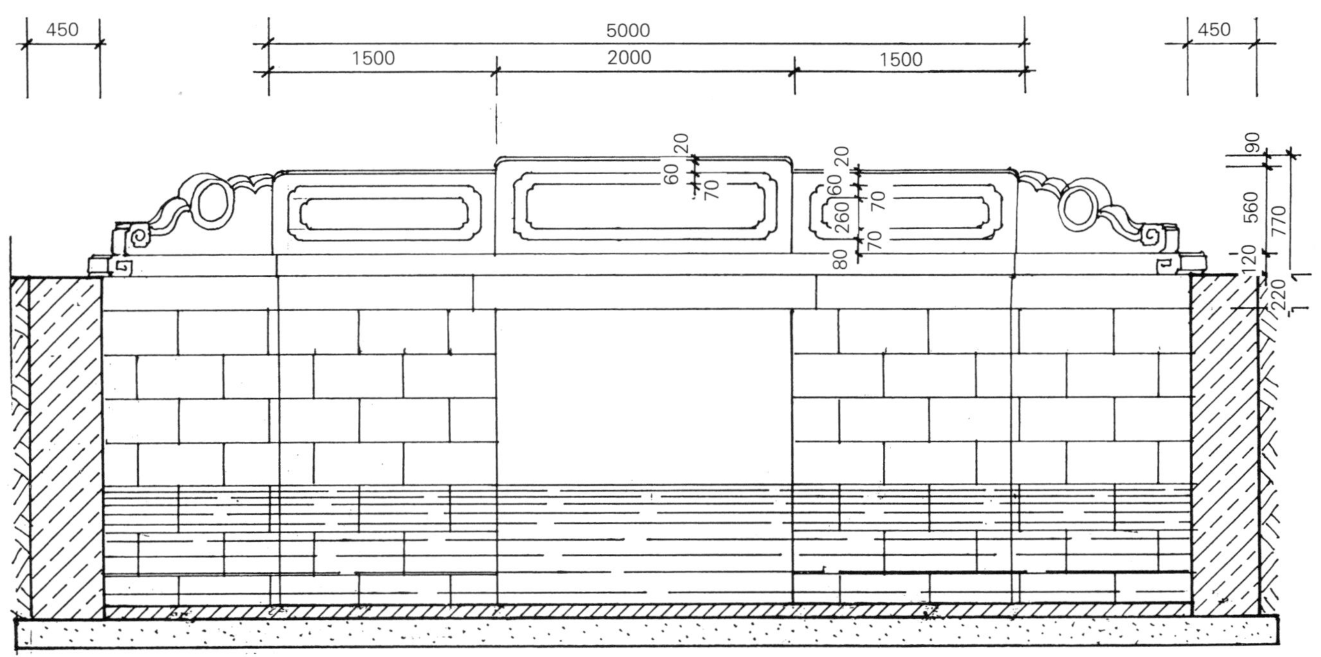

图 Q4-2　单孔墩台式平石桥立面图

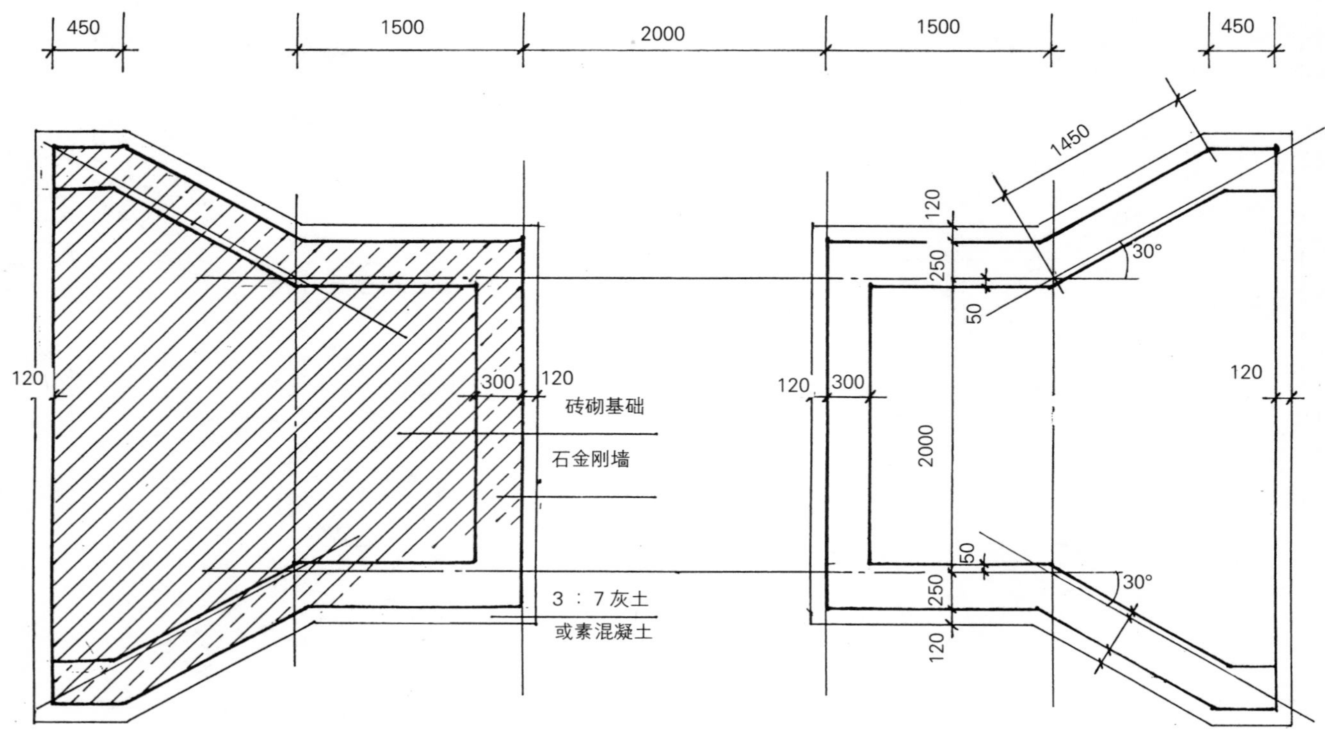

图 Q4-3　单孔墩台式平石桥横剖面图

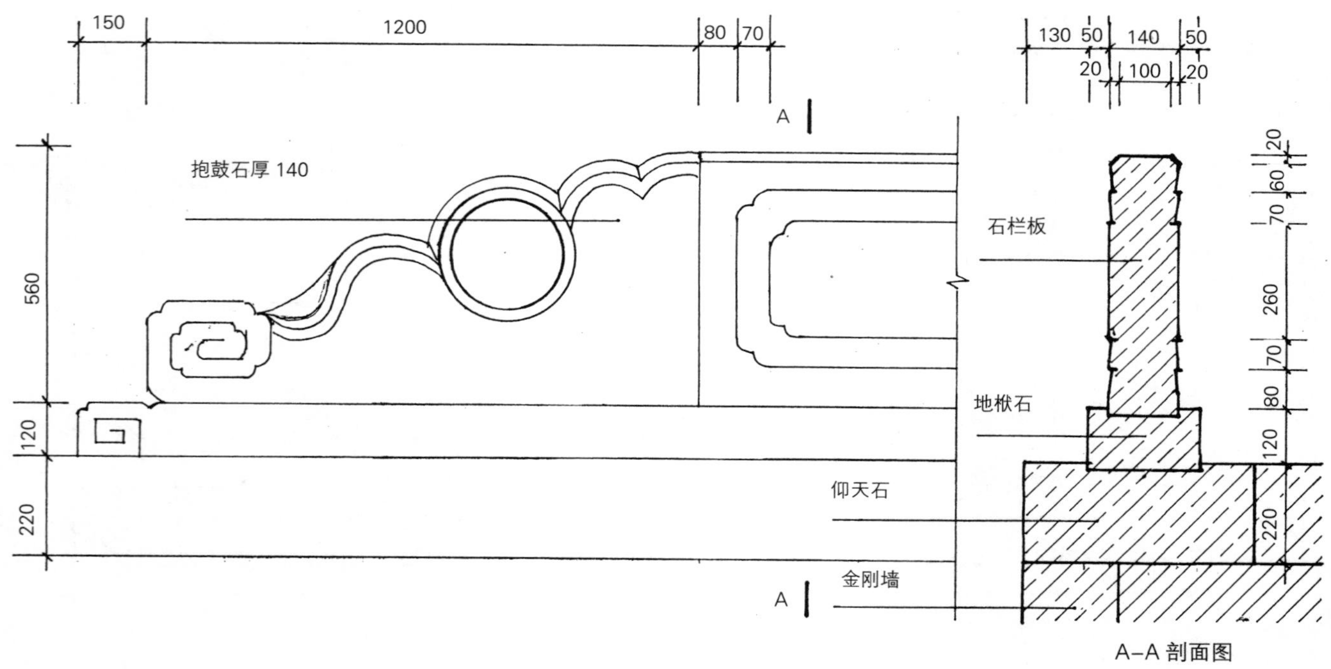

图 Q4-4　单孔墩台式平石桥局部立面、剖面图

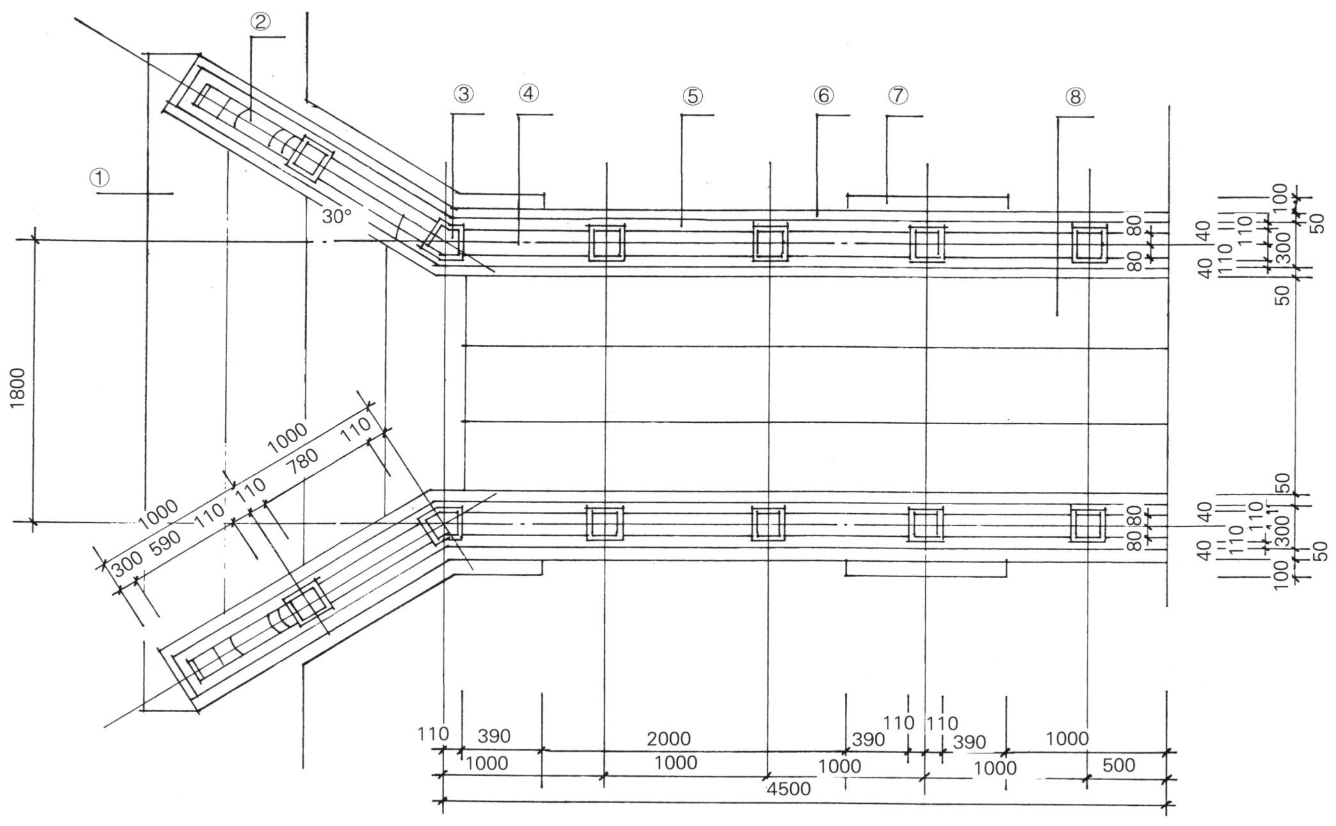

图 Q5-1 三孔墩台式平石桥 1/2 平面图

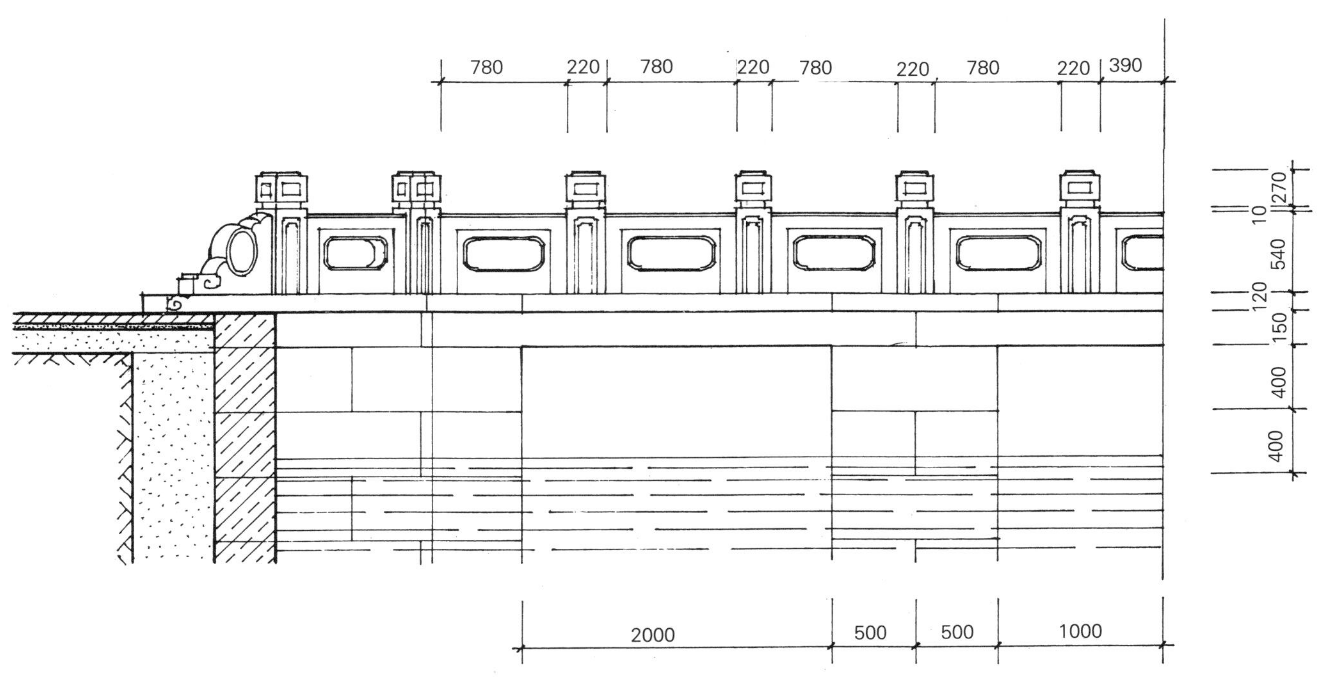

图 Q5-2 三孔墩台式平石桥 1/2 立面图

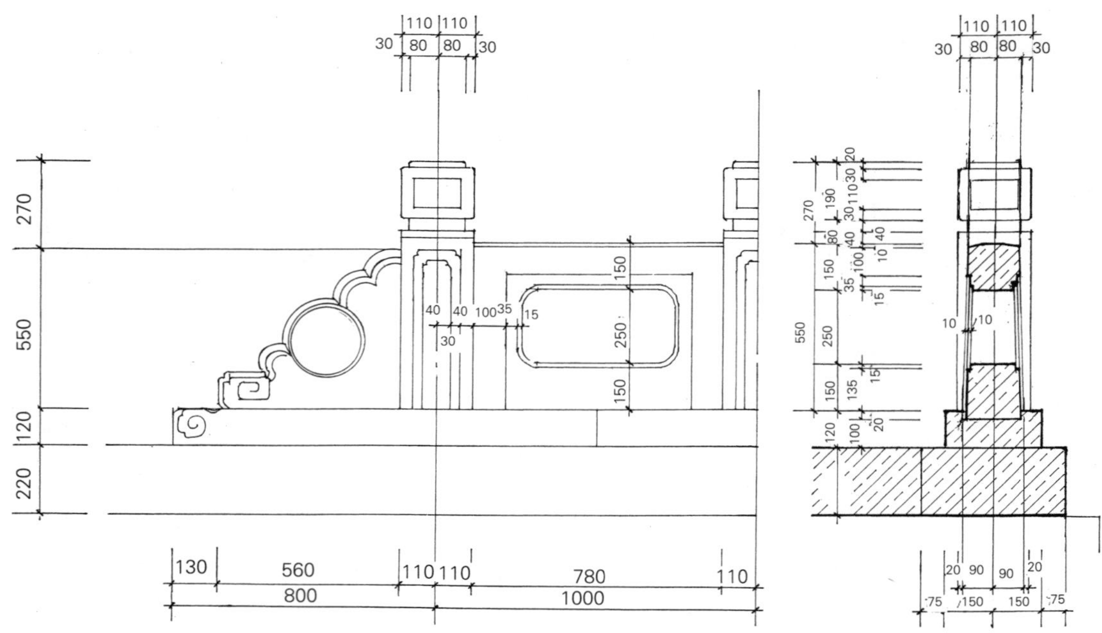

图 Q5-3 三孔墩台式平石桥局部立面、剖面图

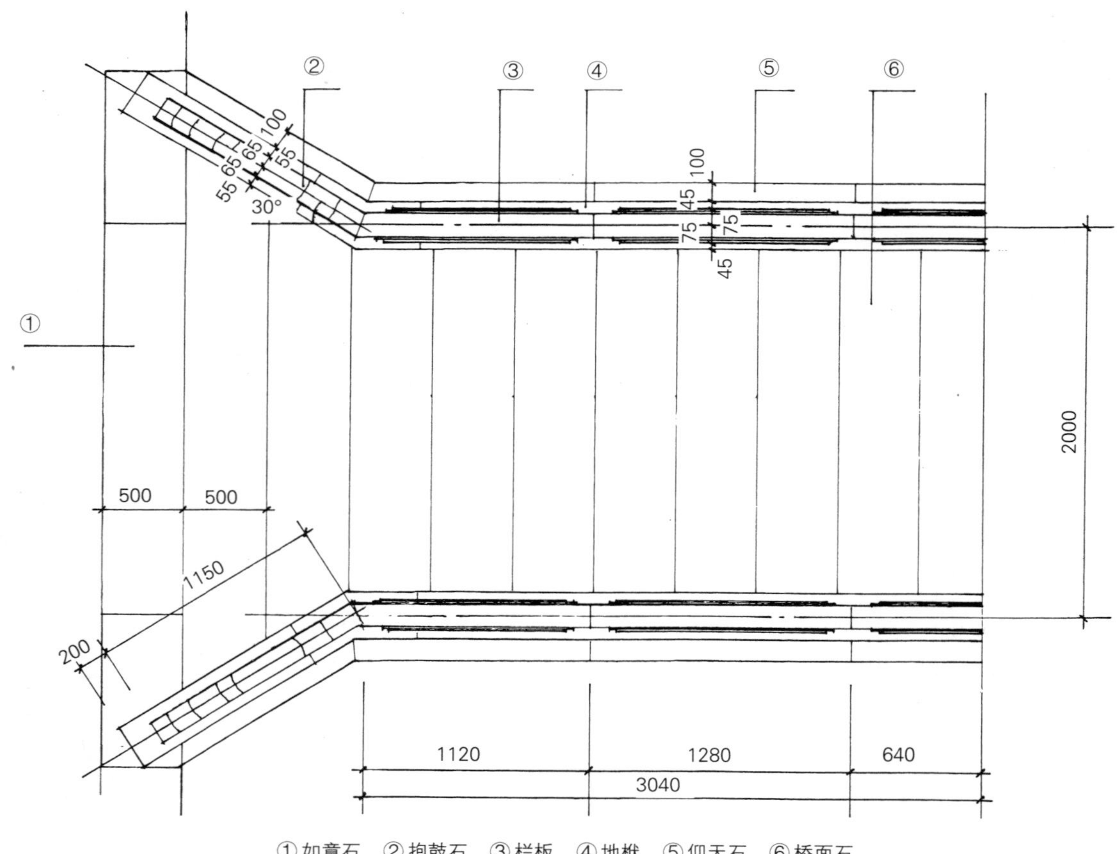

图 Q6-1 单孔拱券式石拱桥 1/2 平面图

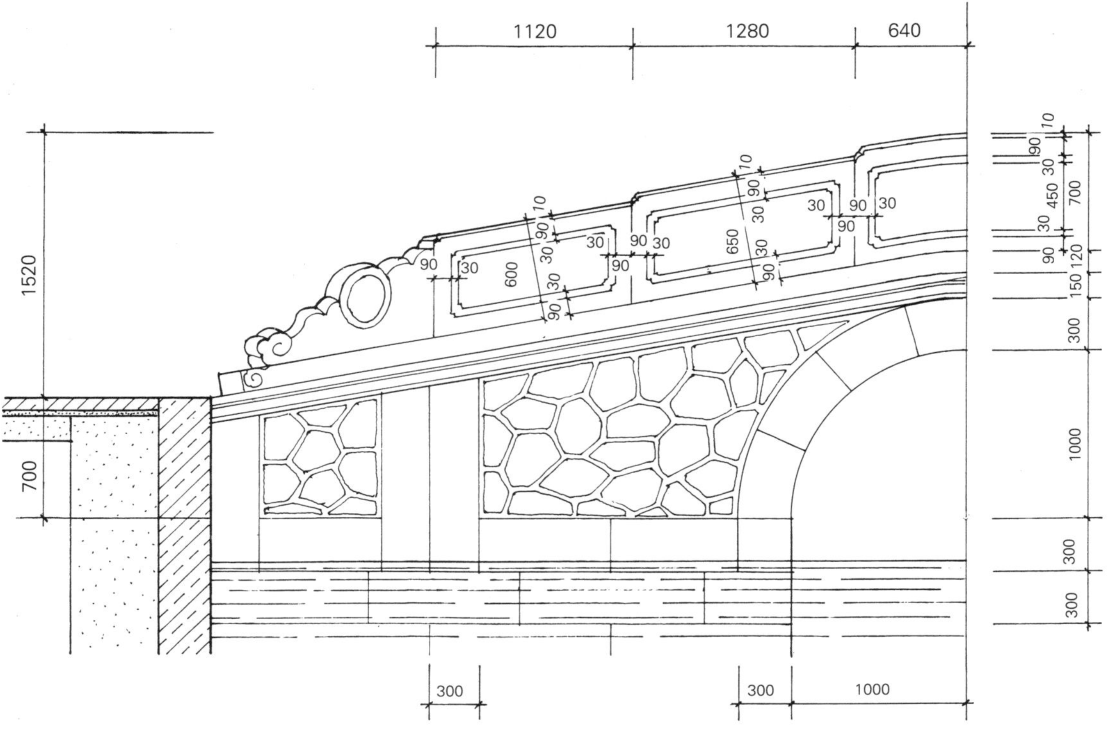

图 Q6-2　单孔拱券式石拱桥 1/2 立面图

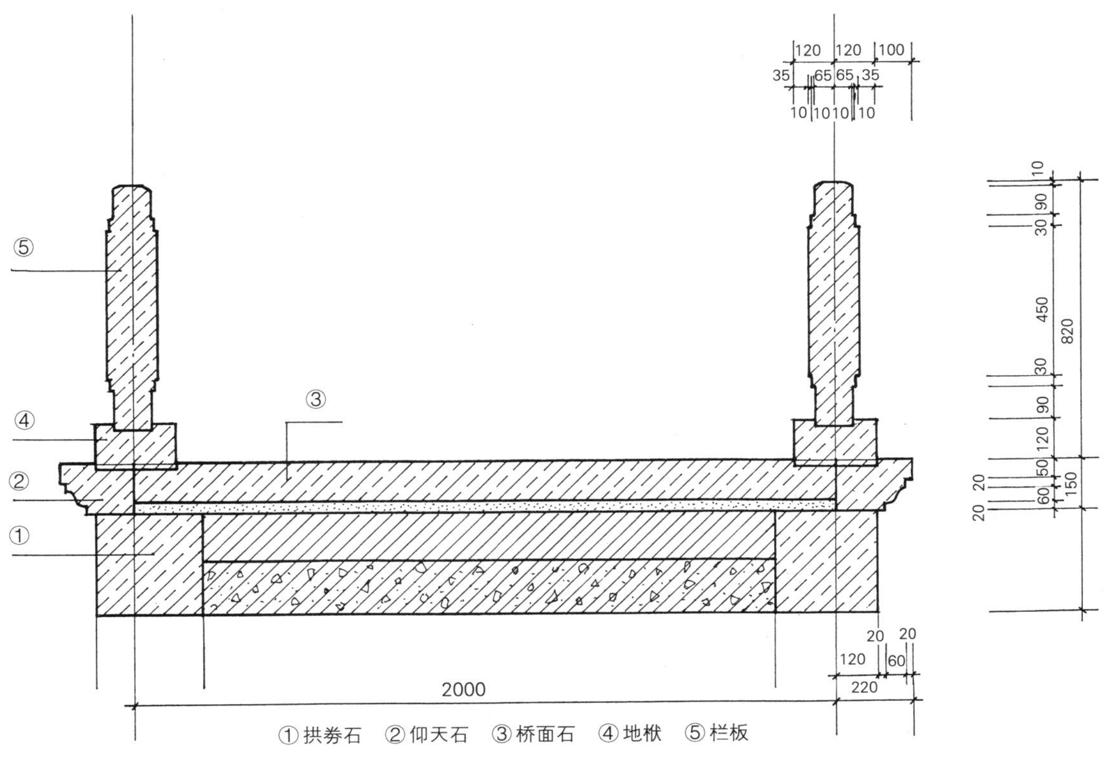

图 Q6-3　单孔拱券式石拱桥剖面图

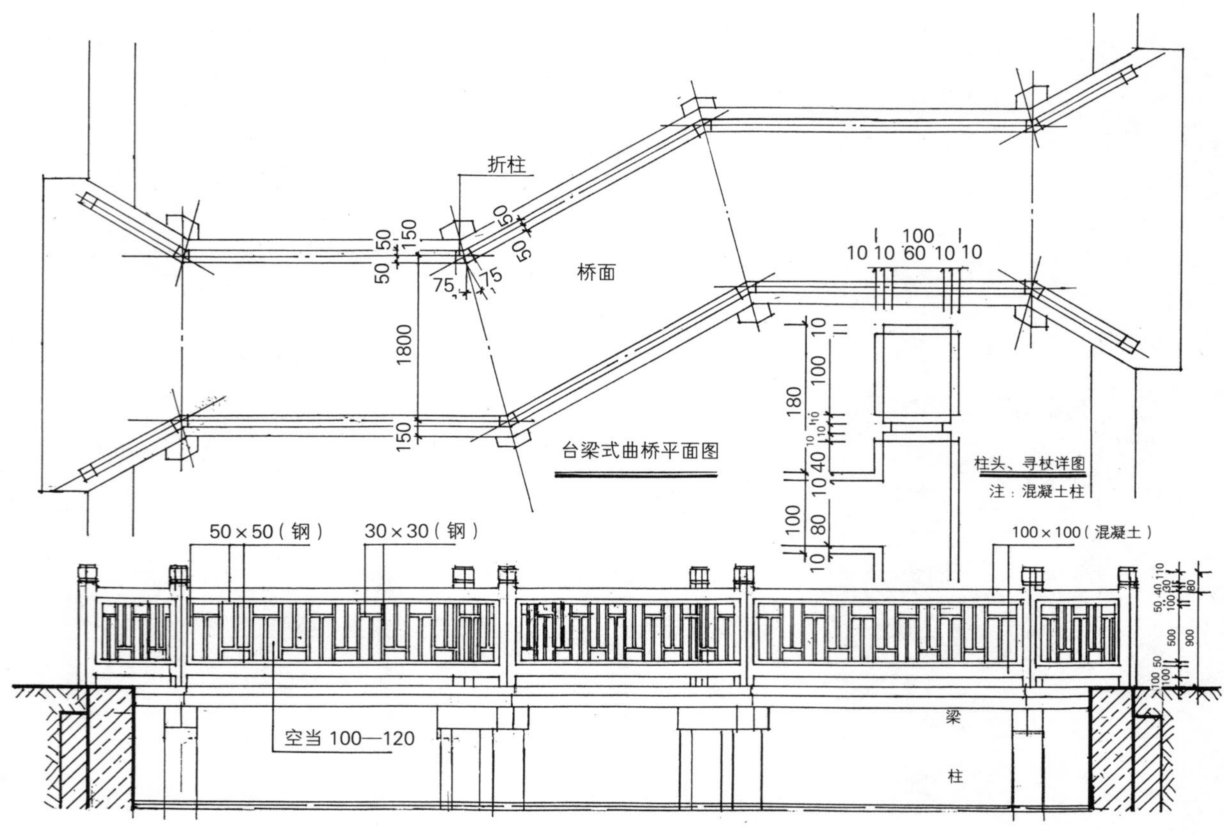

图 Q7 台梁式曲桥立面图

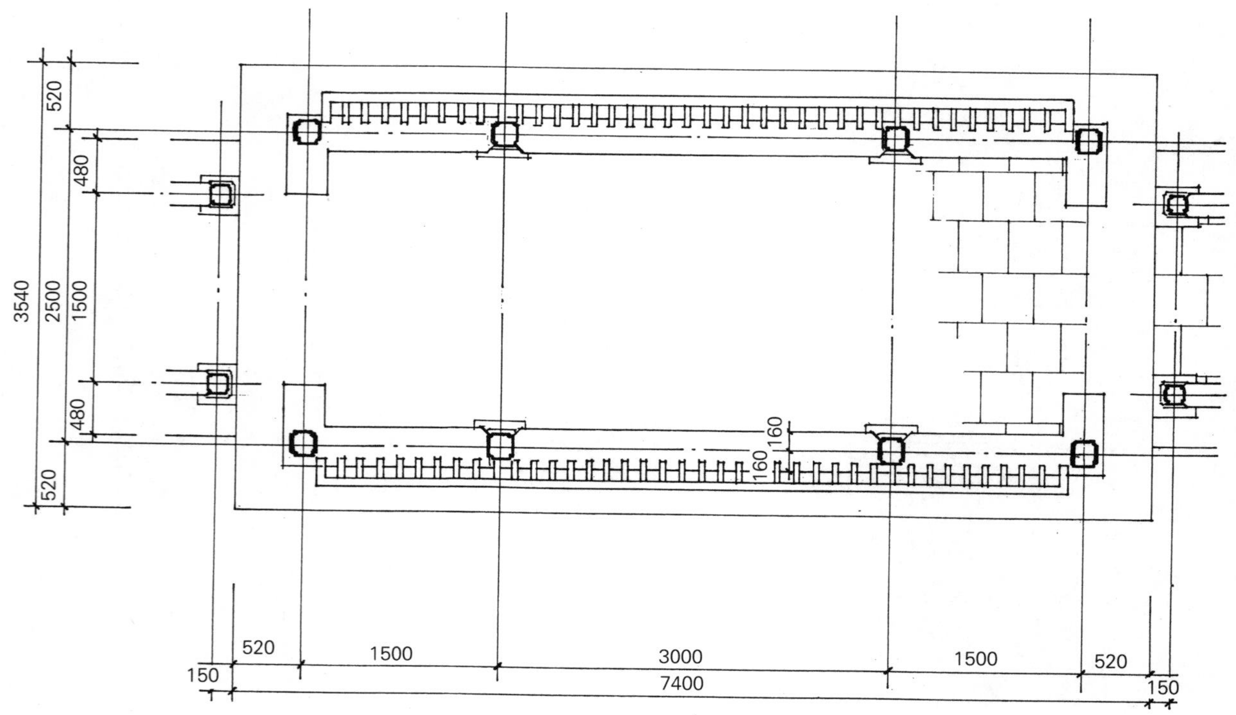

图 Q8-1 单拱券廊桥平面图

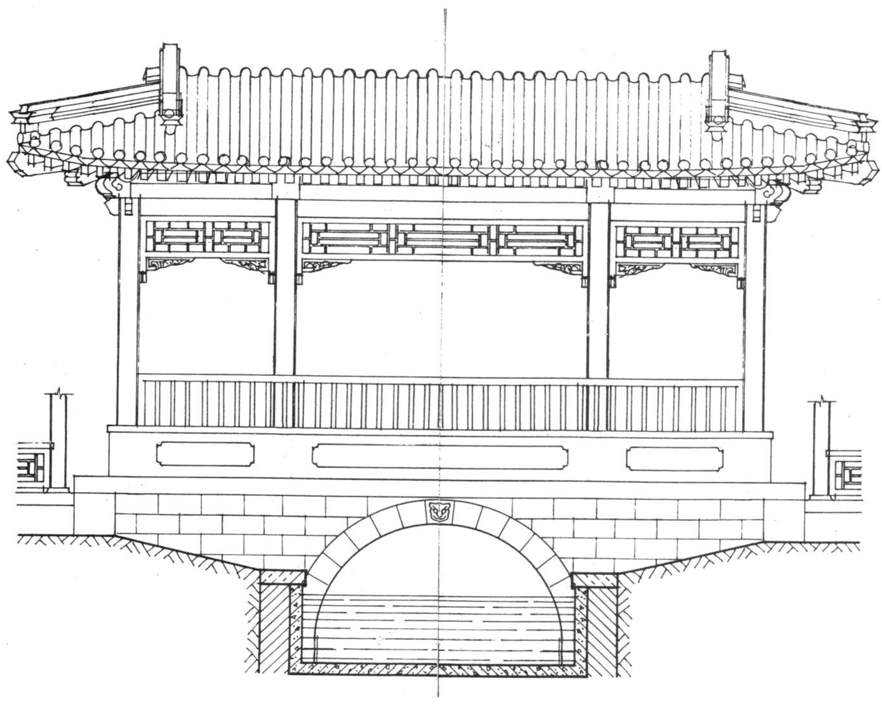

图 Q8-2　单拱券廊桥立面图

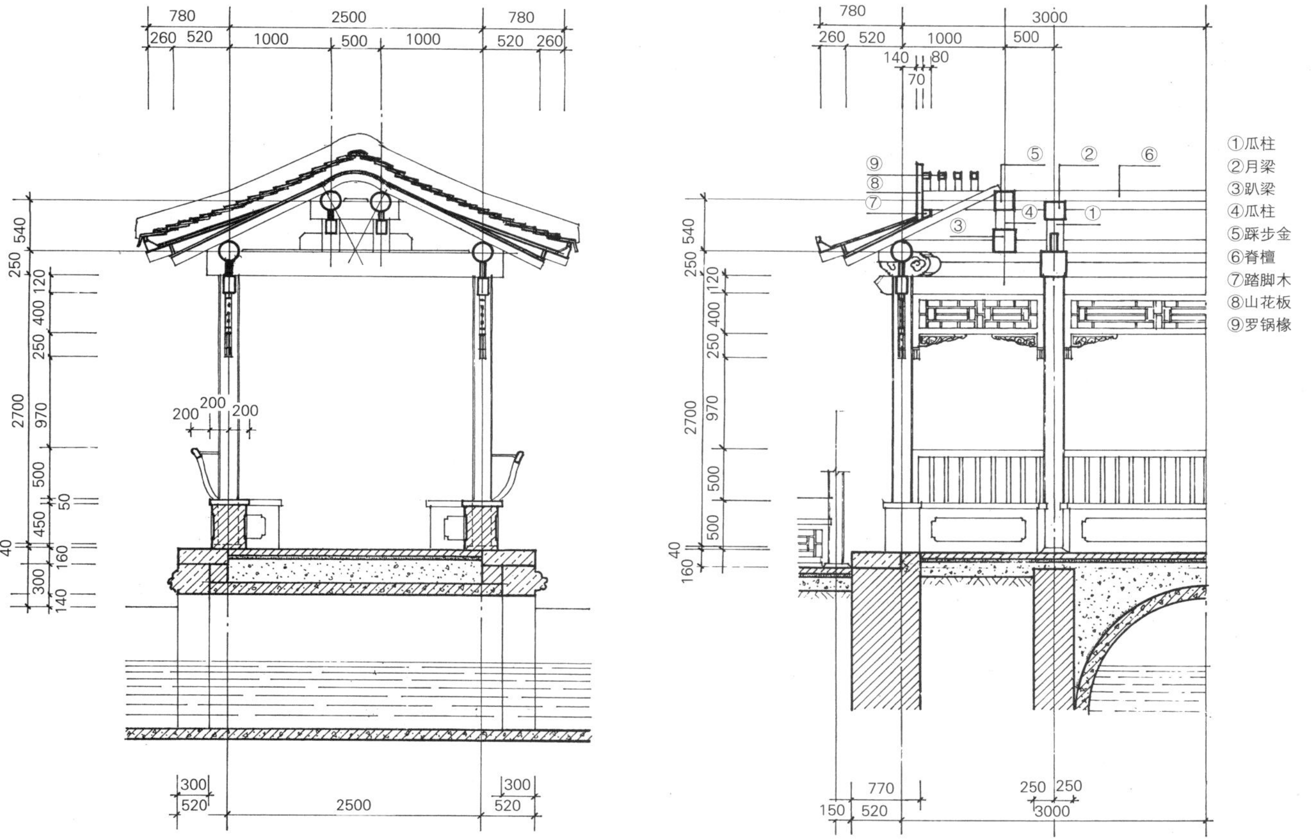

图 Q8-3　单拱券廊桥纵剖面图

图 Q8-4　单拱券廊桥 1/2 横剖面图

九、墙体

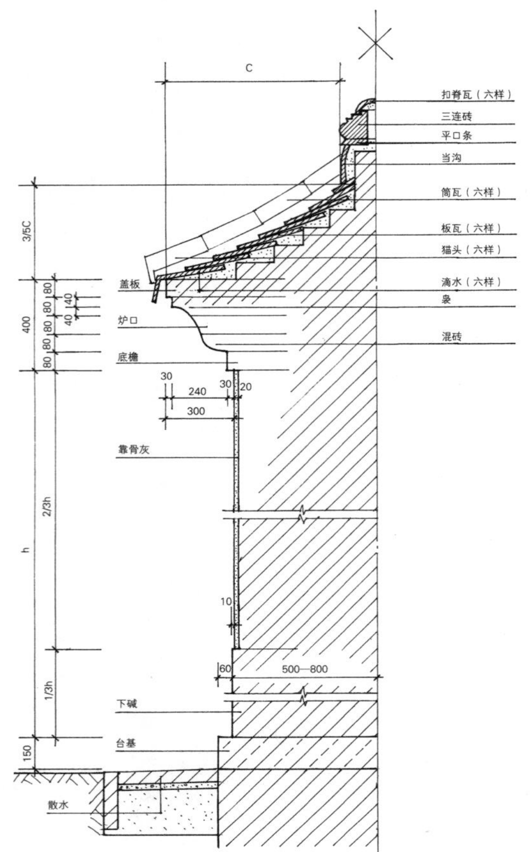

图 QT1 坛庙园林外围墙 1/2 剖面图

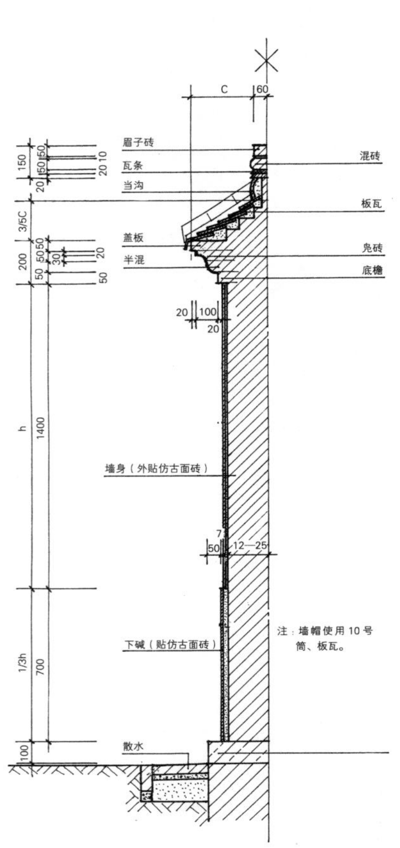

图 QT2 筒瓦墙帽砖墙 1/2 剖面图

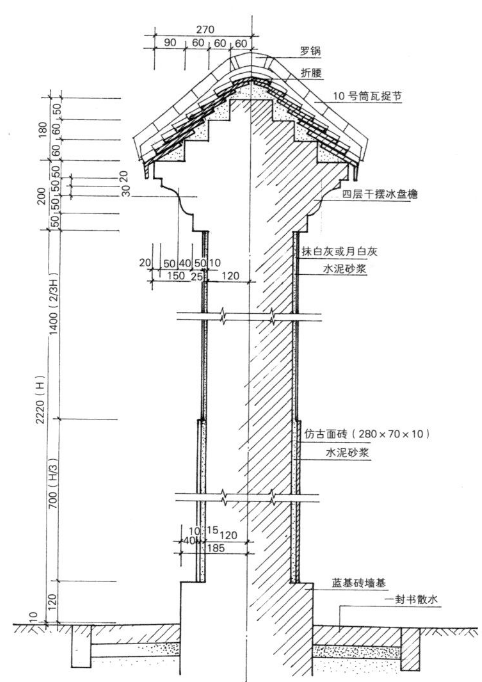

图 QT3 冰盘檐筒瓦帽子墙剖面图

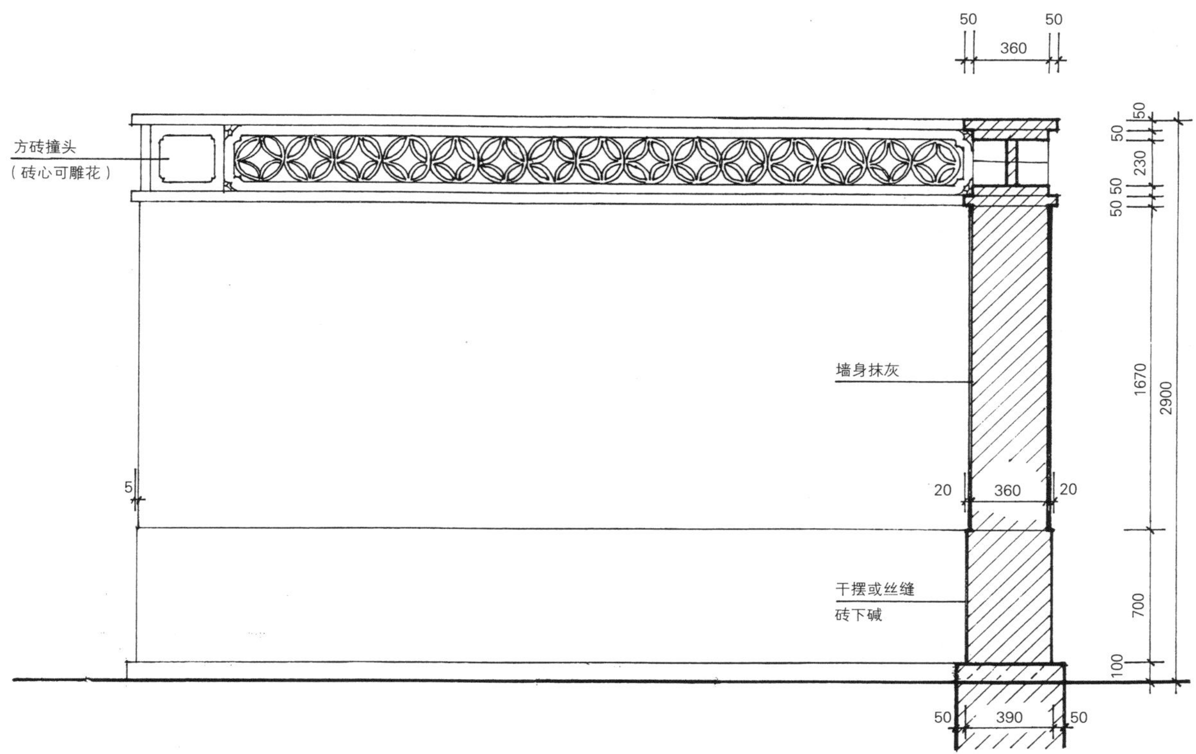

图 QT4 花瓦顶墙立面、剖面图

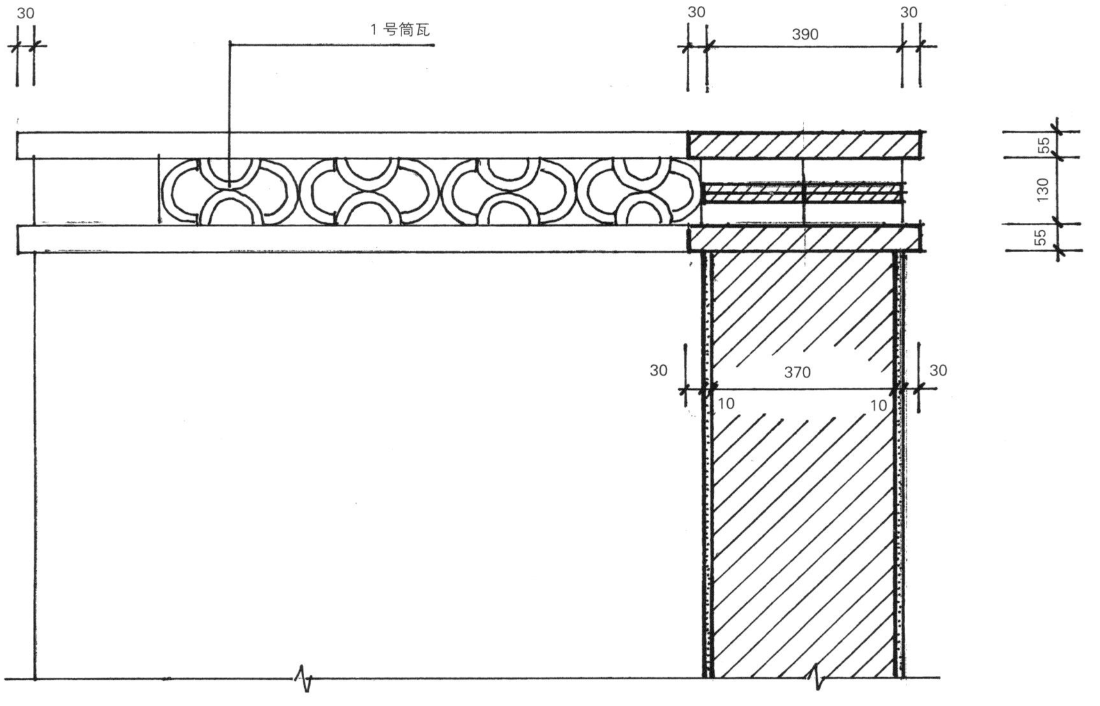

图 QT5 花瓦墙帽立面、剖面图

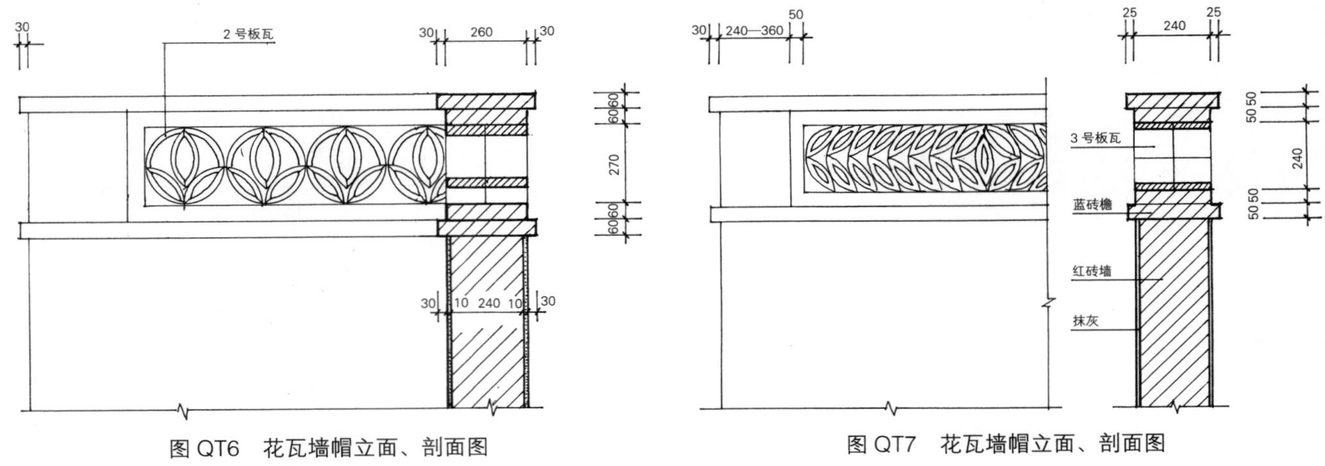

图 QT6 花瓦墙帽立面、剖面图

图 QT7 花瓦墙帽立面、剖面图

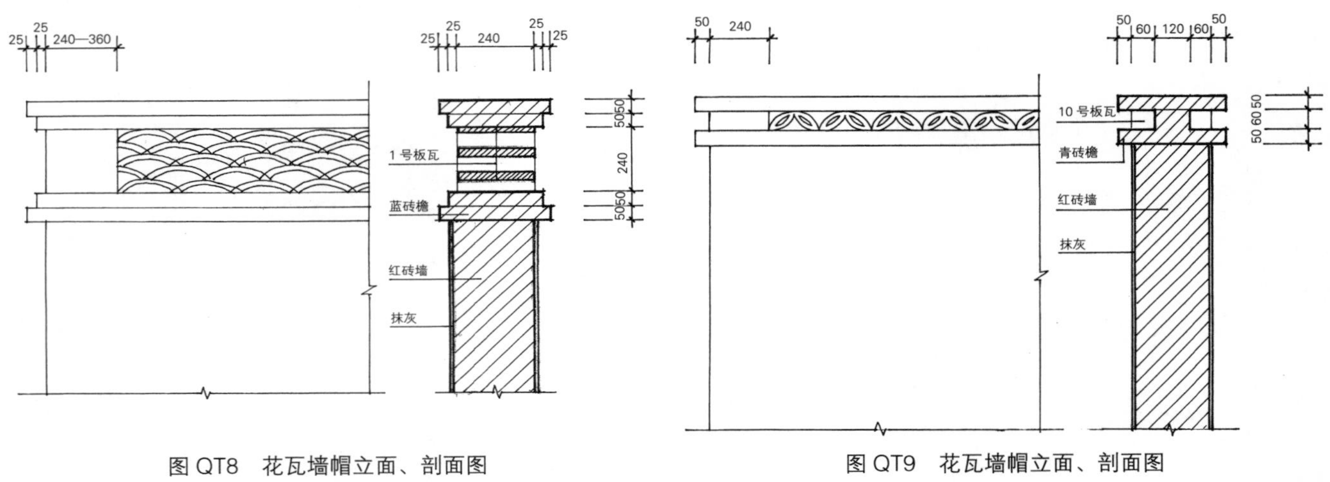

图 QT8 花瓦墙帽立面、剖面图

图 QT9 花瓦墙帽立面、剖面图

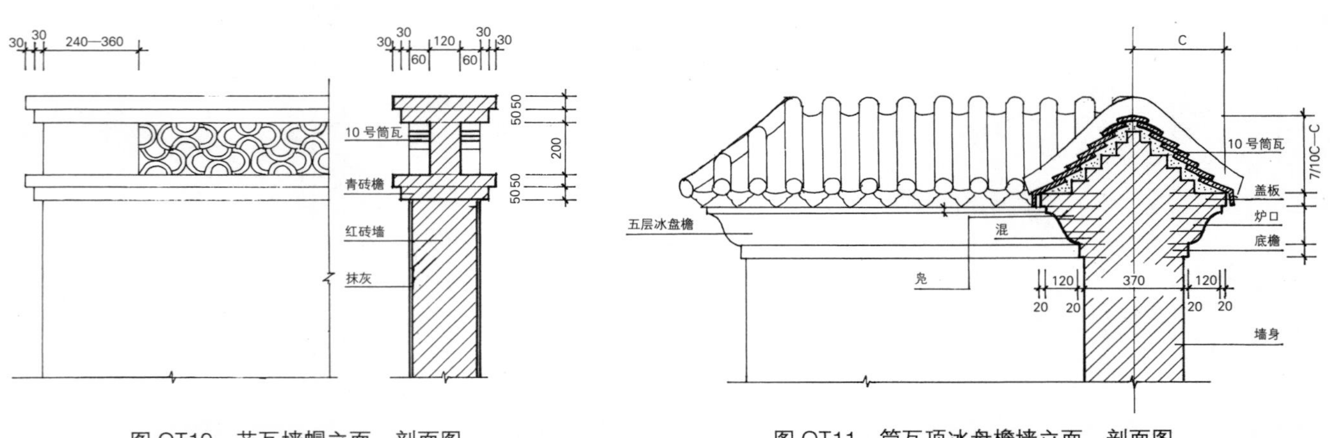

图 QT10 花瓦墙帽立面、剖面图

图 QT11 筒瓦顶冰盘檐墙立面、剖面图

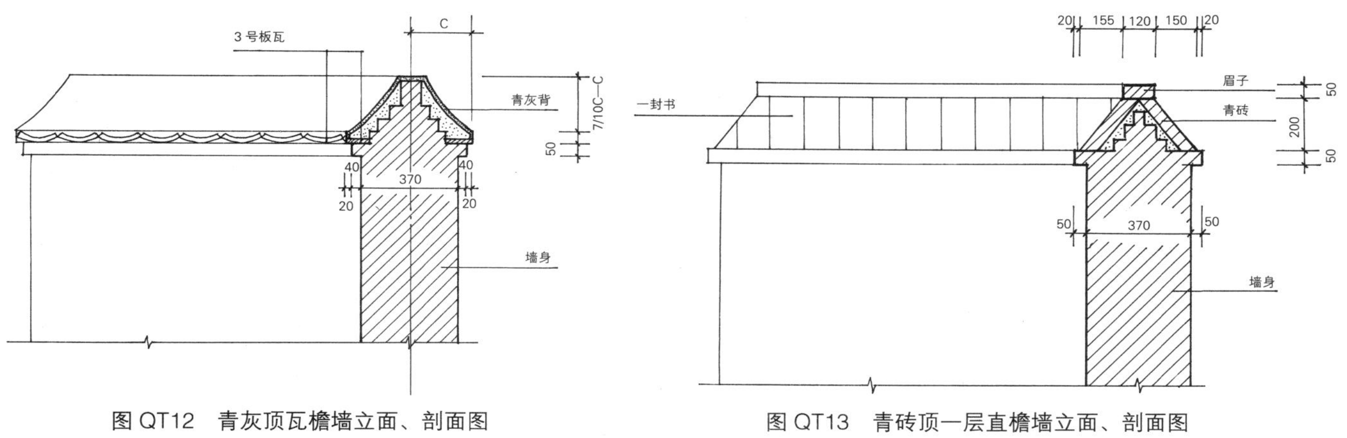

图 QT12 青灰顶瓦檐墙立面、剖面图　　图 QT13 青砖顶一层直檐墙立面、剖面图

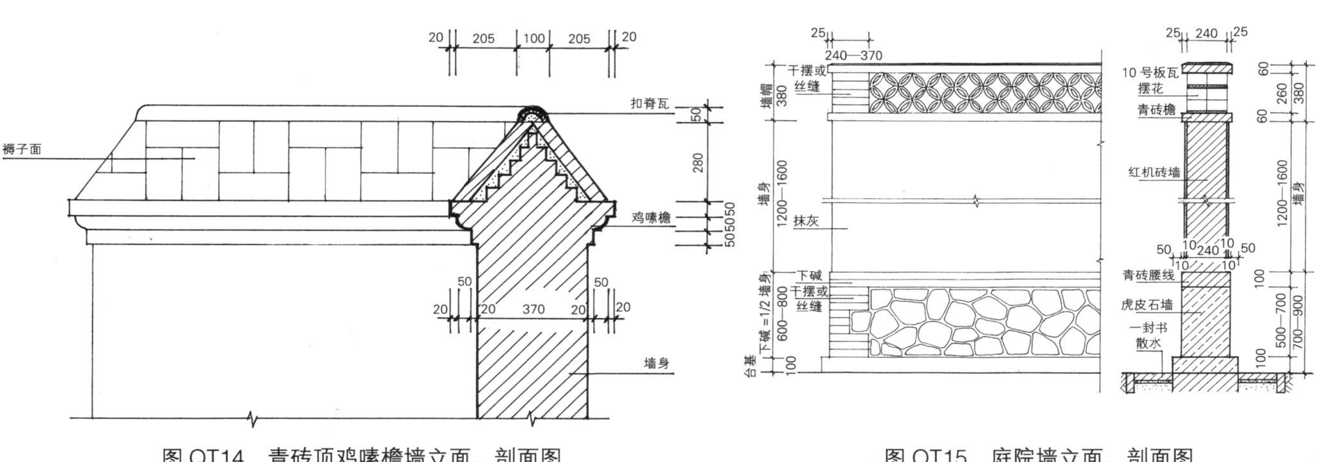

图 QT14 青砖顶鸡嗉檐墙立面、剖面图　　图 QT15 庭院墙立面、剖面图

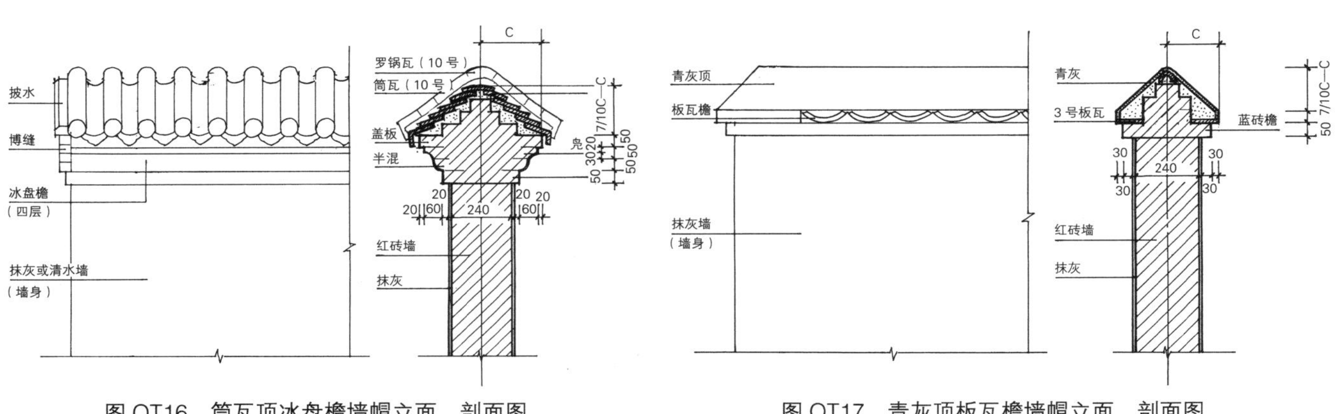

图 QT16 筒瓦顶冰盘檐墙帽立面、剖面图　　图 QT17 青灰顶板瓦檐墙帽立面、剖面图

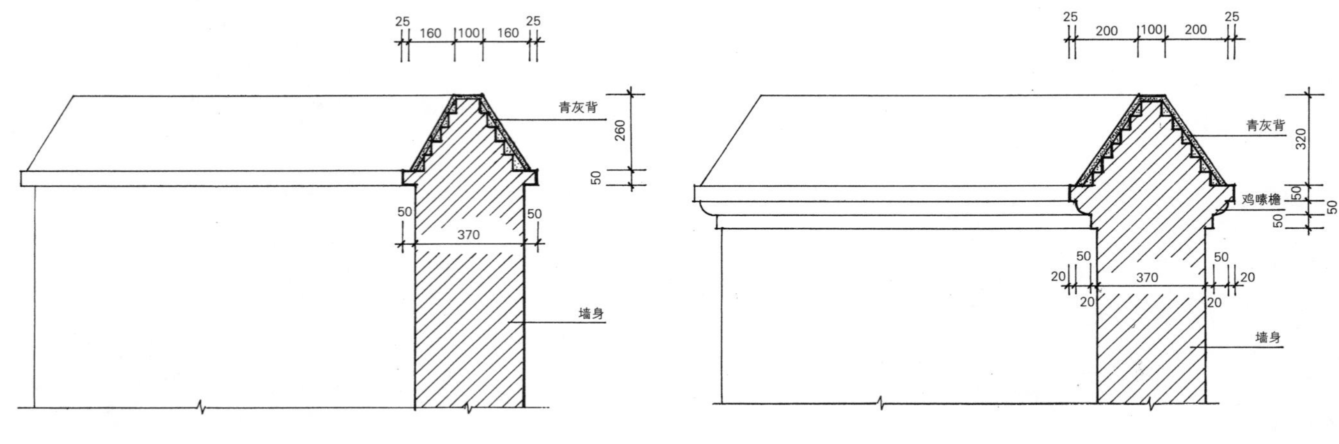

图 QT18　青灰背宝盒顶墙帽立面、剖面图

图 QT19　青灰背鸡嗦檐墙帽立面、剖面图

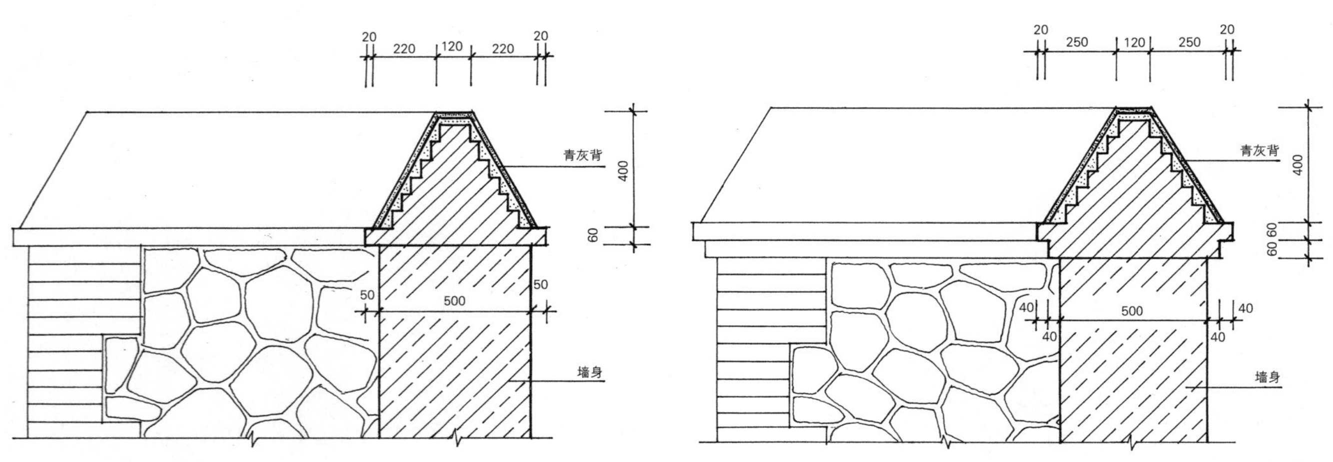

图 QT20　宝盒顶虎皮石墙立面、剖面图

图 QT21　青灰背两层直檐虎皮石墙立面、剖面图

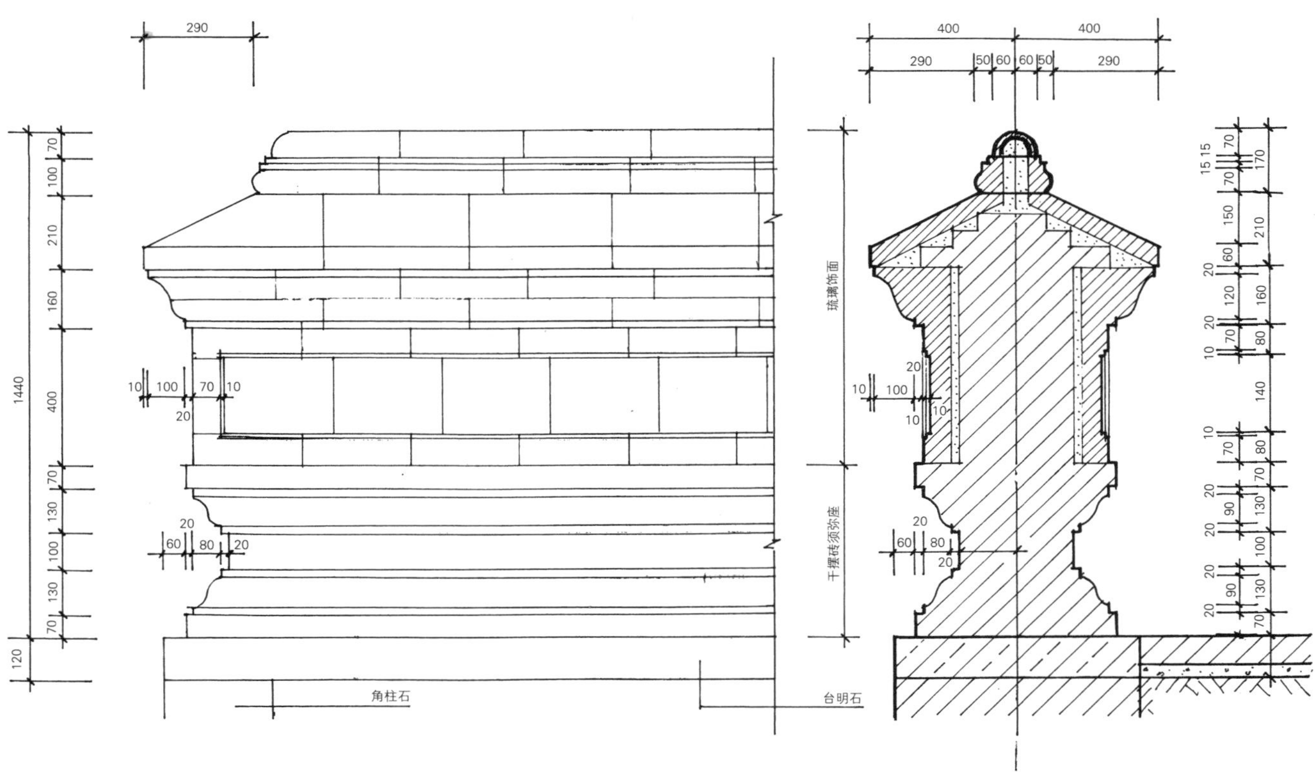

图 QT22 砖座琉璃矮墙平面、剖面图

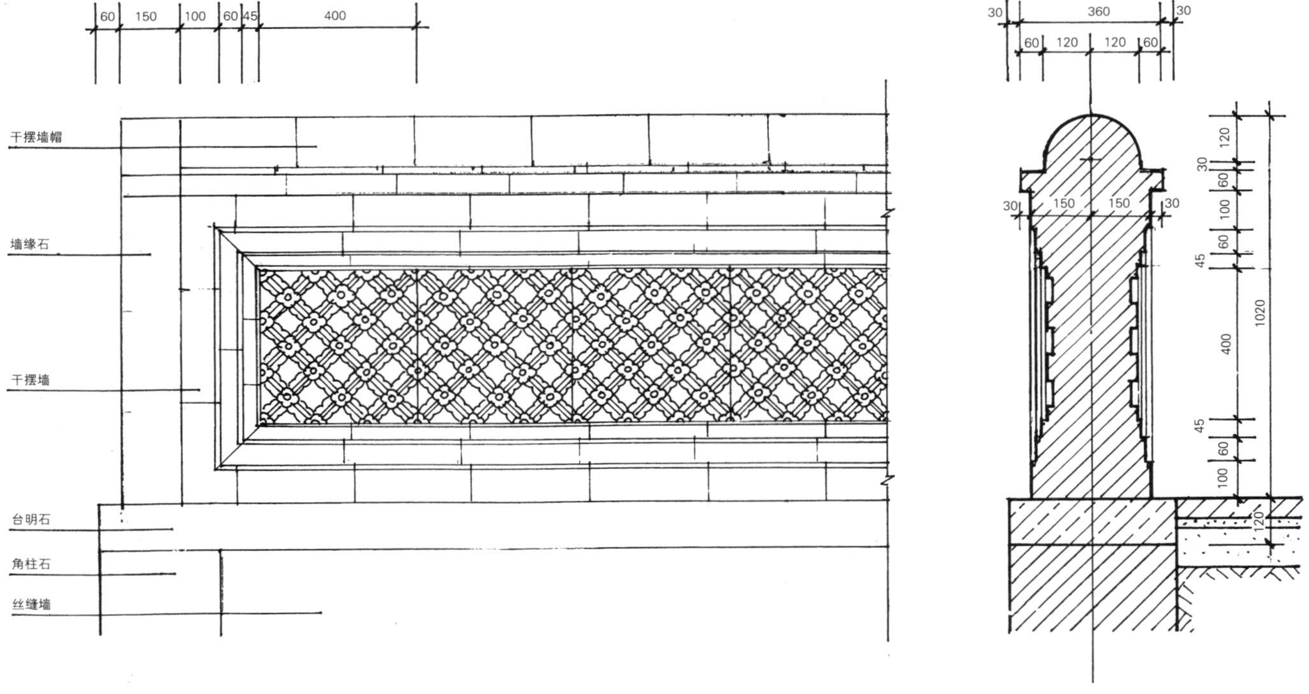

图 QT23-1 砖砌矮墙立面、剖面图

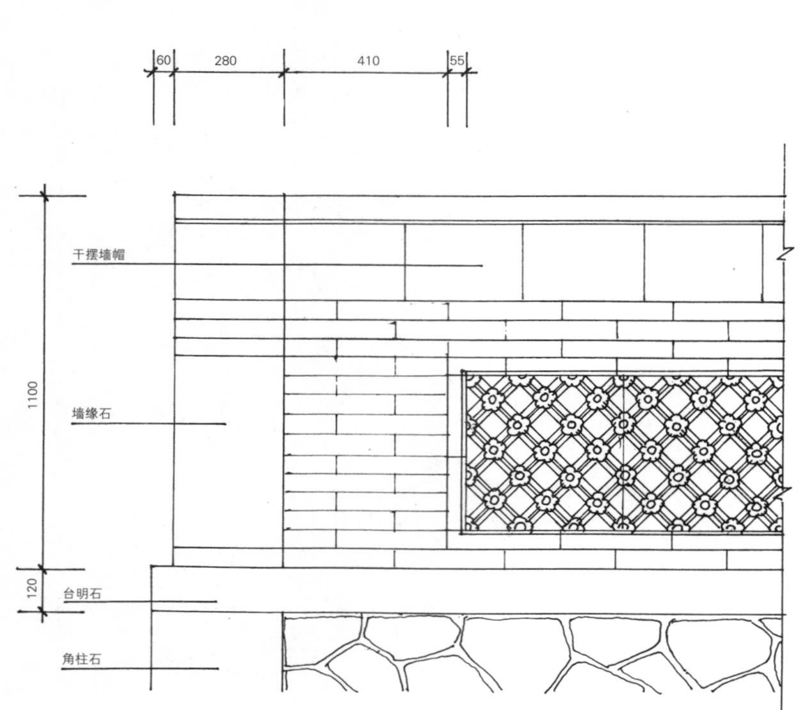

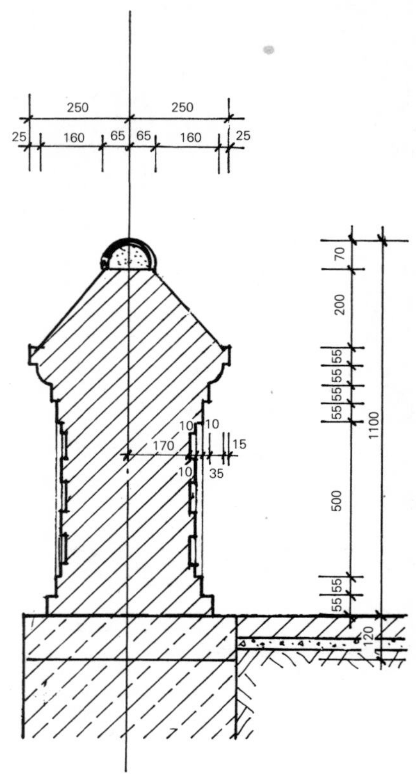

图 QT23-2　砖砌矮墙立面、剖面图

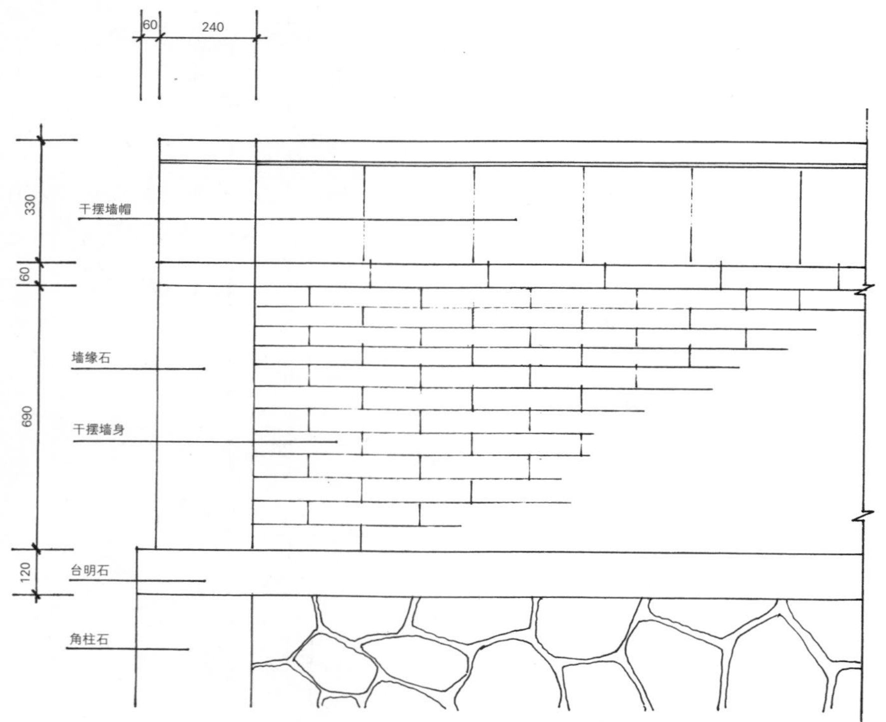

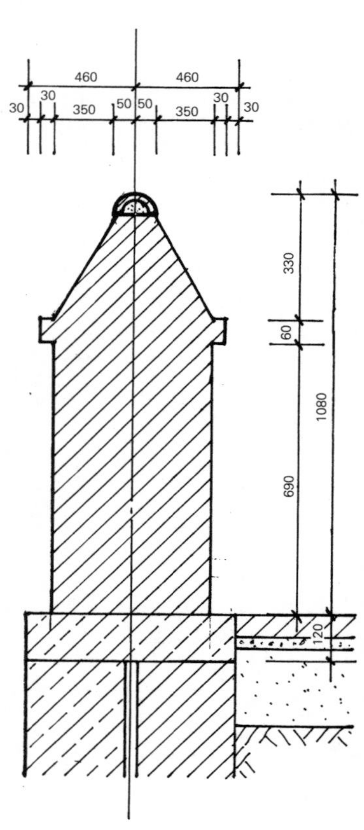

图 QT24　砖砌矮墙立面、剖面图

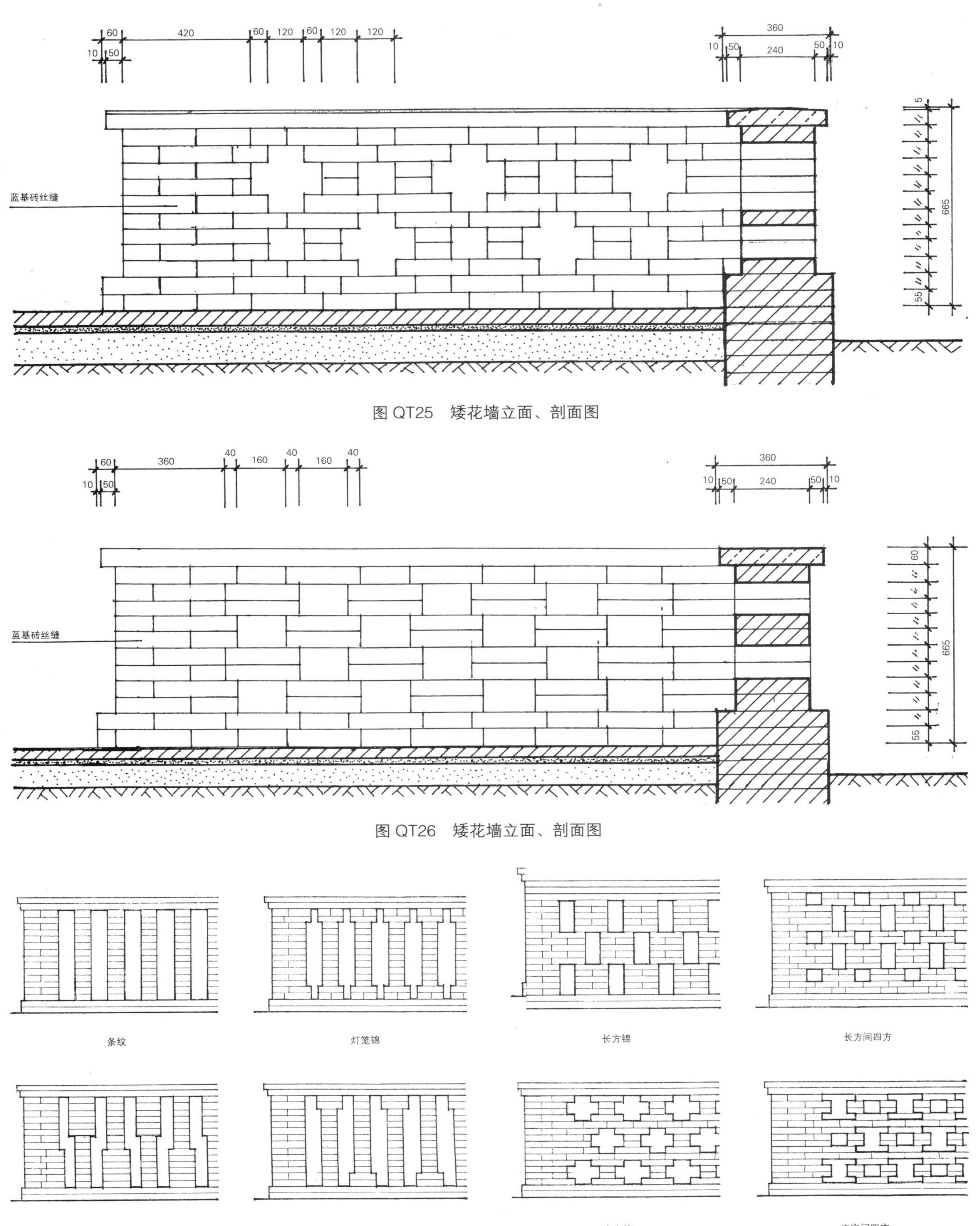

图 QT25 矮花墙立面、剖面图

图 QT26 矮花墙立面、剖面图

图 QT27 不同样式矮花墙立面图

十、木装修

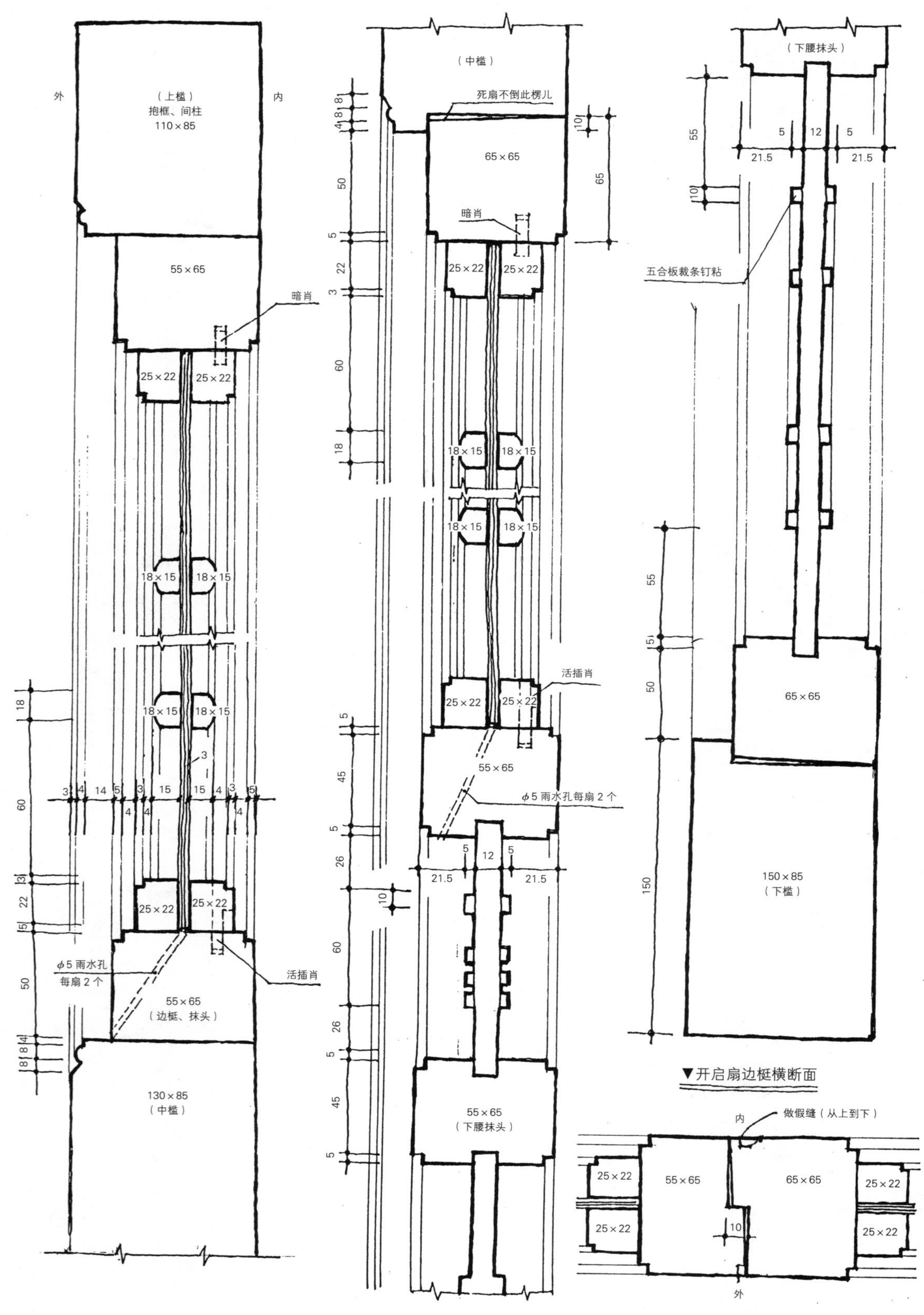

图 MZ1 带横披的外檐隔扇纵剖面图

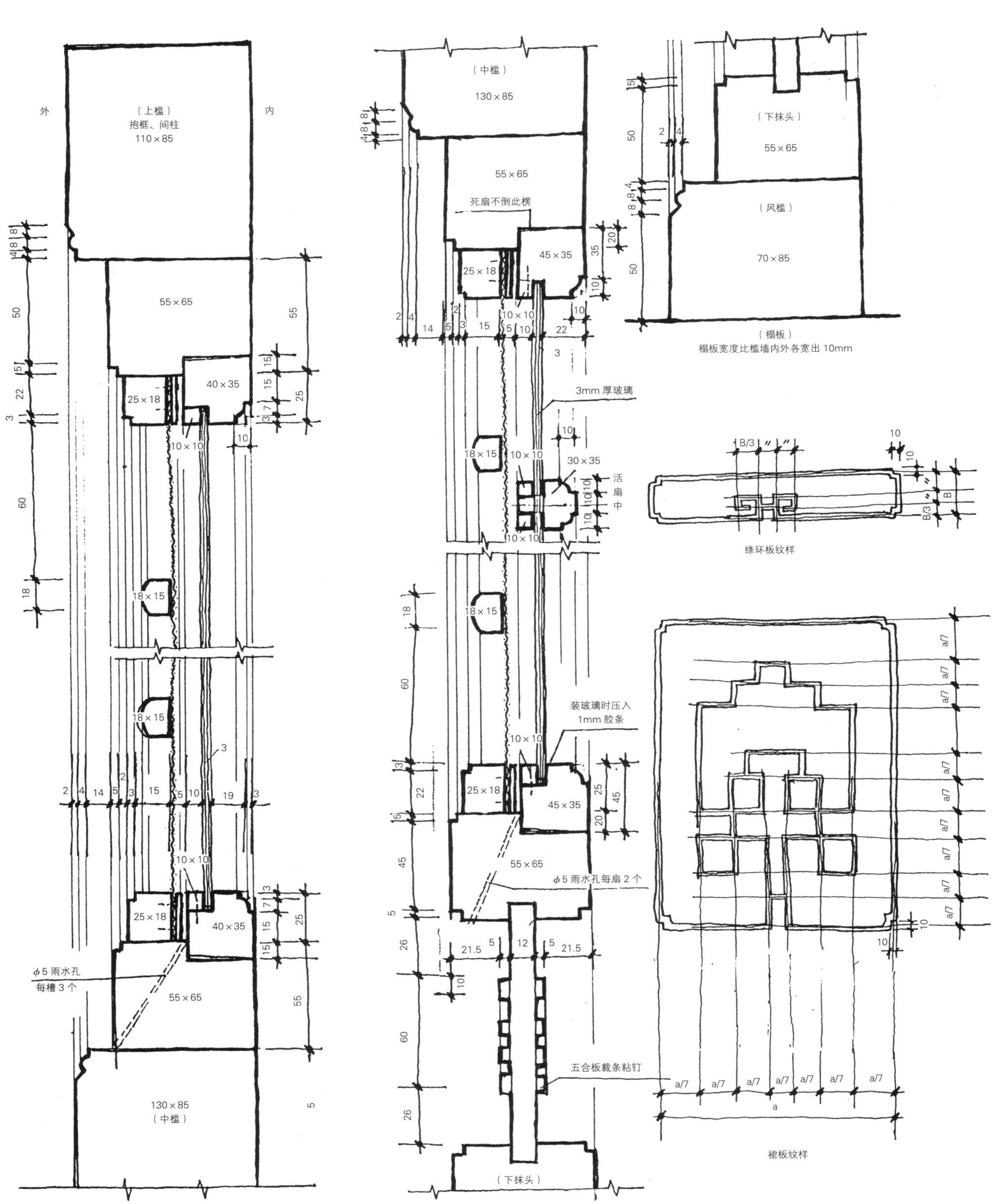

图 MZ2 带横披的槛窗纵剖面及隔扇裙板、绦环板纹样图

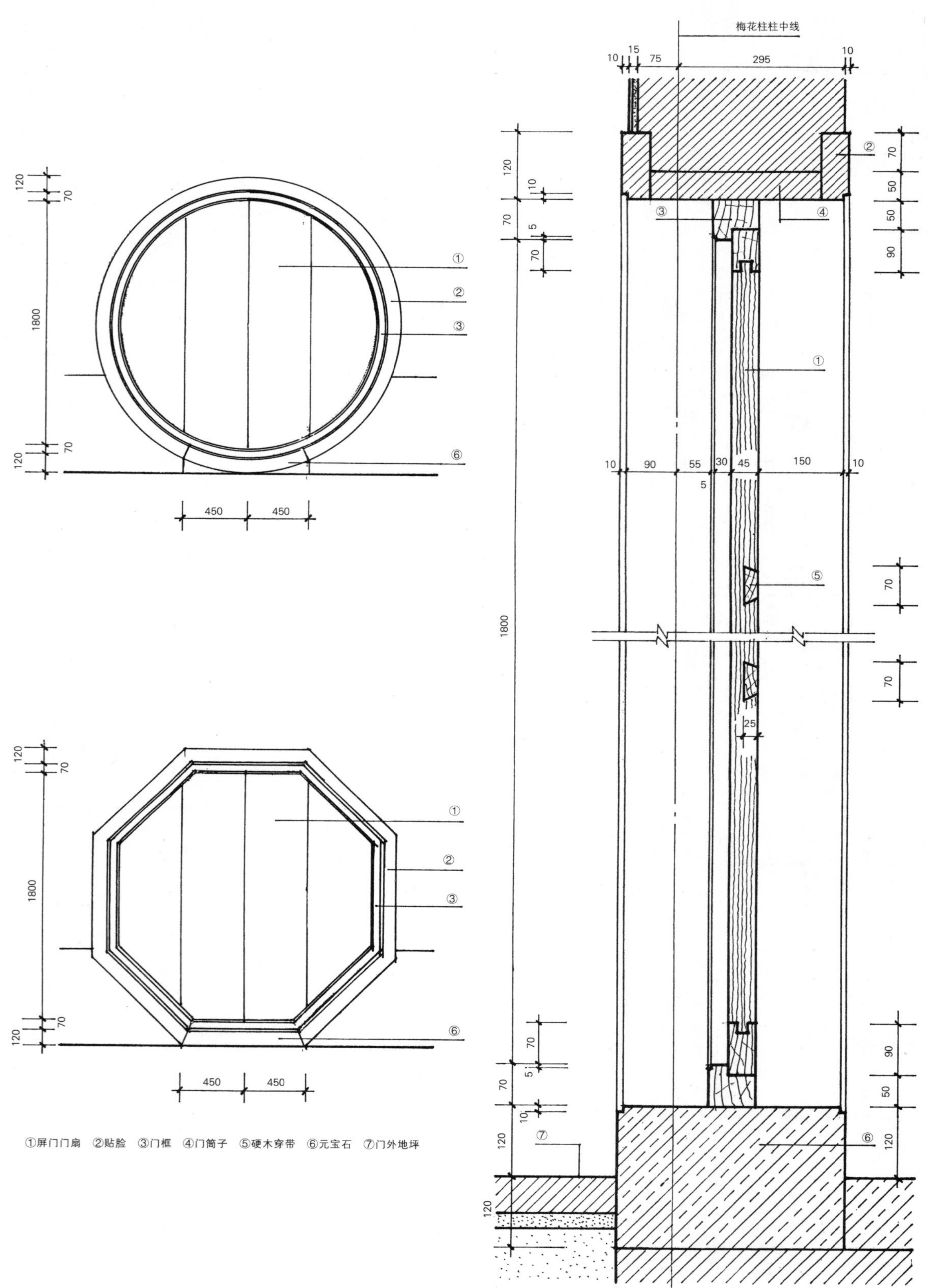

图 MZ3 月洞、八方屏门立面、剖面图

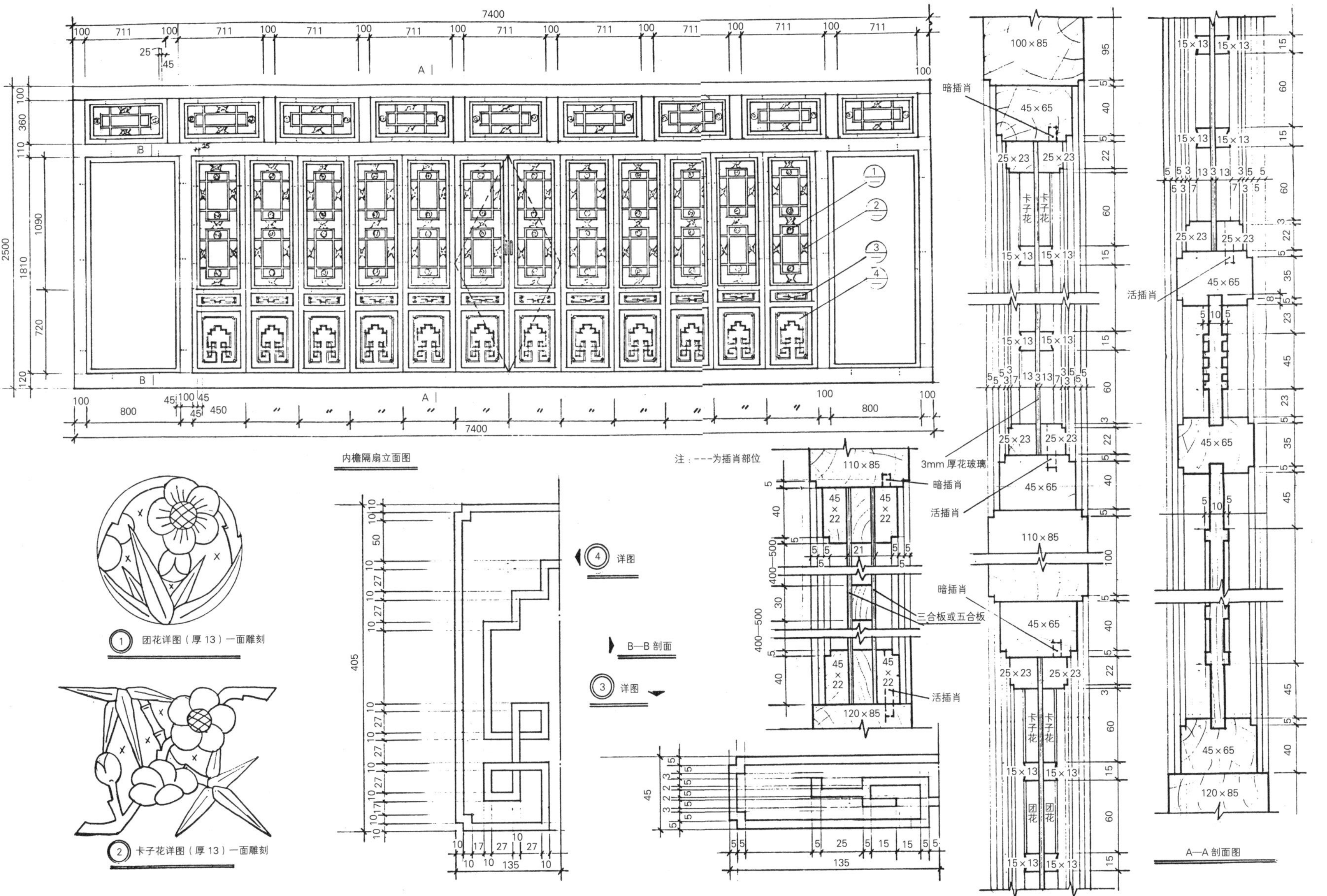

图 MZ4　内檐隔扇立面、剖面图

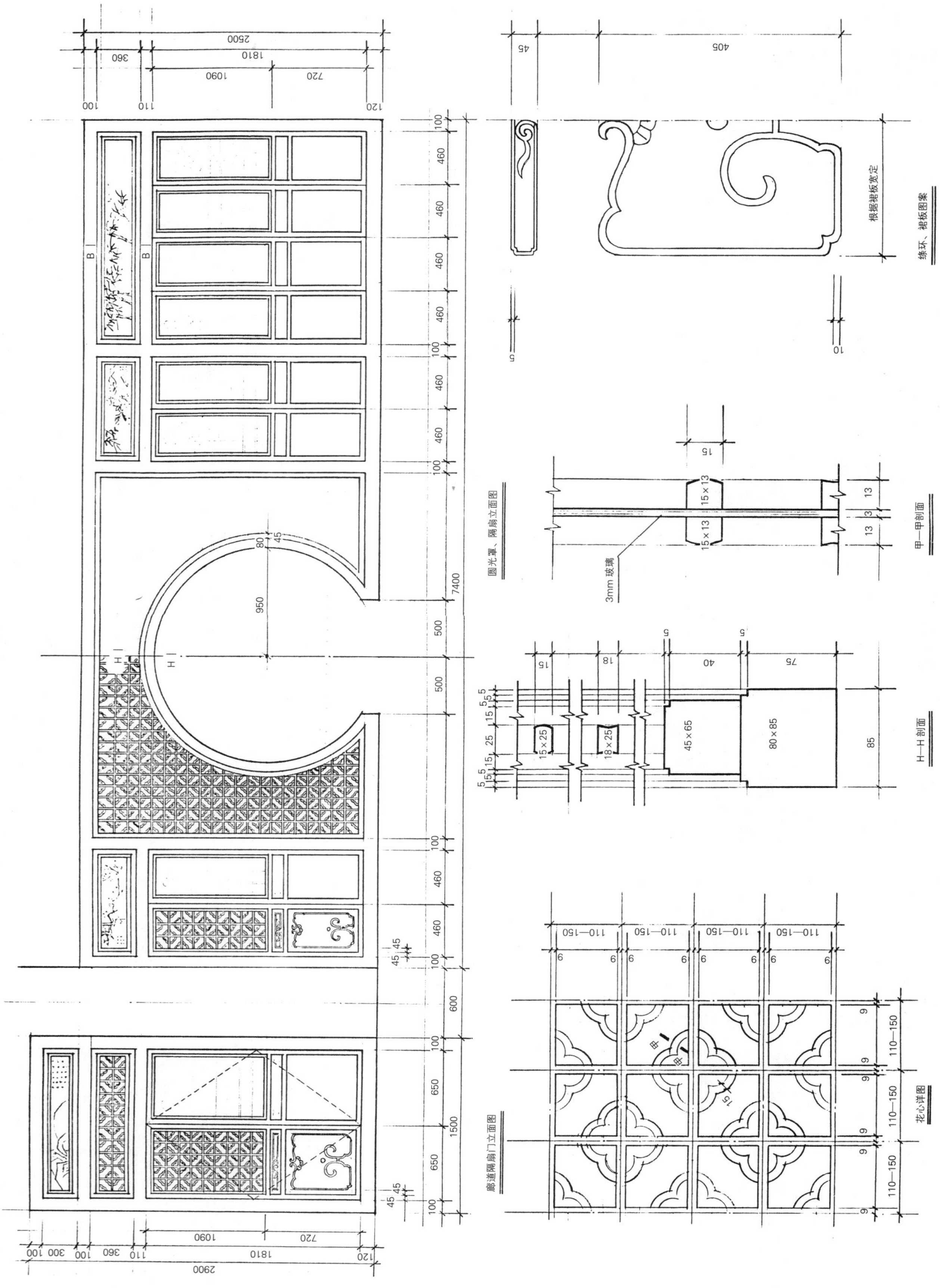

圆光罩、隔扇立面图

廊道隔扇门立面图

花心详图

H—H剖面

甲—甲剖面

绦环、裙板图案

根据裙板宽定

3mm玻璃

图 MZ5 内檐圆光罩、隔扇立面及圆光罩剖面图

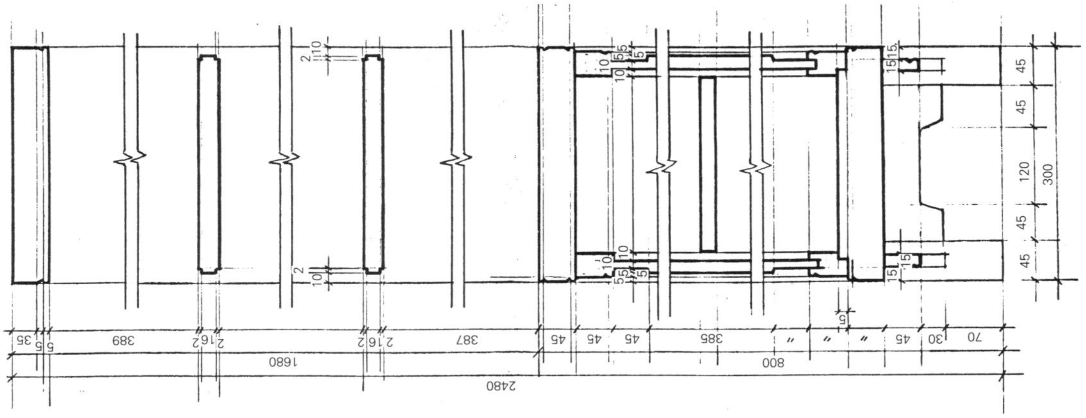

博古架剖面

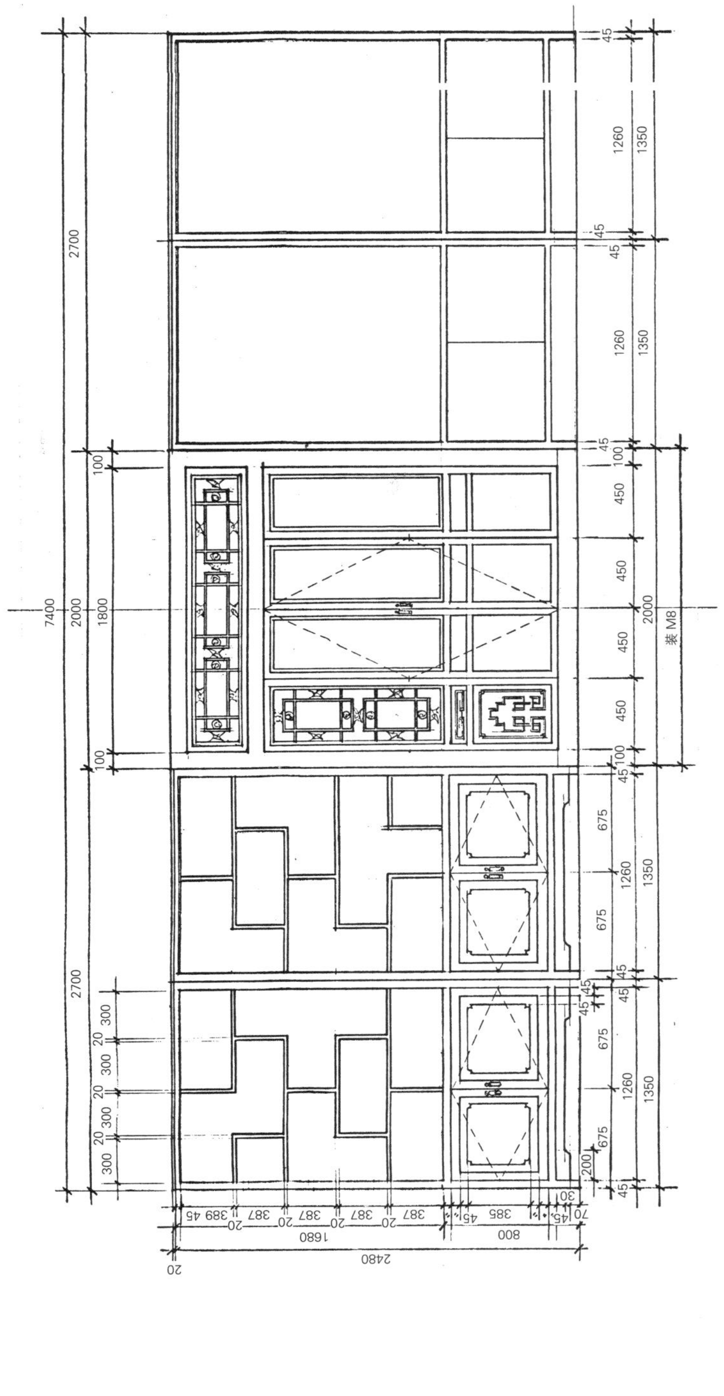

图 MZ6-1 内檐隔扇、博古架立面图

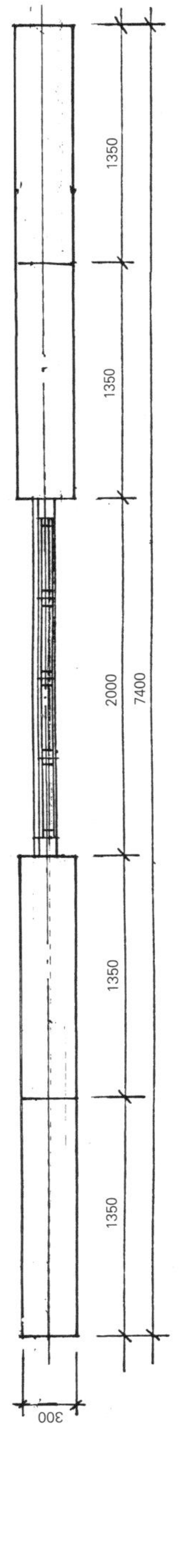

图 MZ6-2 内檐隔扇、博古架平面图

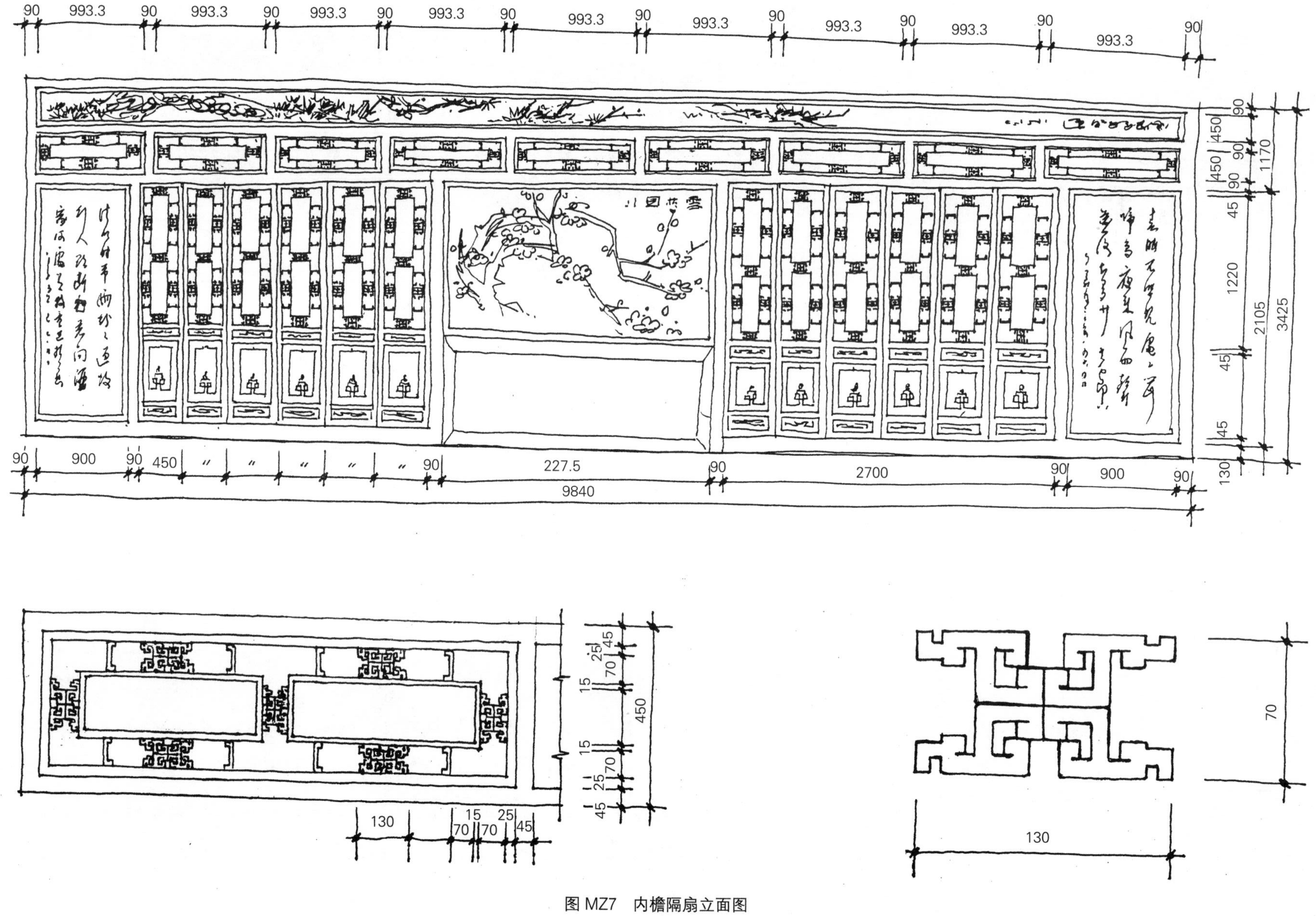

图 MZ7 内檐隔扇立面图

松竹梅花牙子 250×500×30

天蓝色绫纱

榫头

花牙子

花心立面图

木须弥座

室内实际进深

室内梁底皮至地面的实际高度

图 MZ8 内檐落地罩详图

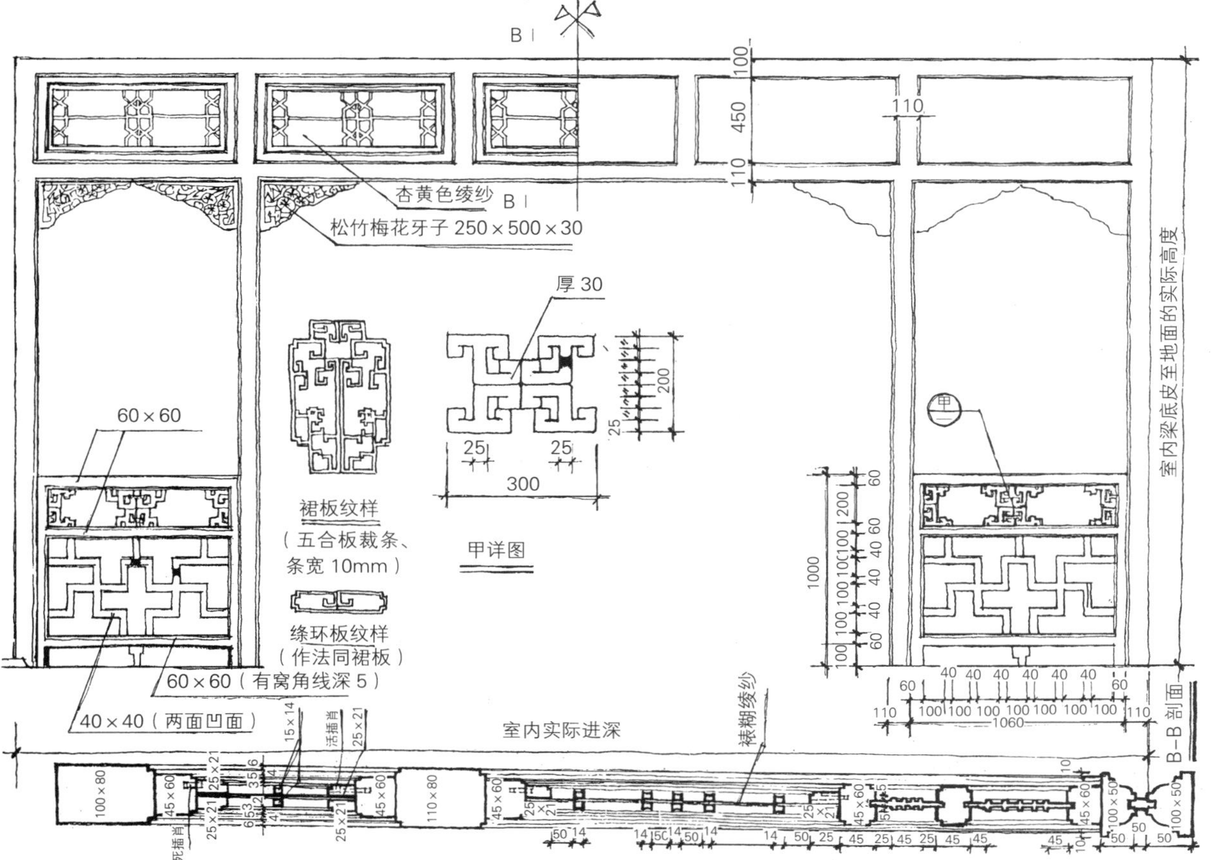

图 MZ9 内檐栏杆罩详图

十一、道路广场铺装面层式样

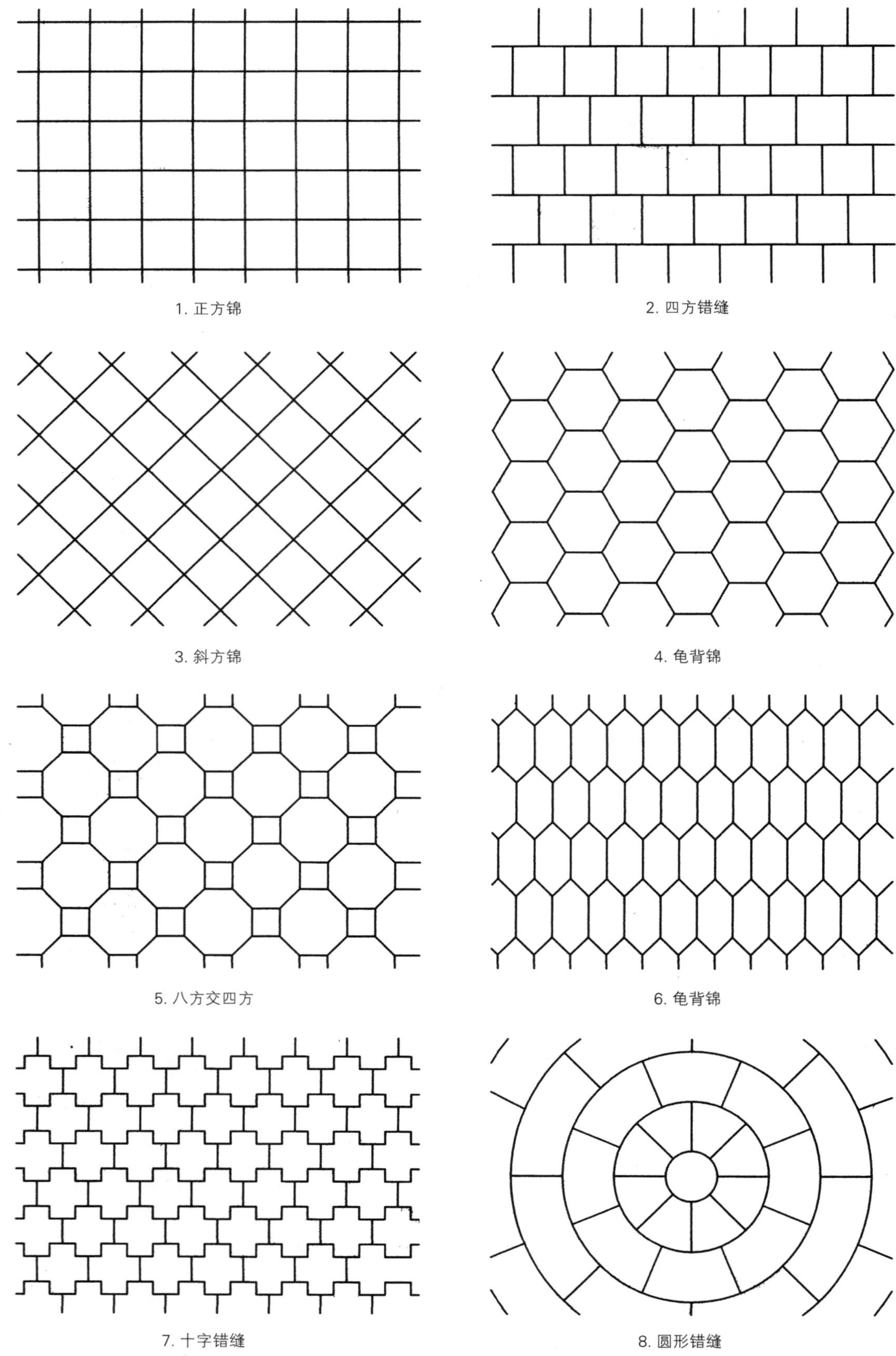

1. 正方锦

2. 四方错缝

3. 斜方锦

4. 龟背锦

5. 八方交四方

6. 龟背锦

7. 十字错缝

8. 圆形错缝

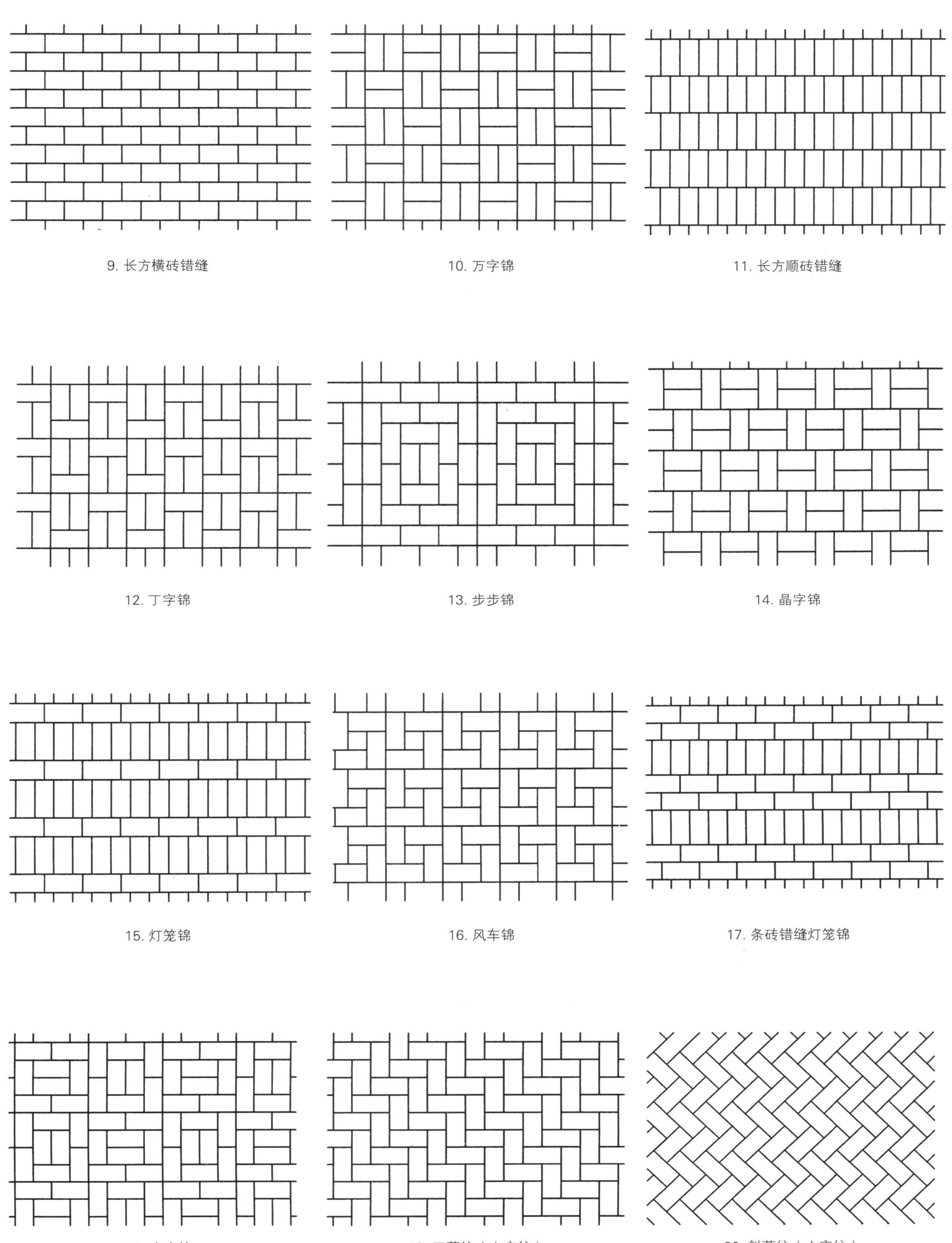

9. 长方横砖错缝

10. 万字锦

11. 长方顺砖错缝

12. 丁字锦

13. 步步锦

14. 晶字锦

15. 灯笼锦

16. 风车锦

17. 条砖错缝灯笼锦

18. 步步锦

19. 正蓆纹（人字纹）

20. 斜蓆纹（人字纹）

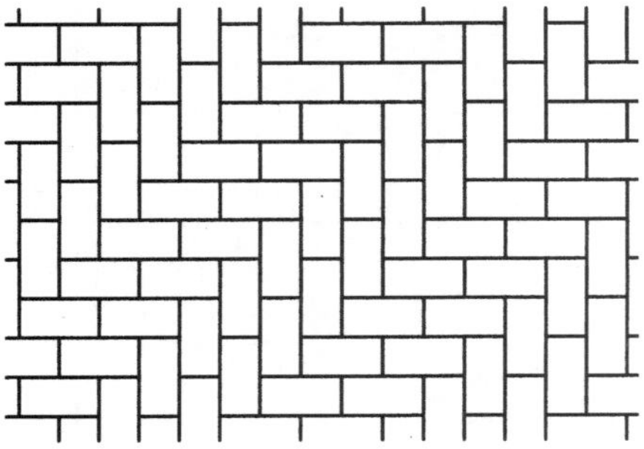

21. 蓆纹加错缝 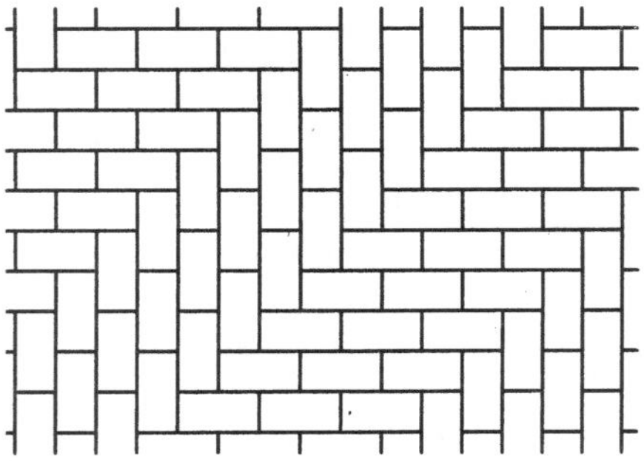　　22. 蓆纹加错缝 　　23. 陡砖十字蓆纹

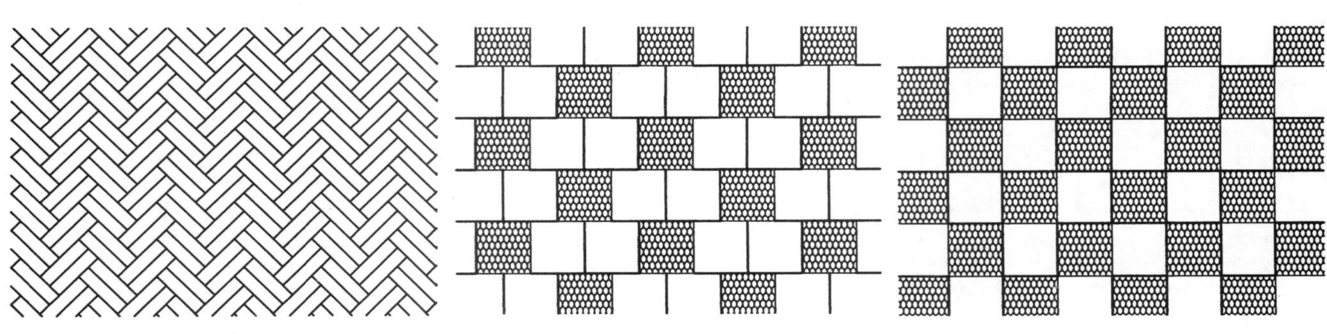

24. 陡双砖人字蓆纹　　25. 斜双方锦　　26. 斜方锦

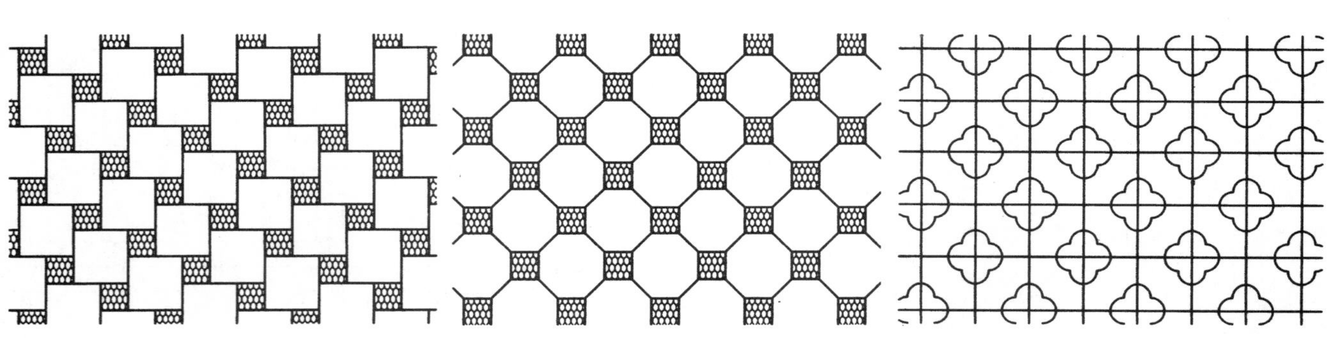

27. 风车错方锦　　28. 八方交四方　　29. 十字连心海棠

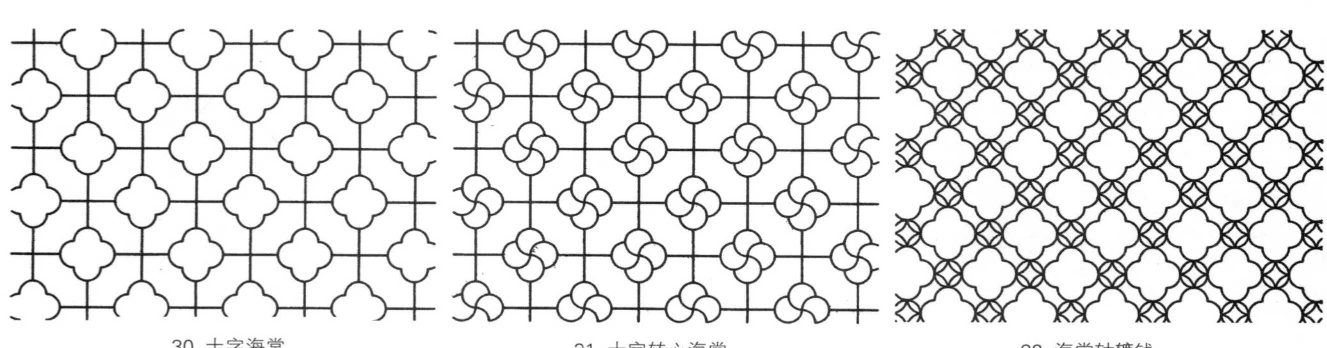

30. 十字海棠　　31. 十字转心海棠　　32. 海棠轱辘钱

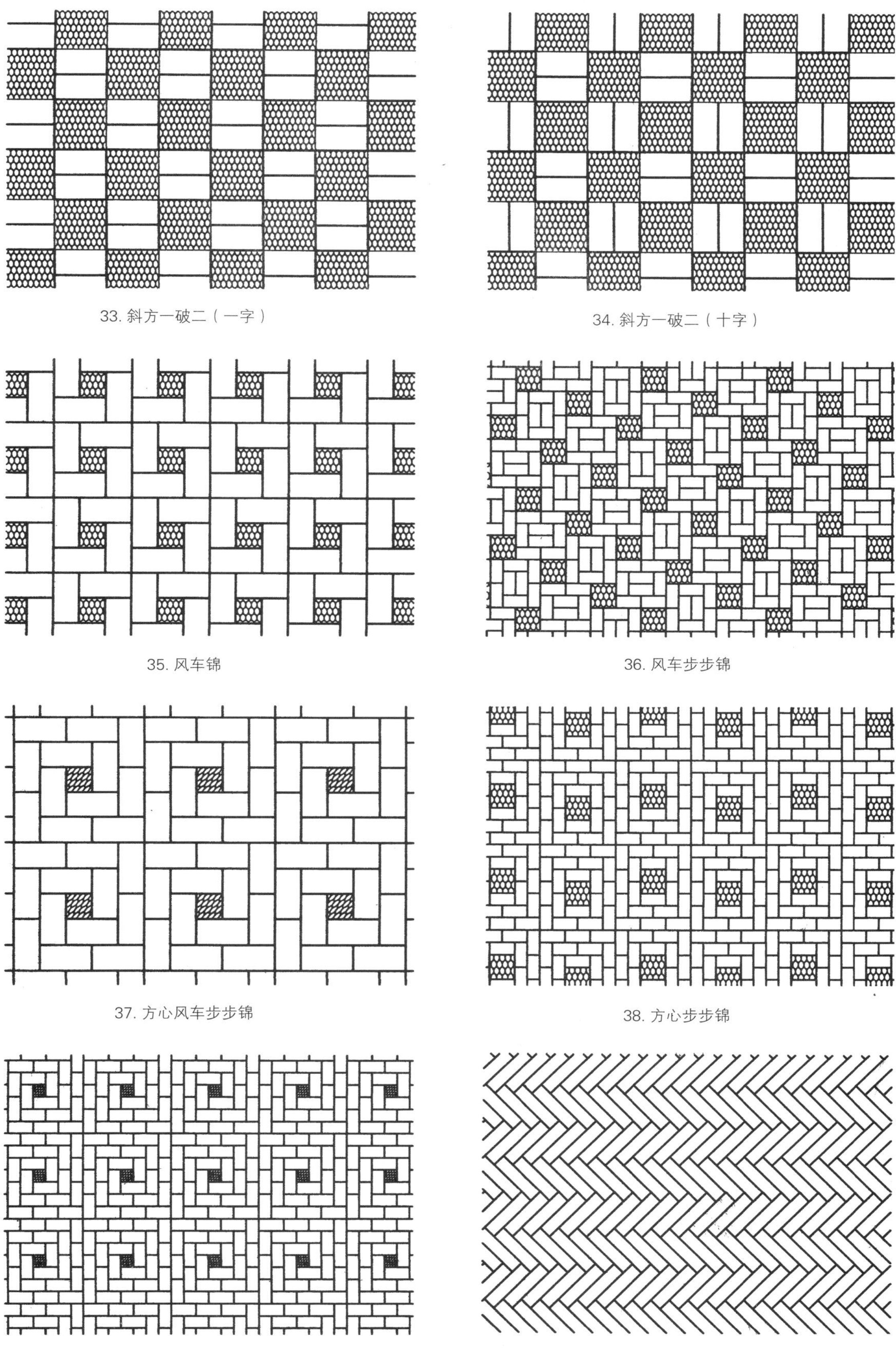

33. 斜方一破二（一字）

34. 斜方一破二（十字）

35. 风车锦

36. 风车步步锦

37. 方心风车步步锦

38. 方心步步锦

39. 方心风车纹步步锦

40. 陡单砖人字席纹

十二、园林棚架

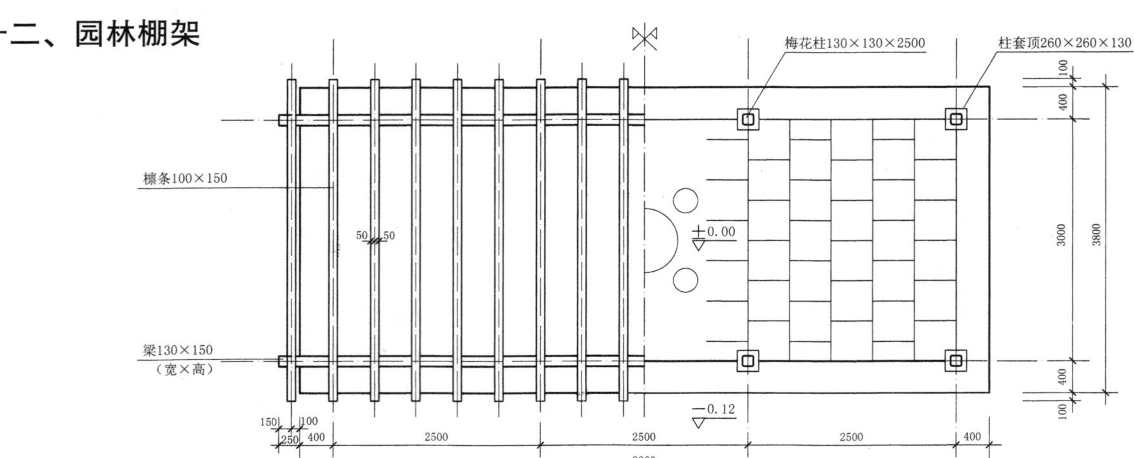

图 P1-1　简单廊式棚架建筑平面及俯视图

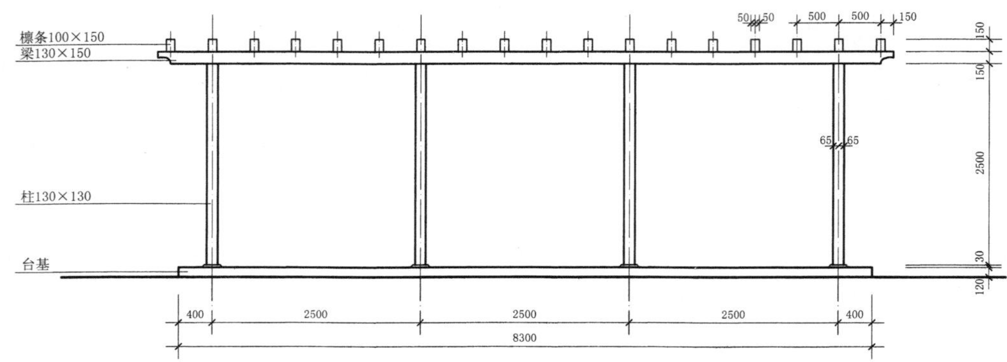

图 P1-2　简单廊式棚架立面图

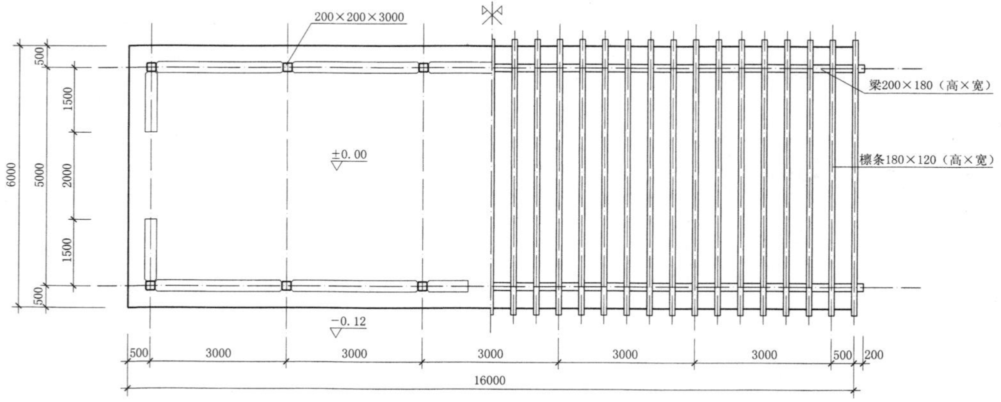

图 P2-1　游廊式棚架建筑平面及俯视图

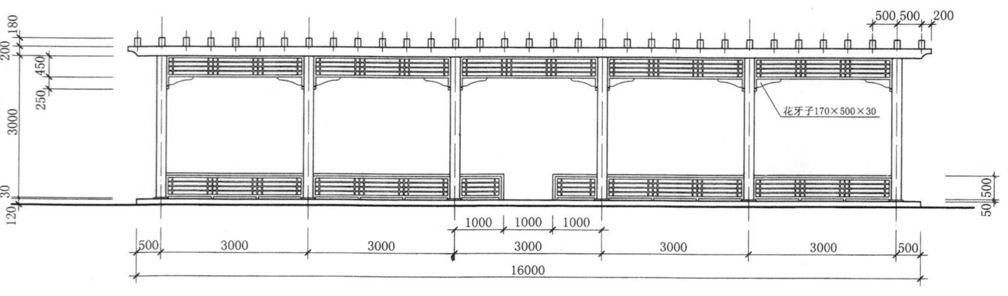

图 P2-2　游廊式棚架建筑立面图

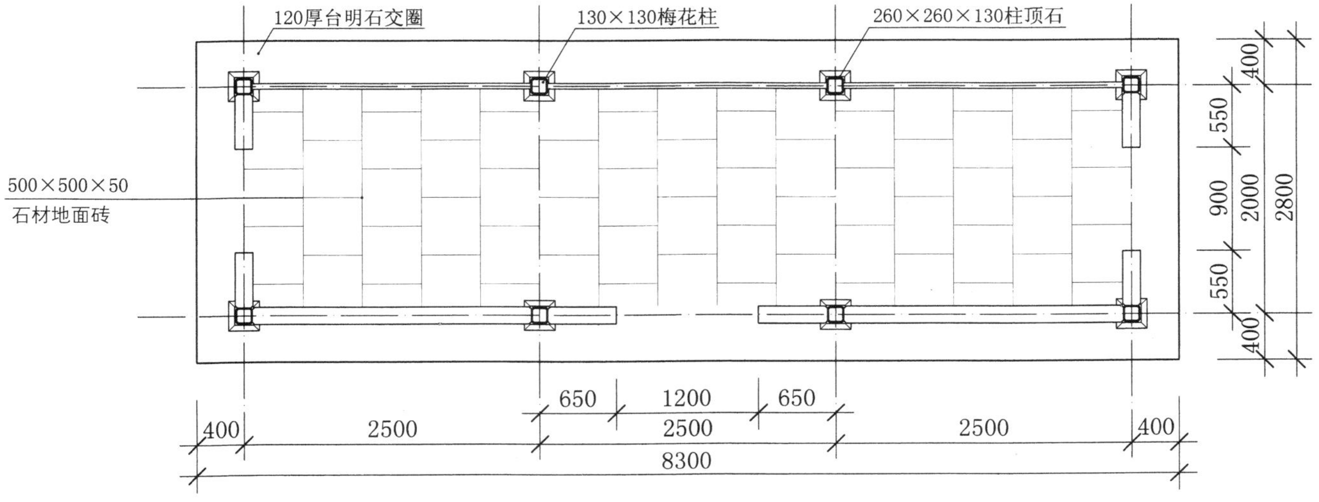

图 P3-1　半壁游廊式三间棚架平面图

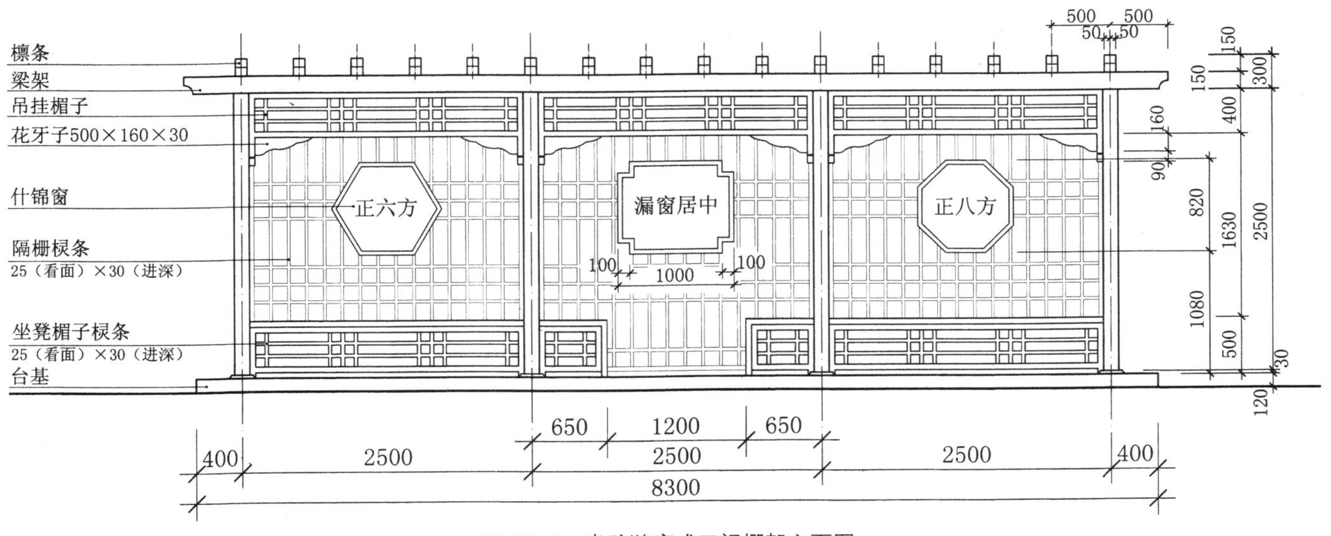

图 P3-2　半壁游廊式三间棚架立面图

图 P4-1　原木柱四方形棚架侧立面图

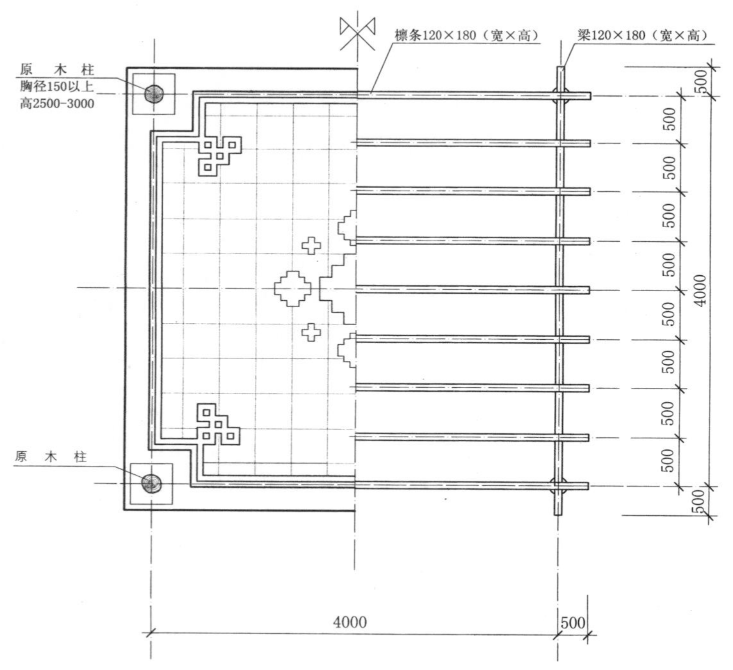

图 P4-2　原木柱方棚架平面及棚架俯视图

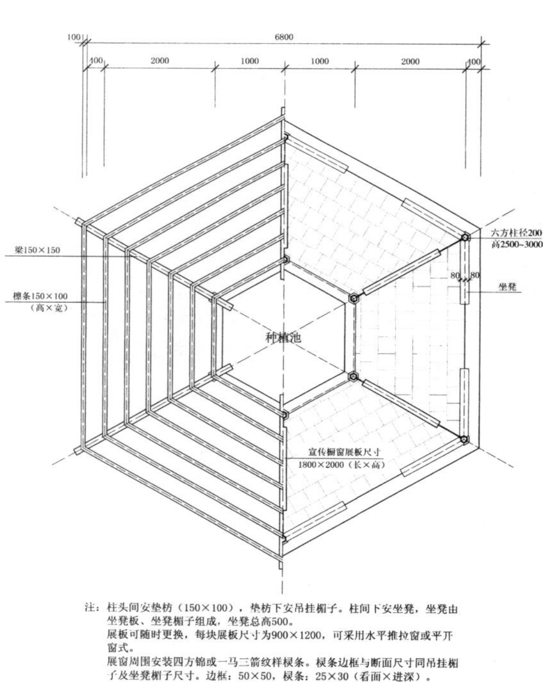

图 P5　与宣传橱窗结合式六方形棚架平面图

十三、橱窗、牌示

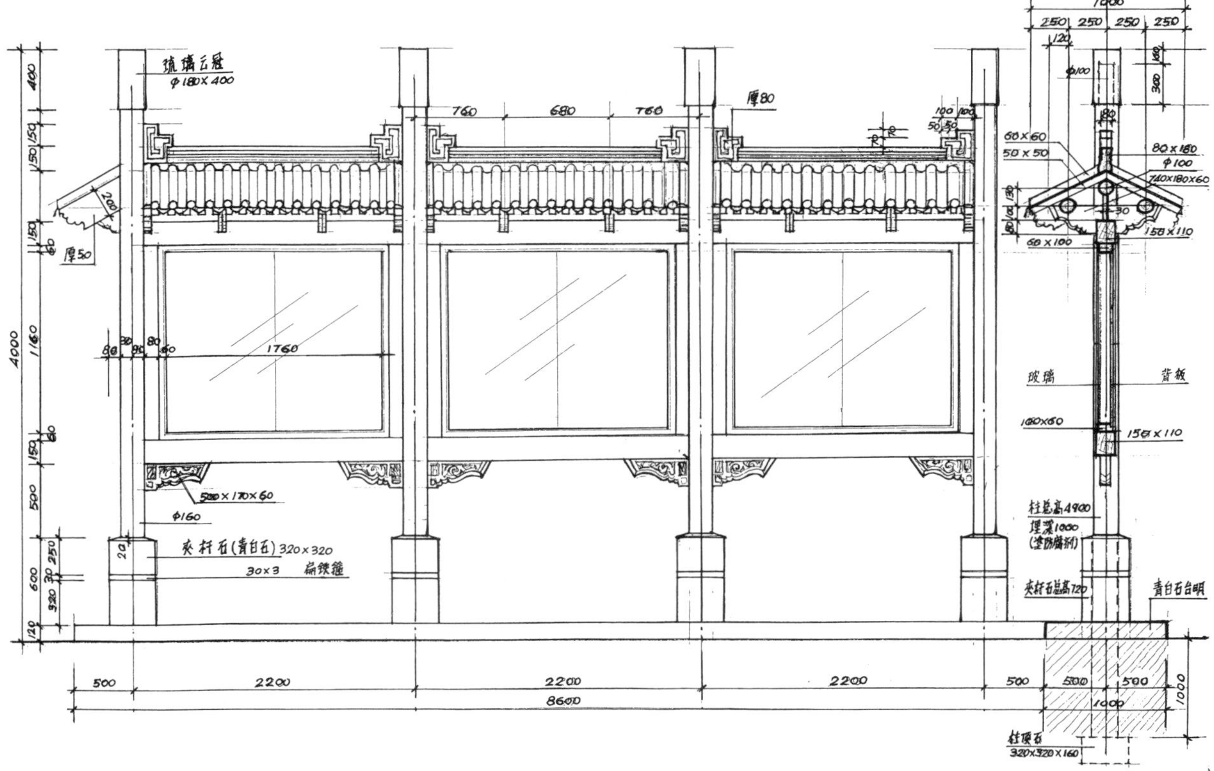

图 CC1 冲天牌楼式橱窗立面、剖面图

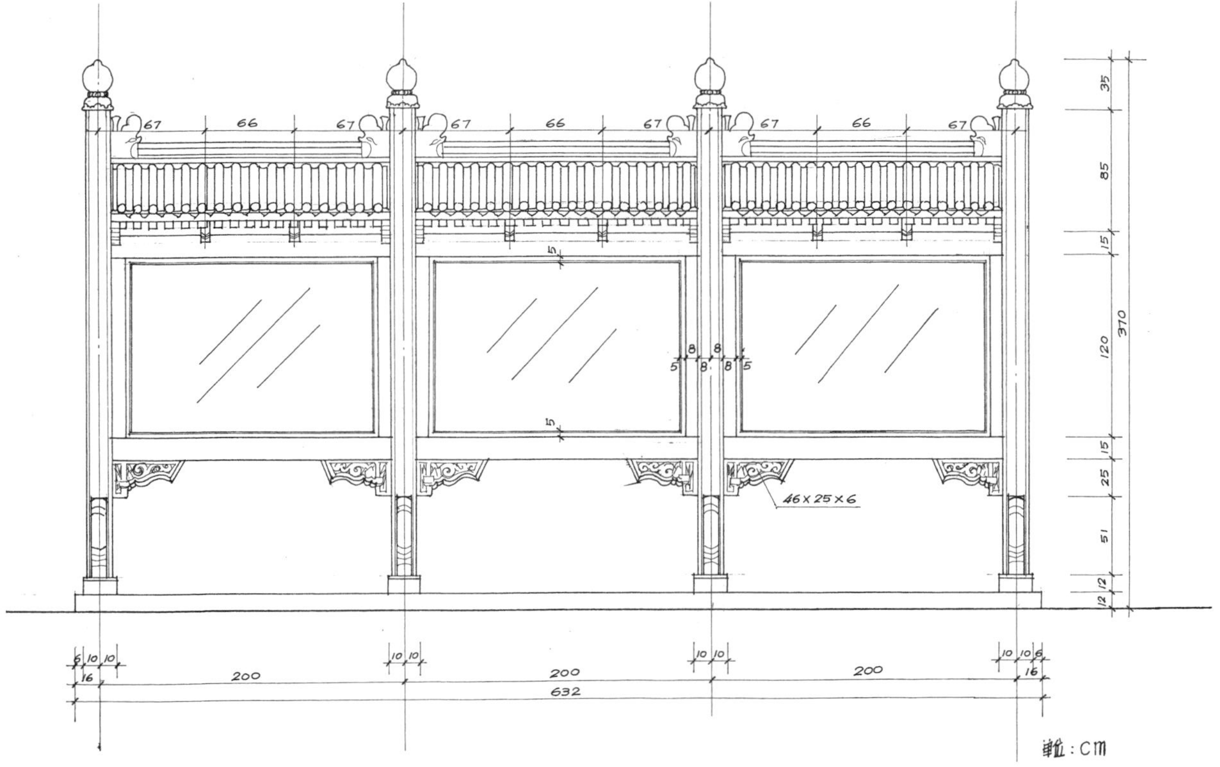

图 CC2-1 棂星门式橱窗立面图

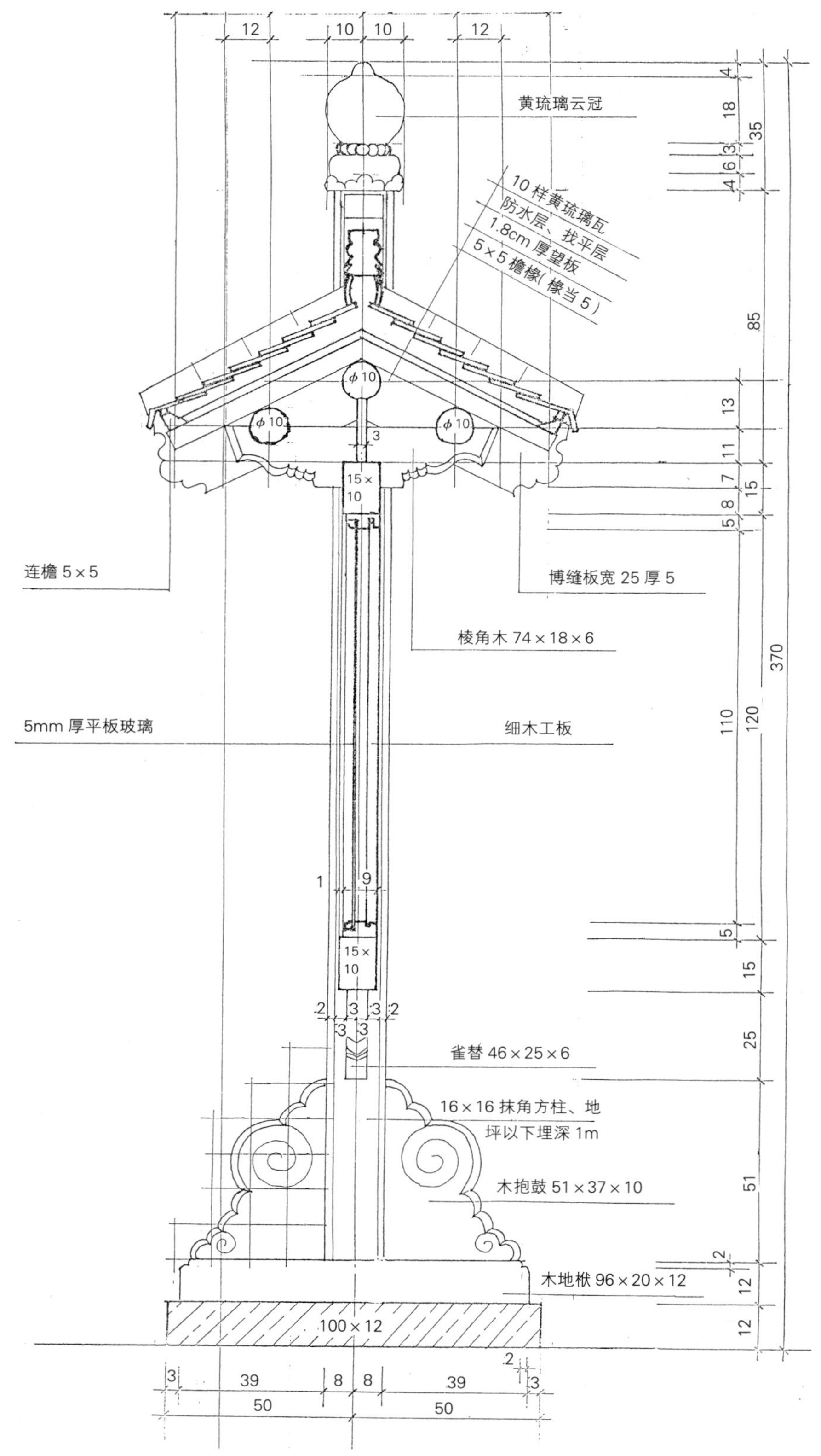

图 CC2-2　棂星门式橱窗剖面图　单位：cm

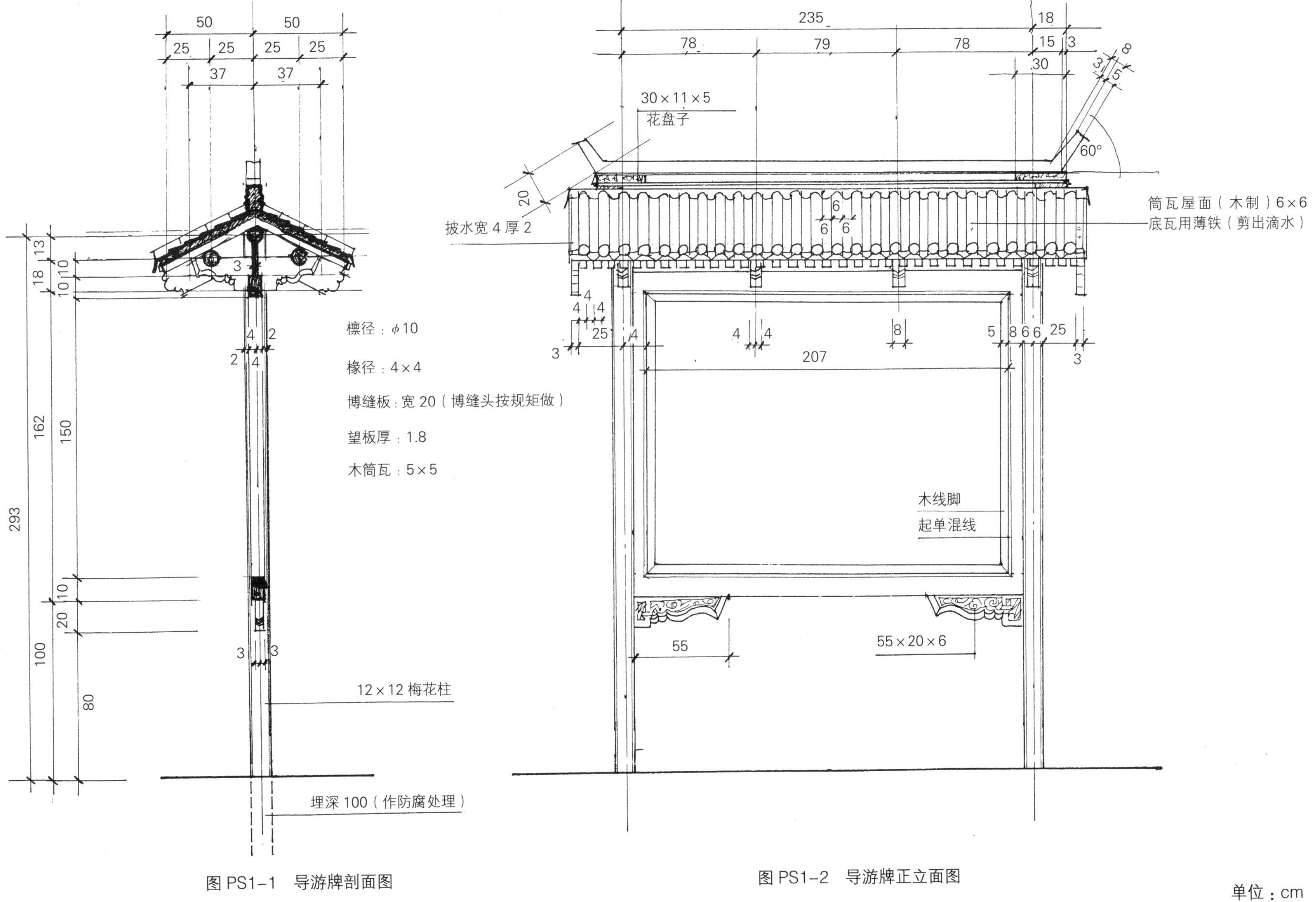

图 PS1-1　导游牌剖面图

图 PS1-2　导游牌正立面图

单位：cm

十四、园林建筑雕刻

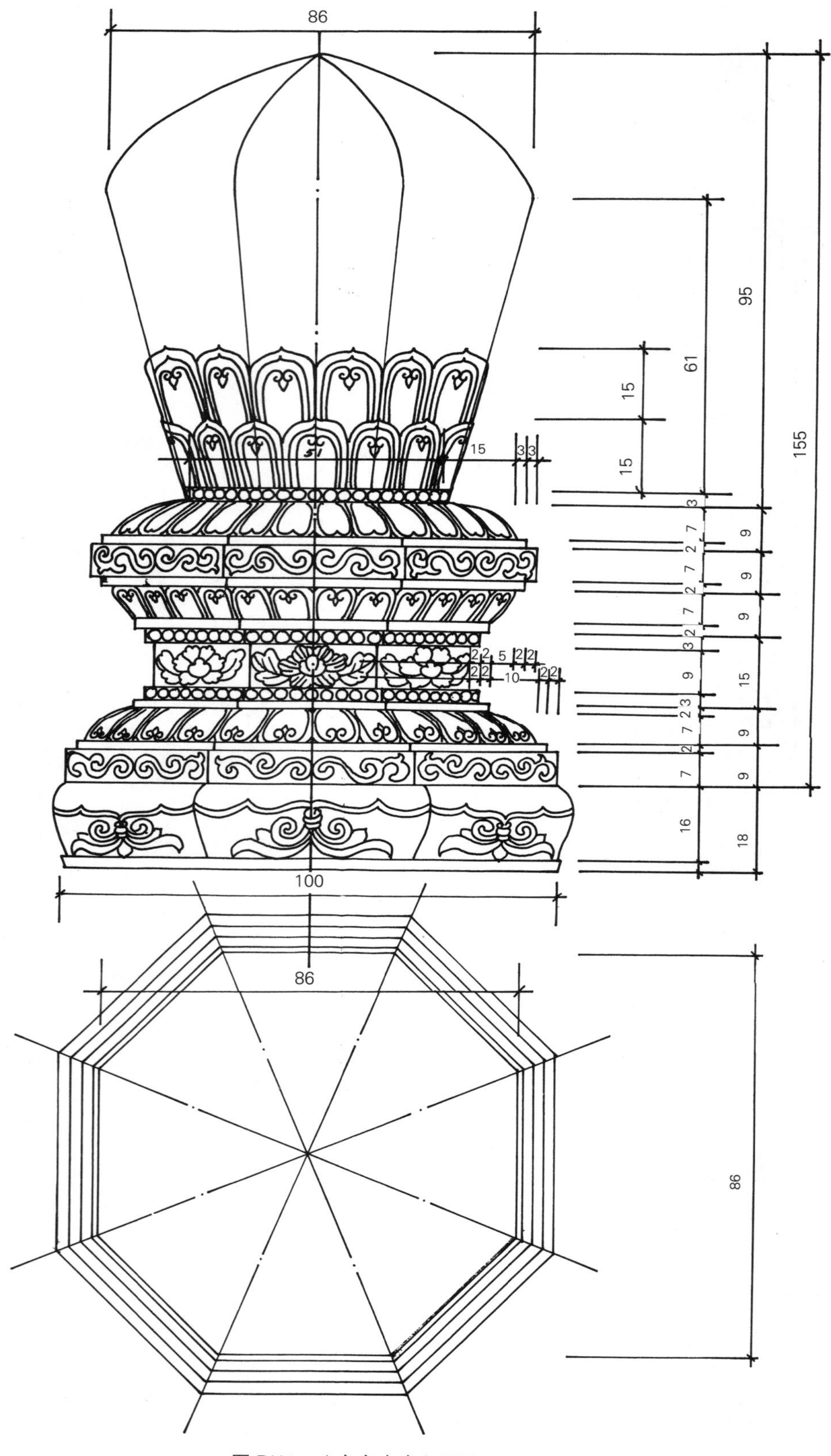

图 DK1　八方亭琉璃宝顶平、立面图　单位：cm

图 DK2 小雀替、角背、垂头、荷叶墩瓜柱雕刻纹样图

图 DK3-1 帘架荷花栓斗、荷叶墩侧立面图与帘架 荷花栓斗、荷叶墩正立面图

图 DK3-2 不同式样的荷叶墩立面图

图 DK3–3 帘架荷花栓斗、荷叶墩雕饰纹样

图 DK4 滴珠板如意云头雕饰纹样

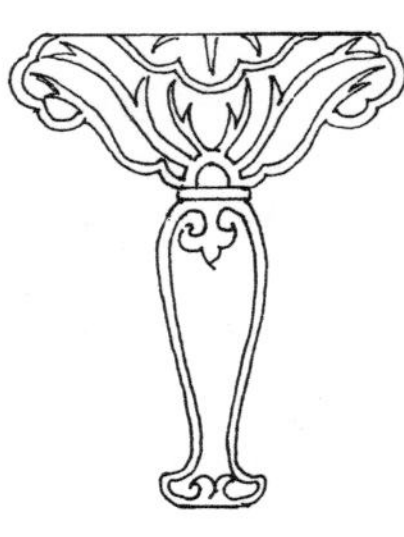

图 DK5 栏杆荷叶净瓶雕饰纹样

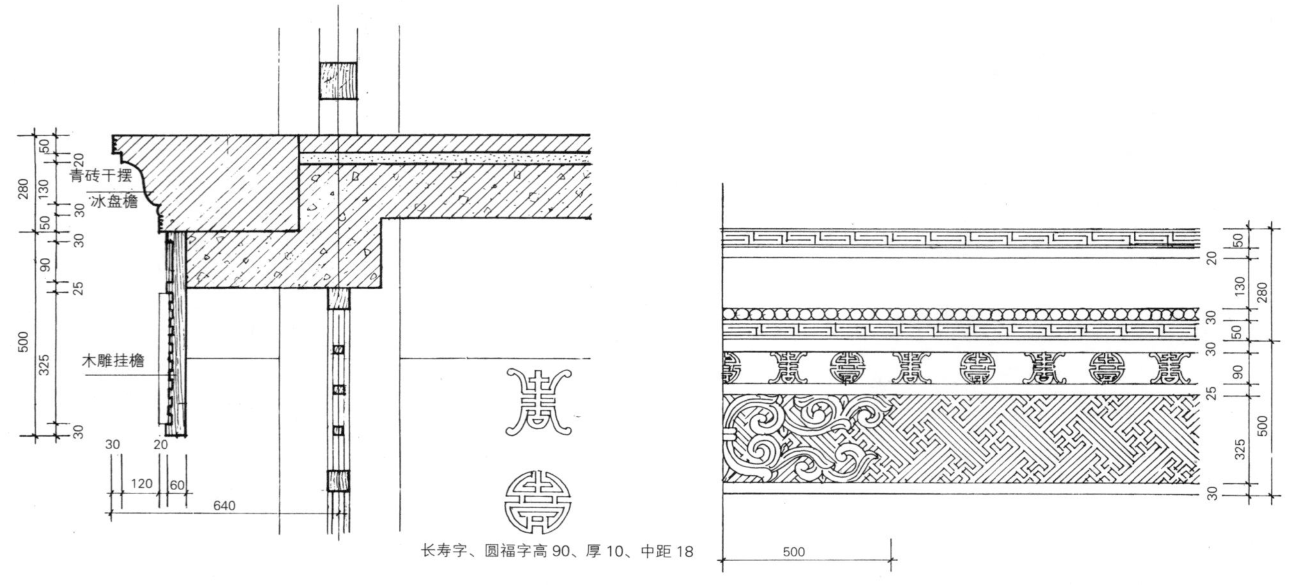

图 DK6 冰盘檐、挂檐立面、剖面图

图 DK7 雕花盘子纹样图

图 DK8 戗檐雕刻纹样图

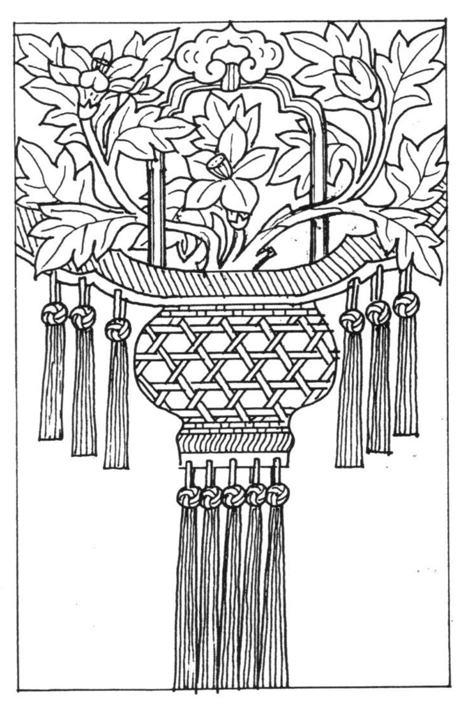

图 DK9 垫花雕刻纹样图

图 DK10 墀头盘头、荷叶墩雕刻纹样图

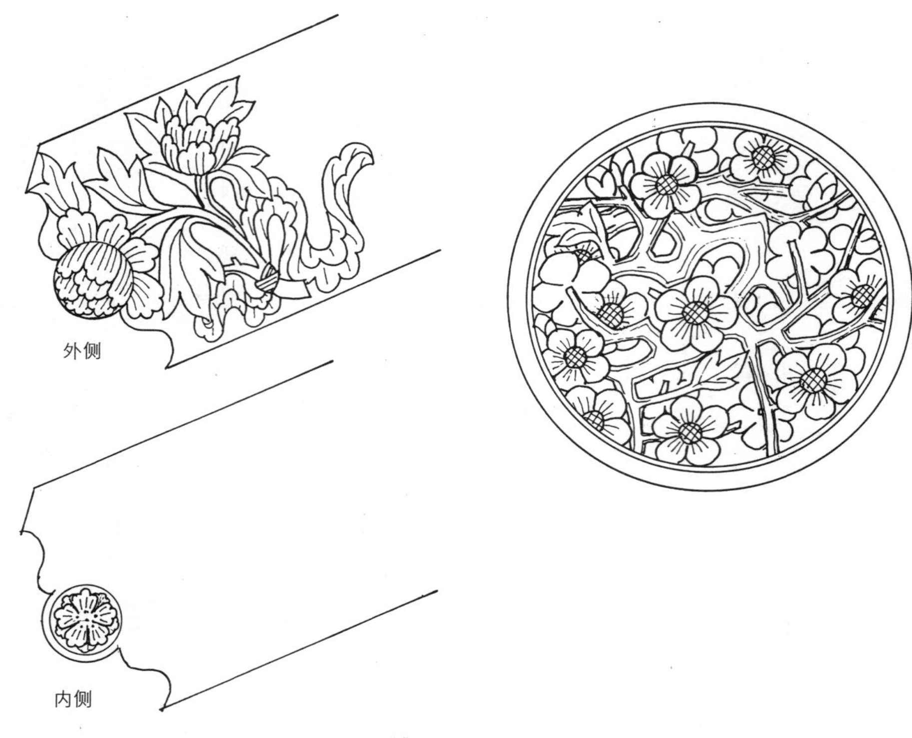

图 DK11 博缝头、山花雕刻纹样图

图 DK12 花边雕刻纹样图

图 DK13 裙板、绦环板雕刻纹样图

图 DK14-1 砖雕透风纹样

图 DK14-2 砖雕透风纹样

图 DK14-3 砖雕透风纹样

十五、多种建筑形式组合

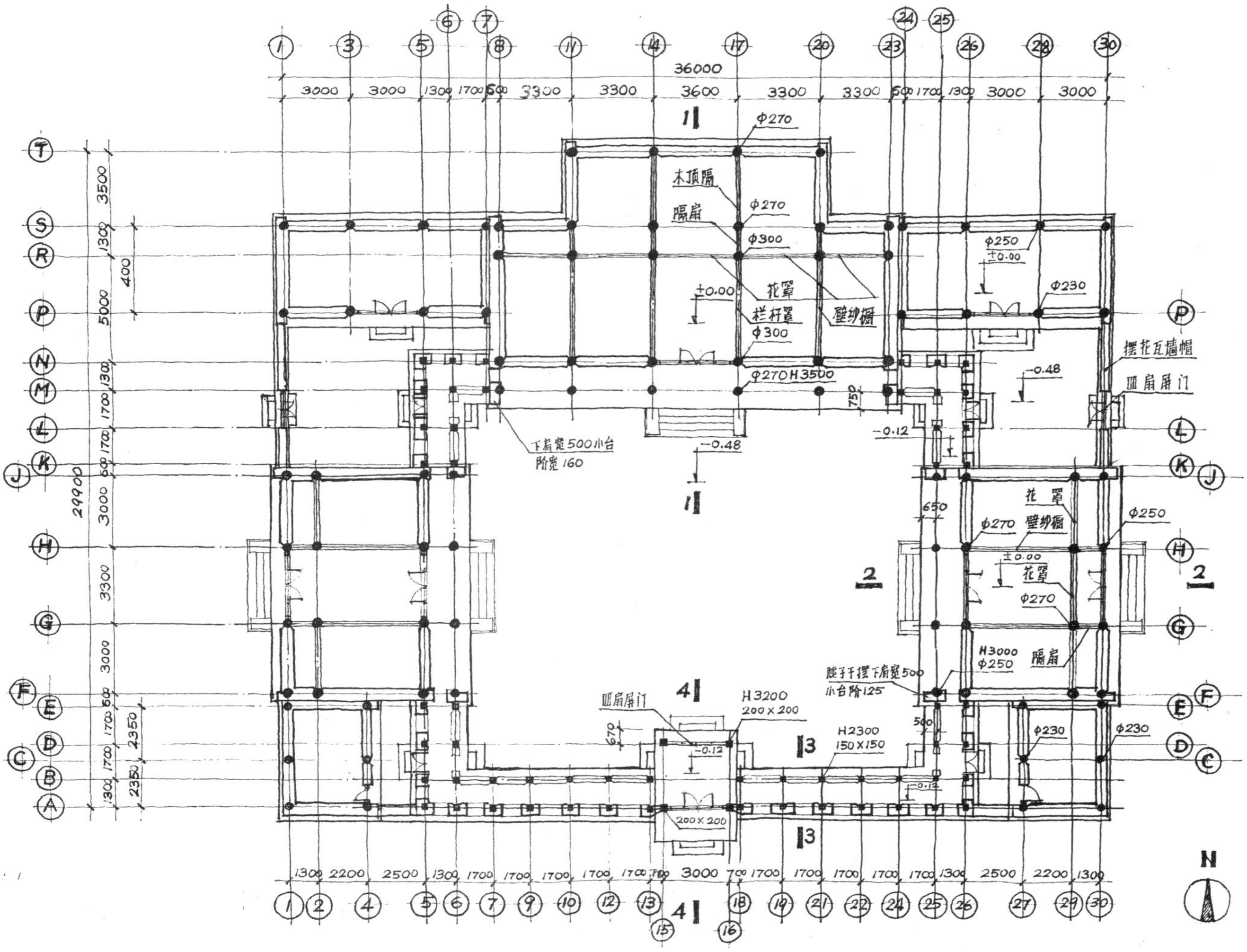

图 ZH1-1 三合院建筑平面图

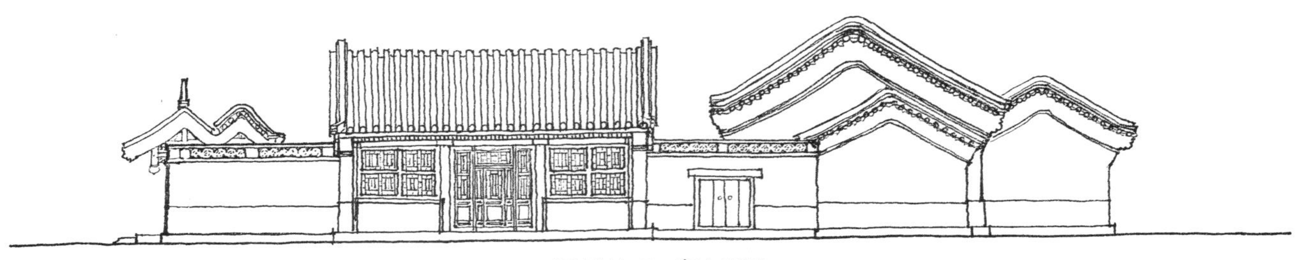

图 ZH1-2 东立面图

图 ZH1-3 南立面图

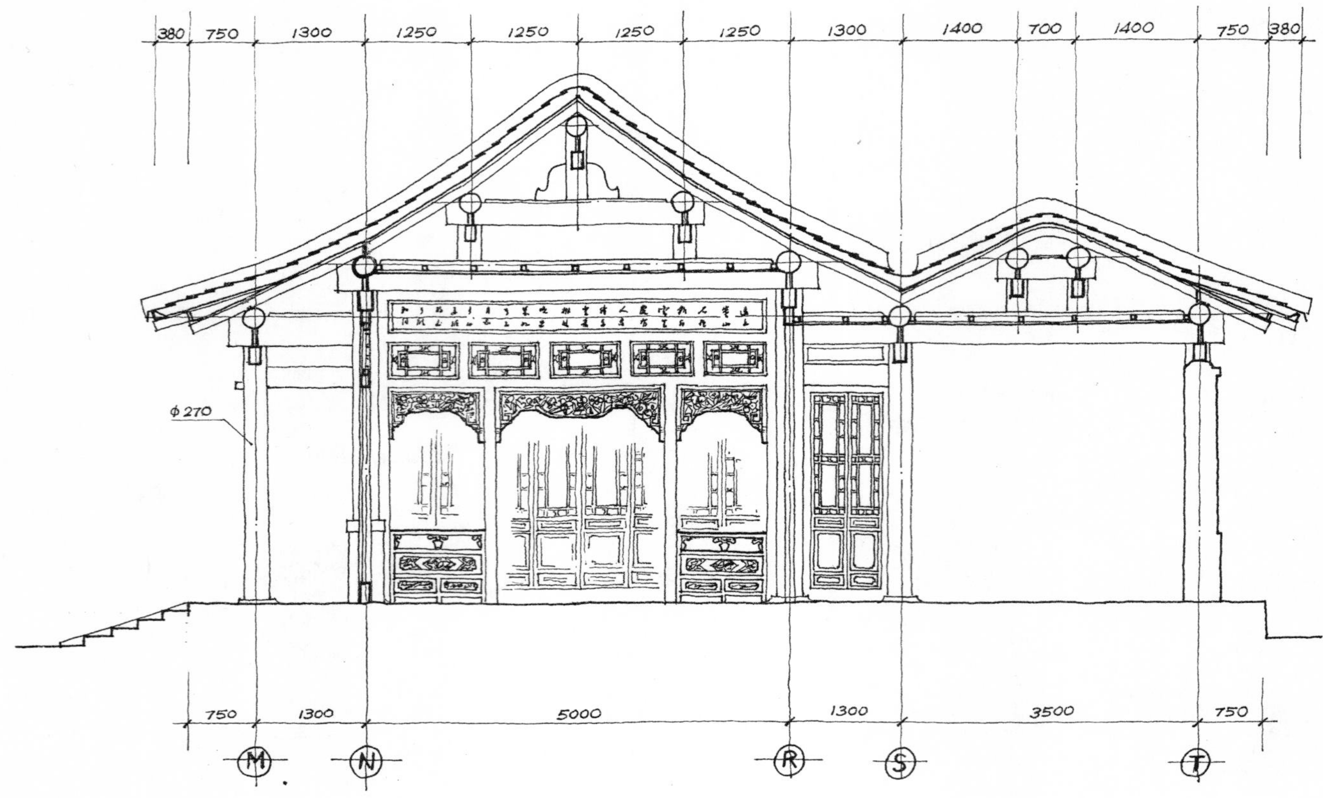

图 ZH1-4 1—1 剖面图

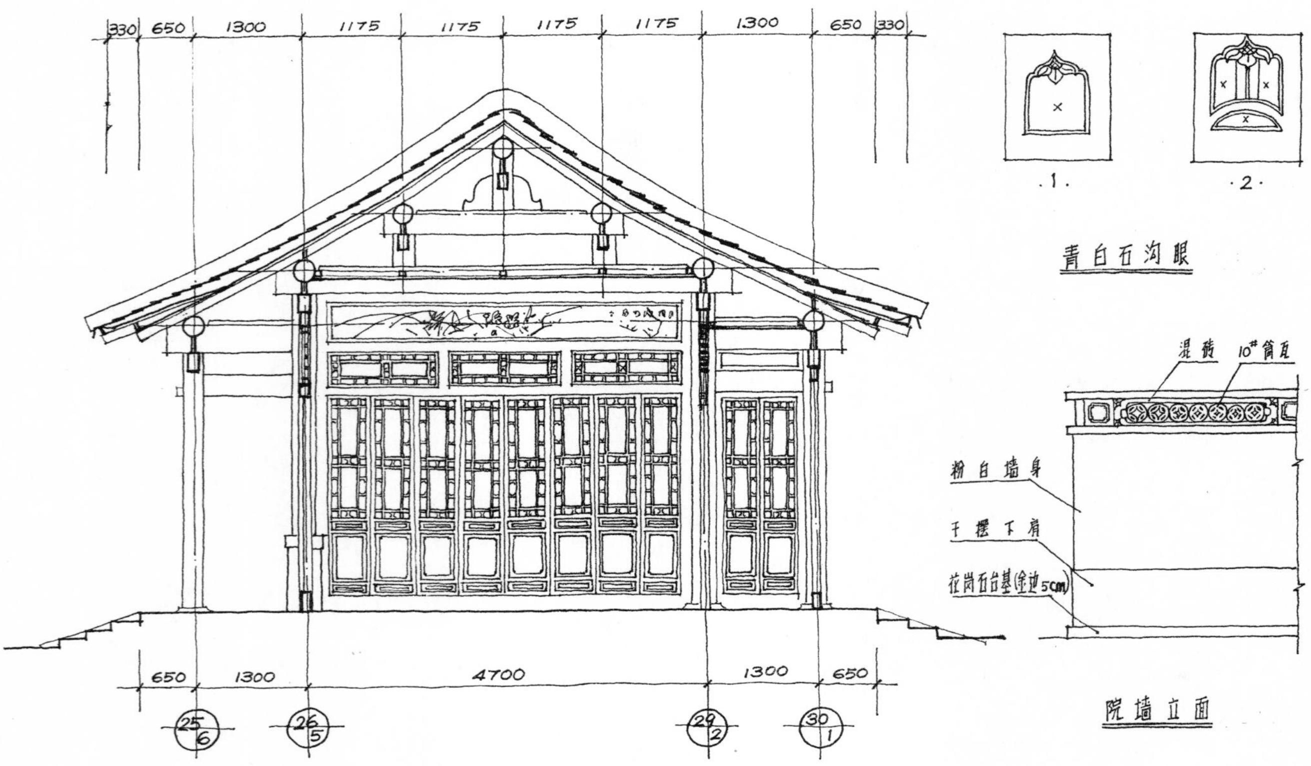

图 ZH1-5 2—2 剖面图

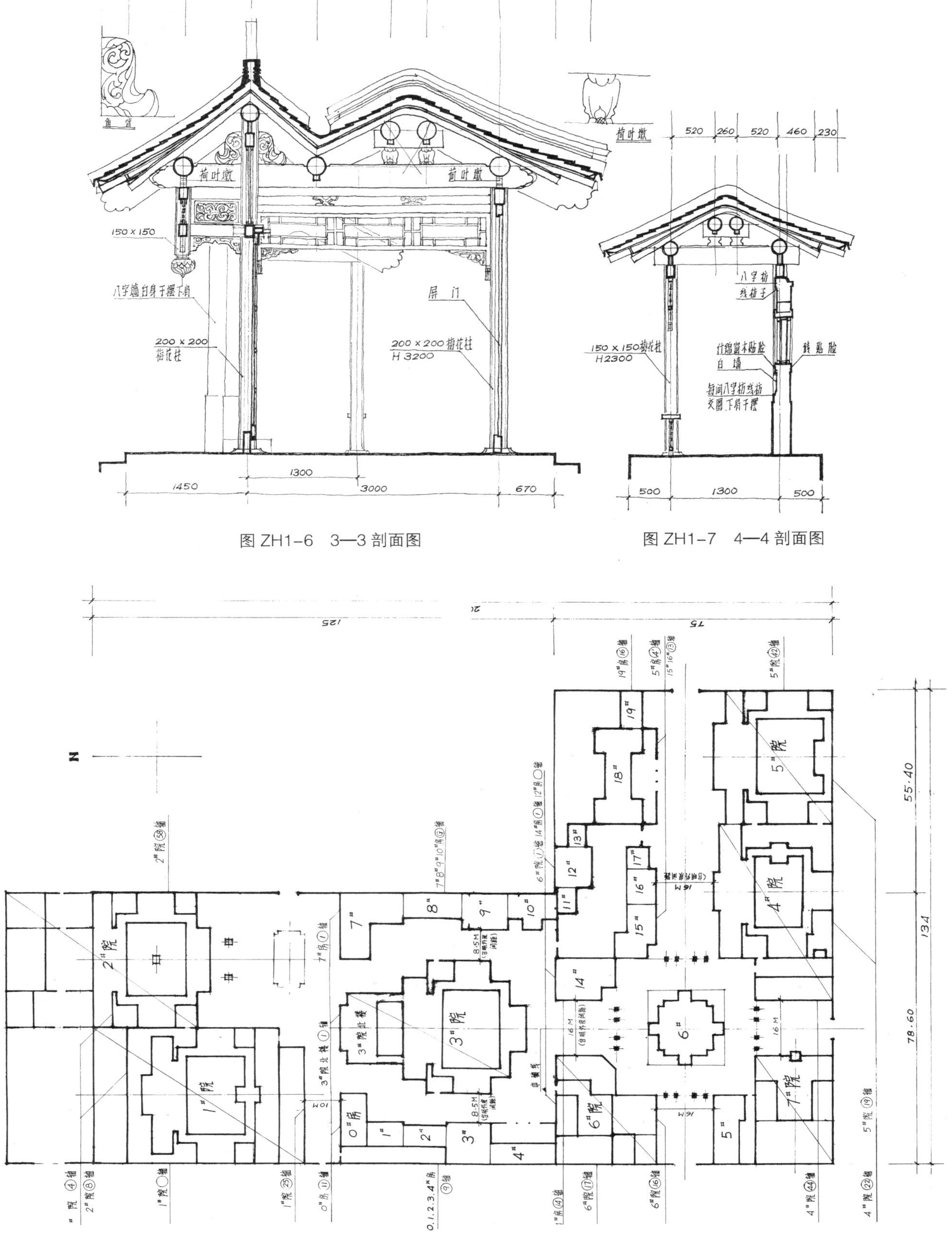

图 ZH1-6 3—3 剖面图

图 ZH1-7 4—4 剖面图

图 ZH2-1 北京某景园服务区建筑平面图

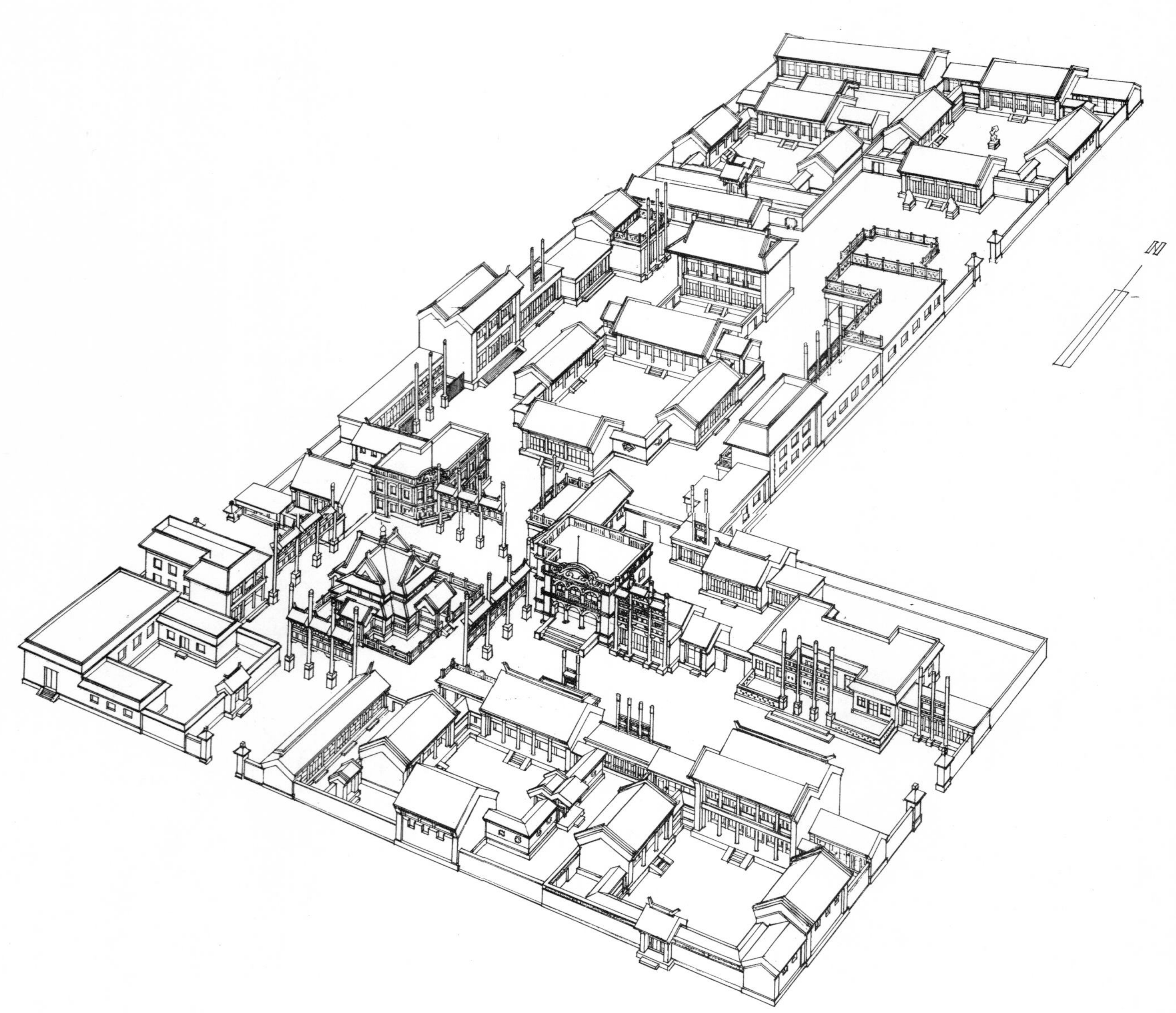

图 ZH2-2 景园服务区建筑鸟瞰图

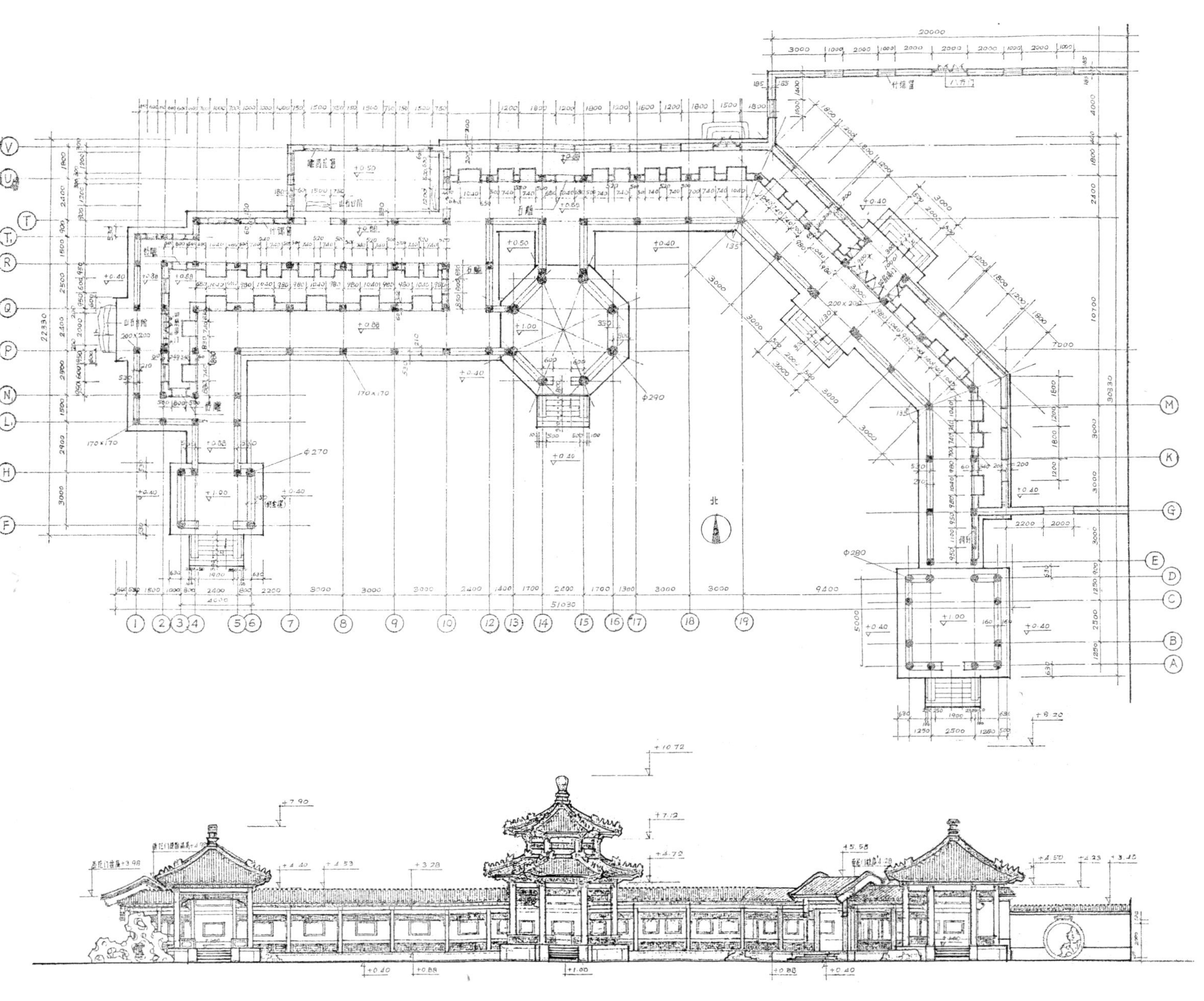

图 ZH3　北京中山公园愉园建筑平面、立面图

1 大餐厅
2 贵宾厅
3 售品部
4 洗手间
5 男厕
6 女厕
7 共用卫生间
8 经理办公室
9 会计室
10 单间雅座
11 后勤用房
12 后勤通道
13 储藏室
14 廊桥
15 山亭
16 配电室
17 爬山廊楼梯
18 室内楼梯
19 月台
20 天井
21 旱舫
22 曲廊
23 货梯间
24 水池
25 假山
26 汀步
27 瀑布

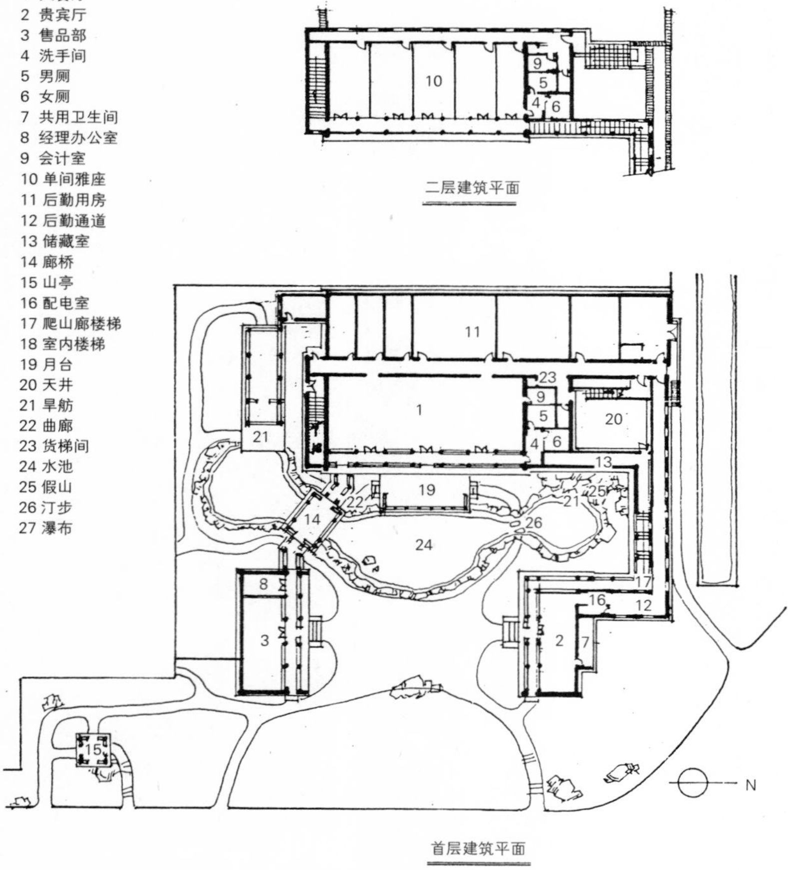

二层建筑平面

首层建筑平面

图 ZH3-1　北京中心公园某景区建筑平面图

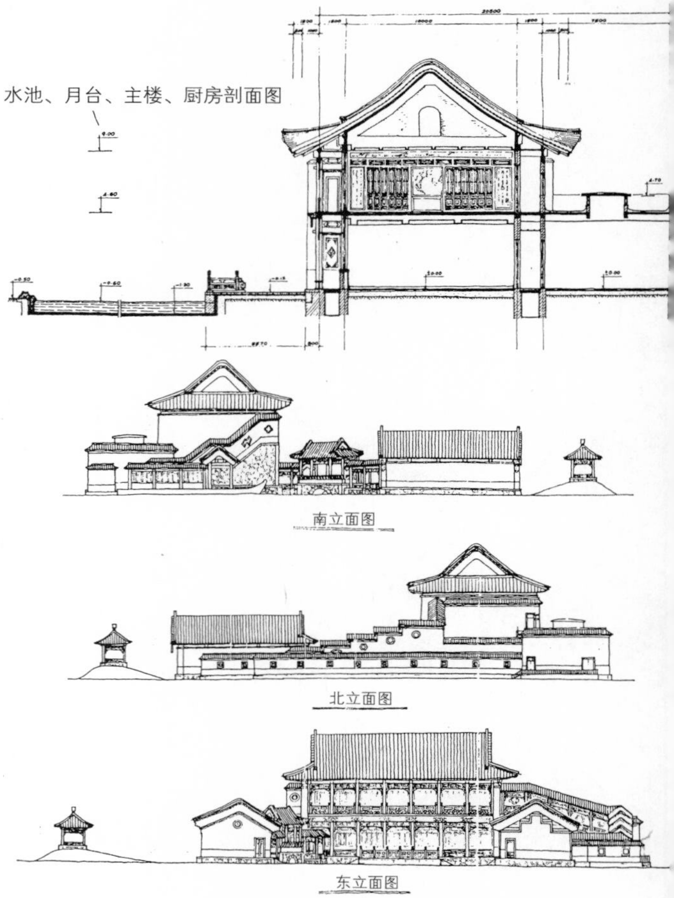

水池、月台、主楼、厨房剖面图

南立面图

北立面图

东立面图

图 ZH3-2　景区建筑主要立面及主轴剖面图

十六、园林植物配置

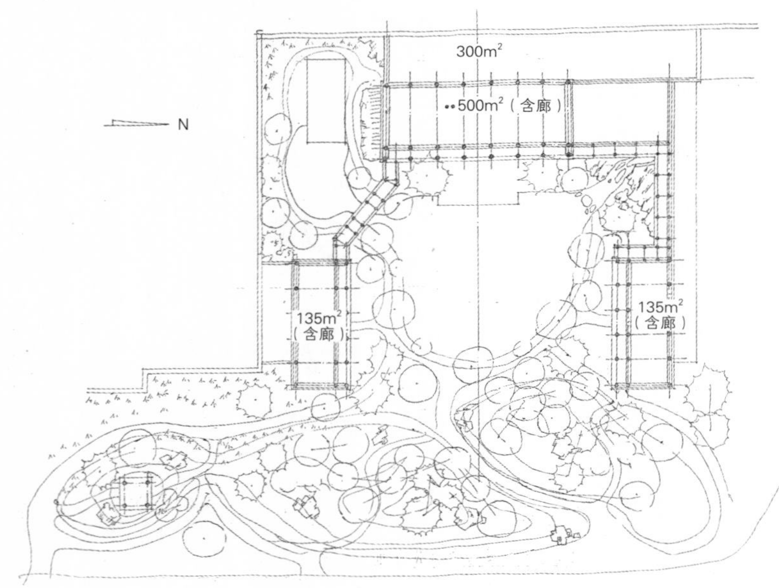

序号	树种	序号	树种
1	杏树	11	桧柏
2	银杏	12	龙柏
3	栾树	13	早园竹
4	垂柳	14	金银木
5	水杉	15	水栒子
6	海棠	16	连翘
7	红叶李	17	红叶小檗
8	碧桃	18	凌霄
9	油松	19	地锦
10	白皮松	20	草坪

图 ZP1　北京中山公园某景区植物配置方案图

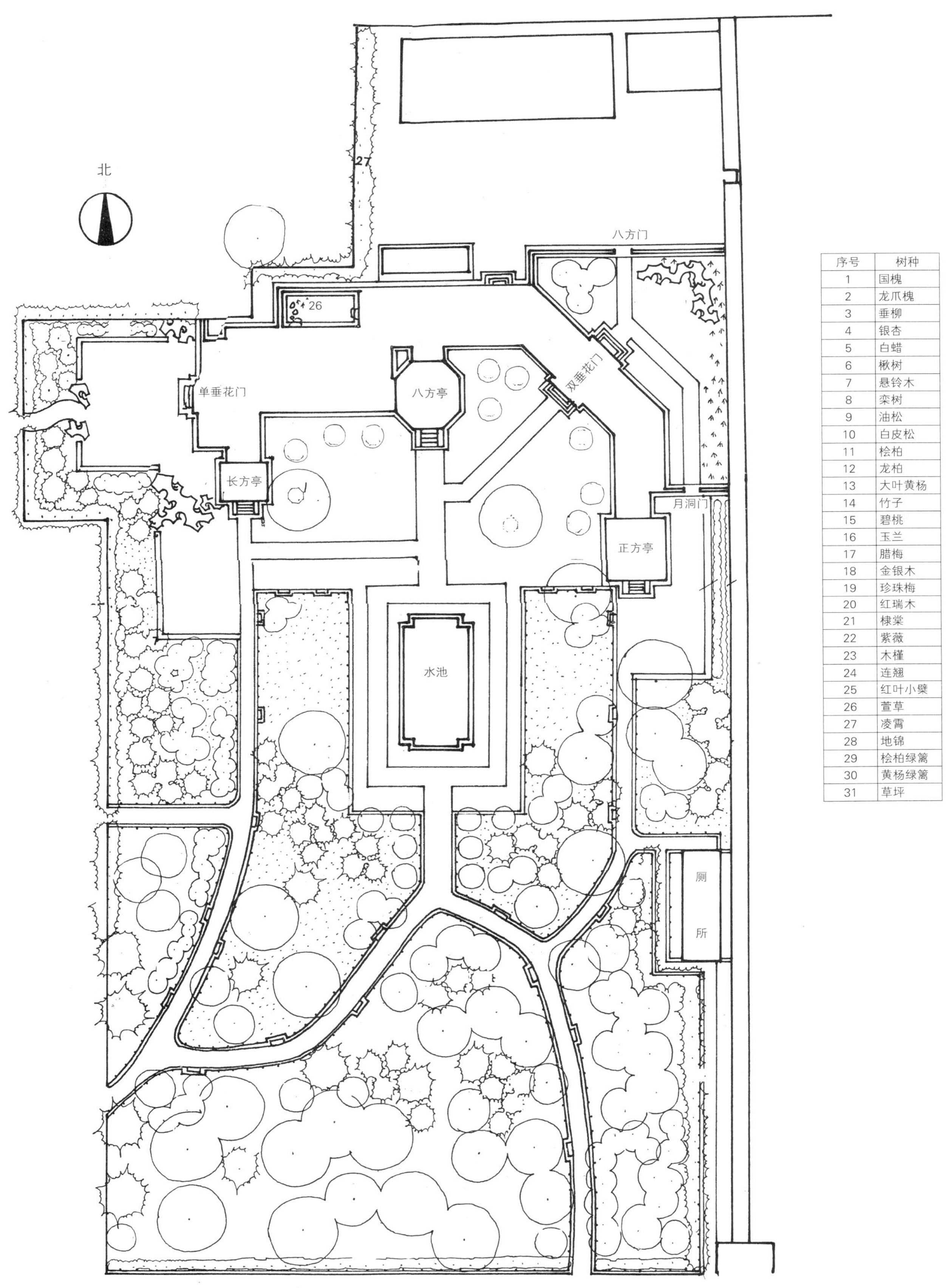

序号	树种
1	国槐
2	龙爪槐
3	垂柳
4	银杏
5	白蜡
6	楸树
7	悬铃木
8	栾树
9	油松
10	白皮松
11	桧柏
12	龙柏
13	大叶黄杨
14	竹子
15	碧桃
16	玉兰
17	腊梅
18	金银木
19	珍珠梅
20	红瑞木
21	棣棠
22	紫薇
23	木槿
24	连翘
25	红叶小檗
26	萱草
27	凌霄
28	地锦
29	桧柏绿篱
30	黄杨绿篱
31	草坪

图 ZP3 愉园植物配置方案图

参考书目

清工部，《工程做法则例》。

王璞子．工程做法注释．北京：中国建筑工业出版社，1995.

马炳坚．中国古建筑木作营造技术．北京：科学出版社，1991.

刘大可．中国古建筑瓦石营法．北京：中国建筑工业出版社，1993.

杜汝俭、李恩山、刘管平．园林建筑设计．北京：中国建筑工业出版社，1986.

北京市园林局．城市园林绿化手册．北京：北京出版社，1983.

罗哲文．中国古塔．北京：中国青年出版社，1985.

汪星伯．建筑史论文集．假山．北京：清华大学建筑工程系，1979.

原北京市园林局职工培训教材

后　记

《传统建筑园林营造技艺》这本书早在十年以前就开始编写了，只是由于时间抓得不够紧，其间又三易其稿，故一直拖到今日才能够付梓出版。本书能够在中国建筑工业出版社出版，我首先要感谢沈元勤社长，其次是要感谢王莉慧副总编和李鸽女士。同时我也要感谢曾经给过我帮助和为本书的插图做过描绘、植字的朋友们。

另外，在这里我也想申明如下几个观点：

一、本书中的“传统建筑”是一种狭义上的传统建筑。

广义上的传统建筑应该是指在中国悠久的历史发展过程当中，不同历史时期和不同地域逐步形成并沿袭下来且具有一定代表性和广泛性的优秀建筑。本书中的“传统建筑”，主要是指我国清代占统治和主导地位的官式建筑。因此，可以说是一种狭义上的中国传统官式建筑。实际上，就北京地区而言，在过去，各个城区、各个营造厂工匠的做法也是有着千差万别的。中国传统建筑应该包括全国各个地区包括少数民族地区在内的具有悠久历史文化渊源和地方独特风格特色的乡土建筑。本书只想起到抛砖引玉的作用。

另外，广义上的中国传统建筑也不仅仅是指清代以前或民国以前的古建筑，近现代一切具有浓厚传统建筑风格和特色的建筑既可称作中国民族形式建筑，也可称作中国民族风格建筑，均属于中国传统建筑范畴。

近些年来，许多人都把新建的传统形式建筑统统说成“仿古建筑”，这种说法是既不准确也不科学的。其要害是把中国传统建筑与古代建筑完全画上等号了，须知，“传承”与“仿古”是性质完全不同的两种概念。把新建的传统建筑都说成是仿古建筑的提法是无助于中国传统建筑健康发展的。

二、中国传统建筑是在继承和发展当中形成的，但是，继承是前提，是基础。

纵观中国建筑的发展历史，各个历史时期的建筑都是在前一个历史时期所取得成果的基础上经过发展和演变而形成的，前后具有显著的传承关系。今天的中国建筑，也应该在充分继承、借鉴传统的基础上，结合现代社会科学、技术和文化发展，形成自己的民族风格。“切断历史、全面西化”的论调是短视的，是错误的。但是，“厚古薄今、全面继承”的观点也是片面的、错误的。

在继承和发展的问题上，继承是基础、是前提，而发展是结果、是目的，继承和发展是因果关系，没有继承就没有发展，没有继承的发展，其发展将是无源之水、无本之木，发展将成为空中楼阁。不谈继承，只谈弘扬中华民族优秀建筑文化，那么，“弘扬中华民族优秀建筑文化”将是一句空话。

三、重视法式、重视规矩，但不拘泥于法式、不拘泥于规矩。

重视法式、重视规矩，但不拘泥于法式、不拘泥于规矩，是针对新建的传统建筑而言。对于已列入各级文物保护单位的文物建筑的维护和修缮，应该按照国家文物保护法的要求严格执行；对于新建的传统建筑及传统建筑园林，我们应该采取重视法式、重视规矩，但不拘泥于法式、不拘泥于规矩，法式、规矩都应该与现代科学技术、项目功能性质、地方乡土特色以及资源状况、生态环境等多方面因素灵活处理。

对于新建的传统建筑，应该鼓励采用新材料、新技术、新工艺、新手法和新理念，不断适应和满足新的社会生产力和生产关系的发展需求，使其具有新的活力与生命力，这也是弘扬和发展中国传统建筑文化的永续和关键所在。

四、营造现代传统建筑园林应该融入现代造园理念。

中国传统造园艺术是一笔十分宝贵的中华民族文化遗产，其中天人合一、物我交融，追求文化内涵和讲究自然环境等造园理念仍然是我们现代造园应该坚持的原则和理念，但是，如昔日古典园林中的建筑密度过大、布局相对较为封闭、不适合更多广大人民群众同时参观游览、建筑室内空间不够开朗等与现代社会和人们生活相悖的传统手法应该加以摈弃。建设现代传统建筑园林的基本原则和理念应该是：注重以人为本、和谐自然、美观大方；功能性质定位合理、科学、准确；注重大气魄、大手笔；注重建设大环境、大园林；注重体现人文肌理和文化内涵；注重体现现代科技水平和时代精神。从园林角度而言，除应体现不同地区不同植物生态环境以外，还应该体现保护人类宜居环境、保护地球生态平衡、保护生物多样性的原则。

五、本书只是一本参考书，由于受到本人学识和水平的限制，其中难免会存在许多瑕疵与错误，不足之处敬请专家、学者与同仁们批评斧正。

2013 年 3 月 15 日　姜振鹏于北京

1. 门

图 1–1　歇山屋顶后檐金柱大门

图 1–2　歇山屋顶广亮大门

图 1–3　前檐金柱大门

图 1–4　悬山屋顶后檐金柱大门

图 1–5　歇山屋顶檐柱大门

图 1–6　硬山屋顶后檐金柱大门

图 1-7　硬山屋顶广亮大门

图 1-8　菱角门

图 1-9　带菱角木的四扇屏门

图 1-10　歇山顶如意门

图 1-11　摆花瓦顶随墙门

图 1-12　过木由琉璃砖贴面的随墙门

图 1-13　雕花砖贴脸四扇圆屏门

图 1-14　雕花门楣宝瓶形洞门

图 1-15　宝瓶形洞门

图 1-16　筒瓦顶雕花贴脸月洞门

图 1-17　摆花瓦墙帽月洞门

2. 垂花门

图 2-1　三檩担梁式垂花门

图 2-2　无滚墩石的三檩担梁式卷棚顶垂花门

图 2-3　挂横匾的一殿一卷带门鼓石垂花门

图 2-4　挂斗子匾的双卷棚带门鼓石垂花门

图 2-5　一殿一卷带门鼓石垂花门

图 2-6　前檐柱间隔扇式一殿一卷垂花门

图 2-7　双卷棚无门鼓石垂花门

图 2-8　四檩卷棚前后垂柱担梁式垂花门

图 2-9　四檩卷棚前后垂柱担梁式垂花门木构架

图 2-10　三檩卷棚担梁式垂花门

图 2-11　三开间五檩单卷棚垂花门

3. 牌坊

图 3-1　三间四柱七楼柱不出头牌坊

图 3-2　三间四柱三楼柱不出头牌坊

图 3-3　三间四柱三楼柱出头牌坊

图 3-4　三间四柱三楼明间多额枋牌坊

4. 殿堂、厅堂、敞厅（榭）

图 4-1　三重台三重檐攒尖顶殿堂

图 4-2　歇山屋顶单额枋殿堂

图 4-3　歇山屋顶四周环廊厅堂

图 4-4　柱身绘有彩画的厅堂

图 4-5　明间带有大门的厅堂

图 4-6　金里满装隔扇的厅堂

图 4-7　硬山屋顶前廊带筒子门的厅堂

图 4-8　檐里装修殿堂

图 4-9　厅堂的门窗与匾联

图 4-10　殿堂的门窗与匾联

图 4-11　歇山屋顶扇面殿

图 4-12　歇山敞厅的趴梁式木构架

图 4-13　歇山屋顶敞厅

图 4-14　歇山敞厅的抹角梁式木构架

5. 楼阁

图 5-1　三层四重檐八方攒尖屋顶楼阁

图 5-2　两层三重檐八方攒尖屋顶楼阁

图 5-3　两层单檐歇山屋顶楼阁

图 5-4　两层重檐歇山屋顶楼阁

图 5-5　无雕花的寻杖栏杆与挂檐

图 5-6　两层楼阁的寻杖栏杆与雕花挂檐

图 5-7　两层单檐悬山屋顶楼阁

6. 游廊

图 6-1　带什锦窗的半壁游廊

图 6-2　带槛窗的半壁游廊

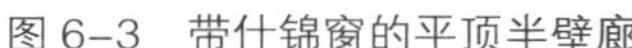

图 6-3　带什锦窗的平顶半壁廊

图 6-4　四檩卷棚暖廊

图 6-5　带朝天栏杆的平顶游廊

图 6-6　跌落式爬山半壁廊

图 6-7　斜坡式通透爬山廊

图 6-8　两层楼阁式通透游廊

图 6-9　两层重檐环形楼廊

图 6-10　两层环形楼廊内檐洞门

图 6-11　四檩卷棚通透游廊

7. 亭

图 7-1　四柱单檐攒尖屋顶正方亭

图 7-2　四柱单檐攒尖屋顶正方亭木构架

图 7-3　四柱单檐攒尖石板瓦顶正方亭

图 7-4　四柱单檐攒尖石板瓦顶正方亭木构架

图 7-5　四柱单檐攒尖屋顶长方亭

图 7-6　四柱单檐攒尖屋顶长方亭木构架

图 7-7　十二柱单檐攒尖屋顶正方亭

图 7-8　十二柱单檐攒尖屋顶正方亭木构架

图 7-9　六柱单檐攒尖屋顶六方亭

图 7-10　六柱单檐攒尖屋顶六方亭木构架

图 7-11　八柱单檐攒尖屋顶圆亭

图 7-12　八柱单檐攒尖屋顶圆亭木构架

图 7-13　八柱单檐歇山屋顶扇面亭

图 7-14　八柱单檐歇山屋顶扇面亭木构架

图 7-15　十二柱单檐悬山屋顶十字亭

图 7-16　八柱单檐攒尖屋顶方胜亭

图 7-17　八柱单檐攒尖屋顶方胜亭木构架

图 7-18　十六柱单檐攒尖屋顶环廊式正方亭

图 7-19　六柱重檐攒尖下檐作溜金斗栱六方亭木构架

图 7-20　六柱重檐攒尖下檐作溜金斗栱六方亭

图 7-21　八柱重檐攒尖屋顶八方亭

图 7-22　八柱重檐攒尖屋顶八方亭木构架

图 7-23　八柱重檐攒尖屋顶八方亭

图 7-24　十六柱重檐攒尖屋顶环廊式正方亭

图 7-25　十六柱重檐攒尖屋顶环廊式“天圆地方”亭

图 7-26　重檐攒尖屋顶正方亭

图 7-27　重檐歇山屋顶铜亭

图 7-28　八柱重檐攒尖屋顶圆亭

8. 舫

图 8-1　两层楼阁式石舫

图 8-2　舫式建筑游船码头

图 8-3　两层三舱楼阁式画舫

图 8-4　单层三舱画舫

图 8-5　单层三舱龙舟画舫

9. 水榭

图 9-1　歇山屋顶水榭

图 9-2　两层歇山屋顶楼阁水榭

图 9-3　转角前廊式水榭

图 9-4　与四合院结合的环廊式水榭

图 9-5　重檐攒尖屋顶环廊式水榭

图 9-6　歇山屋顶环廊式水榭

10. 桥

图 10-1　十七孔石拱桥

图 10-2　三孔石拱桥

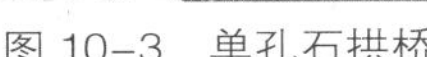

图 10-3　单孔石拱桥

图 10-4　三孔带桥亭石拱桥

图 10-5　单拱券廊桥

图 10-6　多孔石曲桥

图 10-7　单孔石拱桥

图 10-8　多孔石曲桥

图 10-9　三孔木栏杆平桥

图 10-10　两孔罗汉栏板平石桥

图 10-11　木栏杆曲桥

图 10-12　多孔平廊桥

图 10-13　罗汉栏板单拱券平石桥

图 10-14　植物棚架钢木栏杆曲桥

图 10-15　石鼓望柱矮栏杆石板桥

图 10-16　无栏杆石板桥

图 10-17　多孔山石平桥

图 10-18　歇山式桥廊单拱券平桥

图 10-19　罗汉栏板单拱券石拱桥

11. 塔

图 11-1　喇嘛塔

图 11-2　密檐式塔

12. 园林棚架

图 12-1　与台相结合的半壁廊式棚架

图 12-2　混凝土仿木棚架

图 12-3　与橱窗相结合的六方平顶廊式棚架

图 12-4　通透廊式棚架

图 12-5　八方平顶环廊式棚架

图 12-6　半壁廊式棚架

图 12-7　利用枯树作支撑的棚架

图 12-8　半壁廊式棚架

13. 宝顶、脊兽

图 13-1　绿琉璃瓦顶黄琉璃圆雕花座宝顶

图 13-2　黑瓦顶圆雕花座宝顶

图 13-3　黑瓦顶方雕花宝顶

图 13-4　黑瓦顶反扣荷叶圆宝顶

图 13-5　琉璃瓦顶垂脊兽

14. 装修

图 14-1　殿堂明间帘架风门

图 14-2　三抹菱花槛窗

图 14-3　支摘窗

图 14-4　四扇屏门

图 14-5　八方四扇屏门

图 14-6　内檐四扇屏门

图 14-7　内檐带帘架隔扇

图 14-8　落地罩

图 14-9　栏杆罩

15. 台阶、道路铺装

图 15-1　连三垂带台阶

图 15-2　如意台阶

图 15-3　山石台阶

图 15-4　砖砌台阶

图 15-5　席纹陡砖地面铺装

图 15-6　方格砖石结合地面铺装

图 15-7　三角、六角形纹样组合地面铺装

图 15-8　十字海棠纹样地面铺装

图 15-9　海棠古老钱纹样地面铺装

图 15-10　栀花海棠纹样地面铺装

图 15-11　六方锦纹样地面铺装

图 15-12　万字纹地面铺装

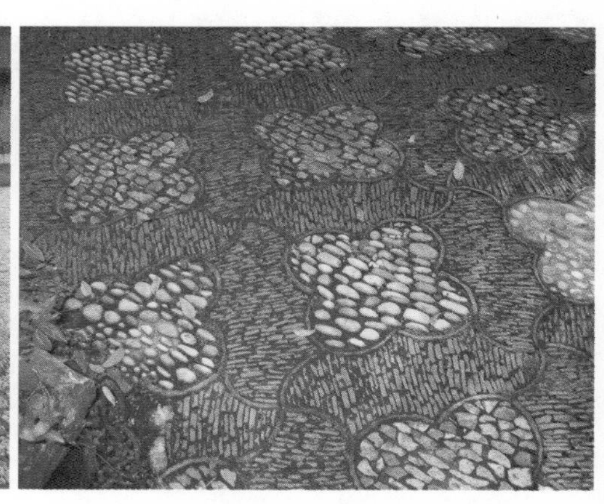
图 15-13　转心十字海棠纹样地面铺装

16. 墙

图 16-1　九龙琉璃照壁

图 16-2　带什锦窗的白粉墙

图 16-3　花瓦墙帽子龙背白粉墙

图 16-4　花瓦墙帽子

图 16-5　雕砖花墙

图 16-6　砖雕花窗白粉墙

图 16-7　虎皮石墙

图 16-8　琉璃砖砌矮花墙

图 16-9　雕花砖砌矮花墙

图 16-10　砖雕矮花墙

图 16-11　砖砌矮花墙

17. 台、栏杆、坐凳

图 17-1　长方形石台

图 17-2　扇面形石台

图 17-3　位于山丘上的方形石台

图 17-4　位于高台上的长方形石台

图 17-5　庭院石案

图 17-6　圆形石桌、石凳

图 17-7　方形石桌、石凳

18. 园林雕塑与雕刻

图 18–1　石栏杆靠山兽雕刻

图 18–2　园林中的祥瑞兽雕塑

图 18–3　石栏板雕刻

图 18–4　戗檐、垫花等方砖雕刻

图 18–5　照壁中心花饰雕刻

图 18–6　内檐花罩雕刻

19. 假山、叠石

图 19–1　堆叠于爬山廊前的假山叠石

图 19–2　堆叠于湖畔的假山

图 19-3　用于水池泊岸的叠石

图 19-4　布置于山洞洞口的假山叠石

图 19-5　带须弥座的孤置山石

图 19-6　与山溪、山亭相结合的叠石

20. 水池

图 20-1　自然式水池

图 20-2　规则式水池

图 20-3 规则与自然结合式水池

21. 花台、树池

图 21-1 台地式花台

图 21-2 琉璃构件树池

图 21-3　石构寻杖栏杆树池

图 21-4　石构罗汉栏板栏杆树池

图 21-5　雕刻精美的石构件树池

22. 匾额、牌示、橱窗

图 22-1　园林建筑异形匾

图 22-2　菱角门式牌示

图 22-3　冲天牌坊式橱窗

图 1　北京中山公园西门内门廊

图 2　北京颐和园内环形半壁游廊

图 3　北京颐和园内两层单檐歇山顶楼阁

图 4　河北保定古莲池内两层重檐歇山顶楼阁

图 5　三层三重檐楼阁——河北保定大慈阁

图 6　北京天坛公园内重檐攒尖顶双环亭

图 7　颐和园内单檐攒尖顶双六方亭

图 8　十六柱单檐环廊攒尖顶正方亭

图 9　重檐攒尖顶圆亭

图 10　亭的组合——北京北海公园内五龙亭

图 11　北京中山公园松柏交翠亭雕花琉璃宝顶

图 12　颐和园内三间四柱三楼冲天牌楼

图 13　北京颐和园石舫

图 14　北京中山公园水榭与廊桥

图 15　单孔石拱桥——北京颐和园昆明湖玉带桥

图 16　三孔券洞石桥——北京北海公园永安桥

图 17　北京北海公园内花瓦墙帽上面的精美砖雕

图 18（左）　北京故宫殿堂外檐菱花隔心隔扇
图 19（右）　北京故宫某厅堂内檐隔扇

图 20　北京颐和园仁寿殿单额枋金龙和玺彩画

图 21（左上） 单额枋金龙和玺彩画局部
图 22（右上） 北京颐和园乐寿堂单额枋墨线大点金旋子彩画
图 23（中） 北京颐和园内牌楼墨线大点金旋子彩画
图 24（下） 带雀替的山水包袱色卡子苏式彩画

图 25（上） 带苏装楣子的山水包袱色卡子苏式彩画
图 26（中） 北京中山公园西门门廊苏式彩画
图 27（左下） 北京中山公园四檩卷棚游廊苏式彩画
图 28（右下） 枋心式苏画、海墁式彩画与包袱式苏画的灵活运用

图 29　掐箍头搭包袱彩画

图 30　掐箍头彩画

图 31　团龙井字天花彩画

图 32　北京故宫某殿堂仿井字天花的海墁天花彩画

图 33　北京颐和园仁寿殿匾额

图 34　颐和园湛清轩匾额与对联

图 35　北京故宫御花园内石须弥座寻杖栏杆观景台

图 36　北京中山公园迎晖亭景观

图 37　带坐凳的园林棚架

图 38　庭园花冠木配置

图 39　庭园芳香植物配置

图 40　湖堤春早——山桃花开时景观